国际电气与电子工程译丛

4G 移动宽带革命

全面解析 EPC 和 4G 分组网络（原书第 2 版）

EPC and 4G Packet Networks

Driving the Mobile Broadband Revolution　SECOND EDITION

［瑞典］　马格努斯·奥尔森　（Magnus Olsson）

［加］　　莎布南·苏丹娜　（Shabnam Sultana）

［瑞典］　斯特凡·罗　　　（Stefan Rommer）　　著

［瑞典］　拉尔斯·弗里德　（Lars Frid）

［瑞典］　瑟琳·穆里根　　（Catherine Mulligan）

薛开平　吴义镇　陈　珂　倪　丹　胡婷婷　洪佳楠　译

机 械 工 业 出 版 社

本书系统地介绍了SAE/EPC的网络架构、概念和标准，以及相关接口、协议和流程的细节。全书分为五个部分，共18章，从EPC的背景和愿景、EPC概述、EPC主要概念和服务、EPC的具体细节、EPC的总结与展望五个部分有序地进行介绍，主要内容包括：移动宽带与核心网演进，EPS架构概述，EPS部署场景和运营实例，EPS中的数据业务，EPS中的语音业务，会话管理和移动性，安全功能，服务质量、计费和策略管理，选择功能，用户数据管理，语音和应急服务，LTE广播，定位功能，卸载功能和同时多接入，EPS网络实体和接口，相关协议和流程，总结与展望等。

本书的第1版发行后迅速成为了SAE/LTE网络基本原理的重要参考书之一，第2版在第1版的基础上补充了在SAE/LTE开始主导移动网络后日趋重要的一些领域的相关内容。

本书既可以作为通信和网络领域的企业和高校研究人员从事研究和设计新一代无线宽带移动通信系统的参考书，也可以作为LTE研发人员加深对SAE/EPC理解的工具书。

< *EPC and 4G Packet Networks：Driving the Mobile Broadband Revolution Second Edition* >，
< *Magnus Olsson，Shabnam Sultana，Stefan Rommer，Lars Frid，Catherine Mulligan* >

ISBN：978 - 0 - 12 - 394595 - 2（ISBN of original edition）

北京市版权局著作权登记 图字：01 - 2014 - 7535

图书在版编目（CIP）数据

4G移动宽带革命：全面解析EPC和4G分组网络：原书第2版/（瑞典）奥尔森（Olsson，M.）等著；薛开平等译 .—北京：机械工业出版社，2016.4
（国际电气与电子工程译丛）
书名原文：EPC and 4G Packet Networks，Second Edition：Driving the Mobile Broadband Revolution
ISBN 978 - 7 - 111 - 53333 - 7

Ⅰ. ①4… Ⅱ. ①奥… ②薛… Ⅲ. ①移动通信 - 宽带通信系统 - 研究 Ⅳ. ①TN929.5

中国版本图书馆CIP数据核字（2016）第061422号

机械工业出版社（北京市百万庄大街22号 邮政编码100037）
责任编辑：李馨馨 陈瑞文
责任校对：张艳霞
唐山丰电印务有限公司印刷

2016年4月第1版·第1次印刷
184mm×260mm·27印张·666千字
0001 - 3000册
标准书号：ISBN 978 - 7 - 111 - 53333 - 7
定价：99.00元

凡购本书，如有缺页、倒页、脱页，由本社发行部调换

电话服务 网络服务

服务咨询热线：（010）88361066 机 工 官 网：www.cmpbook.com

读者购书热线：（010）68326294 机 工 官 博：weibo.com/cmp1952

（010）88379203 教育服务网：www.cmpedu.com

封面无防伪标均为盗版 金 书 网：www.golden - book.com

序　言

——Kalyani Bogineni 博士

目前，在 2G 和 3G 无线网络中存在着数以十亿计的终端设备。并且，预测在未来的几年中，还将有几十亿的终端设备会使用更新的无线网络技术，期望能够获得同时满足高吞吐量和低延时需求的服务。在未来，一个用户往往会拥有多个无线设备，以及更多无线设备嵌入的机器，以实现更多功能的自动化。简单地说，用户将处于"随时随地使用任何设备"的状态。这预示着一个通信和信息交换时代的来临，对现有电信和数据技术是一个极大的挑战。因此，概念成为现实需要具有颠覆性思维加上务实创新的应用。

从服务提供商的角度来看，是时候建立基础设施来满足未来网络的需求了。例如，网络需要能够提供跨不同技术的信令交互和低延时路径，从而支持各种实时应用，如支持语音业务和游戏。作为全局蜂窝技术的支柱之一，移动和漫游等基本功能，需要具有基于有效资源的服务管理，这是由家乡网络和外地网络之间的策略对等机制所实现的。跨越不同接入网络和应用平台的统一的认证和订阅确认机制使简单、方便地使用设备和服务成为可能。终端用户主导的智能终端和智能网络实体之间需要实现共存和协作。

3GPP 规定了基于 IP 的核心网架构，除了上面提到的一些期望外，还将提供一些其他方面的需求，具体规定如下：

- 允许将现有部署的无线、有线接入网络，演化到一个公共的架构，从而实现不同代接入技术之间的无缝切换，以及不同技术之间的全局漫游能力。
- 实现基于高可用性、可靠性、可扩展性以及可管控的网络设计，以及实现在接入、回程和核心网上的带宽有效利用。
- 支持先进的电话技术和网络服务的结合，可以由任何接入网络和服务提供商提供。
- 提供诸如隐私性和机密性的用户安全功能，与此同时，提供双向认证和防火墙等功能来保护网络。
- 最小化服务数据库和服务控制器的数量，这将减少网络中的服务提供点；提供一个有效的计费架构，需要能够减少网络实体上报计费记录的数量以及最小化计费记录格式的数量。

除了上述内容以外，增强方案还需要支持以下功能：

- 支持应急的语音和非语音业务，以及优先服务。
- 当 IMS 不能提供语音业务时，可回退到电路交换网络。
- 支持 LTE 上的多播和广播服务。
- 支持通过家庭基站和中继节点来扩展网络覆盖。
- 具有不同接入技术之间的流量迁移的能力，以及基于用户或提供商策略在不同部署点之间卸载核心网流量的能力。

● 支持优化信令流和负载/拥塞管理的机制。

3GPP 规范的范围是广泛的，但也是最为基本的。作者出色地完成了本书写作，并做了相应的更新，从而使得其能够与持续的 3GPP 规范发展保持一致。作者熟悉 3GPP 相关的需求、概念和解决方案，并且具有标准化方面的工作经验。通过撰写本书，作者能够在架构和标准化组，以及服务提供商的规划/运维组之间提供简单明了的沟通途径。

Kalyani Bogineni 博士

Verizon 公司首席架构师

序 言

——Ulf Nilsson 博士

自本书的第 1 版出版以来，随着 SAE/LTE 网络的商业部署，移动产业发生了翻天覆地的变化。2G/3G 的技术已无法满足越来越高的业务需求，TeliaSonera 公司首先将 4G 引入了通信市场，SAE/LTE 网络毫无疑问地承载了用户日益增长的需求。如今，用户所使用的无线网络质量跟过去相比，有着显著的提升，如网速成倍增长、延时减少，甚至在性能上超过了很多的固定接入技术。对于运营商来说，EPC 的优势在于其灵活性、可扩展性以及可优化，这对日新月异的移动宽带市场而言无疑是一棵救命稻草——在更少的代价上完成更多的变革。然而，这就是我们所能料想到的所有结局吗？答案显然不是。智能终端和平板电脑带来的用户习惯上的变革让移动互联市场始料未及。

即使在 2009 年的时候，移动手机的功能仍然比较单一，仅仅包括接打电话，收发短信、彩信或简单浏览网页。正如计算机从固定接入到无线接入的变革一样，随着新一代的智能终端以及平板电脑的问世，用户希望在智能终端或者平板电脑上完成一系列新的变革，包括支持高像素的照片视频的上传和下载、云端服务、用户随时随地观看电影/电视直播等。任何让智能手机和平板电脑依然使用传统的 2G/3G 网络，但却让移动宽带用户享受 SAE/LTE 网络声明的好处的想法都是不切实际的。我们希望实现 SAE/LTE 网络，从而能够以合理的代价来支撑这样的行为。

使用各种设备互联的移动网络已成为用户生活中不可或缺的一部分，用户希望从运营商那里获得最好的服务，而这同样也是作为运营商的我们应该为之奋斗的目标。毋庸置疑的是，SAE/LTE 网络掌控着移动宽带以及智能手机变革的命运，并决定着移动运营商的未来。因此，现如今最迫切的就是理解 SAE/LTE 网络的基本原理及其特点，因为在不久的将来这些知识都将派上用场。

本书的第 1 版发行后迅速成为 SAE/LTE 网络基本原理的参考范本。读者阅读后定能从作者庞大的知识体系、行云流水的表达以及经验之谈中获益匪浅。而第 2 版是在第 1 版基础上的升华和扩充，补充了在 SAE/LTE 开始主导移动网络后的日趋重要的一些领域的发展。本书的作者们都属于相关领域的杰出专家，无论是初学者还是业界专家，都会从本书的阅读中收获颇多。

Ulf Nilsson 博士
TeliaSonera 移动业务公司网络研究部

致　谢

没有众人的帮助，本书是不可能完成的。

谨以此对本书做出贡献的爱立信公司的同事表示由衷的感谢，尤其是 Per Beming、Paco Cortes、Erik Dahlman、Jesús De Gregorio、Göran Hall、David Hammarwall、Maurizio Iovieno、Ralf Keller、Torsten Lohmar、Reiner Ludwig、Anders Lundström、Lars Lövsen、Peter Malm、György Miklós、Daniel Molander、Karl Norrman、Mats Näslund、Zu Qiang、Anki Sander、Louis Segura、Iana Siomina、Mike Slssingar、John Stenfelt、Patrik Teppo 和 Stephen Terrill。

我们还需要感谢我们的家人，没有他们的理解和对整个过程的支持，完成本书的写作也是不可能的。

前　言

　　3GPP（第 3 代合作伙伴项目）的 SAE（System Architecture Evolution，系统架构演进）技术研究和规范工作的成果已经形成一系列标准。这些标准规范了 3GPP 的分组核心网将由 GSM/GPRS 和 WCDMA/HSPA 演进到全 IP 架构，以及为 3GPP 或其他标准的无线接入提供特征丰富的"通用分组核心网"技术。这种通用的分组核心网络被称为 EPC（Evolved Packed Core，演进的分组核心网），整个系统被称为 EPS（Evolved Packet System，演进的分组系统）。该系统支持 LTE、GSM 和 WCDMA/HSPA 等 3GPP 无线接入技术，同时也支持非 3GPP 的接入技术。与之前的核心网技术不同，EPC 提供对多种接入技术的支持，并且允许终端用户在不同的接入技术（如 LTE、WLAN、3GPP 和非 3GPP）之间进行移动。相比 2G/3G 的分组核心网，该 EPC 架构实现了扁平化，通过优化能够有效地处理载荷。除了这些方面优势，EPC 还对过去 2G/3G 分组核心网所有已经建立的部分进行了更新，如安全性和连接管理。简单地说，通过对 EPC 的规范，SAE 为移动宽带革命构建了所需的核心网络。

　　规范 3GPP 中的 EPC 是一个复杂的问题，是一个即使多少页论文也很难说清楚的问题。这使得任何个人很难融入标准化的发展；从而真正地了解规范的细节。为了方便对移动通信产业感兴趣的不同类型读者的理解，本书就 3GPP EPC 规范的不同方面，提供了一个简洁且易于理解的描述。

　　我们的目标是确保阅读本书能够提高对 EPC 系统的整体网络架构和协议的全面理解，这比只讲解 3GPP 规范更加有意义。本书提供了对 EPC 包含的网络架构、节点和协议的细节分析。自本书第 1 版出版以来，我们发现在西欧、北美和日本已经有 EPS 网络部署，也发现在工业界部署 VoLTE 的强烈趋势，VoLTE 技术通过在 LTE 和 EPC 上的 IMS 提供语音和视频服务。此外，提供商要求在 IMS 和电路交换网络之间的语音和服务能够持续。本书的这一版本中，将提供对标准工作的详细描述，以及基于运营商部署策略的市场导向的 EPS 技术分析。进一步地详细介绍什么是 VoLTE、语音和服务的连续性，以及标准化是如何确保通过调整使得 EPS、IMS 和 CS 网络是支持以上这些特征的。

　　然而，自本书第 1 版出版以来，语音业务和 IMS 并非标准化唯一关注的领域。我们发现，EPS 已经发展得相对成熟，并且也发现了一些新的附加功能。这些附加功能包括让 EPS 支持紧急和优先服务、对可选择性的流量卸载提供增强支持、支持家庭基站功能（有时也称为 Femto）以及本地 IP 卸载，这些附加功能直接影响 3GPP 定义的无线接入技术。

　　与此同时，工业界热衷于在 EPS 中提高与 WLAN（无线局域网）接入的互通和协作。在这方面，我们发现宽带联盟（Broadband Forum）提供了强有力的协作能力，使得 3GPP 网络能够与固定宽带技术（如 Wi-Fi）实现互通。与部署的趋势一致，基于 GTP 的 EPS 已占据市场的领导地位。标准化同时还关注了 GTP 在其他非 3GPP 接入技术的支持。本书的当前版本将包含如何让大量非 3GPP 接口支持 GTP 的技术方案。

我们也努力详述如 Diameter 这样的密钥协议，该协议是用在 3GPP 网络的诸多参考点上的密钥协议之一。

本文将提供一个详细的内容介绍，从而使任何个人可以有机会去了解运营商或其他业界角色如何部署和实现 EPS，以及现有部署网络中已经采用的或可能被采用的不同迁移路径。本书也提供对已经部署的附加服务和正在使用 LTE 及 EPC 的业务的概述。

已经对 EPC、LTE 或 IMS 有所熟悉的读者同样会从本书中受益，本书说明了这些概念如何彼此适应从而满足移动带宽的需求。例如，对 IMS 熟悉的读者将会对语音业务怎么适应新网络架构和协议有一个更深的理解。附录中包含与 SAE 有关的不同规范的说明。值得注意的是，本书不仅仅为读者提供 3GPP 规范的描述，还包括 3GPP2 的部署场景及与非 3GPP 接入（如 WLAN 和固定接入等）的互通。只对某一种接入技术或协议感兴趣的读者，通过本书，也会对这些接入技术或协议如何适应整体网络架构有更深的理解。

我们将本书的内容分为 5 个不同的部分。

第 1 部分：EPC 的背景和愿景

本部分分析 SAE 和 EPC 与影响电信网络演进的其他相关技术的关系。另外，本部分还给出了工业界核心网络演进的缘由以及在标准化过程中不同参与者所承担的角色。

第 1 章

本章将描述对当前电信网络的客观看法，介绍在哪些方面 EPC 与之相关，主要包括以下几个方面：

- 为什么要进行核心网演进？
- 与 EPC 相关的技术。
- SAE 工作中涉及的标准化部分。
- 本书中用到的一些术语。

第 2 部分：EPS 概述

本部分对 EPS 进行技术性描述，包括 EPC 的不同组成部分的功能性描述。此外，还涵盖了不同的迁移和部署场景，以及说明了与其他章节中涉及的概念和标准如何联系在一起，从而在运营网络中提供语音和数据服务。

第 2 章

本章对 EPS 系统涉及的主要概念进行概要介绍，旨在让读者对 SAE/ LTE 服务有基本的了解，具体如下：

- 对 EPS 服务的简要描述。
- 用简单的网络图示使读者初步了解 EPS 网络和 EPC 在整个网络中的部署位置。
- LTE 中相关组成部分的预备知识。
- 从终端的角度来看待 EPS。
- 简单概述 LTE 系统及其与 EPC 之间的关系。

第 3 章

本章描述基于市场现状如何部署 EPC，及其与 LTE 部署之间的关系，即简要描述如何在不同的运营配置下部署 EPC/LTE。

第 4 章

本章对 EPC 网络中的数据业务进行描述，旨在引出整个 EPS 系统及相关概念。将从几个不同服务潜在的演化过程来加以分析：

- 对预期的相关服务的描述。
- 数据业务及应用。
- 消息业务。
- 机器类型通信。

第 5 章

本章对 EPC 网络中使用的语音业务进行描述，旨在引出整个 EPS 系统及相关概念。将从几个不同业务潜在的演化过程来加以分析：

- 使用 IMS 技术的语音服务。
- 单接入技术下的语音通话的连续性。
- 回退到电路交换。
- IMS 紧急电话和优先服务。

第 3 部分：EPC 主要概念和服务

第 6 章

本章提供 ESS 中主要概念的描述。基于 EPC 存在与传统核心网络架构不同的一些特性，本章将对这些新的概念提供清晰的描述，并将其与之前的核心网络进行比较，旨在让读者能够对核心网络演化中的概念有清晰的了解。

第 7 章

本章介绍安全方面的一些细节，包括用户认证/授权，以及 3GPP 和非 3GPP 在接入 EPS 时的安全机制等。

第 8 章

本章深度探讨 QoS（Quality of Service，服务质量）、用于服务控制和管理的相关策略，以及区分计费等。另外，本章还包含 3GPP 收费模型和机制的简要介绍。

第 9 章

本章深度探讨选择功能，通过沿用 DNS 以及 3GPP 中的相关机制，为 EPS 网络中同一个运营商下的用户选择合适的实体。

第 10 章

本章深度探讨 EPS 中的用户数据管理，包括介绍 EPS 处理用户数据的实体。

第 11 章

本章深入探讨 EPS 中的语音业务，包括对紧急和优先服务的描述。

第 12 章

本章对 EPS 所支持的广播服务进行描述，包括为终端用户提供广播服务时所需的网络架构和网络实体的描述。

第 13 章

本章对EPS所支持的位置服务进行概述,包括架构、协议和位置服务方法的描述。

第14章

本章对EPS中定义的卸载功能进行描述,其中既包括核心网络的卸载功能,又包括3GPP无线网络的卸载功能。

第4部分:EPC的具体细节

第15~17章

这3章详细举例介绍如何在终端间使用各类网络实体建立一个EPS系统、连接各网络实体的接口,以及为系统"骨架"提供"肌肉"的各种协议,从而实现在网络实体间承载并传递信息。同时,还将简要描述一些关键场景,如接入EPC、离开EPC,3GPP和非3GPP接入技术之间的切换,以及3GPP不同接入技术之间的切换。

第5部分:EPC的总结与展望

第18章

本章提供对EPC相关内容的总结,以及对一些未来演进可能面临的问题的讨论。

作　者

目 录

第 1 部分 EPC 的背景和愿望

第 2 部分 EPS 概述

第 5 部分　EPS 的总结与展望

第 1 部分 EPC 的背景和愿望

第 1 章 移动宽带与核心网演进

随着移动宽带无线接入技术的出现以及互联网和移动业务的发展并快速融合，电信行业无疑处于一个风云巨变的时期。这其中的一些变革通过底层技术的发展已经得以实现。现如今，基于纯粹的互联网协议（IP）体系的移动网络也日趋增多。自从本书的第 1 版于 2009 年出版以来，大量的电子阅读器、智能手机等连接设备，甚至机器间通信（M2M）技术都开始受益于移动宽带。然而，过去几年发生的巨大变化仅是大量的新业务发展的一个开始，这些业务将从根本上改变我们的经济、社会乃至环境。移动宽带的演进是这次变革的底层核心部分之一，同样也是这本书所关注的焦点。

GSM（全球移动通信系统）的巨大成功在于以电路交换作为基础，并且支持在蜂窝网络上提供语音服务。与此同时，这些业务的开发由专门从事电信应用开发的人员负责。在 20 世纪 90 年代初，互联网的使用得到普及，而在随后的几年里"移动互联网"的需求也逐步得到发展，互联网服务可以通过终端用户的移动设备进行访问。由于受到终端的处理容量以及无线接口的有限带宽的限制，第 1 代移动互联网服务具有一定的局限性。然而随着无线接入网（RANS）的演变，高速分组接入（HSPA）和长期演进（LTE）无线接入技术带来了高数据速率，使得这一切都发生了改变。而且，这种变化将显著加快，因为除了高速无线接入技术的发展，还大量涌现了其他方面的进展，如移动终端中的半导体处理能力以及用于开发新业务的软件技术方面都有了飞速的发展。IP 和分组交换技术有望成为互联网和移动通信网数据及语音业务的基础。

核心网络提供互联，将高速无线接入技术和由互联网带来的创新型应用开发结合到了一起。核心网演进，或者说演进的分组核心网（EPC）是移动宽带变革的基石，没有了它，无线接入网络和移动网络业务都无法充分发挥潜能。这种新型的核心网从一开始就与高宽带业务一起发展，并结合了最好的 IP 基础设施和移动性技术。它被设计成能够支持移动宽带业务和应用，并且随着多种接入技术的引入，它还能够确保运营商和终端用户的体验是无缝的平滑的。

本章将介绍核心网演进背后的缘由，以及对 EPC 相关技术的简要概括。同时简要地提及演进分组系统（EPS）是如何改变移动产业结构的。

系统架构演进（SAE）是第 3 代合作伙伴项目（3GPP）标准化工作项目的名称，该工作项目主要负责演化分组核心网络（EPC），它与针对无线网络演进的 LTE 工作项目密切相关。演进分组系统涉及无线接入、核心网，以及各种移动系统中的终端。EPC 还为其他不是基于 3GPP 标准的高速无线接入网络技术提供了支持，如 Wi-Fi 和固定接入。本书讨论 EPC 和 EPS，包括支持移动宽带的核心网络演进，以及支持所有业务的基于 IP 的核心网络演进。

SAE 项目的长远目标是为了演进由 3GPP 定义的分组核心网，从而创造一个简化的面向全 IP 的体系结构，可以为多种无线接入提供支持，包括在不同无线接入技术之间的移动性。那么，是什么推动了核心网络的演进，并且为何需要它成为一个全球统一的标准呢？从下文开始我们进行讨论。

1.1 一个全球化标准

对于通信行业中的标准演进，当今有许多相关的讨论，尤其是当谈到 IT 和电信业务的融合时。在这些讨论中，其中一个常提及的问题就是究竟为何需要一个全球化的标准？为什么电信行业需要遵守一个严格的标准，而不是像计算机行业那样经常使用的是一个事实上的标准？像 LTE 和 SAE 这样的项目在标准进程中存在大量利益，因此显而易见，商业因素是其中的一个原因，而极少的公司会看到参与这样的工作的实际价值。

全球化标准的必要性是由很多因素推动的，但存在两个主要的因素。首先，对于一个真正全球化和多供应商运营的环境实现互操作，构建一个标准是很重要的。为了保证竞争，运营商希望可以从多家供应商处购买网络设备。因此，来自不同供应商的节点和移动设备一定要能彼此协调工作，这可以通过指定一系列的"接口描述"来实现。基于此，就能使网络上的不同节点彼此之间进行通信。因此，一个全球化的标准可以确保运营商能够选择任何一个他们喜爱的网络设备供应商，并确保终端用户能够选择任何一个他们喜爱的手持终端。一部来自供应商 A 的手持终端能够连接上来自供应商 B 的基站，反之亦然，这就保证了竞争的存在。它通过避免依赖特定的供应商来提供一个良好的商业化环境，从而吸引运营商并推动相关部署。

其次，对于提供网络业务给终端用户的所有参与者（包括运营商、芯片制造商、设备供应商等）而言，建立一个全球化标准可以降低市场的分化。全球化标准为相关的产品提供一定的市场，如运营商发展所需的设备。对于一个产品而言，产量越大，使用该产品的运营商就会投入更多的经费来进行设计和生产。事实上，伴随着供应商产量的增长，将能以更低的单位成本来生产单个节点。从而，供应商将能以更低的价格水平达到相同的盈利状况，这就从根本上给运营商和终端用户降低了成本。因此，全球化标准成为提供既便宜又可靠的通信网络的基础，EPC 发展背后的目的也无异于此。

SAE 中直接包含了来自几个不同的标准组织的工作。这些标准化组织包括 3GPP（主导 SAE 的发起）、3GPP2、互联网工程项目组（IETF）、开放移动联盟（OMA）、宽带论坛（BBF）和 Wi-Fi 联盟。3GPP"拥有"自己的 EPS 技术标准，参考 IETF 和 OMA 技术标准，而 3GPP2 对 3GPP 的 EPS 文档做了补充，包含了影响 3GPP2 系统的部分内容。对于标准化进程不熟悉的读者可以参考附录，在附录中我们对不同的标准化组织，以及这些技术标准在制定过程中对应的标准化流程提供了简单的描述。同时，提供了一份 SAE 技术标准的发展简史。

1.2 EPC 的起源

过去几年中，许多不同的无线标准在世界各地兴起，最被人们所认可的包括 GSM、CD-MA 和 WCDMA/HSPA。GSM/WCDMA/HSPA 和 CDMA 等无线接入技术定义由不同的标准化组织所定义，并且包含了各自不同的核心网络，下面会对其进行介绍。

EPS 由 EPC、终端设备（一般被称为 UE）和接入网络（包括 3GPP 接入，如 GSM、WCDMA/HSPA、LTE 和 CDMA 等）组成。这些组合使得访问运营商的业务成为可能，也能接入到提供语音和多媒体业务的 IP 多媒体子系统（IMS）。

为了理解为何现存的 3GPP 分组核心网需要演进，我们也需要考虑在当今部署的系统中，要在何处以何种方式将各种各样现存的核心网技术组合到一起。接下来，将围绕着为什么演进是必要的这一问题进行讨论。本章将涉及一些缩写，对于刚接触到 3GPP 标准的读者来说，这一部分的术语会显得过多，本书在接下来的部分将会详细地介绍相关技术，但仅强调对于演进来说的一些主要的技术原因。

1.2.1 3GPP 无线接入技术

GSM 最初由欧洲电信标准协会（ETSI）开发，包括 RAN 和提供电路交换电话服务的核心网。GSM 核心网的主要组成部分是移动交换中心（MSC）和家乡位置注册（HLR）。GSM 的 BSC（基站控制器）和 MSC 之间的接口被称为"A"接口。在 3GPP 中用字母作为接口的名字是一个惯例，在标准后续发布的版本中经常会使用两个字母来标注，如"Gb"接口。在提及两个节点之间特殊功能连接的时候，使用字母组合进行标识是一个简单、方便、可速记的方法。

随着时间的推移，移动产业中对于 IP 流量的支持越来越迫切，作为 GSM 系统扩展的 GPRS 应运而生。随着 GPRS 的发展，分组交换核心网络的概念进入了技术标准中。当 SGSN（服务 GPRS 支持节点）和 GGSN（网关 GPRS 支持节点）这两种新的逻辑实体（或节点）被引入核心网中时，GSM 无线网络随之发生了演进。

GPRS 发展的时期正是 PPP、X.25 和帧中继技术新兴的时期（20 世纪 90 年代的中后期）。而 GPRS 的提出支持了分组数据在数据通信网络上的传输。这自然会对标准中的某些接口产生影响，如用来连接 GSM 无线网络的 BSC 和 GPRS 分组核心网的 Gb 接口。在 GERAN（GSM EDGE 无线接入网络）向 WCDMA/UMTS UTRAN（陆地无线接入网络）迁移的过程中，一个初衷是在一个 ETSI 之外的国际性论坛中处理无线接入网络和核心网络技术的标准化。3GPP 由此诞生，不同于只服务于欧洲标准的 ETSI，3GPP 担负了 UTRAN 无线接入网络以及 UTRAN/WCDMA 核心网的标准化工作。随后，3GPP 还率先提出了通用 IMS 技术标准。IMS 是 IP 多媒体子系统（IP Multimedia SubSystem）的简称，其目标是支持基于 IP 的多媒体业务。我们将在第 11 章中进一步讨论 IMS。

UTRAN 的核心网络在大部分重用 GERAN 的核心网络的基础上，也做了一些更新。主要的不同就是，UTRAN 分别增加了无线网络控制器（RNC）之间、MSC 和 SGSN 之间、Iu-CS 和 Iu-PS 之间的接口。所有的这些接口都建立在 A 接口的基础上，但是 Iu-CS 接口用于电路交换而 Iu-PS 接口用于分组交换，这意味着在移动终端和核心网络的接口上存在根本性的改变。对于 GSM 而言，处理电路交换呼叫的接口和处理分组交换访问的接口非常不同。而对于 UTRAN 而言，可以采用通用的方式来接入核心网，而基于电路交换和基于分组交换的连接只有极小的差别。1999 年左右的 3GPP 网络架构概略示意图如图 1-1 所示（准确地说，Iu-CS 接口被分为两个部分，但是这里为了不至于描述得过于复杂，我们暂且忽略）。

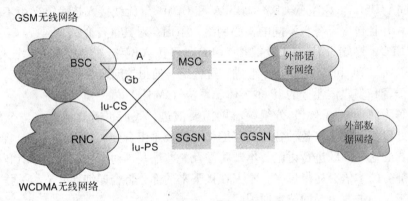

图 1-1　3GPP 移动网络架构概略示意图

GSM/GPRS 和 WCDMA/HSPA 分组核心网形成了向 EPC 演进的基础。因此，值得花费简短的时间来回顾一下这些技术。再次说明的是，不用担心繁杂的术语，在本书的后续章节中将提供针对这些技术的更为详细的解释。

分组核心网架构是围绕着称为 GTP（GPRS 隧道协议）的隧道协议进行设计的，该协议是在 ETSI 中发展起来并继续应用在 3GPP 中的。GTP 是 3GPP 分组核心网的基本组成部分，运行于两个核心网络实体（SGSN 和 GGSN）之间。GTP 运行在 IP 之上并在协议中提供移动性、服务质量（QoS）和策略控制功能。GTP 是由移动行业所提出的，故而它具有与生俱来的特性，使得其能适应健壮且时间要求严格的系统，如移动网络。由于 GTP 由 3GPP 开发并维护，因此能够更方便地实现 3GPP 网络特殊功能的扩展，如使用终端和核心网络之间的协议配置选项（PCO）字段。在终端和核心网之间 PCO 携带了特殊的信息，从而允许在移动网络中提供灵活、高效的运行和管理。

尽管如此，GTP 时常面临来自 3GPP 以外的通信行业的非议。究其原因，主要是因为 GTP 不是由网络和 IP 技术标准的传统组织——IETF 所提供的。实际上，GTP 为 3GPP 分组数据业务提供了一个独特的解决方法，但对其他接入技术而言就不一定是最好的选择了。GTP 是为满足 3GPP 移动网络的需求而量身定做的。对于 GTP 的批判是否合理那就是仁者见仁，智者见智了。

无论如何，GTP 是当今全球化部署的协议，为 3GPP 分组接入技术（如部署早于 LTE 的处于领导地位的移动宽带技术 HSPA）提供支持。因为使用 GSM 和 WCDMA 分组数据网络的用户数目相当庞大，因此现在的电路和分组交换系统以数十亿计，GTP 证明了它强大的可扩展性，并且实现了它设计初衷所要实现的目标。

除了 GTP，GPRS 另一个重要的方面就是它使用了基于 SS7（7 号信令系统）的信令协议，如 MAP（移动应用部分）和 CAP（CAMEL 应用部分），这两个方面均继承于电路交换的核心网络。MAP 用于用户数据管理、认证与授权过程，CAP 则用于基于 CAMEL 的在线计费。关于 CAMEL（移动网络增强逻辑的定制应用）的深入介绍已超出了本书的范围，故本书不做展开。我们只需要理解 CAMEL 的概念是用来在移动网络中开发非 IP 业务的这一点就足够了。基于 SS7 的协议的使用可以看作是传递网络连接和 IP 业务的分组网络的一个弊端。

3GPP 分组核心使用网络侧的移动管理方案来处理用户和终端的移动性，通过网络侧的一些机制来跟踪终端用户设备的移动并进行相应的移动性处理。另一方面，由于实际上存在两个实体（SGSN 和 GGSN）提供用户数据流的承载，随后这一方式便成为优化的目标之一。随着 WCDMA/HSPA 的发展，海量的数据随之产生，优化问题显得尤为重要。2007 年年初完成的 3GPP 版本 7 中提出了优化方案——通过增强分组核心架构来支持一种名为"直接隧道"的操作模式，该模式中 SGSN 不再用于用户平面通信，而是由无线网络控制器（RNC）通过 Iu 用户平面（基于 GTP）直接与 GGSN 连接。然而，这个方案仅适用于非漫游场景，并且要求分组数据计费功能存在于 GGSN 上而不是 SGSN 上。

如果读者想深入了解在 SAE/EPC 以前提出的分组核心域，可以参考 3GPP 技术规范 TS 23.060。

1.2.2 3GPP2 无线接入技术

在北美，另一系列的无线接入技术标准在蓬勃发展。该标准的开发工作是由标准化组织 3GPP2 承担，并受到 ANSI/TIA/EIA - 41 的支持，这包含了北美和亚洲对于发展由 ANSI/TIA/EIA - 41 所支持的 RAN 技术全球标准方面的利益。

3GPP2 开发出了无线接入技术 CDMA2000 ® [○]，提供了 1xRTT 和 HRPD（高速率分组数据）服务。CDMA2000 1xRTT 是老的 IS - 95 CDMA 技术的演进，提高了容量且支持更高的数据速率。HRPD 定义了只支持分组数据的架构，其功能与 3GPP WCDMA 中相应的功能类似。在 3GPP2 中所提出的这一系列分组核心网络标准与 3GPP 沿着不同的轨迹发展。3GPP2 标准直接复用 IETF 的协议，如移动 IP 协议族以及在 PPP 链路之上的一个名为"简单 IP"的 IP 连接的简化版本。该系统中主要的分组核心实体称为 PDSN（分组数据服务节点）和 HA（家乡代理），使用 IETF 中提出的基于终端的移动性概念以及 3GPP2 提出的一些机制。另外，它使用基于 Radius 的 AAA 基础设施来进行用户数据管理、认证、授权以及计费。

1.2.3 SAE——在不同网络之间架起了桥梁

在 EPC 的发展期间，许多使用 3GPP2 CDMA 技术的运营商开始对进行中的 3GPP 核心网演进变得感兴趣，他们希望参与到 LTE 生态系统中，以及加入到 SAE 工作项目支持下的通用核心网的开发中去。为此，3GPP 和 3GPP2 都建立了相关工作来确保 EPS 和 3GPP2 能够交互。由于 EPS 需要支持两种不同类型的核心网的演进，因此 3GPP 中的 SAE 框架应运而生。而 SAE 设计用于构建这两种不同的分组核心网之间的桥梁。

现存的分组核心网的开发是为了服务特定的市场和满足运营商的需求。这些需求没有随着 EPS 的演进而改变。但是，伴随着新一代无线网络的演进以及通过核心网络来传输新型业务的需要，EPS 必须在传统分组核心网的基础上支持额外的需求。

在 EPS 中，IETF 协议起着关键性的作用。3GPP 开发了 IMS 系统和 PCC（策略与计费控

○ CDMA2000 ® 是 3GPP2 组织伙伴（OP）提出的规范和标准中技术术语的商标。地理上（同时还作为发布时间），CDMA2000 ® 还是美国电信产业联盟（TIA-USA）的注册商标。

制）系统，这其中所使用的协议均建立在 IETF 所开发的协议基础之上，并依据 3GPP 的需求由 IETF 进行了增强。对于 3GPP 成员公司来说这样的做法并不新鲜也并非无人涉足，因为 3GPP 已在 IETF 中对 SIP、AAA、Diameter 和各种安全相关协议的开发均有所贡献。

协议选择方面最有争议的还是与移动性管理有关的问题，在 IETF 中存在一些相互竞争的草案，但是进展缓慢。IETF 选定 PMIP 作为网络侧的移动管理协议，与此同时，GTP 和 PMIP 均兼容于 3GPP 标准。

1.3　转移价值链

正如我们所见，电信业已经被语音业务垄断了几十年。用户定义、实现和使用业务的方式受限于成熟易懂的业务逻辑集。运营商从网络供应商和手机制造商处购买网络设备，再将手机出售给顾客，并且是终端用户唯一的业务和内容供应者。与此同时，顾客也受限于特定的运营商给他们所提供的业务选择。运营商网络并不是完全"开放"的，即它并不允许开发者在移动网络上轻易添加、安装或运行软件。因此，给移动网络开发的应用或业务必须经过严格的测试，遵守大量的网络标准，还要与运营商建立联系。

正如在 1.2 节中所讨论的，智能手机和其他"连接设备"已经开始提供传统运营商网络范围外的内容。终端用户现在可以选择和控制他们在移动设备上使用的业务与应用了。因此，移动宽带不仅改变了传输给终端用户的业务性质，也重新塑造了移动产业中数据业务的价值链。

移动宽带远远超出了传统运营商和网络供应商的价值链，自从 20 世纪 90 年代初 GSM 的发展以来，该价值链就几乎一直保持不变。通过数据业务，服务的归属与用户的归属通常是相同的。而现在，通过应用，事情发生了改变，运营商仍保留用户的归属，但是服务的归属发生了改变。终端用户能够访问所有移动用户可以访问的业务，而不是仅能访问某特定运营商的业务，这一开放性反过来又增加了对移动宽带业务的需求。

在为分割产业结构，以及为业务的开发和交付创造复杂的价值链的同时，这些业务在产业结构中也发生了巨大的变化，同时也产生了创新的机会。移动应用的普及进一步使移动宽带技术更加热销，同时也降低了很多相关技术的成本，如 M2M（机器到机器之间的通信）。这意味着围绕着 M2M、移动宽带连接和云存储的新业务，在过去的几年里从经济角度上讲已经变得可行了。

1.4　本书使用的术语

在阅读本书的时候，你会注意到，在描述核心网演进的各个不同方面时使用的术语也有所不同，你还会发现这些缩写被普遍地用于移动行业中。所以这里简要描述这些术语的含义，以及在本书中将如何使用它们。

在行业中使用的常见或每天都使用的术语，没有必要与标准中使用的相同，正相反，在移动行业中经常使用的术语与 3GPP 规范工作中实际使用的术语存在不一致的情况。

以下是对本书中描述的部分最常用的术语的简介。

EPC：新的分组核心架构，在 3GPP 版本 8 以及更新的版本中定义。

SAE：系统架构演进，3GPP 的工作项目，或说是标准化活动，负责定义 EPC 技术标准。

EPS：3GPP 术语，演进分组系统，涉及一个完全的端到端系统，如 UE、E-UTRAN（经过 EPC 连接的 UTRAN 和 GERAN）和 EPC 的组合。

LTE/EPC：之前用来表示完整的网络，在 3GPP 以外常用 LTE/EPC 来代替 EPS。在本书中使用术语 EPS 代替术语 LTE/EPC。

E-UTRAN：3GPP 术语，演进的 UTRAN，代表实现 LTE 无线接口技术的无线接入网络。

UTRAN：WCDMA/HSPA 无线接入网。

GERAN：GSM EDGE 无线接入网。

LTE：3GPP 工作项目（长期演进）的正式名称，该项目发展无线接入技术和 E-UTRAN。但是在日常交流中更常用 LTE 来代替 E-UTRAN。本书中使用 LTE 表示无线接口技术。总之，LTE 可以用于表示 RAN 以及无线接口技术。在更涉及技术细节的章节中，我们将做严格的区分，E-UTRAN 代表 RAN，而 LTE 代表无线接口技术。

2G/3G：GSM 和 WCDMA/HSPA 的无线接入和核心网络的通用术语。在基于 3GPP2 的网络中，2G/3G 是指支持 CDMA/HRPD 的整个网络。

GSM：2G 无线接入网络。在本书中，该术语不包括核心网。

GSM/GPRS：2G RAN 和用于分组数据的 GPRS 核心网络。

WCDMA：3G UMTS 标准中所使用的空中接口技术。WCDMA 也常常用于表示整个 3G 无线接入网络，它的正式名称叫作 UTRAN。

WCDMA/HSPA：3G 无线接入网络和提供高速分组业务的 3G 无线接入网络增强技术。通常也指升级后支持 HSPA 的 UTRAN。

WLAN/Wi-Fi：WLAN 指基于 IEEE 802.11 系列协议的特定接入方式，如 802.11g。与此同时，Wi-Fi 指所有遵守 IEEE 802.11 系列协议的无线技术。

GSM/WCDMA：第 2 代、第 3 代无线接入技术以及无线接入网络。

HSPA：包括了 HSDPA（高速下行分组接入）以及增强型上行链路。HSPA 为 WCDMA 引入了几个概念，从而使得提供高速的上下行链路成为可能。

CDMA：对于本书而言，CDMA 指由 3GPP2 定义的系统和标准。就本书的上下文而言，它被用作 CDMA2000 ® 的缩写，代表同时提供电路交换业务和分组数据的接入和核心网络。

HRPD：高速分组数据，是基于 CDMA 的高速无线数据技术。对于 EPC 而言，HRPD 进一步增强，从而用于连接 EPS，并支持到 LTE 或来自 LTE 的切换。因此，我们也称为 eHRPD（演进的 HRPD 网络），它能支持与 EPS 的交互。

另外在本书中，我们还想关注"UE""终端（Terminal）"以及"移动设备（Mobile Device）"的使用，这些术语在本书中是可相互替换的，并都代表了与网络通信的真实设备。

我们也使用单词"接口（Interface）"来指代参考点和实际的接口。

第 2 部分 EPS 概述

第 2 章 架 构 概 览

本章将介绍 EPS 架构，主要从高度抽象的角度对 3GPP SAE 工作项目中定义的整体系统架构提供介绍。接下来将分章节介绍网络中的逻辑节点及其功能，阅读完本章，读者将对 EPS 架构的主要组成部分有一定的了解，这将为后续对 EPS 架构各部分功能、接口及信令流程等的详细讨论做好铺垫。

2.1 EPS 架构

在 EPS 中存在多个域，每个域中存在一组节点相互交互，在网络中提供一系列特定的功能。

一个执行 3GPP 规范的网络如图 2-1 所示。其中，图左侧的 4 朵云分别指代 4 种不同的能够与 EPC 连接的无线接入网络（RAN）域，包括由 3GPP 所定义的第 2 代和第 3 代移动接入网络，即通常所提到的 GSM 和 WCDMA。而 LTE 是 3GPP 所定义的最新的移动宽带无线接入技术。最后还有一个称为"非 3GPP 接入网络"的域，指的是任何未在 3GPP 标准过程中所定义的分组数据接入网络，如 eHRPD、WLAN、固定网络接入以及它们的组合体。也就是说，3GPP 没有定义这些接入技术的具体细节。非 3GPP 接入技术的标准化则是由其他的标准化组织来完成的，如 3GPP2、IEEE 以及宽带论坛（Broadband Forum）等。在本书的后续章节还将进一步讨论与这些接入网络域的交互过程。

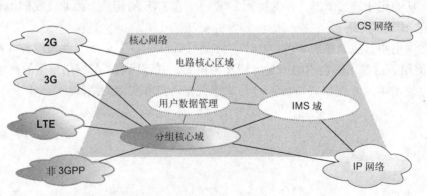

图 2-1 3GPP 架构中的相关域

从图 2-1 中可以看到，核心网络可以划分为多个不同的域（电路核心域、分组核心域和 IMS 域）。还可以看到，这些域之间通过一系列定义明确的接口来实现彼此的交互。用户数据管理域则提供协调用户信息、支持域内及域间的用户漫游和移动切换等功能。

电路核心域由一系列在 GSM 或 WCDMA 上提供电路交换服务支持的节点和功能构成。

相应地，分组核心域由一系列在 GSM、WCDMA 和 HSPA 上提供分组交换服务（主要是 IP 连接）支持的节点和功能构成。进一步地，分组核心域还提供在 LTE 和非 3GPP 接入网络上分组交换服务的支持。一般情况下，LTE 和非 3GPP 接入网络与电路核心域无关（除非支持在与 LTE 有关的语音切换时所需的一些特性）。此外，分组核心域还提供业务层和承载层策略的管理和增强，如 QoS。

IMS 域由一系列提供基于 SIP 的多媒体会话支持的节点和功能组成。IMS 域使用分组核心域功能所提供的 IP 连接。

用户数据管理域存在于这些核心域之间，用于处理使用其他域所提供服务的用户相关数据。在 3GPP 标准中，用户数据管理域并不作为独立的域存在，而是以用户数据管理功能存在于电路核心域、分组核心域以及 IMS 域中，实现与 3GPP 所定义的用户数据库的交互。然而，为了便于说明，我们选择将该域单独出来。

这里所重点强调的 EPC 架构，特指分组核心域和用户数据管理域的演进。而作为 3GPP 中最新的接入技术，LTE 的发展与 EPC 的设计息息相关（因为 LTE 只通过分组核心域实现连接）。我们会简要介绍 LTE。如果读者希望深入了解先进的无线通信中有趣的部分，我们推荐 Dahlman 在 2011 年所著的《4G：LTE/LTE – Advanced for Mobile Broadband》。在本书的第 5 章中将介绍电路核心域和 IMS 域，并深入探讨语音业务。

关于 3GPP 网络结构的概览这里就告一段落。接下来，我们将目光转到分组核心域的演进（或称为 EPC）上来。

EPC 的逻辑结构对于不熟悉 EPC 功能的读者而言看上去是比较复杂的，请读者耐心阅读，不要放弃。与以前的核心网络架构相比，EPS 的架构增加了一些新的逻辑实体，以及一系列新的功能和许多新的通用协议接口。我们将逐步揭开这些复杂功能的神秘面纱，并阐述其必要性。

EPS 的逻辑结构如图 2-2 所示，包括了早于 EPC 定义的分组核心域。图中还显示了与该传统的 3GPP 分组核心的连接是如何设计的（有两种方式来实现交互，实际上增加了图例的复杂性，稍后会做详细说明）。

请注意，图 2-2 给出了完整的架构流程，包括对所有能想到的分组数据接入网络之间互联的支持。但是由于一个网络运营商不可能同时使用所有的逻辑节点和接口，这就意味着部署选项和互联选项会在一定程度上得到简化。

图 2-2 中所不包含的是支持将逻辑节点作为实际网络中的物理组件的"纯"的 IP 基础设施。这些功能通常包含在能提供支持 IP 网络运行所需功能的底层传输网络之上。这些功能包括实体之间的 IP 连接和路由功能、支持在运营商网络中或之间实现网络实体选择和发现的 DNS 功能。这些功能要求在传输层和应用层支持 IPv4 和 IPv6（这些层的功能的具体细节将在第 3 部分和第 4 部分详细展开）。

本章（或说整本书中）中所涉及的所有节点和接口都是指逻辑节点和接口。因此，在实际网络部署中，其中一些不同的功能可能存在于同一个基础设施设备的物理切片上，而不同的供应商又可能有不同的部署。实际上，不同的功能是不同的软件实现，它们间的彼此连接通过

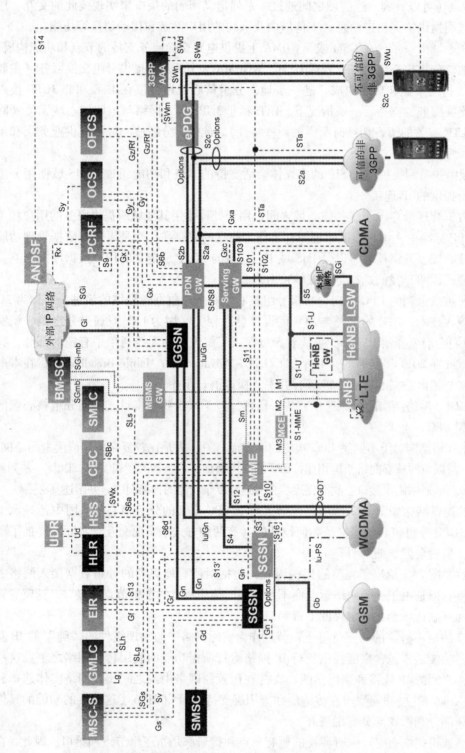

图2-2　EPS的逻辑架构

外部接口实现，而不是实际的电缆。另外，特定接口的物理实现也并不一定会使两个节点间直接建立连接，有可能需要路由通过其他的物理域。自然地，多个接口可以共享传输链路。

以连接两个 eNodeB 的 X2 接口为例进行说明（稍后还将进行详细说明），如图 2-3 所示，X2 接口在物理层通过 S1 接口（连接 eNodeB 和核心网络中的 MME）从 eNodeB A 路由到包含核心网络设备的核心网络中的某个域，而后再从该域通过无线接入网络路由回 eNodeB B。

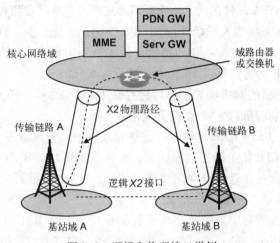

图 2-3　逻辑和物理接口举例

2.1.1　LTE 网络中的 IP 连接

EPC 架构中的核心功能是在 LTE 网络中提供基本的 IP 连接。图 2-4 给出了基本的 EPC 架构示意图，其中的组成部分都是部署 LTE 时所必不可少的。

该架构设计需要遵循两条原则。其一，希望通过设计一种"扁平"的架构来优化用户数据业务自身的处理。这里所说的扁平结构是指在用户数据业务处理过程中使用尽可能少的节点。该设计原则的初衷是在处理用户数据业务时允许采用节约成本的基础设施。随着新的基于 IP 的新业务的引入和 LTE 等新型接入技术的出现，未来将面临移动数据业务剧增，且增加速度将不断加快。这使得该设计原则越来越具有举足轻重的作用。

第二个指导性原则是将控制信令的处理（图 2-4 中的虚线部分）与用户数据业务的处理相分离，这是由多方面的原因所决定的。首先，控制信令的数量与用户的数目相关，而用户数据量很大程度上与新业务和应用，以及设备的性能（如屏幕大小和所支持的编码方式）相关，这是控制面与数据面分离的重要原因。决定在逻辑结构中实现控制信令和用户数据分离的第二个重要原因是为了同时实现控制功能和用户数据功能的优化。第三个重要的因素是控制信令和用户数据功能的分离可以增加网络部署的灵活性，因为通过这样的方式，在基于分布式的方式选择不同的基础设施设备来处理用户数据的同时，可以采用集中部署的设备来处理控制信令，从而节省宝贵的传输资源、最小化相互连接的两个实体之间的时延，也更适用于实时业务（如语音通话和在线游戏

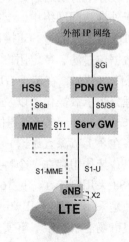

图 2-4　LTE 接入下的 EPC 架构图

等）。此外，还有第 4 个方面的原因，即控制信令和用户数据功能之间的分离还可以将不同的功能实体分散在网络中不同的物理位置，从而减少操作开销。通过功能的分离，网络节点具有更强的可扩展性，尤其在支持高带宽业务的处理时。这样，只有那些与终端业务相关联的节点需要进行扩展从而适应高吞吐量的业务需求，而不是在之前的方案中，所有业务和数据处理相关节点都需要进行扩展。最后，这样的架构与演进的 HSPA 中已有的分组核心架构类似，从而使得同时支持 LTE 和 HSPA 两种接入，使实现两者之间的平滑过渡和共存成为可能。

接下来，我们将从无线接入开始介绍该 EPC 架构。首先，在 LTE 无线网络中，至少包含一个 eNodeB（LTE 基站）。eNodeB 的功能包括实现用户设备和网络间的无线连接所需的所有特性。LTE eNodeB 的特性将在 15.1.1 节进行详细介绍。

在一个具有一定规模的网络场景中，可能存在上千个 eNodeB 节点。为了支持有效的切换，其中的很多节点之间都通过 X2 接口实现相互连接。

所有 eNodeB 都通过 S1-MME 逻辑接口连接到至少一个移动管理实体（简称 MME）上。MME 负责处理所有与 LTE 相关的控制面信令，包括接入到 LTE RAN 的设备和终端的移动性和安全功能。MME 还负责管理处于空闲模式的终端，包括支持跟踪区域管理和寻呼。空闲模式的相关内容将在 6.4 节做进一步介绍。

MME 依赖于已有的所有用户的用户注册数据来建立 LTE RAN 上的 IP 连接。基于这个目的，MME 与 HSS（Home Subscriber Server）通过 S6a 接口建立连接。HSS 为接入 LTE RAN 的用户管理其用户数据和相关的用户管理逻辑。用户注册数据包括提供身份认证和接入授权的证书。HSS 还支持 LTE 内以及 LTE 与其他接入网络（稍后会谈到这一点）间的移动管理。第 10 章将进一步地讨论 HSS 和用户数据管理。

用户数据载荷——去往和来自移动设备的 IP 分组——由服务网关（Serving GW）和 PDN 网关（PDN GW）这两类逻辑节点负责处理，其中 PDN（Packet Data Network）指分组核心网络。

S-GW 和 PDN GW 通过 S5 接口（在未漫游时，即用户通过该接口接入到家乡网络）或 S8 接口（在漫游时，用户通过该接口接入到外地访问 LTE 网络）实现相互连接。

S-GW 可以终止通往基站（eNodeB）的 S1-U 用户面接口，而作为支持 LTE 域内移动的锚点存在，同时，可选地，也支持 GSM/GPRS、WCDMA/MSPA 和 LTE 之间的域间移动。S-GW 缓存下行发送给处于空闲模式的终端的 IP 数据包。对于漫游用户而言，S-GW 总是存在于外地访问网络中，支持跨运营商的计费和结算功能。

PDN GW 是通过 SGi 接口与外部 IP 网络相连的连接点。PDN GW 具有 IP 地址分配、计费、数据包过滤、特定用户 IP 流的策略控制等功能，并作为重要角色为终端的 IP 业务提供 QoS 保障。例如，在基于 GTP 的变种 S5/S8 接口（随后会做进一步讨论）中，PDN GW 可以处理分组承载操作，以及针对 IP 数据包在分组承载相关参数的基础上标记相应的 DSCP（DiffServ code points）来提供传输级别的 QoS 支持（针对 EPS 架构中的 QoS 是如何工作的，我们将在 8.1 节深入讨论）。

EPC 架构中存在一个特别之处，S5/S8 接口在实现上存在两种完全不同的变种。一种是在 S5/S8 采用 GTP（详见 16.2 节），用来提供 GSM/GPRS 和 WCDMA/HSPA 网络的 IP 连接。另一种是采用 IETF PMIPv6 协议（详见 6.2 节和 16.4 节），但是该变种虽存在于实际部署中，但市场需求有限。事实上，GTP 已经是当前大量的移动网络间互联的事实上使用的协议，支持在全球范围内实现 GSM/GPRS 或 WCDMA/HSPA 网络覆盖下的任意地点的 IP 连接。

由于 PMIPv6 协议和 GTP 之间存在差异，故而当 S5/S8 接口上的协议不同时，S-GW 和 PDN GW 的功能也会有所不同。但是在理论上这两种协议可以在一个网络中同时使用。并且需要注意的是，S5 接口在大多数非漫游数据场景中并不开启，这使得很多运营商都选择部署能够将 S-GW 和 PDN GW 的功能结合起来的设备。这在理论上可以减少至多 50% 的处理用户数据的硬件数量（与网络规模和流量负载相关）。

在一些业务场景中，S5 接口必不可少，此时 S-GW 和 P-GW 的功能需要分开在两个物理设备上实现（两个网关）。值得注意的是，对于单个的用户/终端而言，任何时刻都只有一个 S-GW 处于激活状态来提供相应的服务。

用户漫游场景下，通过 S8 接口连接访问网络的 S-GW 和在家乡网络中的 P-GW。除此之外，在运营商的网络中，采用 S5 接口实现分离的网关部署存在以下 3 种情况：

1）当用户希望同时接入多个外部数据网络，且并非所有这些外部网络都由同一个 P-GW 提供服务时。此时，所有的关联于特定用户的用户数据总是经过同一个 S-GW，但会通过多个 P-GW。

2）当运营商的部署场景导致其不得不在中心位置部署 PDN GW，而 S-GW 在靠近 LTE 无线基站（eNodeB）的地方进行部署时。

3）当用户在不属于同一个服务域的两个 LTE 无线基站间移动时，S-GW 会发生变化，但是为了保持 IP 连接不中断，提供服务的 PDN GW 将保持不变（服务域和池化的概念将在 6.6 节介绍）。

上述的漫游场景和 3 种网络切换的示例如图 2-5 所示。

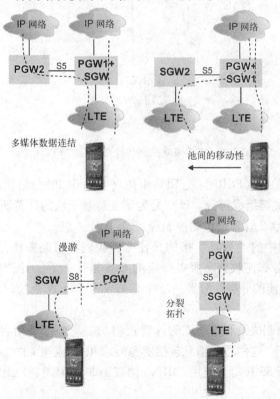

图 2-5　分离 S-GW 和 P-GW 场景的示例

S11 接口也是 EPC 架构中的主要接口之一，MME 和 S-GW 之间的控制信令通过该接口进行交互。此外，该接口的功能还包括用于为 LTE 用户建立网关和无线基站间的 IP 连接，提供用户设备在 LTE 无线基站间移动时的移动管理功能。

2.1.2 LTE 接入网的新型功能

本节在上述 EPC 基础架构上进行扩展，我们将对一些接口和旨在实现终端用户 IP 流控的额外功能特性进行介绍。这些功能特性将在随后的章节里加以描述。

本节中所述的"IP 流"，可以简单地认为是网络中属于某一个特定使用的应用的所有 IP 数据包，如 Web 浏览会话或 TV 流。

支持策略控制和收费功能的 EPC 架构示意如图 2-6 所示，该图相比于之前给出的示意图有了进一步的细化，新增了 3 种逻辑节点以及相应的接口——PCRF、OCS 和 OFCS。

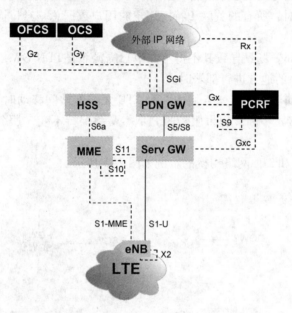

图 2-6　支持策略控制和计费功能的 EPC 架构

策略和计费规则功能（PCRF）是 EPC 架构（也是 3GPP 分组核心架构）中策略和计费控制（PCC）功能的关键组成部分。PCC 是为了支持基于流的计费而设计的，如在线信用控制、支持服务认证和 QoS 管理的策略控制等。

那么，3GPP 架构中的"策略"指的是什么？我们将策略看作是对网络中特定 IP 流的处理规则，如数据业务如何收费、服务所需的 QoS 是什么等。计费功能和策略控制功能都依赖于对所有 IP 数据流的分类。分类通过在 P-GW 和 S-GW 上实时地使用特定的数据包过滤规则进行。

PCRF 包括策略控制决策和基于流的计费控制功能。外部应用服务器可以通过 Rx 接口发送服务信息给 PCRF，这些服务信息包括资源需求和 IP 流相关的参数。PCRF 和 P-GW 通过 Gx 接口连接，而当 S5 接口上使用 PMIPv6 协议而非 GTP 时，PCRF 与 S-GW 通过 Gxc 接口连接。

漫游场景中，PCRF 在家乡网络中对所应用的策略进行控制，外地访问网络的 PCRF 通过 S9 接口与之交互，因此，S9 接口是 PCRF 之间的漫游接口。

离线计费系统（OFCS）和在线计费系统（OCS）与 PDN GW 分别通过 Gz 和 Gy 接口连接，并支持根据不同的参数（如时间、数据量、事件等）对终端用户计费的众多方法。在 8.3 节中会介绍 EPC 架构中的计费功能。

在图 2-6 中还包含 S10 接口。该接口将多个 MME 连接起来，当为用户提供服务的 MME 必须发生更换时，该接口负责 MME 间的信息交互。MME 必须发生更换的情形有很多，如 MME 维护、节点失效、终端在资源池间发生移动等。在 6.6 节中将介绍池化的概念。

2.1.3 LTE 与 GSM/GPRS 或 WCDMA/HSPA 间的交互

我们注意到，新的无线网络在部署之初虽然可以提供服务，但是由于其覆盖并不完整，并不能支持无处不在的接入。因此，不同移动网络间需要通过交互来为移动用户提供连续的服务，这是任何移动网络架构必须要支持的关键功能。在众多市场中，LTE 在 2GHz 或更高的频段上进行部署。通常情况下，频段越高数据容量越大（因为有更多的可用频谱），而与此同时，基站在相同能耗下频段的增高意味着覆盖范围将缩小。也就是说，基站数据容量的提升是以其覆盖范围的缩小为代价的。

在 LTE 的部署过程中，如何与现有支持 IP 连接的接入网络间进行交互成为关键所在。EPS 架构通过两种不同的方案来解决该需求。其中一个方案针对 GSM/GPRS 和 WCDMA/HSPA 两种网络，而另外一种方案则允许在 LTE 与 CDMA 接入技术（1xRTT 和 eHRPD）间进行交互。在 6.4 节中将介绍 EPC 中所支持的跨系统移动性。

为了支持 LTE 和 GSM/GPRS 或 WCDMA/HSPA 网络间的交互，与所想的相比，3GPP 所提出的解决方案要复杂得多。实际上，对于如何实现 LTE 和 GSM/GPRS 或 WCDMA/HSPA 网络间的交互，3GPP 定义了两种不同的选项，接下来我们将分别进行介绍。

1. 基于 Gn-SGSN 的交互

自从 1997 年发布第一个 GSM/GPRS 规范版本以来，SGSN 一直作为分组核心架构的一部分。最初 SGSN 引入到 GSM 网络中用于支持 GPRS 服务，GPRS 是一种基于 GSM 的分组数据连接服务。1999 年，SGSN 增加了支持 WCDMA 网络的 IP 连接功能。2005 年，WCDMA 中的 IP 连接服务得到了发展，HSPA 应运而生，然而，HSPA 对于分组核心架构自身没有实际的影响，它主要还只是 WCDMA 无线接入技术的增强。

在 GPRS 架构中，SGSN 与 GGSN 相连。通过 GSM/GPRS 和 WCDMA/HSPA 接入的分组数据会话均经由 SGSN 与外部 IP 网络相连。SGSN 会为指定的终端选择合适的 GGSN。如图 2-7 所示，HLR 与 SGSN 相连，负责存储通过 GSM/GPRS 和 WCDMA/HSPA 接入的用户数据。

当用户在由不同 SGSN 提供服务的网络间进行移动时，为了保证 IP 会话的连续性，SGSN 间通过特定的接口（也称其为 Gn，尽管不符合逻辑）进行交互。此时，当从一个接入网络切换到另外一个接入

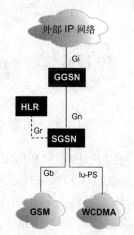

图 2-7　GSM/GPRS 和 WCDMA/HSPA 的分组核心网络

网络时，通过保持 GGSN 不变，可以使得 IP 地址以及其他与该 IP 会话有关的参数仍然得到维护。

如果我们忽略物理分组数据设备，并且无论这些设备能否平滑过渡到使其支持 EPC 架构及其相应功能，那么对于 LTE/EPC 而言，逻辑 SGSN 节点有着极其重要的作用，但是逻辑 GGSN 却无法起到这样的作用。现有的 SGSN 和 GGSN 仍然会一如既往地为非 LTE 用户提供服务，并且当超出 LTE 的覆盖范围时，SGSN 也还会被支持多种接入技术的终端所使用。

传统的分组核心架构以及相应的控制信令流程成为构建 LTE 与 GSM/GPRS 或 WCDMA/HSPA 之间进行交互的第一种方案的基础。实际上它是 3GPP 中定义的第二种方案，但是它是理解上最简单明了的一个方案。

该方案涉及与 SGSN 相连的 GSM 和 WCDMA 无线网络，随后还包括了与 SGSN 相连的MME 和 PDN GW（分别作为另一个 SGSN 和 GGSN）。实际上，MME 和 PDN GW 复制了GSM/GPRS 和 WCDMA/HSPA 之间移动所需的信令，从而实现与 LTE 之间的移动性。如图 2-8 所示，MME 和 PDN GW 分别作为 SGSN 和 GGSN，与 SGSN 相连。

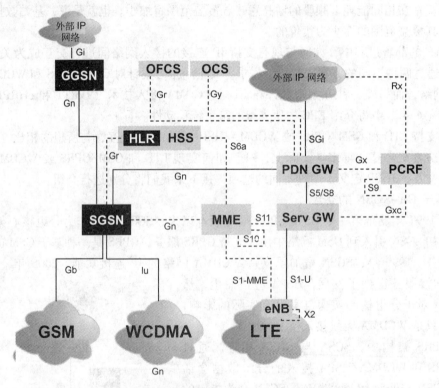

图 2-8　LTE 与 GSM/GPRS 或 WCDMA/HSPA 通过 Gn 接口进行交互

这里包含了 MME 和 PDN GW，通过标准的分组核心的 Gn 接口与 SGSN 相连。该 Gn 接口也可以是在设计 EPC 架构前就已定义和使用的旧 Gn 接口。在这种情况下，使用了旧 Gn接口的 SGSN 就被称为 pre – Rel8 – SGSN。

通常来说，SGSN 与逻辑节点 HLR（家乡位置注册）通过 Gr 接口相连，HLR 是存储了GSM 和 WCDMA 中用户数据的主要数据库。作为替代，MME 与前面描述的 HSS（家乡用户服务器）相连。当在 GSM/WCDMA 和 LTE 间移动时，网络中不应该存在不一致的信息，如当前终端接入哪个无线网络。这就意味着，HLR 和 HSS 之间需要共享一个数据集，或通过其他方式来维持信息的一致性，如通过信息交互。在版本 8 中，3GPP 没有为该问题提出具体的解决方案。实际上在后续版本中，3GPP 为了在一定程度上规避该问题，将 HLR 定义为 HSS 的子集，并概括了传统 HLR 和 EPC 节点间的交互，进一步的描述详见第 10 章。对于保证这种数据一致性的实际解决方案而言，不同网络基础设施设备的供应商的具体方案会有所区别。如图 2-9 所示，3GPP 版本 9 通过增加 UDC 架构来解决数据一致性的问题。

在 UDC 架构中，处理逻辑、连接网络基础设备的不同接口与用户数据库实现了分离。处理逻辑包含在一系列"前端"逻辑节点中，这些逻辑节点具有处理用户数据和连接外部节点的所有功能。用户数据则存储在另一个称为 UDR（用户数据库）的逻辑节点中，并且数据经 Ud 接口由所有"前端"逻辑节点所共享。这样的架构不仅保证了数据的一致性，还简化了运营商的数据配置（通过一个用户数据库来满足网络中的所有服务需求）。另外，还能够提供有效的方案，使得某个"前端"网络节点的功能失效时，可以由另一个"前端"节点来替代。

图 2-10 给出了一个应用 UDC 架构服务多接入网络（也可服务 LTE）的示例。UDR 数据库中存储了所有用户的通用用户数据集，该数据集对所有 LTE 和非 LTE 用户有效。从图 2-10 中可以看到，SGSN 和 MME 分别与 HLR 前端（HLR-FE）和 HSS 前端（HSS-FE）通过特定的接口相连。第 10 章中将深入探讨 UDC 架构。

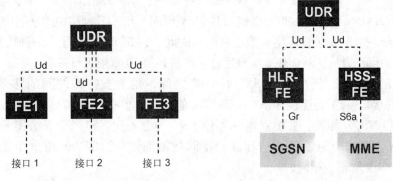

图 2-9　UDC 架构　　　　　图 2-10　3GPP 多接入下的 UDC 架构示例

2. 基于 S4-SGSN 的交互

Gn-SGSN 解决方案不是 LTE 和 GSM/GPRS/WCDMA/HSPA 之间实现交互的唯一选项。下面介绍另一种支持 LTE 和 GSM/GPRS/WCDMA/HSPA 之间交互的方案，即图 2-11 所示的 S4-SGSN 方案，该方案属于 EPC 的一部分。事实上，3GPP 定义 S4-SGSN 方案要早于 Gn-SGSN 方案。

和 Gn-SGSN 方案的交互架构类似，S4-SGSN 方案中 SGSN 同样通过 Gb 和 Iu-PS 接口分别与 GSM/GPRS 和 WCDMA/HSPA 连接，从这个意义上说，这两个方案是没有区别的。实际上，这两种方案对于无线网络和终端而言都是完全透明的。

然而，在 S4-SGSN 方案中，SGSN 配置了新的接口。其中，S3/S4/S16 这 3 个接口与 GTP 的更新版本相关。GTP 早在 20 世纪 90 年代末新兴的 GPRS 中就已经得到应用，并逐渐成为 3GPP 数据分组核心架构的核心组成部分。这 3 个接口代替了传统分组核心架构中出现的 Gn

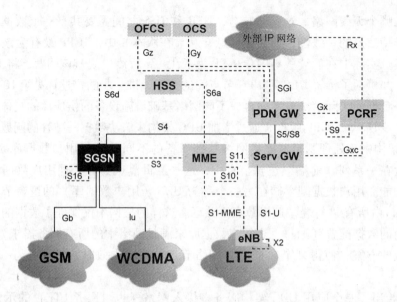

图 2-11　使用 S3/S4 接口实现 LTE 与 GSM/GPRS 或 WCDMA/HSPA 之间的交互

接口的不同变种。第 4 个新的接口是 S6d，它模仿了 MME S6a 接口，连接到 HSS，可以从 HSS 恢复用户注册数据。但对于 SGSN 而言，这些只是与 GSM 和 WCDMA 相关的数据，而与 LTE 无关。和 S6a 接口一样，S6d 接口支持 IETF Diameter 协议，能够评估出 SGSN 的实际需求以支持到 HLR 的 SS7/MAP 信令，同时也允许使用 GSM/WCDMA 和 LTE 网络中的通用用户数据集。作为网络的一部分，用户数据管理是很难迁移的，因此，在 3GPP 中描述了一种使用 Gr 接口来代替 S6d 接口的可选方法，从而便于实现迁移。这将在第 10 章中进行讲述。

　　S3 是一个信令接口，使用在 SGSN 和 MME 之间，用于支持系统间的移动。S16 是 SGSN-SGSN 间的接口。S4 是连接 SGSN 和 S-GW 的接口。值得注意的是，在 Gn-SCSN 方案中，SGSN 与 PDN GW 相连，并被视作一个 GGSN。与之相比，S4-SGSN 方案是存在区别的。在 S4-SGSN 方案中，S4 分别包含了用户面和控制面部分。GTP 的用户面部分是不变的，在两个方案中也是完全相同的。

　　SGSN 和 S-GW 相连，在 S-GW 上为 LTE、GSM/GPRS、WCDMA/HSPA 的接入提供了一个通用锚点。服务漫游用户的 S-GW 位于外地访问网络，这就意味着，不管使用何种无线接入技术，特定的漫游用户的所有数据都将通过 S-GW 进行转发。这种方法是全新的，与在 Gn-SGSN 方案中处理漫游完全不同。在 Gn-SGSN 方案中，SGSN 通过漫游接口与 GSM 和 WCDMA 相连，而 S-GW 只与 LTE 相连。此时，由于漫游数据是经过了网络中的同一个节点，因此 S4-SGSN 允许外地网络运营商可以按照一致的策略来实现流量的控制和监测。S4-GSGN 方案中一个潜在的缺陷是，用户数据在发往 PDN GW 时必须多经过一个节点，但至少对于 WCDMA/HSPA 而言，该问题存在一个解决方案，如图 2-12 所示，即在 WCDMA 的 RNC 和 S-GW 之间新添加一个接口，实现直接的连接。该接口被称为 S12，是可选的。如果使用了该接口，则 SGSN 只需处理 WCDMA/HSPA 的控制信令。这么做最主要的目的是，网络规模将无须由 SGSN 的用户容量来决定，这对于无线网络上迅猛增长的业务数据而言，无疑是重要的。

　　值得注意的是，实际上 Gn-SGSN 方案也可以实现用户数据绕过 SGSN 进行发送的功能。但这就意味着在 WCDMA RNC 与 PDN GW 间需要有直连接口。但不同的是，该方法不支持

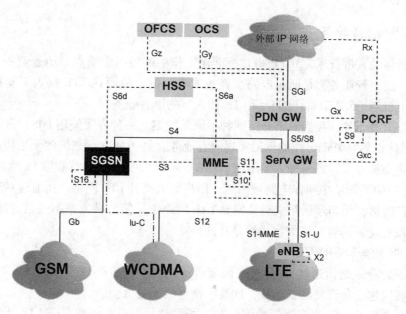

图 2-12　WCDMA/HSPA 中的直接隧道的支持

用户漫游的场景，因为如之前所描述的，漫游数据必须经由 Gn-SGSN。

取代 Gn-SGSN 方案而使用 S4-SGSN 的更进一步的区别是，S4-SGSN 还支持对处于空闲模式的终端的信令开销进行优化，这个概念被称为 ISR（Idle Mode Signaling Reduction，空闲模式信令缩减）。ISR 允许空闲模式的终端（没有流量，也没有建立无线承载）在不同的无线接入网络间移动时，无须在网络中注册。这大大减少了移动信令开销，而且降低了终端的电池能耗。但是 ISR 也存在缺点，其中最主要的是寻呼终端时将消耗更多的网络资源，且在建立 VoLTE 通话时会增加额外的时延。在 6.4.3 节中将详细介绍 ISR。

概括来说，选择基于 S4-SGSN 方案的架构存在如下优势：

- 基于 Diameter 协议，所有接入方式的信令统一。
- 支持包含所有接入技术的通用漫游框架，当接入技术发生变化（可以是频繁地）时，无须家乡网络的参与，即 LTE/GSM/WCDMA 的移动相关信令可以保持在外地访问网络，而不用发往家乡网络。
- 为所有接入技术提供通用的用户数据配置。
- 简化了在不同接入技术间移动时的 QoS 的差异化服务。
- 支持 ISR。
- 支持 GSM/WCDMA 和非 3GPP 接入技术（如 Wi-Fi）之间的移动切换所需的信令。

为了进一步优化分组切换性能，需要能够可选地使用分组转发功能。这就意味着，在需要发往用户设备的数据已从 PDN GW 发到 SGSN 或 S-GW，而用户设备恰好发生了移动时，仍会转发到与目的网络相应的节点。该功能不是必需的，但是由于理论上在切换过程中不会带来丢包，故而可以大大提升用户切换体验。LTE 和 GSM/WCDMA 网络间的数据包转发功能是经由 SGSN 和 S-GW 间的 Gn/S4 接口来完成的，也可以通过源和目的无线网络节点之间的直连接口实现。

2.1.4　3GPP 语音业务

除了发展移动宽带技术，3GPP EPC 标准化工作中的另一个重点是语音业务。LTE 是分组接入网络，而语音业务都是通过电路交换技术实现的，故而在 LTE 接入下支持语音业务需要一些特定机制。5.2 节将详细介绍 LTE 接入下的语音业务。

为了支持语音业务，我们简单介绍两种不同的方案。一种方案使用 IMS，借鉴基于 VoIP 的 3GPP 多媒体电话（MMTel）的框架实现语音业务。另一种方案是仍然使用传统的支持语音业务的电路交换方式。第一种方案用在 GSMA VoLTE 中，在第 5 章和第 11 章会详细讨论。第二种方案在 3GPP 标准中叫作电路域回退，用户暂时离开 LTE 网络，而通过 GSM/WCDMA 网络发起语音通话，而当通话结束后又回到 LTE 网络中。第二种方案不是最好的处理方案，但是在 IMS 没有全面部署时该方案仍然是首选。

1. VoLTE 业务和 SRVCC

VoLTE 语音业务是指通过 IP 分组来携带语音。该方案基于 IMS/MMTel 实现，而 LTE/EPC 负责正确地建立和管理语音承载，这其中就包括了紧急会话。

如果正在进行 VoLTE 语音通话的用户发生了移动，则很有可能离开 LTE 无线网络的覆盖范围。而事实上因为频繁移动的发生以及 LTE 覆盖范围的局限性，该情形无处不在。3GPP 标准化了用户在进行基于 IMS/MMTel 的语音通话时，从 LTE 切换到其他系统（GSM/WCDMA）的流程。之后的操作取决于移动到的目的系统是否支持 IMS/MMTel。如果支持，则通过数据包切换流程（详见 17.4 节）后 IMS/MMTel 会话保持连续，但是会话不再称作 VoLTE。该切换流程通过 MME 和 SGSN 间的 S3（或 Gn）接口来实现。

如果目的系统不支持基于 IMS/MMTel 的语音通话，则 VoLTE 会话将切换到 GSM 或 WCDMA 的电路域。该过程就是 SRVCC（Single Radio Voice Call Continuity）。SRVCC 过程包括终端到目标系统电路域的预注册过程和切换过程。MME 与 MSC 通过 Sv 接口交互相关的信令。如果目标系统可以同时支持语音和数据业务（如 WCDMA），则数据承载的转移可以与建立电路域语音会话的过程同时发生，数据承载的转移通过 MME 和 SGSN 间的 S3 或 Gn 接口完成。而如果目标系统不能同时支持语音和数据业务，数据业务则在进行语音通话的过程中暂停。

2. 基于电路域回退的语音业务

如果网络不支持 IMS，则 LTE 用户在发起语音会话时只能暂时离开 LTE 网络，通过 GSM/WCDMA 来进行语音通信。MME 与 GSM/WCDMA 核心网络架构通过 SG 接口交互相关信息，以完成电路域的预注册、语音会话和承载的建立等过程。当发生移动切换时，如果用户移动到的目的系统同时支持语音和数据业务（如 WCDMA），那么数据承载的转移可以与建立电路域语音会话的过程同时发生，并通过 MME 和 SGSN 间的 S3 或 Gn 接口完成。而如果目标系统不能同时支持语音和数据业务，数据业务则在进行语音通话的过程中暂停。

图 2-13 是 3GPP 语音会话方案示意图，主要强调了切换部分。为了简单起见，图 2-13 中包括了 GSM/WCDMA MSC 及连接到 GSM 和 WCDMA 无线接入网络的接口，但是省略了 SGSN。该图还简化成了只包含一个 MSC。在大多数实际部署中，MSC 往往被一个 MSC 服务器和一个多媒体网关（Media GW）代替，MSC 服务器负责处理信令而多媒体网关处理语音通信中的媒体部分。

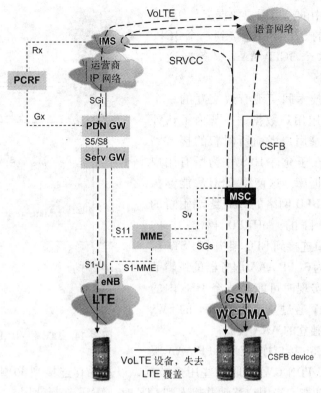

图 2-13　3GPP 语音会话方案

需要注意的是，MSC 中所使用的具体机制和支持 SRVCC 的 IMS 系统不在本书的讨论范围。

2.1.5　LTE 和 CDMA 网络的交互

如前所述，建立 EPC 还需要考虑的一个重要方面是实现与传统移动网络基础设施的有效交互，从而允许广域的业务覆盖。基于对使用通用的分组核心网络所带来的显著利益的考虑，3GPP2 也提出了一个支持 LTE 和 CDMA 接入连接的解决方案，该解决方案允许设备在这两种无线接入技术间进行有效且平滑的切换。

LTE 和 CDMA 网络之间的交互包括以下两个不同的方面：

- 与 CDMA 1xRTT 网络的语音业务交互。
- 与 CDMA eHRPD 网络的数据业务交互。

eHRPD（Evolved High Rate Packet Data）是从 CDMA EV－DO 演进而来的，致力于在 CDMA 上提供更先进的服务，并能够接入到 3GPP EPC 架构中。它还支持 LTE 和 CDMA 之间的切换接入。

LTE 和 eHRPD 的混合架构如图 2-14 所示。架构中一个关键的部分是 eHRPD HSGW（HRPD Serving GW）和 PDN GW 之间的 S2a 接口。将 HSGW 连接到 PDN GW 中为 LTE 和 CDMA 接入提供了一个通用的 IP 锚点。S2a 用于信令交互和数据传输，方式类似于在 3GPP 接入方式下的 S5 接口，其用于物理上分离的 S-GW 和 PDN GW 之间。然而一个不同点是，当使用 eHRPD 时，S2a 不使用 GTP，它是一个基于 PMIP 的接口。

为了共享 HSS 中的通用用户数据集，HSGW 通过基于 Diameter 的 STa 接口连接到一个 3GPP AAA 服务器，且这个 3GPP AAA 服务器通过 SWx 接口连接到 HSS。

允许两种接入技术间实现有效交互的一个基础功能是使用通用用户数据——既为了认证目的也为了追踪记录用户当前所附着的接入网络。该方案的核心在于允许 HSS 作为所有用户数据的一个通用数据库。这使得 HSGW 能够执行对接入 CDMA eHRPD 网络的 SIM 终端附着的认证。为了这个目的，eHRPD 网络中的 HSGW 通过 STa 接口连接到 EPC 架构中。STa 接口终止于一个被称为 3GPP AAA 服务器的逻辑节点，该节点在实际实现时可能是一个 HSS 内的软件功能，或是一个通过基于 Diameter 的 SWx 接口连接到 HSS 的独立的 AAA 设备。

PDN GW 通过 S6b 接口连接到 3GPP AAA 服

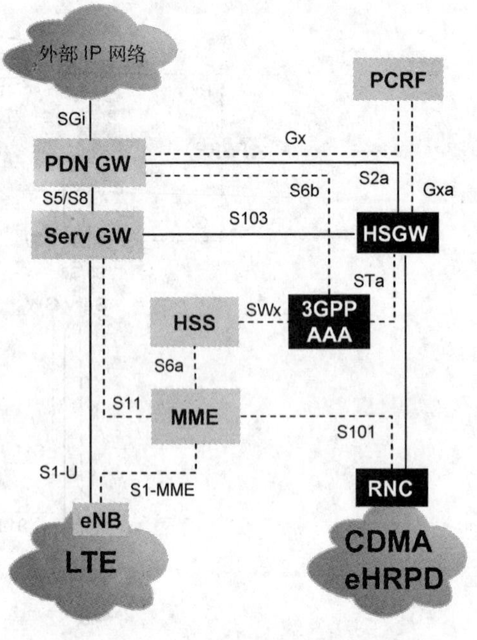

图 2-14　LTE 和 eHRPD 的混合架构

务器。通过该接口，PDN GW 获取某些用户数据，以及保存连接到 PDN GW 的用户信息，为了便于实现这个功能，当用户移动并接入到 LTE 时，MME 选择使用之前 eHRPD 网络中所使用的 PDN GW，这也是在切换后维护 IP 会话的一个先决条件。

最后，EPC 架构允许一个也在 eHRPD 中使用的通用的策略控制器（即 PCRF）来提供策略。这是通过连接到 HSGW 的 Gxa 接口上来完成的。

架构的一个可选部分是关于如何优化从 LTE 到 CDMA eHRPD 的切换性能——也就是最小化切换期间的数据传输中断时间。有两种主要的解决方案，但对于网络和终端具有不同的影响。

第一个解决办法是在服务 LTE 的 MME 和 CDMA 接入之间引入一个接口。该接口被称为 S101，当从 LTE 向 eHRPD 网络发生分组数据切换时使用。这一过程包括在目标接入网络中的预注册以及实际的切换信令，这些信令都是通过在 MME 和 eHRPD 网络间的 S101 接口上承载的，该功能将在 6.4.5 节中进行更加详细的描述。

为了进一步优化 LTE 和 eHRPD 之间分组数据切换时的性能，还提出了 S103 接口规范。当用户终端执行向 eHPRD 的切换时，该接口用于转发那些突然中断 S-GW 的发往终端的数据分组。这些数据分组会被转发到 eHRPD 的 HSGW 中，由此近似地实现了无丢失切换性能。但这种分组转发方式的价值是值得怀疑的，任何从 LTE 向 eHRPD 的移动中，大多数情况下都会导致峰值速率下的显著丢包，从而也就会导致数据协议降低传输速率，如 TCP。因此，该方案的实际价值取决于所使用的应用程序。使用 S103 的分组转发可以被看作一个优化选项，在某些情况下它可以带来性能的提升。

优化切换性能的第二种解决方案依赖于具有 LTE 和 CDMA 两种功能的设备能够支持同时使用 LTE 和 eHRPD 接入来进行通信。这意味着一个更复杂的终端却使用一个较简单的网络解决方案，这种方案不需要使用 S101 接口以及相关过程。

22

对于同时具有 LTE 和 CDMA 功能的移动电话而言，支持语音业务是必须的。有多种可能的解决方案，然而假设语音不通过 eHRPD 进行承载，则存在两种主要的可选方案：

- 在 LTE 的覆盖范围内使用基于 IMS 的 VoLTE（Voice – over – LTE）服务，当超出 LTE 覆盖范围时将正在进行中的通话切换到 CDMA 1xRTT 语音服务。
- 总是对语音电话使用 1xRTT 基础设施，即使在 LTE 覆盖范围中。该方案不要求任何 IMS 解决方案，但会导致正在进行语音业务时数据服务中断。该过程通常被称为电路域回退（Circuit – SwitchedFallback，CSFB）。

SRVCC 和 CSFB 都是通过在 MME 和 1RTT MSC 之间的 S102 接口执行相应过程来实现的。

图 2-15 给出了在 LTE 和 CDMA 1xRTT 混合网络下语音业务的这两种可选方案的示例，既可以在 LTE 覆盖范围内使用一个基于 IMS 的 VoLTE 语音业务，之后在超出 LTE 覆盖范围时仅使用 1xRTT 语音业务（记为 SRVCC），又可以总是使用 1xRTT 来实现（CSFB）。值得注意的是，在 SRVCC 情况下，仅是使用了 1xRTT 接入，通话功能也还是在 IMS 系统中进行处理。MSC – IMS 的交互细节超出了本书范围，不做进一步介绍。

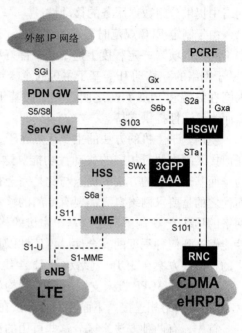

图 2-15　LTE + CDMA 运营商的语音解决方案示例

2.1.6　3GPP 接入技术和非 3GPP 接入技术间的交互

EPC 架构被设计来支持几乎任何接入技术间的互联。这为处理到 PDN 的接入提供了一种通用的方法，而不论使用的是何种接入技术，这就意味着，如一个终端的 IP 地址分配、访问通用的 IP 服务以及用户数据管理、安全、计费、策略控制和 VPN 连接这类的网络特性，均可以独立于接入技术而存在，不论是无线接入还是固定接入（见图 2-16）。

除了业务处理的、通用的和接入独立等特性外，EPC 架构还允许 3GPP 技术（如 GSM/GPRS、WCDMA/HSPA 和 LTE）和非 3GPP 技术（如前面提到的 CDMA、Wi – Fi 或有线接入技术）之间的交互。

考虑如下用例：你携带着一个可以接入 LTE 和 Wi – Fi 的设备。你连接到 LTE/EPC 网络中，并移入室内，如到你家。在家里你有一个固定的宽带接入，连接到一个含 Wi – Fi 功能的家用路由器。从性能的角度看，这种情况下，设备可以从 LTE 接入切换到 Wi – Fi 接入。之后，EPS 网络需要使用一些必要的功能，从而可以在两种完全不同的接入技术之间维护会话。

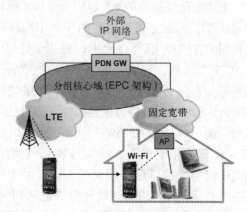

图 2-16　3GPP 接入和非 3GPP 接入技术间的交互

所需的关键功能是要能够在 PDN GW 中支持移动性。移动 IP 在 20 世纪 90 年代由 IETF 组织设计完成，用以提供 IP 主机移动性，即一个便携式计算机能够连接到当前所访问的 IP 网络，并通过隧道转发 IP 分组的机制与家乡 IP 网络建立连接。对于所有的通信对端而言，该主机表现得像始终处于家乡网络中一样。移动 IP 技术已经用于在基于 CDMA 技术的移动网络中提供分组数据服务的移动性。

由于制定 EPC 规范时需求的多样性，架构中的这部分内容（移动性相关）出现了非常多不同的选项（一定程度上这不是一件好事情）。首先，可以选择"基于主机/终端的"或"基于网络的"移动 IP。基于主机的意味着移动 IP 客户端位于终端侧，且 IP 隧道将通过接入网在终端和 PDN GW 之间建立。而基于网络意味着在接入网中执行了主机的某些行为，从而为移动性提供支持。

使用基于主机的方法的主要优点在于，只要终端自身可以提供足够的支持，它便可以在任何接入网中执行相应的移动性功能。这一功能可能对于接入网的功能性而言是完全透明的。而基于网络的方法的优点与此是完全相反的——它简化了终端侧的客户端应用程序，取而代之的是要求网络自身需要有专门的移动 IP 支持。如上所述，CDMA eHRPD 选择了基于网络的移动 IP 机制。对于"基于主机的移动性"而言，需要关注的主要问题在于这种移动性能够达到何种程度的安全性、可信性以及有效性。这些关注点在一定程度上促进了基于网络的移动性方案在 3GPP 网络和 IETF 组织中的发展。

采用了非 3GPP 接入支持的 EPC 架构如图 2-17 所示。如图可见，可以有多种途径与非 3GPP 接入网络相连接。下面我们将尝试在为这些方法进行分类。

首先，有两种方法来区分这些可用的选项。

1）是连接到可信的网络还是不可信的网络？

2）使用"基于网络的"还是"基于主机的"移动性机制？

基于网络和基于主机的概念在前文中已经提到，而什么才是一个"可信的"或"不可信的"接入网呢？简单来说，3GPP 运营商（PDN GW 和 HSS 的所有者）是否信任某个特定的非 3GPP 接入网络有一个很明确的评判标准。一个典型的"可信"网络可以是运营商所拥有的 eHRPD 网络或可以通过 Wi-Fi 接入的固定网络，而一个"不可信的"网络可以是，例如，在公共咖啡厅使用 Wi-Fi 且通过公网连接到 PDN GW。

上文中已经提到的 S2a、STa 和 Gxa 接口可用于 eHRPD，而在这里所描述的场景中同样可以按照相同的方式使用。STa 和 Gxa 适用于任何可信的非 3GPP 接入网，它们分别用于用户数据管理和策略控制。当在可信网络中使用基于网络的移动性方案时，S2a 用于维持数据连接性。不可信网络中相应的接口包括 S2b、SWm、SWa 和 Gxb（其中，SWm 和 SWa 用于执行 AAA）。然而，它们与可信网络中使用的接口存在较大的不同。由于运营商可能不会信任设备附着时所使用的非 3GPP 接入网络，因此 S2b、SWm 和 Gxb 接口并不像 S2a、STa

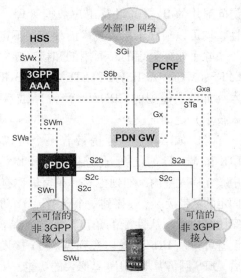

图 2-17 非 3GPP 接入网适用的 EPC 架构

24

和 GXa 那样可直接连接到接入网本身，而是接入到一个新的逻辑节点，被称为 ePDG（演进分组数据网关）。这是 PDG 的一个演化版本，在 3GPP 标准的早期版本中被提出，用以允许通过 Wi‑Fi 接入连接到 3GPP 网络（但不支持接入网间相互访问的移动性）。通常，ePDG是属于移动运营商的。更多的信息可以在 7.3 节中查询。SWa 被用于在不可信的接入网络中提供接入认证。

在接入网不可信的情况下，用户设备和 ePDG 之间将使用 IPsec 建立加密隧道，这是用来保证任一设备都可以基于安全的方法与网络进行通信。加密隧道的建立使得每个移动终端都和ePDG 之间建立起了一个逻辑关联，称为 SWu 接口。该接口承载了用于管理隧道的信令和用户数据。ePDG 连接到 PDN GW，数据和信令都使用这两个节点之间的 S2b 接口进行传输。

不可信的接入网络和 ePDG 之间的接口被称为 SWn。不可信的接入网和 ePDG 所属的运营商网络之间的所有信令和数据传输都由 SWn 接口所承载。因此，SWu 流量和信令也总是在 SWn 接口上进行路由。

在这种不可信网络中需要了解的最后一个接口是 SWm。SWm 是一个信令接口，它将ePDG 连接到 3GPP AAA 服务器上，用于在 3GPP AAA 服务器（AAA 服务器本身可以使用SWx 从 HSS 获得数据）和 ePDG 之间传输与 AAA 相关的参数，从而建立和认证 ePDG 与终端间必要的 IPsec 隧道。

除了基于网络的移动性解决方案可以用于可信和不可信的网络之外，同样也有基于主机的移动性解决方案，这种方案依赖于移动设备和 PDN GW 之间的 S2c 接口。这意味着形成了一个新建重叠层的解决方案，而不需要从底层的非 3GPP 接入网获得任何特定的支持。这种方案同样可以使用在可信的和不可信的接入网中。

基于主机的和基于网络的移动性解决方案在 6.4.6 节和 17.7 节中将有进一步的描述。

2.1.7 蜂窝网络中对广播的支持

在网络架构中，定义了一些专门的功能、节点和接口来支持同时向多个用户广播内容，这种做法在多个用户能够同时接收相同内容的同时，极大地节省了网络资源。广播功能是基于规范的、用于 WCDMA 和LTE 的 eMBMS 技术（Evolved Multicast Broadcast Multimedia Service，演进型组播广播多媒体服务）。在 LTE 中支持广播的架构图如图 2–18 所示。

BM‑SC 是一个节点，用于控制广播会话及与媒体资源和（通过 PDN GW）终端用户设备进行交互。

MBMS GW 是一个逻辑节点，负责通过 M1 接口传输下行会话数据给基站，以及通过 MME 使用 MBMS 信令以控制广播会话。MBMS GW 通过 SG‑mb 接口和 SGi‑mb 接口连接 BM‑SC，分别承载信令和数据传输。

MME 通过 Sm 接口连接到 MBMS GW，并通过 M3 接口与 LTE RAN 进行通信，用于中继从 MBMS GW 处接收到的会话控制信息。

LTE RAN 中的 MBMS 架构包含两种逻辑实体——

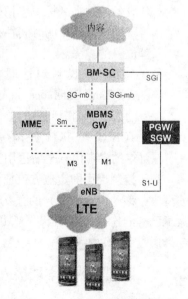

图 2-18　LTE 中支持广播的架构

25

eNodeB（也就是基站）和多播协作实体（Multicell/Multicast Coordination Entity，MCE），二者使用 RAN 中的 M2 接口相互连接。图 2-18 中并没有明确出现 MCE，我们将在第 12 章中进一步探讨该实体。

eNB 从 MME 接收控制信令（通过 MCE），以及从 MBMS GW 处获取数据，并分别使用指定的 MBMS 无线信道分别广播控制信息和数据。

2.1.8 位置服务

EPC 网络架构进一步包括了确定特定终端用户设备所在地理位置的功能。这种功能既有利于商业用途，如触发发送基于位置的信息或广告，又有利于在紧急情况下，准确定位需要救援的用户。3GPP 中的解决方案被称为位置服务（LoCation Services，LCS）。LTE 接入网中与位置服务相关的网络架构如图 2-19 所示。

有两种基本的提供位置信息的方法：基于用户面的方法，当用户设备确定它自身的位置并通过 IP 连接到网络中的一个服务器时使用这类方法；基于控制面的方法，当通过网络中的机制或使用网络和设备中的混合机制来确定位置时启用该类方法。所获得的位置信息提供给网关移动位置中心（Gateway Mobile Location Center，GMLC）。

实际确定位置的方法有很多。它们的准确性不同，且它们可以适用的环境也不同，如是否支持室内场景。

- CID 和 E-CID——存在不同的变种，如设备使用小区标识、信号强度、来自不同基站信令的时间性差异等来计算位置的方法。

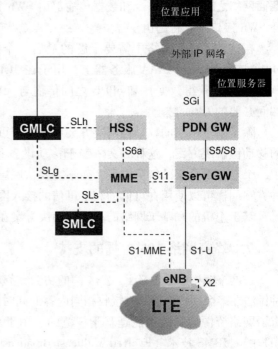

图 2-19　LTE 中的定位服务架构

- OTDOA——观测到达时间差（Observed Time Difference of Arrival）。设备测量已知地理位置的站点所发出的作为参考信号的信令中的时间戳的差值来确定位置。
- A-GNSS——依赖于存在基于卫星的定位接收，如设备中具有 GPS。可以利用网络中可得的参考信息来缩短用于确定位置所消耗的时间。

基于控制层面的定位方位依赖于 E-SMLC（Enhanced Serving Mobile Location Center，演进型服务移动位置中心）的存在。E-SMLC 可以通过来自 GMLC 的请求来计算设备的位置。除了已有的连接 eNB 的 S1-MME 接口外，E-SMLC 和 eNB、设备以及 GMLC 之间的定位信令是通过 MME 的 SLg 和 SLs 接口进行传输的。

2.1.9 微型小区和本地接入的优化

为了允许访问物理位置上距离基站很近的内容，网络架构明确了允许本地 IP 连接的可

选方案。例如，一个位于公司所在地的小型基站，可以被那些希望访问公司内部网的员工们

接入。3GPP 架构详细规定了多种可供选择的方案来
实现它，我们将在第 14 章中详细说明。其中一个方
案称为本地 IP 接入（Local IP Access, LIPA），表示
基站内置的 IP GW 功能，并被称为本地网关（Local
GW, L-GW），这是混合 S - GW 和 PDN GW 功能的
简化版。3GPP 第 10 版中提出的 LIPA 特性，更倾向
于是终端用户功能去往本地网络（打印机、文件存
储等）的流量都可以通过该点接收或发送，其架构
如图 2-20 所示。

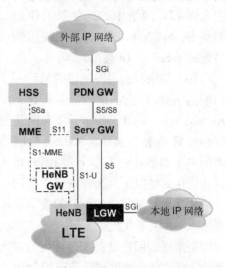

图 2-20　支持家庭 eNB 的网络架构

需要注意的是，企业或家用的 LTE 基站称为
HeNB——"家庭 eNB"——用以区分那些为宏小区
提供服务的 eNB。无论是否使用 LIPA，网络架构中
在 MME 和 HeNB 之间都有一个可选的 HeNB GW。
这个 GW 对 MME 来说就相当于一个单一的 eNB，而
对所有的 HeNB 来说更像一个 MME。HeNB GW 中继 MME 和 HeNB 之间的消息，与此同时
保护 MME 不受信令的侵扰，如当 HeNB 被开启或关闭时。此外，还允许对能够连接到一个
MME 的 HeNB 的数量进行有效的扩展。为了保护 HeNB 和 HeNB GW 之间和/或 MME 和
SGW 之间的信令和用户流量，需要在网络中部署一个安全网关（并没有出现在图中）。

"封闭用户组"（Closed Subscriber Group, CSG）的概念被用来控制到特定小区的接入，
尤其是在家庭或企业区域时。CSG 标识一组用户作为"成员"，这些用户被允许接入到
PLMN 的一个或多个 CSG 小区。一个 CSG 管理员可以增加、删除或修改用户的 CSG 订阅
信息。

2.1.10　其他特性

到这里，我们基本完成了 SAE 框架下的 3GPP EPS 架构的概述，包括所有逻辑网络节点
和接口的介绍。作为最后一部分，我们将介绍网络结构中的一些其他特性，某种程度上，它
们可能被视为在核心架构之外（见图 2-21）。

在这些功能中，首先介绍的是公共警报系统（Public Warning System, PWS），在那些受
到自然灾害威胁的国家看来，这一功能被看作是一个重要的安全特性。该功能意味着小区广
播中心（Cell Broadcast Center, CBC）会从一个监测地震活动和预测地震的政府机构处获得
预警。CBC 通过 SBc 接口连接网络中的 MME。由于网络中的所有终端对于这个预警而言都
必须是可达的，因此 MME 必须传输这个预警给所有处在空闲模式下的、位置信息仅精确到
跟踪区的终端，其中跟踪区内可能包含也可能不包含多个基站和无线小区。PWS 在 3GPP 第
9 版中进行了定义，是作为第 8 版中被称为地震和海啸预警系统（Earthquake and Tsunami
Warning System, ETWS）的功能扩展而提出的。

另一个功能是对设备标识注册（Equipment Identity Register, EIR）的支持，当有用户附着
时，可选地由 MME 使用该功能。EIR 是一个数据库，其中包含附着到网络上的设备是否发生
了盗窃相关信息。如果是的话，则 MME 可以拒绝设备的附着请求。MME 通过 S13 接口和 EIR

相连。EIR 是从 2G/3G 核心网络架构中引入到 EPC 网络中的，在 2G/3G 核心网络中，SGSN 和 EIR 之间所使用的接口是基于 SS7 的 Gf 接口。

在本章中我们想要描述的最后一个功能是 ANDSF（Access Network Discovery and Selection Function，接入网络发现和选择功能）实体。ANDSF 是网络中的一个功能体，当多个非 3GPP 接入网在可用的情况下，运营商可以使用这个功能体来控制用户和他们的设备在不同接入技术间的优先级。ANDSF 实体还可以帮助终端用户设备发现可用的接入网络。该实体使得网络运营商控制用户基于一系列标准接入网络成为可能。ANDSF 逻辑实体通过一个叫 S14 的接口

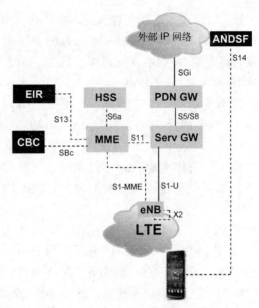

图 2-21　EPC 架构中的其他特性

连接到用户设备。S14 是承载在终端和 ANDSF 服务器之间的用户平面上的逻辑接口，可以经由 eNB 和 S-GW，或经由其他接入技术和 PDN GW。S14 接口将在 15.11 节中做进一步描述。

2.1.11　结构概述的总结

上述介绍的目的是为了使 EPS 整体架构更易于理解。当把所有的部分放到一起时，我们便得到了完整的架构图（见图 2-22）。需要注意的是，在该图中并没有完全包含 3GPP 定义结构中的所有可能的组件（也没必要），而是基于当前的部署趋势，关注于最相关的关键组件。

本书其他的大部分内容将更为详细地描述这些网络实体（或节点）、接口和功能。

2.2　移动网络无线技术

虽然本书的主题在于分组核心网络，但理解其所支持的无线接入技术的相关功能也同样重要。然而，对于无线技术完全不感兴趣的读者可以跳过本章的剩余部分。

LTE（也被称为 E-UTRAN）是 3GPP 提出的最新的无线接入技术扩展。LTE 依赖于 EPC 来实现核心网络功能，并在广泛的标准化工作中，通过许多相互依赖关系与 EPC 天然地紧密相关。本节描述了 LTE 的概念和功能。此外，也对 GSM 和 WCDMA 进行了简要介绍。

我们将从一个非常基础的层次开始，大致介绍一下移动无线网络中的基础概念。

2.2.1　移动服务的无线网络概览

移动网络（或蜂窝网络）由一些基站组成，其中的每个基站都服务于无线传输并接收

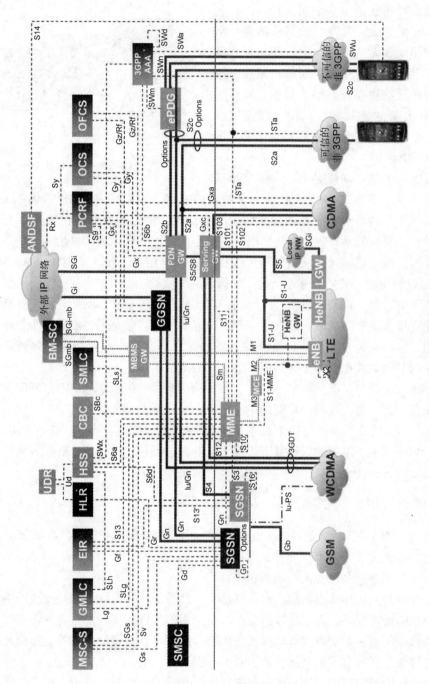

图 2-22　完整的EPS架构概览

一个或几个"小区"中的数字信息，这里的一个小区是指网络所服务的整个地理区域的特定部分。在大部分的部署场景中，一个基站均通过严格的天线配置和频谱划分服务的 3 个小区（见图 2-23）。

小区的规模和轮廓是由多个因素控制的，包括基站和终端功率等级、频段（如果使用同一功率等级，则使用低频无线信号比使用高频无线信号的传播距离更长），以及天线配置。无线电波的传播环境对小区的规模也有很大影响，根据一个区域是否有大量的建筑物、高山、丘陵或森林，相比于一个相当平坦且几乎无人居住的周围区域，差异是非常大的。

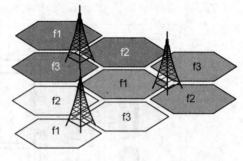

图 2-23　小区和基站

蜂窝网络的一个基本功能是可以在多个小区中使用相同的频率，图 2-23 中，f1 代表一个特定的频率，该频率可以在多个小区中重用。这意味着与那些每个站点都需要不同频率的情况相比较，网络的整体容量得到了极大的提升。允许这种频率复用的最直观的方法是确保支持小区使用完全相同的可用频率子集的基站之间在地理位置上相距足够远，从而避免无线信号之间的相互干扰。然而，GSM、WCDMA 和 LTE 具有相应的功能，支持相邻小区使用相同的频率集合。

基站所位于的区域，都是经过精心挑选的，以优化总体容量和移动服务的覆盖范围。这意味着在一个有很多用户的区域，如在市中心，所需的网络容量是通过放置多个相距很近的基站来满足的，这样会包含更多（但更小的）的小区。而在用户数量较少的郊外，通常都会以尽可能少的基站对应更大的小区，以覆盖更大的范围。

基站通过传输链路与其他网络节点相连，被称为 RAN 回传网络。GSM 和 WCDMA 无线网络包含一个实现了一些无线网络功能的中心节点，分别是基站控制器（BSC）和无线网络控制器（RNC），而 LTE 无线网络仅依靠基站来提供完整的无线功能集。基站和 BSC/RNC 的严格的功能划分超出了本书的讨论范围。接下来的部分概述了对于所有数据蜂窝移动网络来说都是最重要的部分功能。

2.2.2　无线网络功能

尽管迄今为止 3GPP 所明确的三种无线技术（GSM、WCDMA 和 LTE）在很多方面都有不同，但是它们的无线网络基本功能是通用的。

一个蜂窝无线网络的最重要的功能包括：

- 通过无线载波发送和接收数据。这也许是不言自明的——无线传输是无线网络的一个自然而然的重要特征。无线传输的特点取决于很多参数，如与发送者的距离、使用频率、传输的任何一方是否在移动、所使用的传输功率、天线的高度等。然而，电磁波传播的详细原理超出了本书的范围，我们不做具体讨论。

- 无线载波的调制和解调。这是模拟和数字无线传输的一个基本功能。对于数字系统来说，这意味着与某个特定服务相关的比特流（如一个视频流），该流的接收速率可能是 2 Mbit/s，可以通过不同的方式影响高频无线载波。这意味着这个无线载波的一个或多个基本特性以一个恒定的时间间隔被改变（调制），这取决于下一个或多个比特集——取 0 或 1。例如，可以是载波的相位、振幅或频率。每个改变对应一个"码元"，可能由一个、两个或多个比特构成。当前最先进的移动系统（HSPA 和 LTE）允许使用高达 6 bit 的码元，这意味着会有 64 个不同的码元被使用。例如，"001010"可能表示载波的一个特定的相位和特定振幅，而"111011"可能表示相同的相位不同的振幅（如图 2-24 所示，两个黑点代表这两个码元，箭头表示载波振幅，而圆表示载波的相位）。

这些更高级的码元-调制方法对无线信道质量提出了很高的要求，以避免接收端的接收器在将无线载波变换转化为比特流的过程中出现频繁误解，这一过程被称为解调。

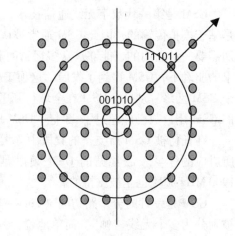

图 2-24　调制

- 来自多个用户的数据传输的调度。这包括在等待空闲无线容量的过程中，缓存来自不同用户或应用的数据，也可能包括数据排队的不同优先级，允许为不同数据流提供不同的 QoS。为了基于服务和用户的需求优化共享可用传输容量，提出了很多不同的调度算法。

- 纠错方案。比特错误在任何传输链路上都不可避免地会发生，使用纠错方案使得比特错误的数目最小化。有两种主要的方法用来纠错——FEC（Forward Error Correction）和 ARQ（Automatic Repeat reQuest）。FEC 指在用户数据中加入额外的比特（称为冗余比特），通过这种方法可以检测并/或纠正单比特或多比特的错误。ARQ 是指在接收的数据块中检测错误，如检查校验和，（若发生错误则）向对端触发一个请求以重新发送该数据块。FEC 和 ARQ 通常被混合使用来提高无线信道的性能，在这种方式下，一些错误可以通过 FEC 被纠正，而更大的错误则需要通过 ARQ 来触发重传。为了最大化性能，如何最好地平衡 FEC 和 ARQ 机制跟服务需求以及实际中信道的特性有关，并且会随着时间发生变化。更先进的无线通信系统采用自适应编码机制，其编码保护随着掌握无线信道特性的知识而变化。

- 空闲终端的寻呼。这使得终端可以通过进入"空闲模式"来节省电池能量。这样一来，当终端从一个小区移动到另一个小区时，没有必要每次都告知网络。作为替代，终端可以在一个更大的地理区域（由网络运营商定义）内移动而不需要频繁地与网络进行通信，从而达到节能的目的。当然，这种情况只有在无业务存在时才有可能发生。如果业务是由网络触发的（如语音电话的呼入），则网络会通过广播寻呼消息告知终端重新接入。如果业务由用户终端触发（如用户想打电话），则终端首先被触发从而离开"空闲模式"，并通知网络它将会接入哪个小区来进行语音电话的呼出。

- 移动性（切换）的支持。即使在物理位置变动时，用户设备会接入到不同的基站或小区，此时要能够保证为用户提供连续的服务。这显然是一个非常常见的应用场景，而且对终端用户而言也是非常有价值的——当使用移动网络服务时，当然没必要一直站着不动。

- 干扰管理。最小化使用相同或邻近频带的多用户或小区之间的干扰。
- 用户数据和信令的加密。可以有效地保证用户传输的完整性和内容本身，同时保护网络免遭攻击。
- 功率控制。为了有效利用可用能量，并尽量减小终端之间的干扰。

2.2.3 GSM

GSM 是第一代数字无线通信技术，由 ETSI 提出，后被 3GPP 采用。由于第一代蜂窝网是基于模拟传输的，因此 GSM 通常被认为是 2G（second-generation）技术。此时，业内迫切需要一种通用的、能够被众多运营商和电信设备供应商所支持的技术标准。正是在这种需求的驱动下，GSM 得到了发展。这项工作开始于 20 世纪 80 年代，并于 1991 年出现了第一个 GSM 网络。从此，GSM 在全球得到了全面的推广并取得巨大的成功。2009 年 4 月，全球的 GSM 用户数已经超过了 23 亿，GSM 成为迄今为止最成功的移动通信技术之一。

在任何被 GSM 所支持的频段中，大量用户共用一个占据 200 kHz 频谱的 GSM 无线载波所对应的容量。最常见的 GSM 频段是 900 MHz 和 1800 MHz，在有些国家，850 MHz 和 1900 MHz 频段也是被支持的。

GSM 是一种时分多路访问（Time-Division Multiple Access，TDMA）技术，其无线信道被划分为多个无线"帧"。简单地说，一个帧，就是在信道中传送的固定数值的比特。每个用户在一个帧中被分配一个或多个时隙。当 GSM 用于打电话时，每个语音电话需要占用一个时隙。如图 2-25 所示，GSM 无线信道中的每个帧由 8 个时隙组成，意味着在这种情况下可以有最多 8 个用户同时共享这一个信道。实际上可以利用所谓的半速编码（half-rate coding）使得一个 GSM 信道中可以挤入最多 16 个用户，这是以每个用户获得更少的比特数为代价的，由此也可能导致某种程度上的语音质量的降低。

图 2-25 GSM 时间帧

GSM 也包含数据包传输服务。这种服务被称为 GPRS（General Packet Radio Service）。在 20 世纪 90 年代中期作为 GSM 的一个扩展功能被标准化。第一个 GPRS 服务是在 90 年代末出现的。由于 GSM 无线载波的带宽很低，导致一个时隙中可传输的比特数非常有限，它允许用户临时使用多个时隙以支持更高的数据传输速度。通过 EDGE 技术（Enhanced Data rates for GSM Evolution）的加入，又通过在 GSM 信道中加入了更先进的信号处理技术，使得 GSM 分组数据业务的峰值速率在好的无线条件下可以达到 400 kbit/s 以上，此处假定所有 8 个时隙被分配给同一个用户。

2.2.4 WCDMA

WCDMA 是第三代（3G）无线技术，它的首个版本是在 20 世纪 90 年代后期由 3GPP 进行规范的（通常被称为 Release 99 版 WCDMA）。

WCDMA 指定了 5 MHz 带宽信道，这远高于 GSM。除了表示可以在 WCDMA 中部署更先进的信号处理技术之外，也意味着 WCDMA 可以提供更高的数据速率。Release 99 WCDMA 在理论上可以支持 2 Mbit/s 的下行数据速率，但实际上这种网络中的速率被限制在 384 kbit/s。

WCDMA 与 GSM 的根本区别在于前者没有使用 TDMA 技术来为多个用户分隔流。取而代之的是，CDMA 的概念被部署，意味着给每个终端分配一个特定的码字。这个码字将与传输的数据相结合，被用于调制无线载波。所有的终端都在这 5 MHz 的信道上传输数据，并由于码的性质的不同而能够被分离开，而不是因为被分配了不同的频率或时隙。为了支持基站相距很远的终端能够进行通信，WCDMA 包含了先进的功率控制机制，可以 1500 次/s 的频度来调控小区中所有终端的功率级别。

WCDMA 的另一个特性是支持软切换和宏分集的能力，这些机制允许终端同时与多个基站或小区进行通信，从而提高了终端用户的性能，尤其是与小区之外的部分进行通信的时候。

从 Release 5 开始，3GPP 提出了 HSPA，并将其作为 WCDMA 的一个增强技术，使得分组服务可以更有效地利用可用无线容量，同时也使得终端用户可以获得更高的数据速率。

自从 3GPP Release 5 中发布 HSPA 的第一个版本以来，通过引入更为先进的调制技术、"MIMO" 技术（将在 2.2.5 节中进行进一步描述）和多载波支持（利用多个 5 MHz 信道），HSPA 上行和下行的峰值速率都得到了极大的提升。这种演进可以参照表 2-1。

表 2-1　HSPA 峰值速率的演进

3GPP 版本	下　　行		上　　行	
	峰值数据速率/(Mbit/s)	最大带宽/MHz	峰值数据速率/(Mbit/s)	最大带宽/MHz
5	15	5		5
6	14	5	5.7	5
7	28	5	11	5
8	42	10	11	5
9	84	10	22	10
10	168	20	22	10
11	336 ~ 672	40	70	10

2.2.5　LTE

与 3GPP 系统架构演进工作并驾齐驱的是，下一代 RAN 的研发工作也在 LTE 研究中开展起来。

基于同样的方式，SAE 工作的成果就是对 EPC 进行了规范，LTE 工作带来了 E – UT-RAN 规范，E – UTRAN 是 Evolved UTRAN 的简称。

然而，已经使用了一段时间的名称和术语往往在人们心中根深蒂固。LTE 现在成为 E – UTRAN 所使用的无线接入技术的官方术语。

LTE 工作开始于 2004 年末至 2005 年初，为即将到来的技术研究和随后的规范工作定义了一系列目标。这些目标可以在 3GPP 技术报告 25.913 中找到。LTE 最重要的目标包括：

- 在假定使用 20MHz 的宽频谱时，下行和上行峰值速率分别至少达到 100 Mbit/s 和 50 Mbit/s。
- 将一个用户设备从空闲状态转变为活跃状态所花费的时间不应超过 100 ms。
- 无线接入网中的用户数据时延不应超过 5 ms。
- 相较于 Release 6 的 3G 网络，频谱效率提升 2 ~ 4 倍（频谱效率的测量值为小区吞吐量，以 bit/s/MHz 为单位）。
- 从 LTE 切换到 GSM 或 WCDMA 的中断时间，对应实时业务和非实时业务，应该分别不超过 300 ms 和 500 ms。
- 同时支持同种无线技术下 FDD 和 TDD 的多路复用方法（FDD 是指在不同的频率上传输和接收数据，而 TDD 使用相同的频率但是在时间域分离传输和接收）。
- 支持更广范围的信道带宽，从 1.4 ~ 20 MHz。

3GPP Release 8 中定义的 LTE 已经满足了以上要求，并在很多方面甚至超越了这些要求。通过精心挑选技术，包括利用先进的信号处理机制，使得这样的 LTE 的实现成为可能。

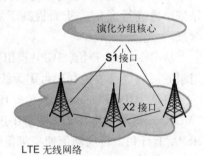

图 2-26　LTE 以及简化的 EPC 连接

LTE 无线网络通过 S1 接口与 EPC 相连，其中 S1 是 EPS 架构中一个关键性的接口（见图 2-26）。

LTE 基站可选择使用 X2 接口进行相互连接。该接口是用来优化诸如用于基站或小区之间的切换等性能的。

S1 接口被划分为两部分：

1）S1 - MME 承载了基站和 MME 之间的信令消息。此外，它还用于承载终端和 MME 之间的信令消息，这些信令消息由基站通过空中接口上的无线接口信令消息进行捎带传送。

2）S1 - U 承载基站和 S-GW 之间的用户数据。

S - MME 和 S1 - U 接口如图 2-27 所示，另外我们还将在 15.2 节和 15.3.1 节中分别进一步描述其控制面和用户面。

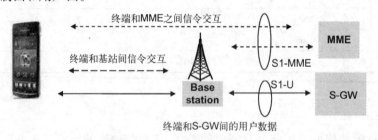

图 2-27　S - MME 和 S1 - U 接口

LTE 的一个关键技术是 OFDM（Orthogonal Frequency Division Multiplexing）传输方案，用于下行链路传输，如从基站到终端用户设备。这是满足频谱灵活性要求的关键性技术。OFDM 的基本概念是将整个可用信道频谱（如 10 MHz）分割为若干个 15 kHz 的信道，每个信道承载一个子载波。对可用容量的控制（这些子载波的使用）可以在时域和频域同时进行（见图 2-28）。

OFDM 的好处还在于，它抗多径衰落的能力很强，如信号强度的不同变化，这在移动通信中是非常典型的，这是由于发射端和接收端之间的信号同时在多个路径上传播导致的。无线电波在多个物体间的反射导致信号的多份复本会到达接收天线，由于传播距离上的细微不同会导致这些复本在时间上的不同步（见图 2-29）。

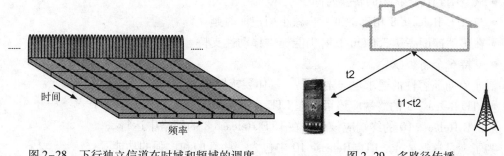

图 2-28　下行独立信道在时域和频域的调度　　　　图 2-29　多路径传播

在上行链路方向上，如从终端用户设备到基站，LTE 部署了一种稍微不同的多路复用方法。与 LTE 下行链路相反，上行传输仅依赖于单个载波。这样做的主要好处是获得更低的峰平比率，也就是说，传输功率的幅度变化并不像 OFDM 情况下的那么大。这意味着用户终端可以有更有效的终端功率放大操作，从而允许更低的整体功率消耗，进而延长电池寿命。为了在多个用户同时需要传输数据时进行有效的多路复用，LTE 允许给每个用户仅分配可用上行信道的一个子集。与下行传输方法相反，仍然是给每个用户分配一个单独子载波。高峰值速率通常依赖于有很好特性的无线信道，即信道具有更低的噪声和干扰，以及小区中正在使用的负载有限。为了充分利用这样的信道，LTE 允许采用先进的调制方法，统称为高阶调制（Higher Order Modulation，HOM）方法。64QAM 是其中一种方法，允许在无线载波中为每个码元的改变传输 6 bit（$2^6 = 64$）。另一种技术是通过下行链路，或在上行链路和下行链路两个方向上同时使用多天线，该技术被称为 MIMO，它极大地提升了性能。当混合使用 HOM 和 MIMO 时，可以使 LTE 达到极高的峰值速率成为可能——下行链路方向上达到 300 Mbit/s 以上。在上行链路方向上，3GPP Release 8 中的 LTE 并没有包含 MIMO 技术，其峰值速率可以到达 75 Mbit/s。

继 3GPP Release 8 中最初的 LTE 规范工作以来，Release 10 中为 LTE 增添了一些新的功能和能力，从而将其转变为俗称的"LTE – Advanced"。

LTE – Advanced 这个名字的背景是 ITU 中使用的术语 IMT – Advanced，后者包含了有关下一代移动技术的一系列要求，具体在 ITU – R M. 2134 中进行了规范，包含以下内容：

● 下行峰值频谱效率至少为 15 bit/s/Hz。
● 上行峰值频谱效率至少为 6. 75 bit/s/Hz。
● 支持至少 40 MHz 的带宽。
● 从空闲到活跃状态的转换时间少于 100 ms。
● 针对上行或下行的小 IP 分组的用户面时延小于 10 ms。

3GPP Release 10 的设计目标包括完全遵守 IMT – Advanced 要求，由此经常使用术语"LTE – Advanced"来表示 LTE Release 10，然而，比起上述 ITU 的要求，设计目标中还对 LTE 提出了更苛刻的要求。3GPP 要求在 TS 36. 913 中进行了规范，包含以下内容：

- 下行峰值频谱效率至少为 30 bit/s/Hz。
- 上行峰值频谱效率至少为 15 bit/s/Hz。
- 下行链路峰值速率至少为 1 Gbit/s。
- 上行链路峰值速率至少为 500 Mbit/s。
- 从空闲到活跃状态的转换时间少于 50 ms。
- 与 LTE Release 8 相比，进一步减小用户面时延。
- 在移动速度高达 350 km/h 时仍能提供移动性支持。
- 支持 6 个新频段。

对于后向兼容性的要求也非常重要，具体要求陈述如下：
- LTE Release 8 的终端应该可以在 LTE Release 10 的网络中运行。
- LTE Release 10 的终端应该可以在 LTE Release 8 的网络中运行。

为了满足这些要求，LTE Release 10 中包含一些新的和增强的功能：
- 载波聚合。
- 增强的多天线支持。
- 改进的异构网络支持。
- LTE 中继。

以下逐个描述这些关键特性。

载波聚合的支持可能是 LTE Release 10 与 LTE Release 8 最重要的区别。载波聚合允许在一个设备上组合使用多种载波进行通信。这可以扩展可用带宽，使其远远超过 LTE Release 8 中的 20 MHz 的限制。最多可以组合使用 5 个载波，从而使一个单独设备获得高达 100 MHz 的聚合频谱。

这就允许比 LTE Release 8 高很多的数据速率。由于载波在频率上是不需要连续的，这也意味着具有分段频谱的运营商也可以达到比 LTE Release 8 可能达到的高很多的数据速率。LTE Release 10[⊖] 中支持载波聚合的 3 种变种方案（见图 2-30）。

较早的不支持载波聚合的 LTE 终端仍然可以使用单个的载波，完全符合后项兼容性的要求。

增强的多天线支持是为了支持 LTE Release 10 的峰值速率要求所增加的另一个关键特性。这是一个上述 MIMO 技术的扩展变种，通过在两个方向上使用多

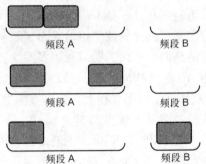

图 2-30　载波聚合的 3 种变种方案

天线来实现。在 Release 10 中，在下行方向可以有多达 8 个所谓的天线端口，允许最多 8 个并行的传输层，在上行方向最多可以有 4 个天线端口，对应最多 4 个传输层。尽管天线端口是一个逻辑概念，但在大多数情况下，它可以被看作对应一个物理传输天线。

当混合使用载波聚合和多天线支持的特性时，LTE Release 10 系统的下行数据速率可以达到最大的 30 bit/s/Hz × 100 MHz ＝ 3 Gbit/s，上行数据速率可以达到最大的 15 bit/s/Hz × 100 MHz ＝ 1.5 Gbit/s。

改进的异构网络支持主要不是为了解决可以达到的峰值速率，而是为了改进对小区间干扰的管理。小区间干扰是在同一地理区域中混合部署大型和小型小区时的常见问题，因为这些小区使用不同的功率等级，且小区之间会有部分相互重叠的区域（见图2-31）。

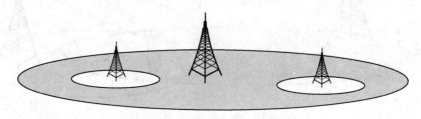

图2-31　异构网络部署

LTE 中继是 Release10 中新引入的技术，可以作为 LTE 中的传输回程技术，从而使得 LTE 基站和 EPC 网络之间实现相互连接（见图2-32）。拥有足够 LTE 频谱的运营商可以分配一部分 LTE 可用容量给回程链路，并把剩下的部分分配给用户终端。LTE 中继中引入了施主基站和中继基站的概念。其中，施主基站有两个任务——它既服务于移动终端又服务于中继基站。中继基站服务于移动终端，并连接施主基站作为回程链路。终端将不会看到施主基站和中继基站之间的区别。从终端的角度来看，两种基站的功能是相同的，文中所述的中继方法的先决条件是具有后向兼容性。

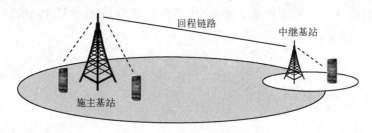

图2-32　LTE 中继

LTE 容量和性能在 3GPP Release 10 中得到进一步加强，其中解决 LTE－Advanced 要求的主要功能称为协作多点传输和接收（Coordinated Multipoint Transmission and Reception，CoMP）。CoMP 技术使得用户设备和网络之间的传输可经由多个接收/发送点进行处理（如宏站点的多个扇区或地理上分散的多个节点）。从网络到设备的下行链路方向上，无论是单点的调度还是波束赋形都被动态协调到最小化干扰级别上，或实际的数据传输同时发生在多个传输点上从而导致信干级别（singal－over－interference level）和信噪级别（singal－over－interference level）的性能都得到提升（见图2-33）。

在上行方向上，Release 11 的 CoMP 范围相对有限，着眼于提升多个参考信号的同时接收，以及可能的调度增强。

CoMP 既可以部署在同一 eNB 服务的多点之间，又可以部署在不同 eNB 服务的多点之间，如一个宏基站和一个微基站。在以上两种情况下，由于需要在小区间进行非常精确的调度，因此要求站点间的传输链路满足严格的低时延和高带宽的窗口条件。

具有 LTE 功能的终端根据它们在峰值速率、调制方法和所支持的 MIMO 方法的不同被划分成不同的类型。表2-2 给出了不同终端类型和所支持的最大峰值速率。

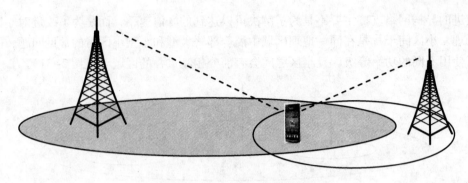

图 2-23　使用 CoMP 的多点通信

表 2-2　LTE 设备类型

类别	3GPP 版本							
	Rel. 8/9/10/11				仅 Rel. 10/11			
	1	2	3	4	5	6	7	8
下行峰值速率/(Mbit/s)	10	50	100	150	300	300	300	3000
上行峰值速率/(Mbit/s)	5	25	50	50	75	50	150	1500

关于 LTE 和 LTE - Advanced 的更详细的描述超出了本书的范围，这里不做详细介绍。但是一个关于高级 3GPP 无线技术，着重于 LTE 的推荐资源参见 Dahlman 所著的《4G：LTE/LTE - Advanced for Mobile Broadband》。

第3章 EPS 部署场景和运营商实例

EPS 网络的部署会自然耦合到运营商的计划当中,从而给用户提供新的或增强的服务。这里所说的用户可以是企业用户也可以是个体用户。由于大部分服务和应用也需要在第三代分组数据接入技术(如 HSPA)上提供支持,因此投资 LTE 的首要动机在于获得增强的特性并能提供符合时代需要的基于 IP 技术的聚合服务,这些特性包括为个体终端用户提供高数据速率和低延时的服务和提高整个网络的容量。

通过开放新的频段或重整已有的频段,使得 LTE 拥有了可使用的频谱,这给通过移动数据服务的市场提供了新的机遇。在很多国家,这种机遇吸引了很多当前的和潜在的运营商投入到这个市场。不同国家对频谱的分配规则是不同的,从纯商业性的处理(拍卖)到更多的集权控制的分配或重分配方式的都有存在。但很多情况下,这些方式潜在地增加了局部市场的竞争性。

LTE 规范了支持更宽范围的不同频段,从而简化了全球性部署,允许突然出现的大量终端用户设备的接入。然而,带来的挑战是,这里所提供的高度灵活性造成国际运营商之间的漫游往往不能直接完成。这是因为不同国家或地区可能会使用部分不同的 LTE 频谱,而实际上 LTE 设备能够支持的频段是受限制的。

表 3-1 摘自 3GPP 标准文档 36.101,给出了 LTE 运营规范了哪些不同的频段。

表 3-1 LTE 运营所使用的不同频段

E-URTA 工作频段	上行工作频段 BS 接收 UE 发送	下行工作频段 BS 发送 UE 接收	双工模式
	$f_{UL\_low} \sim f_{UL\_hight}$	$f_{DL\_low} \sim f_{DL\_hight}$	
1	1920 ~ 1980 MHz	2110 ~ 2170 MHz	FDD
2	1850 ~ 1910 MHz	1930 ~ 1990 MHz	FDD
3	1710 ~ 1785 MHz	1805 ~ 1880 MHz	FDD
4	1710 ~ 1755 MHz	2110 ~ 2155 MHz	FDD
5	824 ~ 849 MHz	869 ~ 894 MHz	FDD
6[1]	830 ~ 840 MHz	875 ~ 885 MHz	FDD
7	2500 ~ 2570 MHz	2620 ~ 2690 MHz	FDD
8	880 ~ 915 MHz	925 ~ 960 MHz	FDD
9	1749.9 ~ 1784.9 MHz	1844.9 ~ 1879.9 MHz	FDD
10	1710 ~ 1770 MHz	2110 ~ 2170 MHz	FDD
11	1427.9 ~ 1447.9 MHz	1475.9 ~ 1495.9 MHz	FDD
12	699 ~ 716 MHz	729 ~ 746 MHz	FDD
13	777 ~ 787 MHz	746 ~ 756 MHz	FDD
14	788 ~ 798 MHz	758 ~ 768 MHz	FDD
17	704 ~ 716 MHz	734 ~ 746 MHz	FDD

E - URTA 工作频段	上行工作频段 BS 接收 UE 发送 $f_{UL\_low} \sim f_{UL\_hight}$	下行工作频段 BS 发送 UE 接收 $f_{DL\_low} \sim f_{DL\_hight}$	双工模式
18	815 ~ 830 MHz	860 ~ 875 MHz	FDD
19	830 ~ 845 MHz	875 ~ 890 MHz	FDD
20	832 ~ 862 MHz	791 ~ 821 MHz	FDD
21	1447. 9 ~ 1462. 9 MHz	1495. 9 ~ 1510. 9 MHz	FDD
22	3410 ~ 3490 MHz	3510 ~ 3590 MHz	FDD
23	2000 ~ 2020 MHz	2180 ~ 2200 MHz	FDD
24	1626. 5 ~ 1660. 5 MHz	1525 ~ 1559 MHz	FDD
25	1850 ~ 1915 MHz	1930 ~ 1995 MHz	FDD
33	1900 ~ 1920 MHz	1900 ~ 1920 MHz	TDD
34	2010 ~ 2025 MHz	2010 ~ 2025 MHz	TDD
35	1850 ~ 1910 MHz	1850 ~ 1910 MHz	TDD
36	1930 ~ 1990 MHz	1930 ~ 1990 MHz	TDD
37	1910 ~ 1930 MHz	1910 ~ 1930 MHz	TDD
38	2570 ~ 2620 MHz	2570 ~ 2620 MHz	TDD
39	1880 ~ 1920 MHz	1880 ~ 1920 MHz	TDD
40	2300 ~ 2400 MHz	2300 ~ 2400 MHz	TDD
41	2496 ~ 2690 MHz	2496 ~ 2690 MHz	TDD
42	3400 ~ 3600 MHz	3400 ~ 3600 MHz	TDD
43	3600 ~ 3800 MHz	3600 ~ 3800 MHz	TDD

注：Band 6 不可用。

EPC 是已有的部署在 GPS/GPRS 或 WCDMA/HAPA 上的用于提供数据服务的分组核心网络的一种演进。但在没有部署 LTE 时，分组核心网络向 EPC 演进的情况并不明显。因此需要考虑的重要的运营商场景是那些部署 LTE 的已有的和新的运营商。我们将这些运营商场景分为以下 3 个主要的例子：

1）部署 LTE 的现有的 GSM/GPRS 或 WCDMA/HSPA 运营商。

2）部署 LTE 的现有的 CDMA 运营商。

3）部署 LTE 的其他"全新"的运营商。

这里所述的场景接下来都将逐个进行介绍。值得注意的是，这里的每一种场景都可能真实发生，但在很多方面，不同的运营商在具体操作时存在不同，具有不同的选项和变种。

3.1 场景 1：部署 LTE/EPC 的现有 GSM/GPRS 或 WCDMA/HSPA 运营商

这是一个比较常见的场景，其中的运营商拥有现有的 GSM/WCDMA 无线网络和相应的核心网络基础设施。通常情况下，作为移动宽带服务的一部分，运营商提供在 WCDMA 基础上对 HSPA 数据服务的支持。

其中的关键是如何提供一个划算的 LTE 和 EPC 的部署方案，要求尽可能在现有安装的基础设施的基础上进行扩展，同时避免任何对已有用户客户群的负面影响。主要思路通常是尽量在一个通用的核心网络的基础上提供一个通用的服务。不同的订阅模型和数据套餐为给不同的用户群提供有区分的服务提供了可行的手段。

在 LTE 实行的最初阶段，可以假定 LTE 覆盖范围与 GSM 和 WCDMA 相比相当有限，而且显然，其覆盖范围取决于 LTE 部署所使用的频段。图 3-1 所示给出了可能的覆盖场景的示例。

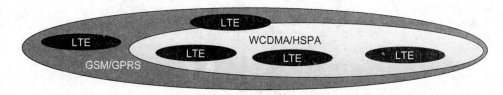

图 3-1　重叠的无线覆盖示例

3.1.1　第一阶段——初始化 EPC 部署

1. 物理部署

为了不影响 GSM/WCDMA 基础设施，可以假定 EPC 设备在初始部署时是新的且是完全分开的网络节点，在引入 LTE 后可以为数百万用户提供增值服务。当然，部署适当规模的 EPC 网络和包含一定数量的节点是有必要的，同时，如何将节点整合到运营商的 IP 基础设施中也需要有详细的计划。DNS 配置同样需要进行更新，从而使其能够服务于 LTE 接入。

MME 和 PGW/SGW 中对控制面和用户面的功能所进行的分离，增加了这些物理节点在部署上的灵活性。为了优化传输资源的使用，与 MME 相比，PGW/SGW 的位置在拓扑上需要离 LTE 基站更近。越要在空中接口上达到更高的数据速率，越需要对物理传输和全网拓扑结构进行精心的设计。这是为了避免在传输路径上的不可接受的延时，从而影响到传输至设备的速率。

另外一个需要进一步做出选择的是：是否在部署时在物理上分离 SGW 和 PGW，还是在网络中使用混合的 SGW/PGW 节点。在大部分情况下，为了简化管理和最小化需要部署的硬件数量，在一个节点上混合这两种功能本身是合理的。然而，在一些特定的运营商场景中，分离这两类阶段也是有理由的，例如，运营商的服务网络位于不同区域的中心位置（如美国东西海岸在位置上的分离），此时，终端用户的数据流需要通过这样的中心网络路由到一个 PGW。EPC 架构支持这两种变种（相互分离的和混合的）。

需要注意的是，即使部署混合的 SGW/PGW，对于连接到特定的分组数据网络的个体用户而言，还是可能存在物理上分离的多个 GWs，这是由具体的用户场景所决定的。这在 2.1.1 节中已经进行了讨论。

2. 资源池化

初始部署 LTE/EPC 阶段的重要方面是从一开始就考虑架构设计中的池化能力。实际上，这就意味着一个单独的 LTE 基站可以与多个 MME 和多个 SGW 相连，可以将终端用户分布在不同的可用节点上，这种分布可以基于使用统一或不统一的权值参数。这就需要所有的站点都连接到一个通用的传输网络，该传输网络提供在不同的站点之间交换（L2 层）或路由

（L3 层）数据（见图 3-2）。

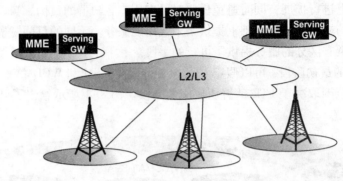

图 3-2 EPC 资源的池化

以池化配置的方式部署 EPC 存在以下优势：

- 有利于在多节点间负载均衡，能够实现性能利用的最优化。
- 提供服务的高可用性，如当某个 EPC 节点无法正常工作时，总是可以选用备选节点。
- 在不影响服务可用性的同时，提供可控的管理窗口。例如，通过阻塞去往一个 MME 的数据流，然后转发给池中的其他 MME，被阻塞的 MME 就可以为了进行维护而停止运行，这不会对终端用户造成任何影响。
- 提供更容易的性能扩展，也就是能够方便地向活跃的 EPC 资源池中添加节点，一旦完成配置且准备好，就可以随时调用来提供服务。

3. 多接入的支持

第一个实验部署的 LTE 可能只是基于单接入技术的，但在商业部署中则更可能是包含支持多种接入的设备。举个例子，这就使得用户在超出 LTE 无线覆盖的时候，有机会选择接入 HSPA。

LTE/EPC 服务部署的第一步首先是提供通用订阅功能。这就意味着当 GSM/CDMA 网络基础设施和 LTE/EPC 基础设施在逻辑上和物理上都彼此分离时，可以支持具有多接入能力的终端仍然可以连接到任一网络。当设备同时被多个网络覆盖时，优先选择哪个网络由无线网络的设置来控制，通常根据接收到的信号强度决定。例如，设备软件中的配置信息可用来选择仅使用 LTE 模式还是使用 LTE/WCDMA 混合模式进行操作。

由于在一个支持多接入的设备中使用了单独的 UICC/SIM 卡（USIM 卡），因此用户附着时的认证和授权就可以通过使用单独的一系列用户凭据和一个单独的 IMSI 来完成，而不管 UE 是附着到 LTE、GSM/GPRS 还是 WCDMA/HSPA。

这就要求依赖于在 HSS 提供用户数据以及用户数据管理基础设施组件，可以使得 USIM 也能用于访问 LTE。提供 HLR 和 HSS 中一致的用户数据，以及数据管理基础设施组件，可以通过单独的数据库（在 2.1.3 节中进行了描述），或通过"Double Provisioning"（双配置）的方法来完成。这里，必需的用户凭证同时保存在 HSS 和 HLR 中，图示说明如图 3-3 所示。

当接入到 LTE 时，用户终端由 MME 提供服务，而数据载荷由 SGW/PGW 进行处理。当接入到 GSM、WCDMA 或 GPRS 时，用户终端由 SGSN 提供服务，而数据载荷由 GGSN 进行处理。当切换到 LTE 或切换自 LTE 时，用户会话需要进行重新建立，分配给终端用户的 IP

地址也发生了改变。

接入网络的改变对于用户而言或多或少可以认为是自动的或者说是隐藏的，但是接入网的改变会导致 IP 地址的改变，这里只提供了最基本的移动性支持。当设备移动时，用户终端上运行的服务和应用将变得不再可用。这其中的一些应用和服务可能会要求重建会话。这种由于当用户移动和希望使用新的接入网络时，网络会将该应用认为是一个新的数据连接，而不是一个已有的数据连接的移动。通常设备将会从网络中获取到一个新的 IP 地址，这对于设备上正在使用的应用而言可能会造成问题。进一步地，从离开网络 A 覆盖区域并失去连接，到接入到网络 B 建立新的 IP 连接，这之间通常会有较长时间的服务中断。

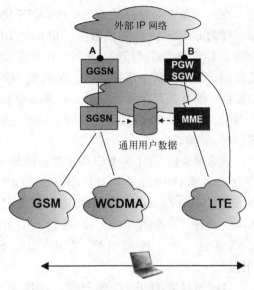

图 3-3　针对多接入技术的通用用户数据

实现互联的最简单的形式只需要共享单独的用户数据集。这就使得用户通过支持这两种接入方式的手持终端可以接入到任一网络。实际上，对于网络本身而言，无须提供特定的机制。

另外，在部署方面需要进行决定的是：是否需要为 LTE 上的服务提供动态的策略控制、QoS 区分和基于策略的计费等功能。这通常会要求部署一个或多个 PCRF，并要求和 PGW 进行交互。

3.1.2　第二阶段——现存分组核心的聚合

1. 系统间的移动

接下来的一步是提供"会话的连续性"，从而提升所提供服务的性能。会话连续性可以使得建立在任何接入网络上的终端用户 IP 会话在移动到或移动出 LTE 网络时依然保持存活。该性能是通过服务于 GSM 和 WCDMA 的分组核心网络和服务于 LTE 的 EPC 网络之间的交互而实现的。通过保持会话连续性可以使得支持 LTE 的终端在移进或移出 LTE 的覆盖时，可以依然保持 IP 会话和相应的 IP 地址。该性能的支持不会对不支持 LTE 的设备的终端用户服务造成任何影响。实际上，目前绝大部分的用户终端还是不支持 LTE 的。

会话连续性通过在网络中维持一个固定的 IP 锚点来加以实现，这意味着无论在无线接入网络之间如何移动，终端设备的 IP 地址都没有必要改变。理论上，应用和服务将不会取决于正在使用的接入网络，或在接入网络之间的任何可能的移动。然而这种说法只是部分正确。一些服务可能依赖于高数据速率或低网络时延，但由于有限的无线覆盖或受限于接入技术本身，因此这些要求很可能无法得到满足。值得注意的是，由 LTE 所提供的无线数据性能和能力要优于 HSPA 所能提供的，HSPA 又远远好于 GPRS 和 GPRS 上所提供的会话连续性服务。

实际中，在部署网络中增加系统间的移动性，需要实现服务于 GSM 和 WCDMA 的 SGSN 与网络中 EPC 部分中的 MME 和 PGW 之间的交互（见图 3-4）。

在该步骤中，现存的 SGSN 和 GGSN 仍像之前一样为非 LTE 用户提供服务，但是当 LTE 用户离开 LTE 的覆盖区域时，SGSN 可以被 LTE 设备使用。如第 2 章中所描述的，传统的 SGSN 和 EPC 网络间互连存在两种方式。在网络部署的该步骤中，为了最小化对传统网络的影响，我们假定使用 Gn 接口。

该方案假设 GSM 和 WCDMA 附着到 SGSN 中的方式没有任何改变，与服务 GSM/GPRS 的 GGSN 和 WCDMA/HSPA 服务类似，结合了新的 PGW，包含了 GGSN 功能，并通过 Gn 接口与 SGSN 相连。对于控制信号，MME 也与 SGSN 相连。

这就意味着对于 SGSN 而言，MME 和 PDN GW 分别扮演 SGSN 和 GGSN 的角色。在这种情况下，EPC 系统（主要是其中的 MME 和 PGW）

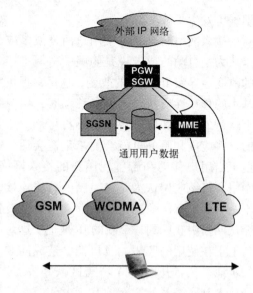

图 3-4　EPC 和 GSM/WCDMA 分组核心网络间的互连

需要能够适用于 GSM/WCDMA 的分组核心网络，这里的 GSM/WCDMA 分组核心网络应该不受任何影响。

为了支持会话连续性，网络中的 SGSN 要能区分终端是接入到 GSM/GPRS 还是接入到 WCDM/HSPA，但 SGSN 不支持向 LTE 的移动。但对于能够接入到 LTE 的终端而言，由于缺少 LTE 的覆盖，因此可以暂时附着到 GSM/GPRS 或 WCDMA/HSPA 网络。为了达到会话连续性，连接到 WCDMA/HSPA 的终端需要总是使用 PDN GW 作为锚点，而不使用 GGSN。如果 SGSN 选择了不正确的 IP 锚点，则当接入网络换为 LTE 时，IP 会话将会被丢弃。

考虑图 3-5 所示的例子，终端 A 支持 GSM/WCDMA 网络，但是不支持 LTE 网络。终端 B 支持这 3 种网络接入。最简单的场景是终端 B 附着到 LTE 网络，接下来由 MME 为其提供服务。MME 将会为终端 B 选择一个 PDN GW 和 SGW（图中给出的是 PGW/SGW 混合的节点）。

当任意一个终端附着在 GSM 或 WCDMA 无线上时，将由 SGSN 为其提供服务。当终端 A 不支持 LTE，而终端 B 又离开了 LTE 的覆盖范围时，这种情况对于终端 B 而言是可能会发生的。这时，终端 B 将始终由一个 SGSN 提供服务。

有很多方法可以保证 SGSN 选择了正确的 GW 节点（GGSN 或 PGW）。值得注意的是，对于现有的用户群而言，到目前为止还是由 SGSN 提供服务的，但其实也可以由 PGW 提供服务。实际中，对于这些用户而言，这两类网关提供的功能是等同的。PGW 可以在所有的接入技术上服务用户。

因此，为 LTE 用户提供会话连续性的最简单

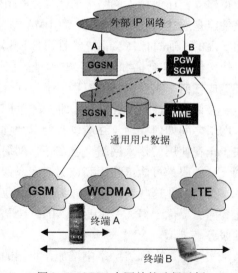

图 3-5　SGSN 中网关的选择示例

的方式可以是确保网络中所有的 GGSN 都已经被升级为了支持 PGW 功能，或就是直接将所有 GGSN 节点替换为新的 PGW 节点。以上这两个选项，对于 SGSN 的网关选择而言是不相干的。SGSN 总是能够选择一个正确的 IP 锚点，因为它们都是支持 PGW 功能的节点。但需要注意的是，从 GGSN 向 PDN GW 的任何升级（包括 GGSN 功能）都会影响到计费和策略控制系统，需要使得其更新到能够支持 Release 8 的功能。

如果该方法不可行，另外一个可选方案是让 SGSN 能够在 GGSN 和 PGW 之间进行区分。这些 GGSN 是部署在网络中为支持 GSM 或 WCDMA 的终端提供服务的。相应地，PGW 则可以在任何接入技术上服务用户。

SGSN 可以通过不同的方式来实现该方法。最为显然的方式是利用 APN（Access Point Name，接入点名称）来加以实现。APN 是关于用户订阅的配置数据的一部分，确保其可以连接到一个最优的外部网络。因为只有包含 LTE 无线接入支持的终端才可以移动和附着到一个 LTE RAN，简单的方案是确保只有用户订阅的才配置有 APN，这里的 APN 关联于一个 PDN GW。这将帮助 SGSN 做出正确的选择，确保终端 B 使用的是 PDN GW 作为 IP 锚点，而不是一个 GGSN。该方案对于 SGSN 而言是完全透明的，实际上对于 SGSN 而言就好像是在具有不同的 APN 的 GGSN 之间做出选择，然而，这种做法会影响到运营商的 DNS 系统的配置。

另外一个方式是根据所掌握的终端用户的性能信息进行选择，该信息是通过网络附着时从终端发往 SGSN 的信令中获得的，SGSN 可以利用该信息为所有的非 LTE 终端用户（如图 3-5 中的终端 A）选择 GGSN，以及为 LTE 终端用户（如图 3-5 中的终端 B）选择 PDN GW 作为锚点。该方法允许使用一个 APN 对应多个终端用户，但是需要 SGSN 支持这种选择机制，该选择机制在 3GPP Release 8 中做了规范。这就意味着 SGSN 对于网络中 LTE/EPC 的引入而言不再是完全透明的了。

2. LTE 漫游

假定运营商部署了 LTE 漫游，那么现有的 GPRS/HSPA 漫游解决方案不能再使用，存在以下两个主要的不同点：

- 替代提供 SGSN 漫游接口，LTE 漫游依赖于外地网络（VPLMN）中的 SGW 和家乡网络（HPLMN）中的 PGW 在基于 GTPv2 的 S8 接口上的互连。在功能上与 Gp 接口类似。Gp 接口用于 GPRS/HSPA 漫游，但由于 SGW 的参与，因此要求具有不同的网络配置。
- 替代利用一个基于 MAP/SS7 的接口来实现外地网络的 SGSN 与家乡网络中的 HLR 之间的互连，LTE 依赖于基于 Diameter 的信令。MME 需要通过 S6a 接口连接到家乡网络的 HSS。技术文档 GSM IR.88 推荐在外地网络和家乡网络都使用 Diameter 代理，从而提供了冗余，增加了可扩展性和运营商之间 Diameter 连接的安全性。Diameter 代理的更多的信息请参照第 16 章。

图 3-6 给出了一个大多数情况下的典型的 LTE 漫游配置，其中，数据流通过隧道转发到家乡网络。

运营商之间的 IP 连接承载了 Diameter 信令（S6a）、GTP 信令以及载荷（S8）。运营商之间的实际连接可以通过直接的点对点连接或基于经由第三方漫游服务提供者（如 GRX/IPX 运营商）的路由来加以实现。

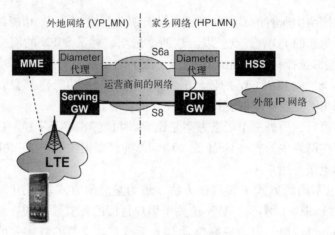

图 3-6　LTE 漫游框架

　　然而，外地网络中的本地疏导也是一个有效的场景，由家乡网络运营商 HSS 中的用户数据所控制。该场景未在图 3-6 中显示，但该场景依赖于外地网络中的 PDN GW 的使用。

3. 性能考虑

　　由于 LTE/EPC 是一个扁平的网络架构，直接连接 LTE 基站到 EPC 网络中 MME 和 SGW，EPC 中的控制信令开销等级都需要经过细致的监控和给出具体的规格要求。不同类型的设备和不同的终端用户应用在信令层面上表现不同。结合运营商将移动中的终端从激活模式变成空闲模式的频度的决策，会直接影响 EPC 节点信令性能的具体规格要求。这还会随着更多的 LTE 用户和新的设备进入市场，而随时间发生变化，因此信令负载等级的监控和随后的网络调控是很重要的。对于用户面而言，这里所给出的具体规格要求与对于 HSPA 数据流的节点的具体规格要求是类似的，但同时考虑了用户数据流的触发信令，尤其是当混合了动态策略控制的先进分组检测机制被使用时。

3.1.3　第三阶段——进一步优化通用分组核心

　　一旦一个整合的核心网络解决方案通过 SGSN 与 EPC 之间的互连得以实现，那么就存在很多可以使用优化 EPC 解决方案的措施。

1. 支持多接入的节点

　　给定针对 SGSN 和 MME 信令部分类似的角色任务，一个自然能够想到的实体就是混合 SGSN 和 MME，这种结合可以部署来简化网络操作以及优化全部的性能使用。这同时也意味着 SGSN – MME 节点上处理功率的划分是独立的，用户所使用的网络和网络节点的总体性能是可以被独立访问的。

　　对于运营商而言，一个自然而言的步骤是更新所有的 GGSN 到 SGW/PGW，或逐步淘汰旧的 GGSN，并将它们替换为 SGW/PGW，这至少带来 3 大好处：

- 取消了 SGSN 为不同类型的终端选择不同的 GW 处理。
- 对于用户附着的任何网络而言，使得整个的节点性能是可见的，降低 GW 性能的尺度要求。
- 所有 GW 统一处理，简化了操作。

2. S4-SGSN 的部署

将 Gn-SGSN 方案升级到 S4-SGSN 方案为运营商带来进一步的好处，便于融合整个分组核心网络。对于为 SGSN 和 MME 信令提供不同解决方案的替代，S4-SGSN 的部署将综合利用 Diameter、GTPv2 接口承载 SGSN 和 MME 信令，进一步地，对所有访问使用 S8 接口上的 EPC 漫游架构，不仅是 LTE，而且允许所有的 HSPA 的数据流能够完整地转移到 SGSN。需要注意的是，S4-SGSN 的转移不会对无线网络和终端带来影响，这就简化了迁移流程。

3. 用户数据管理方案的演化

除了对应所有接入的通用用户数据集的初始部置之外，不只是在 LTE 中，S4-SGSN 部署还允许使用 HSS 来为所有接入处理用户数据。这就意味着用于 LTE 的 EPC 数据还可以用在 GSM/GPRS 和 WCDMA/HSPA 中。在 S6d 接口上执行 SGSN 和 HSS 之间的互连，实际上与 S6a 接口应用于 MME 和 HSS 之间是相同的。

值得注意的是，为了简化 S4-SGSN 的迁移，S4-SGSN 仍然可以继续使用 Gr 接口，直到支持 S6d 的用户可迁移的数据管理方案出现为止。该迁移过程是复杂的，因为进行百万量级的用户数据的迁移需要耗费大量的时间。为了简化该迁移过程，初始部署依赖于分离了数据库和前端的 UDC 架构。

4. 性能优化

可以在 LTE/EPC 中引入更多的特性，从而提升网络的性能，尤其是当终端在两种接入网络之间进行移动时（如设备失去某种接入的覆盖时）减少时间。

以终端从 LTE 网络向 WCDMA 网络移动为例，在离开 LTE 之前，一些系统信息就可以提供给终端设备，这样就替代了触发用户终端移出 LTE 后，再从 WCDMA 广播信道读取所有的系统信息。这就要求 LTE 基站提前为适合的 WCDMA 小区准备好了相关信息。LTE 基站可以订阅 WCDMA 系统信息发生的任何变化来获得这样的信息，并由 SGSN 和 MME 将适合的信息从 RNC 转发到适合的 LTE 基站。

当目标小区在移动之前已经提前做好准备，可以使用分组切换来进一步地优化跨接入移动。这里提到的提前做好的准备包括经由核心网络发生在两种接入网络之间的切换信令来预先建立承载资源。分组切换将会在第 6 章和第 17 章进行进一步讨论。

语音业务将在第 11 章做进一步的讨论。

3.2 场景 2：现有 CDMA 运营商的 LTE/EPC 部署

LTE/EPC 规范包括多种方式，用来促进使用 CDMA 技术的运营商如何引入 LTE。根据进一步的 CDMA 投入的策略和计划，LTE 的迁移计划假定在不同的 CDMA 运营商联盟之间存在很大的不同。

在实际中，这就意味着需要通过一个重叠的方案来实现初始的部署，这与 3.1.1 节中针对 GSM/WCDMA 运营商所描述的方案类似。方案包括部署 LTE 基站、MME、SGW/PGW、一个 HSS 以及包含 DNS 服务器在内的必要的 IP 基础设施。PCRF 的部署是可选的，但在以上讨论的部署场景中大都是需要的。

当然，这里的一个不同是，如果要求提供多种接入能力，终端则要求是双模的，同时支持 CDMA 和 LTE。另外一个不同是，当在 LTE 覆盖区域之外时，终端将不再由 SGSN 提供服务，而是替换为由作为 CDMA 分组核心基础设施一部分的 PDSN 或 HSGW 提供服务。

部署 LTE 的 CDMA 运营商具有不同的所希望达到的目标等级。其中一个选项是依赖于双模设备，终端在使用语音服务时可以附着到 CDMA，而同时附着到 LTE 来使用数据服务。这意味着对 CDMA 解决方案来说，只有有限的影响，但这是以终端的更加复杂和更高的电池消耗为代价的。

为了使用单个订阅来提供多接入支持，并基于在 CDMA + LTE 双模设备上使用的 USIM，CDMA 基础设施需要升级到具有 eHRPD 功能，其中包括将 PDSN 升级到 HSGW，以及将 AAA 基础设施升级到支持在 CDMA 上使用 USIM。为了共享一组具有一致性的用户数据，AAA 服务器可以连接 LTE 接入中使用的 HSS 节点。

如果需要一个可以为 LTE 和 CDMA 提供服务的公共网关，则 HGSW 需要在 S2a 接口上与 PGW 相互连接。这就为会话产生了一个单独的 IP 锚点，允许在 LTE 接入网络和 CDMA 接入网络之间的移动，包括在离开 LTE 的覆盖范围的当前数据会话的移动。

为了提高移动性场景下的性能，如降低数据服务的中断时间，存在以下两种可行的方式：

- 当使用双模设备时，可以在源系统的无线覆盖丢失前，在目标接入网络中进行预注册。这将降低在目标接入系统上建立会话所需的时间。
- 当使用单模设备时，网络的 CDMA 部分和 LTE/EPC 部分可以通过 S101 接口进行互连，S101 接口允许在网络之间切换信令。与双模情况下相比，在进一步降低服务中断时间和简化双模终端的同时，该方式对所需的投入具有极大的影响，需要在 CDMA 和 LTE/EPC 基础设施中提供额外的支持。

针对 CDMA + LTE 运营商的 LTE 漫游与针对部署有 LTE 的 GSM/WCDMA 运营商的 LTE 漫游可以按照相同的方式提供支持。但是在漫游过程中跨系统的移动性需要被特殊考虑，因为 CDMA 不太可能在用户所旅游到的所有国家使用。如果是这样的话，作为替代，HSPA 是当在这些国家失去 LTE 覆盖时作为回退技术的首要备选方案。这就要求在 CDMA + LTE 运营商网络中部署 HSPA 漫游方案，如 HPLMN（Home Public Land Mobile Network），或对于漫游者而言接入到 HSPA 是不可行的。

3.3 场景 3：部署 LTE/EPC 的新运营商

"全新"的移动运营商（Mobile Greenfilder Operator），如之前没有移动网络部署的运营商，可能有不同的背景。例如：

- 固定宽带接入运营商希望在选定区域通过在 LTE 上提供接入来拓宽所提供的业务，而当在家或在企业环境中时，可以在设备上使用 Wi – Fi 再通过固定接入连接来对外进行访问。
- 有线电视运营商扩展其所提供的服务。
- 固定无线接入运营商，可以基于其他无线技术为固定设备而不是移动终端提供宽带接入服务。
- 移动市场上完全全新的进入者。

事实上，一个"全新"的运营商意味着在部署一个新的 LTE/EPC 网络时，完全没有之前的设备来提供移动服务，但显然包括物理区域、IP 传输网络和频谱（固定了无线运营商的情况下）在内的都是有用的有利条件。

对于其他所有的安装设施，网络解决方案需要包括 LTE 基站、MME、SGW/PGW、HSS，以及包含 DNS 服务器在内的必要的 IP 基础设施设备。PCRF 的部署是可选的，但对于以上所述的很多情况下都是要求包含的。

"全新"的运营商，就像其他的运营商一样，在相当长的一段时间内 LTE 的覆盖质量不一。这对于固定无线运营商而言是没问题的，只需要在需要提供服务的地方建立覆盖就可以了。但对于提供移动数据服务的运营商而言，就需要在 LTE 覆盖区域之外也能提供服务。由于新运营商没有任何回退技术可供选择，因此需要与已有移动运营商建立合作从而为用户在需要时提供接入，如在 LTE 覆盖区域以外使用 HSPA，这就需要建立全国性的漫游方案，实际中与前面提到过的全球性的移动场景比较类似。

第4章 EPS中的数据业务

EPS是一个更快、更低延迟的移动宽带解决方案。与前几代移动宽带的核心网络相比，LTE和EPS被设计出来主要是提供IP连接和数据服务，而不只是常规的语音服务。在这个改变的背后存在着几个因素。这一章将从数据业务的角度探讨这些改变，而第5章将着眼于介绍语音业务。

首先，当GPRS和WCDMA最初在20世纪90年代发展起来的时候，并不清楚终端用户需要什么样的数据业务或者这能否在移动运营商网络上取得成功。在GPRS上提供数据业务实际上花费了很长一段时间——无线接入协议，或者说WAP是IP技术在移动行业应用的一个例子，但在使用中的成功率却很低。而与此同时，高带宽HSPA技术以及Wi-Fi热点技术的发展表明，人们对于移动过程中接入公网系统的移动宽带技术有很高的需求。

2007年，第一款智能手机——iPhone的推出改变了一切：移动互联网变成了终端用户最直接的业务，并且首次将移动设备上的内容与运营商网络实现了解耦。移动数据流量增长迅速，且在2009年第4季度超过了移动语音流量（爱立信，2011）。到2011年第1季度，运营商网络上的数据流量总量是语音流量的两倍，如图4-1所示。

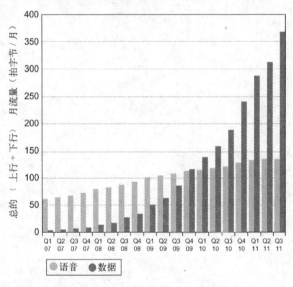

图4-1 移动网络中的全球通信业务（2007~2011）
来源：爱立信（2012）

另外，现在越来越多的设备，不仅仅是手机，还包括平板电脑、电子书阅读器，以及其他获益于具有移动连接的"连接设备"已经越来越流行。这些新设备已经创造了一个应用中心化的生态系统，它将终端用户放在内容价值链的中心位置，并且推动着移动网络使用的改变。智能手机用户在一天当中在许多不同的地点访问互联网。他们也大量地使用在线聊天应用、玩游戏并且经常性地检查邮件——甚至起床前也经常会这样。这些在使用模式方面的改变要求网络运营商和供应商重新思考网络设计、运营和管理。

因此，在 EPS 中 IP 技术的使用很显然不仅仅是为了降低传输语音业务的成本，它还事关在全球金融和社会中已经呈现出承担更重要责任的移动宽带平台的发展。智能手机、平板电脑和应用商店仅仅是改变的开始，移动宽带将通过数据业务进行传输——连接已经变得像道路和电力一样，在终端用户的生活中必不可少。

向全 IP 移动运营商环境的转移表明了运营在运营商网络上服务的类型以及形成产业结构基础的价值链都从根本上发生了变化。我们现在处于一个转折点，因为大多数通过移动技术接入的业务变成了数据业务，而不是传统的语音业务或 SMS 业务。

接下来的部分包括了 EPC 上数据业务的两方面——消息业务和机器间通信。

4.1 消息业务

自从在 GSM 中引入短信业务（SMS）以来，发送消息给移动设备使用者的功能就已经变得非常流行。更高级的消息业务，如多媒体消息业务（MMS）的引入，除了能够提供在消息中包含文本，还提供了在消息中包含照片、图片和声音的功能。即时消息和聊天类的业务作为进一步提高用户体验的手段而被引入。固定和移动用户数在 2008~2016 的对比分析如图 4-2 所示。

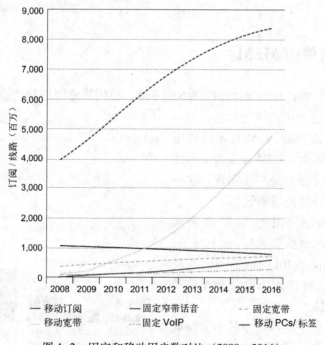

图 4-2　固定和移动用户数对比（2008~2016）

来源：爱立信（2011）

仅仅对于语音而言，现有两种完全不同的方法来实现在 EPC 中使用消息应用——可以使用一个基于 IP 的方案（像基于 IMS 的消息或 IP 之上的 SMS），或使用电路交换基础设施，它通常用来在 GSM 和 WCDMA 上传输 SMS 消息。由于 LTE 只支持分组无线接入，这就要求在后一种情况中包含一些特殊的机制。

对于基于 IP 发送消息的情况，EPC 无须增加新的特性。消息通过网络从一个消息服务器透明地发送到客户端，EPC 将其视作普通的 IP 分组即可。如何实现这样的消息应用与 EPC 无关（只要将 IP 作为传输技术），同时也超出了本书的范围，这里不做介绍。任何形式的媒体（文本、视频、声音、图像等）都可以包含在使用 IP 发送的消息当中。

当使用电路交换基础设施来传输消息时，MME 与 MSC 服务器进行交互。MSC 服务器通常连接到一个消息中心，通过与 MME 的交互，从而可以在如 GSM 和 WCDMA 的控制信道上传送 SMS 消息，该方法也适用于 LTE 中。这之后，消息会被包含在 MME 和移动设备之间的 NAS 信令消息中。该方式仅支持 SMS 文本消息，这就意味着其他类型的消息（如 MMS）就需要基于 IP，这与在 GSM 和 WCDMA 中是一样的。这两种消息传输的不同方案如图 4-3 所示，其中虚线代表使用信令接口，实线代表基于 IP 的消息传送方式。

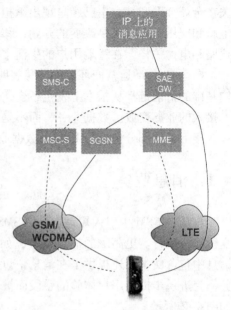

图 4-3　消息业务的选择

4.2　机器间通信（M2M）

随着宽带速度的增长和半导体器件成本的下降，使用传感网络和其他结合移动宽带的机器间通信（M2M）技术逐渐成为可能。在一个移动宽带环境中有多种 M2M 技术的使用用例。在未来的几年内，M2M 以及类似的技术将会推动对移动宽带的进一步需求。这一节将会探索这样的一些使用场景。

另外，M2M 设备产生的流量预测从 2011 年到 2016 年将增长 22 倍。举个例子，如图 4-4 所示，相比于 2011 年的 4%，思科预测 M2M 通信技术将在 2016 年占整个移动数据业务的 5% 左右。

这些技术将在从企业到城市的多个领域中发挥作用，而许多不同的经济实体也将受益于这些技术。

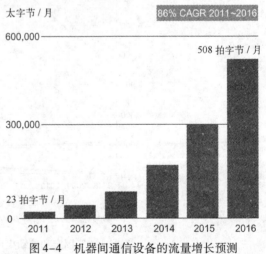

图 4-4　机器间通信设备的流量增长预测
来源：思科 VNI 移动（2012）

4.2.1　工业和企业使用场景

M2M 通信的一个最明显的使用场景是在公司和产业联盟中。举个例子，当能够获知需要投递的物品所属的确切位置和环境条件时，供应链管理性能会得到相应的提升。此外，如果在卡车预行驶的路径上发现了交通堵塞，能够及时地给与一条新的投递路径。事实上，M2M以及类似技术的使用很有可能会增加公司的竞争力。一些大有裨益的使用场景，例如：

- 构建在私家车中，以满足通信业务的需求，获取汽车的位置（使用GPS获取），以及能为交通导引系统接收及时的交通数据。
- 构建在水或电的仪表中，实现远程控制和/或远程抄表。
- 构建在街道边的自动贩卖机中，以实现当商品脱销或硬币满了需要处理时，及证明访客是具有合理访问权限时的通信。
- 构建在出租车中，用来验证信用卡。
- 构建在送货车中，用来实现车队管理，其中包括配送路线的优化和确认交付。
- 构建在救护车中，用来在车到达之前将至关重要的医疗数据发送到医院，从而提高治疗的成功率。
- 构建在监控相机中，用于家和公司安全保护的目的。

然而，这些在工业领域的应用还仅仅开启了使用移动宽带技术的大门而已。

4.2.2　社会性——M2M和可持续发展

除了所有的这些，M2M技术及其相应业务还将在未来扮演更多的角色。2007年是对世界有着里程碑意义的一年：历史上第一次，有超过50%的世界人口居住在城市里，而不是农村地区（UNPD，2009）。这一趋势没有扭转的迹象。据预计到2016年，居住在地球上不超过陆地区域的1%的用户将产生大约60%的移动数据流量（数据来源于爱立信消费者实验室）。

城市和国家的基础设施因此必须适应这样的环境，仅举几例，如道路、照明、地铁、市郊往返列车和输油管道等（财政部，2011）。为了发展智慧的、可持续的社会和城市，大多数的基础设施都会被安装上传感器和制动器来满足更高效的管理，所有与这些基础设施有关联的设备将连接到大规模的数据分析和管理系统中，从而进行有效获取、分析数据并实现可视化处理。仅在英国，这个市场意味着政府和一些私营部门需要为此投入大量的资金。如何使用M2M和ICT技术为国家和地区传输经济、社会以及环境相关的结果数据，成为该领域有关专业性工作的一个重要方面（宽带委员会，2012）。

然而，为了使这种转化得以实现，有必要建立一个数据分析系统，能够处理来自移动和传感网络的具有实时特性的数据流。这些技术将带来移动网络中数据的新形式的创新。如图4-5所示，应用在一个城市范围内的ICT所提供的数据，将会给企业、城市和政府业务带来创新。

这里，我们可以看到移动宽带平台不仅在移动电信行业中，乃至更广泛的全球经济中都有潜力成为契约缔造者。EPS是能够实现这种转化的系统。在下一章，我们将研究推动这次移动宽带变革的相关技术。

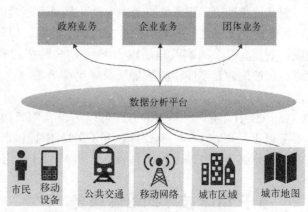

图4-5　机器间通信和数据分析法

53

第5章 EPS中的语音服务

自从 20 世纪 50 年代移动运营商能够提供基本的移动业务以来，语音服务成为他们的主要收入来源。90 年代早期，GSM 技术的出现开启了全球采用移动通信服务的新局面。到 2011 年底，全球移动服务用户数量约 60 亿，并以每周百万计的速度增长。尽管以数据为中心的移动网络设备呈现巨大的增长，但是绝大部分的终端仍是以语音业务为中心的。在写这本书的时候，话音服务为运营商创造了 60% 以上的收入。

语音流量仍在增长，尤其是在新兴市场，并为数亿用户提供重要的语音服务。在 EPS 的架构和流程的背后，大部分的努力用在了提供优质的 IP 接入服务上，这一点并不让人感到奇怪，通过 EPS 提供有效语音支持的重要性是在一开始就得到了承认的。

随着 IP 技术的引入，终端用户现在除了有由移动网络运营商提供的传统的语音服务之外，还有很多其他的选择。两个由所谓的 OTT（Over the Top）服务提供商所提供的知名例子是 Skype 和 WhatsApp。尽管这种"OTT"解决方案在增加，但是运营商所提供的解决方案仍然有巨大的市场需求，对于 LTE 网络也是如此。

对于 LTE 用户，有两种完全不同的方式可以实现语音服务：使用电路切换回退或基于 IP 多媒体子系统（IMS）技术的 VoLTE/MMTel。这两种不同方法及其不同之处会在本章接下来的章节中介绍。

5.1 LTE 网络上实现语音服务

LTE 无线接入是为了提供更好的 IP 服务而设计的。它只支持分组接入并且不存在与电路交换移动核心网络的连接。在这一点上是与 GSM、WCDMA 和 CDMA 技术相反的，因为这些技术是同时支持电路交换和分组交换服务的。很自然地，这个差异，影响着为 LTE 终端用户提供语音服务的技术解决方案的选择。

前几代移动语音服务的一个主要优势是具有连续的服务覆盖，这一点是通过在不同的无线小区之间和基站之间实现切换来实现的。然而，LTE 网络的覆盖能力将依赖于网络运营商建设计划和在一个国家或地区内分配给 LTE 网络的频段。因此，对于某些终端用户而言，无线覆盖被认为是不连续的甚至只是零星部署的几个点，特别是对于 LTE 网络的初始部署阶段。

在 EPC 中，有两种基本的方法可以为语音服务提供支持。简而言之，LTE 网络上的语音服务可以使用在 GSM、WCDMA 和 CDMA 中提供语音电话的电路交换设施来实现，或通过使用在分组交换基础设施之上的 IMS 和 MMTel 应用来加以实现。

5.2 基于 IMS 技术的语音服务

MMTel 是由 3GPP 标准化的，基于 IMS 提供语音通话的技术。由于 EPS 设计可以有效地承载两个主机之间的 IP 数据流，因此 MMTel 成为在 LTE 网络覆盖范围内提供语音服务的自然选择。除了传统的语音服务之外，MMTel 还提供给终端用户相较于电路交换更多的功能，如视频、文本或其他的多媒体形式可以被添加到语音组件中，从而增强通信体验和价值。进一步地，MMTel 还支持将当前的语音和视频电话网络演进到完全成熟的多媒体通信以及回退到 2G 和 3G 的基于电路交换的电话技术。

与此同时，VoLTE（Voice on LTE）是基于 MMTel 标准，在 GSMA 框架 IR. 92（GSMA Profile IR. 92）中定义的。该框架涵盖了网络的每一层，包括 IMS 特征、媒体需求、承载管理、LTE 无线需求以及常见的功能，如 IP 版本。它包含一般的 IMS 和 MMTel 服务特征的一个子集，选择用来提供与现今的 3G 和 GSM 网络相似的用户体验的 IP 电话服务。还有一点需要注意的是，VoLTE 框架提供的特征是一个运营商服务点所需的最小特征集合。关于 VoLTE 的更多细节将在第 11 章中讨论。

如前面所讨论的，运营商不能要求现在 LTE 网络覆盖能够为用户提供无处不在的接入。因此，为提供完全的的语音服务就要满足以下几点：

- 就覆盖范围而言，其他接入网络可以作为 LTE 接入网络的补充。
- 用于拨打语音电话的设备（一个传统的移动电话或其他设备）同样支持这些访问技术以及基于这些技术的语音通话技术（如 GSM 技术中的电路交换过程）。
- 支持系统间切换。

图 5-1 中深色区域显示了拥有 LTE 覆盖的地区，浅色区域表示那些拥有更好无线覆盖的技术。

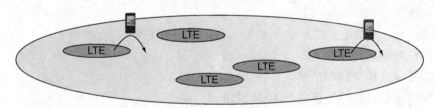

图 5-1　语音服务和移动性支持的必要性

1）语音电话是当用户在 LTE 网络覆盖范围内（图 5-1 中的深色区域）所建立的，并且在通话过程中用户没有移动到此 LTE 网络覆盖区域之外。对于这种场景而言，MMTel 会用于在 LTE 基础上提供语音服务。

2）语音电话是当用户在 LTE 网络覆盖范围之外（图 5-1 中的浅色区域）所建立的。该通话将会以电路交换的方式建立，如 WCDMA 中的电路交换。基于不同的解决方法，这个通话既可以被转变成基于 SIP 的通话并通过 IMS 系统进行处理，也可以被 MSC 当作传统的电路交换通话来进行处理。

3）语音电话是当用户在 LTE 网络覆盖范围内（图 5-1 中的深色区域）所建立的，并在通话期间移动到当前 LTE 网络覆盖范围之外。如果这个系统的浅色所代表的区域支持 IMS/MM-Tel 语音业务，那么这个通话将被 LTE 网络和其他系统（如 WCDMA/HSP 或 eHRPD）之间的"分组切换"功能所处理，并且语音服务将作为一个 IP 业务由 IMS 架构处理并提供持续的服务。如果并非这种情况，则需要使用特定的措施来保证离开 LTE 覆盖范围时会话的连续性。3GPP 标准中关于这点的解决方案是采用 SRVCC（Single - Radio Voice Call Continuity，单频语音呼叫连续性）。

5.3 SRVCC——单频语音呼叫连续性

SRVCC 旨在允许语音通话可以在支持 IMS/MMTel 语音服务的系统与另一个没有足够无线接入支持 MMTel 服务的系统之间的切换。举例来说，这可能是由于提供 IP 服务的带宽不足或对网络中 QoS 支持不足所造成的。

因此，SRVCC 定义了如何将基于 IP 的语音通话从系统"A"（图 5-1 中的深色区域）移交到系统"B"（图 5-1 中的浅色区域）中进行处理。系统"B"通过电路交换过程来服务语音通话。

那么为什么这要被称作"单频"过程呢？该切换过程的复杂性来自于这样一个事实：大多数"普通"的终端（终端用户设备）不能同时连接到系统"A"和系统"B"。相反，为了避免严重的服务退化，还必须执行一个快速的切换，如避免在语音通话中令人不快的长时间中断。这是由于当终端用户设备需要同时连接到两个系统时，需要更复杂和昂贵的无线过滤器、天线以及信号处理。这就是"单频"的由来。它扩展了 3GPP Release 7 中的 VCC 解决方案，允许在 Wi-Fi 之上的基于 IMS 的服务和如 GSM 之上的基于电路交换的服务之间的切换。然而，在 Release 7 VCC 中，所假设的是使用"双无线技术"，即终端能够同时连接到 Wi-Fi 和 GSM 网络。由于一个局部覆盖和低发射功率的系统（Wi-Fi）和一个更广范围覆盖的相对高发射功率的系统（GSM）具有差异性，从而使得这样的"双无线技术"方案是可以实现的。

3GPP 为 SRVCC 指定了以下组合形式（系统 A 到系统 B）：

- 从 LTE 网络到 GSM 网络。
- 从 LTE 网络到 WCDMA 网络。
- 从 WCDMA（HSPA）网络到 GSM 网络。
- 从 WCDMA 网络到 WCDMA 网络。
- 从 LTE 网络到 1xRTT 网络。

在 3GPP Release 11 中，添加了新的功能以实现在 GSM 或 WCDMA 中发起电路域语音会话，并且可以切换到 LTE 中的 MMtel 服务。这就是所谓的反向 SRVCC 或 rSRVCC。以下 rSRVCC 组合是指定的（系统 A 到系统 B）：

- 从 GSM 网络到 LTE 网络。
- 从 WCDMA 网络到 LTE 网络。

该解决方案所基于的原则是 IMS 在用户整个会话持续过程中为其提供服务（IMS 是语音电话的"服务引擎"），并且在用户接入系统 B 时仍然如此。SRVCC 涉及 EPC 核心网络中的 MME、电路交换核心网络中的 MSC 服务器之间的交互以及 IMS VCC 域转移功能。

我们将在第 11 章中对 SVRCC 进行更为详细的描述。

5.4 电路交换回退

电路交换回退（CSFB）是一个使用 IMS 和 SRVCC 为 LTE 用户提供语音服务的替代解

决方案。最为基本的区别是该方案中不需要 IMS，而且事实上语音通话就不是通过 LTE 网络得到服务的。取而代之的是，CSFB 依赖于一个临时的系统间变化（又名回退），它将用户设备从 LTE 网络转移到可以服务电路交换语音通话的 2G 或 3G 无线接入网络中。

该方案依赖于 CSFB LTE 终端在开机和接入到 LTE 网络时，不仅要在 EPS 中注册还要在电路交换域中注册。这种双域注册机制是由网络进行处理，并通过 MME 和电路交换网络域中的 MSC 服务器之间的交互来加以实现的。

有两个使用场景需要考虑：移动用户发起的语音通话和移动用户接收的语音通话。

1）如果用户将要拨打语音电话，则终端将从 LTE 网络（系统 A）切换到一个具有电路交换语音支持的系统（系统 B）。这时，任何在终端用户设备上依然存活的基于分组的服务，均可以切换然后继续在系统 B 上工作，但可能有更低的数据速率，或在语音通话期间挂起直到语音通话结束，然后终端切换回 LTE 网络，恢复分组服务。适用这两种情况中的哪一种依赖于系统 B 具备的能力。

2）如果当前附着到 LTE 网络的用户有一个语音来电，则 MSC 服务器在 LTE 网络中请求寻呼该特定的用户。这是通过在 MSC 服务器和 MME 之间的接口实现的。终端通过 LTE 网络收到了寻呼，将临时从 LTE 切换到接收语音电话的系统 B。一旦语音通话结束了，终端会再次切换回 LTE 网络。

我们将在第 11 章对 CSFB 进行进一步介绍。

5.5 MMTel/SRVCC 和 CSFB 的比较

这两种方案在如何为 LTE 用户提供语音服务的方法上是完全不同的。

IMS/MMTel 和 SRVCC 的主要优点包括：

- 允许同时使用语音通话服务和 LTE 上的高速分组服务。
- MMTel 为终端用户提供了体验增强，可以在语音通话中增加新的多媒体组件。

CSFB 的主要优点包括：

- 在向 LTE 用户提供语音服务之前，不需要依赖于 IMS 基础设施和服务的部署。
- 在 LTE 网络接入时或在接入一个支持电路交换语音通话的系统时，将会提供相同的功能和服务集的语音服务。完全可以使用电路交换核心网络的基础设施为 LTE 用户提供服务。

如上所述，这两种方法都依赖于支持语音通话的终端用户设备，要求其不仅接入 LTE 网络，同时也能接入其他广泛部署的无线接入系统（如 GSM 网络），同时还要求具备进行电路交换语音通话的能力。

还应该注意的是，这两种解决方案可以在一个网络中同时得到支持。一般我们假设运营商在初期阶段会先部署 CSFB 方案，之后逐步向 MMTel/VoLTE 解决方案转变。

5.6 IMS 紧急呼叫和优先服务

为了部署新的第一线的电话服务，运营商需要确保服务符合当地的法规。世界各地的法规都有区别，但是一个基本的需求是电话服务需要支持基本的紧急呼叫功能。对于附加的基本的紧急呼叫服务，运营商需要支持未经认证的 IMS 紧急呼叫（如用户设备在没有 SIM 卡或没有有效的订阅时拨打的 IMS 紧急呼叫）。

当紧急通话或紧急服务涉及的是居民到权威机构之间的通信时，优先服务是允许在特殊情况下，当权威机构的代表收到超越其他用户的优先服务接入时，允许他们之间进行相互通信的一种服务。举例来说，优先服务可以用在灾难发生时，即使在电话通信网络过载的情况下，也可以确保消防队、警察和医务人员的正常通话。

3GPP 在 3GPP Release 7 中引入了基本的 IMS 紧急呼叫机制，并在 Release 9 阶段中引入了 3GPP 无线接入以及 EPC 支持紧急事务承载服务。从那时起，3GPP 规范逐渐增加了越来越多的功能来支持 IMS 紧急电话的区域性需求，如支持其他多媒体或优先服务。更多这方面的细节将在第 11 章进行描述。

第3部分 EPS主要概念和服务

第6章 会话管理和移动性

6.1 IP连接性和会话管理

在蜂窝网络技术中，LTE和增强型UTRAN架构都为无线传输所需要的带宽带来了巨大的增长，这也为移动宽带的迅速发展铺平了道路。为了使接入网能支持不同类型的应用和业务，核心网侧也需要做出相应的调整。与LTE架构中接入网的发展相对应，IMS层的融合技术意味着它也可以提供一个通用的分组核心网，该通用的核心网可以提供合适的策略、安全、收费和移动管理方案。这使得终端用户在不同的接入网中，都能提供广泛的接入。同时，也提供用户在不同接入网间移动时能够保持会话连续性。本节将讨论EPC中的IP连接性和会话管理。图6-1所示给出了大致的流程。

1. IP连接概要

EPC架构中最根本的任务就是对于数据和语音业务为终端提供IP连接性（IP connectivity）。这也许是比在GSM/WCDMA系统中更加重要的工作。在GSM/WCDMA中电路交换域也是存在的，而在EPS中只存在基于IP的分组交换域。如第5章所描述的，尽管实现与电路交换域的交互存在不同的可能性，但在使用E-UTRAN时默认只支持基于IP的分组交换域。

IP连接性具有一定的属性和特征，这取决于用户希望接入的场景和服务类型。首先，需要提供去往一个特定的IP网络的IP连接性。在多数情况下，该特定的网络都是Internet，但是也有可能是一个运营商用于提供特定服务的特定的IP网络，如基于IMS的。其次，需要为IP连接性提供IPv4和/或IPv6的支持。最后，IP连接性需要符合一定的QoS需求，这取决于用户所接入的服务类型。例如，IP连接可能需要提供一定保证的比特率，或与其他连接相比具有优先被处理的权限。在本节后续章节中，会讨论上面所提到的这些概念如何在EPS中加以实现，包括3GPP家族和其他连接至EPC的接入网。

2. PDN连接性服务

如上文中所提到的，EPS给用户提供了到IP网络的连接性。在EPS系统中，与2G/3G核心网类似，该IP网络也被称为分组数据网络（Packet Data Network，PDN）。在EPS中，到该PDN的IP连接被称为PDN连接。我们为什么使用如"分组数据网络"和"PDN连接"这样富有想象力的名字呢？为什么不直接简单地称为"IP网络"和"IP连接"呢？归根结底，这实际上是我们想表达的意思么？采用这种术语有两个方面的原因：第一个是技术方面

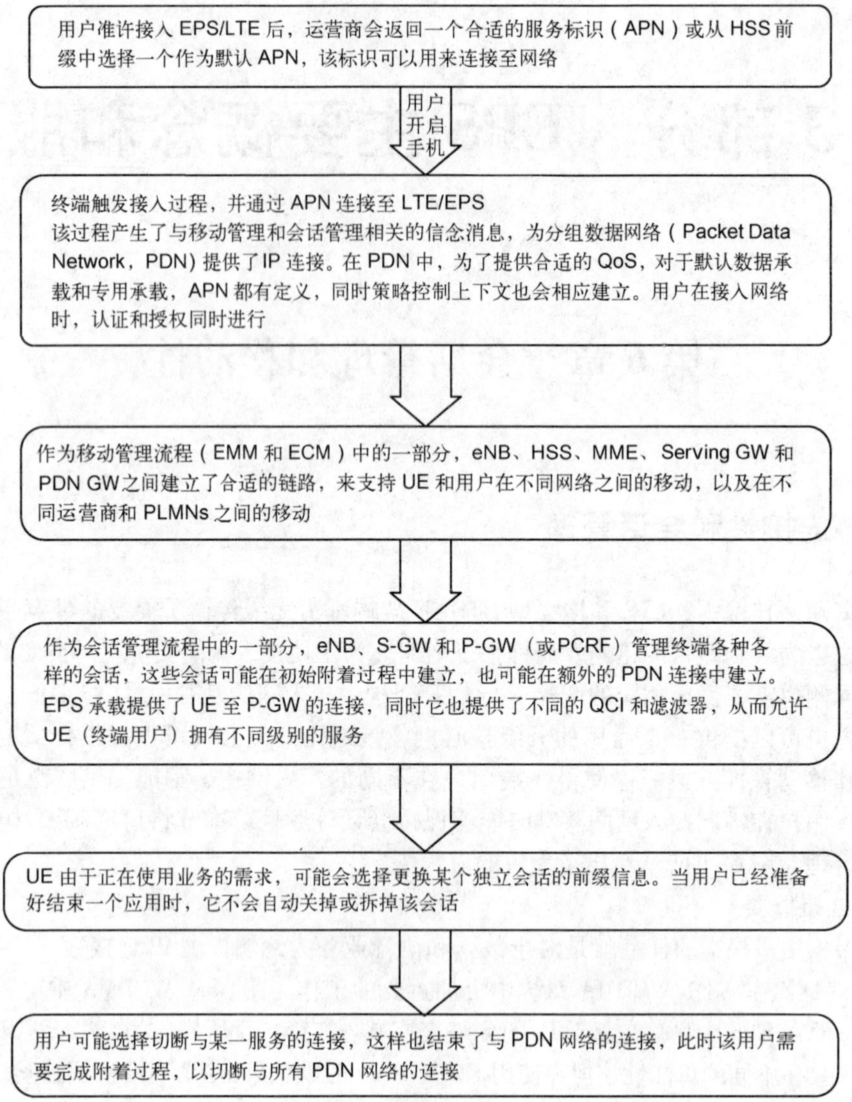

用户准许接入 EPS/LTE 后，运营商会返回一个合适的服务标识（APN）或从 HSS 前缀中选择一个作为默认 APN，该标识可以用来连接至网络

用户
开启
手机

终端触发接入过程，并通过 APN 连接至 LTE/EPS
该过程产生了与移动管理和会话管理相关的信念消息，为分组数据网络（Packet Data Network，PDN）提供了 IP 连接。在 PDN 中，为了提供合适的 QoS，对于默认数据承载和专用承载，APN 都有定义，同时策略控制上下文也会相应建立。用户在接入网络时，认证和授权同时进行

作为移动管理流程（EMM 和 ECM）中的一部分，eNB、HSS、MME、Serving GW 和 PDN GW 之间建立了合适的链路，来支持 UE 和用户在不同网络之间的移动，以及在不同运营商和 PLMNs 之间的移动

作为会话管理流程中的一部分，eNB、S-GW 和 P-GW（或 PCRF）管理终端各种各样的会话，这些会话可能在初始附着过程建立，也可能在额外的 PDN 连接中建立。EPS 承载提供了 UE 至 P-GW 的连接，同时它也提供了不同的 QCI 和滤波器，从而允许 UE（终端用户）拥有不同级别的服务

UE 由于正在使用业务的需求，可能会选择更换某个独立会话的前缀信息。当用户已经准备好结束一个应用时，它不会自动关掉或拆掉该会话

用户可能选择切断与某一服务的连接，这样也结束了与 PDN 网络的连接，此时该用户需要完成附着过程，以切断与所有 PDN 网络的连接

图 6-1 IP 连接流程

的，第二个是历史方面的。首先，PDN 连接不仅包含基本的 IP 连接，QoS、计费和移动性也都是 PDN 连接所包含的重要部分。其次，在 GPRS 在初始被规范时，除了 IP 外，还需要支持不同的分组数据协议（Packet Data Protocol，PDP）类型，如 PPP（Point – to – Point，点到点协议；用以支持不同的网络层协议）和 X. 25。既然 GPRS 除了能提供接入至 IP 网络，也能接入至其他类型的 PDN，这意味着使用 PDN 代替 IP 网络来进行称呼更加合适。然而，实际上，在绝大部分的市场部署中，基于 IP 的 PDN 也是很常见的一种。因此，EPS 中只支持利用 IPv4/IPv6 来接入基于 IP 的 PDN。然而，PDN 的名称却得以保留。

运营商可以提供不同的 PDN 接入以提供不同的服务。例如，一个 PDN 可以是公共的 Internet。当用户与这个"Internet PDN"建立 PDN 连接时，用户可以在 Internet 上浏览网页或享受在互联网上存在的其他服务。再例如，另一个 PDN 可能是由电信运营商建立的特定的 IP 网络（如基于 IMS 的），目的是提供运营商指定的服务。总的来说，如果用户与一个特定

的 PDN 建立了一个 PDN 连接，那么他/她就只能接入该 PDN 上提供的服务了。当然，单个 PDN 也有可能提供多种服务。运营商选择如何配置其网络和服务。

在某一时刻，一个终端可以接入单个 PDN，或者也可以在同一时刻同时具有多个 PDN 连接。例如，如果这些服务是部署在不同的 PDN 上的，则终端可以同时接入 Internet 网络和 IMS 服务。后者，终端将拥有多个 IP 地址，每个 PDN 连接都对应一个 IP 地址（或两个，如果 IPv4 和 IPv6 同时使用）。同时，每个 PDN 连接都是一个唯一的 IP 连接，并拥有它自己的 IP 地址（或 IPv4/IPv6 前缀），如图 6-2 所示。

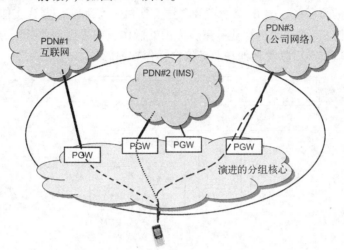

图 6-2 UE 同时建立多个 PDN 连接场景

当终端附着到 EPS 时，总有一个 PDN 连接是建立着的（参见第 6 章和第 17 章，概括地描述了到不同接入网络的附着过程）。在附着过程中，终端可以提供用户想要接入的 PDN 的相关信息，该信息通过"接入点名称"（Access Point Name，APN）的参数来承载。APN 是一个字符串，包含希望接入的服务的 PDN 的有关信息。网络利用该 APN 来选择 PDN 并与之建立 PDN 连接。运营商定义哪些 APN（相对应到 PDN）对于一个用户而言是可用的，该信息可以作为用户接入信息的一部分。如果用户在附着过程中，没有提供任何 APN，网络则会利用一个默认的 APN 作为用户接入信息的一部分，该默认 APN 包含在 HSS 中，用以建立 PDN 连接。需要注意的是，APN 不仅用来选择 PDN，还用来选择提供接入 PDN 的 PDN GW。更多有关这种选择功能的内容将在第 9 章详细描述。

当用户附着到 EPS 时，也可以建立额外的一条 PDN 连接。在这种情况下，终端会发送请求至网络，用以建立一个新的 PDN 连接。该请求必须总是包含 APN 参数的，用来通知网络用户想要接入的 PDN 信息。

终端也可以随时关闭一个 PDN 连接。

3. EPC、应用层和传输层之间的关系

PDN 连接为给用户提供一个到 PDN 的 IP 连接。当 PDN 连接建立时，代表连接的上下文信息在 UE、PDN GW 以及根据所使用的接入技术对应的其他核心网络节点上被创建（如对于 E-UTRAN 接入而言的 MME 和 Serving GW）。EPS 将关注该"PDN 连接层"以及与之相关的功能，如 IP 地址管理、QoS、移动性、计费、安全以及策略控制等。

PDN 连接是分配给 UE 的特定的 IPv4 和/或 IPv6 前缀与一个特定 PDN 之间的一条逻辑

连接。PDN 连接的用户数据通过底层的无线连接在终端和基站之间进行传输。EPC 中不同网络实体之间的底层传输网络也用于承载用户数据。与此同时，用户所运行的应用或服务也在 PDN 连接上被传输。在这里，按照通用的方式，我们将使用术语"应用（Application）"来包含 IP 之上的协议层。

EPC 的传输网络提供了可利用不同技术，如 MPLS、以太网、无线点对点链路等，来部署的 IP 传输。基于无线接口，PDN 连接在 UE 和基站之间进行通过无线连接传输。图 6-3 给出了应用层、PDN 连接层以及传输层之间关系的示意图。骨干网中的 IP 传输层实体都不会感知到 PDN 连接的存在，如 IP 路由器和二层交换机。实际上，这些实体根本也不会知道每个用户的相关信息，而主要进行业务聚合方面的操作。如果需要业务区分功能，则主要是基于区分服务（DiffServ）以及其他在业务聚合操作方面的技术。

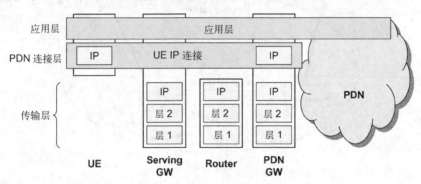

图 6-3　3GPP 中应用层、PDN 连接和传输层之间的关系示意图

图 6-3 给出了当 UE 接入 GERAN、UTRAN 或 E – UTRAN 时，EPS 中应用层、PDN 连接层和传输层之间的关系示意图。需要注意的是，用户的 IP 连接（即 PDN 连接）与 EPC 节点（传输层）之间的 IP 连接是分开的。为了提供针对每个用户的安全性、移动性、计费和 QoS 等服务，在移动网络中通常采用在传输网络上的隧道来承载用户平面。当我们考虑到有关 IP 地址分配和 QoS 等相关方面的因素时，PDN 连接层和传输层之间的这种差别同样很重要。

图 6-3 还给出了当 UE 通过其他接入方式接入 EPC 时不同层的示例。总体来说，在所有的场景中，都会存在位于 PDN 连接层之下的一个基于 IP 的传输层。然而，需要注意的是，PDN 连接层以下的协议层的细节依赖于所使用的移动性协议和当通过非 3GPP 网络进行接入时所使用的其他类型协议。

4. IP 地址

EPS 的一个关键任务就是为 UE 和 PDN 之间提供 IP 连接性。为 UE 所分配的 IP 地址来源于 UE 当前所接入的 PDN。需要注意的是，该 IP 地址以及对应的 PDN 的 IP 地址域有别于为 EPC 中节点间提供 IP 传输的 IP 网络（或骨干网）。这种骨干网提供 EPC 中的 IP 传输，可以是一个完全私有的 IP 网络，为 PDN 连接和其他基于 IP 的信令传输所独享，或为非漫游场景下的单个运营商独享，或为漫游场景下不同运营商之间所单独使用。而 PDN 则是一个允许用户接入以及提供如 Internet 等服务的 IP 网络。这一节只关注分配给 UE 的 IP 地址。

每个 PDN 都可以提供和使用 IPv4 和/或 IPv6 的服务。因此，一个 PDN 连接必须利用合适的 IP 版本来提供连接性。目前，大多数用户接入的 IP 网络都是基于 IPv4 的，如用户通过

GPRS 或固定宽带接入的网络等。也就是说，用户会被分配一个 IPv4 地址并以此来接入基于 IPv4 的服务。同样，网络中大多数的服务也是基于 IPv4 的。然而，IPv6 在 EPS/E-UTRAN 架构中的部署会变得越来越常见。所以，在 EPS 中同时提供对于 IPv4 和 IPv6 的有效支持显得很重要，如允许简单的迁移和共存。

用 IPv6 取代 IPv4 这一想法最初来源于 IPv6 存在大量可分配给设备和终端使用的 IPv6 地址。一些运营商在不同程度上都已经或将要经历不同程度的 IPv4 地址短缺。世界范围内 IPv4 地址的分配在不同的机构间差异明显。但是，IPv6 不存在这种问题，因为它具有 128 位的地址长度，在理论上可以提供 2^{128} 个地址。因此，相比与 IPv4 所使用的 32 位长度，IPv6 能够提供更多的地址。

然而，对于私有网络和因特网上的 IP 基础设施及应用仍然大多数基于 IPv4，在涉及网络融合和平滑引入时，IPv6 的引入会面临很大的挑战。这是因为 IPv4 和 IPv6 不是可互操作的协议。IPv6 中执行新的分组头标格式，用来减少 IP 头标所需要的处理。由于它们在分组头标上的本质区别，因此需要找出使它们能在同一网络中共存的方法。目前，多种机制已经提出允许 IPv4 和 IPv6 共同使用，例如，设备使用 IPv6 与基于 IPv4 的应用进行通信（它们均处在 Internet 上），以及允许在 IPv4 上传输 IPv6 分组。这些解决方案各有利弊，细节超出了本书的范围，就没有提及。感兴趣的读者可以参考很多 IPv6 方面的优秀书籍，如 Li et al.（2006）和 Blanchet（2006）等。

最初，在 2G/3G 核心网络中，每个 PDN 连接（如 PDP 上下文）只支持一个 IP 地址。为了使得终端能够同时请求分配 IPv4 和 IPv6 地址/前缀，就需要激活两个 PDN 连接（两个"主要的"PDP 上下文），每个连接针对一个 IP 版本。在 EPS，这有所变化，一个终端可以只激活一个连接，可以请求一个 IPv4 地址，一个 IPv6 前缀，或同时请求两者。也就是说，EPS 支持 3 种类型的 PDN 连接：只支持 IPv4 的、只支持 IPv6 的以及同时支持 IPv4 和 IPv6 双栈的。在 Release 9 中，为 EPS 所定义的解决方案同样也加到了 2G/3G GPRS 架构中。这就意味着双栈 PDP 上下文的支持在 2G/3G GPRS 规范中同样是有效的。

EPS 支持不同的方法来分配 IP 地址。IP 地址可以取决于不同的接入技术，利用不同的协议来分配。分配 IP 地址的具体流程取决于网络部署方面的因素，以及 IP 的版本（v4 或 v6）。在接下来的章节中，我们会进一步加以阐述。

（1）3GPP 接入网中 IP 地址的分配

IPv4 地址和 IPv6 前缀的分配方法是不同的。下面将描述 EPS 中 IPv4 地址和 IPv6 前缀是如何分配的。在 3GPP 接入网中，有以下两个主要选项用来给 UE 分配 IPv4 地址：

1）一个选择是在附着过程（E-UTRAN）或 PDP 上下文激活过程（GERAN/UTRAN）中为 UE 分配 IPv4 地址。在这种场景下，IPv4 地址将作为附着接受消息（E-UTRAN）或激活 PDP 上下文接受消息（GERAN/UTRAN）的一部分，被发送给 UE。上述方法是 3GPP 所规范的用来分配 IP 地址的，同样在大多数的 2G/3G 网络中也是这样工作的。终端也还会接收其他参数，从而使得 IP 栈能够在附着过程（E-UTRAN）或 PDP 上下文激活过程（GERAN/UTRAN）中执行正确的功能。这些参数通过所谓的协议配置选项（Protocol Configuration Options，PCO）来进行传输。

2）另一个选择利用了 DHCPv4（经常被称作 DHCP）。在这种场景下，UE 在附着过程或 PDP 上下文激活过程中不会收到 IPv4 地址。作为替代，UE 会在附着过程（E-UTRAN）

和 PDP 上下文激活过程（GERAN/UTRAN）完成后，利用 DHCPv4 来请求 IP 地址。这种分配 IP 地址的方法与它在以太网和 WLAN 网络中的执行方式类似，终端会在基本的第二层连接建立起来后使用 DHCP。当使用 DHCP 时，其他的一些参数（如 DNS 服务器地址）同样也会作为 DHCP 流程的一部分被发送至 UE。

在网络中选择使用选项 1 或选项 2 取决于 UE 所请求的，以及该网络支持和所允许的类型。需要注意的是，在 2G/3G 核心网标准中，已经同时支持这两种选项，在绝大多数的现存 2G/3G 网络中使用的是选项 1。然而，一个区别是，在 2G/3G 核心网中，所选择的 IPv4 地址分配方法（选项 1 或 2）是针对每个 APN 进行配置的。这就意味着对于每个 APN 只能支持一种方法。而在 EPS 中，操作则更为灵活，对于相同的 APN 可以允许两种方法并存。如果需要，也可以部署 EPS 网络使得其中的每个 APN 只能支持一种方法。

下面看一下 IPv6 的地址分配流程。EPS 中支持的首要方法是无状态 IPv6 地址自动配置（stateless IPv6 address auto configuration，SLAAC）。除此之外，Release 10 中还加入了使用 DHCPv6 的 IPv6 前缀授权（Prefix Delegation，PD）。有关 IPv6 特征的更多细节，请参考 Hagen et al.（2006）。在使用 IPv6 时，对于使用 SLAAC 的每个 PDN 连接和 UE，都会分配一个 64 位的 IPv6 前缀。UE 可以使用整个前缀，并且可以通过在 IPv6 前缀上增加一个接口标识从而获得 IPv6 地址。因为全部的 64 位前缀已经分配给 UE，不会与其他节点共享，因此 UE 就不需要执行重复的地址检测（Duplicate Address Detection，DAD）过程来验证没有其他节点使用了该 IPv6 地址。

附着（对于 GERAN/UTRAN 而言）和 PDP 上下文激活过程首先被完成，这其中采用了无状态 IPv6 地址配置。此后，GW 会发送一个 IPv6 路由公告（Router Advertisement，RA）消息给 UE。RA 消息中包含了为此 PDN 连接所分配的 IPv6 前缀。由于 RA 是在已经建立的 PDN 连接上进行传输的，因此它只会被发送至特定的终端。这与一些非 3GPP 接入网相比有所不同。在非 3GPP 网络中，很多终端都会共享相同的两层链路（如以太网），从而使 RA 消息是作为广播消息，发送到所有连接的终端的。在完成 IPv6 无状态地址配置后，终端会利用无状态 DHCPv6 来请求其他的必要信息，如 DNS 地址。目前，EPS 中并不支持利用 DH-CPv6 来分配 IPv6 前缀。

当 UE 利用 SLAAC 分配了一个 64 位前缀后，可以使用 IPv6 前缀授权来分配额外的前缀给 UE。该选择方案是有用处的，例如，当 UE 实际上是一个 IPv6 路由器时，网络需要利用 UE 侧使用的前缀对该路由器进行配置。可以将这种授权机制看成是 UE 配置过程的自动化，通过该过程可以使得在终端用户侧 UE 能够按照包含了一些合适的前缀的路由器进行操作。有了 IPv6 前缀授权（Prefix Delegation，PD），UE 首先建立了一个 PDN 连接，并利用如上所述的 SLAAC 配置一个 64 位的前缀。在这之后，UE 可以利用 DHCPv6 协议和 IPv6 前缀选项来请求额外的前缀。利用 DHCPv6 PD 所分配的前缀的长度会短于 64 位，因此可以比利用 SLAAC 分配的前缀表示更大的网络。对于 EPC 中的 DHCPv6 PD 解决方案，即使采用了 DH-CPv6，PDN 连接也仍然只能分配一个单独的 IPv6 前缀。如果不使用 PD，则该前缀通常会一个 64 位长度的前缀地址；而如果使用了 PD，则该前缀会短于 64 位。因此，当使用 PD 给 UE 分配前缀时，这些前缀需要从关联于 PDN 连接的短前缀中获取。

每个 PDN 连接仅关联于单个前缀的原因是目前的 PCC 系统、计费系统等都要求每个 PDN 连接只能关联于单个 IPv6 前缀。需要注意的是，在 E - UTRAN 和其他 3GPP 接入网中的 IPv6 前缀授权, 目前只在使用了基于 GTP 的 S5/S8 的架构变种中支持。

（2）其他接入网中的 IP 地址分配

其他接入网中的 IPv4 地址和 IPv6 前缀的分配方法取决于所使用的接入技术和移动性协议（GTP2、PMIPv6、MIPv4 或 DSMIPv6）。

当终端附着到可信的非 3GPP 接入网, 并且在 S2a 接口上使用 PMIPv6 或 GTP 时, 地址分配与其在 3GPP 中的执行方式非常相似（注意, 在 S2a 接口上使用 GTP 只支持在非 3GPP 接入网是 WLAN 的场景）。举例来说, 一种接入可以有特定的方法来发送 IPv4 地址给 UE, 或采用 DHCPv4。对于 IPv6 而言, 通常支持无状态的 IPv6 地址配置。图 6-4 给出了 IP 层示例。更多当在使用 S2a 接口时的附着和去附着过程的细节, 可以参考第 17 章。

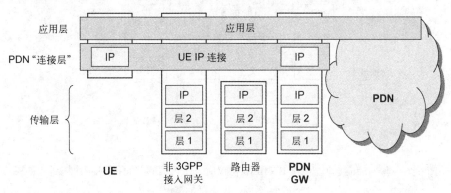

图 6-4　当在 S2a 接口上使用 PMIP 或 GTP 时, 可信的非 3GPP 接入网中应用层、
PDN 连接、传输层的概况

当终端附着到一个不可信的非 3GPP 接入网, 并且在 S2b 接口上使用 PMIPv6 或 GTP 时, 该终端在与 ePDG 间的基于 IKEv2 的认证过程中从 PDN 接收到 IP 地址。需要注意的是, 在 IKEv2 认证执行和 IPSec 隧道建立之前, 已经包含了一个额外的 IP 地址。这是因为终端需要从不可信的非 3GPP 接入网中建立一个本地 IP 连接, 从而能够与 ePDG 进行通信。然而, 该本地 IP 地址并不是来源于 PDN, 但只用于建立 IPSec 隧道, 图 6-5 给出了示例。更多的使用 S2b 接口时的附着和去附着过程的细节, 可以参考第 17 章。

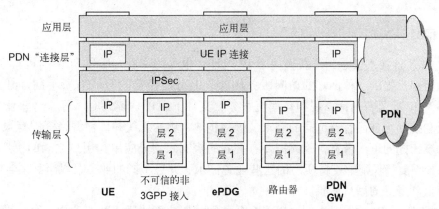

图 6-5　当在 S2b 接口上使用 PMIP 或 GTP 时, 不可信的非 3GPP 接入网中应用层、
PDN 连接、传输层的概况

从 IP 地址分配的角度来看，该场景有些类似于 DSMIPv6 使用下的场景。在与 PDN GW 进行 DSMIPv6 引导的过程中，终端会获得它的 IP 地址（移动 IP 中称为家乡地址，即 Home Address）。然而，该终端需要首先获取一个本地 IP 地址作为转交地址（Care – of Address）使用。因此，UE 具有两个 IP 地址，一个用于本地连接（即转交地址），另一个用于 PDN 连接（即家乡地址），示例如图 6-6 所示。在非 3GPP 接入网中，除了一个 IPv6 家乡地址以外，使用了 DSMIPv6 的 UE 还会通过使用 DHCPv6 前缀授权信令来请求获得额外的 IPv6 前缀。更多有关使用 S2c 接口下的附着与去附着过程的细节，参见第 17 章。

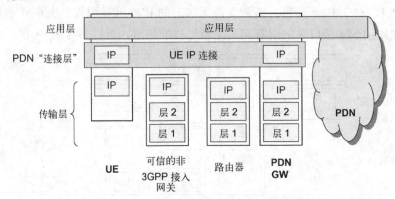

图 6-6　当在 S2c 接口上使用 DSMIPv6 协议时，不可信的非 3GPP 接入网中应用层、
PDN 连接、传输层的概况

更常见的场景是当在不可信的非 3GPP 接入网络上使用 DSMIPv6 时，这在图 6-6 中没有给出。在该场景下，终端会使用 3 个 IP 地址：一个本地 IP 地址用于与 ePDG 间建立 IPSec 隧道，一个从 ePDG 中获得的 IP 地址作为转交地址使用，还有一个在与 PDN GW 进行 DSMIPv6 引导过程时所获得的用于 PDN 连接的 IP 地址。

更多有关 DSMIPv6 的细节，可以参考 16.3 节、17.6 节和 17.7 节。

6.2　会话管理、承载和 QoS

6.2.1　概述

提供 PDN 连接不仅是为了获得一个 IP 地址，也是为了在 UE 和 PDN 间进行 IP 分组传输，从而为用户提供一种良好的访问服务体验。IP 分组传输的 QoS 有所不同，其依赖于业务是使用 VoIP 的语音通话、视频数据流服务、文件下载还是聊天应用等。这些业务在比特率、时延和抖动等方面有着不同的需求。进一步地，由于无线和传输网络资源有限，很多用户可以共享相同的可用带宽，因此需要有有效的机制来划分应用和用户之间的可用（无线）资源。EPS 需要确保能够支持所有的这些业务需求，并且不同的业务可以得到适当的 QoS 处理，从而得到良好的用户体验。

本节描述了 EPS 中管理 UE 和 PDN GW 之间的用户面路径的基本功能。会话管理功能的关键任务是提供一个定义了良好 QoS 的传输路径。围绕会话管理的基本原理都包含在本节中，但是有关 QoS 方面更为详尽的描述将在后续章节中展开。

在接下来的几个小节中，将首先介绍"EPS bearer"（EPS 承载）。这是 E – UTRAN 和 EPS 中的核心概念，用于提供 IP 连接和支持 QoS。我们还关注了 GERAN 和 UTRAN 接入是如何连接到 EPS 的相关方面，但对于 GERAN/UTRAN 的会话管理就不做详细描述了。最后，我们将讨论其他接入连接到 EPS 的类似方面的内容。

6.2.2　E – TURAN 接入的 EPS 承载

对于 EPS 中的 E – UTRAN 接入，处理 QoS 的一个基本手段是"EPS 承载"。实际上，上文描述的 PDN 连接性服务总是由一个或多个 EPS 承载（简称为"承载"）来进行提供。EPS 承载在 UE 和 PDN 之间为传输 IP 业务流提供一个逻辑传输通道。每一个 EPS 承载都与一系列的 QoS 参数相关，这些参数用于描述传输通道的性质，如比特率、延迟、比特错误率和无线基站的调度策略等。所有在相同的 EPS 承载上所发送的数据流将受到相同的 QoS 处理。为了给不同的 IP 分组流提供不同的 QoS 处理，这些分组流就需要在不同的 EPS 承载上进行发送。属于同一个 PDN 连接的所有 EPS 承载共享使用相同的 UE IP 地址。QoS 方面以及与 EPS 承载之间的关系，将在 8.1 节中做详细讨论。

1. 默认和专用承载

一个 PDN 连接有至少一个 EPS 承载，但是为了给传输的 IP 业务提供 QoS 区分服务，就会有多个 EPS 承载。在 LTE 中，当 PDN 连接建立时激活的第一个 EPS 承载称为"默认承载"，默认承载在 PDN 连接的生命周期内将一直存在。尽管对于默认承载可以提供增强的 QoS，但在大多数情况下，默认承载是与默认类型的 QoS 相关联的，将用于无须特定 QoS 处理的 IP 业务。为 PDN 连接所激活的额外 EPS 承载称为"专用承载"。该类型的承载激活是按需的，例如，当一个对比特率有保证要求的或需要优先调度的应用在开启的情况下。因为专用承载只在需要时才会建立，所以它们在需求消失的时候也将失效，例如，当一个需要特定 QoS 处理的应用停止运行时。

2. 用户层面

UE 和 PDN GW（对基于 GTP 的 S5/S8 而言）或 Serving GW（对基于 PMIP 的 S5/S8 而言）用分组过滤器将 IP 数据映射到不同的承载上。每一个 EPS 承载都与一个所谓的业务流模板（Traffic Flow Template，TFT）有关，TFT 包含了承载的分组过滤器。这些 TFT 包含上行业务流（UL TFT）和/或下行业务流（DL TFT）的分组过滤器。当新的 EPS 承载建立时，相应的 TFT 也就建立了，它们可以在 EPS 承载的生命周期内被修改。例如，当一个用户开启了一个新的服务时，与该服务相应的业务流过滤器会被添加到 EPS 承载的 TFT 中，该 EPS 承载将会为服务会话承载用户面。过滤器的内容可以来自 UE，也可以从 PCRF 中获取（具体细节可参考 8.2 节中关于 PCC 的介绍部分）。

TFT 包含分组过滤器信息，从而允许 UE 和 PDN GW 实现分组标识，能够确定分组属于哪个特定的 IP 分组流集合。分组过滤器信息通常来说就是 IP 五元组，包括源和目的 IP 地址、源和目的端口以及协议标识（如 UDP 或 TCP），但也有可能是基于 IP 数据流的其他参数所定义的其他类型的分组过滤器。过滤器的信息可以包含以下属性：

- 远端 IP 地址和子网掩码。
- 协议号（IPv4）/下一头标（IPv6）。
- 本地地址和掩码（在 Release 11 中引入）。

- 本地端口范围。
- 远端端口范围。
- IPSec 安全参数索引 SPI。
- 服务类型（TOS）（IPv4）/业务类型（IPv6）。
- 流标签（IPv6）。

上述的"远端"指的是与 UE 进行通信的位于外部 PDN 的实体，而本地指的就是 UE 本身。在 Release 11 之前，UE 的 IP 地址是不包含在 TFT 中的，这是因为对于每一个 PDN 连接，UE 只有一个 IP 地址或对于每一个 IP 版本（IPv4 或 IPv6）只有一个 IP 地址。因此，本地 UE 的 IP 地址对于 TFT 而言就是不需要的了，这一点对于 IPv4 来说是正确的。但是对于 IPv6，就像上文所描述的，UE 被分配了一个完全具有 64 位的网络前缀，并且可以根据这个前缀配置任意的 IPv6 地址。除此之外，Release 10 支持 IPv6 前缀授权，一个 UE 可以要求额外的（小于 64 位）网络前缀。如果在一个本地网络中，UE 相对于其他设备来说是作为一个路由器的话，那么这些其他设备的 IPv6 地址将是根据 EPC 给定的网络前缀得来的。为了使得 UE 可以进行准确的上行流量到承载的映射，在这种情况下，有必要包含 IP 流中使用的特定 UE 的 IP 地址。因此，本地 IP 地址和掩码也就在 Release11 中被添加了。

上文所列举的一些属性可以同时在一个分组过滤器中相互共存，而有的则彼此之间存在互斥。表 6-1 列举了不同分组过滤器属性和可能的组合。TFT 中的每一个分组过滤器都有优先值，该值决定了过滤器进行匹配测试的顺序。

表 6-1　有效的分组过滤器属性组合

分组过滤器属性	有效的组合类型		
	I	II	III
远程地址和子网掩码	×	×	×
协议号（IPv4）/下一头标（IPv6）	×	×	
本地地址和掩码	×	×	×
本地端口区间	×		
远程端口区间	×		
TOS（IPv4）/流量类别（2Pv6）和掩码	×	×	×
流标签（IPv6）			×

举一个例子来说明如何使用 TFT。UE 开启一个应用，连接到位于 PDN 中的媒体服务器。对于这个服务会话，会根据合适的 QoS 参数和比特率建立一个新的 EPS 承载。与此同时，分组过滤器被安装到 UE 和 PDN GW 来指引所有的与媒体服务相关的流去到哪个新建立的 EPS 承载上。在服务建立时，用策略与计费控制（PCC）系统来确保提供了正确的 QoS 和 TFT。

当一个 EPS 承载建立时，在所有的 EPS 节点上都将产生承载上下文，用来处理用户面和标识每一个承载。对于 E-UTRAN、Serving GW 和 PDN GW 之间的基于 GTP 的 S5/S8 而言，UE、eNodeB、MME、Serving GW 和 PDN GW 都会有承载上下文。承载上下文的具体细节在节点间会有所不同，因为在所有节点上相同的承载参数是不相关的。此外，正如下文将会讲到的那样，当使用基于 PMIP 的 S5/S8 时，EPS 承载对于 PDN GW 而言是透明的。

在 EPC 中核心网络节点之间，属于一个承载的用户层面业务流会使用一个标识承载的封装头标（隧道头标）进行传输。该封装协议就是 GTP – U。当使用 E – UTRAN 时，可以在 S1 – U 上，也可以在 S5/S8 上使用 GTP – U。另外一种方法是在 S5/S8 上使用 PMIP，将在下文中做进一步阐述。GTP – U 头标包含一个域，用于允许接收节点来识别分组所属的承载。图 6-7 给出了基于 GTP 的系统中的两种 EPS 承载。图 6-8 给出了使用 GTP – U 封装的用户面分组格式。关于 GTP 更多的信息，可以参阅 16.2 节。

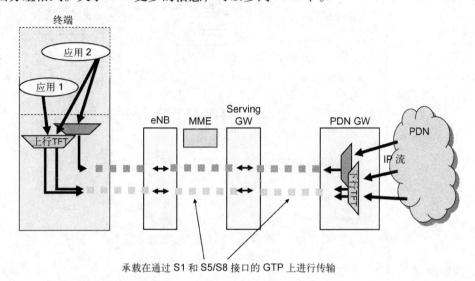

图 6-7　基于 GTP 系统的 EPS 承载

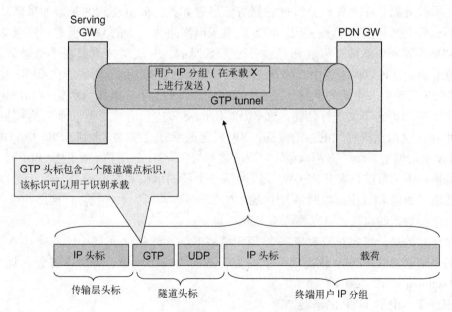

图 6-8　基于 GTP 系统的 EPS 承载传输

3. PDN 连接、EPS 承载、TFT 和分组过滤器——综合

在本章中我们已经介绍了几种不同的概念：PDN 连接、EPS 承载、TFT 和分组过滤器，它们都是使用在 EPS 和 E – UTRAN 中提供到 PDN 的 IP 连接以及提供合适的分组传输。在详

细介绍 EPS 中的承载流程之前，需要先了解这几个概念之间的关系。图 6-9 给出了 UE、PDN 连接、EPS 承载、TFT 和 TFT 中分组过滤器之间是如何彼此相关的。

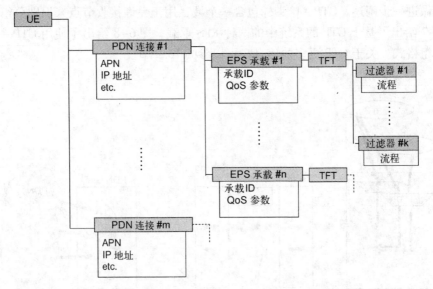

图 6-9　UE、PDN 连接、EPS 承载、TFT 和分组过滤器的关系原理图

4. 控制层面

在 EPS 中有多种有效的流程去控制承载，这些流程可以用来激活、修改和释放承载，也可以为承载分配 QoS 参数和分组过滤器等。尽管如此，值得注意的是，如果默认承载失效了，那么整个 PDN 连接将被关闭。EPS 采取了以网络为中心的 QoS 模式，这意味着基本上只有 PDN GW 可以激活、修改和释放一个 EPS 承载，并决定分组流在哪个承载上传输。需要注意的是，这种以网络为中心的方法和 EPS 之前的 GPRS 是不同的。在 GPRS 中，开始只有 UE 会主动建立一个新的承载（或在 GPRS 中，PDP 上下文被作为承载）和决定哪些分组流基于哪些 PDP 上下文进行传输。在 3GPP Release 7 中，通过规范一个名为"网络请求的次 PDP 上下文激活流程"的新的流程，NW 发起的承载过程被引入到 GPRS 中。在该流程中，GGSN 主动创建一个"专用承载"（该承载称为 2G/3G 分组核心中的次 PDP），并分配分组过滤器。因为目前只有 PDN GW 可以激活一个新的承载和决定哪个分组流可以在哪个承载上传输，所以 EPS 中向以网络为中心的方法的转移需要加大步伐。以网络为中心的 QoS 控制的范例的更多的信息，可以参考 8.1 节。

需要注意的是，当建立或改变一个 EPS 承载时，无线接入网络中的状态也会被改变，从而为每一个激活的 EPS 承载提供一个更为合适的无线层传输。关于这部分的详细内容，可参考 Dahlman et al.（2011）和 8.1 节。

5. 基于 PMIP 和 GTP 的承载部署

在上文提到的基于 GTP 系统的承载的图例中可以看到，EPS 承载拓展到 UE 和 PDN GW 之间，这就表明了当 GTP 使用在 GW 和 PDN GW 之间时，使用它是如何工作的。正如第 2 章所解释的，可以在部署 EPS 时采用在 GW 和 PDN GW 之间使用 PMIP。GTP 是设计用来支持处理所有承载信令所需的功能的，而 PMIP 只是被设计用来解决用户层面的移动性和转发功能的。因此 PMIP 不包含内在的特性来支持承载或 QoS 相关的信令功能。在 2007 年，对于 3GPP 进行了长期的讨论，包括 PMIP 是否应该扩展支持与承载有关的信令，以及是否能够类似于 GTP，允许用户层面标记能够标识 EPS 承载。然而，最终还是决定基于 PMIP 的参考点不能感知 EPS 承载的存在。这就意味着承载是不可能自始至终延展到在 UE 和 PDN GW 之间。相反的是，当使用基于 PMIP 的 S5/S8 接口时，承载只是定义在 UE 和 PDN GW 之间。所以，只在 UE 和 PDN GW 上具有分组过滤器是不充分的。当不包含在 UE 和 PDN GW 之间的承载标记时，Serving GW 也需要知道分组过滤器，从而能够在通往 UE 的合适的承载上对下行流量进行映射。图 6-10 给出了具体说明。

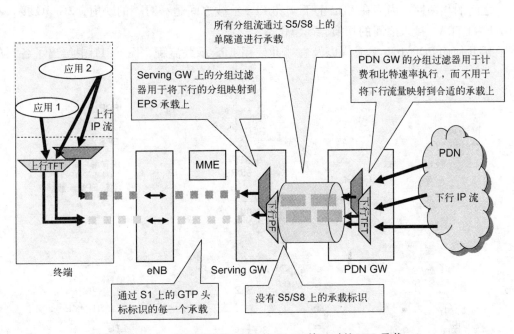

图 6-10　当使用基于 PMIP 的 S5/S8 接口时的 EPS 承载

对于图 6-10，细心的读者可能注意到了 PDN GW 在具有了基于 GTP 的 S5/S8 接口的同时，仍然使用了分组过滤器。为什么会是这样呢？在这种情况下 Serving GW 已经具有了分组过滤器，是否还不够呢？当使用基于 PMIP 的 S5/S 接口 8 时，PDN GW 的确不需要分组过滤器来执行下行流的承载映射，因为这些可以由 Serving GW 来代替实现。然而 PDN GW 仍然需要执行重要的功能，如对于不同的 IP 流强制特定比特率以及计费。虽然这与 EPS 承载没有直接关系，但是这就是对于使用了基于 GTP 的 S5/S8 时，PDN GW 也需要知道分组过滤器信息的原因。PDN GW 的这些功能，在基于 PMIP 的 S5/S8 和基于 GTP 的 S5/S8 下都是共有的，我们将在 8.2 节中的 PCC 部分做详细描述。

6.2.3　EPS 和 GERAN/UTRAN 接入的会话管理

2G/3G 核心网使用 PDP 上下文的概念来提供核心网络中 PDN 连接性和 QoS 管理。PDP 上下文定义在 UE 和 GGSN 之间，它定义了某个连接所使用的所有信息，包括 PDP 地址和 QoS 类等。PDP 上下文与 E - UTRAN 的 EPS 承载是一致的。

当 2G/3G 接入与 EPC 连接时，PDP 上下文概念也被部分保持。原理上，对于 2G/3G 而言，2G/3G 中的 EPS 承载流程可以取代 PDP 上下文流程，但是维护 PDP 上下文流程被认为是更可取的，至少在 UE 和 SGSN 之间可以限制对 UE 的影响。然而在 EPC 中，UE 在 2G/3G 接入网中时也使用 EPS 承载流程。SGSN 提供了 PDP 上下文和 EPS 承载流程之间的映射，也维护了 PDP 上下文和 EPS 承载之间的一对一映射。以下列出了这个架构更为合适的几点原因：

- 在 UE 和 SGSN 之间使用 PDP 上下文流程。当 2G/3G 接入连接到 EPS 时，UE 可以使用连接到 GPRS 结构时类似的方法来实现连接。
- 2G/3G 接入使用 EPC 中的 EPS 承载，使得 PDN GW 更容易解决 E – UTRAN 和 2G/3G 之间的移动性。因为在 PDP 上下文和 EPS 承载之间是一对一的映射，2G/3G 接入和 E – UTRAN 接入之间的切换会简单化。

在哪儿使用 PDP 上下文流程以及在哪儿使用 EPS 承载流程，图 6-11 中给出了各自的示例。

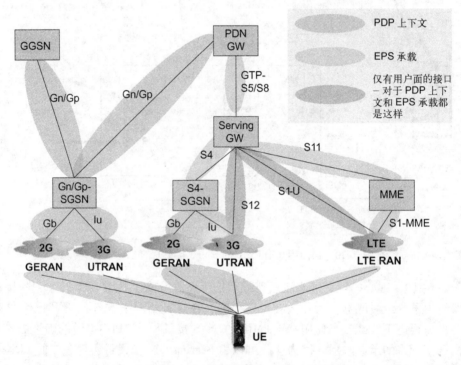

图 6-11　EPS 的 PDP 上下文流程、EPS 承载流程以及 EPS 与基于 GN/GP 的 SGSNs 交互

使用 S4 接口的 SGSN 将 GERAN/UTRAN 上的 UE 发起的 PDP 上下文流程（激活/修改/释放）映射到相应的通向 Serving GW 的 EPS 承载流程。一方面使得映射变得复杂，UE 控制 PDP 上下文，而由 NW 来控制 EPS 承载。这样带来的一个结果是 PDN GW 需要能够觉察到 UE 正在使用 2G/3G，并且可以据此调整其行为。例如，当 UE 正在使用 GERAN/UTRAN，并且要求激活一个次 PDP 上下文时，PDN GW 必须根据这个 PDP 上下文来激活一个新的 EPS 承载。如果 UE 正在使用 E – UTRAN，那么事实就并非如此了。在这种情况下，UE 不能直接请求激活 EPS 承载，UE 只能请求特定的资源，PDN GW 可以决定是否要激活一个新的 EPS 承载或修改现有的 EPS 承载。当 SGSN 在 Gn/Gp 或 S4 的操作模式时，去往 UE 的信令并没有发生改变，如 Gn/Gp 或 S4 架构变种的支持对于 UE 而言是不可见的。S4 – SGSN

架构支持常见的 UTRAN/LTE 网络。

SGSN 还需要将 UE 提供的参数（如根据 Release 8 GPRS 所定义的 QoS 参数）映射到相应的通往 GW 的 EPS 参数。对 QoS 进一步的细节描述可以参见 8.1 节。

另一方面，值得一提的是，在这种背景下支持 Gn/Gp 的 SGSN 可以选择 PDN GW（支持 Gn/Gp）或一个 GGSN。关于选择功能的更多细节描述可以参考第 9 章。

6.2.4 其他接入的会话管理

在前面的章节中，我们已经描述了 3GPP 接入族的会话管理和承载（如 EPS 承载和 PDP 上下文）的使用，这些功能用于处理 UE 和网络之间的用户面路径问题。

承载是流量分离的基本推动者，它可以根据不同的 QoS 要求对流量进行不同的处理。承载流程是特定于 3GPP 家族接入，但其他接入可能有类似的功能和流程来管理用户层面路径和在不同类型的流量之间分离流量。QoS 机制的细节和使用的术语在不同接入技术之间可能有所不同，但是为具有不同的 QoS 需求的流量提供差异化处理的这个关键功能，在所有支持 QoS 的接入中都是一样的。但是也有一些接入只是支持基本的对分组进行尽力传输，而没有根据 QoS 需求进行区分处理。大部分的 IEEE 802.11b WLAN 都属于这种尽力传输类型。

我们将不会介绍针对特定接入的"承载"能力和相应流程的 QoS，该 QoS 可以由 3GPP 无线接入族之外的不同的接入所支持。然而，我们会讨论当这些接入与 EPS 相结合时，如何使用 PCC 架构来管理 QoS，详见 8.2 节。

6.3 用户身份标识和相关的传统身份标识

构造永久和临时的用户标识，不仅是为了识别一个特定的用户，也可以识别那些保存了永久和临时用户记录信息的网络实体。

6.3.1 用户永久标识

用户注册信息通过 IMSI（International Mobile Subscriber Identity，国际移动用户身份标识）进行标识。每个用户分配一个 IMSI。IMSI 是一个一个最大长度为 15 位数的 E.164 号码（类似于电话号码的一串数字）。IMSI 由 MCC（Mobile Country Code，移动国家代码）、MNC（Mobile Network Code，移动网络代码）和 MSIN（MobileSubscriber Identity，移动用户身份）构成，如图 6-12 所示。

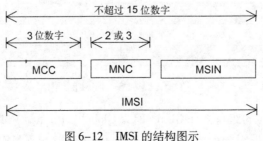

图 6-12　IMSI 的结构图示

如图 6-12 所示，MCC 标识国家，MNC 标识在此国家的网络，MSIN 则是在一个特定网络中标识每个用户的数字号码，在所在网络中具有唯一性。

IMSI 是用户的永久身份标识，因此它作为用户数据库（HSS）中的主关键词使用。IMSI 也存储在 USIM（一个由运营商提供的运行在智能卡上的应用）中。基于其构建方式，IMSI 允许世界上的任何网络都可以找到特定用户的家乡运营商，特别是，它提供了一个机制可以在家乡运营商网络中查找 HSS。

IMSI 也用在 2G/3G 网络中，对于 SAE/LTE 而言，并没有改变 ISMI 的使用目的或格式。

6.3.2　用户临时标识

临时的用户标识的使用具有多个目的。它们可以提供一定程度的隐私性保护，因为永久的用户身份不再需要通过无线接口进行发送。但更重要的是它们提供一种机制，能够发现用户临时上下文所存储的位置，用户的临时上下文信息存储在一个 MME 中（或 2G/3G 的 SG-SN 中）。举个例子，eNodeB 需要能够正确发送来自 UE 的信令到一个存在用户上下文的 MME。

MME 池化是 SAE／LTE 设计中不可分割的一部分（与 2G/3G 相反的是，它是在最初设计几年之后才添加进去的特性）。因此，在方法上，SAE／LTE 的临时身份可以通过池化进行设计。这可以使得为 SAE／LTE 设计临时身份变得更为简洁。

图 6-13 阐述了临时标识的结构。GUTI（Globally Unique Temporary ID，全球唯一临时 ID）是一个全球范围内独一无二的标识，它指向一个特定的 MME 中的一个特定的用户上下文。S－TMSI（Short Temporary Mobile Subscriber Identity）在一个单一网络中的一个特定区域内是不同的。只要 UE 是待在一个 TA（Tracking Area，属于其接收到的 TA 列表）范围中，UE 就可以使用该 S－TMSI 与网络进行通信。

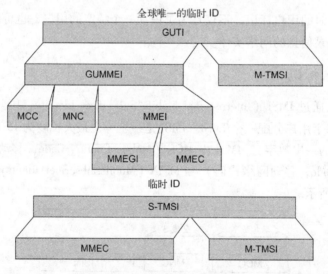

图 6-13　GUTI 和 S－TMSI 的结构

GUTI 包含两个主要的组件：①GUMMEI（Globally Unique MME Identity，全球唯一的 MME 标识），用于唯一标识分配 GUTI 的 MME；②M－TMSI（MME Temporary Mobile Subscriber Identity，MME 临时用户身份），用于标识 MME 中的用户。

GUMMEI 则是由 MCC（国家）、MNC（网络）和 MMEI（MME Identity，MME 标识，网络中的 MME）组成。MMEI 由 MMEGI（MME Group ID，MME 组 ID）和 MMEC（MME Code，MME 代码）组成。

GUTI 是一个长的标识，但是从节省无线资源的角度来讲，在可能的时候，都使用一种较短版本的 GUTI。较短的版本就被称为 S－TMSI，并且它在 MME 群组中是唯一的。它是由 MMEC 和 M－TMSI 组成的。举例来说，S－TMSI 可以用于 UE 寻呼和服务请求。

如图 6-14 所示，不同的临时身份标识可以看成一系列指向 EPS 中网络资源的指针。

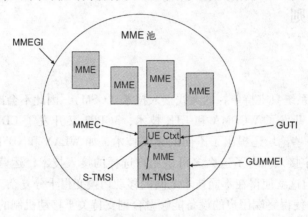

图 6-14　作为指针的身份标识

6.3.3　与 2G/3G 中用户身份标识的关系

为什么需要关注 EPS 和 2G/3G 标识之间的关系呢？主要原因是用户在 GSM／WCDMA 和 LTE 之间的移动性。当 UE 从一个接入网络移动到另一个接入网络时，确定 UE 上下文所存储的节点的位置是可行的。举个例子，当从 MME 移动到 LTE 时，就需要找到 SGSN 中 UE 上下文，反之亦然。另一个原因是，SGSN 和 MME 节点组合的实现是可行的，这样在优先考虑用于 LTE 的临时标识和用于 GSM/WCDMA 的临时标识之间的映射时，就可以指向相同的组合节点。

IMSI 是一种公共的在 GSM、UMTS 和 EPS 中使用的永久注册标识，可以用于访问所有的接入网络。

临时身份标识在 2G/3G 看起来有些不同，主要是由于 GSM／UMTS 的原始设计假定了一个严格的分层系统，其中，RA 是由一个单独的 SGSN 节点进行控制。因此，GSM／UMTS 的原始设计并没有明确包含任何 SGSN 池和 SGSN 节点标识。当池化添加到 GSM／UMTS 系统时，这些节点标识就被编码在临时标识中。

在 GPRS 中，P－TMSI 是用来标识 SGSN 中用户上下文的。全球唯一标识在 GPRS 中没有一个显式的名字，而是通过结合 RA ID（RAI）和 P－TMSI 来得到全球唯一的标识，其中 RAI 是通过 MCC、MNC、LAC 和 RAC 构造的。

池化会在另一章中进行讨论，但 2G/3G 中池化的基本原理是指将 P－TMSI 的范围在池中的 SGSN 之间进行划分。P－TMSI 中有一组比特位称为 NRI（Network Resource Identity，网络资源标识符），它指向特定的 SGSNs。池中的每个 SGSN 分配一个（或多个）独有的 NRI。因此，2G/3G 中的 NRI 对应 MME 码，并且 NRI 在池中识别一个 SGSN 就像用 MME 码识别 MME 池中的一个 MME。

运营商需要确保在 MME 池的区域中 MMEC 的唯一性，如果池区域存在重叠，那么在重叠的池区域范围内，MMEC 也应该具有唯一性。

GUTI 用于提供用户身份的保密性，是 S–TMSI 的缩短形式，从而支持更加有效的无线信令流程（如寻呼和服务请求）。

6.4 移动性原则

6.4.1 概述

在 GSM 早期，系统只支持单一的无线接入技术（GSM），因此不会出现与其他技术之间的移动切换。3GPP 开发了 WCDMA 和 LTE 技术，3GPP2 又开发了 CDMA（1xRTT 和 HR-PD），此外，其他一些论坛还提出了不同的无线技术，如 WLAN 和 xDSL、PON（无源光网络）以及电缆等固定接入。有了这么多可供用户选择的接入技术，运营商也希望可以选择自己倾向的系统，但这就使得在不同技术之间的移动切换变得十分复杂。因此需要找到一种"公用"的方法集，使得终端用户的设备能够融合到支持关于移动机制的核心集。

通过 EPS，3GPP 不仅希望能够为所有接入技术提供一个公共的核心网，还希望可以提供在异构的接入技术之间的移动性。EPS 是多种接入技术融合的第一个完全实现，它是一个支持移动性管理、接入网发现以及任意类型接入网选择的分组核心网络。

本节我们将给出 EPS 中移动性功能的概述，从 LTE、WCDMA 以及 GSM 的移动性功能开始，然后考虑增加 HRPD、WLAN 和其他接入技术的移动性。

移动性是移动系统的核心特征，EPC 中很多重大的系统设计决定都直接来源于移动性支持的需求。移动性管理的功能必须能够保证做到以下几点：

1）网络能够"抵达"用户，如为了通知终端来电呼入。

2）用户能够初始化到其他用户或服务的通信，如互联网接入。

3）用户移动时，无论是否改变接入技术，进行中的会话都能被保持。

相关的功能还确保用户接入系统的真实性和有效性。它对用户进行认证和授权，同时为网络和用户设备（UE）准备订阅信息和安全证书。

能够保证用户系统接入的真实性和有效性。它对用户预约进行认证和授权，同时为网络和用户设备准备预约信息和安全证书。

6.4.2 3GPP 接入族的移动性

1. 蜂窝空闲模式的移动性管理

在 LTE、GSM/WCDMA、CDMA 等蜂窝系统中，空闲模式移动性管理都建立在类似概念的基础之上。为了能够到达 UE，网络会追踪 UE，更不如说是通过 UE 定期地向网络更新其所在的位置。无线网络通过小区构建，范围从几十、上百米到数十公里。在空闲模式下，每次 UE 在不同小区之间移动时，如果都要网络对其进行追踪是不现实的，那会带来大量的信令开销。对于每个终止时间（如电话呼入），都在整个网络中找寻 UE 也是不现实的。因此，如图 6-15 所示，小区可以组合在一起，形成"注册区域"。

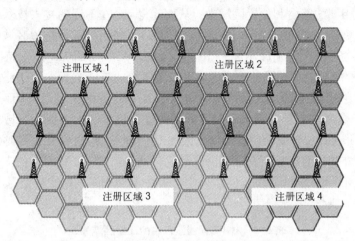

图 6-15　注册区域

基站广播注册区域信息，UE 将收到的广播的注册区域信息和它之前存储的信息进行比较。如果广播的注册区域信息与 UE 中存储的注册信息不一致，则 UE 就会启动一个更新过程，从而通知网络它现在已经处于一个不同的注册区域。

例如，当一个之前位于注册区域 1 中的 UE 移动到注册区域 2 的一个小区时，UE 会发现广播的信息中包含了一个不同的注册区域标识。这种存储的和广播的信息的不同会触发 UE 执行注册更新过程，通知网络其所处区域的变化，一旦网络接收到注册更新之后，UE 会将新的注册区域信息保存起来。

在 EPS 中，注册区域被称为跟踪区（Tracking Area，TA）。为了分发注册更新信令，在 EPS 中引入了跟踪区列表（Tracking Area List）的概念。跟踪区列表允许一个 UE 同时属于多个不同的跟踪区。不同的 UE 可以分配到不同的跟踪区列表。只要 UE 在其所分配的列表所包含的多个 TA 的范围内移动，就无须执行跟踪区更新。通过为不同的 UE 分配不同的跟踪区列表，运营商给 UE 提供不同的注册区域边界，从而降低注册更新信令峰值，如当火车越过一个跟踪区边界时。

除了在通过一个边界到达一个 UE 没有注册的 TA，UE 需要执行注册更新操作外，还包含一个周期性更新的概念。周期性更新用于当处于跟踪区域范围外，或处于关闭状态时，为用户清除所占据的网络中的资源。

跟踪区/跟踪区列表的大小是综合考虑注册更新的负载和系统中寻呼负载之间折中的结果。区域范围越小，需要寻呼用户的小区数量就越少，但另外一方面跟踪区域更新就会越频繁。区域范围越大，小区寻呼 UE 对应的负载就会越大，但另外一方面跟踪区更新的负载就会越小。在 LTE 系统中，跟踪区列表的概念也可以用于降低跟踪区更新的频度。

在 LTE 系统中，跟踪区列表的概念可用于降低跟踪区更新的频率。例如，当 UE 的移动在可以预测的情况下，对于个体的 UE 而言，可以适当修改跟踪区列表，从而确保 UE 在移动过程中需要越过的区域边界更少。收到较多寻找呼叫消息的 UE 就可以分配较小的跟踪区列表，而与此同时，被寻呼次数较少的 UE 则可以拥有一个较大的跟踪区列表。

GSM/WCDMA 中有两个注册区域的概念：一个用于分组交换域，即路由区域（Routeing Area，RA），另一个用于电路交换域，即位置区域（Location Area，LA）。GSM 和 WCDMA 小区可能包含在相同的路由和位置区域中，从而使得 UE 在不同的接入技术之间移动时不需要进行路由区域更新（Routing Area Updating，RAU）。路由区域是位置区域的子集，而且一个路由区域所包含的小区必须属于同一个位置区域。GSM/WCDMA 不支持路由或位置区域列表，因此所有的 UE 共享相同的路由区域和位置区域边界。然而，由于路由区域是位置区域的子集，因此在 GSM/WCDMA 系统中还引入了另一种优化机制。当 UE 是基于路由区域进行跟踪时，UE 能够进行路由区域和位置区域的联合更新。由于路由区域是位置区域的子集，而且网络知道 UE 位于哪个位置区域，因此 UE 在越过路由区域边界时便可进行联合更新而无须进行额外的位置区域更新过程。这种优化同时需要 UE 和网络的支持。这种联合更新过程广泛包含在 GSM 的部署中，但是迄今尚未在 WCDMA 网络中广泛部署。表 6-2 总结了有关注册区域的概念。

表 6-2　3GPP 无线接入中的注册区域表述

Generic Concept	EPS	GSM/WCDMA GPRS	GSM/WCDMA CS
注册区域	跟踪区域列表	路由区域	位置区域更新
注册区域更新过程	TA 更新过程	RA 更新过程	LA 更新过程

对 EPS 中的空闲模式下移动性流程的总结如下：

- 跟踪区由一系列小区组成。
- EPS 中的注册区域由一个或多个跟踪区域组成。
- UE 移动到其跟踪区列表范围之外时需进行跟踪区更新。
- 当周期性的跟踪区的更新定时器计时到期时，UE 也会进行跟踪区更新。跟踪区更新的流程概要如图 6-16 所示，包含以下几个步骤：

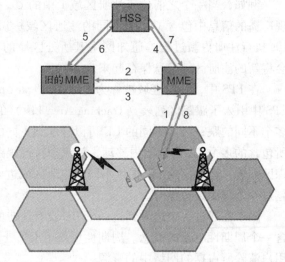

图 6-16　更新流程

1）当 UE 重新选择一个新的小区，发现广播的跟踪区 ID 不在其跟踪区列表中时，UE 会启动跟踪区更新过程，首先的操作是向 MME 发送一个跟踪区更新消息。

2）一旦收到来自 UE 的跟踪区更新消息，MME 检查该 UE 的上下文是否是存在的。如果不存在，则检查 UE 的临时 ID 从而确定哪个节点拥有该 UE 的上下文信息。一旦确定，MME 从之前的 MME 处请求 UE 上下文。

3）之前的 MME 将 UE 上下文信息发送给新的 MME。

4）一旦 MME 收到之前的 UE 上下文，它将 UE 上下文已经移动到了一个新的 MME 的信息通知给 HSS。

5）HSS 取消旧的 MME 中的 UE 上下文。

6）HSS 确认新的 MME 并向 MME 中插入新的用户数据。

7）MME 通知 UE 跟踪区更新（TAU）已经完成，MME 改变后会采用一个新的 GUTI（其中的 MME 码指向新的 MME）。

2. 呼叫寻找

寻呼用于搜索空闲状态的 UE，并在网络和 UE 之间建立信令连接。举例来说，下行链路分组到达 Serving GW 将触发寻呼过程。当 Serving GW 接收到发往一个空闲状态的 UE 的下行链路分组时，Serving GW 将没有能够进一步转发分组的 eNB 的地址。这时 Serving GW 会通知 MME 下行链路分组已经到达的信息。MME 知道 UE 当前漫游到的跟踪区，并向跟踪区列表中的 eNB 发送寻呼请求消息。在收到寻呼消息后，UE 响应 MME，承载被激活，这样下行链路分组就能成功转发到 UE。

3. 蜂窝激活模式下的移动性

前面我们已经付出大量的关注于介绍蜂窝系统中激活模式下的具有优化特定的移动性。其基本概念有点类似于在跨过不同技术及其变种时 UE 和网络之间的职能分配。

在激活模式中，UE 存在激活的信令连接以及一个或多个激活的承载，数据传输可以是持续进行的。为了限制干扰和为 UE 提供好的承载，当存在小区被认为是比 UE 当前使用的小区更好时，UE 可以通过切换改变小区。为了降低 UE 设计的复杂度和节能，系统的设计会使得 UE 一次只需侦听一个单独的基站。在内部 RAT 切换（如从 E - UTRAN 到 UTRAN 的切换）时，UE 一次也只需使一种无线接入技术处于激活状态。在此过程中可能需要在不同的技术之间频繁地切换，但是任何时刻都只需要一种处于激活状态的无线接入技术。

UE 会定期地或由网络指示来测量邻居小区的信号强度，从而确定何时需要执行切换。由于 UE 在测量邻居小区的信号强度的同时将不能收发数据，因此这时 UE 将会收到来自网络的指示消息，其中就包含了可用的合适邻居小区以及 UE 应该测量的小区。网络（eNodeB）产生测量时间间隔，在间隔时间内不会给 UE 发送数据也不会收到来自 UE 的数据。UE 通过测量时间间隔来协调接收者与其他小区并测量信号强度。如果测量的信号强度显著强于其他小区的信号强度，则 UE 就会启动切换流程。

在 E - UTRAN 中，eNodeB 可以通过直接的接口（X2 接口）在不同的 eNodeB 之间执行直接切换。在基于 X2 的切换流程中，源 eNodeB 和目标 eNodeB 做好准备并执行切换流程。在切换流程执行的末期，目标 eNodeB 请求 MME 将下行数据路径从源 eNodeB 切换到目的 eNodeB。相应地，MME 请求 Serving GW 将路径切换到新的 eNodeB。

如果在 Serving GW 将路径切换到新的 eNodeB 之前就有了下行链路分组发送，则源 eNodeB 会通过 X2 接口转发分组。

如果在 eNodeB 之间的 X2 接口不可用，则 eNodeB 会通过核心网络发起包含信令交换的切换过程，这被称为基于 S1 的切换。基于 S1 的切换流程通过 MME 发送信令，同时可能包含 MME 和 Serving GW 的变化。

6.4.3　空闲模式信令缩减（ISR）

空闲模式信令缩减是一个重要的特性，在其激活的情况下，允许 UE 在 LTE 和 2G/3G 网络之间移动，而不需要进行跟踪区更新和路由区更新。无线接入技术之间的基于空闲模式的移动性可以相当普遍，尤其是在覆盖率低的部署中。ISR 可以用于限制在 UE 和网络之间的信令，以及网络内部的信令。

在 2G/3G 中，也存在相似的不需要执行任何信令就能在空闲模式下在 GERAN 和 UT-RAN 小区之间实现移动的功能。这是借助公共的 SGSN 和公共的 RA 来加以实现的；这些 GERAN 和 UTRAN 的小区属于同一个 RA，同时在属于同一个 RA 的 GERAN 和 UTRAN 的小区中能在终止事件发生时进行寻呼。

可以在 SAE 中引入类似的概念，这是可能的，但需要具有一个组合 SGSN/MME 的节点。由于在架构（SGSN 对比 MME）和区域概念（RA 和 TA 列表）上的这种区别，在 E – UTRAN 和 GERAN/UTEAN 中实现 ISR 功能就需要采用与在 GERAN 和 UTRAN 中不同的方式。

ISR 特征支持在分离的 SGSN 和 MME 情况下的信令缩减，也支持在独立的 TA 和 RA 情况下的信令缩减。EPC 和 2G/3G 之间的从属关系的最小化是以牺牲支持 ISR 的节点和接口功能为代价的。

ISR 特性背后的想法可以是，UE 在 E – UTRAN 跟踪区（或跟踪区列表）中注册的同时，还可以在 GERAN/UTRAN 的 RA 中完成注册。UE 并行地保持两份注册信息，为两份注册独立地运行周期性的定时器。类似地，网络也会并行地维持两份注册信息，从而确保 UE 可以在所注册的 RA 或 TA 中被寻呼到。

1. ISR 激活

ISR 激活的前提条件是 UE、SGSN、MME、Serving GW 以及 HSS 都能支持 ISR。对于 UE 而言，ISR 的支持是被强制要求的，但对其他的网络实体而言则是可选的。ISR 要求具有基于 S4 接口的 SGSN，而在基于 Gn/Gp 接口的 SGSN 则不支持 ISR 功能。

在 UE 第一次附着到网络时，ISR 不会被激活。只有 UE 先在 2G/3G 中的 RA 进行了注册，然后再在跟踪区进行了注册之后（或反过来），ISR 才能被激活。

如果 UE 先在 GERAN/UTRAN 中完成注册，接着移动到一个 LTE 小区内，则 UE 将会启动跟踪区域更新的流程。在跟踪区域更新的流程中，SGSN、MME、Serving GW 沟通支持 ISR 的能力。如果所有的节点都支持 ISR，则 MME 就会在跟踪区更新接收消息中通知 UE，ISR 已处于激活状态。

图 6-17 给出了 ISR 激活状态下的跟踪区更新流程的一个简单的例子。在执行跟踪区更新之前，UE 附着到 GERAN/UTRAN 并通过 SGSN 完成注册。因此在 UE、SGSN 和 HSS 中存在有效的 MM 上下文，SGSN 与 Serving GW 之间存在如下控制连接：

1）UE 发起一个跟踪区更新流程。

2）MME 请求 UE 上下文，并通知 SGSN 它是可以支持 ISR 的。SGSN 回应 UE 上下文，并通知 MME 它能够支持 ISR。

3）Serving GW 被告知 UE 通过 MME 完成注册，以及 ISR 已激活。

4）HSS 更新 MME 地址。更新类型表明 HSS 不会撤销 SGSN 位置。

5）MME 通知 UE 跟踪区更新成功，ISR 已激活。

如图 6-17 所示，当 ISR 被激活后，UE 会通过 MME 和 SGSN 进行注册。SGSN、MME 和 Serving GW 之间都存在控制连接，且 SGSN 和 MME 都在 HSS 已经进行了注册。UE 存储分别来自 SGSN 和 MME 的移动性管理参数（如 SGSN 中的 P – TMSI 和 RA、MME 中的 GUTI 和跟踪区），同时 UE 还会存储对 E – UTRAN 和 GERAN/UTRAN 接入来说很通用的会话管理（承载）上下文。当 ISR 激活之，SGSN 和 MME 彼此存储对方的地址。

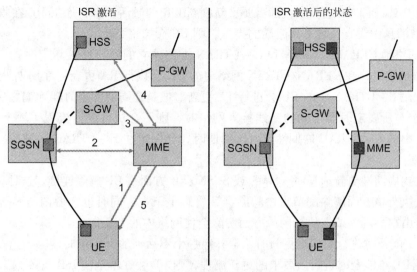

图 6-17　ISR 概要和 ISR 激活流程

在 ISR 激活后，处于空闲状态的 UE 无须任何到网络的信令而在 E－UTRAN 和 GERAN/ UTRAN 之间重新做选择。

可以不经过网络，在注册的 RA 和跟踪区内重新选择 E－UTRAN 和 GERAN/UTRAN （在注册的 RA 和 TA 中）。

2. 寻呼

当 UE 处于空闲模式时，如果 ISR 激活且下行链路分组到达 Serving GW，则 Serving GW 会向 MME 以及 SGSN 发送下行链路数据通知，然后 MME 和 SGSN 会分别在 UE 注册的跟踪区和路由区域内发起寻呼过程。UE 在收到寻呼消息后，会在当前的 RAT 内执行一个服务响应程序。作为服务响应程序的一部分，在 UE 处于 E－UTRAN 或 GERAN/UT-RAN 中时，ServingGW 会被请求分别建立到 eNodeB 或 SGSN/RNC 的下行链路数据连接；如果当前处于 E－UTRAN 中，则要求建立到 eNodeB 的下行链路数据连接；如果当前处于 GERAN/UTRAN 中，则要求建立到 SGSN/RNC 的下行链路数据连接。当 Serving GW 接收到该请求时，Serving GW 会通知 SGSN 或 MME 停止在其他无线接入技术上的寻呼。

图 6-18 给出了一个简单的寻呼流程，图中 ISR 处于激活状态，UE 位于 E－UT-RAN 中。

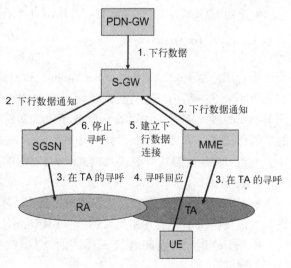

图 6-18　ISR 激活状态下的简化寻呼流程

3. ISR 去激活

在每次 RAU 和 TAU 过程中，都需要重新刷新 ISR 的激活状态，如果 UE 在收到的 RAU 和 TAU 接受消息中没有包含 ISR 激活的指示，则 UE 会撤销 ISR。

UE 和网络为 GERAN/UTRAN 和 E – UTRAN 维护独立的周期性更新定时器。在周期性 RAU 定时器到期时，在 GERAN/UTRAN 网络中的 UE 会执行 RA 更新；在周期性 TAU 定时器到期时，在 E – UTRAN 中的 UE 会进行 TA 更新。但是在周期性定时器到期之后，如果当 UE 位于一个与所属定时器不同的无线接入网络时，则不会执行更新流程。举个例子来说，E – UTRAN 中的 UE 在 RAU 周期性定时器到期时，会保留在 E – UTRAN 区域中，而不会进行 RAU 更新。

当未收到周期性更新消息时，MME 或 SGSN 会单方面与 UE 解除连接。这种单方面解除的操作会从执行单方面解除的节点中移除会话管理上下文，同时也会撤销与 Serving GW 的控制连接。由核心网络节点执行的单方面解除会使网络中的 ISR 失效。

当 UE 不能及时进行周期性更新时，会开启一个不活动的 ISR 定时器。当这个定时器到期时，如果 UE 不能及时进行所要求的更新流程，则 UE 会在本地使 ISR 失效。

ISR 可以由 MME 或 SGSN 来进行解除。当满足如下条件时，这种解除可以通过省略"ISR 激活"的信令消息来完成：

- 核心网络节点改变导致相同类型的核心网络节点上下文转移（例如，从一个 SGSN 到另外一个 SGSN，或从一个 MME 到另外一个 MME）。
- Serving GW 的改变。

在某些情况下 UE 需要在本地实现 ISR 解除，例如：

- 额外的承载的修改或激活。
- 在有关改变 DRX 参数或 UE 的性能的 MME 或 SGSN 更新之后。
- 连接 UTRAN 的 UE 选择 E – UTRAN（如在 URA_PCH 中在 UTRAN 侧释放 Iu）。

6.4.4 闭合用户组

闭合用户组（Closed Subscriber Group，CSG）允许 UE 对一个 PLMN 范围内由 CSG 标识的一个小区或一组小区进行接入控制。在 HeNB 子系统中，因为在移动性流程中控制了 UE 到 HeNB 的接入控制（如附着、服务请求、跟踪区更新等），CSG ID 对于功能操作是强制的。操作模式一共具有 3 种：闭合模式、混合模式和开放接入模式。

- 当 HeNB 配置成开放接入模式时，HeNB 能够遵循漫游协定，为任何 PLMN 用户提供服务。
- 当 HeNB 配置成混合接入模式时，HeNB 能够遵循漫游协定，为与其相关的 CSG 成员以及任何不属于其相关 CSG 的 PLMN 的用户提供服务。
- 当 HeNB 配置成闭合接入模式时，只有属于相关 CSG 的用户才能从 HeNB 处获得服务。

当 CSG 信息由特定的 CSG 管理员提供给 UE 时，CSG 信息会作为用户数据的一部分从 HSS 下载到 MME。HSS 中 CSG 用户数据包含以下信息：

- CSG 用户订阅数据是对应每个 PLMN 包含一个 CSG ID 列表（每个 PLMN 中至多 50 个 CSG ID），以及对每一个 CSG ID 而言，可选地包含一个相关的失效时间，用来指示

CSG ID 注销失效的时间点。当缺少有效期时就意味着无限制的用户注册。

- 对于 CSG ID 而言，可以通过本地 IP 接入来访指定的 PDN，CSG ID 项包含相应的 APN（接入点名称）。

本地 IP 接入信息可以被用来指示是否支持 LIPA 特性，这会在第 14 章做详细介绍。

CSG 操作模式在 HeNB 和 MME 中是强制的，CSG 操作模式在 HeNB 和 MME 中是通过不同的功能来进行强制实现的，具体在 3GPP TS23.401 和 TS36.300 中进行了规范。

- CSG 的订阅处理功能存储并更新 UE 侧和网络侧（如 HSS、CSS 和 MME/SGSN）的用户 CSG 订阅数据。

- 在闭合模式下，CSG 接入控制功能够确保 UE 在进行接入或切换的 CSG 中拥有有效的用户信息。

- 作为接入控制过程的一部分，MME 检查 CSG 小区的 CSG ID 是在用户信息中，并且如果有有效期定时器，则确保在允许接入之前是有效的。如果用户信息无效或定时器到期，则请求会被拒绝，并返回一个合适的错误代码（如该 CSG 未授权的信息）。然后错误代码会触发 UE 从其允许的 CSG 列表中移除该 CSG ID（如果该 CSG ID 出现在其列表中）。

- 许可和速率控制功能用于为混合的 CSG 小区的 CSG 和非 CSG 成员提供不同的许可和速率控制。

- 一个寻呼优化功能可选地用于根据 TAI 列表、用户的 CSG 用户数据以及 CSG 接入模式来对寻呼消息进行过滤，这样就可以避免 UE 在不允许接入时在 CSG 小区中被寻呼。

- 可选的 VPLMN 自治 CSG 漫游功能。如果 HPLMN 允许，则 VPLMN 为漫游用户存储和管理 VPLMN 特有的 CSG 用户数据，而不需要和 HSS 进行交互。值得注意的是，一个 HPLMN 运营商可以明确要求不允许其用户具备这种功能。对于支持和允许这种功能的 CSG 中，每个漫游用户接入请求，其中的 CSG 用户服务器均为漫游用户的 CSG 接入保存必要的信息，MME/SGSN 验证什么时候 VPLMN 支持该功能。从 Release 11 开始支持该功能。

CSG 管理员提供的 CSG 供应通过维护每个 CSG 下的用户列表以及支持在 UE 和网络侧存储 CSG 新的功能加以实现，其中维护 CSG 下用户列表的操作包括增加、修改、删除以及对于允许访问时长监管的处理。针对一个 PLMN 下的特定的 CSG ID，经由一个单独的 CSG 列表，通过对相应的所有 CSG 成员的处理，用户管理得到了显著提升。通过 3GPP TS 24.285 中规范的 OMA 设备管理和 3GPP TS31.102 中规范的 OTA 激活流程，基于 CSG 列表服务器，所允许的和运营商的 CSG 列表得以安装和提供，从而确保 UE 能够访问授权的 CSG。图 6-19 给出 3GPP TS23.002 所规范的 3GPP 中的 CSP 的接口和关系。

在从 UE 的允许 CSG 列表和运营商 CSG 列表中移除之前，过期的 CSG 用户数据是不可以从 HSS 用户数据中删除的。当 CSG 签约被取消时，它需要在 HSS 签约数据中作为到期的签约被处理，从而允许执行适合的一些流程，因此首先需要将 CSG 签约从 UE 的允许 CSG 列表或运营商 CSG 列表中移除。

3GPP TS 23.008 对 CSG 的过期处理做了如下描述：当 CSG - Id 到期或使有效期数据发生改变（添加或修改）时，CSG - Id 应从 UE 中移除（如通过 OMADM 或 OTA 更新的方式）。在从 UE 中成功移除 CSG – Id 后，HLR/HSS 应删除 CSG – Id，如果可行，则更新 MME。这两种操作（即从 UE 中移除 CSG – Id 以及 HSS 删除/更新 MME）感觉上是不相关的，可以由不同的系统独立执行。CSG 列表服务器和 HSS 之间的交互在 3GPP 中并没有详细规定。处于连接模式的 UE，其 CSG 订阅到期后，MME 会通知 HeNB，同时会通过释放无限链接或切换到其他合适的小区的方式将 UE 从 CSG 中移除，从而使得 UE 进入空闲状态。

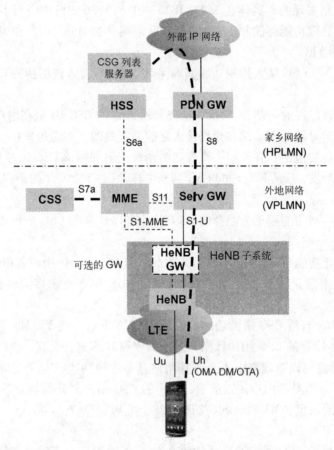

图 6-19　HPLMN 和 VPLMN 中带有 CSG 配置实体的 HeNB 结构（如果适用）

第 2 章和第 7 章详细描述了 HeNB 子系统的架构和安全保障，这两个方面的操作都需要用到 CSG ID。

在 3GPP 系统中 CSG 选择有两种模式：自动模式和手动模式，这两种模式会影响在 3GPP 系统中作为 PLMN 选择过程的一部分的 UE 注册过程。CSG 选择功能在 3GPP TS 23.122 中进行了规范。在选择功能的自动模式中，CSG ID 在 UE 的允许 CSG 列表或运营商 CSG 列表中已经被指定，在 UE 注册和跟踪区更新后就会进行普通的 3GPP PLMN 选择。在手动模式下，UE 需要指示用户与 PLMN 相关，并支持 3GPP 无线接入技术和频率的有效的 CSG 列表。对于列表中的每个表项，都会提供指示，表明 CSG – Id 是在该 PLMN 中 MS 所存储的允许 CSG 列表还是在运营商 CSG 列表中。此时用户需要对继续接下来的操作流程进行选择。

关于 HeNB 子系统和 CSG 管理的更详细的讨论，可以参考 "3GPP Femtocells：Architecture and Protocols"一文（Horn. 2010）。

6.4.5　E – UTRAN 和 HRPD 之间的移动性

之前已经提到，EPS 的一个重要目标是支持 CDMA/HRPD 网络的高效交互工作以及移动性。对 HRPD 网络而言，对于大多数运营 CDMA/HRPD 网络的北美和亚洲运营商，在 HRPD 网络方面已经具有显著的用户基础。虽然这两种技术（一个由 3GPP 开发，另一个由 3GPP2 开发）在过去 20 年里一直相互竞争，但是为了开发出对运营商而言在策略上及其重要的通用标准，这两种技术在许多领域里也存在相互合作，IMS 和 PCC 的发展就是其中一例。为开发出在 E – UTRAN 和 HRPD 之间的特别优化的 HO 流程，为了 CDMA 的利益，运营商和其他公司之间开展了广泛合作，优化的 HO 流程需要在切换期间性能表现优异且需要在此期间减少服务中断。这项工作在 SAE 项目中成为 3GPP 的标准主流，产生了所谓的 E – UTRAN 和 HRPD 之间的优化切换。此后，HRPD 网络作为 HRPD 的优化进化版（eHRPD）而得名，eHRPD 突出了对 EPC 和 E – UTRAN 之间的交互性和连通性要求的变化。

即使是对那些一次只能使用一种无线技术的终端，在 E – UTRAN 和 HRPD 之间的移动也要求在其切换过程中中断时间最短。因此终端没有必要同时运行 HRPD 和 E – UTRAN 接口。实际上终端支持多种无线技术，这种一次只能采用一种无线技术的性质被称为"单一无线性能（Single Radio Capability）"。

在一个已有的 HRPD 网络中的 E – UTRAN 早期部署阶段，一般认为支持从 E – UTRAN 到 HRPD 的切换比相反方向的切换更为普遍，因而认为也就更加重要，原因是通常都假设 HRPD 网络有足够大的覆盖范围以使用户处于 HRPD 系统中。为了支持由 E – UTRAN 到 HRPD 的网络侧控制的切换，eNodeB 应配置有 HRPD 系统信息，这些系统信息是通过 E – UTRAN 发送的，用于帮助终端为从 E – UTRAN 到 HRPD 系统的小区重选或切换做准备。终端在连接到 E – UTRAN 后也会对 HRPD 小区做适当的测量。与前面章节中介绍过的 3GPP 接入中的激活模式的移动性类似，为了使得终端能够在一个时刻只需采用一种无线技术（可以使 E – UTRAN，也可以使 HRPD），需要为终端提供一定的测量时间间隔。测量结果会报告给 eNodeB，从而使得 E – UTRAN 可以根据测量结果做出合理的切换决策。

UE 在实际离开源接入之前，可以为目标接入提前做好准备。该优化流程可以达到在切换过程中将 UE 所经历的总的服务中断时间最小化的目的。UE 为目标接入所做的准备指使得 UE 能够在源接入上与目标接入交换与接入相关的信令。MME 与 HRPD 接入网络之间的 S101 接口就是用于隧道传输在 UE 与目标接入系统之间的交互信令。

通过源接入上的隧道为目标接入做准备的好处在于，在不同的接入网络之间直接交换 UE 的上下文信息的开销可以做到最小化。由于接入过程中两个接入技术中任何一个都不需要将信令改造成适合另外一个接入技术的形式，因此可以最小化对接入网络的影响。

在 E – UTRAN 和 HRPD 之间的切换按照以下两个阶段执行：

1）预注册阶段（或称为准备阶段）。在实际切换前，让目标接入和特定接入的特定核心网络实体（E – UTRAN 和 HRPD S – GW 接入的 MME 或 eHRPD 接入的 HSGW）提前做好准备。

2）切换阶段（或称执行阶段）。实际发生接入网络的变更。

在 E – UTRAN 到 HRPD 切换的预注册/准备阶段中，UE 通过 E – UTRAN 接入和 MME

与 HRPD 接入网进行通信。HRPD 信令通过 E
－UTRAN 和 MME 在 UE 和 HRPD RNC 之间透
明地进行转发，如图 6-20 所示。从 E－UT-
RAN 到 HRPD 的方向上，在切换发生之前，
UE 在 HRPD 系统中的预注册过程没有时间限
制，因此在进行切换之前预注册过程能够提
前充分进行。E－UTRAN 做出从 E－UTRAN
到 HRPD 的切换决策后，执行切换阶段。在
这一阶段中，在实际用户平面路径交换发生
前，会进行一些附加的 HRPD 目标接入准备
工作。

　　虚线表示由 E－UTRAN 和 MME 透明地转
发的特定的 HRPD 信令。

　　根据 3GPP TS 36.331，E－UTRAN 可以
使用包含重定向信息集的 RRC 连接释放来完
成将 UE 重定向至 HRPD。如果预注册没有成

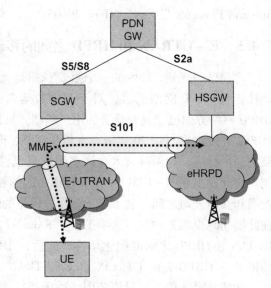

图 6-20　E－UTRAN 中的终端执行
HRPD 中的预注册

功执行，则首先通过触发接入认证和授权，在收到重定向消息时，获得 HRPD 信道并执行
非优化的切换过程，随后使用 HRPD 特定的流程执行向 HRPD 的附着过程。然后接入网络
可以基于 S2a/PMIPv6 准备与 EPC 建立连接。

　　如果预注册成功，一旦收到重定向消息，则根据 TS 36.331，在重定向过程中，UE 会在
释放 RRC 连接之后重新选择 HRPD 小区。然后 UE 会进行空闲模式优化切换：首先会基于
HRPD 流程，通知 HRPD 跨接入技术之间的空闲模式移动事件，然后转入 HRPD，继续与网
络进行连接。

　　当 UE 和 MME 之间通过 S101 接口交换特定的 E－UTRAN 信令时，从 HRPD 到 E－UT-
RAN 的切换过程需要执行一个准备阶段。这时信令是通过 HRPD 接入网络进行透明传输的。
该切换与之前的切换的不同之处在于：预注册/准备阶段发生在终端从 HRPD 切换到 E－UT-
RAN 之前，也就是在实际切换执行之前。所以这种情况下在目标网络中，预注册状态不会
持续很长时间。E－UTRAN 和 HRPD 之间 HO 流程的细节可以参考图 6-21 和图 6-22 以及
17.7 节。

6.4.6　3GPP 接入和非 3GPP 接入间的通用移动架构

1. 通用 IP 会话连续性

　　EPS 也支持异构接入类型之间的通用移动性，如 3GPP 接入和 WLAN 或 WiMAX 之间。
通用移动性，顾名思义，从一般的意义上讲，该移动性过程并不仅仅限于任何特定的接入技
术。取而代之的是，流程是通用的，足以适用于任何非 3GPP 接入技术，如 WLAN 和
WiMAX 等，前提是只要这些接入支持一些基本的要求。例如，如果前面的章节描述的优化
机制没有部署，则通用的移动性过程同样也适用于 HRPD。

　　由于通用的移动性过程应该能在任何接入技术下工作，因此它们还没有针对任何特定的
接入技术进行优化。在 3GPP 和其他标准论坛中，通用移动性因此也被称为非优化切换。然

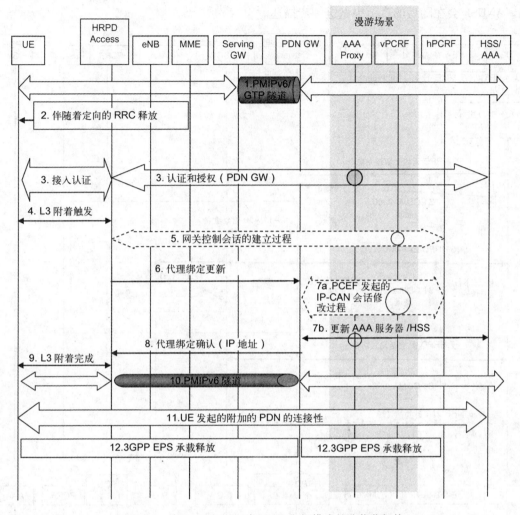

图 6-21　从 E–UTRAN 到 HRPD 空闲模式的非优化切换

而，在这个通用的情况下，仍然需要为客户提供高效的切换流程。特别地是，对于一个能同时处理多种接入方式的终端——通常被称为"dual-radio capable"终端——在执行实际的切换之前，为目标接入做好准备是有可能的。例如，在仍然使用源接入来进行传输用户面的数据的同时，终端可以在目标接入中执行认证流程。在某种意义上，这和 HRPD 中的预先注册类似，区别在于，"预先注册"是在实际的目标接入中完成，而不是通过源接入。

相比于 3GPP 接入网络内部和相互之间的移动机制，以及 LTE 和 HRPD 之间优化的交互，通用移动最大的不同在于，它并没有假设两个接入网之间存在交互。取而代之的是，源接入和目标接入网络是完全解耦的。

通用切换总是由终端触发的——也就是说，目标接入网络中的小区测量信息不会上报给 UE 所附着的无线接入网。源接入网络也不会下发切换指令来触发切换。相反，它是根据终端的决定来确定何时发起切换。例如，该终端可以通过对可用接入网络的信号强度的测量来做出决定。运营商还可以使用接入网络发现和选择功能（Access Network Discovery and Selection Function, ANDSF），向终端提供接入网络的信息，从进一步实现接入网络的选择策略。ANDSF 会在随后的章节中做进一步描述。

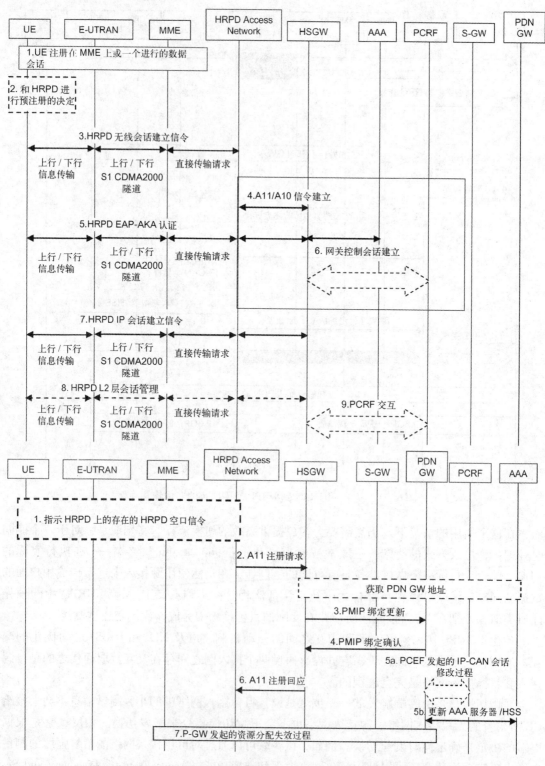

图 6-22　预注册之后进行空闲模式下从 E–UTRAN 到 HRPD 的优化切换

EPS 支持两种不同的移动性的概念用于 3GPP 接入和非 3GPP 接入之间的通用移动性：基于主机的和基于网络的移动性。基于主机的移动性是一个术语，它通常是用来表示终端（或主机）直接参与移动检测和移动性信令的移动性方案。由 IETF 所定义的移动 IP 就是这样一个移动性协议的例子。在这种情况下，该终端需要具有 IP 移动性客户端软件。

另一种类型的移动性协议和移动性方案是基于网络的移动性管理方案。在这种情况下，网络可以为与其非显式交换移动性信令的终端提供移动性服务。为了使终端在移动时保持其会话，网络的一个任务是跟踪终端的移动，并确保在核心网络中执行适当的移动性信令。GPRS 隧道协议（GTP）是一个基于网络的移动性协议的例子。代理移动 IPv6（PMIPv6）是另一个基于网络的移动性协议的另外一个例子。

EPS 支持使用基于主机和基于网络的移动性协议的多个移动协议的选项。对于 3GPP 接入而言，仅使用基于网络的移动性协议：要么是 GTP，要么是 PMIPv6。在非 3GPP 接入中，基于网络的移动性协议 GTP 和 PMIPv6 都是被支持的。EPS 支持两种基于主机的移动性方案：非 3GPP 接入之上的双栈移动 IPv6（DSMIPv6）和移动 IPv4（MIPv4）。3GPP 接入不使用基于主机的移动性。相反，从基于主机的移动 IP 意义上讲，总是假设 3GPP 接入的是"家乡链路"。16.3 节中会对该概念和其他移动 IP 概念做进一步描述。

对于移动性协议和移动性机制更详细的说明，请参见 16 章的协议描述和 17 章的切换流程的细节。

基于主机和基于网络的移动性方案具有不同的特性。基于主机的方案需要在终端支持移动性协议。基于主机的移动性方案通常感觉上是通用的，因为它总是假设没有或很少针对任何特定的接入网络。因此，它也可以使用在那些一点也不支持移动性的接入网络中。结论是基本的基于主机的移动性方案不针对任何特定的接入网络进行优化。

另一方面，基于网络的移动性，要求接入网络支持移动性协议。例如，GTP 由 3GPP 开发，用于在 3GPP 接入之间提供移动性，同时包含上下文转移，以及其他用于在 3GPP 接入技术中或之间的无缝切换所需的各种特征。GTP 也被指定用于 WLAN 网络和通用的非 3GPP 接入。

虽然基于主机和基于网络的移动性方案之间的划分提供了一个有用的分类。但应当注意的是，两者的区别并不总是十分清楚。例如，对于基于网络的移动性协议中，终端经常需要移动感知和处理移动性，即使它们没有显式地参与移动性信令。因此，尽管在讨论一个特定的协议时，划分为基于主机和基于网络的移动性非常有用，但是我们应该注意到，在现实中完整的解决方案通常两者都包含。EPS 在不同的接入中支持不同的移动性的协议，当在不同的接入网络之间移动时，移动性协议有可能会变化。例如，终端可能从一个使用 DSMIPv6 的非 3GPP 网络移动到使用 GTP 或 PMIPv6 的 3GPP 网络。当不同的接入方式使用不同的移动性协议时，PDN GW 的任务是确保 IP 会话的连续性。

2. 同时多路访问

在 3GPP Release 10 中，在 UE 同时连接到 3GPP 和非 3GPP 的情况下，引入了对同时多路接入的支持。这些功能部分是受到使用 WLAN 来进行 3GPP 接入的卸载需求的驱使。在多接入中的同时连接性方面，可以提供以下几种形式。

- 多路接入的 PDN 连接（Multi‐access PDN Connectivity，MAPCON）：支持具有一个（或多个）PDN 连接的 3GPP（2G / 3G / LTE）接入和具有一个（或多个）PDN 连接

的非 3GPP 接入。3GPP 和非 3GPP 接入之间 PDN 连接性也是支持的。MAPCON 支持基于主机和基于网络的移动性方案。

- IP 流移动性（IFOM）：同时在 3GPP 接入和 WLAN 接入提供只有一个 PDN 连接的支持，并在每个 IP 流处理的基础上选择一种接入来路由转发流量。支持 3GPP 接入和 WLAN 接入之间的 IP 流的无缝移动。IFOM 仅支持基于 DSMIPv6 的移动性解决方案，并且是这种解决方案的延伸。
- 非无缝 WLAN 卸载（Non‑seamless WLAN offload，NSWO）：不通过 EPC 直接在 WLAN 中路由转发流量。不支持 3GPP 接入的移动性（IP 会话连续性）。对于使用 NSWO 的流量，由于 EPC 系统中没有 IP 移动锚定点，因此不支持 WLAN 和 3GPP 接入之间的移动性（IP 会话连续性）。

关于同时进行的多接入解决方案的更多细节可以参见第 14 章。

3. IP 移动性模式的选择

在 EPS 规范中同时允许基于主机的移动性和基于网络的移动性。具体在网络中部署这两种方案中的哪一个，不同的运营商可能会做出不同的选择，当然，运营商也可以选择同时部署这两者。在 3GPP 接入中，在基于网络的移动性协议（PMIPv6 或 GTP）中只能选择一个，并且这个选择不会对终端产生任何影响，这是因为基于网络的协议的选择对 UE 来说是透明的。应当注意的是，尽管在网络部署中支持多个移动性协议，但是对于给定的 UE 和接入类型来说，在一个特定的时刻只能使用一个协议。

终端可以支持不同的移动性机制。一些终端可以支持基于主机的移动性，并因此需要安装移动 IP 客户端（双栈移动 IPv6 和/或移动 IPv4 的客户端）。另外一些终端可以在网络侧的移动性协议被使用时提供 IP 级会话连续性。还可以有同时支持两种机制的终端。此外，有些终端可能既没有移动 IP 客户端，也没有使用基于网络的移动性机制来支持 IP 会话连续性。这些终端将不支持 IP 级别的会话连续性，但仍然可以使用不同的接入技术来附着到 EPC。

因此，当一个终端连接到网络或正在切换时，有必要选择合适的移动性机制。如果选择了基于网络的移动协议，那么仍然有必要考虑是否需要维持会话连续性（即各接入网之间的 IP 地址保持不变）。

EPS 定义了不同的手段来做出这个选择。用于选择合适的移动协议的规则和机制被称为 IP 移动模式选择（IP Mobility Mode Selection，IPMS）。

IPMS 的一个选择是静态配置在网络和终端中所使用的移动性机制，这是可能的。例如，如果运营商仅支持单个移动性机制，并且运营商假设在它的网络中使用的终端支持其所部署的移动性机制。如果用户切换到另一个不支持运营商部署的移动性机制的终端，则 IP 级的会话连续性将不能实现。

另一种选择是有一个更加动态的选择，即是使用基于网络还是基于主机的移动性来作为附着或 HO 流程的一部分。应当注意的是，3GPP 接入仅使用基于网络的移动性协议：要么 PMIPv6，要么 GTP。因此，只有当终端使用非 3GPP 接入时，移动性模式的选择才是有必要的。

当用户接入到非 3GPP 网络或建立通向 ePDG 的 IPSec 隧道时，在终端获取一个 IP 地址之前，执行 IPMS。当进行网络的接入认证时，终端会通过使用在 EAP‑AKA 协议的一个属性来指示其所支持的移动性协议。来自终端的指示会告知网络终端是否支持基于主机的移动性（DSMIPv6 或 MIPv4 时）和/或使用基于网络的移动性（使用 GTP 或 PMIPv6 的网络中）来支持 IP 会话的连续性。该网络还可以使用其他机制了解终端的能力。例如，如果一个终端已经接入了 3GPP 网络，并且执行了 DSMIPv6 引导程序，则网络就能根据终端的行为得知该终端能够使用 DSMIPv6。根据对终端信息的了解和网络自身的能力，该网络决定为这个特定的终端使用哪种移动性机制。如果网络不知道终端的能力，则默认使用基于网络的移动性协议。只有当网络知道终端支持相应的移动性协议（DSMIPv6 或 MIPv4）时，才可以选择基于主机的移动性。

6.4.7 接入网发现和选择

接入网发现和选择功能（Access Network Discovery and Selection Function，ANDSF）是在 3GPP TS23.402 中所定义的功能。当有多个非 3GPP 接入网络可供选择时，ANDSF 可以为用户设备提供策略和网络选择信息，从而影响用户以及设备对于不同接入技术的优先级的区分。因此，ANDSF 为运营商提供了用于控制终端接入选择的工具，对于接入技术选择的策略，也可以预先配置在终端，但可以通过 ANDSF 进行动态更新或修改。

如图 6-23 所示，ANDSF 的体系结构包括一个到 UE 的参考点 S14，它为 UE 提供接入网络选择策略和/或接入选择提示。UE 和 ANDSF 之间的 S14 的协议是基于 IP 的，并且利用 OMA DM。因此，UE 可以通过任何基于 IP 的接入连接到 ANDSF，UE 和 ANDSF 之间的认证和通信安全是基于通用引导架构（Generic Bootstrapping Architecture，GBA）的，这里，基于使用 IMSI 作为用户身份的 SIM 卡凭证，GBA 用于进行身份验证。

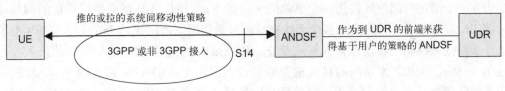

图 6-23　ANDSF 的非漫游架构

该解决方案同时支持"拉"和"推"，也就是说，UE 既可以请求信息，ANDSF 也可以发起向 UE 的数据发送。然而需要注意的是（根据设计），ANDSF 并不适合频繁/动态地更新策略。因此，ANDSF 不能作为非实时动态的接入控制选择机制使用。此外，当使用来自 ANDSF 的信息/策略时，UE 行为的细节大多情况下依赖于具体实现。

在形成发现和选择信息时，UE 可以为 ANDSF 提供信息来帮助 ANDSF。例如，UE 可以提供它的标识（IMSI），也可能提供它的定位信息（如 GPS 坐标或临近无线基站的小区标识）以及 UE 向 ANDSF 所请求的与信息类型相关的一些信息。ANDSF 可以用这些信息为 UE 提供应用在 UE 周围的与用户相关的网络发现和选择信息。

ANDSF 可以为 UE 提供以下 3 种类型的信息。

- 接入网络发现和选择信息。
- 系统间移动性策略（Inter-System Mobility Policies，ISMPs）。
- 系统间路由策略（Inter-System Routing Policies，ISRPs）。

接入网络发现和选择信息包括一个 UE 周围可用的接入网列表，该列表可以包括 3GPP

系列的接入网络以及其他如 WLAN 的接入类型。这将有助于 UE 在发现接入网络时，简化和加速 UE 所需的扫描。该信息可以包括接入技术类型（如 WLAN），网络标识符（如 WLAN 情况下的 SSID）以及有效性条件（如在什么位置及在一天什么时候发现信息是有效的）。图 6-24 给出了发现对象的内容。

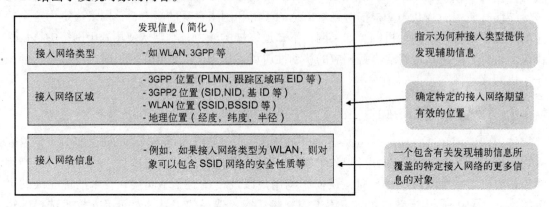

图 6-24   可以由 ANDSF 提供的发现信息一览
注：并没有列出所有可能的信息

系统间移动性策略（ISMPs）是一组运营商定义的规则和优先考虑，它影响 UE 对系统间移动性的决策，即是否使用 3GPP 或非 3GPP 接入，以及使用什么类型的非 3GPP 接入（如 WLAN）。ISMPs 并不包含影响 3GPP 接入（如 GERAN、UTRAN 或 EUTRAN）选择的策略，3GPP 无线技术之间的这种接入选择由 ANDSF 不想管的其他方法来处理。

当在一个给定时间只能使用一个单独的无线接入接口时，UE 就会使用系统间的移动策略（当 UE 能够在同一时间使用多个无线接口时，则使用下面所述的 ISRPs）。ISMPs 会给出指出什么时候系统间的移动性被允许或禁止，以及最为优先的用来接入 EPC 的接入技术类型或接入网络。例如，系统间的移动性策略可以指示由 E－UTRAN 接入到 WiMAX 接入之间的系统间切换是不允许的，还可以指示 WLAN 接入优先于 WiMAX 接入。ISMPs 还可以指示一个特定的接入网络标识是否优先于另外一个（如 WLAN SSID A 优先于 WLAN SSID B）。类似于这样的发现信息，ISMPs 还可以包含一些有效性条件，如当一个策略有效时的条件指示（如持续时间、位置区域等）。图 6-25 说明了 ISMP 对象的内容。

系统间路由策略（Inter－System Routing Policies，ISRPs）是一组运营商定义的规则和优先考虑，它影响 UE 的路由决策，即决定是使用 3GPP 还是使用一个特定类型的非 3GPP 接入来路由业务流。ISRPs 也会影响 UE 关于在不通过 EPC 和 PDN GW 进行转发的情况下究竟要卸载 WLAN 接入时的哪些流量的决策。与 ISMPs 很相似，ISRPs 不影响在不同 3GPP 接入（GERAN、UTRAN 或 E－UTRAN）之间的选择。当 UE 能够同时在多个无线接入接口路由 IP 业务流时，它将使用系统间路由策略。ISRPs 包含以下 3 种类型的路由策略：

- 特定 APN 的路由策略。当可以同时在不同的接入中建立多个 PDN 连接时，UE 使用该类型的 ISRPs。基于这个目的，ISRP 包括过滤规则，用于对 UE 会用来路由 PDN 连接到特定的 APNs 的接入技术或接入网络进行优先级排序。过滤规则还需要识别出对于去往特定 APNs 的 PDN 连接，哪些无线接入是被限制的，如 WLAN 不支持到 APN－x 的 PDN 连接。图 6-26 说明了这种类型的 ISRPs 对象的内容。

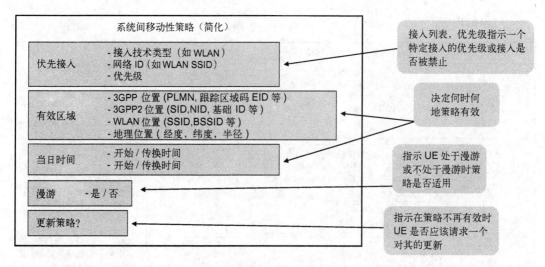

图 6-25　ANDSF ISMP 对象概述

注：并没有列出所有信息

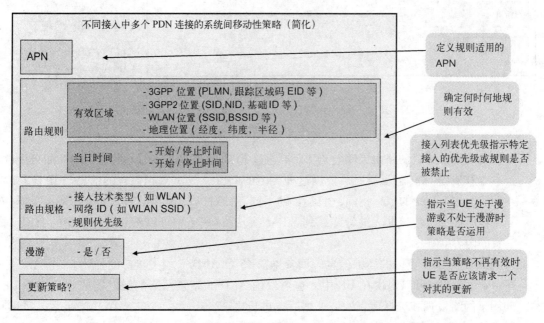

图 6-26　不同接入网下的多种 PDN 连接所使用的 ISRP 对象概述

注：并没有列出所有信息

- IP 流移动的路由策略。当 UE 使用 DSMIPv6 以及 IP 流移动技术来路由分开 IP 流时使用这种类型的 ISPR。这些 IP 流属于 3GPP 接入和 WLAN 接入两者之上的单个的 PDN 连接。在这种情况下，ISRPs 包含过滤规则，对 UE 会对用户对匹配特定的 IP 流量过滤器的流量进行转发的接入技术或接入网络进行优先级排序。过滤器在目的和/或源 IP 地址、传输协议、目的/源端口号、DSCP、目的域名和应用标识的基础上识别流量。过滤规则还用来识别哪些无线连接是被限制用来传输匹配特定的 IP 的流量的（如 WLAN 不允许 APN – X 上的 RTP/ RTCP 流量）。图 6-27 给出了这种类型的 ISRP

对象的内容。

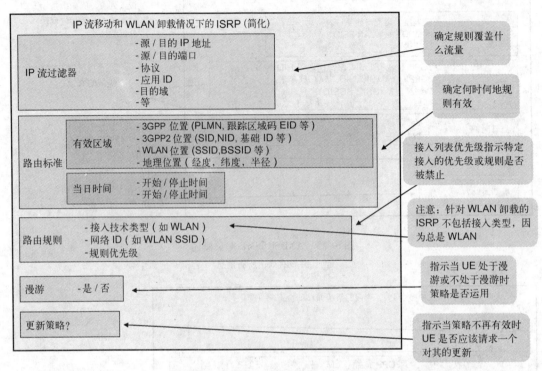

图6-27　IP 流移动性和 WLAN 卸载流量情况下的 ISRP 对象概述
注：并没有列出所有信息

- WLAN 流量卸载的路由策略。当 UE 不通过 EPC 和 PDN GW，而使用 WLAN 所分配的本地 IP 地址来传输流量时，使用这种类型的 ISPR。这些规则包含的信息与 IP 流移动性情况的 ISRPs 的信息相同，但其目的不同。针对 WLAN 流量卸载的 ISRPs 指示哪些流量应该或不应该非无缝地卸载到 WLAN。从图6-27 中可以看到这种类型的 ISRP 对象的内容。

有关 ANDSF MO 更多的详细信息，请参见第 15 章 ANDSF 相关接口的描述。

ISMPs 和 ISRPs 可以提供在 UE 中，也可以由 ANDSF 基于网络的触发器或收到一个 UE 发送的用于网络发现和选择信息的请求之后再进行更新。

ANDSF 的管理对象（Managed Object，MO）与 OMA－DM 一起用于承载 UE 和 ANDSF 之间由 3GPP 所定义的信息，进一步的细节将在第 15 章中描述。

在 Release 8 中仅定义了非漫游架构，但在随后推出的 Release 9 中的 ANDSF 扩展支持一个漫游架构，其中一个漫游客户端既可以连接到家乡网络中的 ANDSF（H－ANDSF），也可以连接到访问地网络中的 ANDSF（V－ANDSF），如图6-28 所示。H－ANDSF 仅为 UE 提供那些提供连接到家庭网络的接入网的发现信息，而 V－ANDSF 仅为 UE 提供那些提供连接到特定访问地网络的接入网的发现信息。这两者在移动性和路由策略方面存在略有不同的原理。H－ANDSF 提供了普适性的移动性和路由策略，而 V－ANDSF 所提供的移动性和路由策略，仅在特定的访问网络中是有效的。由于 H－ANDSF 的策略和 V－ANDSF 的策略在某些情况下可能是重叠的，因此 UE 需要解决这两种策略之间可能存在的冲突。一般情况下由服务网络提供的策略（如漫游场景下的 V - ANDSF）具有优先权限。

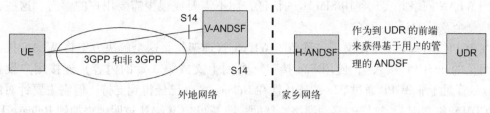

图 6-28   ANDSF 的漫游架构

由 ANDSF 向 UE 所提供的信息和策略也可能取决于 UE 的订阅数据。从 Release 9 起，ANDSF 可以在 UDC 架构中充当一个前端，从而为个体用户获得订阅数据（更多关于 UDC 架构的信息请参见第 10 章）。当生成系统间移动性策略时，ANDSF（漫游情况下的 H - ANDSF）需要顾及订阅数据，如特定 UE 被授权使用的接入网络和接入技术类型。

6.5   与管理的 WLAN 网络之间的交互

WLAN（通常也称基于 IEEE 802.11 的 WLAN 为 Wi-Fi），现今对于无线数据而言称为一项重要技术。它得以发展的一个主要因素是支持 WLAN 的手持设备的强劲增长。WLAN 从最初只被少数最先进的手持设备支持，到如今所有先进的手持设备以及更多的基本设备都支持。除了支持 WLAN 的手持设备的增加，移动宽带流量的激增也增加了运营商对 WLAN 技术的兴趣。移动数据流量多方面的增加导致移动运营商将 WLAN 视作一个可以通过使用未经授权的 WLAN 频谱来卸载 3GPP 网络负担的可能选项。然而，WLAN 网络已有一个巨大的安装基础，如住宅、企业和公共环境，而这些部署就安全性、性能、接入方式等而言存在巨大的差别。因此，对于运营商来说获得 WLAN 的优势并将其集成到移动运营商环境中将是一个挑战。

尽管本书前文已经讨论过非 3GPP 接入技术，但也只是泛泛而谈（作为除 HRPD 技术之外）。然而，鉴于 WLAN 的重要性和持续增长的兴趣，我们将通过专门的一节来介绍管理的 WLAN。

从 3GPP Release 6 开始，将 WLAN 集成在 3GPP 网络中就已经在不同的变种中有所定义。通过接入 EPC 的非 3GPP 技术承载连接的一些常规方面从 Release 8 开始就有定义，这在本书前面章节中也有所介绍。然而，通过 WLAN 方式接入 3GPP 域的连接性实际上从 3GPP Release 6 基于与 WLAN 的交互（I - WLAN）规范开始就得到了真正的支持。所有这些解决方案都被标准化为在 WLAN 网络中使用基于 IP 的隧道技术的"覆盖层（overlay）"解决方案。前面章节提到的通用 non - 3GPP 接入，像 IPSec 和 DSMIPv6 这样的协议用来连接到 EPC。使用覆盖层解决方案的一个原因是可以用来避免对 WLAN 网络带来的任何影响。然而，它们确实需要终端的支持，包括用于支持像 IPSec 和 DSMIPv6 这样的客户端软件。然而，如果缺少终端对这些解决方案的支持，在实际部署时就会体现出局限性。

在 3GPP Release11 包含了通过 WLAN 使用户连接到 EPC 的新解决方案。这些依赖于 WLAN 的解决方案被称为"可信的非 3GPP 接入"。目标在于在使用 WLAN 时提高用户体验以及给运营商更紧地耦合 WLAN 网络和 EPC 域提供更大的可能性。一个使这些发展成为现实的一个关键方面是支持 3GPP 访问认证的 WLAN 手持设备的增加。这些设备既可以平滑地连接到 WLAN 网络并实现使用 SIM 卡的认证，而不需要或很少需要用户的参与。这些方案是本章剩余章节的话题所在。

在 3GPP Release11 中定义了一种新的 WLAN 管理架构。这个解决方案将 WLAN 接入视作"可信的非 3GPP 接入"，使用 S2a 接口（参阅上文或第 3 章的内容）连接用户设备到 EPC。尽管对于非 3GPP 通过 S2a 的连接性在 Release 8 就已经得到支持，但它主要针对的还是像 CDMA 和 WiMAX 这样的移动网络。然而，支持可信 WLAN 被明确添加到 Release 11 的规范中。另外，在 Release 11 中定义的 S2a 接口除了支持 PMIPv6 外，也支持 GTP。

Release 11 中对于管理的 WLAN 访问的解决方案并没有在用户设备上假设任何新的功能。这个解决方案可以工作在只支持基于 IEEE802.11 和 IEEE802.1x 的基于 SIM 访问认证的标准 WLAN 终端。因此不需要额外的软件用来连接到 EPC。

前面章节关于在非 3GPP 接入中使用 S2a 进行会话管理和 IP 地址分配的一般性描述在管理的 WLAN 中仍然适用，但是一些额外的细节有所不同。图 6-29 给出的是连接可信 WLAN 接入网络（Trusted WLAN Access Networks，TWANs）到 EPC 的一个基本架构。TWAN 的内部结构不是在 3GPP 中定义的，但是确实有需要 3GPP 支持的功能。TWAN 的功能如图 6-30 所示，并简要描述如下：

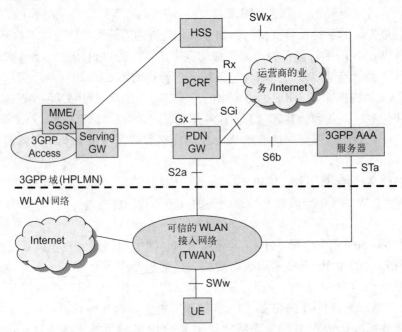

图6-29　具有通过 S2a 接口到 EPC 的可信 WLAN 接入的架构（非漫游场景）

- 一个 WLAN 接入网络（WLAN AN）包括一个或多个 WLAN 接入点的集合。
- 一个可信的 WLAN 接入网关（TrustedWLAN Access Gateway，TWAG）建立到 PDN GW 的 S2a 接口。它也在 UE 和 TWAG 之间的建立一个逻辑上针对每个 UE 的点对点（Point – to – Point，P2P）链路。
- 一个可信的 WLAN AAA 端点（Trusted WLAN AAA Peer，TWAP）在 WLAN 接入网络和 3GPP AAA 服务器或漫游场景中的代理（Proxy）之间建立 STa 接口，并在此接口上中继 AAA 信息。

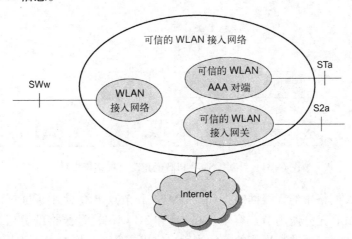

图 6-30　可信 WLAN 接入网络（TWAN）的功能

当 UE 的流量通过 S2a 路由时，UE 和 TWAG 之间的针对每个 UE 的点对点链路就是必需的，这是因为当多个 UE 共享同一个 WLAN 接入点（AP）时，可能会连接到不同的 PDNGW 并被分配不同子网的 IP 地址，也有可能是重叠的地址空间。这些 UE 之间不应该有直接的通信，由于 WLAN 是一个共享媒体，因此 S2a 解决方案需要在每个用户设备和 TWAG 之间存在 P2P 链路。特别的是，假设 WLAN AN 强制向上和向下的数据流在 UE 的 WLAN 无线链路和 TWAG 之间强制转发。

当 UE 通过可信的 WLAN 建立到 EPC 的 S2a 连接时，关于附着和解附着的更多细节，可以参见第 17 章。

基于 Release 11 的对 UE 没有影响的假设，现在的解决方案存在一些限制。例如，Release 11 方案不支持在 3GPP 和 TWAG 之间移动切换时 IP 地址保持不变。此外，只支持连接到默认的 APN（存储在 HSS 中）且只能建立单个 PDN 连接。Release 11 之后的扩展解决方案的讨论目前还在进行当中。例如，3GPP 可能会增加对切换到/自 TWAN 时保持 IP 地址不变的支持，也可能会增加对于用户而言到非默认 APN 的连接的支持，以及通过 TWAN 的多个 PDN 同时连接的支持。这些特性所需要的加大支持，不仅是对网络而言，也是针对 UE 的。

6.6　池化、过载保护和拥塞控制

EPC 设计之初，网络组件池化就已经作为系统基础的一方面。这是与 2G 和 3G 系统有所区别的，在 2G 和 3G 中，池化是在后来阶段添加进去的。EPC 中的池化机制对于运营商而言是极其有效的，这些方案允许将一组信令节点集中起来并进行池化。值得注意的是，网络组件是有状态的，因此，UE 上下文被存储在与处理 UE 有关的每个节点中。

在 2G 和 3G 的网络中，核心网被设计成一个分层系统。当终端或 UE 被位于一个特定的小区中时，它们只能连接一个基站（BS）。当在 SGSN 和基站控制器（BSC）间或在 BSC 和 BS 间存在一对多的关系时，实际中，UE 只能连接到一个 BS 和 BSC，因此只能连接到一个

SGSN（见图6-31）。

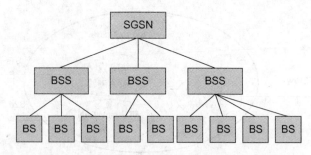

图6-31　针对 GSM/GPRS 的正交分层系统设计

针对 WCDMA 网络中的无线网络控制（RNC）和节点 B 也使用了同样的分层结构。实际上，这种结构没有充分使用节点容量。在 2G 和 3G 网络这种严格的分层结构中，节点的容量是永远不可能很好地进行平衡的，如当用户进出市区时。网络必须根据特定区域的最大负载量来进行规划，这个值也许会远远高于该区域的平均负载量。通过使用池化机制，可以使整个池容量达到更大区域的峰值速率。例如，现在给整个伦敦市区进行网络节点池化已经成为可能，这不需要将网络分成许多更小的区域。

所以，在一个实际网络配置中应该如何实现这个思想呢？

正如 6.3 节中所描述的那样，一个 MME 具有很多不同的标识符，这有助于管理池化机制。简单地做一下回顾，MME 组标识符指的就是 MME 所属池的名字，同时，MMEC 标示了组中实际的节点。因此，通过将 MMEGI 和 MMEC 相结合就可得到 MMEI。图6-32 给出了一个 MME 池的例子。

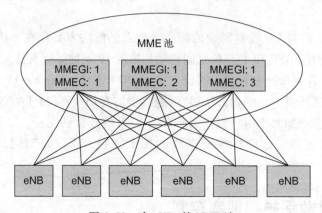

图6-32　含 eNBs 的 MME 池

在 LTE 中，eNodeB 知道其可以与哪些 MMEs 通信。当一个已注册的节点进入小区时，它可以向网络发送服务请求，该请求包含了一个 GUTI，其中封装了 MMEI。eNodeB 检查 GUTI 码，如果 MMEI 在 MMEs 池中并且与之存在一个已建的连接，则 eNodeB 就可以使用 MMEI，从而确保发送请求到了一个正确的 MME 上。因此，如果一个 GUTI 有效，一切就会变得简单合理，eNodeB 可以总是可以路由到正确的 MME。而如果不存在一个 GUTI，或 GUTI 指向一个 MME，而这个 MME 不在和 eNodeB 连接的池中，则 eNodeB 就选择一个新的 MME 并且转发这个请求到新的 MME 中。然后，新的 MME 返回一个包括它自己的 MMEI 的 GUTI 到 eNodeB。

eNodeB 并不能随机选择池中的任意一个 MME 来发送服务请求，然而，因为所有的 MME 节点可以具有不同的容量。所以，随机分配 UE 到不同的 MME 或许会使得低容量的节点过载。因此当配置 MME 时，会被分配一个"权重因子"，这个权重会指示其容量。然后 MME 会通知池中所有的 eNodeB 其权重因子是多少，因此 eNodeB 可以相应地分配 UE 到整个池中的 MME。

在一些特定的场景中，操作 MME 的权重因子是很有用的。例如，在一个已经池化的 eNodeB 和 MME 池中，想插入一个新的 MME。最初，该 MME 可以通知 eNodeBs，它在平时的操作中将具有更高的权重。这意味着 eNodeBs 将会给这个 MME 分配一些 UEs。一旦新的 MME 到达一个适当的负载，MME 将会更新它的权重因子并且通知 eNodeB 这种变化。

核心网架构中的池化也隐含着与网络规划相关的某些变化。在分层系统中，当规划系统时，要使用一些通用的公式。例如，为了操作额外负载，最大负载要额外加上 20% 的容量。然而，这需要规划在整个区域中，而不是局限于在一个已池化网络架构的某个特定区域。这就意味着，当计算额外的容量时，处理的用户数量将会有非常大的不同。

除了 MME 的负载均衡和过载控制，数据流量和智能手机数量的大量增加也需要一个更先进的机制来处理池中 MME 节点可能的负载重新均衡（load rebalancing）问题，以及 EPS 中其他的过载和拥塞控制机制。

MME 负载重新均衡可以在已注册的 UE 上执行，也可以移至池化区域的另一个 MME 中。这可以通过触发 O&M 操作来将用户从一个特定的 MME 中移出。有一些方式可以利用这种功能但不会影响用户的体验或网络性能。一些机制可以通过提前调节负载均衡参数（如 eNodeB 中的权重因子）以更好地管理负载均衡。这使得 eNodeB 将新的 UE 分配到池中其他的 MME，从而减少从 MME 中移出的 UE 的数量。当然，一旦负载重均衡发生时，考虑这种负载重分配到池中其他 MME 的效率，以及确保这些节点未被新的 UE 所占满就显得很重要了。所以，负载再均衡并不是控制已过载节点的手段，而是要确保池中 MME 在正常的条件下得以均衡。当有 UE 从一个 MME 移到另一个 MME 时，MME 负载均衡需要向 UE 发送信令，这取决于 UE 是否是活跃的且连接到网络，或 UE 是否处于空闲的状态。就以连接的 UE 为例，带有"需要负载均衡 TAU（load balancing TAU required）"的 S1 释放过程用来触发 UE 释放其连接，也实现 TA 更新过程，该过程不需要任何与之前 MMEs 相关的参数（如 GUMMEI 等）。其他的机制也可以被使用，如 S1 连接停滞，这种机制会导致 UEs 被释放。如果 UE 处于空闲状态，则 MME 在触发 S1 释放过程之前，可以等待附着或 TA 更新的完成。MME 也可以首先寻呼 UE，使得其进入连接模式，然后再触发 S1 释放程序。不论使用何种机制，值得注意的是，负载重均衡过程就是将 UEs 逐渐移入池中其他的 MMEs 中的过程。

即使拥有负载重新均衡/负载管理，3GPP 规范中还有其他的机制确保 MMEs 可以管理、控制网络以阻止/最小化网络中的过载状况。MME 是进入核心网的第一个入口，维护网络的完整性（Integrity）至关重要。在一个在管理的环境中，MME 执行网络的完整性维护功能，从而使得进入运营商网络的用户数量最大化。MME 可以采用控制机制来管控负载，包括由 S1 接口向 eNB 通知过载保护机制，从而使得 eNB 减少一定数量的流量。eNB 可以通过拒绝请求来减少非紧急的和非高优先级的主叫流量。MME 还可以利用其他的内容时间或处罚信息来决定和管理负载状态，将过载信息发给它所服务的 eNBs。当 MME 认为有必要时，触发信令才在 eNB 开启过载监督功能（见图 6-33）。

消息能显示出过载的程度，一系列 GUMMEI 显示被请求影响的 MMEs。

一旦 MME 中的过载状况不再出现，就会发送一个消息给相应的 eNBs，用于停止处理过程（见图 6-34）。

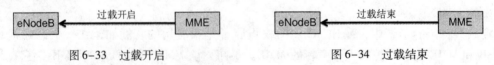

图 6-33　过载开启　　　　　　　　　图 6-34　过载结束

然后，eNB 根据 GUMMEI 列表解除限制。

另外，3GPP 系统给 UE 提供的各种响应称为原因代码值（Cause Code Values），从而控制系统的行为的一些方面，如拥塞、请求 EPS 承载激活请求等，但这些都不足以管理移动宽带的部署（如 HSPA，LTE）所经历的巨大增长。

由于 3GPP 架构是用来为数十亿的连接设备提供如机器类通信的服务做准备的，主要关注如何管理这些设备——与高移动性和高流量数据传输的智能手机相比，这些设备可能表现出较低的移动性，降低的流活性以及较低的数据流量——成为标准制定中的重点所在。

由于 MME 负责管理允许接入到 EPC 中的 UE 的数量和类型，MME 也负责保持 UE 的连接、UE 的网络连接用户平面连接到众多的 PDN，因此需要为系统配备一些工具，以使 MME 能协调和控制接入到 EPC 中的流，以及来自或发往 UE 的大量的信令和数据流量。

到目前为止，我们的注意力主要集中在 MME 和 eNB/ UE 之间的交互上，但用户平面节点，如 Serving GW 或 PDN GW 所产生的异常事件也可能导致 MME 负载的增加。这可能是 SGI 接口的问题，也可能是可以通过管理控制信令来进行控制的其他问题，这些信令可能会触发来自 Serving GW 和/或 PDN GW 的 MME 负载。已经引入了一些机制允许 MME 控制从 Serving GW 的下行数据通知触发的数量，但这会导致对空闲 UE 的寻呼以及增加网络中的负载。基于 MME 的内部条件（如负载阈值），对于低优先级的数据，MME 可以请求一个服务网关，以降低下行数据通知的数量。数据优先级往往是由 Serving GW 通过相应承载的 ARP 值以及配置的运营商策略来决定的。

MME 为 S-GW 提供限流因子以及提供针对每个 MME 的限流延迟。S-GW 总是通过接收来自相同 MME 的最新数据来重新设置这些值的。一旦延迟时间过了 MME 限流设置的时间值，S-GW 将恢复正常的运行状态。表 6-3 中列出了 3GPP TS29.274 所定义的与限流相关的参数，这些参数包含在下行链路数据的通知确认消息中。

表 6-3　下行链路数据通知确认消息中的与限流相关的信息要素

信息要素	条件/解释	IE 类型
数据通知延时	如果在 MME/ SGSN 中的下行链路数据通知事件发生频率变得显著（由运营商配置）以及 MME/ SGSN 中的负载超过运营商设定的阈值，那么 MME/ SGSN 应该给 S-GW 的自适应延迟指示，来延迟数据通知数量的指示	延迟值
DL 低优先级流量限流	MME/ SGSN 可能发送该信息要素给 SGW，要求 SGW 在限流延迟期间，以正比于限流因子的规模来降低其所发送的下行链路数据通知的请求数量，这些请求用于为该 MME/ SGSN 所服务的处于空闲状态的 UE 所接受的下行链路低优先级流量。 举例来说，若下行链路低优先级限流的信息要素为限流系数 40% 及限流延时 180s，那么 S-GW 将会在 180s 内丢弃掉 40% 的下行链路数据通知的请求，这些请求的发送是用于为该 MME/SGSN 所服务的处于空闲状态的 UE 来请求下行链路低优先级流量的	限流

PDN GW 能够控制去往 PDN GW 所服务的 APN 的 PDN 连接数量，这可能会给 APN 所服务的 PDN 带来不同寻常的困扰。当由于拥塞或过载或其他与 APN 有关的问题，使得 PDN GW 开始拒绝 PDN 连接或拒绝特定 APN 的附加承载激活请求时，PDN GW 可以请求 MME 为该标识的 APN 所关联的 UE 使用附加回退时间。然后，MME 就应当拒绝与该 APN 有关的任何 PDN 连接请求，它可为 UE 额外提供一个回退计时器用于会话管理相关的流程，如 PDN 连接或 EPS 承载激活请求。在计时器计时结束前，即使 UE 已经改变小区/ TA / PLMN 或无线接入类型，UE 也不应触发任何进一步的去往特定 APN 的会话管理流程，在苛刻条件下，MME 可以使用会话回退计时器与 PDN 终止流程，从而减少特定 APN 的负载。有了这些类型的信息的提供，MME 可以控制它自己的寻呼负载以及允许连接到可能有压力的 APN / PDN GW 的 UE 的数量。

除了这些机制外，在 MME 上进行进一步的拥塞管理也是可能的，使得 MME 配备针对 UE 的移动性管理、会话管理和通用的拥塞控制回退计时器，这些功能是作为大量移动性和会话管理流程的一部分。这些回退计时器可以以通用的形式来应用或结合特定的 APN 来应用，但后者在发生移动网络运营商无法掌控的意外事件时，可能会出现问题。通用移动性管理的拥塞控制机制的运用，使得 MME 能够拒绝来自 UE 的接入请求，并允许 MME 控制 UE 为了重新建立连接所发起的重复尝试，所采用的具体方式是，为除了解附着和低优先级/紧急接入之外的其他移动性管理流程返回回退定时器（假设 UE 遵循回退定时器规则）。在一些网络条件下，当由于积极的终端重复尝试恢复网络连接导致网络变差时，该机制就显得很重要了。除非 UE 被寻呼或 UE 已经进入了一个新的 PLMN，且这个新的 PLMN 不属于 UE 的等价 PLMN 列表的一部分时，回退计时器将持续运行。当回退计时器运行时，对于一个连接的 UE 而言，需要执行跟踪区域更新和切换命令。在基于 APN 的移动性或会话管理的拥塞控制过程中，回退计时器和相关操作都与一个特定的 APN 相关联。当 MME 拒绝 UE 的连接请求时，移动性管理流程将会被影响，该请求可能包括回退计时器。只要 MME 的回退计时器正在运行，则任何后续请求都会被拒绝。MME 还维护了与每个 UE 和 APN 相关的计时器均处于有效状态。会话管理退避计时器被应用于如 PDN 连接和承载激活/修改这样的过程中，并且可能由 MME 内部的一些条件来进行触发，或由 PDN GW 所触发的状况和事件来进行触发。除了拒绝会话管理流程外，MME 也可以发起与有问题的 APN 相关的 PDN 连接的关闭。

将上述流程和工具相结合，并通过实现，巧妙地进行使用，就能为运营商管理/控制网络资源提供一些功能强大的可选手段。但由于许多这类的工具依赖于适当的操作它们应该遵守的行为规则以及终端访问网络的约定，它们的成功与失败将受到所遵守的规范的很大影响。进一步的细节，如具体的原因代码、错误状况和 UE 行为等，可以在 3GPP 规范 TS23.401、24.301 和 29.274 中找到。

第7章 安全功能

7.1 安全介绍

提供安全性是移动网络的重要方面之一。这其中有诸多原因，其中一个比较重要的原因就是无线通信数据可以在传输范围内被任何人窃取，只要其拥有相应的技术，并配备信号解码设备。所以，无线传输数据存在被第三方窃听和利用的风险。除此之外，移动网络中还存在其他方面的安全威胁，例如，攻击者可以在网络中追踪无线小区间用户的移动，并发现特定用户的所在位置。这将严重威胁用户的隐私。除了与终端用户直接相关的安全因素外，还存在与网络运营商和服务提供商相关的安全问题，以及漫游环境下网络运营商的安全问题。例如，对于某个特定的数据流，必须毫无疑问地确定哪个用户和漫游对端参与了通信，从而确保对用户进行正确且公平的计费。

此外，还存在一些与安全相关的管理上的要求，这可能因国家和地区而异。这种管理上的要求可能与一些特殊的情况相关，例如，执法机构可能要求获得某个终端的活动信息和干预通信数据流。支持这种机制的通信系统架构称为"法律干预"。可能也存在一些规则要求保证终端用户在使用移动通信中的隐私。通常国家/地区的负责权威机构会在国家和/或地区的法律和法规中加入类似于这样的要求。

在我们讨论移动网络中安全的各个方面之前，先简单地讨论关键的安全概念和安全区域。之后，我们会讨论终端用户以及网络实体内部或网络实体之间的安全问题。最后，将对法律干预的框架进行描述来结束本章。

7.2 安全服务

在介绍实际的 EPS 安全机制之前，我们有必要简单介绍在蜂窝网络中比较重要的一些基本的安全概念。

在用户授权接入网络时，通常需要进行认证。在认证过程中，用户需要证明自己是他/她所声称的身份。一般来说，需要进行双向认证，即网络需要认证用户的身份，同时用户也可以对网络进行认证。认证的执行通常基于这样一个流程：各方证明自己拥有某个只有参与方知道的秘密，如口令或密钥。

网络也需要验证用户是否具有访问其所请求的服务的权限，如通过特定的接入网来接入EPS。这意味着用户必须拥有正确的权限（如订阅）来获得所请求的服务类型。接入网的授权通常和认证同时进行。需要注意的是，在一次 IP 会话期间，在网络的不同部分和不同实例下，可能需要不同类型的授权。例如，网络可能授权使用某一特定接入技术、某一特定QoS 服务、某一特定传输速率和访问特定的服务等。

一旦用户被赋予了访问网络的授权，通常需要保护 UE 和网络之间，以及网络不同实体之间的信令数据流和用户平面的数据流。加密和/或完整性保护会用于满足这一需求。通过加密技术（包括加密和解密），我们能够保证传输的信息只能被指定的接收方读取。通过这种技术，数据流被修改以至于想要拦截它的任何人都无法读取该信息，除非是拥有正确密钥的实体。而另一方面，完整性保护用于检测到达指定接收方的数据流是否在中途被修改，如被接收者和发送者之间的攻击者恶意篡改。如果数据流被修改，完整性保护能够保证接收者有能力检测到这一状况。加密和完整性保护为不同的目的提供服务，并且加密和完整性保护的需求依据数据流的不同而不同。数据保护可以在协议栈的不同层次上进行实现，例如，我们可以看到，EPS 协议根据不同的场景，可以同时支持二层和三层中的数据保护功能。

为了实现加密/解密以及完整性保护，发送端和接收端实体需要拥有密钥。用相同的密钥实现所有的目的，包括认证、加/解密、完整性保护等，看起来相当诱人。然而，实际上，我们需要避免用同一个密钥来实现不同的功能。其中一个原因是，如果一个密钥同时用于认证和数据流保护，那么当一个攻击者通过破解加密算法等而恢复出加密密钥时将会同时获得用于认证和完整性保护的密钥。此外，用于一个接入网络的密钥也不应该同时用于其他接入网络。因为如果这样，攻击者使用重用通过攻击一个安全保护较弱的接入网络恢复出的密钥来入侵安全保护更强的接入网络。因此，若采用单一密钥，一个算法或接入网络的缺陷将会蔓延到其他的流程或接入网络。为了防止此类问题，用于不同目的和不同接入的密钥必须有所区分，只有如此，攻击者通过攻击获得一个密钥，但并没有能力得到其他密钥的任何有用信息，这种性质称为 "密钥分离（Key Separation）"，这也是 ESP 安全设计中的一个重要概念。为了实现密钥分离，UE 和 EPC 派生出互相不同的密钥，用于不同的目的。密钥派生环节会发生于认证过程中、在移动事件发生过程中，以及当 UE 移动到一个可连接的站点时。

隐私保护在这里指的是保证关于一个用户的信息不会被其他用户读取的安全特性。这包括如保证用户的永久 ID 不会在无线链路上经常不经意间以明文传输的机制。如果这种问题发生了，那就意味着窃听者可以获得一个特定用户的移动和行进模式。

各自国家和地区协会（如欧盟）的法律法规通常都定义了干预通信数据流和相关信息的需求。这被称之为法律干预，由执法机构通过法律和规范加以使用。

为了描述 EPS 的不同安全特性，我们有必要将整个的安全架构区分成不同的安全域。每个域有其自身的安全威胁和安全解决方案。3GPP TS 33.401 将安全架构划分为不同的组或域：

1. 网络接入安全
2. 网络域安全
3. 用户域安全
4. 应用域安全
5. 安全的可见性和可配置性

上述第一个组（或域）针对每种特定的接入技术（E – UTRAN，GERAN，UTRAN 等），而其他组（或域）则对所有的接入均是通用的。图 7-1 提供了不同安全域的原理图。

1. 网络接入安全

网络接入安全在这里指的是向用户提供到 EPS 的安全接入的相关安全机制。这包括双

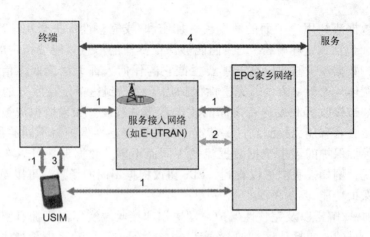

图7-1 不同安全域的原理图

向认证和隐私保护机制。此外，也包括在一些特定的接入中的特定接入的信令流保护和用户平面数据流保护。这种保护能提供数据流的机密性和/或完整性保护。网络接入安全通常面向特定的接入，也就是说，具体的解决方案和算法等，在不同的接入技术之间有所相同。在本章后续的内容中，会对更多的不同类型接入技术的相关细节进行描述。

2. 网络域安全

移动网络包含许多网络实体，以及这些实体之间的参考点。网络域安全反映的是允许这些网络节点间安全地交换数据，并保护其免受攻击的功能。

3. 用户域安全

用户域安全指的是一系列提供安全地的物理接入网络终端的安全功能。例如，用户可能在能够访问网络终端前，需要输入 PIN 码。

4. 应用域安全

应用域安全是如 HTTP（针对网页访问）或 IMS 等应用所使用的安全功能。

应用域安全指的是在终端和提供服务的端实体之间实现应用层上端到端的安全功能。而之前的安全机制与其相反，往往提供逐跳的安全性，也就是说，它们只适用于网络中的单个链路。如果链（chain）上的每个链接（和节点）都按照安全需求进行保护，那么整个端到端的链可认为是安全的。

由于应用层级别的安全服务位于 EPS 所提供的用户面数据传输的顶部，因此，过程或多或少对 EPS 透明，这些内容不会在本书中做进一步讲述。对于 IMS 安全的更多的信息，可以查阅相关的例子 Camarillo and Garcia - Martin（2008）。

5. 安全的可见性和可配置性

这指的是允许用户了解某个安全功能是否在执行中，或某个服务的使用和提供是否需要安全功能的支持。虽然在大多数情况下，安全功能对用户而言是透明的，即用户不会感知到这些安全功能处于运行中。然而，对于有些安全机制，用户需要被告知其当前工作状态。例如，在 E - UTRAN 中对加密技术的使用依赖于运营商的配置，而用户有必要知道该服务是否在使用当中，如在终端显示中使用一个标志。可配置性所指的特性为，用户能够根据一个安全功能是否工作，来配置是否使用或提供一个服务。

7.3 网络接入安全

如之前所提到过的，网络接入安全在很多方面需要具体到每一种接入技术。在下文中，我们会详细介绍如 E – UTRAN、HRPD 和 WLAN 热点等不同类型的接入网络中所使用的接入安全。通过介绍这 3 个例子，我们将描述接入 EPS 的不同的可能方式。同时也描述当使用 DSMIPv6 时额外方面的内容。

所有场景中所共同的是 USIM 的使用。

7.3.1　E – UTRAN 中的接入安全

在开始 E – UTRAN 标准化进程的时候，就很清楚 E – UTRAN 需要提供至少与 UTRAN 级别相同的安全性。因此，E – UTRAN 的接入安全包含不同的组件，这些组件与 UTRAN 中涉及的相似：

- UE 和网络之间的双向认证。
- 用于在加密和完整性保护中建立不同密钥的密钥派生。
- UE 和 MME 之间 NAS 信令的加密、完整性和重放保护。
- UE 和 eNB 之间 RRC 信令的加密、完整性和重放保护。
- 用户面的加密。用户面之间的加密是在 UE 和 eNB 之间实现的。
- 使用暂时身份标识，用来避免在无线链路上发送永久的用户身份（IMSI）。

E – UTRAN 的安全功能图示如图 7-2 所示。

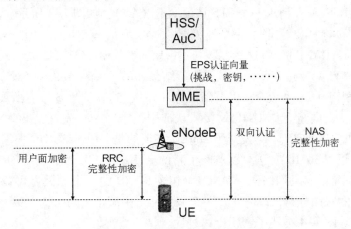

图 7-2　E – UTRAN 的安全功能

下文中，我们会讨论如何使用图 7-2 中所示的每一个组件。

E – UTRAN 中的认证流程在很多方式上与 GERAN 和 UTRAN 中的认证过程是相似的，不过仍然存在一些区别。为了理解这些区别背后的原因，我们有必要首先来简单看一下 GERAN 和 UTRAN 系统的安全功能。对于通信系统中的所有安全功能，随着攻击手段和计算能力的提升，那些在某一时刻被认为足够安全的安全功能，可能在几年之后不再能够保证足够的安全。这一结论对于 3GPP 无线接入而言同样是适用的。当初开发 GERAN 时，一些限制条件被刻意地接受了。例如，在 GERAN 网络中没有双向认证机制，而仅仅是使网络认证终端设备。所以，在这里，UE 没有必要认证网络，这主要考虑到不太可能有人能够建立恶意的 GERAN 网络。而当 UTRAN/UMTS 发展起来后，就需要实施一些增强机制从而避免GERAN 中的这些限制。例如，引入双向认证机制。这些新的安全过程是 UMTS 需要新型SIM 卡的原因之一：新的 SIM 卡称为 UMTS SIM（或简称 USIM）。随着 E – UTRAN 的引入，需要考虑进一步的改进机制。然而，其中一个重要的方面是终端上的 USIM 的使用对于接入E – UTRAN 是足够的，即不需要再引入新类型的 SIM 卡。新的功能是通过终端和网络上的软件来实现的。

E – UTRAN 中的双向认证实际上是基于 USIM 卡与网络拥有同一个密钥 K。这个密钥是存储在 USIM 和家乡运营商网络中的 HSS/AuC 的永久密钥。一旦配置，则 USIM 和 HSS/AuC将永久存储该密钥，不再变更。不过，密钥 K 并不直接用于保护数据流，对终端用户甚至终端而言，也是不可见的。在认证流程期间，在终端和网络中通过密钥 K 可以生成其他密钥，用于用户面和控制面数据流的加密和完整性保护。例如，其中一个派生的密钥用于保护用户面数据，而另一个密钥用于保护 NAS 信令。像这样进行多个密钥生成的重要原因是提供密钥分离，以及保护最根本的共享密钥 K。在 UTRAN 和 GERAN 中，控制信令和用户数据流的加密都使用相同的密钥，因此，这也是与早期标准相比的一个功能增强。不过，这并不是密钥管理上的唯一扩展，我们将会在下文做进一步讨论。

E – UTRAN 中的认证机制以及会话密钥生成被称为 EPS 认证和密钥协商（EPS Authentication and Key Agreement，EPS AKA）。EPS AKA 的双向认证采用与 UMTS AKA 相同的方式，不过经历流程时，我们会发现其中在密钥派生方面有一些不同。

当用户经由 E – UTRAN 接入 EPS 时，会执行 EPS AKA 过程。一旦 MME 知道了用户的IMSI，它就能从 HSS/AuC 请求一个 EPS 认证向量（AV），如图 7-3 所示。基于 IMSI，HSS/AuC 查找密钥 K 和与 IMSI 关联的一个序列号。AuC 增加 SQN 值，并且产生一个随机挑战（random challenge，RAND）。将这些参数和主密钥 K 作为密码学函数的输入参数，HSS/AuC生成向量 UMTS AV。AV 包含 5 个参数：期望结果（expected result，XRES）、网络认证令牌（AUTN）、两个密钥（CK 和 IK），以及随机值 RAND。这在图 7-3 中有所展示。对 UMTS 熟悉的读者可以将认证向量看作 UTRAN 接入认证中，HSS/AuC 发送给 SGSN 的参数。然而，在 E – UTRAN 中，CK 和 IK 不会发送给 MME。相反的是，HSS/AuC 会根据 CK 和 IK 以及其他如服务网络标识（SN ID）等参数来产生新的密钥K_{ASME} KASME。SN ID 包括移动国家码（MCC）和服务网络的移动网络码（MNC）。包含 SD ID 的一个原因是可以在不同的服务网络之间提供更好的密钥分离，以防止在一个服务网络中派生出的密钥在另一个不同的服务网络中被错误使用。图 7-4 描述了密钥分离过程。

K_{ASME}，连同 XRES、AUTN 和 RAND 共同组成了 EPS AV，并发送给 MME。在使用 E – UTRAN 的过程中，HSS/AuC 中的 CK 和 IK 保持不变。为了区分不同的 AV，AUTN 中有个特殊的比特位，称为"分离位"，以指示该 AV 是用于 E – UTRAN 还是用于 UTRAN/GERAN。利用这个新密钥 K_{ASME} 进行这一额外的步骤，而不是如同 UTRAN 一样使用 CK 和IK 来进行加密和完整性保护的一个原因，是为了对于合法的 GERAN/UTRAN 系统，提供更强的密钥分离。EPS AV 生成的更多细节，可以参考 3GPP TS 33.401。

E – UTRAN 的双向认证是使用 RAND、AUTN 和 XRES 这些参数进行的。如图 7-5 所示，MME 保存 K_{ASME} 和 XRES，而将 RAND 和 AUTN 转发给终端。RAND 和 AUTH 均被发送给

USIM。AUTN 是由 HSS/AuC 根据密钥 K 和 SQN 计算的一个参数。USIM 根据使用其密钥 K 和 SQN 来计算 AUTN 的版本，并与从 MME 接收到的 AUTN 进行对比。如果它们是一致的，则 USIM 完成对网络的认证。之后，USIM 通过密码函数，利用密钥 K 和挑战 RAND 作为输入参数，计算相应的回复消息 RES。此外，USIM 也通过与 UTRAN 相同的方式来计算 CK 和 IK（它毕竟也是一个正规的 UMTS SIM 卡）。当终端从 USIM 接收到 RES、CK 和 TK 后，它将 RES 发送回 MME。MME 通过验证 RES 是否和 XRES 相等来认证终端。通过上述步骤，系统完成了双向认证。之后，UE 采取与 HSS/Auc 相同的方法，根据 CK 和 IK 来计算 K_{ASME}。如果所有工作完成，则 UE 和网络就互相认证了彼此，并且 UE 和 MME 双方均有了相同的密钥 K_{ASME}（可以注意到，K、CK、IK 以及 K_{ASME} 这些密钥都没有在 UE 和网络之间传输）。

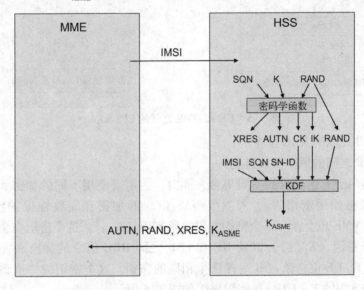

图 7-3　MME 从 HSS/AuC 请求 EPS 认证向量

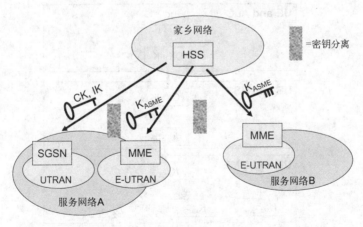

图 7-4　3GPP 接入和服务网络之间的密钥分离

到目前为止，还剩下的工作是计算用于保护数据流的密钥。如同上文所提到的，UE 和 E‑UTRAN 之间的以下类型的数据流需要受到保护：

- UE 和 MME 之间的 NAS 信令。

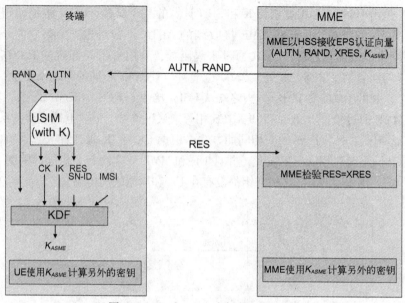

图 7-5　UE 和 MME 之间的 EPS AKA

- UE 和 eNB 之间的 RRC 信令。
- UE 和 eNB 之间的用户面数据流。

不同的密钥用于上述流程的不同集合，同时，也需要使用不同的加密和完整性保护密钥。UE 和 MME 将使用密钥 K_{ASME} 来派生 NAS 信令的加密和完整性保护密钥（K_{NASenc} 和 K_{NASint}）。此外，MME 也会派生一个密钥并发送给 eNB（K_{eNB}）。这个密钥将会被 eNB 用来派生用户面的加密密钥（K_{UPenc}），以及 UE 和 eNB 之间 RRC 信令的加密和完整性保护密钥（K_{RRCenc} 和 K_{RRCint}）。UE 也将像 eNB 一样派生相同的密钥。这个密钥的"族谱"可以称为一个密钥层次。EPS 中的 E－UTRAN 密钥层次如图 7-6 所示。

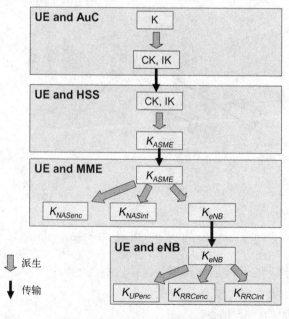

图 7-6　E－UTRAN 中的密钥层次

一旦 UE 和网络之间建立了密钥，就能够开始对信令和用户数据进行加密和完整性保护。标准允许使用不同的密码算法对此进行实现，因此 UE 和网络（NW）之间需要为特定的连接协商使用哪一种算法。当前，NAS、RRC 和 UP 加密所支持的 EPS 加密算法（EPS encryption algorithm，EEA）见表 7-1。其中，EEA0、128-EEA1 和 128-EEA2 是在 UE、eNB 和 MME 中被强制要求支持的，而 128-EEA3 是可选的。当前，RRC 和 NAS 信令中提供完整性保护所支持的 EPS 完整性保护算法（EPS integrity protection algorithm，EIA）见表 7-2 所示。其中，128-EIA1 和 128-EIA2 是在 UE、eNB 和 MME 中被强制要求支持的，而 128-EIA3 则是可选的。空的完整性保护算法 EIA0 只用于无须认证的紧急呼叫。对于在 E-UTRAN 中所支持的加密和完整性算法的更多细节，可以参考 3GPP TS 33.401。

表 7-1　LTE 中的加密算法

名　字	算　法	批　注
EEA0	空加密算法	当选用该算法时，对消息没有加密，从 Release 8 开始支持
128-EEA1	基于 SNOW 3G 的算法	由 Release 8 支持
128-EEA2	基于 AES 的算法	由 Release 8 支持
128-EEA3	基于 ZUC 的算法	在 Release 11 中添加

表 7-2　LTE 中的完整性保护算法

名　字	算　法	批　注
EIA0	空的完整性保护算法	当选用该算法时，就表明没有要保护的消息包；由 Relelase 8 支持
128-EIA1	基于 SNOW 3G 的算法	从 Release 8 开始支持
128-E1A2	基于 AES 的算法	从 Release 8 开始支持
128-E1A3	基于 AUC 的算法	在 Release 11 中添加

最后一个需要提及的方面是身份保护。为了保护永久的用户身份（如 IMSI），防止其在无线接口上以明文的形式被暴露，临时身份可以以在 UTRAN 中类似的方式，在任何可能的时候进行使用。第 6 章中的介绍身份的内容描述了如何在 E-UTRAN 中使用临时身份。

如上文所讨论的，和 UTRAN 相比，E-UTRAN 中主要的增强，是在网络和密钥之间使用强大的密钥分离。而一些其他方面的增强也值得在这里做简要的提及：

- 更长的密钥长度。E-UTRAN 不仅支持 128 位的密钥，也可以支持使用 256 位的密钥（适用于未来的配置）。
- 抵御劫持基站的额外保护。由于 E-UTRAN 的扁平化架构，增加了额外的手段来抵御潜在的恶意无线基站。其中一个最重要的特性是增加了前向/后向安全性：每次 UE（由于移动）切换了接入点，或当 UE 从 Idle 状态切换到连接状态时，无线接口的密钥就会根据一个复杂的流程进行更新。这意味着即使目前已经使用过的密钥在某些不大可能的情况下被泄露，安全性仍然能够被保持。

7.3.2　与 GERAN/UTRAN 的交互

本书中，我们不会详细介绍适用于 GERAN 和 UTRAN 的安全功能。有兴趣的读者可以参考专门讲述 GERAN 和 UTRAN 的书籍，如 Kaaranen（2005）。我们在下文中主要讨论 GERAN/UTRAN 和 E-UTRAN 之间的交互。

当 UE 在 GERAN/UTRAN 和 E-UTRAN 之间移动时，有多种不同的可能来建立目标接入中所使用安全上下文。其中一种是每次当 UE 进入新的接入时，都执行一个新的认证和密钥协商流程。然而，为了减少 GERAN/UTRAN 和 E-UTRAN 之间在切换过程中的时延，这种方式并不是我们需要的。取而代之的方式是，切换可以基于本地或映射的安全上下文。如果先前 UE 已经通过运行 EPS AKA 在 E-UTRAN 接入中建立了本地安全上下文，那么当其移动至 GERAN/UTRAN，然后再返回至 E-UTRAN 的过程中，UE 和网络可以为 E-UTRAN 缓存本地安全上下文，这就包括 UE 之前在 E-UTRAN 中使用的本地的 K_{ASME}。通过这种方式，在 RAT 之间的切换过程中，就不再需要在目标接入中执行一个完整的 AKA 流程了。如果本地上下文不可用，那就需要将源接入中的安全上下文映射到目标接入中的安全上下文。当在不同的 3GPP 接入之间进行移动时，3GPP 支持这种安全上下文映射。在执行映射时，UE 和 MME 根据源接入中使用的密钥（如 UTRAN 中的 CK 和 IK），派生出适用于目标接入的相关密钥（如 E-UTRAN 中的 K_{ASME}）。该映射是基于密码学上的密钥派生函数（key derivation function，KDF），该类函数能防止根据所映射的目标上下文信息获知源上下文的信息。这就保证了，即使攻击者成功获得了映射的上下文，也无法得到映射之前的上下文信息。图 7-7 描述了这类映射的一个例子。

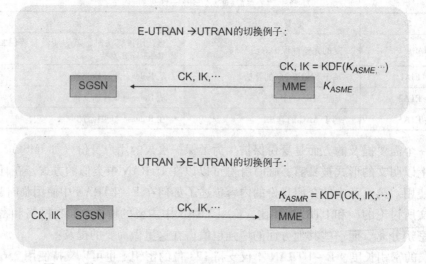

图 7-7　在 E-UTRAN 和 UTRAN 之间切换时安全上下文映射示例

然而，由于这类保护是单向的，因此还有一些和安全上下文映射相关的重要问题。如果源上下文被成功劫持，那么所映射的上下文也会相应地产生问题。并且，如同我们之前所提到的，不同接入的安全级别有所差异。这也就印证了密钥分离的重要性。从安全的角度考虑，除非不同的接入是完全独立的，否则，一个接入的漏洞将会扩散到其他接入，即使这些接入不易受这些相同漏洞的攻击。因此，举个例子，如果一个来自 GERAN 的安全上下文映射到 E-UTRAN 中的上下文，就有很高的要求是希望缓存的本地安全上下文是处于激活状态的，否则如果没有此类上下文存在，那就需要在进入 E-UTRAN 时，立即运行一个完整的 EPS AKA 流程，来建立新的本地 E-UTRAN 安全上下文。

7.3.3　针对 IMS 紧急呼叫的特殊考虑

从安全角度考虑，在有些情况下 IMS 紧急呼叫需要被特别对待。正常情况下，UE 需要按上文提到的方式通过网络的认证，以接入网络服务。如果假设 UE 和网络支持 IMS 紧急呼叫，则这样的 UE 可以被授权使用 IMS 紧急呼叫。但是，考虑到政策要求，网络运营商可能被要求即使认证失败，也要能够为终端提供紧急呼叫服务。顺便注意一下，在有些管辖区域中，可能会有相反的要求：未认证的紧急呼叫被规定是明确禁止的。

UE 认证失败可能存在多种原因。例如，UE 丢失 USIM，或 USIM 不符合有效的订阅。当然也有可能是网络失效的原因，导致 MME 或 SGSN 无法获得认证向量。在漫游场景中，也有可能发生服务网络与用户的家乡网络无法正确地进行漫游协商。在所有的这些场景中，认证均会失败，前文提到的安全流程将无法进行。

如上文所提及的，根据规定要求，对未通过认证的紧急呼叫的支持可能是需要的。而没有通过认证的 UE 则是不能访问其他非 IMS 紧急服务的。如果网络配置成允许未认证的 IMS 紧急呼叫，则这种呼叫的处理就不提供前面描述的机密性和完整性保护服务。

7.3.4　可信和不可信的非 3GPP 接入

3GPP 也定义了 UE 使用非 3GPP 接入到 EPC 时需要的安全流程。如第 6 章所提到的，3GPP 定义了两类接入，更准确地说，是两类流程，依据是 UE 如何通过非 3GPP 接入网连接到 EPC：可信非 3GPP 接入和不可信非 3GPP 接入。这两种类型的非 3GPP 接入网的定义通常是困惑的来源。不过，需要指出的是，一个特定的非 3GPP 接入网被认为是可信还是不可信只和接入技术本身间接相关。更进一步说，这取决于运营商将特定的 3GPP 网络看作可信的还是不可信的。在漫游场景中，这通常是由家乡网络运营商来决定的。那就有可能产生，一个特定的非 3GPP 接入网络（如 WLAN 网络）可能一个运营商认为是可信的，而另一个运营商却认为是不可信的，即使对于这两个运营商来说，网络的安全功能是相同的。当一个 3GPP UE 需要通过该网络接入到 EPC 时，运营商也有可能有不同的偏好选择。如第 6 章所描述的，在不可信的非 3GPP 网络中采用 IPsec 隧道的方式来建立连接，而在可信的 3GPP 网络中，连接的建立不需要从 UE 处搭建额外的安全隧道，而依赖于本地的特定接入技术的连接性解决方式。

关于何时认为一个 3GPP 接入是可信的描述在 TS 33.402 中做了如下更新："当该非 3GPP 接入网络所提供的所有安全功能组被家乡运营商认为足够安全时，则该非 3GPP 接入可以被运营商认为是可信的非 3GPP 接入。然而，这种策略决定可能会额外地基于与安全功能组不相关的其他原因。"关于何时认为一个非 3GPP 接入是不可信的则同样在 TS 33.402 中进行了描述，描述如下："当非 3GPP 接入网络提供的一个或多个安全功能组被家乡运营商认为是不够安全的时，则该非 3GPP 接入就可以被运营商认为是不可信的非 3GPP 接入。然而，这种策略决定可能会额外地基于与安全功能组不相关的其他原因。"

在接下来的章节中，我们会进一步了解可信和不可信的非 3GPP 接入的接入安全。

7.3.5　可信非 3GPP 接入中的接入安全

如上文所提到的，判断非 3GPP 接入是否可信的标准并不是基于接入技术类型，而是根据运营商的决定。不过，在开始讲述可信的非3GPP接入网的接入安全技术细节之前，我们会先介绍两个运营商认为是可信的接入技术的例子。

第一个例子是改进的HRPD（eHRPD），它是一种不是由3GPP进行规范的蜂窝技术，但是可以用来提供到EPC的接入。所以，在3GPP2中所定义的HRPD安全功能并不受到3GPP的控制。不过，HRPD仍然有能力提供强大的接入控制、双向认证，以及保护在HRPD无线链路上的信令和用户面数据流。尽管没有在3GPP中进行规范，但是这些安全功能对于提供到EPC的接入是足够的。一般而言，HRPD可以通过S2a或S2c参考点直接连接到EPC。

另一个有能力在无线链路上提供强大的访问控制和保护的接入技术是IEEE 802.11 WLAN（假定使用了最新的IEEE 802.11安全标准）。假设WLAN网络已经部署在了适当的地方，且具有这样的安全机制，那么运营商就可以将WLAN认为是可信非3GPP接入。

在可信的非3GPP接入中的接入认证是基于EAP-AKA的，或者更准确地说，3GPP同意使用EAP-AKA的修订版本，称为EAP-AKA′，下文会有更多这方面内容的介绍。简单地说，EAP-AKA（以及EAP-AKA′）是在某个接入上执行基于AKA认证的一种方法，即使在一些该接入中，没有对EPS AKA或UTMS AKA的本地支持。这就使得对于3GPP接入，使用同一凭证（位于USIM和HSS/AuC的共享密钥K）执行基于3GPP的接入认证成为可能。如图7-8所示，EAP-AKA运行在UE和3GPP AAA服务器之间。为了执行基于AKA的认证，3GPP AAA服务器需要从HSS/AuC下载认证向量。

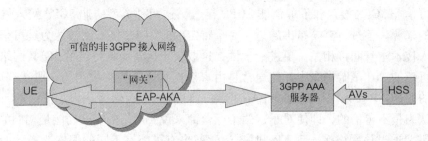

图7-8　在可信的非3GPP接入网络中的基于EAP-AKA的接入认证

然而，需要注意的是，在EPS AKA和EAP-AKA之间，密钥层次和密钥派生的细节稍微有些区别。与EPS AKA一样，在EAP-AKA中，来自于HSS/AuC的认证向量是认证过程的初始点。之后，UE和3GPP AAA服务器基于CK和IK派生出主密钥（Master Key）；某种程度上，这和如何利用EPS AKA从CK和IK派生出K_{ASME}在概念上是类似的。主密钥用于派生之后的密钥，如在特定的可信非3GPP接入中，用于保护用户面和控制面数据流的密钥。在本书中，我们不会进一步介绍有关像eHRPD和WLAN这样的特定的非3GPP接入技术的安全方面的具体内容。

上文已经提到，EAP-AKA′用于可信非3GPP接入中的接入认证。IETF RFC 5448规范了EAP-AKA′，这是对EAP-AKA（IETF RFC 4187中进行规范）进行较少修订的版本。EAP-AKA′所做的修改是引入了新的密钥派生函数，该函数将EAP-AKA′中派生出来的密钥和接入网络的标识绑定在一起。实际上，这就意味着接入网络的标识被考虑进了密钥派生的过程中。因此，该流程可以很好地兼容EPS-AKA，并且强化了密钥分离。

图7-9提供了利用EAP-AKA/EAP-AKA′进行认证的一个例子。从图7-9所示的细节

来看，EAP - AKA 和 EAP - AKA′的区别仅仅是在使用 EAP - AKA′时，包括了与服务接入网络名称相关的几个参数。例如，在 EAP - AKA′中，接入网络标识包含在 EAP - Request/Identity 中。AAA 服务器和 UE 在密钥派生函数中会使用接入网身份。虽然在图中并没有明确指出，EAP 对端和 EAP 认证者之间的 EAP 消息是通过特定接入类型的底层协议进行承载的。EAP 认证者和 EAP 服务器之间的 EAP 消息是由一个 AAA 协议来承载的。对于可信非3GPP 接入，AAA 协议是基于 Diameter 协议的。有兴趣的读者可能想比较图 7-9 中的 EAP - AKA′消息交换，和 7.3.1 节中所描述的在 E - UTRAN 上的 EPS AKA 消息交换。E - UTRAN 上的 EPS AKA 和支持 EAP 的接入上的 EAP - AKA′是执行基于 AKA 认证的两种方式。

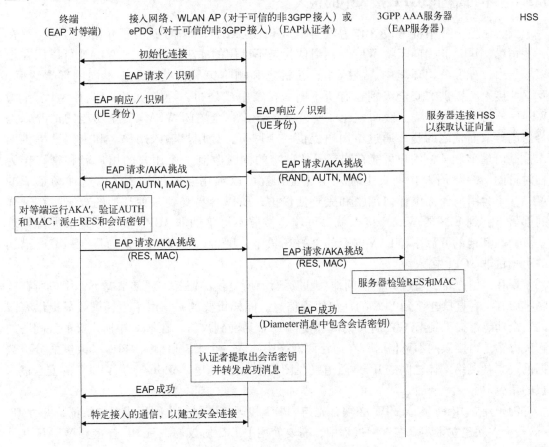

图 7-9   EAP - AKA/EAP - AKA′的呼叫流（只显示了信息单元的子集）

想获得更多有关 EAP 的细节，可以参考第 16 章的有关 EAP 的部分。

当节点在 3GPP 和 eHRPD 之间，或在 3GPP 和非 3GPP 接入之间移动时，通常是没有安全上下文映射的。然而，尽管缺少了上下文映射，仍然存在方法来优化在 3GPP 和非 3GPP 接入之间的切换过程中的安全流程。如果 UE 有能力同时在 3GPP 接入和非 3GPP 接入中进行通信，举例来说，典型地，在 3GPP 和 WLAN 接入之间，UE 可以在离开源 3GPP 接入之前，先在目标非 3GPP 接入中执行 EAP - AKA′过程。一旦发生了切换，安全上下文已经在目标非 3GPP 接入中建立起来了。另一个不需要在 3GPP 和非 3GPP 接入中同时进行通信，但仍然可以对该过程进行优化的例子，是在第 6 章所描述的优化的 eHRPD 交互。

当 UE 正活跃在 E – UTRAN 接入中，而 eHRDP 中专用的信令连接已经（通过 S101）建立时，UE 可以在实际切换到 eHRDP 接入之前执行 EAP – AKA′ 流程。同样，在另外一个方向上（从 eHRDP 切换到 E – UTRAN），可以通过 S101 信令连接执行 E – UTRAN 中的 EPS AKA 安全过程。

对于隐私保护，EAP – AKA 支持使用临时身份（假名）的方法，这和 E – UTRAN 接入中的方法是类似的。不过，EAP – AKA 中的假名与 3GPP 接入中所使用的临时身份在格式上有所不同。

7.3.6 不可信非 3GPP 接入中的接入安全

虽然在上一节中将 WLAN 作为可信非 3GPP 接入的一个例子进行了介绍，但同样存在一些情况，运营商趋向于将 WLAN 网络认为是不可信的非 3GPP 接入。WLAN 可以用在很多场景中，如在公司环境中、在家里、在机场和咖啡馆等公共区域。不同的部署之间，WLAN 接入所提供的安全级别也有所不同。在家里或公司，经常使用 WEP 和 WPA 作为 WLAN 的安全解决方案。然而，在一些公开场合，完全关闭 WLAN 安全功能的情况则是普遍的。取而代之的是，通过给用户提供一个网页，让用户输入用户名和密码来提供接入控制。举个例子，用户可能在购买一杯咖啡的同时收到一个用户的用户名和密码作为临时订阅。一旦用户在网页上输入了凭证，就可以利用互联网接入了。这种场景下的 WLAN 不为用户面提供任何加密和完整性保护，所以容易受到多种类型的攻击。在这样的部署下，到 EPS 的 WLAN 接入就很可能是按照不可信的非 3GPP 接入方式来进行处理了。而在其他的开启了 WLAN 安全的部署场景中，则可以将 WLAN 认为是上一节所描述的可信的非 3GPP 接入。

现在，用户希望通过 EPS 访问他/她的运营商所提供的服务。通常情况下，用户所在的咖啡店并没有直接连接到 EPC 的任何协商信息。同样重要的是，由于不提供或只提供有限的安全功能，提供到 EPC 的直接访问会使得 EPC 易受到攻击。在 EPS 中所定义的该问题的解决方案是当接入网不可信时，在运营商网络中建立一个 UE 和称为 ePDG（改进的分组数据网关）的网络实体之间的 IPsec 隧道（见图 7-10a）。这里，ePDG 充当了 EPC 的安全进入点的角色。

为了建立 IPsec 隧道，UE 必须首先与 ePDG 和运营商网络之间完成双向认证，并为 IPsec 安全关联建立密钥。在这一过程中，需要使用 IKEv2 协议。一旦 UE 连接到 WLAN 并且发现了 ePDG 的 IP 地址（这一过程通过使用 DNS 来完成），它启动 IKEv2 过程。作为 IKEv2 的一部分，使用证书的基于公钥的认证用来对 ePDG 实现认证。另一方面，认证 UE 的方式和在 E – UTRAN 中的类似，是基于 USIM 中的凭证。利用 IKEv2 协议，我们可以通过运行 EAP – AKA 来完成基于 AKA 的认证和密钥协商。因此，之前的章节中所描述的基于 USIM 的认证也可以在 UE 接入到通用的 WLAN 热点时进行。这里的 EAP – AKA 协议和 7.3.5 节所讲述的是同一个协议。区别在于，在这里，EAP – AKA 作为 IKEv2 流程的一部分进行执行，而在 7.3.5 节中，EAP – AKA′ 作为在如 eHRDP 这样的可信非 3GPP 接入中的附着流程的一部分。和在 7.3.5 节中的 EAP – AKA′ 类似的密钥产生和隐私保护也会应用到这种场景的 EAP – AKA 中。图 7-10b 展示了 EAP – AKA 呼叫流程的一个例子。

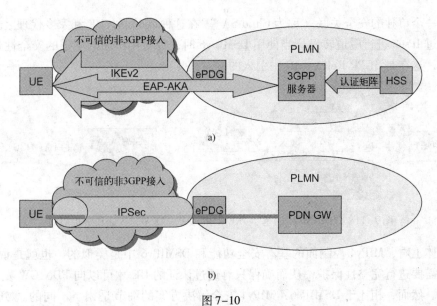

图 7-10

a) UE 和 ePDG 之间使用 IPsec 隧道对用户面的数据流进行保护

b) UE 和 ePDG 之间使用 IKEv2 和 EAP – AKA 进行认证

需要注意的是，本节使用 WLAN 热点作为例子来讲述通过使用 IKEv2 和 IPsec 连接 eP-DG 的场景是合适的。ePDG 也可以用于任何提供 IP 连接的接入，如家庭中的 DSL 连接，这和下层接入的安全功能无关。

7.3.7 基于主机的移动性（DSMIPv6）的特殊考虑

在之前的章节中，我们已经讲述了两个主要场景的安全功能，其一是用户附着到提供较强安全级别的接入网络，如 E – UTRAN 和 eHRDP，其二是用户附着到需要额外安全保护的接入网络（如未受保护的 WLAN 接入网上的 IPsec 隧道）。

然而，移动协议的选择也会影响到安全功能。如早前的章节中所描述的，特别是在第 6 章所介绍的移动性，有两个主要的方式来提供 EPS 的接入，分别是使用基于网络的移动性（GTP 或 PMIP），或基于主机的移动性（DSMIPv6 和 MIPv4）。当使用基于网络的移动性时，之前所述的接入安全能提供 UE 和 EPC 之间必要的安全性。然而，当使用基于主机的移动性时，就需要为 UE 和 PDN GW 之间的基于主机移动性协议也提供安全性。

当使用 DSMIPv6 协议时，UE 和 PDN GW 之间的 DSMIPv6 信令通过 IPSec 来实现完整性保护。如图 7-11 所示，为了给 DSMIPv6 信令建立 IPsec 安全关联，首先通过 IKEv2 和 EAP – AKA 对用户实现认证。除了执行任何接入级别的认证和用户名的保护外，与 DSMIPv6 信令的 IPSec 保护一样，还需要执行 DSMIPv6 中基于 EAP – AKA 的认证。这就意味着，DSMIPv6 信令可能被保护了两次，首先是在接入级别上使用通用的用户面保护，然后是使用 UE 和 PDN GW 之间的 IPSec 协议。此外，考虑到路径上有 ePDG 的情况，所以需要一个 UE 和 ePDG 之间的 IPsec 隧道。

此外，DSMIPv6 也允许在 DSMIPv6 认证过程中建立 IPsec 安全关联（SA），从而用于保护用户面的数据流。为了能够支持用户面数据流保护，UE 和家乡代理（PDN GW）会为用户面产生一个单独的安全关联（称为 Child SA）。在这种情况下，UE 和家乡代理之间的用户面就会通过 IPsec 进行隧道转发。当使用 DSMIPv6 时，针对用户面的增强的安全性是作为可选功能的，这在是 3GPP Release 10 中引入的。

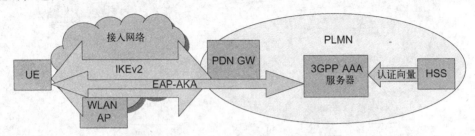

图 7-11　DSMIPv6 中的基于 IKEv2 和 EAP - AKA 的认证和密钥协商

从大体上看，MIPv4 控制面的基本安全功能和 DSMIPv6 中是类似的，也就是说，MIPv4 的信令也需要进行完整性保护，从而确保只有通过认证的 UE 才可以向 PDN GW 发送 MIPv4 信令消息。然而，相比于 DSMIPv6，MIPv4 安全解决方案的细节是相当不同的。MIPv4 通过使用在信令消息中的一个特殊的认证单元来实现完整性保护。因此，这里的消息并不是通过 UE 和网络之间的 IPsec 进行保护的。MIPv4 协议也不支持对用户面隧道增强的安全性。可以通过参考 3GPP TS 33.402 来了解更多的有关 MIPv4 安全功能的实现细节。

7.4　网络域安全

虽然 GSM/GERAN 已经逐渐发展，但并没有定义解决方案来保护核心网络的数据流。这在之前并不是一个问题，因为 GSM 网络通常是被少数大公司控制的。此外，原始的 GSM 网络只运行电路交换业务。这些网络所使用的协议和接口仅针对电路交换的语音业务流，一般只能被大型电信运营商所访问。随着 GPRS 和 IP 传输的普遍引入，如今 3GPP 网络中的信令和用户面传输运行在更加公开的他人可访问的网络和协议之上，而不仅仅只可以被电信行业的主流公司所访问。这就需要为运行在核心网接口上的数据提供增强的安全保护。例如，核心网络接口可能会通过第三方的 IP 传输网络，或接口可能会在漫游情况下穿过运营商的边界。所以，3GPP 指定了相应标准来使得在核心网络和/或在核心网络和其他（核心）网络之间的基于 IP 的数据流是安全的。另一方面，需要注意的是，即使在现在，如果核心网络接口运行在可信网络上，如在运营商所拥有的通过武力保护的传输网络上，那就不需要提供过多额外的保护措施。

保护基于 IP 的控制面数据流的标准称为针对 IP 控制面的网络域安全（Network Domain Security for IP - based control planes，NDS/IP），该标准定义在 3GPP TS 33.210 中。这个标准引入了安全域的概念。安全域指的是由单一管理权威管理的网络。因此，在一个安全域里的安全级别和所提供的安全服务应该是相同的。一个安全域的例子是有单个电信运营商的网络，但也有可能是由单个运营商将其网络分为多个安全域。在安全域的边界，网络运营商会布置安全网关（Security Gateway，SEG）来保护进来和出去的控制面的数据流。在离开一个域前往另一个域之前，所有的从一个安全域的网络实体中传输出的 NDS/IP 数据流都会经过 SEG 路由。SEG 之间的数据流通过使用 IPsec 进行保护，或者更精确地说，使用隧道模式的

IPsec 安全封装载荷（Encapsulated Security Payload，ESP）进行保护。互联网密钥交换（Internet Key Exchange，IKE）协议，无论是 IKEv1 还是 IKEv2，均用于在 SEG 之间建立 IPsec 安全关联。图 7-12 给出了一个示例场景。

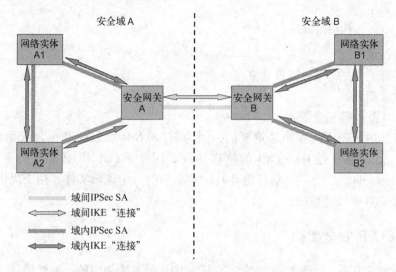

图 7-12　使用 NDS/IP 的两个安全域的示例

　　EPC 和 E – UTRAN 的一个特别的关联是两者之间的 S1 – U 接口。该接口需要恰当地进行保护（物理上的保护和/或通过 NDS/IP），否则，用户面数据的保护将会在 eNB 处中止，并且还可能在 S1 处暴露敏感数据。所以，在 3GPP 网络中由 IPsec 保护的用户面接口上，S1 – U 接口必须作为一个例外来进行处理。和 3GPP 网络中其他由 IPsec 保护的接口相比，S1 – U 接口会有额外的特殊功能，如强制提供机密性保护。

　　虽然起初 NDS/IP 仅用于保护控制面的信令，但也可以用类似的机制来保护用户面数据流。确切地说，对于前面提到的在 S1 中传输的用户数据，就会在需要的地方部署 NDS/IP。

　　同样在安全域内，在不同的网络实体之间，或在网络实体和 SEG 之间，运营商可能会选择通过 IPsec 来保护数据流。这样，不同的安全域之间的两个网络实体间端到端的路径就通过逐跳的方式进行了保护。

7.5　用户域安全

　　用户域上下文中，最常见的安全功能是 USIM 的安全访问。除非 USIM 完成了对用户的认证，否则就会阻止对 USIM 的访问。这里的认证是基于存储在 USIM 中的共享密钥（PIN 码）进行的。用户在终端输入 PIN 码时，它被发送到 USIM。如果用户提供了正确的 PIN 码，则 USIM 将允许来自终端（或者说用户）的访问，如执行基于 AKA 的接入认证。

7.6　家庭 eNB 和 NB 的安全问题

　　家庭 eNB 和 NB 体积小，通常放置在客户处所，如居民区和商业区。它带来了安全领域的一系列挑战，这些挑战是和一般的大型基站相比有所不同的。

在本节中，我们将简要介绍家庭(e)NB 的一些安全问题及 3GPP 给出的解决方案（下面，当同时提到家庭 eNBs 和 NBs 时，我们将使用 H(e)NB 来表示）。几个不同的有关 H(e)NB 安全的方面如下：

- 封闭用户组。
- 设备认证。
- 托管方认证。
- 回程链路安全的 IPSec 隧道建立。
- 地理位置验证。
- H(e)NB 的内部安全流程。

H(e)NB 的内部安全流程也是重要的，因为 H(e)NBs 可以部署在公众场合或居民区，在这些地方，很容易获得 H(e)NB 的物理访问。因此 H(e)NB 必须支持一个可信环境（Trusted Environment，TrE）。可信环境是 H(e)NB 内的一个逻辑实体，用于提供可信环境来执行敏感功能和存储敏感数据。

7.6.1　H(e)NB 安全架构

在第 2 章和第 6 章中，我们已经给出了 H(e)NB 子系统架构的一般性描述。在本节，我们将着重关注 H(e)NB 子系统的安全方面。图 7-13 描述了 H(e)NB 系统架构的安全方面。H(e)NBs 通常放在客户处所，如终端用户家中，并通常通过使用固定的宽带连接来建立 H(e)NB 与移动运营商的核心网之间的回程链路。在大多数情况下，这是不安全的。这对通过该回程链路的数据流的保护提出了特别的要求。因为这个原因，H(e)NB 使用安全网关（Security Gateway，SeGW）来访问运营商的安全域。

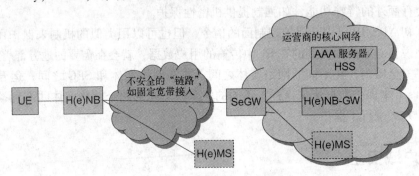

图 7-13　H(e)NB 系统架构（只包含安全方面）

SeGW 位于运营商的安全域边界上的一个网络实体中。如果部署了 H(e)NB 网关（H(e)NB - GW），SeGW 就位于 H(e)NB 和 H(e)NB - GW 之间。否则，SeGW 位于核心网边界上。当 H(e)NB 和 SeGW 之间成功完成相互认证后，它们之间就建立了一条安全隧道来保护回程链路上传输的信息，具体的细节将会在后面进行介绍。H(e)NB 和 H(e)NB - GW 或 EPC 之间的任何连接，都通过 SeGW 进行隧道转发。我们需要注意，H(e)NB 的 SeGW 是使用 NDS/IP，且与安全网关和 SEGs 不同的逻辑实体。

7.6.2 封闭用户组

封闭用户组（Closed Subscriber Group，CSG）的概念和对 H(e)NB 的支持是一起在 Release 9 中被引入的。有了封闭用户组，运营商就能配置小区为某个访问模式。访问方式可以是开放的、混合的或封闭的。它可以用来控制位于如商业区或居民区的 HeNBs 的接入。如果小区被配置为开放访问模式，那么该小区就可以像往常一样提供服务。它意味着，对于同一个 PLMN 的用户，或有合理漫游协商的其他 PLMN 的漫游用户，小区都是开放的。如果小区被配置为混合模式，那么小区向其所关联的 CSG 成员和不属于 CSG 的其他用户提供服务。如果小区被配置为封闭模式，那么只有自己的 CSG 成员可以获得服务。因此，运营商使用 CSG，限制只授权某些小区的使用权限给 CSG 成员。

对于一个支持 CSG 且配置了服务 CSG 小区的 eNB 而言，它会广播 CSG 指示和一个特定的 CSG 身份。一个混合小区将同时服务于 CSG 成员和非 CSG 用户，这样的小区将不广播 CSG 指示，而只广播 CSG 身份。

关于 HeNB 和 CSG 的更多信息，请参考第 6 章。

7.6.3 设备认证

设备在 H(e)NB 和 SeGW 之间的双向认证是基于带数字证书的 IKEv2 的。H(e)NB 有一个设备证书，核心网有一个网络证书。按照接下来进一步描述的，认证之后，H(e)NB 和 SeGW 之间建立了一条 IPSec 隧道。

图 7-14 给出了设备认证的呼叫流程的示例。

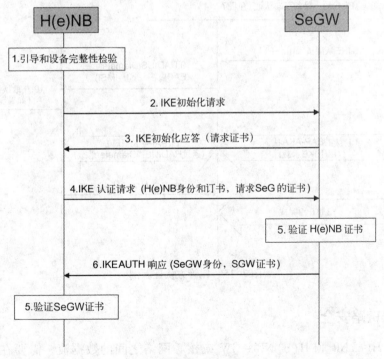

图 7-14　设备认证

7.6.4 托管方认证

除了通往核心网络的 H(e)NB 设备的认证，还有一种针对托管方的鉴定和认证，这是可选的。托管方是指与运营商就经由 H(e)NB 进行接入而存在合同关系的一方。该场景下，存在一个所谓的托管方模块，该模块由托管在智能卡上的 USIM 应用中的方法来提供。在 3GPP 系统中使用的智能卡是通用集成电路卡（Universal Integrated Circuit Card，UICC）。UICC 和 H(e)NB 物理设备截然不同，但会插入到 H(e)NB 中。UICC 上的 USIM 用于通往 MNO 的托管方的鉴定和认证。

托管方的双向认证是可选的，如果可以支持，则是在设备双向认证成功之后执行的。该认证基于 H(e)NB/USIM 和 AAA 服务器及 HLR/HSS 之间的 EAP - AKA。EAP - AKA 已经在前文中进行了讲述，用于非 3GPP 接入的接入认证。当 EAP - AKA 用于托管方认证时，SeGW 扮演 EAP 认证者，转发 EAP 消息给 AAA 服务器，从而通过 HSS/HLR 从 AuC 中恢复认证向量。通常，在 USIM 和 EAP - AKA 中，用户标识符采用 IMSI 格式。这些 IMSI 将作为常规订阅信息，而有效地保存在 HLR/HSS 中的订阅记录中，但必须标记为是用于 H(e)NBs 的，如通过分配专用范围或增加特定的属性以防止普通的 UE 误用这些 IMSI。

图 7-15 给出一个设备认证伴随着一个托管方认证的呼叫过程示例。

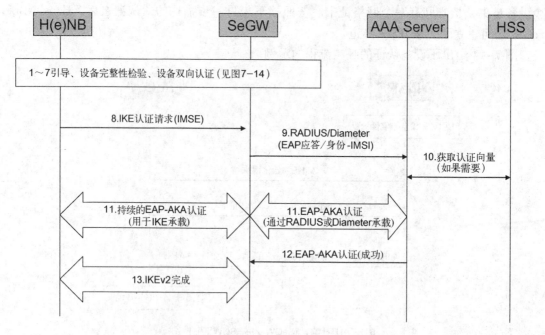

图 7-15　托管方认证示例

7.6.5 回程链路安全

为了保护 H(e)NB 和 H(e)NB - GW 或核心网络之间的数据流，需要在 H(e)NB 和 SeGW 之间建立一个安全隧道。H(e)NB 和 SeGW 之间利用 IKEv2 认证来建立 IPsec 隧道，该隧道用于承载 H(e)NB 和 SeGW 之间接口上的所有信令和用户面及管理面的数据流。在

120

该 IPsec 隧道使用安全封装载荷协议（ESP）。

在回程链路中，要求强制使用 IPsec，但可选地使用运营商策略。如果运营商选择不使用 IPsec 协议，那么就会执行 H(e)NB 和 SeGW 之间的双向认证，并且两者的接口会通过提供信息机密性和完整性保护的机制进行安全保护。不过，这种基于非 IPsec 的解决方案并没有在 3GPP 中进行规范。

另外，除了用 IPsec 保护 H(e)NB 和 H(e)NB - GW 之间的链路，3GPP 也定义了使用 TLS 来实现 H(e)NB 和 H(e)NB 管理系统之间的安全通信。

7.6.6　位置验证

虽然，一般而言，H(e)NB 部署在客户处所，但它始终使用提供 H(e)NB 的运营商的授权无线频谱。由于 H(e)NB 需要遵照所在地的国家或地区的法律要求，因此，当终端用户将 H(e)NB 移动到另一个国家或地区时，这就有可能存在问题，如执行在给定频段和/或规则上，服务提供商可能与 H(e)NB 实际位于的区域不同。由于这些原因，3GPP 在 H(e)NB 规范中包括了的位置验证。然而，位置验证功能的规范并不十分具体，允许不过于细节的不同的解决方案，用来符合不同的实现和应对不同的市场。其中一个原因是不同管理域之间的位置验证的要求各异。另外，很难找到一个单一的解决方式来满足所有情况下的全部要求并能在所有条件下工作。例如，在 H(e)NB 中放置 GPS 接收器，并为核心网络中的执行验证功能实体提供地理坐标是一个精确的方案，但并非总是有效，如在室内，那里并没有 GPS 接收。也有一些其他方案，如通过验证 H(e)NB 的 IP 地址和/或固定的接入线路标识。我们不会更多地描述位置验证的细节。有兴趣的读者可以参考 3GPP TS 33.320。

7.7　法律干预

在很多国家，法律干预（LI）是运营商在该国经营生意所需遵守的要求之一，以作为对执法机构（LEA）和政府部门的法律义务的承担。在 3GPP 标准中，有如下定义："每个独立国家和区域机构（如欧盟）的法律，以及有的许可条件和运营条件定义了在当前电信系统中对电信数据流和相关信息进行干预的需求。需要指出的是，法律干预必须依据适用的国家或地区的法律以及技术规范来完成"（见 3GPP TS 33.106 "法律干预要求"）。LI 允许合适的机构来对指定的用户实行通信数据流执行干预，包括激活（需要类似凭证之类的合法文件）、停用、查询以及调用等流程。一个单独的用户（被干预的主体）可能参与到由不同的 LEA 进行干预的场景中。在这种情况下，它必须能够对这些干预措施进行严格区分。干预功能只能由授权的人事部门来执行。由于 LI 具有地区管辖权，因此国家法规需要定义如何处理用户的跨界定位和干预的特定要求。作为移动通信系统的必要组成部分，切换过程是 EPS 的基本过程。当发生切换时，同样要根据国家规定实施干预。

这一小节简单、概括地介绍了法律干预这一方面的内容，目的是为了对 EPS 的功能进行全面介绍。其主旨在于描述 3GPP LI 的标准，而不是任何关于爱立信或其他供应商节点的具体实现功能。LI 功能本身不针对一个系统应该如何建立提供要求，而是要求法律机构能通过法律手段，根据特定的安全要求来获得必要的信息，而不会影响正常的运营模式，且不会暴露不受干预的节点的隐私。注意，信息正被干预的用户和其他非授权人员不该检测到 LI 的运行状况。这是对于如今运行的任何通信网络的标准实现，EPS 也不例外。

收集信息的过程是通过在网络实体中添加特定的功能来实现的，当触发条件发生时，就会使网络元件以安全的方式发送数据给特定的执行信息收集任务的网络实体。此外，特定的实体提供管理以及以要求的格式向法律执行机构分发干预数据。图 7-16 给出了对于某些 EPS 节点的 LI 架构。

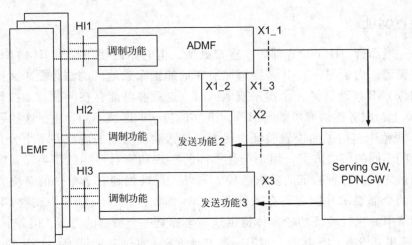

图 7-16　S-GW/PDN-GW 的 EPS-LI 概要架构

在网络元件检测的活动会触发干预相关信息（也称为事件）。一些可用于 MME 的事件包括：

- 附着。
- 解附着。
- 跟踪区域更新。
- UE 请求 PDN 连接。
- UE 请求 PDN 去连接。

如果下列用户平面相关活动在 Serving GW 和 PDN GW 处被检测到，则 E-UTRAN 接入会触发以下相应的事件：

- 承载激活（对于默认和专用承载均有效）。
- 承载修改。
- 承载去除。
- 承载激活的干预开始。
- UE 请求的承载资源修改。

根据国家规定，收集到的干预相关信息也会由 HSS 进行报告。

地方法规也允许运营商向 LI 请求方提供一定的服务进行计费。计费数据的收集过程可以包括以下状况中的一些或全部：

- 网络资源的使用。

- 目标的激活和解除。
- 每个干预的调用。
- 固定费率。

这里通过简单的概述介绍了 EPS 为了满足 LI 要求而支持的高级功能。我们并没有给出这个功能的所有可能和每一个方面，可以认为这和新系统的整体架构无关，这里只是从系统完整性的角度出发才做了相应介绍。

第8章 服务质量、计费和策略控制

8.1 服务质量（QoS）

许多移动宽带运营商旨在通过他们的分组交换接入网络来提供多重服务（互联网、语音、视频）。这些服务将会与尽力而为的服务（如网页浏览和电子邮件下载）共享无线与核心网资源，但它们在所需比特率、可接受的包延迟和丢包率方面，都有着不同的服务质量（QoS）要求。此外，随着移动宽带订阅提供固定费率计费，像文件共享这样的高带宽服务在蜂窝系统中也变得更加普遍。在这样一个多服务的场景中，为了确保每个在共享无线链路上所运行服务的用户体验都是可接受的，EPS能提供一个有效的 QoS 解决方案就变得非常重要。简单地通过超量配置来解决这些问题是不经济的；而可用的无线电频谱资源是有限的；还有传输能力（其中包括频谱的分配和到潜在远程基站的回程链接）的代价，对于运营商来说都是重要的因素。

除了服务的差异化，还有一个重要的方面就是用户差异化。运营商可能对于同样服务提供不同的 IP 流处理对策，这取决于用户订阅的类型。这些用户组可以以适合于运营商的任何方式进行定义，例如，企业 vs 私人用户、后付费用户 vs 预付款用户、漫游用户 vs 非漫游用户等，如图 8-1 所示。

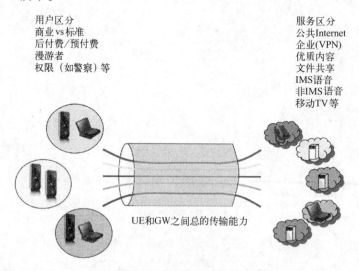

图 8-1　服务和用户差异化

结论是，对于多供应商移动宽带的部署而言，需要将简单且有效的 QoS 机制进行标准化。这些 QoS 机制应该能允许运营商去实现服务和用户的差异化，并且能控制特定服务和用户组的分组流量所体验的性能。

8.1.1 E – UTRAN 中的 QoS

在介绍关于 E – UTRAN 和 EPS 中关于 QoS 参数和机制的细节之前，我们将首先把（EPS bearer QoS）EPS 承载 QoS 的概念放到更广的环境下加以介绍。

EPS 仅仅包含对其内部，即满足 UE 和 PDN GW 之间的流量 QoS 需求。如果服务延伸到 EPS 之外，QoS 则由其他机制提供维持，例如，依靠运营商的部署和网络运营商之间的服务级别协定（SLAs），本书将不对这些方面加以介绍。

关于 EPS 承载服务，我们已经在第 6 章进行了介绍。EPS 承载代表了在 E – UTRAN/EPS 中 QoS 控制的粒度等级，并且在 UE 和网络之间提供了一个具有良好定义 QoS 特性的逻辑传输路径。EPS 承载的 QoS 概念会被映射到底层传输的 QoS 概念上。例如，在 E – UTRAN 无线接口之上，EPS 承载 QoS 特性通过 E – UTRAN 数据流处理机制加以实现。每个 EPS 承载在一个具有相应 QoS 特性的 E – UTRAN 无线承载之上进行传输。

在 eNB、Serving GW、PDN GW 之间的“骨干网”中，EPS 承载 QoS 可以被映射到 IP 传输层 QoS 之上，如使用差分服务（DiffServ）。在本书中，我们将简单地介绍低层的 QoS 机制，感兴趣的读者可以参考 Dahlman（2011），从而了解关于 E – UTRAN 无线层的 QoS 机制的更详细的信息。

1. 与 pre – EPS GERAN/UTRAN 相比的 QoS 区别

相比于 GERAN/UTRAN 中所定义的 QoS 解决方案，E – UTRAN 的 QoS 解决方案具有一些差异。两个最为突出的差异如下所述。

（1）承载控制范式

从 GPRS Release 6 或更早的版本以来，承载控制范式（paradigm）就已经有所改变了，在之前的版本中，这样的范例仅是一个能够发起一个新承载的 UE（如在一个 PDP 上下文场景中）。这个 UE 也控制了数据流到承载的映射信息。在 Release 7 中修订了通过 NW 发起的进程来建立承载和控制流映射信息。在另一方面，EPS 和 E – UTRAN 实现了一个完全的由网络控制承载的概念。UE 可能会请求资源，但总是由网络控制 EPS 承载状态和数据流到承载映射。

（2）承载的 QoS 参数

E – TURAN 也简化了与每一个承载有关的 QoS 参数。正如我们将在后面章节详细描述的 EPS 承载与两个 QoS 参数有关，即一个 QoS 类和分配保留参数。特定的 EPS 承载也还与比特率有关，因而这些 EPS 承载具有共 4 个 QoS 参数。我们将在接下来的章节中对这些内容做更加详细的介绍。

另一方面，EPS 出现之前的 GPRS 为 GERAN/UTRAN 定义了 QoS 概念，包括 4 种流量类别和 13 种不同的承载 QoS 属性。在 Release 9 中，第 14 种承载 QoS 属性以及演进的 ARP 被加入，用于 GERAN/UTRAN。后面我们将会简要探讨这种添加出现的原因。该 QoS 概念通常被称为“Release 99 QoS”，因为其引入是针对 Release 99 GPRS（完成于 2000 年）的。每个 PDP 上下文分配有 4 个流量类型中的 1 个，以及相关的 QoS 属性值。QoS 属性指定 PDP 上下文所支持的比特率、流优先级、错误率、最大传输时延等。这就产生了一个复杂的系统，并且许多 QoS 属性并没有被实际使用。本书不会对 Release 99 QoS 做进一步的讨论，我们只是对其进行简要的探讨，从而使读者能够理解 GERAN/UTRAN 是如何使用其来与 EPS

一起工作的。对于 GPRS 和 Release 99 QoS 更多信息感兴趣的读者可以参考关于 GPRS 的书籍，如 Kaaranen （2005）。

在 EPS 出现之前的 GPRS 中，订阅 QoS 配置文件是能分配给每个 PDP 上下文的最大的 QoS。因此，一个激活多个 PDP 上下文的终端会为每一个上下文都提供订阅的 QoS。然而在 EPS 中，存储于 HSS 的 QoS 仅适用于默认承载。对于专用承载，则没有这种类似订阅 QoS 的概念。作为替代，基于从 PRCF （策略和计费规则功能） 接收到的授权 QoS，PDN GW 决定专用承载的 QoS。因此，在 HSS 中就不需要针对专用承载包含特定的订阅参数。如果允许终端接入某些特定的服务，则 PCRF 将会授权网络中相应的资源。

接下来我们将更为详细地讨论 EPS 承载 QoS。然后回到 Release 99 QoS 和 GERAN/UT-RAN 中描述当 GERAN/UTRAN 连接到 EPC 时，GERAN/UTRAN 的 QoS 是如何工作的。

2. EPS 承载的 QoS 参数

EPS 承载的基本方面和针对 QoS 目标的使用已经在 6.2 节介绍过了。在这一节中，我们将更为详细地讨论 EPS 承载的 QoS 参数。

每个 EPS 承载都有两个与之相关的 QoS 参数：QoS 类别标识 （QoS Class Identifier，QCI） 和分配保留优先级 （Allocation and Retention Proprity，ARP）。正如接下来所要看到的，QCI 决定了给承载上传输的 IP 分组应该收到的用户面处理，而 ARP 则指定了承载应该收到的控制面处理。一些 EPS 承载也具有相关的比特率参数，从而支持在建立承载时有保障的比特率分配。

正如接下来所要看到的，承载概念和相关 QoS 机制提供了两个基本特征：数据流分离和基于资源的许可控制。基于类的 QoS 概念使用 QCI 来允许网络在传输实时数据流的承载和传输非实时数据流的承载之间的分离。然后，网络就能给每一个 QoS 类提供合适的转发处理。对于需要一定 GBR 服务的支持，在建立相应承载的时候，网络就需要预留一定的 GBR。这些承载受接入控制的支配，从而确保在允许 GBR 承载建立之前，具有足够的资源。这些机制在接下来还会有进一步的描述。

（1） QoS 类别标识 （QCI）

EPS 使用一个基于类的 QoS 概念，每一个 EPS 承载都会分配一个 QCI。QCI 是一个数字，数值本身不代表任何 QoS 性能。QCI 只是一个指针，或者说是引用，代表节点特定的参数，这些参数定义了当在一个节点进行处理（权重调度、接入门限、队列管理门限、链路层协议配置等） 时，一个特定的承载应该收到的分组转发处理。针对每个 QCI 的节点特定参数由设计节点的供应商或拥有节点的运营商预先配置，如 ENodeB。

（2） 分配和保留优先级 （ARP）

ARP 用来指示承载分配和保留的优先级，通常用于网络根据资源的限制来决定一个承载的建立或修改是接收还是需要拒绝。

EPS 支持 15 种不同的 ARP 值。直到 Release 9，在 2G/3G 网络中，分组核心网络也仅支持 3 种 ARP 值，而与此同时，GERAN 和 UTRAN 无线网络支持 15 种 ARP 值。2G/3G 分组核心网络上需要映射这 3 种 ARP 值到 RAN 中的 15 种 ARP 值上。核心网络只提供 3 种值即被认为是足够的，因为紧急呼叫只运行在电路交换话音服务上，因此，分组交换域中的 ARP 机制可以只用于商业目的。然而，随着只支持分组交换的 EPS，紧急服务也只能在分组交换域中提供支持。因此，EPC 的 ARP 定义与电路交换服务的 ARP 以及 GERAN/UTRAN 无线网络中的 ARP 具有相似性。需要注意的是，从 Release 9 以来，引入了包含 15 个值的新的演进型 ARP 参数，用于 2G/3G 核心网络和 GERAN/UTRAN 中。在 Release 9 和随后的版本中，ARP 的定义可以用于 RAN 和分组核心网络之间，以及在不同的 3GPP 无线接入网络之间。

在资源稀缺的环境中，在执行接入控制时，通过一个高的 ARP 或低的 ARP 来赋予不同的优先级，网络可以使用 ARP 来建立和修改承载。需要注意的是，具有高 ARP 的承载赋予小的 ARP 值，反之亦然。例如，相比于一个常规的 VoIP 呼叫，一个紧急服务 VoIP 呼叫更有可能被接受，因此应该被赋予高 ARP。ARP 也支持承载的"优先购买（Pre‑emption）"。当资源异常受限时，网络可以使用 ARP 来选择丢弃某些承载。例如，这可能发生在移动切换场景中。另一个特殊的情形是发生灾难时，ARP 可以被用于通过丢弃低 ARP 承载来释放容量或给予紧急事件响应者/官方以处理该场景的接入权限。

（3）GBR 承载和非 GBR 承载

承载的其中一个特性是其与特定的比特率是相关的。我们区分两种类型的承载：GBR承载和非 GBR 承载。除了上面讨论的 QoS 参数之外，GBR 承载关系到比特率分配：GBR 和最大比特速率（Maximum Bit Rate，MBR）。非 GBR 承载则与比特率参数无关。

与 GBR 相关的承载意味着有一定数量的带宽被预留下来给这个承载，而不取决于实际过程中用或是不用。因此，即使没有数据流传输时，GBR 承载也总是会占用无线链路上的资源。在通常情况下，GBR 承载不应该由于网络或无线链路的拥塞而出现任何分组丢失。这是可以确保的，因为 GBR 承载一旦建立就服从于接入控制。GBR 承载仅在有足够资源的情况下才会被网络接纳。MBR 限制了由 GBR 承载所期望提供的最大比特率。任何超过 MBR的数据流均可以通过速率进行功能丢弃。一直到 Release 9，EPC 仅支持 MBR 和 GBR 相等的场景。然而，从 Release 10 以及往后的版本开始，提升了这个限定，当前，EPC 也支持对于一个承载 MBR 值大于 GBR 的情况。这种增强的原因之一就是为了支持速率自适应的编解码，其中，最小比特率由网络提供保证（GBR）。与此同时，在允许的情况下可以满足额外的带宽需求（MBR）。额外的与自适应编解码相关的系统增强可以通过引入 ECN（Explicit Congestion Notification）机制来提供，该机制可以允许在网络识别出一个拥塞场景时调整数据流。这已经在 Release 9 的 E‑UTRAN 以及 Release 10 的 UTRAN 中引入了。ECN 将在 8.1节中做更为详细的描述。

非 GBR 承载没有一个固定分配的带宽，因此也就不能保证其能承载多少数据流。非GBR 承载也就可能因此而在拥塞的情况下遭遇丢包。对于已经存在的非 GBR 承载而言，是否具有足够可用的无线资源取决于小区的总负载以及承载的 QCI。没有传输资源预留给非GBR 承载。在 EPS 中，非 GBR 承载是按照聚合级别，而非按照每个承载级别（或 PDP 上下文级别）来进行速率监管。因此，即使非 GBR 承载与 MBR 没有任何关系，运营商依然可以使用聚合的最大比特率（Aggregate Maximum Bit Rate，AMBR）来监管非 GBR 承载的带宽使用，接下来我们会对其进行介绍。

区分一个承载是 GBR 承载还是非 GBR 承载，主要取决于承载上所承载的业务。GBR 常用于这样的服务：当资源不可用时，通过限制服务而不是降级已经被准许接入服务。一些服务，如 VoIP 和视频流服务，受益于恒定带宽以及 GBR 值，因此可以确保令人满意的用户体验。当资源不可用时，最好是阻塞该服务。而其他服务，如网页浏览、电子邮件和聊天类的程序，则通常不需要固定不变的带宽，这些服务一般使用非 GBR 承载。对于特定的业务而言，选择使用 GBR 承载还是非 GBR 承载，取决于运营商的配置，如可以使用 PCC 架构进行控制。相比于可用的容量而言，选择很大程度上取决于预期的数据流负载。

（4）标准化的 QCI 值和其相应的特征

标准化某些 QCI 值来指代特定的 QoS 特征。根据一些性能特性（如优先级、分组延时预计、分组错误和丢失率），QoS 特征描述了 UE 和 GW 之间边缘到边缘的承载上数据流的分组转发处理。标准化的特征无须在任何接口上进行信令传输。对于为每个 QCI 预先配置的节点特定参数而言，应该将这些标准化的特征理解为指导方针（guideline）。例如：

无线基站需要被配置成能够确保属于某一标准化 QCI 的数据流接收到合适的 QoS 处理。从而标准化 QCI 对应相应的特征的目的在于确保映射到特定 QCI 的应用/服务能够在多供应商网络部署以及漫游的情况下，收到相同的最小等级的 QoS。标准化 QCI 特征在 3GPP TS 23.203 条款中进行了定义。表 8-1 给出了一个简单的描述。

表 8-1 标准化 QCI 特征

QCI	资源类型	权限	分组延时预计/ms	分组错误丢失率	服务样例
1	GBR	2	100	10^{-2}	会话语音
2	GBR	4	150	10^{-3}	会话视频（实时流媒体）
3	GBR	3	50	10^{32}	实时游戏
4	GBR	5	300	10^{-6}	非会话视频（缓存的流媒体）
5	非 GBR	1	100	10^{-6}	IMS 信令
6	非 GBR	6	300	10^{-6}	视频（缓存流），基于 TCP 的业务（WWW、E-mail、聊天、FTP、P2P 共享文件、渐进式视频等）
7	非 GBR	7	100	10^{-3}	语音，视频（实时流媒体交互游戏）
8	非 GBR	8	300	10^{-6}	视频（缓存流），基于 TCP 的业务（WWW、E-mail、聊天、FTP、P2P 共享文件、渐进式视频等）
9	非 GBR	9	300	10^{-6}	视频（缓存流），基于 TCP 的业务（WWW、E-mail、聊天、FTP、P2P 共享文件、渐进式视频等）

QCI 值 1~4 分配给那些需要专用资源的 GBR 数据流，与此同时，数值 5~9 则与 GBR 需求无关。每一个标准化 QCI 都对应一个优先级，其中优先级"1"为最高级别。分组延迟预计可以描述成一个分组在 UE 和 PCEF（策略和计费执行功能）之间的可能的延迟时间上限。分组错误和丢失率可以按照简化方式被描述成在无拥塞情况下丢包率的上限。

需要注意的是，以上描述已经用简化的方式定义了标准化 QCI，但其中也包含了许多细节。目的是希望普通读者对这一话题有一个基本的认识。感兴趣的读者可以查阅 TS 23.203 来了解更完整的定义。

除了这些标准化 QCI，还可以使用一些非标准化 QCI。在这种情况下，对于一个给定的 QCI，由运营商和/或供应商来定义那些节点的特定参数。

3. APN – AMBR 和 UE – AMBR

除了与每个 GBR 承载有关的比特率参数之外，EPS 还定义了与非 GBR 承载有关的 AM-BR 参数。这些参数并不特定于每个非 GBR 承载，但是却定义了一个用户可获得的非 GBR 承载集合的总的比特率。GBR 承载获得的比特率不计入 AMBR。AMBR 的两个变量定义为：APN – AMBR 和 UE – AMBR。

非 GBR 承载的累计速率监管率要比单个承载监管更优越的一个原因是可以使网络规划变得更简单。对于所订阅的每个承载的 MBR（在 GPRS 中）而言，很难估计出用户所要使用的总比特率。并且，相比于单个承载的 MBR 而言，AMBR 能够给终端用户提供一个更易理解的订阅。

APN – AMBR 定义了与特定 APN 相关的所有非 GBR 承载所使用的总比特率。该参数定义为用户订阅的一部分，但可以被 PCRF 覆盖。

APN – AMBR 为 APN 限制总的非 GBR 的数据流，独立于开放给 APN 的 PDN 连接和非 GBR 承载的数目。换句话来说，如果某个用户对相同的 APN 具有多个 PDN 连接，那么这些 PDN 连接就共享相同的 APN – AMBR。例如，如果一个运营商为网络接入提供了一个 APN，那么运营商就可以限制该 APN 的总带宽，从而防止 UE 通过仅向相同的 APN 打开新的 PDN 来增加可访问的带宽。这不同于的 Release 9 之前的 2G/3G 核心网，其中订阅 QoS 是针对每一个 PDP 上下文进行定义的。APN – AMBR 由 PDN GW 执行。

UE – AMBR 是针对每个用户进行定义的，定义了允许一个 UE 的所有非 GBR 承载所使用的总比特率。订阅文件包括订阅的 UE – AMBR。然而，由网络所强制执行的实际的 UE – AMBR 值被设定为订阅的 UE – AMBR 和所有活跃 APN 的 APN – AMBR 总和中的小值（如与 UE 之间拥有活跃连接的所有 APN）。UE – AMBR 由基站执行。

在 3GPP Release 8 中，APN – AMBR 的执行引入到 EPC 中，由 PDN GW 执行。对于 E – UTRAN 接入网络，UE – AMBR 也在同一个版本中被引入。APN – AMBR 和 UE – AMBR 都是在 Release 9 中被引入来支持 2G/3G 核心网的，APN – AMBR 在 GGSN 中执行，而 UE – AM-BR 在 2G/3G 无线网络中执行。

不同的 AMBR 值被分别定义给上行和下行两个方向。因此总共存在 4 种 AMBR 值定义：UL APN – AMBR，DL APN – AMBR，UL UE – AMBR 和 DL UE – AMBR。

UE – AMBR 和 APN – AMBR 彼此独立并且运营商可以选择使用 UE – AMBR 或 APN – AMBR（或两者都选）。UE – AMBR 和 APN – AMBR 的执行对于运营商来说是用来实现商业模式的两种工具。UE – AMBR 可能被用于给订阅设置上限或限制网络中的总的数据流。另一方面，APN – AMBR 则更加相关于如与外部 PDNs 存在服务等级协定或特定 APN 相关的订阅等。

4. 用户面处理

EPS 承载的用户面处理的某些方面在第 6 章中已经介绍过了。尤其给出了在 UE 和 GW 中的分组过滤器如何用来决定哪些 IP 流应该在特定的 EPS 承载上进行传输。现在，在描述了 E – UTRAN 中有效的 QoS 控制机制以后，有必要进一步介绍用户面处理和上面所描述的 QoS 功能和参数是如何分配给网络中的不同节点的。图 8-2 给出了 E – UTRAN/EPS 中不同的用户面 QoS 功能。

为 PDN GW 所分配的功能是针对基于 GTP 的 S5/S8 的。而对于基于 PMIP 的 S5/S8 而

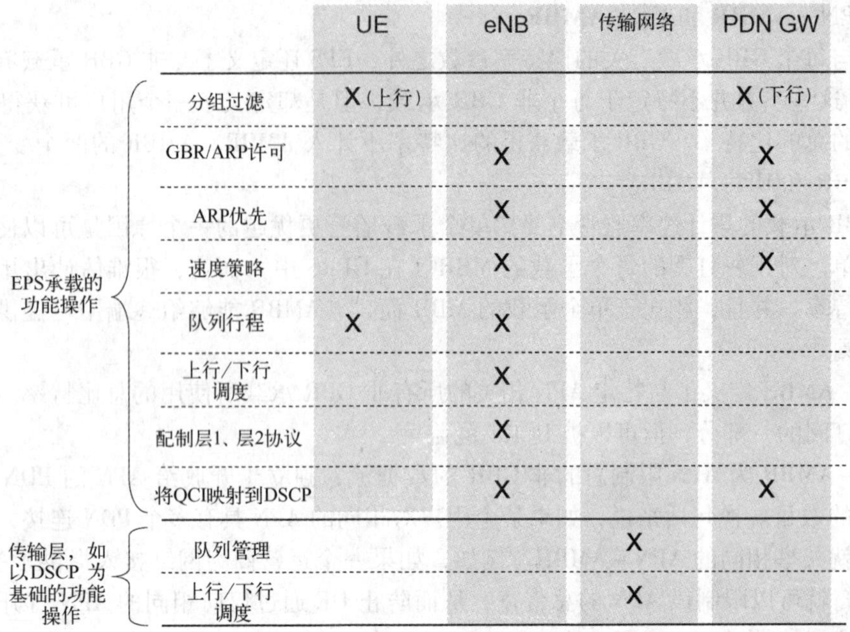

	UE	eNB	传输网络	PDN GW
分组过滤	X（上行）			X（下行）
GBR/ARP许可		X		X
ARP优先		X		X
速度策略		X		X
队列行程	X	X		
上行/下行调度		X		
配制层1、层2协议		X		
将QCI映射到DSCP		X		X
队列管理			X	
上行/下行调度			X	

左侧分组标注：上部 7 行为"EPS承载的功能操作"；下部 2 行为"传输层，如以DSCP为基础的功能操作"。

图 8-2　E-UTRAN/EPS 中用户平面 QoS 功能的概览

言，承载相关功能则被移交给 Serving GW。

UE 和 GW（对于基于 GTP 的 S5/S8 而言为 PDN GW，对于基于 PMIP 的 S5/S8 而言为 Serving GW）分别执行上行和下行的分组过滤，从而可以将分组流量映射到预期的目的承载上。

GW 和 eNB 能执行与接纳控制和预先购买权处理（如拥塞控制）相关的功能，目的是允许这些节点限制和控制通过它们的负载。如上面的 ARP 部分所描述的，这些功能能够把 ARP 值作为一个输入，从而能够区分对这些功能里不同承载的处理。

GW 和 eNB 进一步执行与速率监管相关的功能。这些功能的目标是双重的：防止网络超负荷和确保服务器依照指定的最大比特率（AMBR 和 MBR）来发送数据。对于非 GBR 承载而言，PDN GW 基于 APN-AMBR 值执行上行和下行数据流的速率监管，对于 GBR 承载而言，在 GW 上对下行数据流进行速率监管，在 eNB 上对上行数据流进行速率监管。

在 Release 10 中，已经引入了对 GBR 承载的 MBR 值大于 GBR 值的支持。在 Release 10 之前，只支持 MBR 值和 GBR 值相当的情况。如前面所描述的，MBR 大于 GBR 的一个好处是它允许更好地利用自适应编解码，从而能够在不同的编解码速率之间实现自适应的选择。基于 MBR 大于 GBR 的机制，由网络确保最小的比特速率提供（由 GBR 决定），同时在可能的情况下使用多余的带宽资源（由 MBR 决定）。然而，有一个问题是，应用程序应该如何检测在 GBR 之上是否还存在额外的带宽可以使用，从而相应地调整速率。一个可能的方案是当出现分组被网络丢弃的情况时，简单地，可以触发终端降低解码速率。然而没有考虑应用合适的机制来避免糟糕的用户体验。作为替代，在 3GPP 中包含了一种显式反馈机制，其中网络侧可以触发编解码速率降低。Release 9 使用了 IETF RFC 3168 中规范的基于 IP 的显式拥塞通知（Explicit Congestion Notification，ECN）机制。

ECN 是端到端的 IP 报头中的一个两个比特字段，它能用于指示拥塞。它是作为"拥塞预警机制"来进行使用的，通过该方案可以提醒终端出现了初期的拥塞，从而发送端能够降低发送速率。

为了给端到端的编解码速率自适应调整提供足够的时间，无线网络应该尝试保持 QoS 特性以及在指示拥塞之后的一段宽限期内不丢弃承载上的任何一个分组。默认的宽限期时长为 500ms。在宽限期之后，无线网络可能仅为 GBR 维持资源预留。通过在丢包前提供基于 ECN 的预警和宽限期，相比于通过丢包来进行速率降低的场景而言，编解码器能够更加温和地调整速率。在 Release 9 中，IP 层的 ECN 方案只适用于 E-UTRAN 接入和语音媒体（IMS 中的多媒体电话服务）。虽然在 Release 10 中，该特性被扩展到还可以使用在 UTRAN 接入以及视频服务中。但还需要注意的是，3GPP 没有指定任何网络侧的显式反馈机制，用来触发编解码速率的提升。反而，在接下来的通话时间内，编解码速率将保持在 GBR 值上，或由终端探测连接从而确定速率增长是否可行。

图 8-3 阐明了对于上行流量如何执行 ECN 处理。在步骤 1 中，SIP 会话协商整个的编解码速率集，但没有考虑任何网络层的拥塞。对于媒体流而言，在 ECN 被成功协商后，发送端会标记每个 IP 分组为支持 ECN 的传输。这显示在第 2~3 步。eNB 之后可能标记 IP 包来显示经历了拥塞（第 4~5 步）。响应与拥塞的指示，接收侧出发了编译码率下降（第 6~7 步）。

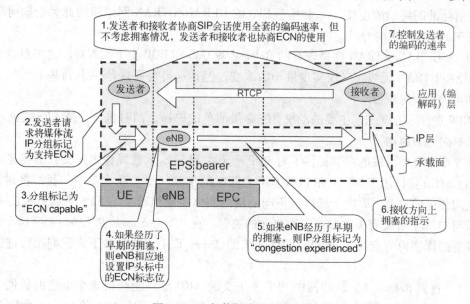

图 8-3　上行数据流的 ECN 处理

为了在已经建立的承载间之间分配资源（无线和处理资源），eNB 执行上行和下行调度功能。该调度功能在很大程度上负责满足与不同承载相关的 QoS 特性。

根据与承载相关的 QoS 特性，eNB 负责配置承载的无线连接的低层协议（第一层和第二层）。在其他方面，这包括了配置错误控制协议（调制、编码和链路层重传），从而使得 QoS 特性、分组延迟预计、分组错误丢失都能得到满足。为了了解 E-UTRAN 上 QoS 处理更为详细的内容，可以参考 Dahlman（2011）。

在传输层，如 EPC 网络实体（包括分组核心中的中间传输实体，如通常的 IP 路由器）之间基本的 IP 传输，无法感知到 EPS 承载，队列管理和分组转发处理是根据如 DiffSev 这样的传输层机制进行实现的。EPC 实体将 QCI 映射到 DiffSev 代码点（DiffSev Code Point，DSCP）值之上，DSCP 值由传输层使用。

应当注意的是，也存在服务感知的 QoS 控制功能，相比于 EPS 承载具有更加细粒度的特点。这些功能被定义为策略和计费控制（Policy and Charging Control，PCC）架构的一部分，我们将在本章有关 PCC 的章节中进行描述。

8.1.2 与 GERAN/UTRAN 的交互

如上之所述，与 GERAN/UTRAN 接入相比，E‐UTRAN 和 EPS 有着不同的 QoS 控制架构——EPS 之前的 QoS 模型常被称为 Release 99 QoS。当通过一个基于 S4 的 SGSN 实现 GERAN/UTRAN 到 EPS 的连接时，理论上存在两种可选择的方案来实现处理 GERAN/UT-RAN 中 QoS：

1）在 GERAN/UTRAN 接入中执行 EPS QoS 解决方案。举例来说，这就意味着 QCI 需要被用于每一个 PDP 上下文，而不是 GERAN/UTRAN（第 99 版）QoS 配置文件。这有个好处，就是 EPS 中的 3GPP 接入网系列使用相同的 QoS 参数。然而，需要注意的是，GERAN/UTRAN 无线接口应当向后兼容于 Release 99 的 QoS 方案和 PDP 上下文规程，从而允许支持 EPS 之前标准的终端的连接。一个基于 EPS 的 GERAN/UTRAN 网络将因此无论如何都需要实现基于 Release 99 的 QoS。

2）为 GERAN/UTRAN 保持现有的 Release 99 QoS 和 PDP 上下文规程。这将意味着对当前 GERAN/UTRAN 无线接口仅实现最小的改变，但是这将需要规范一个到基于 EPS 的 QoS 方案和承载规程的映射。

3GPP 选择了方案二。主要的动机是它是最简单的选择，同时也与支持 EPS 之前标准的终端具有向后兼容性。

第 6 章中有关承载的章节提供了对 PDP 上下文和 EPS 承载规程之间交互的描述。它描述了当 Gn/Gp 接口用于 SGSN 和 PDN GW 之间时的交互场景。在本节中，我们将讨论 QoS 参数之间相应的映射。取决于场景，不同的网络实体需要执行在与 EPS 承载有关的 QoS 参数以及与 PDP 上下文有关的 QoS 参数之间的映射。在 EPS QoS 参数和 Release 99 QoS 参数之间的映射的详细内容定义在 3GPP TS 23.401 的 Annex E 中，并且接下来我们也将进行简单描述：

1）一直到 Release 8，核心网中 PDP 上下文的 ARP 都只能获得 3 个可能的数值，而与此同时 EPS 承载的 ARP 能获得 15 个可能的数值。在 PDP 上下文 ARP 值和 EPS 承载 ARP 值之间的映射是一个一对多的映射。什么样范围的 EPS 承载 ARP 值映射到一个 PDP 上下文的 ARP 值的确定方案并没有被标准化，但可以通过每个运营商进行配置。然而，在 Release 9 中，引入了一个新的 PDP 上下文的 QoS 参数，即演进的 ARP，支持 15 种值。因此，从 Release 9 起，EPS 承载的 ARP 的优先级与 PDP 上下文的演进 ARP 参数（如果网络支持该参数）能够直接相互映射。

2）GBR 和 MBR 值是一对一映射的（仅对于 GBR 承载而言）。

3）非 GBR 的 PDP 上下文 MBR 与 APN‐AMBR 之间的实现相互映射。。

4）标准化 QCI 和 Release 99 中数据流类型及 QoS 属性之间的映射在 3GPP TS 23.401 的附录 E 中有所描述。只有 Release 99 中 QoS 属性的子集被规范到映射操作中。其他 Release

99 QoS 属性的设置则没有被标准化，而是在 SGSN 上基于运营商策略进行预配置。

5）在第 1 版的 EPS（3GPP Release 8）中，UE – AMBR 仅用于 E – UTRAN 中，并且在使用 2G/3G 时没有类似的东西。在下一个版本，也就是 Release 9 中，UE – AMBR 也适用于 2G/3G 接入。

8.1.3 与其他接入方式交互时 QoS 方面的内容

到目前为止，我们已经考虑了与 3GPP 接入系列有关的 QoS 方面的内容。然而，EPS 也支持与其他接入的交互和移动性，这是由其他标准化组织所定义的。每一个这样的接入都可能有它自己的一套 QoS 机制和 QoS 参数，由相关的标准化组织所定义。本书不可能遍历每一个接入，以及讨论与特定接入相关的 QoS 解决方案。然而，存在一些方面，独立于特定的接入，或与 EPS 和特定接入的 QoS 机制之间的交互有关。

对于所有接入来说都通用的一个 QoS 参数是 APN – AMBR，这已经在上文的 APN – AM-BR 部分进行了介绍。APN – AMBR 由 PND GW 执行，并且能够独立于 UE 所使用的接入来执行。

其他的独立于接入参数是 QCI 和 ARP。如前面所描述的，QCI 和 ARP 是当使用 3GPP 接入系列时的 EPS 承载参数。同时，在下一节有关 PCC 的介绍中能看到，PCC 架构也使用 QCI 和 ARP，但是是作为独立于接入的参数。当与其他接入进行交互时，这些参数由每一个单个的接入映射到特定的与接入相关的参数和机制之上。

8.2 策略控制和计费控制

PCC 架构为运营商提供了更为先进的手段，从而能够提供业务感知的 QoS 和计费控制。在无线网络中，当带宽资源受到无线网络的限制时，有必要确保无线和传输资源的高效利用。此外，不同服务具有不同的 QoS 需求，这对于分组传输而言是必需的。通常情况下，网络能够同时针对不同用户提供不同的服务，因此使得这些服务能够共存，且为每个服务提供合适的传输路径是相当重要的事情。PCC 还提供了基于每个会话或基于每个服务的计费控制的手段。

PCC 支持集中控制从而确保为服务提供合适的传输和计费，如根据带宽、QoS 要求和计费方式等。对于 IMS（ IP 多媒体子系统）和非 IMS 而言，PCC 架构均能控制其媒体层（media plane）。

当在 3GPP 系统中时，承载规程可用接入网络中的 QoS 管理。当 EPS 承载和 PDP 上下文规程特定于 3GPP 族接入系列（3GPP family of accesses）时，相应的 QoS 进程也存在于其他多种接入方式中。在本节中，我们将关注运营商是如何控制 QoS 规程以及针对每个服务会话的计费的。

当提及 PCC 时，术语"承载"更加通用，表示具有明确定义特性的 IP 传输路径，这些特性如容量、延时和误码率等。这就允许我们按照与协议无关的方式来使用"承载"这个术语，该术语的使用独立于传输路径建立的细节和各接口 QoS 管理技术。

这里，术语"服务会话（Service Session）"也很重要。"承载"的概念用于处理流量聚合，即所有符合要求的流量通过同一承载传输，获得相同的 QoS 处理。这就意味同一承载上传输的多个"服务会话"可以认为是一个聚合（aggregate）。当使用 PCC 时，"承载"的概念仍然适用。然而，如我们所见的，PCC 增加了一个"服务感知"的 QoS 和计费控制机制。该计费控制机制在一些方面具有细粒度的特点——也是操作在以服务会话为单位的级别上而不是操作在以承载为单位的级别上。

EPS 系统采用的 PCC 架构是在 3GPP Release 7 所定义的 PCC 架构的基础上演化而来的。然而，PCC 是在 3GPP Release 7 基础上显著演化而来，主要是为了支持 EPS 的新特性，如多接入技术、漫游和其他的一些 PCC 增强。3GPP 的目标是定义一个接入无关的策略控制框架，这样就可以适用于多种接入技术，如 E‑UTRAN、UTRAN、GERAN、HRPD、WLAN 和 WiMAX。此外，PCC 中引入完整的漫游模型可以使运营商使用同一个动态的 PCC，并且能够为服务提供相同的接入，而不管用户是通过家乡网络还是访问网络的网络实现这个接入的。PCC 演化的新特性添加到 EPS Release 8 以及随后的版本当中，例如，添加了对使用计费和花费限制作为策略抉择的输入的支持，以及基于深度包检测（Deep Packet Inspection，DPI）的应用检测、报告和控制，在 PCC 中做了进一步的扩展。

同样值得提及的是，标准化组织为固定和无线接入的标准化同样针对特定接入技术建立了策略控制规范。对于无线接入，如 HRPD，基于 3GPP PCC 的通用策略控制架构已经在 EPS 中得以实现。对于固定接入，尤其是有关宽带论坛（Broad Band Forum，BBF）所完成的标准化工作，结盟和交互的标准化工作也已经启动。3GPP Release 11 中包含 3GPP 中的控制器和 BBF 域间的策略控制器之间的策略交互的解决方案，相应的解决方案在 BBF 规范中进行了描述。3GPP 和 BBF 都启动了基于 3GPP PCC 架构的 BBF 域策略解决方案的标准化工作。但是因为该工作还处于在早期阶段，所以本书不做涉及。

在本节中，我们将介绍 PCC 的架构和功能。在 8.2.1 和 8.2.2 两节中，介绍 PCC 架构、PCC 的基本功能以及 PCC 是如何工作的。在 8.2.3 节中，将讨论 EPS 中如何实现 QoS 控制以及 PCC 是如何处理两个不同的原则的。8.2.4 ~ 8.2.6 节我们讨论 PCC 的其他特性。8.2.4 节介绍 PCC 漫游，8.2.5 节介绍添加到 Release 9 以及随后版本中的 PCC 特性，如基于用户花费限制的策略控制以及 PCC 对应用检测和控制的支持。最后在 8.2.6 节中，我们将简要描述固定宽带接入的 PCC 支持。

尽管 PCC 通常是作为架构的一个可选部分，但一些关键功能强制要求使用 PCC。如由于 GSMA，如 VoLTE（LTE 接入中使用基于 IMS 的 VOIP）等服务就需要用到 PCC。多媒体优先级服务（基于 IMS 的服务和 EPS 承载服务，以及由应用所触发的 EPS 承载优先级）也需要使用 PCC，从而提供多媒体的基于 IMS 的紧急服务。

8.2.1 PCC 架构

包括 PCC 在内的 EPS 架构的基本内容我们已经在第 2 章中进行了介绍。这一节我们将进行更加深入的描述，同时还会描述 PCC 的基本概念和功能。

在 EPS 中 PCC 的参考网络架构如图 8‑4 中所示。作为 PCC 架构的一部分的功能实体，我们将在下文中进行简要介绍。除了图 8‑4 中所显示的参考点和网络实体外，还引入了一个附加的参考点——S9a 参考点，用来处理与固定带宽接入网络的策略交互。为了使得 PCC 架构和说明不过于复杂化，我们将通过单独的一节对固定宽带策略支持的 PCC 增强进行介绍。

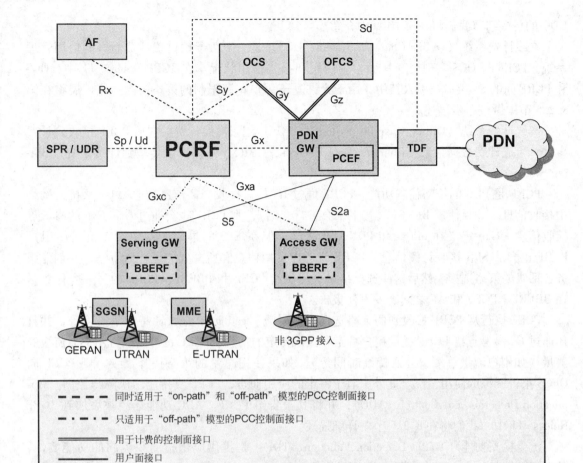

图 8-4　EPC 中的 3GPP PCC 非漫游架构

注意，图 8-4 中仅显示了 EPS 参考点和 EPS 网络实体的一个子集。

应用功能（Application Function，AF）与需要动态 PCC 的应用程序或服务进行交互。典型地，服务的应用层信令通过或终止于 AF。AF 从应用信令中提取出会话信息并通过 Rx 参考点提供给 PCRF。AF 也可以订阅发生于数据流平面层的一些事件，如通过 PCEF 或 BBERF（Bearer Binding and Event Reporting Function，承载更新和事件报告功能）检测到的事件。数据流平面的事件包括，如 IP 会话，终止或接入技术类型改变等。当 AF 已经订阅了一个数据流平面事件时，PCRF 会通知 AF 此事件的出现。术语"应用功能"是 PCC 所使用的通用术语，同时，实际上，由服务类型所决定，AF 功能包含于特定的网络实体中。对 IMS 而言，AF 相当于 P－CSCF。对一个 non－IMS 服务而言，举例来说，AF 可能是一个视频流服务器。

PCRF 具有一个到包含订阅信息（如用户特定的策略和数据）的数据库的接口。

订阅配置数据库（Subscription Profile Repository，SPR）是定义在 Release 7 中，作为 PCC 架构一部分的数据库，其还作为单独的包含 PCC 相关订阅数据的逻辑实体，由随后的版本所管理。

用户数据库（User Data Repository，UDR）是另一个可选的与 PCC 相关的订阅数据。UDR 在 3GPP Release 10 中引入，是为了利用 UDC 架构来存储与 PCC 相关的订阅数据。

UDC 的更多细节我们将在第 10 章中介绍。

在线计费系统（Online Charging System, OCS）是一个对于预付费计费而言的信用管理系统。PCEF 与 OCS 实现交互从而检查信用和报告信用状况。在 3GPP Release 11 中，OCS 和 PCRF 间的 Sy 接口被引入其中，用于允许基于用户花费限制的策略控制。该扩展将在第 8.2.5 节中做进一步描述。

离线计费系统（Offline Charging System, OFCS）用于离线计费。它从 PCEF 接收到计费事件，生成计费数据记录（Charging Data Records, CDR），从而可以传输到计费系统（Billing System）。

PCRF 是 PCC 的策略控制功能。PCRF 通过 Rx 接口接收会话信息和通过 Gx 从接入网络中接收信息。如果使用 BBERF（接下来会进行介绍），则 PCRF 也会通过 Gxa/Gxc 的参考点接收信息（Gxb 定义在 ePDG 和 PDN GW 之间，但在 EPS 的早期版本中没有得到使用）。PCRF 也会从 SPR 接收订阅信息。PCRF 将考虑可用信息和所配置的运营商策略，并创建服务会话级的策略选择。然后这些选择结果会提供给 PCEF 和 BBERF。PCRF 的另一个任务是在 BBERF、PCEF 和 AF 之间转发事件报告。

PCEF 执行从 PCRF 接收到的策略选择，如限流（gating）、最大比特速率监管等，并且还通过 Gx 参考点给 PCRF 提供用户特定和接入特定的信息。PCEF 也可以执行用户面流量的测量（如用户流量总量、会话持续时间等）。如果使用总量的策略抉择需要，则 PCEF 向 OFCS 报告资源的使用情况。此外，对于特定的应用而言，PCEF 支持应用检测与控制（Application Detection and Control, ADC），并将其报告给 PCRF。ADC 功能已经被添加到 3GPP Release 11 中，我们将在 8.2.5 节中详细描述。

流量检测功能（Traffic Detection Function, TDF）是提供应用检测和控制的功能实体，其利用数据包检查，并将检测出的应用报告给 PCRF。TDF Release 11 的 PCC 架构引入，我们将在第 8.2.5 节中进行进一步描述。

在 EPS 的 PCC 架构中，对于 QoS 控制有两种主要的架构方案，即在接入 GW（即 Serving GW 或 HSGW）中是否有 BBERF。通俗地说，这两种方案可以分别被称为 "off - path" 和 "on - path" 模型。BBERF 支持 PCEF 所支持的功能的子集。关于 BBERF 的详细描述和这两种可选架构，我们将在下文中详细讨论。

多接入和 Off - path 的 PCC 模型

正如在第 6.4 节中所描述的，根据所使用的接入技术，EPS 支持不同的移动协议。对 3GPP 接入系列（GERAN、UTRAN 和 E - UTRAN）而言，可以使用 S5/S8 参考点之上的 GTP 或 PMIPv6。对于连接到 EPC 的其他接入而言，有可能使用到 S2a/b/c 参考点之上的 GTP、PMIPv6、DSMIPv6 和 Mobile IPv4（MIPv4）。当涉及 EPS 承载如何实施时，这些不同的协议具有不同的性能。这些差异将导致对 PCC 的不同需求。

当在 Serving GW 和 PDN GW 之间使用 GTP 时，这些承载将终止于 PDN GW，因此，PDN GW 可以利用承载规程来控制 EPS 承载。作为用户面，QoS/承载的信令发生（使用 GTP）在相同的 "路径" 上，因此我们称这种模型为 "on - path" 模型。在该模型中，通过经由 Gx 参考点向 PCRF 提供 QoS 策略信息，PCRF 实现对 QoS 的控制。这里，BBERF 和 Gxa/Gxc 不起任何作用，因此这两者也就没有使用在 "on - path" 模型中。

当 PDN GW 使用移动 IP（如 PMIP 或 DSMIPv6）时，承载和 Qos 预留过程终止于靠近

（无线）接入网络的地方，因此承载对 PDN GW 而言是透明的。对于 3GPP 接入系列而言，承载也只是扩展到 UE 和 Serving GW 之间。在 Serving GW 和 PDN GW 之间不存在 EPS 承载的概念，具体说明可以参考第 6 章有关承载介绍的章节。对于其他接入而言，承载和 QoS 预留过程（如果存在）会扩展到 UE 和在接入网络中的"接入 GW"之间。在这个情况下，PDN GW 只处理去往接入网络和 UE 的移动信令，而不是任何 QoS 信令。因此，PDN GW 不能利用承载规程来控制 QoS，PCRF 也无法充分给 PCEF 提供 QoS 信息。PCRF 将不得不给承载所终止的实体提供 QoS 信息。为此，引入了 BBERF 和 Gxa/Gxc 参考点。

当涉及与承载所终止的位置无关的 PCC 的其他功能时，在大多数情况下，"on–path"和"off–path"模型之间没有什么不同。例如，服务感知的计费功能总是位于 PCEF 中，PCEF 和 BBERF 功能内容的细节我们将在后续的小节中进行介绍。

对 EPS 而言，PCEF 总是部署在 PDN GW 中。然而，BBERF 位置则取决于特定的接入技术。例如，对于 3GPP 接入系列而言，BBERF（如果需要）存在于 Serving GW 中，而对于 eHRPD 接入而言，BBERF 位于 HSGW 中。因为 PDN GW 若是作为 UE 的移动锚定点，那么在整个 IP 会话期间将保持相同的 PCEF。然而，分配给 UE 的 BBERF 可能会由于 UE 的移动而有所改变。例如，Serving GW 可能会随着 UE 在 3GPP 接入的移动有所改变，BBERF 位置也可能会随着 UE 在 3GPP 接入和其他接入技术之间的移动而改变。因此，对 BBERF 位置更新的支持是 EPS off–path PCC 架构中的固有部分。

8.2.2　PCC 基本概念

顾名思义，PCC 架构目的就在于策略控制和计费控制。

策略控制在网络方面是一个十分通用的术语，在网络中可能有很多可以执行的不同策略，如与安全性、移动性、以及接入技术的使用等相关的策略。因此，当讨论策略时，理解策略的上下文将显得十分重要。当提及 PCC 时，策略控制涉及两个方面的控制——门控和 QoS 控制：

1）门控功能用于阻止或允许特定服务的 IP 流的 IP 分组。其中，PCRF 用于门控决策，然后由 PCEF 来执行。例如，PCRF 可以根据通过 Rx 参考点由 AF 汇报的会话事件制定门控决定。

2）QoS 控制允许 PCFF 向 IP 数据流提供 PCEF（以及 BBERP，如果存在）提供授权的 QoS。举例来说，授权的 QoS 可能包含授权的 QoS 类以及授权的比特率。PCEF 或 BBERF 通过设置正确的承载来执行 QoS 控制决定。PCEF 也执行比特率操作以确保服务会话不会超过其授权 QoS。

计费控制同时包括了在线和离线计费的方法。PCRF 决定针对服务会话是采用在线计费还是离线计费，然后 PCEF 通过收集计费数据并与计费系统进行交互来执行决策。PCRF 也控制测量方法的使用，即是否使用基于数据量、持续时间、数据量和持续时间结合，或基于事件的测量。再次强调，PCEF 通过对经由 PCEF 的 IP 数据流执行相应的测量来完成决策的执行。

当使用在线计费时，计费信息可以实时地影响到所使用的服务，因此需要有计费机制与网络资源使用的控制之间的直接交互。在线信用管理允许运营商可以基于信用状态控制服务的访问。例如，订阅中必须剩下充足的信用从而可以开启服务会话或使正在进行的会话继续。OCS 可以通过给 IP 数据流提供信用授权从而对单个服务或群组服务提供访问授权。资源的使用通过不同的形式来加以授权。例如，OCS 可以通过对一段特定的时间、流量或其他可计费的事件的方式来提供信用授权。如果用户没有经过授权就访问了特定服务，如预付账户已空的情况，那么 OCS 可能拒绝信用请求，并指示 PCEF 重定向服务请求到特定的目的地，允许用户补充订阅。

PCC 也包含了基于服务的离线计费方法。使用离线计费，计费信息通过网络收集以用作之后的处理和收费。因此计费信息不会影响实时的正在使用的服务。由于收费是在服务会话结束之后，如通过按月计费，这个功能自己不提供任何方式的访问控制的方法。所以，必须使用策略控制来限制访问，然后，针对服务的使用会通过使用离线计费的方式被上报。

在线和离线计费可以同时使用。例如，即使对于收费（离线计费）订阅信息，也可以使用在线计费系统来提供如计费建议的功能。相反，对于预付费用户，生成的离线计费数据也可以用于审计和统计。

1. PCC 决策、PCC 规则和 QoS 规则

PCRF 是 PCC 的中心实体，用于进行 PCC 决策。决策可以基于输入的不同来源进行，这些来源包括：

- PCRF 中的运营商配置，用于定义适用于给定服务的策略。
- 从 SPR 接收到的针对给定用户的订阅信息和策略。
- 从 AF 接收到的关于服务的信息。
- 从 TDF 或 PCEF 所获得的关于所探测的应用的信息。
- 从计费系统所获得的关于订阅者消费限制状态的信息。
- 从访问网络所获得的关于所使用的哪种访问技术等的信息。

PCRF 以所谓的"PCC 规则"的形式提供它的决策。如果使用了"off – path"模式，则 PCRF 也会将"QoS 规则"的信息的子集提供给 BBERF。在这一节中，我们将首先介绍 PCC 规则的主要内容，然后介绍包含在 QoS 规则中的信息子集。

一个 PCC 规则包含 PCEF 和计费系统所使用的一系列信息。首先，它包括允许 PCEF 标识属于特定服务会话的 IP 分组的相关信息（称为"服务数据流模板"）。首先，包含的信息（在所谓的"服务数据流（SDF）模板"）使得 PCEF 可以识别属于服务会话的 IP 数据包。与一个 SDF 的包过滤器所匹配的所有 IP 数据被指定一个 SDF。SDF 模板中的过滤器包含了 IP 流的描述，典型地，还包括 IP 源和目的地址、IP 分组的数据部分所使用的协议类型、源和目的端口号。这 5 个参数通常被称为 IP 五元组。也可以从 SDF 模板中的 IP 头标中指定其他参数。PCC 规则中也包含门状态（开/关），以及 SDF 中的 QoS 和与计费相关的信息。用于 SDF 的 QoS 信息包含 QCI、MBR、GBR 和 ARP。QCI 的定义与本章中对 EPS 承载的 QoS 的描述是相似的，读者也可以参考该节从而获得关于这些变量的更为详尽的描述。然而，PCC 规则中 QoS 参数的一个重要的方面是它们与 EPS 承载的 QoS 相比，具有不同的范围。PCC 规则中的 QoS 和计费参数同样适用于 SDF。更精确地说，PCC 规则中的 QCI、MBR、GBR 和 ARP 适用于 SDF 模板所描述的 IP 数据流。其中第 8.1 节中所描述的 QCI、MBR 和 ARP 适用于 EPS 承载。

单个 EPS 承载可用来承载由多个 PCC 规则所描述的流量，只要承载为这些 PCC 规则的业务数据流提供适合的 QoS。接下来，我们将深入讨论 PCC 规则和 SDF 是如何映射到承载上的。表 8-2 列出了可用于从 PCRF 发送到 PCEF 的在 PCC 规则中的参数子集。完整的参数列表，可以参见 3GPP TS 23.203 以及 3GPP TS 29.212。

表 8-2　可能用在动态 PCC 规则的元素的子集

组件类型	PCC 规则组件	注　释
规则标识	规则标识符	在 PCRF 和 PCEF 之间使用，用于引用 PCC 规则；
与 PCEF 和 BBERF 中的业务数据流检测相关的信息	业务数据流模板	用于业务数据流检测的过滤器列表；
	优先顺序	用于决定在 PCF 的数据业务流模板所采用的顺序；
策略控制相关信息（如门控和 QoS 控制）	门状态	指示业务数据流是否可通过（门开启）或丢弃（门关闭）；
	QoS 等级标识（QCI）	代表数据流的分组转发的标识符；
	上行和下行最大比特率	授予业务数据流的上行（UL）和下行（DL）最大比特率；
	上行和下行保证比特率	授于业务数据流的可保证的上行（UL）和下行（DL）比特率；
	分配/保留优先级	业务数据流的分配/保留优先级；
计费控制相关信息	计费键值	计费系统使用计费键值确定业务数据流所采用的费率；
	计费方法	指示 PCC 规则所需的计费方法，可选的值有在线、离线或不计费；
	测量方法	指示是否测量业务数据流量、持续时间、混合流量/持续时间和事件；
用量监测控制	监测键值	PCRF 使用监测键值来聚合和共享公用允许用量的业务，详见 8.2.5 节

本文摘自 3GPP TS 23.203.

当在 PCC 规则中使用 QCI 时，需要使用与 8.1 节中所描述的相同的标准化 QCI 值和 QCI 特征。标准化的 QCI 以及相关特征独立于 UE 的当前接入技术。接收到 PCC 规则的接入网络会将 PCC 规则中的 QCI 值到匹配到任何特定接入的 QoS 上。这将在下文中进行详细描述。

到目前为止的讨论，都是假设 PCRF 使用 Gx 给 PCEF 提供 PCC 规则。这些由 PCRF 所提供的动态规则，记为"动态 PCC 规则"。然而，也有可能由运营商将 PCC 规则直接配置到 PCEF 中，这些规则就被称为"预定义的 PCC 规则"。在这种情况下，PCRF 即可指示 PCEF 通过引用 PCC 规则标识符来对这些预定义的规则进行激活。当动态 PCC 规则中的分组过滤器限定于 IP 头标中的参数（IP 五元组和其他 IP 头标参数）时，可以使用 IP 五元组之外的其他参数来扩展分组检测。有时也称这样的过滤器为深度包检测（Deep Packet Inspection，DPI）过滤器，它们通常用于当需要更加细粒度的流检测时的计费控制。用于预定义规则的过滤器的定义不是由 3GPP 进行标准化的。

如上所述，当使用"off-path"模式时，PCRF 需要通过 Gxc/Gxa 参考点给 BBER 提供 QoS 信息。提供给 BBERF 的 QoS 信息与相应的 PCC 规则中所存在的信息是相同的。然而，由于 BBERF 只需要 PCC 规则有效信息的子集，PCRF 不会发送完整的 PCC 规则给 BBERF。

相反，PCRF 利用从相应的 PCC 规则信息生成一个所谓的"QoS 规则"。QoS 规则包含 BBERF 所需的信息，以确保可以执行承载绑定（见下文）。因此，QoS 规则包含用于检测 SDF 所需的信息（如 SDF 模板和优先级），以及 QoS 参数（如 QCI 和比特率）。QoS 规则不包含任何与计费相关的信息。

2. 用例

由于与 PCRF 交互，因此 PCEF 和 BBERF 执行不同的功能。在本节中我们采用两个用例来概述 PCC 的动态表现，以及 PCC 如何与应用层和接入网络层进行交互。使用案例中提到的部分内容将在后文详细讨论。首先介绍案例的目的在于用例中所描述的基本概述可以简化对下一节中 PCC 方面的理解。

第 1 个用例的目的是说明使用"on‐path"PCC 建立服务会话、网络侧发起的 QoS 控制和在线计费（见图 8‐5）。

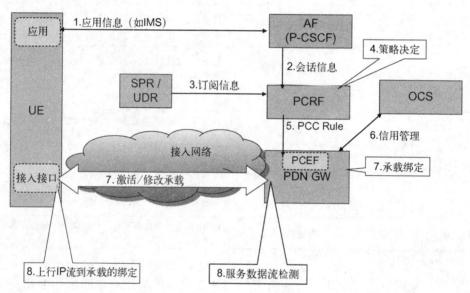

图8-5　针对 EPS 中，PCC 中"On‐Path"模型和网络侧发起的承载流程的用例概要说明

第 1 个用例描述如下：

1）用户发起一个服务，如 IMS 语音电话，执行由 AF（IMS 中的 P‐CSCF）中断的端到端应用会话信令。在 IMS 情况下，应用信令使用 SIP（Session Initiation Protocol，会话发起协议）。业务描述作为应用信令的一部分加以提供。在 IMS 中，会话描述协议（Session Description Protocol，SDP）用于描述会话。

2）根据应用信令中所包含的服务描述信息，通过 Rx 接口，AF 为 PCRF 提供与服务相关的信息。在 AF，会话信息从一个 SDP（如 IMS 的 SIP/SDP）到去往 PCRF 的 Rx 消息中的信息元素。这些信息通常包括 QoS 信息（服务类型、比特率需求）以及对相应于服务会话的 IP 流提供识别功能的数据流参数（如 IP 五元组）。

3）PCRF 可以从 SPR 或 UDR 请求与订阅量相关的信息（PCRF 可能之前已经请求过订阅信息，在这里出现只是为了便于说明）。

4）在构建策略决策时，PCRF 会考虑会话信息、运营商定义的服务政策、订阅信息以及其他数据。策略决策归纳为 PCC 规则。

5）PCC 规则由 PCRF 发送给 PCEF。根据接收到的 PCC 规则，PCEF 执行相应的策略决策。对于给定的用户和 IP 连接的所有用户面数据流量可通过 PCEF 所在的网络实体。对于 EPS 而言，PCEF 位于 PDN GW。

6）如果 PCC 规则规定要求使用在线计费，则按照 PCC 规则中所制定的测量方法，PCEF 通过 Gy 参考点与 OCS 联系来请求信誉值（creadit）。

7）PDN GW 装载 PCC 规则，并执行承载绑定从而确保该服务的数据流能够得到合适的 QoS。这可能会导致建立一个新的承载或修改现有的承载。后面将会介绍承载绑定方面更多的细节。

8）服务会话的媒体通过网络传输，PCEF 执行 SDF 检测来检测该服务的 IP 流。该 IP 流通过适当的承载进行传输。关于 SDF 检测的细节将在随后进行介绍。

第 2 个用例是为了说明同样的基本用例，但是在不同的网络场景下。该场景下使用"off – path" PCC、UE 侧发起的 QoS 控制和离线计费。对于 UE 侧发起的 QoS 控制，UE 和网络依赖于 UE 发起的触发器，这些触发器开启该应用的承载操作。更多关于 UE 侧发起的和网络侧发起的 QoS 控制原理将在随后进行介绍。由于使用离线计费，PDN GW（PCEF）不执行基于信誉值的访问控制。因此与计费系统的交互并未出现在该用例中。

值得注意的是，第 2 个用例中的前 3 个步骤与第 1 个用例相同。这些步骤涉及应用级的信令和 Rx 信令。该信令不依赖于接入网络特性，如使用的是 on – path 还是 off – path PCC，或使用的是 UE 侧发起还是网络侧发起的流程。只是在 PCRF 和接入网络中的处理方法的区别才取决于 PCC 架构模型和承载过程是由 UE 侧还是由网络侧触发。

使用"off – path"模型和 UE 侧发起流程的用例描述如图 8-6 所示。前 3 步按照简要的形式描述如下，完整的描述可以参看第 1 个用例。

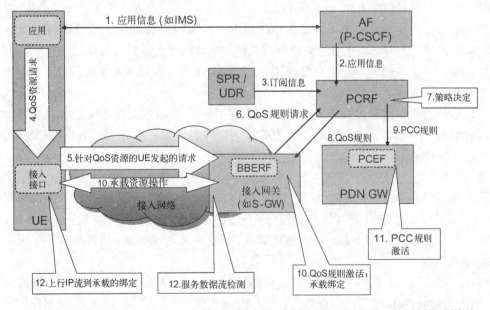

图 8-6　针对 EPS 中，PCC 中"off – Path"模型和用户侧发起的承载流程的用例概要说明

第 2 个用例描述如下：

1）用户发起一个服务，如 IMS 语音电话，通过 AF 执行 IMS 会话信令。

2）根据应用信令中所包含的服务描述信息，通过 Rx 接口 AF 为 PCRF 提供与服务相关的信息。

3）PCRF 从 SPR 请求与订阅相关的信息。

UE 侧发起和网络侧发起流程之间的区别，在这个时候就变得很明显了。在第 1 个用例中，PCRF 将规则"推"到 PDN GW，PDN GW 发起承载流程，从而确保服务接收到合适的 QoS。在第 2 个用例中，PCRF 则是等待，等到用户侧的请求触发从 PCRF 对规则的"拉"操作。

4）UE 侧的应用产生一个（内部的）接入接口请求以请求启动的应用所需的 QoS 资源。

5）UE 向网络发送一个该服务 QoS 资源的请求，包括与服务相关的 QoS 类和分组过滤器，可能也包括一定的 GBR 的请求。与这个请求相关的确切细节取决于 UE 使用的接入技术。对于 E – UTRAN 而言，UE 会发送一个 UE 侧请求的承载资源修改（UE – requested bearer）。对于 GERAN/UTRAN，UE 会产生从属的 PDP 上下文激活或修改请求。其他接入技术提供类似的与特定接入相关的信令。

6）由于使用 off – path PCC，当收到 UE 发送的请求时，BBERF 发起 PCRF 交互（相比之下，在 on – path 模型中，UE 的请求这个时候已经从 Serving GW 转发到了 PDN GW，PDN GW 也已经向 PCRF 发送了一个 PCC 规则请求）。

7）类似于第 1 个用例（第 1 个用例中的步骤 4），当建立策略决策时，PCRF 考虑会话信息、运营商定义的服务政策、订阅信息以及其他数据。策略决策被归结为 PCC 规则。由于使用 off – path PCC，因此 PCRF 也基于 PCC 规则推断出相应的 QoS 规则。

8）PCRF 发送 QoS 规则到 BBERF。

9）PCRF 发送对应的 PCC 规则到 PCEF。

10）BBERF（如 Serving GW）安装 QoS 规则，并执行承载绑定，从而确保该服务的数据流能够接收合适的 QoS。这可能会导致一个新的承载的建立或对现有承载的修改。

11）PDN GW（PCEF）安装 PCC 规则，PCEF 执行 PCC 规则所定义的门控、比特率执行和服务级计费。

12）服务会话媒体通过网络进行传输。UE 使用上行分组过滤器来决定承载是否能够承载上行数据流。BBERF 和 PCEF 都执行 SDF 检测来检测该服务的 IP 流。BBERF 在合适的承载上转发下行数据流。

需要注意的是，上述两个用例并不代表全部，实际中还有很多其他场景和配置。例如，对于不提供 AF 或 Rx 接口的一些服务，依然可以使用 PCC。在这种情况下，第 2 个用例的步骤 2 将会省略，PCRF 可以无须访问动态会话数据基于预配置的策略来授权 PCC/QoS 规则。如 8.2.5 节中所进一步描述的，PCRF 可以基于应用检测功能所提供的应用检测信息来授权 PCC/QoS 规则。

3. 承载绑定

PCC 规则需要映射到接入网络中一个相应的承载上，从而确保分组能够接收到合适的 QoS。这种映射是 PCC 的核心组件之一。PCC/QoS 规则和承载之间的这种关联被称为承载绑定（bearer binding）。承载绑定通过承载绑定功能（Bearer Binding Function，BBF）实现，该功能位于 PCEF（对于 on – path 而言）或 BBERF（对于 off – path 而言）。当 PCEF（或

BBERF）接收到新的或修改的 PCC/QoS 规则时，BBF 将评估是否能继续使用现有的承载。如果一个现有的承载仍然可以使用，例如，如果已经存在一个具有相应 QCI 和 ARP 的承载，则 BBF 可以启动承载修改流程来调整该承载的比特率。如果不能使用现有的承载，且使用的是网络侧发起承载流程，BBF 则发起一个合适的新承载的建立。特别地，如果 PCC 规则包括 GBR 参数，则 BBF 还需要确保 GBR 承载能容纳与 PCC 规则相应的流量。如果使用了网络侧发起承载流程，则 BBF 触发接入网络中的资源预留，从而确保能够提供 PCC 规则所授权的 QoS。关于承载概念的详细描述可以参见第 6 章。

对于 EPS 而言，如果 UE 使用 3GPP 接入技术，则当激活 PCC/QoS 规则时，BBF 使用 EPS 承载流程。与 EPS 进行交互的其他接入技术可能会有其他接入技术特定的 QoS 信令机制。BBF 的任务是根据不同的接入技术，与合适的 QoS 流程进行交互。为了在接入网络中建立正确的 QoS 资源，PCEF/BBERF 不仅需要调用恰当的 QoS 流程，还需要映射 QoS 参数。特别地，BBF 必须将 PCC/QoS 规则的 QCI（一个与接入技术无关的参数）映射成接入特定的 QoS 参数。对于 3GPP 系列的接入技术而言，这是简单的，因为 QCI 也被用作 EPS 承载的 QoS 参数。对于其他接入而言，映射可能会包含一个从 PCC/QoS 规则中的 QCI 到特定接入中所使用的接入技术指定的 QoS 参数的"翻译"。

4. 业务数据流检测

一旦业务会话建立，业务媒体流将处于流动状态，PCEF 和 BBERF 则使用所安装的 PCC/QoS 规则中的分组过滤器将 IP 分组分类到不同的授权 SDF。这个流程称为 SDF 检测。每个 SDF 过滤器中的每一个过滤器都关联于一个优先值。PCEF（或 BBERF）按照优先级顺序将进入的分组与安装规则的可用过滤器进行匹配。如果不同 PCC 规则中的过滤器之间存在重叠，那么这里的优先级就很重要了。一个存在重叠的例子是 PCC 规则包含通配符过滤器。该过滤器与其他 PCC 规则中范围更窄的过滤器存在重叠。在这种情况下，通配符过滤器应该在范围更狭窄的过滤器后进行评估，否则通配符过滤器将导致 PCEF/BBERF 在尝试范围较窄的过滤器之前进行了成功匹配。如果分组与一个过滤器匹配，则关联规则的门是开启的，分组将可以转发到目的地。对于下行部分，到一个 SDF 的 IP 分组分类也就决定了使用哪个承载传输分组（见图 8-7）。6.2 节中详细介绍了承载和分组过滤器如何将分组指向到正确的承载。

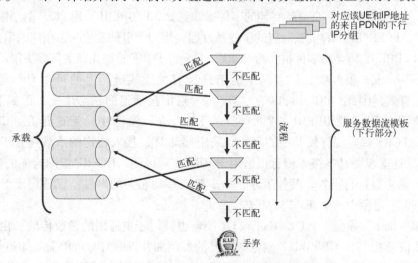

图 8-7　下行数据流的 SDF 检测和承载映射的示例

与 SDF 检测相关的另一个方面发生在当使用 DSMIPv6 作为移动协议时。在这种情况下，用户面数据流在 UE 和 PDN GW 之间进行传输，在通过 BBERF 时也是这样（对 DSMIPv6 的介绍详见 16.3 节）。由于 PCC 规则中的分组过滤器适用于非隧道分组流，BBERF 必须"深入看"DSMIPv6 隧道，从而应用 SDF 模板中的分组过滤器。这可以被称为"隧道深入检查（tunnel look-through）"，如图 8-8 所示。外部隧道头标决定于当 UE 和 PDN GW 建立了 DSMIPv6 隧道时，隧道头标有关的信息，即外部头标 IP 地址等，经由 PCRF 从 PDN GW 发送到 BBERF，因此 BBERF 可以为隧道使用正确的分组过滤器。

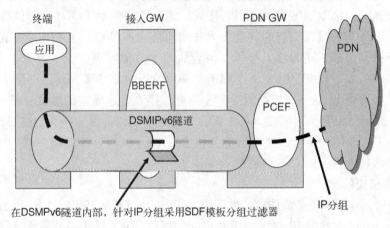

图 8-8　当使用 DSMIPv6 时，BBERF 的"隧道深入检查"

5. 事件和更新策略决策

当 PCRF 做策略决策时，从接入网络中接收到的信息可以作为输入。例如，PCRF 可以被告知 UE 当前所使用的接入技术，用户是在家乡网络中还是处于漫游中。在会话的生命周期内，接入网络的条件可能会有所改变。例如，用户可能在不同的接入技术之间或不同地理区域进行移动。也还可能存在授权 GBR 不再被维持在无线链路上的情况。在这些情况下，PCRF 可能需要重新评估策略决策，并为 PCEF（和 BBERF，如果存在）提供新的或更新的规则。因此，PCRF 应该能够使自身及时应对发生在接入网络中的事件。为了实现这个目标，流程被定义为允许 PCRF 将自身感兴趣的事件通知到 PCEF/BBERF。用 PCC 术语说是 PCRF 订阅某些事件，PCEF/BBERF 设置对应的事件触发器。当一个事件发生时，相应的事件触发器被设置，PCEF/BBERF 将会将事件报告给 PCRF，并允许 PCRF 重访先前的策略决策。

在"on-path"模型中，接入网络的信息（有关无线链路上的可用 QoS 等信息）在 PDN GW 上有效，因此，PCEF 可以通过 Gx 参考点汇报任何的状态改变。正如上面所提到的，这种情况下不需要 BBERF。然而在"off-path"模型中，无论是在 PCEF 还是在 BBERF 中，PCRF 都需要订阅其中的事件。采用移动 IP，接入特定的承载终止于 BBERF 而不是 PCEF。这就表明某些接入信息仅适用于 BBERF。因此，BBERF 检测这样的事件，并通过 Gxa/Gxc 参考点进行报告。其他事件，如多接入移动相关的事件，仅适用于 PCEF，因此由"off-path"模型中的 PCEF 进行报告。

在"off-path"模型中，Gxa/Gxc 和 Gx 接口也被用于更通用的参数传输。由 BBERF 所提供的一些信息在 PDN GW/PCEF 侧也是需要的。例如，PDN GW 可能需要知道使用了哪种 3GPP 无线技术（GERAN、UTRAN 或 E-UTRAN）从而使用合适的计费，该信息不一定是

144

通过 PMIP S5/S8 参考点进行提供的，如图 8-9 所示，它是由 BBERF 通过 PCRF 提供给 PCEF（PDN GW）的。

同时，AF 可能对接入网络的条件通知感兴趣，如使用了哪种接入技术或与 UE 的连接状态。因此，AF 可能通过 Rx 参考点订阅通知。在这种情况下，由 PCRF 报告给 AF。Rx 上的通知并不直接与 PCRF 更新的策略决定相关，但是事件触发器在这里也发挥了一些作用。原因是如果 AF 在 Rx 上订阅通知，则 PCRF 将需要通过 Gx 或 Gxa/Gxc 接口来订阅相应事件。

图 8-9 给出了 PCC 架构中的信息流的概要描述。

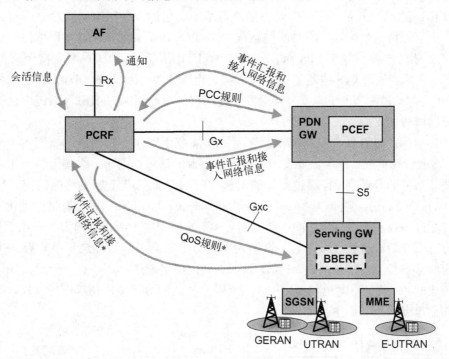

图 8-9　信息流概要

标星号的内容只适用于 off-path 模型。为了清楚描述，图中只显示了 3GPP 接入系列。

6. 功能分配

PCEF 的大多数功能对于"on-path"和"off-path"模型都是通用的。例如，两种模型都可以实现业务级计费、门控、QoS 执行和事件报告。然而，正如我们之前所看到的，基于承载相关的功能和某些事件报告需要通过"off-path"场景中的 BBERF 执行。表 8-3 总结了两种架构变种中的功能分配。

表 8-3　"on-path"和"off-path"模型中的功能分配

	不使用 BBERK	使用 BBERK
业务级计费（基于流的计费）	PCEF	PCEF
业务级门控	PCEF	PCEF
业务上行下行比特速率执行	PCEF	PCEF
承载绑定	PCEF	BBERK
事件汇报	PCEF	BBERF 和 PCEF

8.2.3 网络侧发起的 QoS 控制和终端侧发起的 QoS 控制

正如在前面介绍的两种用例中所表明的，在接入网络中存在两种用于发起 QoS 分配的基本方法：由 UE 触发或由网络触发。我们把它们分别称为终端侧发起的 QoS 控制范式和网络侧发起的 QoS 控制范式。下面详细介绍两种范式的一些通用特性。

首先，GPRS 只支持 UE 发起的 QoS 范式。使用 UE 侧发起的规则非常合理，因为实际上没有办法从网络侧触发资源预留过程，直到 3GPP 中引入策略控制之后。然而，在 3GPP Release 7 中，随着 PCC 的发展，PCC 方案使得基于应用信令在网络侧触发 QoS 资源预留成为可能。为了支持网络侧发起的 QoS 控制范式，GPRS Release 7 中引入了网络侧发起的从属 PDP 上下文激活流程。对于 EPS 而言，GERAN/UTRAN 和 E－UTRAN 支持网络侧发起的 QoS 控制和终端侧发起 QoS 控制的这两种流程。由 3GPP2 所规范的 CDMA2000 系统，其包含 eHRPD 系统，通常情况下是支持终端发起的流程，与此同时，eHRPD 系统中也引入了对网络侧发送流程的支持。

对于终端侧发起的 QoS 控制范式，终端发起信令用于建立到网络的特定的 QoS。对于 E－UTRAN 的特殊情况，终端需要发送一个承载资源的请求给网络。终端上的应用需要知道终端需要什么样的 QoS，并且通过在终端内部"接口"或 API 上触发终端的接入接口部分（如 E－UTRAN 部分）。该 API（Application Programming Interface）并没有被标准化，可以在不同的终端设备商和接入技术之间有所差别。API 的使用在 8.2.2 节的第 2 个用例的步骤 4 中已经进行了介绍。这就意味着为了给接入规范 QoS 信息，客户端应用就需要知道接入网络的特定的 QoS 模型。如该范式，PCRF 没有必要向网络推送 QoS 信息。然而，如以第 2 个用例所描述的，一个 PCRF 仍然可以用来对终端所发送的 QoS 资源请求进行授权。终端启动的 QoS 控制准备可以参照图 8-10 所示。

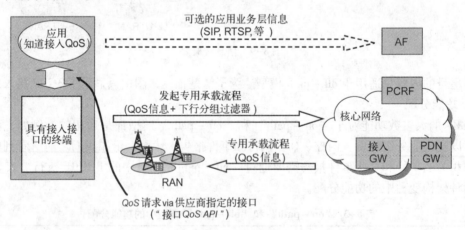

图 8-10　终端发起的 QoS 控制

对于使用网络侧发起的 QoS 控制，网络发起信号来建立终端和无线网络的特定 QoS。对于 E－UTRAN 特例而言，网络发起专用承载流程。该信令的触发是从其他网络节点所接收的，通常是一个组合了 PCRF 的 AF。信令在如 Rx 和 Gx 等标准的参考点上进行发送。该场景通过 8.2.2 节中的第 1 个用例进行了描述，在图 8-11 中也给出了图示。

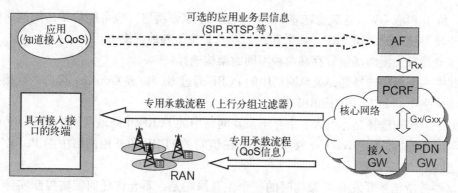

图 8-11 网络侧发起的 QoS 控制

对于使用网络侧发起的范式，客户端应用程序无须担心接入网络侧 QoS 模型的规范。反而，终端侧应用依赖网络来确保与接入相关的 QoS 规程能够按需执行。然而，应用可能掌握一些与接入无关的但希望被提供的 QoS 的知识，并通过应用层对该 QoS 做出请求。例如，应用于会话的 QoS 可以通过如 SIP 和 RTSP（Real-Time Streaming Protocol）与 SDP 的组合等应用层信令的手段来与网络进行协商。然而，需要注意的是，在信令中不存在与特定接入相关的信息。网络侧发起的 QoS 控制的该特性相当具有吸引力，因为其可以用来为接入方式不可知的客户端应用提供 QoS，如那些用户下载和安装的应用。这对于终端侧发起的 QoS 控制而言则是不可行的，因为终端侧发起的 QoS 控制要求特定接入相关的客户端应用需要按照设备商指定的 QoS API 进行编程。"接入 QoS 不可知（"access QoS agnostic"）"的存在也使得能够在分离终端场景中提供 QoS。在该场景中，客户端应用可以驻留在特定的节点（如一个笔记本计算机或机顶盒）上，该节点在物理上与终端是分离的。网络侧发起的 QoS 控制的信令在第 8.2.2 节的第 1 个用例中进行了阐述。

网络侧发起的范式的一个先决条件是网络能够了解服务需要什么样的 QoS 资源。然而，实际中的许多服务（如移动电视和 IMS 语音）可能通过与第三方服务与运营商达成协议，由接入网络运营商所提供的，从而也就可以为运营商所知。因此运营商为与服务相关的 SDF 分配 QoS 等级也就是合情合理的了。

由于关于网络侧发起的 QoS 控制范式的所提及的优点，我们将其认为是运营商控制和对服务具有充分了解的用例中最为有利的。对于运营商不知道的服务，可以使用终端发起的 QoS 控制范式。举例来说，用户通过互联网发文一个视频流服务器（运营商不知道的），并且终端应用希望为该服务建立高级的 QoS。在这种情况中，可以使用终端发起的 QoS，假定它是被运营商所允许使用的。

8.2.4　PCC 和漫游

在第 2 章中已经简要地提及了，3GPP Release 8 中的 PCC 支持在 on-path 和 off-path 两种场景下的漫游。当用户漫游至外地网络时，我们区分两种主要的漫游场景：家乡路由（Home Routed）场景和访问接入（Visited Access）场景。后者也通常被称为"本地疏导（Local Breakout, LBO）"。在家乡路由场景中，用户通过家乡网络中的 PDN GW 实现连接，所有该 IP 连接的数据流通过家乡网络被路由。在访问接入场景中，用户通过访问网络中的 PDN GW 实现连接，数据流在 UE 和 PDN 之间传输，而不需要通过家乡网络的 PDN GW。因为 PCEF 位于 PDN GW，这就意味着 PCEF 可能位于家乡网络，也可能位于访问网络中。当用户处于漫游状态时，BBERF（如果存在）则总是位于外地网络中。

为了支持此类漫游场景，存在两种不同的架构选择：

- 其中一个架构选择是，家乡网络中的 PCRF 通过 Gx 和/或 Gxa/Gxc 接口，直接控制外地网络中的 PCEF 和/或 BBERF。
- 另一个架构选择是，引入一个介于家乡网络中的 PCRF 和外地网络中的 PCRF 间的参考点，随后，Gx/Gxa/Gxc 接口存在于在访问的 PCRF 和外地网络中的 PCEF/BBERF 之间。

为这些漫游场景开发 PCC 架构时的一个主要原则是，不允许任何策略控制实体直接控制另一个运营商网络中的策略执行实体。交互必须总是通过同一网络中的策略控制实体（作为策略执行实体）。因此，决定使用以上描述的第 2 种选择，介于两个 PCRF 之间，引入一个新的参考点，即 S9。其中，这两个 PCRF 分别表示家乡 PCRF（H‑PCRF）和访问 PCRF（V‑PCRF）。

图 8-12 展示了这两种漫游场景和相关的 PCC 架构。在访问接入场景中，需要注意的是，AF 可以关联于家乡网络或外地网络。

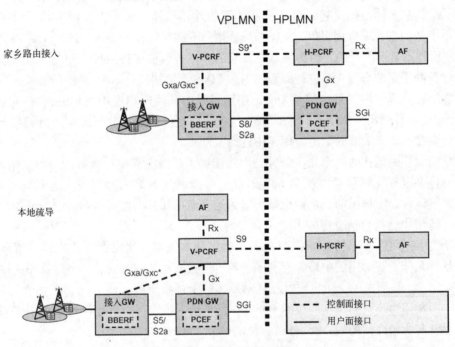

图 8-12　家乡路由和访问接入（本地疏导）在漫游场景下的 PCC 体系结构

标有星号的内容只适用于 off‑path 模型。

允许服务的控制和资源的授权总是由 H‑PCRF 处理。由于家乡运营商在漫游场景和非漫游场景中都提供了这种控制，因此一致的用户体验是可能的。对于漫游场景而言，当使用 S9 时，V‑PCRF 可以接受或拒绝，但不可以改变来自家乡网络的策略决定。这就使得访问运营商可以控制其无线接入网络中的资源使用。

在家乡路由的漫游场景中，PCEF 位于家乡网络，由家乡运营商所控制。至于非漫游场景，PCEF 通过 Gx 连接到 H-PCRF，在线计费可以通过到 OCS 的 Gy 接口，采用类似的方式执行。

如果使用 on-path 模型，也就是说，针对家乡路由数据流的漫游接口是基于 GTP 的，就不需要 BBERF 或 Gxa/Gxc，从而也就不需要 V-PCRF 或 S9。所有外地网络的 QoS 信令将要使用 GTP 的 S8 接口，不需要在访问的运营商网络中包括一个 PCRF。该漫游模型与 EPS 之前的 GPS 中所存在的是基本相同的。

如果使用 off-path 模型，也就是说，针对家乡路由的数据流的漫游接口使用的是移动 IP，这就需要 S9 参考点。外地网络中的 BBERF 在 S9 参考点上通过 V-PCRF 连接到 H-PCRF。在这种场景下，经由 V-PCRF，H-PCRF 负责控制外地网络中的 BBERF。因此，H-PCRF 通过 V-PCRF 向外地网络中的 BBERF 提供策略决定（QoS 规则）。

在外地接入场景中，通过访问运营商网络中的 PDN GW 建立 PDN 连接。如果通往外地网络中的 PDN GW 使用 GTP，那么 PDN GW 基于 S9，通过 V-PCRF 连接到 H-PCRF。另一方面，如果通往外地网络中的 PDN GW 使用移动 IP，那么 S9 参考点和 V-PCRF 的角色将会变得更加复杂，原因是 Gx 和 Gxa/Gxc 流程都需要在相同的 S9 会话中进行处理。V-PCRF 必须能够在一边的 S9 和另一边的 Gx 和 Gxa/Gxc 之间分离与组合其中的信息。

在外地接入场景中，V-PCRF 和 S9 参考点的使用独立于外地网络是使用 on-path 架构还是使用 off-path 架构。因此，这就需要 S9 接口也独立于 PCC 模型。自然地，这不可能在家乡路由场景中得以实现，因为 S9 仅存在于使用 off-path 的时候。然而，在外地接入场景中，则具有较大可能性可以在访问网络中通过 S9 接口"隐藏"Gxa/Gxc 方面的内容。这是在设计 S9 协议时的其中一个目标。若要了解更多的细节，可以参考第 15 章和 3GPP TS 29.215。

关于外地接入场景，使用 AF 来通过 Rx 连接到 V-PCRF 是有可能的。在这种情况下，使用 S9，Rx 信令会通过 V-PCRF 转发到 H-PCRF。

8.2.5 3GPP Release 8 以来的 PCC 新增特征

除了少数例外的情况，之前章节主要针对的还是 3GPP Release 8 中所规范的基本的 PCC 架构和功能。然而，在 3GPP Release 9、Release 10、Release 11 中，对 PCC 做出了重大的改进。这也是本节的目的所在，下一节（第 8.2.6 节），我们还将详细描述这些改进中最为重要的部分。

必须注意的是，这些改进功能并不是独立的，而是基于对 Release 8 基础的集成而进行的功能增强。因此，这些增强可以很自然地作为前面章节中所描述的 PCC 架构整体的一部分进行描述。然而，对于已经熟悉了 Release 8 中 PCC 的读者，我们在描述上就不需要过于复杂，而应该进行简化。同时为了限定在一个合理的范围内描述基本的 PCC 功能，我们采用了先将 Release 8 作为单独的章节，然后再去描述这些主要的增强功能。

在本节中，我们将描述以下 PCC 改进功能：

- 应用检测和控制。
- 使用量监测控制。
- 基于用户花费限制的策略控制。

- 对 IMS 紧急呼叫和多媒体优先级服务的 PCC 支持。
- 赞助连接（Sponsored Connectivity）的 PCC 支持。
- 基于 DSMIPv6 的 IP 流移动的 PCC 支持。

1. 应用检测和控制

在本章前面小节中，当我们描述基本的 PCC 架构时，都是假设通过显示服务会话信令来给应用提供动态的策略和计费控制。该控制功能能够由 AF 提供支持，AF 与 UE 执行服务信令交互，并且通过 Rx 接口与 PCRF 进行通信从而传递动态服务信息。举一个这种应用的例子，IMS，其中的 AF 是 P – CSCF，服务会话信令基于 SIP/SDP。当 PDN 会话被激活时，PCC 可以提供策略和计费控制功能，其中 PCC 规则是提前配置且已经被激活了的。

在 3GPP Release 11 中，PCC 进一步增强，支持在没有显式服务会话信令时也能够提供应用感知。基于这个目的，引入了一个新的特性，即 ADC（Application Detection and Control，应用检测和控制）。ADC 功能的使用，使得特定应用流量的检测请求以及向 PCRF 报告应用数据流的开始和停止成为可能，同时也使得针对特定的应用数据流施行特定的增强操作成为可能，这里的增强操作包括应用数据流的阻塞（Gating，门控）、带宽限制和数据流重定向至其他地址。

可以举出很多服务的例子，没有明确定义的服务会话信令协议，或不存在基于 Rx 控制服务的 AF。例如，ADC 功能可以用来检测视频流服务的使用（在没有 AF 控制下），并向 PCRF 报告使用情况。随后，PCRF 可以使用常规的 PCC 流程来指示 PCEF 预留适当的资源。另一个例子是 P2P（Point – to – Point）文件共享协议，该示例中，向 PCEF 报告描述服务的流量过滤器信息是不太可能的，相反地，则是通过 ADC 功能来执行服务的比特率限制，即使不能直接提供报告服务的流量过滤器信息，向 PCRF 报告应用使用的开始和停止的检测情况也比较有效。例如，运营商可以通过报告来分析流量模式。在使用在 PCRF 中预定义 PCC 规则的 ADC 引入之前，对一般的应用进行比特率限制时是没有任何意义的。然而，有了 ADC，则可以通过 PCRF 动态提供比特率限制，包括数据包检测及报告的应用检测及控制功能可以在 TDF（流量检测功能）中执行或集成到 PCEF 中。在前者中，TDF 是引入的包括 ADC 特征的一个独立逻辑实体。TDF 驻留在 SGi 接口上，对通过该接口的用户数据流进行检测。在 TDF 和 PCRF 之间，引入了一个新的参考点——SGi。另一方面，后者中，PCEF 是 Release 8 中 PCC 架构的一部分，但在这里成为包括 ADC 的增强型的 PCRF。这两种选项如图 8–13 所示，左图给出了单独的 TDF 中包含 ADC 的场景，右图给出了增强 PCEF 集成 ADC 的场景。

值得注意的是，在 Release 11 之前，还是存在支持应用检测和报告的类似功能，但是是以专利的形式存在的。

ADC 功能支持两种不同的模型——经过请求的和未经请求的应用报告：

在经过请求的应用报告模型中，PCRF 指示 TDF（或集成 ADC 的增强型 PCEF）哪些应用需要被检测并报告给 PCRF。PCRF 激活 TDF 或 PCEF 中所谓的 ADC 规则。除了应用检测和报告的指示外，ADC 规则也可以包含一些执行操作，这些执行操作由 TDF 或 PECF 应用于所检测的数据流。当决定激活 ADC 规则（或 ADC 规则授权）时，PCRF 也会考虑订阅数据等。

在未经请求的应用报告模型中，TDF 预先配置检测和报告哪些应用。这种情况下，对所

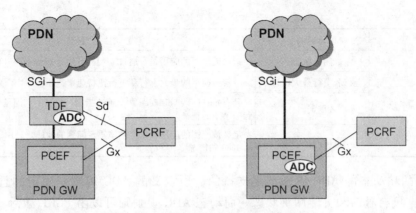

图 8-13　应用检测和控制 (ADC) 架构

有用户而言，由 TDF 采用相同的方式执行应用检测，ADC 规则的动态激活不是由 PCRF 来执行。在该模型下，TDF 也不支持强制操作。如果需要执行强制操作，则是在 PCRF 中通过使用通用规则和之前章节所描述的计费强制功能来进行实现。未经请求的应用报告不适合于 PCRF。

经过请求的和未经请求应用报告模型有几点不同。一个重要的方面是隐私问题，一般来说，ADC 必须使用深度包检测 (DPI)，从而检测用户流量的应用层数据。然而，按照规则或法律规定，在运营商执行这些功能之前，需要经过用户同意。在经过请求的模型中，如果用户配置信息中允许，则 PCRF 可以激活应用检测。在未经请求的模型中，则不考虑用户的配置文件，因为 TDF 是基于预先配置规则进行流量检测的。因此，使用未经请求的应用报告，首先是假设没有必要在用户配置信息指示是否允许进行应用检测。

然而，如果不关心隐私策略或其他与订阅相关的方面，从 TDF 的角度，使用未经请求的报告则更为简单，因为给定用户检测流量之前，不需要建立一个 Sd 会话。当存在多个 TDF 时，可扩展性也是需要重点考虑的方面。使用未经请求的报告，PCRF 不需要决定由哪个 TDF 来处理某一用户的数据流。逻辑上，ADF 规则和 PCC 规则是分离的。ADF 规则包含了能够识别用于检测应用开始和停止的规则信息，以及检测应用的规则所采用的强制操作的信息。

表 8-4 列举了可能由 PCRF 所提供的 ADC 规则参数。与 PCRF 相比，ADC 规则的不同方面将在下文中进行阐述。

表 8-4　ADC 规则

元 件 类 型	ADC 规则元件	注　　释
规则标识	ADC 规则标识符	唯一地标识一个 ADC 规则，用于 PCRF 和 DF（或 PCRF）之间，目的在于引用 ADC
应用检测	应用标识符	引用规则所适用的应用，该参数是固定的，不能由 PCRF 更改。当开始或停止一个应用被检测到时，其值被汇报给 PCRF
使用量监测控制	监控键	该参数用于使用量监测控制，具体细节参见 8.2.5 节

元件类型	ADC 规则元件	注　释
增强控制	门控状态	指示被检测的应用是否通过（门控开启）或被丢弃（门控关闭）
	上行和下行最大比特率	授权给应用的最大上行和下行比特速率
	重定向	具有 enabled 和 disabled 两个值，指示被检测的应用是否应该重定向到一个新的地址
	重定向目的地	定义被检测的应用数据流应该重定向到的地址。只用于重定向值为 enabled 的情况

预定义的和动态的 ADC 规则都是支持的。预定义的 ADC 规则是固定的且不可以被 PCRF 修改，只有激活和失活两种状态。而动态 ADC 规则则可以由 PCRF 激活、修改和失活。需要注意的是，这些在 Gx 和 Sd 接口上提供支持的 ADC 规则操作（激活、调整和失活），只适用于经过请求的报告。

ADC 规则定义假定是在 TDF 或集成了 ADC 的增强型 PCRF 中预先给出的。因此，在经过请求的模式中，PCRF 不需要通过 Sd 或 Gx 接口提供完整的规则，而仅提供一个到预定义规则的引用。PCRF 可能会更新 ADC 规则元素，如门控状态和比特率参数等。与动态 PCC 规则相比，存在的一个不同点是，PCRF 还包含针对 SDF 检测的 SDF 模版。不在 Sd 或 Gx 参考点上提供流量检测信息以及其他 ADC 规则参数的原因是执行应用流量检测方法往往都超出基本的 IP 报头。流量检测方法可以很复杂，超出了简单的包过滤，且不容易对信息进行标准化，因此流量检测方法就包含所有感兴趣的应用和分组检测方法。反而，PCRF 能够引用 TDF 或 PCEF 中预配置的 ADC 规则，并且修改了其中的一些属性。一旦 ADC 规则被激活，不管在经过请求模式下基于显式 ADC 规则激活（由 PCRF 操作），还是在未经请求模式 ADC 规则一直处于激活状态，TDF 或集成 ADC 的增强型 PCEF 均执行以下操作。

- 流量检测：基于 TDF 或集成了 ADC 的增强型 PCEF 中执行和配置的信息和方法，检测匹配相应应用的数据流。
- 报告：一旦 TDF 或 PCEF 检测到与应用数据流有关的事件，TDF 或 PCEF 会报告给 PCRF。当检测到相关应用的数据流的启动和停止时，TDF 或 PCEF 也会进行报告。给 PCRF 的报告中包含标识应用的应用标识符，还可能包含所检测流量的服务数据流过滤器。然而，在某些情况下提供 SDF 描述是有意义的，例如，当服务特定的信令（如对于视频流而言）和可用一个或少量的 IP 五元组描述流时，如果流量过滤器不可推断，如某些 P2P 应用中的不包含服务特定信令的应用，则 SDF 描述可以在报告中省掉。
- 强制操作：依赖于 ADC 规则，TDF 和集成了 ADC 的增强型 PCEF 可以执行强制操作。这就意味着会阻止应用数据流（通过门控）或限制应用数据流到达某一上行或下行最大比特率。强制操作可以包括将检测的应用数据流重定向到别的目的地，例如，包括充值和服务提供页的应用服务器。如果支持重定向，则 ADC 规则中应该包含重定向地址，从而能够为重定向数据流定义目的端。重定向可以无关于所有的应用类型，但也可以只在特定类型上执行，例如，在基于 HTTP 的数据流上执行。需要注意的是，TDF 和集成了 ADC 的增强型 PCEF 中的强制操作是可选的。如果 PCRF 不能提供

SDF 描述，则 TDF 或集成了 ADC 的增强型 PCEF 需要执行强制操作。然而，如果 PCRF 提供了 SDF 描述，则 PCEF 依然可以执行强制操作，就像在 PCEF 中使用 PCC 规则和 SDF 检测的常规 PCC 操作一样。然而，由 TDF 和增强型 PCEF 中的 ADC 功能所支持的强制操作与 PCEF 所支持的有所不同。按照之前的章节所描述的，PCEF 支持承载绑定、计算、整形和限流。而如当前所述，ADC 功能支持整形、限流和重定向操作。

接下来我们将给出一个使用应用检测和控制的用例，如图 8-14 所示，描述如下：

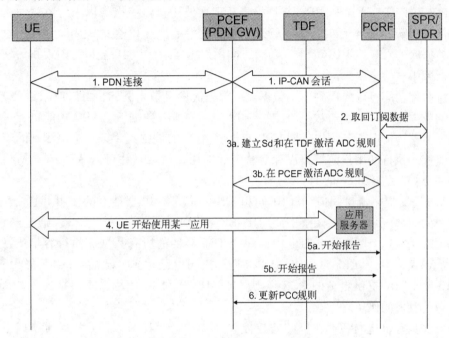

图 8-14　应用检测和控制的用例

1）用户已连接到网络中。UE 和 PDNGW 之间存在一个 PDN 连接，并且该 PDN 连接相应的 IP – CAN 会话，存在于 PDN GW 和 PCRF 之间。

2）PCRF 获取指示用户应该支持应用检测和控制的订阅数据。

3）如果使用 TDF，则 PCRF 发起和一个 TDF 之间的 Sd 会话（3a）。PCRF 也激活 TDF（3a）或 PCEF（3b）中合适的 ADC 规则。

4）用户开始一个应用，如视频流应用。

5）ADC 功能基于预先提供的应用检测规则，检测到应用已经开始。TDF（5a）或 PCEF（5b）向 PCRF 报告，并且为被检测的应用数据流提供服务数据流过滤器。

6）PCRF 决定该用户的应用检测被授权可以使用高级 QoS。因此，PCRF 向 PCEF 提供与检测 SDF 过滤器和授权的 QoS 相应的新的或修改的 PCC 规则。

2. 使用量监控控制

使用量监控控制是 3GPPP Release 9 中新增的特征，允许运营商根据全网实时使用情况来强制执行动态决策。由增强型 PCC 提供支持，提供以每条 IP 会话或用户为基础的网络资源累积使用量监控。这种情况下的网络资源是基于流量的。

举例来说，使用量监控控制有用的场景是当运营商希望允许用户每个月使用的最大量（2G 字节）为一个高的带宽值时（不受限的）。如果某个月中，用户使用超过了规定量，那么在该月剩下来的时间内带宽就先限制在一个小的数值（如 0.5 Mbit/s）下。另外一个例子是当运营商希望针对某些服务提供使用量限制时，例如，允许 TV 和按需电影服务在每个月中包括一个最大量值。

当使用量监控来做一些动态策略抉择时，基于使用量监控控制的目的，PCEF 或 TDF 来执行资源的统计。PCRF 设置可行的使用量阈值，并提供给 PCEF 或 TDF 用于监控。当阈值达到后，PCEF 或 TDF 通知 PCRF，并且报告从上次使用量监控报告以来的累积使用量。当用户没有任何活跃的 IP 会话时，为了管理累积的使用量，当 IP 会话关闭时，使用量会被存储在用户数据库（SPR 或 UDR）中。随后，当用户重新激活该 IP 会话时，累积的使用量会从用户数据库中被检索出来。

使用量监控功能可以应用到不同数据流或数据流量组中。例如，可以应用到 PCEF 中的单独业务的数据流、一组业务数据流或某个 IP 会话的所有数据流。ADC 功能也支持使用量监控功能。在这种情况下，可以针对 TDF 或集成 ADC 的增强型 PCRF 所检测到的应用数据流使用量监控。执行使用量监控可以针对特定的应用，也可以针对由 ADC 规则所标识或所有流属于一个特定的 TDF 会话的一组应用。

通过给 PCEF 提供流量阈值，PCRF 可以请求一个完整 IP 会话上的使用量监控。流量阈值表明整个的用户流量的量，在此之后，PCEF 或 TDF 需要反馈给 PCRF。通过这种方式，PCEF 对 PCEF 中一个 IP 会话或 TDF 中的一个 TDF 会话的所有数据流执行容量测量。当累积使用量达到阈值时，PCEF 或 TDF 向 PCRF 汇报阈值已达到。随后，PCRF 做出新决策，可以向 PCEF 或 TDF 提供更新的 PCC 规则（或 ADC 规则）。使用量阈值报告是 8.2.2 节中所描述的事件触发的例子之一。

实现更加具有可选的和细粒度的监控控制（例如，针对每个服务数据流或成组的服务数据流）的方法可以是使用被称为监控键（Monitoring Keys）的参数来统计累积容量。运营商在 PCRF 配置监控键，并将一个容量阈值关联到每一个监控键上。然后，将监控键和阈值提供给 PCEF 或 TDF。PCEF/TDF 对每个监控键单独执行容量测量，并针对每一个监控键管理测量结果。因为每个 PCC 规则（或 ADC 规则）可包括一个监控键值，每个特定的 PCC 规则（或 ADC 规则）所包括的数据流将统计到特定监控键相应的累积使用量中。PCC 和 ADC 规则中的监控键可以从表 8-2 和表 8-4 中找到，所以这里就不再重复。一个特定的监控键可以包含在一个或多个 PCC/ADC 规则。这种情况下，运营商可以选择针对哪些流以及基于什么样的粒度来使用使用量监控控制。对于一个特定的监控键而言，当累积使用量达到阈值时，PCEF 或 TDF 向 PCRF 报告使用量阈值已达到，随后 PDRF 做出新决策，并可以更新 PCEF 中的 PCC 规则。

接下来我们将给出一个使用量监控控制的用例，如图 8-15 所示，说明如下：

1）用户已连接到网络中，UE 和 PDN GW 之间存在一个 PDN 连接。

2）PCEF 发起通往 PCRF 的 IP-CAN 会话建立。

3）PCRF 连接用户数据库（SPR 或 UDR），获取允许的剩余使用量。

4）PCRF 设置和发送可用阈值给 PCEF。

5）PCEF 为 IP-CAN 会话和/或接收到的监控键统计流量。

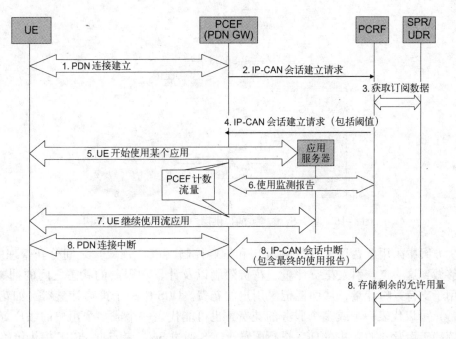

图 8-15　图解使用量监控控制的呼叫流示例

6）当使用量阈值达到时，PCEF 向 PCRF 通知并报告自上一次报告以来的累积使用量。

7）如果请求来自 PCRF，则 PCEF 继续执行使用量监控。

8）当 IP - CAN 会话结束时，PCRF 储存剩余的可用容量至 SPR/UDR 中。

3. 基于用户花费限制的策略决策

我们即将描述的下一个 PCC 功能是基于用户花费限制的策略决策，这是在 3GPP Release 11 中新添加的功能，其使得 PCRF 能够根据 OCS 中管理的花费限制来采取相应动作。花费限制指的是用户可接受的使用量限制（如花费、容量和时延）。当用户花费限制（如花费、容量和时延）超过了某个阈值（向上或向下）时，系统会相应地调整给服务提供的资源（如 QoS、带宽和接入方式）。举个例子，如运营商设置每天 2 美元的花费限制。当用户的花费达到了该花费限制时，系统可以触发 QoS 调整。基于运营商预定义的阈值，系统也会限制只给其中的一个、多个或所有 IP 会话限制。此外，当用户被通知其花费已经达到了某个费用的限制时，运营商可以重定向用户至一个充值页面，用户确认是否继续使用服务，需要则继续缴费。

由于花费限制往往与费用总量相关，因此 PCC 需要能够帮助提供计量记录计数。PCRF 并不知道费用金额或一个用户实际花了多少，任何和钱相关的内容都由计费系统处理。另一方面，计费系统不知道 QoS 和计费控制策略，这些将由 PCRF 来处理。因此为了解决上述用例，需要在计费系统和 PCRF 之间实现一些协作和交互。实现基于用户花费限制的策略控制的解决方案是引入一个新的参考点——Sy 参考点。该参考点定义在在线计费系统（Online Charging System，OCS）和 PCRF 之间。在线计费系统维护用户花费的计量，并且通过 Sy 参考点向 PCRF 提供状态报告。PCRF 使用花费限制状态作为有关 QoS 控制、限流和计费条件等策略决策的输入，参考架构如图 8-16 所示。

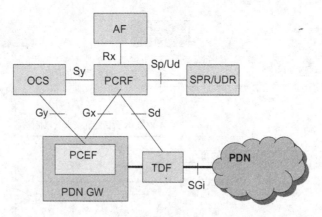

图 8-16　基于 Sy 参考点的提供用户费用限制功能的架构

解决方案中采用了费用（OCS 领域）和策略控制（PCC 领域）之间分开管理的方式。为了能够做到这一点，引入花费计量、花费限制以及计量和限制的状态之间的抽象。OCS 被升级用于支持策略计量，从而能记录用户的花费。OCS 中一个策略计量器（如花费、总量和时延）可以代表一个或多个服务的花费，也可能代表一个或多个用户的账户等，这种代表是依赖于运营商的，并在 OCS 进行配置。OCS 通过 Sy 参考点向 PCRF 提供策略计量器的状态。策略计量器本身不通过 Sy 进行发送，因为如果这样做，就意味着 PCC 能够知道费用值。相反，只发送计量器状态，如计量器是否在 OCS 中所定义的某一策略计量器阈值之上或之下。策略计量器状态值必须在 OCS 和 PCRF 中都进行配置，而策略计量器本身只有 OCS 知道。基于策略计量器的状态，PCRF 可以为用户做出相应的策略决定。

如上所述，通过 Sy 接口，PCRF 接收到 OCS 中有关用户花费的信息。PCRF 向 OCS 请求策略计量器状态信息，OCS 作为回复提供相应的状态信息给 PCRF。如果支持花费限制报告，则当策略计量器状态发生了变化（如达到日花费限制）时，OCS 也会通知 PCRF。PCRF 根据从 OCS 接收到的策略计量器状态做出相应的动作（如策略决策）。所要采取的动作在 PCRF 中进行配置，可以是与 QoS 控制、限流或计费条件调整相关的策略决策。举例来说，PCRF 可以下调整个 IP 会话的 QoS（如 APN – AMBR）。PCRF 也可以给 PCEF 提供调整了的 PCC 规则，或给 TDF 或 PCEF 提供调整了的 ADC 规则，从而能够针对某些服务数据流或应用改变限流、QoS 或计费条件。

接下来我们将给出一个花费限制报告的用例，如图 8-17 所示。该例子给出了当用户到达某个花费限制的，PCRF 下调了 APN – AMBR 的场景，具体说明如下：

1）用户已连接到网络中。UE 和 PDN GW 之间存在一个 PDN 连接。

2）PCEF 发起通往 PCRF 的 IP – CAN 会话建立。

3）PCRF 发起与 OCS 之间的 Sy 会话的建立，并且激活针对某些策略计量器的花费限制报告功能。

4）UE 使用一个应用。

5）使用量通过 Gy 接口汇报给 OCS。

6）当策略计量器状态改变（如达到日花费限制）时，OCS 通过 Sy 接口通知 PCRF。

7）PCRF 做出调整 APN – AMBR 值的决策。

8）PCRF 向 PCEF 提供更新的 APN – AMBR。PCEF 执行 APN – AMBR 的新值。

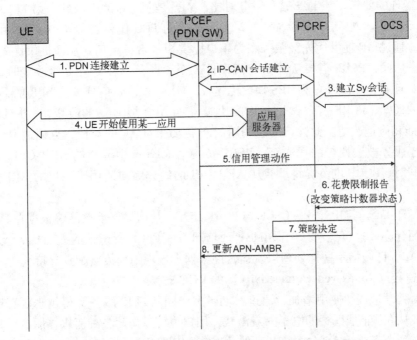

图 8-17　基于用户花费限制的策略控制的呼叫流示例

需要注意，费用限制可能不仅受到在 Gy（PS 域）上的在线计费的影响，OSC 也会考虑 IMS 级计费、CS 计费和账户充值。

4. IMS 紧急呼叫和多媒体优先级服务的 PCC 支持

在 3GPP Release 9 中，引入了在 EPC 规程中支持 3GPP 接入的 IMS 紧急呼叫服务。在 11 章中提供了对 EPC 支持紧急服务的概述。接下来我们可以看到，紧急服务对 PCC 提出具体要求，要求 PCC 需要增强从而能够正确处理紧急服务优先级和授权方面的事情。

EPS 中的紧急服务是通过紧急 APN 所提供的网络服务。基于 APN，PCRF 决定一个 IP 会话是否是一个紧急会话。此外，由于紧急服务不是基于订阅的服务，因此当 PCRF 授权 PCC 规则提供紧急服务的策略控制时，不需要使用任何用户订阅数据。在没有任何适当的凭证的情况下，PCRF 可以使用本地配置的信息来为紧急服务提供策略控制。第 11 章提供了这方面的更多的细节。

后文 11 章中将描述一个服务 IMS 紧急会话的 IP 会话是专门用于紧急服务的，而不再服务于其他任何服务。PCRF 的任务之一是确保紧急 IP 会话只服务于 IMS 紧急会话。为了做到这一点，PCRF 针对发往紧急目的地的数据流的限制和需要享有紧急服务的数据流做出相应的授权和决策。

当调用一个 IMS 紧急呼叫时，PCRF 通过 Rx 接口收到来自 P–CSCF（作为 AF）的优先级指示以及服务会话信息。PCRF 使用该指示来指示该呼叫是一个紧急呼叫。当 PCRF 为紧急会话建立 PCC 规则时，选择允许合适优先级的 QoS 参数，如设定 ARP 值为预留给 IMS 紧急呼叫的数值。进一步地，如果 IMS 会话是通过紧急 IP 会话建立的，且 AF（如 P–CSCF）没有向 PCRF 提供任何紧急指示，则 PCRF 将拒绝会话建立。

多媒体优先级服务（Multimedia Priority Services，MPS）是另外一个特殊的服务，并且也对 PCC 有额外的要求。与 IMS 紧急服务对比，MPS 是基于订阅的服务，第 11 章中将会对 MPS 做进一步描述。对 MPS 来说，8.2.2 节所描述的 PCC 用例此处大多可重用。新增的 PCC 用例是，通过 AF 提供优先级服务和为用户提供 SPD 数据更新，从而提供优先级改变的可能的触发。因此，PCRF 需要从 SPR 订阅事件改变，当 MPS 用户优先级改变时，PCRF 会得到通知。一旦 PCRF 收到关于 MPS EPS 优先权、MPS 优先级和/或来自 SPR 的 IMS 信令优先级的改变的通知，PCRF 需要做出相应的决策（如 APR 或 QCI 的改变），并且确保 IP – CAN 会话也能相应地改变。此外，动态调用 MPS 需要来自 AF 的支持，且通过 Rx 使用优先级指示。基于服务被被授与的优先级，PCRF 负责为 MPS 产生适当的 ARP/QCI。在完成优先级服务的同时，PCRF 也负责将承载从 ARP/OCI 的优先级向适用于用户的 ARP/QCI 的普通级的改变。

如果是基于 IMS 的 MPS，P – CSCF 与 PCRF 交互，从而确保承载能够根据在 IMS 层所决定的优先级而建立。这可能包括确保 IMS 信令基于 P – CSCF 所请求的更高优先级先进行处理（当用户 MPS 订阅指示这样处理以及运营商根据本地规则和策略配置支持）。

5. 赞助连接（Sponsored Connectivity）的 PCC 支持

伴随着对移动带宽的使用增加，通过移动带宽访问新的 IP 服务变得越来越普遍。例如，用户可以下载从在线商店购买的电子书或游戏，用户也可以访问各种流媒体服务。举例来说，可以在在线电影商店观看免费的预告片，然后决定是否购买整个电影。许多情况下，赞助商支付用户的数据使用是合理的，目的在于允许用户访问应用服务提供商的服务。赞助的数据连接是 3GPP Release 10 中引入的新特性。通过对 PCC 进行增强，从而简化处理类似的场景。有了此功能，赞助商和运营商之间有商业关联，并且赞助商为用户的数据连接向运营商支付费用，从而允许用户访问相应的应用服务提供商（Application Service Provider，ASP）的服务。

对赞助连接支持的一个动机是允许运营商即使是移动订阅统一费用的情况下也能通过给应用服务提供商和运营商提供额外的收益机会来赚钱。实际上，这样由赞助商所提供的动态数据使用允许运营商从具有有限的数据计划的用户处增加收益。用户可以具有有限的数据计划，即每个月只允许使用定额的数据量。赞助商可以赞助额外的数据量，从而允许用户访问由应用服务提供商所提供的服务。例如，用户可以使用有限的数据计划来浏览在线商店中有兴趣的图书，但一旦购买了某本图书，下载此图书的数据流量将不从数据计划限额中扣除。

赞助商与应用服务提供商可以是同一商业实体，例如，对于上面提到的免费的电影预告片而言，在线电影商店（应用服务提供商）可以扮演赞助商的角色，从而支付移动数据流量。然而，赞助商也可能是不同的商业实体。例如，一个餐饮连锁机构（赞助商）可以给其客户发放抵用券来资助移动数据流量以访问 ASP 所提供的内容。随后，当一个用户使用抵用券访问此内容时，该餐饮连锁机构就将扮演赞助商的角色。值得注意的是，赞助的流量需要满足一定等级的 QoS（如对视频流而言）。图 8–18 举例描述了一

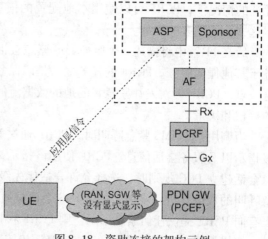

图 8–18　资助连接的架构示例

个网络配置的架构简图。

为了支持赞助连接，通过对 Rx 参考点的增强，从而允许 AF 提供赞助商身份、应用服务提供商身份和标识应用的信息（如包过滤器、应用标识符）。AF 中包含一个使用量阈值，指示赞助多少数据的限制。对于离线计费而言，赞助商身份和应用服务提供商身份也可以包含在 PCC 规则和计费记录中。关联每个赞助商和/或应用服务提供商的账户记录和使用数据记录可能通过计费系统得到正确地处理和解决。

原则上，早在 Release 10 的增强之前（通过 Release 10 之前的 Rx 和计费机制）也可能支持类似的使用场景，但对于在 Rx、Gx 和 CDR 中显式赞助和 ASP 标志符等元件的支持，可以更加直接地配置网络从而支持赞助连接。

6. 基于 DSMIPv6 的 IP 流移动的 PCC 支持

当基于 DSMIPv6 的 IP 流移动受到支持时，UE 和 PCRF 中单一的 IP 会话可能会穿过不止一种接入技术。例如，一些 IP 流可能会通过 E – UTRAN 进行传输，而与此同时，对于同一 IP 会话的其他的流则通过 WLAN 进行传输。在第 6 章和第 14 章中，对基于 DSMIPV6 的 IP 流做了更为详细的描述。

IP 流移动对 PCC 也有影响。如果没有 IP 流移动，一个 IP 会话的所有业务数据流都只会通过过一个单一的接入技术进行传输。这意味着为某一 IP 会话所激活的所有 PCC 规则代表着单一接入上所承载的流量。时而会有接入技术之间的切换发生（如在 E – UTRAN 和 WLAN 间），但在没有 IP 流移动的场景下，属于一个 IP 会话的所有数据流都会同时进行切换。因此，在一个给定的时间点上，只能使用一个接入技术的假设仍然被保留。然而，正因为有了流移动，一部分业务员数据流可通过某一接入技术进行传输，而同时另一部分则可通过其他接入技术进行传输。对于 PCRF 而言，这就意味着为某一 IP 会话所激活的所有 PCC 规则也许代表着承载在不同的接入传输的数据流上。

为了做出合理的策略决定，并形成适当的 PCC 规则，PCRF 需要知道使用了哪一种接入技术来传输某一服务或 IP 流。也许更为重要的是，如果使用 off – path 模型，则 PCRF 就需要知道是什么 BBERF 在处理某一业务。如果某些业务（IP 流）承载在一种接入技术上，而其他的业务员承载在另一种接入上，则在 off – path 模型中，这些流将通过不同的 BBERF 进行承载。所以，PCRF 必须知道 IP 流使用的是哪一种接入，从而使得 QoS 规则能够提供到恰当的 BBERF 上。因此，PCRF 需要有一些关于 IP 流移动路由规则的信息，这些规则用来定义某个 IP 流应该路由在何种接入上。基于从 UE 通过 DSMIPv6 信令获得的流绑定信息，PCEF 向 PCRF 提供路由规则信息。通过分析路由规则，PCRF 能够推断出与某些 PCC 规则相一致的数据流在何种接入上进行承载。

表 8-5 列出了在 Gx 上的一条路由规则中所包含的信息。

表 8-5　在 Gx 上的一条路由规则中包含的信息

元 件 类 型	路由规则元件	注　释
规则标识	规则标识符	唯一地标识一个路由规则用于 PCRF 的 PCEF 之间，目的在于引用路由规则
路由信息	流程	决定路由过滤器应用的顺序
	分组过滤器	用于 IP 流检测的分组过滤器列表
	IP 流移动路由地址	匹配 IP 流使用的移动路由地址

8.2.6　固定宽带接入的 PCC 支持

如本章早前所提到的，PCC 设计支持多接入，并服务于众多不同的接入技术。然而，若使 PCC 能够服务于某种特定的接入技术，则需要进行适当改造。例如，为了解决特定的与接入技术相关的方面，需要定义新的信息元素、事件触发等。在 3GPP 当前工作中的一个方面，就使用了 PCC 来支持固定宽带接入，尤其是由 BBF 所定义的固定接入。

2008 年，3GPP 和 BBF 开始合作。合作目的是为了研究 3GPP 系统和固定宽带接入网络间交互的解决方案。这项工作最初是在各自标准化组织内部进行的，但在影响两个组织的方面，则通过联合研讨会、电话会议、联络函等方式进行处理。最初的意图集中在交互方面，如 3GPP 域内的网络实体与 BBF 域内网络实体之间的交互。这也是达到最成熟阶段的领域，被包含在 3GPP Release 11 中。然而，鉴于单个运营商同时拥有 3GPP 域和固定接入域场景的兴趣所在，也开始在两种接入的聚合方面展开工作。这里的聚合意味着一个单一的网络可以得以增强从而能够在 3GPP 域和 BBF 域中都发挥功能。不同聚合方面都已经被讨论过了，其中包括策略聚合、用户数据库聚合等。3GPP 和 BBF 也已开始讨论策略聚合，但仍在进程中，也还没有包含在任何标准化规范中。因此在这一节中，我们关注针对 Release 11 进行规范的 3GPP – BBF 交互解决方案。

3GPP 和 BBF 两者都一直致力于覆盖固定宽带交互的规范化工作。BBF 已经开始完成一个称为 Work Test 203（WT – 203）的文档，用于描述需求和解决方案。3GPP 在 TS 23.139 中记录了该工作。关于 PCC 方面的细节包括在 TS 23.203 中。

解决方案解决了 3GPP UE 通过固定宽带接入进行连接，数据流在路由回 3GPP 的诸多场景：

- 3GPP UE 通过 WLAN 进行连接，数据流使用 SWu 和 S2b 接口经由 EPC 路由回 3GPP 域。
- 3GPP UE 通过 WLAN 进行连接，数据流使用 SWu 和 S2c 接口经由 EPC 路由回 3GPP 域。
- 3GPP UE 通过 WLAN 进行连接，数据流使用 S2c 接口经由 EPC 路由回 3GPP 域。
- 3GPP UE 通过家庭基站（HeNB 或 HNB）进行连接，数据流经由 EPC 路由回 3GPP 域。

解决方案也还包括在固定宽带接入中进行流量卸载的场景：

- 3GPP UE 通过 WLAN 进行连接，数据流卸载在固定宽带接入中。

图 8-19 给出了 3GPP – BBF 交互解决方案的参考体系结构（需要注意，图中未包含所有接口）。

交互解决方案涵盖了诸多领域，包括认证、移动性和策略控制。当涉及 WLAN 场景中的认证和移动性时，交互解决方案重用了现存的定义，用于通用 non – 3GPP 接入的 EPC 解决方案。WLAN 中的接入认证是基于 EAP – AKA′的，移动性解决方案重用了基于 S2b、SWu 和 S2c 参考点的解决方案。在图 8-19 中，交互参考点 STa 和 SWa 都出现了，并被用于认证、授权和计费（Authentication，Authorization and Accounting，AAA）信令。感兴趣的读者可以参考第 6 章和第 7 章，从而获得关于认证和移动性方面的更多信息。也可以通过参考第 15 章，从而获得关于 STa 和 SWa 参考点更多的信息。关于策略控制，解决方案中将现有的

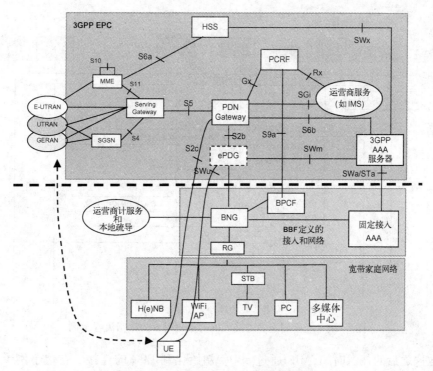

图 8-19　3GPP - BBF 交互的体系结构

PCC 架构和参考点作为基础。然而，只重用 Release 8 PCC 接口是不够的。因此，定义了一个新的参考点——S9a 参考点，以支持 3GPP - BBF 之间的交互（见图 8-19）。

　　在 PCRF 和 BBF 策略控制功能（BPCF）之间定义了 S9a 接口，该接口用于 PCRF 在固定宽带接入中请求接入控制。因此，类似于 S9 参考点，S9a 是两个策略控制器间的一个策略对等接口。定义这样一个策略对等接口，而不是固定域中 PCRF 和策略执行点（BNG）间的直接接口，有如下几个原因。其一，如果 3GPP 域和 BBF 域属于两个不同的运营商，则交互解决方案也必须能够工作。在这样的场景中，策略对等接口更合适一些，因为它不需要一个运营商在另一个运营商的域内对策略执行点有直接的控制。另一个原因是，BPCF 和 BNG（BBFR 接口）间的接口没有被 BBF 完全规范清楚，且存在许多专有的变种。因此，BPCF 的其中一个功能就是让 S9a 接口上的信息元素和命令与 R 接口上的信息元和命令进行相互映射。

　　图 8-20 给出了一个简化后的呼叫流的例子，来说明这样的场景：UE 通过 WLAN 和固定宽带接入进行初始附着，并通过 ePDG 建立一个到 EPC 的连接。

　　1）在 WLAN 和固定宽带网络接入网中，UE 执行接入认证。通过使用 IEEE802.1X 和 EAP - AKA′，实现 UE 到本地移动运营商网络的认证。

　　2）UE 从固定宽带接入获得一个 IP 地址。

　　3）由固定宽带接入中的 IP 会话建立触发，BPCF 被通知一个新的 IP 会话和 UE 身份（IMSI）。

　　4）BPCF 在 S9a 接口上初始化建立一个会话。这个会话是一个为固定宽带接入中的用户卸载流量提供策略的逻辑会话（叫作 IP - CAN 会话）。

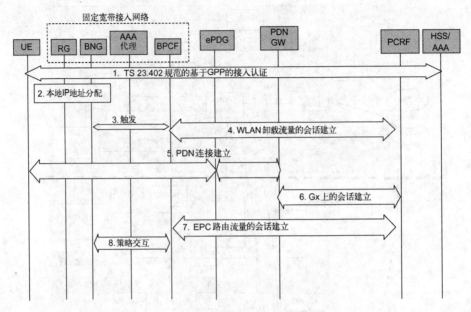

图 8-20 经由固定宽带接入的初始化附着的呼叫流程示例

5）在这之后的任意时间，UE 通过 ePDG 初始化到 EPC 的连接。在这个例子中，使用了针对"不可信 non-3GPP 接入"的流程，即建立通往 ePDG 的 IPSec 隧道，以及其与 PDN GW 之间的 GTP 隧道。流程方面的更多细节可以参考第 6 章和第 7 章。

6）为了实现 PDN GW 上的 PDN 连接的策略控制，PDN GW 发起一个到 PCRF 的会话。

7）由 PDN 连接的建立所触发，PCRF 通知 BPCF 关于 PDN 连接已经建立。新的逻辑会话（Gateway Control Session，网关控制会话）在 S9a 接口上建立，用于处理关于数据流的策略控制，此处的数据流指在固定宽带接入上路由在 UE 和 EPC 间的数据流。

8）为了 BNG 中的策略执行，BPCF 可以向 BNG 提供策略信息。

S9a 协议是基于 Diameter 的。然而，在本书的写作之时，关于详细的 S9a 协议定义的工作仍在进行中。

8.3 计费

随着运营商投资新的基础设施和说服终端用户享受到新部署网络带来的好处，创收选项成为商业环节的一个关键因素。终端用户/订阅者实际上是如何被计费的，以及计费信息是如何封装数据包的，极大程度上取决于单个运营商的商业模式和他们所运营的竞争环境。从 EPS 的角度来看，系统需要支持收集足够的与个体用户使用的不同方面的有关信息，从而使运营商具有灵活地决定自身的计费方式和针对终端用户的封装数据包。在当今的竞争商业环境下，运营商能够给他们的潜在客户提供合算且有竞争力的选择来从其他运营商那边拉拢人心已经变得越来越重要。与计费相关的信息收集过程能够为运营商实现该目的提供工具和办法。

对于 EPS，除了电路交换域的计费方面以外，均使用现有计费模型和机制。

3GPP 计费基本准则和机制没有因为 EPS 而改变，不过 EPS 实体包含在该基础设施中。

图 8-21 展现了整个高层计费系统的参考模型。

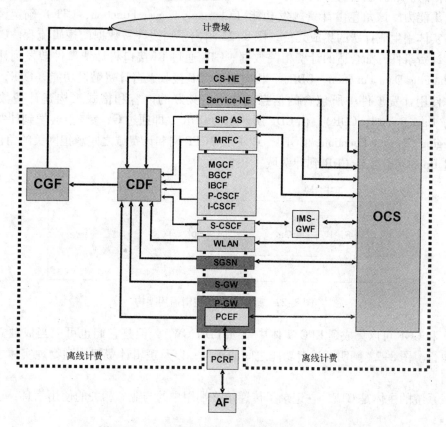

图 8-21　计费信息收集的整体逻辑高层参考模型

　　由该模型所提供的两个主要机制为离线计费和在线计费，尽管在术语上，离线计费和在线计费与终端如何进行计费不存在任何必然的关系。但作为客户端的计算方式选择，以及在运营商之间及运营商和用户之间处理账户关系，这两个机制提供了解决与计费相关的数据是如何被收集的，以及传输到计费系统来做进一步处理。

　　离线计费方式在资源使用的同时，促进了计费相关数据的收集。离线计费数据由不同实体收集以支持数据收集。数据收集是以个体基准进行收集，并且根据运营商的配置，它们可以发送到计费域中。

　　另一方面，在线计费则要求网络能够做到在资源使用发生之前，可以真正获得网络资源使用的授权。OCS（在线计费系统）是一个授权实体，能够接收或拒绝由合适的网元所产生的请求。为了实现它，需要收集相关的计费和资源使，用相关的信息（常称为计费事件）并且实时地发送给 OCS，从而允许 OCS 给予合适的授权等级。来自 OCS 的授权可以限制在其范围中，如数据量、使用时间等。这取决于授权的等级，网络可能需要获得重新授权，其执行用于获得多余资源的使用权限。

　　值得注意的是，由计费系统所收集的信息能够以多种方式进行使用，如它可以提供一天某个时间的网络资源使用统计测量、使用行为、应用使用情况等。

　　在离线计费的场景下，多种网元可以承担进行分布式收集的角色，这将能收集到更多详细的可用信息。或者，它们可能承担一个集中化的角色，在网络中每个实体的角色具有有限的事件收集能力。该角色由计费触发功能（Charging Trigger Function，CTF）确定，CTF 是每个网络实体中生成计费的集成元件。图 8-22 给出了离线计费数据的逻辑流程。CTF 导致实体收集计费事件，如合适的计费相关数据。CTF 通过 Rf 接口将计费事件转发到计费数据功能（Charging Data Function，CDF）。相应地，CDF 接收来自计费触发功能（CTF）的计费事件，并使用计费事件中所包含的信息，并用定义好的内容和格式来构建计费数据记录（Charging Data Record，CDR）。由 CDF 所产生的 CDR 立即通过 Ga 参考点转发到计费网关功能（Charging Gateway Function，CGF）。CGF 在 3GPP 网和计费域之间承担网关的角色。CGF 负责通过 Bp 参考点发送 CDR 到计费域。

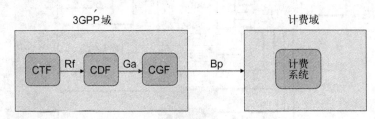

图 8-22　离线计费的逻辑通用架构

CDF 和 CGF 可以集成到 EPC 实体中（如 PDN GW），但是它们也可以当成独立的物理实体来执行。图 8-22 阐明了计费功能之间的接口，以及逻辑计费架构到物理实体之间的可能的映射。

离线系统的主体是 CTF，它记录了传递给终端用户的与业务相关的使用信息，这些业务基于：

- 针对网络用户的会话和业务事件的信令信息。
- 对于这些事件和会话的用户数据流处理。离线计费系统可以通过一个简单的方法来说明，如图 8-23 所示。图中所示的 EPC 节点可能是一个 PDN GW、一个 Serving GW 或一个 SGSN。MME 不提供计费数据。

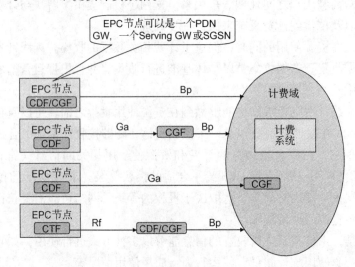

图 8-23　离线计费实体

信息以及提供唯一与网络资源的消耗和/或业务唯一相关的数据必须是实施有效的。

需要注意的是，虽然对于各种类型的信息以同步的方式进行发送是没有必要的，但为了给终端用户提供精确的、可计费的数据，全部的计费事件必须能够实时地为特定服务/会话接收和处理相关数据。因此，对终端用户费用的计费数据记录（CDR）的所有离线处理均在网络资源的使用完成后才执行。计费域负责结算/计费过程的离线产生和处理。

在在线计费的场景中，CTF、在线计费系统（Online Charging System，OCS）和一些其他网络实体共同组成了计费功能。OCS 包括的功能包括在线计费功能（Online Charging Function，OCF）、评价功能（Rating Function，RF）和账户余额管理功能（Account Balance Management Function，ABMF），用于处理在线计费过程。OCF 是连接负责提供计费数据的网元的实体——也就是说，它支持 CTF 功能。尽管 CTF 对于离线和在线计费机制执行了非常相似的功能，但在线计费要求在资源使用之前需要对授权做额外处理，因此也就要求来自 CTF 的额外功能，这对于实时在线过程是非常重要的。以下是其中的一些功能：

- 为了对用户所请求的可计费事件/网络资源使用恢复授权，计费事件被发送到 OCF。
- CTF 必须能延迟实际的资源使用，直到 OCS 赋予许可权限时。
- 在网络资源使用过程中，CTF 必须能追踪资源使用权限（"配额管理"）的可用性。
- 当 OCS 不再赋予许可权限或权限过期时，CTF 必须能对终端用户的网络资源使用执行中断操作。

OCF 支持两种计费方法：

1）基于会话的计费功能，为网络/用户的会话提供在线计费；这样业务的例子如对针对 IMS 会话的 PS 资源使用。

2）基于事件的计费功能（如内容计费），为支持应用服务器或业务，如 SIP AS 或 MSS，提供在线计费。

评价功能负责为 OCF 提供网络资源使用/业务使用相应的实际值，这可能是货币信息也可能是非货币信息。这由 OCF 和 CTF 所提供的信息决定。实际的评价和对使用值的确定非常具有运营商的特定性并且具有宽泛的范围。以下是一些评价的基本例子：

- 对数据量的评价（如基于由承载级别上的一个接入网络实体所发起的计费）。
- 对会话/连接时间的评价（如基于由一个 IMS 级应用发起的计费）。
- 对业务级的业务事件的评价（如基于网页内容或 MMS 的计费）。

ABMF 对 OCS 中的用户账户余额负责。

在在线计费的场景中，网络资源使用必须要被授权，因此，用户必须在 OCS 中有一个预支付账户，从而用来执行对网络资源使用的在线预授权。实现该功能的两种方法是直接借记（Direct Debiting）和单位预留（Unit Reservation）。正如它们名字所显示的，在直接借记场景下，用户立即支付特定服务/会话所需的资源使用量，然而对于单位预留，则是一个预先决定的单位被预留使用，从而用户被允许为服务/会话使用小于等于该预留量的资源。当资源使用已完成（会话终止或业务完成等）时，资源使用的实际量（如使用单位）必须由负责监控使用的网络实体返回到 OCS 中，从而预留之外的多余量能被重新计入用户账户，确保扣除正确的量。

注意，PCC 使具有一个非常详细的计费机制成为可能，从而使运营商能对网络资源的用户使用进行细粒度的控制。PCC 也允许运营商对其用户提供各种灵活的计费和策略方案。

更多的细节可以参考 8.2 节中有关策略控制和计费的部分。如 8.2 节中所描述的，自 Release 8 以来，对 PCC/EPC 架构的增强（如应用检测与控制、使用监测控制、基于用户花费限制的策略控制、赞助连接的 PCC 支持、多媒体优先级业务数据、CSG 信息），也按照标准化的方式提高了更复杂和动态计费方面的能力。可用的工具考虑由迎合特定的市场/顾客需要的供应商开发自定义的账单，这给了运营商区分他们彼此的能力，以及在创造性的营销活动中利用这些工具的能力。

对于在线计费，PCEF 功能（在 PCC 部分描述的）与如上所述的 OCS 进行交互，且在 PD 域提供在线计费功能。注意，在 GPRS 中的 GGSN 提供 PCEF 功能以及与在线计费相关的 PCC 支持。它也在离线计费场景中为 PDN GW 提供此处所定义的必要的配置选项。GGSN 方面没有在 EPS 的上下文中进行描述。在 EPS 里与计费数据收集触发相关的关键功能可以按照以下内容进行高层次的描述。

与计费相关的移动性管理事件，如 Inter – RAT 切换，在建立会话期间用户的活动/静止和漫游/非漫游状态等，都在 SGSN 进行收集。值得注意的是，没有与 MME 规范相似的功能。对于 MME 的移动管理方面而言，提供计费数据不具有足够的利益。反而，Serving GW 产生计费数据被认为是有必要的，例如，如下所进一步描述的，考虑在 Serving GW 中为可用的 UE 提供与承载相关的事件。

EPS 承载和相关功能可以在 SGSN 和 Serving GW/PDN GW 中进行收集。根据 PCC，在 EPS 承载中单个的业务数据流可以在 PDN GW 中进行收集，但只适用于 GTP 的变种。在本书撰写时，对于使用 PMIP 的情况，数据则针对每个 PDN 在每个 PDN 级别上进行收集。

在 EPS 里的 MBMS 和定位服务从 Release 9 开始就被支持，这些功能将在第 12 和第 13 章中进行描述。对这些功能的计费也是从 Release 9 开始进行定义的。当 SGSN 和 Serving GW 的计费数据收集与所使用的无线接入类型更加相关时，PDN GW 将收集与用户相关的外部网络数据。一个用户与订阅相关的数据可以与计费相关。这种数据的一个例子是使用 APN（更多关于 APN 的内容可以在第 6 章关于会话管理的子节中找到）。分配一个独一无二的计费 ID，为个体用户收集上行和下行数据量、日期和时间，目的在于计费。

如 3GPP TS 32.251 所描述的，由 PDN GW 所产生的 CDR 记录中所包含条目的一个例子，见表 8-6。

表 8-6　可能包含在由 PDN GW 产生的 CDR 中的条目示例

字　　　　段	描　　　　述
服务 IMSI	服务方的 IMSI
服务 MN NAI	NAI 格式（基于 IMSI）中的移动节点标识，如果存在
P – GW 使用地址	使用的 PDN GW 控制平面 IP 地址
计费 ID	用于在由 PCN 生成的不同记录中标识 IP – CAN 承载的 IP – CAN 承载标识符
PDN 连接 ID	标识属于相同 PDN 连接的不同记录的 PDN 连接标识符
服务节点地址	记录期间所使用的 SGSN/Serving GW 控制平面的 IP 地址列表
服务节点类型	控制平面的服务节点类型列表。所列出的服务节点类型逐一映射到在"服务节点地址"域所列出的服务节点地址
PGW PLMN 标识	PDN GW 的 PLMN 标识符（移动国家码和移动网络码）

字　　段	描　　述
接入点名称 网络标识	连接到外部分组数据网络的接入点的逻辑名（APN 的网络标识符部分）
PDP/PDN 类型	PDP 类型或 PDN 类型（如 IPv4，IPv6 或 IPv4v6）
PDP/PDN 服务地址	分配给 PDP 上下文/PDN 连接的 IP 地址，如 IPv4 或 IPv6
动态地址标记	指示服务 IP 地址是否是动态的，用于初始附着和 UE 请求的 PDN 连通性。如果 IP 地址是静态的，则该域可以忽略
业务数据列表	由一组容器所构成，当符合特定的触发条件时添加。每个容器标识每个评价组或评价组组合的配置计数（上行和下行分离的容量、运行时间或事件数量）
记录打开时间	当 IP – CAN 承载在 PDN GW 里被激活时的时间戳，或随后的部分记录上的开放时间
MS 时间域	该域包括 MS 当前所处的 MS 时区，如果有效
持续时间	在 PDN GW 中记录的持续时间
记录关闭时间	从 PDN GW 中释放记录的原因
记录序列号	部分记录序列号，只针对部分记录
记录扩展	记录的一组网络运营商/制造商特定的扩展，条件是存在扩展
本地记录序列号	由该节点所创建的连续记录编号。该号码按序进行分配，包括所有的 CDR 类型
服务 MSISDN	用户的首要 MSISDN
用户位置信息	该字段包含 UE 的位置信息
服务节点 PLMN 标识	在记录期间所使用的服务节点 PLMN 标识符（移动国家码和移动网络码）
RAT 类型	这个字段指示了由当前移动基站所使用的无线接入技术（RAT）类型，如果存在
开始时间	该字段包含了用户 IP 会话开始的时间，在 IP 会话的第一个承载的 CDR 中有效
停止时间	该字段包含了用户 IP 会话结束的时间，在 IP 会话的最后一个承载的 CDR 中有效

显式标识符使用在每个域中：CS、PS、IMS 以及包含在一个特定会话里的应用。这是因为计费数据是在众多网络实体中进行收集，并且在用户漫游时用于处理运营商内的资源的使用。在 EPS 中，EPC 中的计费身份和 PDN GW 身份组成了该身份鉴别。

支持不同级别的相关性是为了完成完整的对每个用户单独使用的计费信息文件。内部级相关性聚集了属于同一计费会话的计费事件，如在一段时期内，暗指中间时期计费记录的产生。当处于不同无线接入的相同会话时，或在漫游时，如果终端用户访问一个服务，则包含在计费中的网络实体执行数据的关联操作。外部级的关联性由不同 3GPP 域中不同的 CTF 所生成的计费事件组合而成。IMS 的网络间的关联性要求横跨运营商网络的特定标识的生成和传输。不同级别关联性的一个例子是一个经由 EPC 连接的 E – UTRAN 中的终端用户使用通往另外一个网络的运营商的终端用户的 MMTEL 服务。所有的这 3 种关联性由不同的运营商和特定域产生（如果支持且要求）。

所有这些是如何为一个用户进行配置的呢？用户计费提供了配置到网络中的终端用户计费信息的手段。由包含的不同 PLMN 所收集的计费数据（如 HPLMN、询问 PLMN 和 VPLMN）可以由用户的家乡运营商所使用来确定网络的使用和业务，这取决于部署和用户漫游状态。也可能为了记账而使用外部服务提供商。

对于这些由服务供应商所处理的用户，记账信息既用于批发（网络运营商到服务供应商）也用于零售（服务供应商到用户）记账。在这样的情况下，从网络实体所收集的计费数据可以发送到服务供应商，从而为在家乡 PLMN 运营商对可能需要的信息处理之后做出进一步处理。图 8-24 显示了从计费和记账的角度出发的不同商业关系。基于本书的目的，电路交换方面虽然显示在图中，但并不做进一步描述。

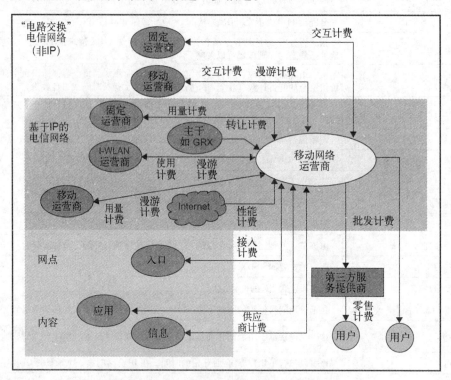

图 8-24　计费关系的 3GPP 视图
注：源自 TS 22.115

实体及其作用如下所述。

1）用户（Users）：由移动网络运营商或第三方服务供应商所计费的零售用户。正常情况下，用户与这两者中的其一或两者具有订阅或类似的关系。

2）第三方服务供应商（Third – Party Service Providers）：由移动网络运营商按照批发进行计费。对于用户所提出的业务，负责为用户提供记账和其他与计费相关的客户服务类的业务。

3）其他电信运营商（Other telecommunications operators）：在移动网络运营商和无 IP 的"电路交换"网络运营商之间为了所承载的电话流量进行的互连计费，以及在移动网路运营商和基于 IP 的网络运营商之间为了会话数据流量所进行的基于使用量的计费。对于当前章节的目的，这一组无太大意义。

4）其他移动运营商（Other mobile operators）：实体间的漫游计费；这可能要求不同的机制来处理从传统的"电路交换"类型到基于 IP 的类型；同时，当移动运营商需要相互传递数据流时，将有针对非 IP"电路交换"类型的互连计费和基于 IP 类型的用量计费。

5）I – WLAN 运营商（I – WLAN operators）：当 I – WLAN 运营商需要传递数据流给移动运营商或移动运营商需要传递数据流给 I – WLAN 时，可能存在漫游和用量计费。

· 6）IP 主干承载（IP backbone carriers）：针对移动网络运营商的承载数据流的运输计费

7）第三方内容和应用供应商（Third – party content and application suppliers）：在移动网络运营商和针对信息交换的增值服务供应商之间的供应商计费。

8）互联网（Internet）：对移动网络运营商和互联网之间的连接性能的计费。一个运营商对一个供应商基于连接性能进行付费，如对 2 Mbit/s "管道" 的年度计费。

在对 EPS 的部署和漫游场景进行评估时，上述部分角色可以很容易得出。

EPS 是一种基于全 IP 的网络，在这个网络中，Diameter 协议用于 EPS 内所有与计费数据收集相关的功能。然而，对 CAP、GTP 和 TAP 的支持做了保留，这是因为广泛部署和使用的记账系统的存在，以及与 2G/3G 网络的互连和向后兼容。记账系统的接口很大程度上依赖于运营商的商业模型和记账准则，同时也包括直接影响终端用户的第三方服务供应商。因此，对这些接口的替代或/和重大变化也不是容易做到的。

因为计费数据不仅表达运营商的商业方面，也透露了个体用户的敏感信息，所以传递该类信息到运营商安全域外的外部实体必须按照一种安全的方式传递，从而使得信息不会泄漏给未授权的个人或实体。计费信息的完整性需要被保持；隐私和保密是一体的，并且必须由运营商提供，必须可以对服务网络运营商所提供的内容验证和计费信息进行验证。注意，通过服务网络运营商，与任何包括在计费/记账的交易和处理的中间网络运营商/第三方提供商一样，我们认为这里的服务网络运营商是包括家乡网络和访问网络的。

第9章 选择功能

9.1 选择功能架构

　　EPS 是一个全 IP 系统,天然集成了基于 DNS 的机制以及其他 IETF 定义的节点发现机制,以在运营商网络中或运营商网络之间寻找合适的网络实体。虽然 EPS 的发展基于 IP 以及互联网驱动技术,但是 EPS 中的一些特定的要求是有悖于现有 GPRS 网络部署,以及运营商管理和共享资源的网络的特定属性和所实施的服务类型的。另外,3GPP 核心网络选择功能是由一些基本原则决定的,如移动性、漫游、安全以及不同的网元设备是否对外部网络(如互联网)可见。运营商希望通过一个单一的选择机制来管理现存的以及演进的分组核心网络,并将终端的接入网能力纳入到选择标准中。

　　为终端选择网络实体的方法采用为 EPS 开发的 DNS 和一些其他选择机制,尤其是 MME、SGW、PCRF 等实体的选择。这些核心网络实体对于不在漫游协定和漫游交互网络(GRX 和 IPX)管辖内的外部网络或实体而言是不可达的。另一个在选择如 Serving GW 和 PDN GW 等关键网络节点的重要因素是一些信息元素所起的作用,例如,接入点名称(Access Point Name,APN)标识目标 PDN,PDN GW 使用的协议类型(如 PMIP 或 GTP),以及在某些场景下这些实体的终端标识和地理位置等。

　　尽管不利的网络环境,如过载、已选 MME 节点完全失效等,都将影响实体的选择过程,但这只是极少数的场景,我们不做进一步讨论。

　　需要使用特定选择方法的网络实体主要有 MME、SGSN、SGW 以及 PDN GW。另外,在使用 PCC 时 PCRF 的作用也非常重要。

　　图 9-1 显示了在 E-UTRAN 网络中用户附着网络时,节点的选择过程所涉及的节点之间的拓扑连接。在特定用户附着到网络的过程中,这些节点将保持连接/激活状态,而仅当用户的会话/IP 连接被删除/关闭/断开时,这些节点将删除/断开关联。当 2G/3G 和非 3GPP 接入作为网络的一部分时,需要有新的节点参与到节点的选择过程中。

　　注意,为了简化和看上去更清楚,图 9-1 并没有注明所有的接口。

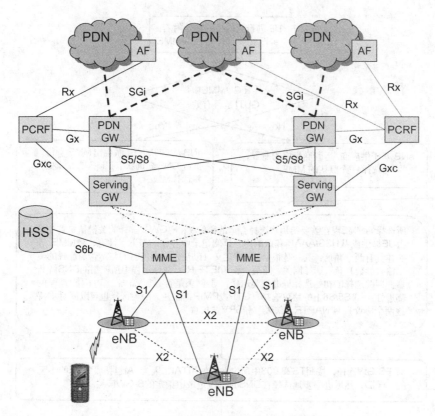

图 9-1 EPC 实体的拓扑架构和路径选择

9.2 MME、SGSN、SGW 和 PDN GW 的选择

9.2.1 选择过程概述

我们首先说明一个简化的初始附着过程，在这个过程中需要为用户选择 MME、SGW 以及 PDN GW。第 17 章会给出初始附着过程的实际消息流。在这里，图 9-2 的流程图只简要说明了在一个通用选择过程中所涉及的事件的事件顺序。

包括了 EPS 的 3GPP 系统为多 PDN 提供连接，每个 PDN 都具有独立且唯一的 IP 连接，第 6 章中已介绍了具体细节。为新的 APN 建立 PDN 连接时需要在 MME 中执行一次额外的 PDN GW 选择过程。经过一定程度的简化，DNS 用于存储 APN 和 PDN GW 间的映射。由于对每一个 UE 而言，在任何给定的时刻，网络中只可能有一个 Serving GW 为其服务，故而额外的 PDN GW 的选择必须利用当前的 Serving GW 的一些信息，这些信息作为选择过程输入的一部分。在 DNS 查询过程中，从 APN 产生的 APN – FQDN 作为 DNS 流程的首个查询参数，而后 MME 将会收到候选 PDN GW 的列表。基于是否优先进行 GW 协同，如果可能，则 MME 将使用已经选择了作为选择流程下一标准的 Serving GW。当需要进行协同时，MME 将尽可能选择与已选的 Serving GW 协同的 PDN GW；如果没有设置协同，则 S5/S8 接口上使用的协议（GTP 或 PMIP），以及 DNS 系统中由 SRV 和 NAPRT 记录的性能标准可能会提供下

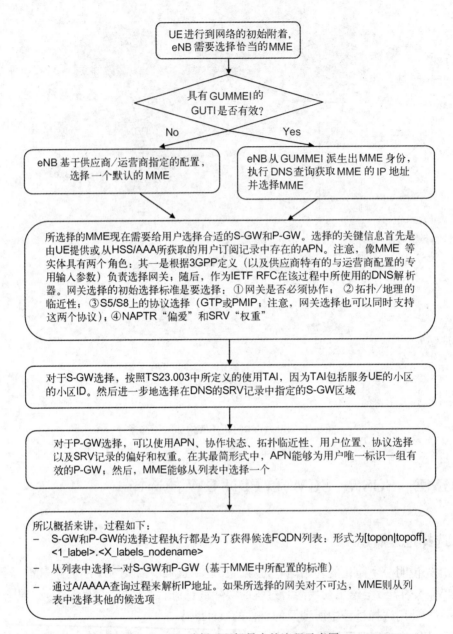

图 9-2　GW 选择过程场景中的流程示意图

一选择标准。否则，MME 从候选列表中随机选择一个 PDN GW。

　　到目前为止，我们主要关注于用户在 EPS 网络中建立连接的场景中所需的节点选择过程。除此之外，在移动切换的过程中，如 3GPP 接入之间的切换（6.4 节中给出了详细介绍），MME 或 SGSN 也可能需要改变（如 MME 池改变场景中），此时，当前服务的 MME 需要选择一个新的候选 MME 来转移会话。该选择过程由服务节点执行，是基于跟踪区域标识（Tracking Area Identity，TAI）完全限定域名（Fully Qualified Domain Names，FQDN）的。其中，TAI 来自目标 eNB 提供给服务 MME 的目标小区标识（target cell ID）。在 SGSN 选择场景中，需要使用 GERAN 或 UTRAN 中的路由区域标识（Routing Area ID，RAI ID），或在

UTRAN 场景中，基于和 TAI 一样的方式，使用 RNC ID 来构建 FQDN，从而在 Release 8 SG-SN 中选择合适的 SGSN（池）。需要注意的是，对于 Release 8 之前版本的 SGSN 而言，已有的选择机制需要得以保持（更多的细节可以参见 TS 29.303），只是做了简化，不强制要求使用 DNS。

ServingGW 的重新定位并不常发生，只有在 Serving GW 的服务区域发生变化时才需要。MME 使用 TAI 以及 S5/S8 参考点所支持的协议（GTPv2 或 PMIP6）作为 DNS 请求参数来获取合适的候选 Serving GW 列表。Serving GW 选择中使用位置信息，可以更为灵活地在选择距离当前服务 UE 的无线接入网络节点（如 eNB/NB）比较近的节点。这也是 SIPTO 等功能方面的一个有用标准，在 SIPTO 中 GW 的选择即由 UE 的当前位置决定。

MME 负责为 Serving GW 以及每个 PDN GW 记录所有相关信息，以 PDN 连接为粒度记录了主机名、IP 地址、所选择的端口号（如果不按照标准），以及选择的协议等信息。MME 还需要配置在 S5/S8 参考点上所使用的协议变种。为了支持漫游场景，MME 以每个 HPLMN 为基础配置 S8 协议变种（PMIPv6 或 GTP）。

也可以向 HSS 提供特定 PDN GW 的 IP 地址和/或以每个 APN 为基础的 FQDN，MME 可以获得这些在初始附着过程中有效的信息，并以此作为输入为用户选择合适的 PDN GW。特别是为了支持 3GPP 和非 3GPP 接入间的移动切换，这其中目的接入所分配的 PDN GW 与源接入所使用的 PDN GW 是相同的，HSS 包含当前所使用 PDN GW 的信息，这些 PDN GW 信息提供给目标接入中执行 PDN GW 选择的节点（如 E – UTRAN 中的 MME）。

当由 SGSN 来选择一个 GGSN 或一个 PDN GW 时还需要考虑其他方面。这些方面受到部署和迁移场景的影响，这些场景在第 3 章中做了描述。由于 SGSN 可能正服务于一个支持或不支持 LTE 的 UE，因此当 UE 支持 LTE 时，UE 的 MS 能力（如 EPC 支持）告知 SGSN 需要为 UE 选择一个 PDN GW 而不是 GGSN。

9.2.2　DNS 基础设施的使用

在介绍个别节点选择的细节之前，首先理解 3GPP 架构和对 DNS 及其使用的需求。GPRS 系统和 3GPP 中的 IP 多媒体子系统（IMS）都广泛使用了 DNS，包括使用 IETF 提出的 DNS NAPTR 和 SRV 记录。EPS 延续了对 DNS 的使用，并扩展其功能从而包含了节点选择。

EPS 中的 DNS 参数和流程在 3GPP TS 23.003 和 TS29.303 中进行了规范。这些规范和 DNS 相关的 IETF RFC，如 RFC2181、RFC1035、RFC3958、RFC2606，都为 DNS 具体细节提供了参考。

需要注意的是，为了发现节点从而使用 DNS 基础设施对于运营商而言不是强制的，这是由于运营商可以选择使用 O&M 功能以及其他规定的方法来完成选择过程。DNS 和它所支持的服务显然能提升节点选择处理的性能，因为它可以将多种标准作为处理的输入，这也为运营商之间的操作带来了便捷性和灵活性。

在 EPS 中，DNS 用于存储 APN、协议（GTP 或 PMIP）、PDN GW 间的映射信息，以及 TAI 和 Serving GW 间的映射。通过配置 DNS，还可以使 DNS 记录提供协作节点上的信息以及拓扑上/地理上不同节点之间的邻近性。为了利用 DNS 基础设施以及 IP 网络，还定义了如何构建用于 DNS 流程的 FQDN 的规则。在 GPRS 系统中，GGSN 的选择只使用记录在 DNS

中的地址（A/AAAA）上，而 EPS 中 DNS 过程还支持 SRV 和 NAPTR 记录，能够提供上面已经提及的更强大的功能，如支持协作节点和拓扑临近性。尤其是，使用直接的 NAPTR（S-NAPTR）过程，该过程包括将一个合适的 FQDN 作为输入，从而取回包括主机名、对应服务（如协议）、端口号、IPv4/IPv6 地址等信息的候选列表。要了解有关 S-NAPTR 更多的内容可以参考 RFC3958 和 TS 29.303。接下来，我们简要介绍节点选择功能所需的一些定义和规则。

1. 家乡网络域

家乡网络域采用在 IETF RFC 1035 中所定义的互联网域名的形式，如 operator.com。

家乡网络域需要由 IMSI 派生而来，步骤如下：

1）基于是使用两位数字还是 3 位数字的 MNC，取 IMSI 的前 5 位或 6 位数字，并将其分成移动国家码（Mobile Country Code，MMC）和移动网络码（Mobile Network Code，MNC）两部分。如果 MNC 是两位数字，那么需要在起始位置增加一位零。

2）由第 1 步中得到的 MCC 和 MNC 来生成域名："mnc<MNC>.mcc<MCC>.3gppnetwork.org"。

3）在域名起始位置增加标签"epc"。

一个家乡网络域的例子如下：

使用的 IMSI：234150999999999，

其中：

MMC 是 234，

MNC 是 15，

MSIN 是 0999999999，

则可以给出家乡网络域的名字为 epc.mnc015.mcc234.3gppnetwork.org。

2. EPC 中运营商使用的 DNS 子域

EPC 节点的 DNS 子域（DNS 区域）由 MNC 和 MCC 派生得到，通过在家乡网络域开头增加标签"node"而形成，构建如下：

node.epc.mnc<MNC>.mcc<MCC>.3gppnetwork.org

该 DNS 子域正式进入运营商的控制。3GPP 不能以任何理由收回该 DNS 子域以及从该子域范围的区域分割子域。故而运营商可以安全地在该子域下提供 DNS 记录，而不用担心未来的 3GPP 标准会侵占该区域内的 DNS 名称。

3. 接入点名称（APN）

（1）整体结构

APN 由以下两部分组成：

1）APN 网络标识（APN Network Identifier，APN-NI），它定义了 UE 请求连接和可选的所请求的服务所去往的 PDN。这是 APN 的必选部分。

2）APN 运营商标识（APN Operator Identifier，APN-OI），它定义了 PDN GW（或 GPRS 中的 GGSN）所位于的 PLMN。这是 APN 的可选部分。

APN 通过在 APN 网络标识符之后放置 APN 运营商标识符来构建产生。

由于运营商一直致力于挑拣出在基础设施/网络上一些如 GSMA 中的 VOLTE 等业务的漫

游要求，这就使得在 APN 的配置方面做了一些修改。一个极其重要的修改是在一个 VPLMN 内每个 APN 的 VPLMN 漫游支持被改为在 HSS 上针对每个用户订阅配置文件进行配置。在这之前，在漫游中对 VPLMN APN 的支持指示是通过单一参数告知给所有漫游方的 VPLMN，这就促使所有漫游方运营商需要在同一时间为每个 APN 签订漫游协议（所有漫游方 VPLMN/每个 APN 组合基）。但是这就存在一个问题，因为它不允许属于一组宽泛的漫游协作方的运营商子集只在他们之间建立某个特定 APN 为基础的漫游协议。3GPP 解决了这个问题，它为用户订阅配置文件更改 HSS 配置，这样一来每个 APN 都有一个所支持的允许支持指示的 VPLMN 的列表。该信息在 3GPP TS 23.401 和 3GPP TS23.008 中进行了描述。在用户文件中通过如下方式反映：

VPLMN 允许地址	为每个 VPLMN 指明，对于某个 APN 来说，UE 是否只能使用 HPLMN 域内的 PDN GW，还是也可以使用 VPLMN 域内的 PDN GW

该信息使用于用户漫游过程中的 PDN GW 选择过程，它决定了是从 VPLMN 中选择 PDN GW（流量的本地疏导），还是需要将消息路由到家乡去选择 HPLMN 中的一个 PDN GW。在运营商之间为对方用户提供漫游支持之前，需要在运营商之间签订通用的漫游协议，即便已经设置 VPLMN 地址允许标志位为被允许。

（2）APN 网络标识

为了保证在一个 PLMN 内或不同 PLMN 之间 APN 网络标识的唯一性，包含多个标签的 APN 网络标识应当对应一个互联网域名。该域名智能由 PLMN 进行分配，如果该 PLMN 属于一个正式地在互联网域中预留了该名字的组织，则其他类型的 APN 网络标识不能保证在 PLMN 内或 PLMN 间的唯一性。

一个 APN 网络标识可以用于访问与 PDN GW 关联的服务。实现其可以通过定义 APN，除了被用于标识选择的 PDN GW 外，也由 PDN GW 局域理解为是对特定服务的请求。一个例子是请求 IMS 服务的一个唯一的 APN。

（3）APN 运营商标识

APN 运营商标识是运营商的"域名"。它包含两个唯一标识运营商（PLMN）的标签，以及一个对所有运营商通用的标签。对于每个 PLMN 而言，具有一个默认的 APN - OI，由 MNC、MCC 以及标签"gprs"组成。APN 运营商标识域的结果如下所示：

mnc < MNC >. mcc < MCC >. gprs

在漫游场景中，UE 可能会使用 VPLMN 的服务。在这种情况下，APN 运营商标识需要由同样的方法来构建，但将家乡运营商的 MNC 和 MCC 替换为 VPLMN 的 MNC 和 MCC 即可。

（4）APN - FQDN

注意，当 EPC 中的选择功能在 DNS 中解析一个 APN 时，该 APN 的使用与前所述有所不同。一个 APN - FQDN 的产生通过在 APN - NI 和默认 APN - OI 之间加入标签"apn. epc"并将". gprs"替换为"3gppnetwork. org"进行。APN - FQDN 的格式如下：

< APN - NI >. apn. epc. mnc < MNC >. mcc < MCC >. 3gppnetwork. org

注意，在现有的 GPRS 网络中，DNS 中使用的是后缀". gprs"而不是"3gppnetwork. org"。然而，对于 EPS 网络，选择使用后缀". 3gppnetwork. org"来实现在 DNS 中对 APN 解析。其中

一个原因是当".gprs"并不存在于私有 3GPP 运营商网络之外时,顶级域名".org"的使用将更好地与 DNS 基础设施中的顶级域名配合工作。另一个原因是域名后缀"3gppnetwork.org"已在 IMS 中使用。

(5) 3GPP 的服务和协议服务名称

为了在 EPS 中使用 DNS 执行节点选择,选择功能构造了一个 FQDN(如一个 APN - FQDN)并由 DNS 请求携带,从而获取一系列目标节点(如 PDN GW)的主机名称和 IP 地址。但是,目标节点可能是多穴的(拥有多于一个 IP 地址),并可以为不同协议(如 S5/S8 接口上的 PMIP 和 GTP)使用不同的 IP 地址。在这种情况下,节点选择功能需要通过 DNS NAPTR 过程,使用某些描述服务的"服务参数"来解析得到支持特定服务的接口(即接口和协议类型)。更多的细节描述请参考 IETF RFC 3958 中第 6.5 节以及 3GPP TS 29.303。

表 9-1 列出了 3GPP TS29.303 中进行规范的过程中所需的"服务参数"。

表 9-1 "应用 - 服务"和"应用 - 协议"名称列表

描 述	IETF RFC 3958 中第 6.5 节 "应用 - 服务"名称	IETF RFC 3958 中第 6.5 节 "应用 - 协议"名称
PGW 和 PGW 支持的接口类型	x - 3gpp - pgw	x - s5 - gtp, x - s5 - pmip, x - s8 - gtp, x - s8 - pmip, x - s2a - pmip, xs2a - mipv4, x - s2b - pmip, x - s2a - gtp, x - s2b - gtp
SGW 和 SGW 支持的接口类型	x - 3gpp - sgw	x - s5 - gtp, x - s5 - pmip, x - s8 - gtp, x - s8 - pmip, x - s11, x - s12, xs4, x - s1 - u, x - s2a - pmip, x - s2b - pmip
GGSN	x - 3gpp - ggsn	x - gn, x - gp
SGSN	x - 3gpp - sgsn	x - gn, x - gp, x - s4, x - s3
MME 和 MME 支持的接口类型	x - 3gpp - mme	x - s10, x - s11, x - s3, x - s6a, x - s1 - mme

这里的格式遵照 IETF RFC 3958 中定义的实验格式。例如,在一个 PGW 上查找 S8 PMIP 接口,需要以服务参数"3gpp - pgw. x - s8 - pmip"作为 IETF RFC 3958 所定义的过程的输入参数。

9.2.3 MME 选择

只有 eNB 上有 MME 选择功能,架构才支持多个 eNB 与多个 MME 以及多个 SGW 相连。

当 UE 尝试附着到 E - UTRAN(参见第 6 章介绍会话管理的小节)时,会向 eNB 提供一些参数,如 GUTI(具体细节参见第 6.3 节有关标识的介绍部分),基于 GUTI 如何构建,可以使得选择合适的 MME 变得简单。eNB 可以通过 S1 - AP 信令获知一个池中 MME 的负载状态(参见第 6.7 节有关池信息的部分),也由此使得与 MME 池连接的 eNB 还可以获得其他的信息。这样一来,就可以在一个池中有效地选择合适的 MME,还可以在需要时触发 UE 与池中的另一个 MME 来重新建立连接(使用跟踪区域更新或 S1 释放过程)。从 UE 移动的角度来看,MME 的选择过程被设计得非常有效,并进一步发展为当

UE 在某些运营商边缘时能够降低 MME 的改变。

在 UE 附着时，当在 UE 所提供的信息中无法找到任何一个到 MME 的路由信息时，eNB 负责为 UE 选择一个合适的 MME。

我们首先需要理解 MME 在一个运营商 IP 网络中该如何表示。在这种情况下，也就是如何为一个 MME 或 MME 池构造 FQDN，因为为 UE 选择合适 MME 的过程依赖于此。

运营商网络中的 MME 使用一个 MME 群标识（MME Group ID，MMEGI）和一个 MME 码（MME Code，MMEC）来进行标识，eNB 通过 GUTI 以及/或其他标识 UE 的参数来获取该标识（详见第 6.3 节有关标识的介绍）。

通过在家乡网络域的起始位置增加标签 "mme"，由 MNC 和 MCC 得到子域名称。

MME 节点的 FQDN 构造如下：

mmec < MMEC > . mmegi < MMEGI > . mme. epc. mnc < MNC > . mcc < MCC > . 3gppnetwork. org

一个 MME 池的 FQDN 构造如下：

mmegi < MMEGI > . mme. epc. mnc < MNC > . mcc < MCC > . 3gppnetwork. org

当 MME 或 SGSN 选择另一个 MME 时，DNS 使用 TAI FQDN 来查找合适的 MME（在一个池中），之后通过 A/AAAA 查询分析所获信息，得到 MME 的真实地址。

TAI 由 TAC、MNC 和 MMC 组成，一个子域名称通过在家乡网络域前增加标签 "tac"，由 MNC 和 MCC 生成。

TAI FQDN 构造如下：

tac – lb < TAC – low – byte > . tac – hb < TAC – high – byte > . tac. epc. mnc < MNC > . mcc < MCC > . 3gppnetwork. org

9.2.4　EPS 中的 SGSN 选择功能

就如在本章一开始的概述小节中所说的，EPS 中 SGSN 的选择与 3GPP 接入中无线接入技术间的切换（Inter – Radio Access Technology Handover，Inter – RAT HO）有关。此时，服务节点负责使用 RAI 或 RNC – ID（只在 UTRAN 接入方式下使用）来选择目标 SGSN。

运营商网络中的特定的 SGSN 通过使用 RAI FQDN 和网络资源标识（Network Resource Identifier，NRI）来进行标识，其中，NRI 唯一标识了分配给终端的核心网络。该 SGSN 标识还被目标 MME 或 SGSN 节点用来与源 SGSN 连接。

SGSN FQDN 构造如下：

nri – sgsn < NRI > . rac < RAC > . lac < LAC > . rac. epc. mnc < MNC > . mcc < MCC > . 3gppnetwork. org

RAI 由 RAC、LAC、MNC 和 MCC 组成，核心网络节点基于 RAI 使用的子域名称通过在家乡网络域前增加标签 "tac"，由 MNC 和 MCC 生成。

RAI FQDN 的构造方式与 TAI 相似，可以表示为：

Rac < RAC > . lac < LAC > . rac. epc. mnc < MNC > . mcc < MCC > . 3gppnetwork. org

9.2.5　GW 选择概述

GW 的选择包括 Serving GW 和 PDN GW 的选择过程，并由 MME 来执行。与 GPRS 中的选择机制相比，EPS 中的 SGW 和 PDN GW 的选择变得更加复杂。除了保留现有 GPRS GSGN 选择功能参数（如 APN）之外，在某些参考点（如，S5/S8）上，该选择与不同协议类型紧密相关，并且还受到特定的网络配置，如本地疏导（Local Breakout）以及某些仅由 GW 提供的运营商服务类型（如 IMS）等的影响。

一个相关的方面是，如果由同时支持 Gn/Gp 和 S4 接口的 SGSN 来执行 PDN GW 选择，那么可能需要在 GGSN 和 PDN GW 间做选择。这种情况下，SGSN 有可能需要通过 UE 是否支持 E – UTRAN（由 UE 发送的 UE 能力信息进行告知）的信息作为输入来决定是选择一个 GGSN 还是一个 Serving GW 和 PDN GW。例如，为不支持 E – UTRAN 的 UE 分配一个 GGSN，而与此同时，支持 E – UTRAN 的 UE 需要由 PDN GW 进行处理，从而支持可能的到 E – UTRAN 网络的切换。

9.2.6　PDN GW 选择功能

在 3GPP 接入中，PDN GW 的选择功能位于 MME 和 SGSN。而在非 3GPP 接入中，PDN GW 的选择功能取决于适当的参考点（即 S2a，S2b 和 S2c）上所使用的协议。

如果一个 APN 被标识为一个 SIPTO APN，那么 PDN GW 选择功能在为该 APN 选择 PDN GW 时要考虑 UE 当前的服务位置（如 LTE 接入时使用的 TAI 和在 UTRAN 接入时使用的 RAI）。基于拓扑邻近性的拓扑命名方法（如在 Serving GW 选择中所使用的）需要应用于 SIPTO 为用户面流量找到 SGW 和 PDN GW 之间的最短路径。

1）当在 S2a/S2b 接口上使用 GTPv2 协议时，由作为 GTP 对端的功能实体来执行节点选择功能。在 S2a 场景中，其中基于 GTP 的 S2a 局限于 WLAN 中，这时，由可信的 WLAN 接入网关来请求 PDN GW；而对于 S2b 的情况，则由 ePDG 请求 PDN GW。

2）当在 S2a/S2b 接口上使用 PMIPv6 协议时，由 MAG 功能实体来执行节点选择功能。对于使用 S2a 的情况，举例来说，节点选择功能可以由 3GPP2 HSGW 实体完成，也就是所熟知的 3GPP 规范中所定义的通常情况下的接入网关。若使用 S2b 接口，则由 ePDG 请求 PDN GW。

3）当在 S2a 接口使用 MIPv4 FA 模式时，那么请求 PDN GW 的实体也就是执行 FA 功能的实体。

4）当在 S2c 接口使用 DSMIPv6 协议时，UE 需要获知一个合适的 PDN GW 地址（作为 DSMIPv6 中的家乡代理地址使用）。EPS 中提供了不同的方法。如果接入网支持协议配置选项（Protocol Configurations Options，PCO），那么 PDN GW 地址就可以填充到 PCO 域中并返回给 UE。而当 UE 连接到一个 ePDG 时，PDN GW 的地址可以承载在与 ePDG 的 IKEv2 信令中返回给 UE。若上述方法都不可行，UE 则可以通过 DHCP 机制或基于可以用于选择 PDN GW 的 PDN 信息（使用 APN）来向 DNS 服务器进行查询。

PDN GW 选择功能使用由 HSS 所提供的用户信息以及其他可能存在的一些条件信息。所提供的 PDN 订阅上下文信息包括如用户订阅的 APN、漫游场景下用户是否可以通过位于 VPLMN 的 PDN GW 接入该 APN，还是用户必须通过位于 HPLMN 的 PDN GW 接入该 APN 等。

在非 3GPP 接入下使用 GTPv2、PMIPv6 或 MIPv4 协议时，PDN GW 选择功能与 3GPP AAA 服务器或 3GPP AAA 代理进行交互，并向 3GPP AAA 服务器提供由 HSS 提供的用户订阅信息。当采用与 MME/SGSN 中使用的方法，使用域名服务功能来获得 PDN GW 时，为了在 PDN GW 上支持针对不同的移动性协议（GTP，PMIP 或 MIPv4）所使用的不同的 PDN GW 地址，PDN GW 选择功能将移动协议类型纳入到考虑因素中。

对于 3GPP 接入，PDN GW 选择功能与 HSS 进行交互，从而获取用户信息，并使用相关的信息，如 SGW 和 PDN GW 是否必须联合部署、拓扑/地理邻近性（在 TS 29.303 中进行了详细描述），S5/S8 接口上的协议选择（GTP 或 PMIP）等。注意，一个选定的 GW 可以同时支持两种协议。

值得注意的是，非 3GPP 接入下的 SGW 和 PDN GW 的联合部署不属于 3GPP 标准规范的一部分，因为非 3GPP 接入中 Serving GW 只在一种特殊的场景下使用，通常称为链接的 S2a/S2b–S8（Chained S2a/S2b–S8）。该场景不在本书中展开讨论，有兴趣的读者可以参考 TS 23.402 以深入了解。

如果运营商为用户配置了一个静态 PDN GW，那么既可以通过配置 APN 映射到给定的 PDN GW（即 APN 仅对应唯一的 PDN GW），又可以由 HSS 显式告知 PDN GW 标识来实现静态 PDN GW 的选择。

APN 也可以由 UE 提供。在这种情况下，只要订阅允许，该 UE 提供的 APN 用于生成 APN–FQDN。

当用户发生了漫游且 HSS 向 PDN 提供允许从 VPLMN 为该 APN 分配一个 PDN GW 的订阅上下文时，PDN GW 选择功能从 VPLMN 中选择一个 PDN GW。但是如果在 VPLMN 中无法找到合适的 PDN GW，或订阅不允许在 VPLMN 中分配 PDN GW，则 APN 用于从 HPLMN 中选择 PDN GW。

如果用户通过同一个 APN 请求到一个已有 PDN 的连接，节点选择功能则必须选择与之前用于建立到该 APN 的 PDN 连接的相同的 PDN GW。

为了支持使用 S–NAPTR 流程的 PDN GW 选择，负责“apn.epc.mnc < MNC >.mcc < MCC >.3gppnetwork.”域的权威 DNS 服务器必须为给定的 APN 和利用 APN–FQDN 得到的 PDN GWs 提供 NAPTR 记录，其中，APN–FQDN 表示如下：

< APN – NI >. apn. epc. mnc < MNC >. mcc < MCC >. 3gppnetwork. org

为了便于说明，这里给出几个典型的 S–NAPTR 流程的例子。关于 3GPP 中使用多种 IETF 规范，以及针对 3GPP 网络使用的相应调整的更多细节，TS 29.303 是个不错的参考源。

对于 3GPP 接入：

- 在非漫游场景和执行初始附着时，为了取得候选 PDN GW 列表的 S–NAPTR 流程，根据所支持的协议使用不同的服务参数“x–3gpp–pgw：x–s5–gtp”或“x–3gpp–pgw：x–s5–pmip”。

- 当漫游时，Serving GW 位于 VPLMN，如果所选的 APN 位于 HPLMN，则 S–NAPTR 流

程的选择功能将根据所支持的协议使用不同的服务参数 "x - 3gpp - pgw: x - s8 - gtp",或 "x - 3gpp - pgw: x - s8 - pmip"。

- 在非漫游场景和建立了新的 PDN 连接时,Serving GW 之前已被选定(如 UE 拥有一个已经存在的 PDN 连接),此时选择功能将根据所支持的不同协议使用 S - NAPTR 流程服务参数 "x - 3gpp - pgw: x - s5 - gtp" 或 "x - 3gpp - pgw: x - s5 - pmip"。

对于非 3GPP 接入:

- 当 PMIP 或 GTP 用于初始附着以及漫游和非漫游场景时,选择功能将根据所支持的协议和使用的接口来使用不同的 S - NAPTR 流程服务参数 "x - 3gpp - pgw: x - s2a - pmip"、"x - 3gpp - pgw: x - s2b - pmip"、"x - 3gpppgw: x - s2b - gtp" 或 "x - 3gpp - pgw: x - s2a - gtp"。

9.2.7　Serving GW 选择功能

对于所有的 3GPP 接入技术而言,Serving GW 是必选的节点;而对于非 3GPP 接入而言,SGW 只在特定的场景,即链接场景中使用,所述的链接场景即由 VPLMN 中的 3GPP AAA 代理所决定的 S8 - S2a/S2b 链接漫游。本书不对该链接场景展开详细讨论,有兴趣的读者可以参考 TS 23.402。

Serving GW 选择功能为 UE 选择一个合适的 Serving GW 来提供服务。选择基于网络拓扑,也就是 Serving GW 服务的 UE 的位置(从 TAI 得到)。在 Serving GW 服务覆盖范围重叠的区域,选择的标准可以是选择一个在 UE 移动过程中能尽可能减少 Serving GW 改变可能性的 SGW 来提供服务。基于 S - NAPTR 的 Serving GW 选择,基于 TAI 使用 S - NAPTR 排序,提供从 UE 到 Serving GW(经过 eNB)的最短用户面路径。

由于在 S5 和 S8 接口上可能使用 GTP 或 PMIPv6,且在漫游时可能存在多个人涉及 HPLMN 和 VPLMN 的 PDN 连接(此时,VPLMN 提供本地疏导所需的网络配置,这时需要选择 VPLMN 中的 PDN GW),故而对于单个的 UE 而言,在接入到不同的 PDN 时,SGW 可能需要同时支持两种协议。举个例子,当 UE 拥有两个 PDN 连接,其中一个的 PDN GW 在 VPLMN 中,另一个的 PDN GW 在 HPLMN 中。此时,在 VPLMN 中 Serving GW 和 PDN GW 之间的 S5 接口可以使用 PMIPv6 协议,而与在 HPLMN 中 PDN GW 的另一个 PDN 连接则可以使用 GTP。在切换时(无论 MME 是否重新分配),MME 可以决定是否需要分配一个新的 Serving GW,这取决于,例如,服务于 UE 的目标 eNB 的连接需求以及其他原因。该场景中的 MME 遵循相同的 Serving GW 选择功能流程来决定新 GW 的使用。

我们还是来看一下几个典型的 S - NAPTR 流程的例子,具体可以参考 TS 29.303。

对于 3GPP 接入:

- 当非漫游和 TAU 流程要求 Serving GW 发生变化时,SGW 选择功能应该使用利用 TAI FQDN 的 S - NAPTR 流程来获取与候选 Serving GW 有关的 "x - 3gpp - sgw: xs5 - gtp" 或 "x - 3gpp - sgw: x - s5 - pmip" 的服务参数列表。

- 当漫游和由于 VPLMN 中 TAU 过程需要 Serving GW 选择功能时,S - NAPTR 流程的选择功能应该使用 TAI FQDN 和服务参数 "x - 3gpp - sgw: x - s8 - gtp" 或 "x -

3gppsgw：x－s8－pmip"，根据运营商的偏好来选择漫游协议（GTP 或 PMIP）。
- 当非漫游和建立了新的 PDN 连接时，Serving GW 之前已被选定（如 UE 拥有一个已经存在的 PDN 连接），选择功能应该使用利用 APN－FQDN 的 S－NAPTR 流程和服务参数 "x－3gpp－pgw：x－s5－gtp" 或 "x－3gpp－pgw：x－s5－pmip"。

对于非 3GPP 接入，当 Serving GW 作为非 3GPP 接入 S8－S2a/b 链接漫游场景中的本地移动锚定点时，Serving GW 选择功能不做规定，而是留给供应商指定的运营商网络的部署选择来决定。

9.2.8　切换（非 3GPP 接入）和 PDN GW 选择

一旦发生了 PDN GW 选择，PDN GW 的标识就在 HSS 中注册了，则当在接入网间发生切换时，该 PDN 标识可以提供给目标接入。注册在 HSS 的 PDN GW 标识可以是一个 IP 地址或一个 FQDN。如果 PDN GW 只有一个 IP 地址或对于其支持的所有移动性协议都可以使用相同的 IP 地址（或只支持一种移动性协议）时，使用 PDN GW 的 IP 地址进行注册是合适的。相比较而言，注册 FQDN 则更加灵活，因为它允许 PDN GW 根据不同的移动性协议使用多个不同的 IP 地址。因此，当 UE 从使用 PMIPv6 协议的一种接入切换到另一种使用 GTP 的接入时，PDN GW 选择功能可以使用 FQDN 来根据不同的移动性协议来得到不同的 PDN GW IP 地址。

如果终端在一个非 3GPP 接入中激活 PDN 连接，则将由 PDN GW 负责在 HSS 中注册 PDN GW 的标识、一个 UE 的关联以及 APN。对于 3GPP 接入类型而言，由 MME/SGSN 更新 HSS 中的所选的 PDN GW 的标识。一旦在 HSS 中进行了注册，随后，HSS（可能会经过 3GPP AAA 服务器或代理）能够为 UE 提供 PDN GW 的标识以及相关的 APN。需要注意的是，只有在目标接入中使用基于网络的移动协议（PMIP 和 GTP）来执行移动性时，PDN GW 信息才需要提供目标接入。对于切换到使用 DSMIPA 的非 3GPP 接入时，由 UE 获知 PDN GW 的地址（家乡代理）。

当 UE 在 3GPP 和非 3GPP 接入之间移动时，UE 尚未连接但已经注册过的 PDN 的 PDN GW 选择信息可以如在初始附着阶段一样返回给目标接入系统。对于已经连接的 PDN，PDN GW 的信息则按照以下方式进行传输：

1）如果 UE 切换到一个在目标接入使用 PMIPv6 协议的非 3GPP 接入，并且由于在 3GPP 接入中先前的附着已经分配了一个或多个 PDN GW，那么 HSS 将所有这些已分配的 PDN GW 的标识以及相应的 PDN 信息提供给 3GPP AAA 服务器。AAA 服务器将这些信息转发给目标接入网络的 PDN GW 选择功能。

2）如果 UE 切换到 3GPP 接入中，并且由于之前的在非 3GPP 中的附着，UE 已经拥有了一个分配的 PDN GW，那么 HSS 将所有这些已分配的 PDN GW 的标识以及相应的 PDN 信息提供给 MME。

9.3　PCRF 选择

在 8.2 节中详细介绍了 EPS 中的 PCRF 及其作用。为了实现 PCRF 发现，HPLMN 中的一个或多个 PCRF 节点可以服务一个 PDN GW 及相关的 AF。当漫游和需要支持本地疏导场景时，VPLMN 中的一个或多个 PCRF 节点服务 PDN GW 及相关的 AF。有可能每个 PLMN 中只有一个 PCRF 分配给一个 UE 的所有 PDN 连接，或不同的 PDN 连接可以由不同的 PCRF 进行处理。究竟选择以上两种方式中的哪种要基于运营商的网络配置。然而，当使用 DSMIPv6 协议时，只能为一个 UE 的所有 PDN 连接选择一个 PCRF。

对于相同 IP – CAN 会话的 Rx、Gx、Gxa/Gxc 和 S9 会话必须由同一个 PCRF 进行处理。该 PCRF 也必须能够将这些同一 IP – CAN 会话的不同会话（Rx 会话、Gx 会话、S9 会话等）联系起来。这同样适用于由一个 V – PCRF 处理，属于一个 UE 的 PDN 连接的所有 PCC 会话（Gx、Rx、Gxa/Gxc 等）的漫游场景。故而，PCRF 的选择与一个 UE IP – CAN 会话的 PCRF 接口上单个 UE 的不同 PCC 会话是密不可分的。也就是说，为了实现为个体用户提供所有的 PCC 功能的目的，承载在这些不同接口上的信息必须是互相关联的。

为了确保组成同一个 IP – CAN 会话的所有会话都由相同的 PCRF 提供服务，一个称为 Diameter 路由代理（Diameter Routing Agent，DRA）的逻辑功能实体用于 PCRF 的选择/发现过程。3GPP 在 TS 29. 213 中定义了 DRA，具体如下：

DRA 是一个功能元件，能够使当一个 Diameter 域内部署了多个可分离的、可寻址的 PCRF 时，确保组成同一个 IP – CAN 会话的建立在 Gx、S9、Gxx 和 Rx 参考点上的所有 Diameter 会话到达同一个 PCRF。当一个网络中的每个 Diameter 域中仅部署一个单独 PCRF 时，不需要使用 DRA。

DRA 符合 IETF 中所定义的标准 Diameter 功能，包括 Diameter 协议及其应用。DRA 需要（有重定向和代理 DRA 两种模式）公告其所支持的应用，包括对 Gx、Gxx、Rx 和 S9 的支持，以及 3GPP 中必要和相关的认证信息和供应商信息。

当按照重定向模式进行操作时，为了获得 PCRF 标识，DRA 客户端将使用重定向应答消息中重定向主机 AVP（Redirect Host Attribute – value Pairs）的值（参见第 16 章中详细介绍 Diameter 协议的部分）。

当处于代理模式时，如果尚未为 UE 选择 PCRF，且请求消息是网关控制的 IP – CAN 会话建立消息，则 DRA 将会选择一个 PCRF。在该 UE 的 PCRF 成功建立之后，该 PCRF 需要一直用到该 UE 的所有 IP – CAN 会话终止且从 DRA 移除。

当在一个网络中为 PCRF 域部署了 DRA 时，DRA 是对于这些会话的客户端来说的第一个接触点。如果 DRA 部署在漫游场景中，则无论是家乡路由还是本地疏导，都将由位于 VPLMN 中的 DRA 来选择 V – PCRF，由位于 HPLMN 中的 DRA 来选择 H – PCRF。

在漫游场景中，依赖于在何种 PLMN 中选择 PCRF 以及网络配置（即本地疏导还是家乡路由），Serving GW、非 3GPP 接入的 GW、PDN GW 都可能作为 DRA 选择功能的触发器。DRA 保持某一 UE 和 IP – CAN 会话所分配的 PCRF 的状态。我们假设单个 Diameter 域由单个逻辑 DRA 提供服务（见图 9-3）。

使得 DRA 能够确定已分配 PCRF 的参数依赖于 DRA 所接触的参考点。与 Gx 和 GXa/GXc 等相比，Rx 接口上具有不同的信息。总结本章，我们简单介绍了 EPC 中不同网络节点的选择标准，以及在 3GPP 中所使用的方法。

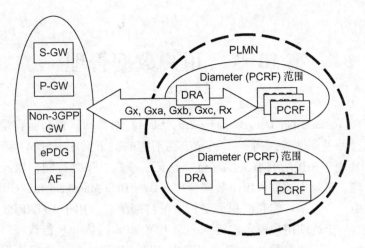

图 9-3　3GPP EPC 中的逻辑 DRA 和 Diameter 域

第10章　用户数据管理

用户数据管理（Subscriber Data Management，SDM）对移动运营商而言是一个极其重要的领域，但有时这种重要性表现得并不明显。在不同的上下文中，SDM 具有不同的意义，不过在这里，SDM 用于描述所有有关隐私性、认证、授权、策略控制，以及终端移动管理等过程的订阅处理。有时也被称为用户数据管理（User Data Management，UDM）。

在移动网络中，有很多功能和流程需要相关的订阅信息。用于 LTE/EPC 网络中的用户订阅信息可以是当一个终端用户设备连接到一个 LTE/EPC 网络并执行认证时所需的用户身份和安全凭证，这是最为明显的一个例子。用户身份（IMSI）和安全密钥保存在设备中的 USIM 卡中，同样的信息也为每个用户保存于运营商的核心网络中，即家乡用户服务器（Home Subscriber Server，HSS）。

然而，在移动网络中，用户还具有很多与订阅相关的其他参数。例如，根据能访问何种服务，订阅可能有所不同，能够获得何种 QoS，使用何种接入技术，是按照实时计费（提前付费）还是使用后计费（后付费），对于使用数据的计费模式，等等。

在本章中，我们将着眼于用户数据管理的不同方面，并介绍 EPC 中处理订阅数据的功能和实体。首先，我们会对 EPC 中所定义的用于维护永久用户数据的不同逻辑实体进行概述。这些实体包括家乡用户服务器（Home Subscriber Server，HSS）和用户配置文件库（Subscriber Profile Repository，SPR）。其中，部分内容已经在之前的章节中有所介绍，如 PCC 和移动性，但在这一章中，我们会关注 SDM 方面。

然后，我们将描述在 3GPP 中所定义的用户数据汇聚（User Data Convergence，UDC）架构。通过 UDC，对不同用户数据功能的数据库可以进行统一，与此同时，维持与需要订阅数据的其他网络实体（如 MME 或 SGSN）的兼容性。通过对不同网络功能和接入类型的用户数据的统一，就可以提供更加有效的 SDM 基础设施和发现新的客户诉求。

除了长期维持订阅数据的实体之外，在 EPC 中还包括其他实体，如 MME 和 3GPP AAA 服务器。当有 UE 拥有活跃的 PDN 连接时，这些实体用于维护用户数据，或当用户解附着时可以缓存用户数据。然而，这些实体不维护永久的用户数据。

10.1　家乡用户服务器

HSS 可以描述为一个给定用户的主数据库。它是包含与订阅相关信息的实体，这些订阅相关信息用于支持网络实体来处理移动性和用户 IP 会话。HSS 同时也向实体提供对电路交换的呼叫处理。

在 3GPP Release 5 之前，家乡位置注册（Home Location Register，HLR）是 GPRS 和电路交换（CS）服务的主要用户数据库。而认证中心（Authentication Center，AuC）则是维护用户认证和与用户进行保密通信的安全数据的数据库。然而，从 Release 5 开始，3GPP 标准中的 HLR 和 AuC 功能只作为 HSS 的一个子集。

图 10-1 给出了 HSS 的接口。HSS 可以由多个实体访问：MME 通过 S6a 接口、S4 – SG-SN 通过 S6d 接口、Gn/Gp 通过 Gr 接口。进一步地，HSS 也允许从 3GPP AAA 服务器通过 SWx 接口进行访问。其他的一些到 HSS 的接口，如支持 CS 域和 IMS 域的，不在本书中做进一步讨论。其中，面向 CS 域的为 C 或 D 接口（MAP），而面向 IMS 域的接口为 Cx 和 Sh 接口（Diameter）。

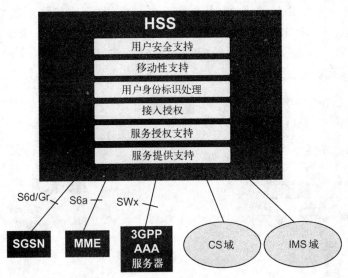

图 10-1　到 HSS 的接口

注：只显式列举了到 EPC 的相关接口。

S6a/S6d 接口和 SWx 接口使用 Diameter 协议，更多的细节将在第 15 章中进行介绍。

Gr 接口基于 MAP，它继承于 EPC 之前的 GPRS 核心网络。尽管 EPC 架构在 S4 – SGSN 和 HSS 之间使用 S6d，但并未阻止来自 S4 – SGSN 的 Gr 使用，举例来说，对于来自 Gn/Gp SGSN 的传输而言，使用支持 S4 的 SGSN，而无须同时实现从基于 MAP 的 HLR 到基于 Diameter 的 HSS 的迁移。图 10-2 给出了运营商部署了 S4 – SGSN 但使用传统的 HLR 保持基于 MAP 的 Gr 接口的场景。

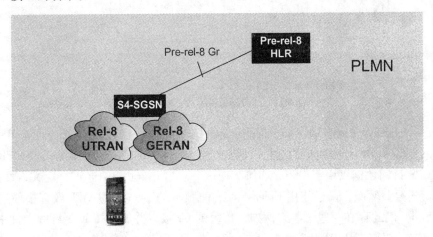

图 10-2　S4 – SGSN 和传统 Gr/HLR 的迁移场景

为了促进 HLR 到 HSS 的迁移，以及支持对 HLR 和/或 HSS 实现了不同部署的运营商之间的漫游，3GPP 也定义了交互功能（Interworking Function，IWF）来提供 Gr 和 S6a/S6d 之间的协议转换。图 10-3a 给出了来自具有先于 Release 8 的 HLR 的运营商的一个用户在部署了 EPC 的 VPLMN 中漫游的交互场景。IWF 提供了先于 Release 8 的 Gr 的消息和 S6a/Sd 消息之间的映射。值得注意的是，为了在该场景中支持 E–UTRAN，以及提供 S6a 和 Gr 之间的映射，先于 Release 8 的 HLR 和 Gr 接口必须至少增强了能够支持到 VPLMN 的 ESP 安全（如在 E–UTRAN 中发送 EPS 认证向量）。另外一个场景是参与的两个运营商都支持 EPS 接口，如 S6a/S6d，但希望重用 MAP/SS7 漫游架构。图 10-3b 给出了这样使用 IWF 的场景示例。

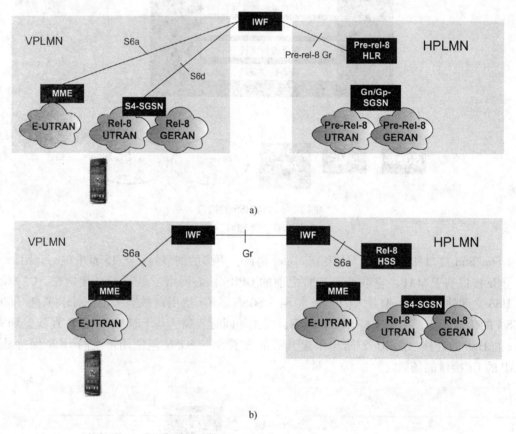

图 10-3 使用 IWF 的互操作场景示例
a）在 EPC 运营商和使用先于 Release 8 HLR 的运营商之间的交互
b）使用 MAP/SS7 漫游架构的 EPS 运营商漫游场景

当与 S4–SGSN 和/或 MME 一起使用传统的 Gr 和 HLR 时的另外一个方面是 Release 8 之前的版本只支持 GPRS 订阅数据的交付。因此，接收 S4–SGSN 和 MME 必须将 GPRS 订阅数据映射为 EPS 订阅数据以用于 EPS。如何实现这个映射并未由 3GPP 进行定义，而是交由实现和运营商配置。然而，由于使用 Release 8 之前版本的 Gr（通过 IWF 或直接使用），而非使用 S6a/S6d，因此存在一些限制。例如，传统的 Gr 接口并不支持 EPS 订阅文件中的特性，如订阅 AMBR、双重堆栈 IPv4v6 承载、去/来自非 3GPP 接入的切换等。不过，在 Release 8

中，Gr 已经能够得以增强，从而能够承载 EPS 订阅文件。由于在 Gr/HLR 中具有这样的支持，因此 MME/SGSN 中订阅数据的映射就不再需要了。

有兴趣的读者可以查阅 3GPP TS 29.305 来获得更多有关在使用不同级别的 Gr 和 S6a/S6d 的运营商之间使用一个或两个 IWF 的交互场景。

虽然与本章节的主题不直接相关，不过有必要提到的是：IWF 同样也能支持 S13/S13′和 Gf 接口之间的映射，该映射用于设备身份的验证。第 15 章会有关于 S13/S13′接口的更多介绍。

HSS 的用户数据和功能性会用于 3GPP 网络中的大量功能中。在下面列举的内容中，我们会简要描述其中的一些功能。这些 HSS 功能中的很多都会在系统级别上（如安全性和移动性）进行描述的相应章节中有所反映。并且，S6a/S6d 和 SWx 接口的功能会在第 15 章进行描述。不过，在如下列举的内容中，我们关注的是 HSS 实体的功能性。HSS 包括以下功能见图 10-1：

- 用户安全支持（User Security Support）。通过给如 SGSN、MME 和 3GPP AAA 服务器这样的网络实体提供凭证和密钥，HSS 支持网络接入的认证和安全过程。该方面在第 7 章有所描述。
- 移动性支持（Mobility Support）。通过如存储有关当前服务用户的是哪个 SGSN/MME 的信息，HSS 支持用户移动性。按照相似的手段，HSS 也支持电路交换域和 IMS 域具有移动管理功能。
- 用户身份标识处理（User Identification Handling）。HSS 提供所有的能在系统中唯一决定用户的标识符之间的适当关系。这些系统包括 CS 域、PS 域和 IMS（如 CS 域的 IM-SI 和 MSISDN；PS 域的 IMS 和 MSISDN；IMS 的私有身份和公共身份）。
- 接入授权（Access Authorization）。当 MSC/VLR（用于 CS 接入）以及 SGSN、MME 或 3GPP AAA 服务器（用于 PS 接入）进行请求时，HSS 通过检查用户允许漫游到一个特定的外地网络来为移动接入认证用户。
- 服务授权支持（Service Authorization Support）。HSS 为移动终端的呼叫/会话建立和服务调用提供基本的认证。
- 服务提供支持（Service Provision Support）。HSS 为 CS 域、PS 域和/或 IMS 中的用户提供服务文件数据的访问。对于 PS 域，HSS 提供 APN 文件，其中包括用户授权能够使用的 APN。HSS 也与 IMS 实体进行通信以支持应用服务。

当对于单个 HSS 而言用户数过于庞大时，运营商会需要不止一个 HSS。为了在这样的场景中的 HSS 方案中支持用户标识，需要部署 Diameter 代理。Diameter 代理将请求中继、代理，或重定向到处理特定用户的适当的 HSS（参见第 16 章中描述 Diameter 协议的部分，以获得有关不同 Diameter 代理的更多信息）。用于 HSS 方案中用户标识的 Diameter 代理与定义用于到 PCRF 的 Diameter 接口的 Diameter 路由代理（DRA）有很多相似之处（参见第 9 章有关 DRA 的细节介绍）。

表 10-1 给出了与 EPC 接入相关的包含在 HSS 中针对每个给定用户的用户数据的子集。HSS 也包含了其他类型的用户数据，如用于 IMS 的。

表 10-1　EPC 接入中包含在 HSS 中的订阅数据子集

字　段	描　述
IMSI	IMSI 是主要的参考密钥
MSISDN	UE 的基本的 MSISDN（即电话号码）
IMEI/IMEISV	国际移动设备身份 – 软件版本号码（IMEI – SV，International Mobile E-quipment Identity – Software Version Number）是实际使用的终端的身份。当 UE 附着到 NW 时提供给 HSS
MME Identity（MME 身份）	当前服务该 MSMME 的身份
Access Restriction（接入限制）	指示接入限制的订阅信息，如不允许使用哪种接入（如 GERAN、UT-RAN、E – UTRAN）
EPS Subscribed Charging Characteristics（EPS 订阅的计费特征）	MS 的计费特征，例如，常用的、预付费的、统一计费和/或实时计费订阅
Subscribed – UE – AMBR	最大聚合的上行和下行 MBR，根据用户的订阅可以由所有的非 GBR 承载所共享
每个订阅配置文件包括一个或多个 APN 配置文件	
APN 配置文件	
PDN Address（PDN 地址）	指示所订阅的 IP 地址
PDN Type（PDN 类型）	指示所订阅的 PDN 类型（IPv4，IPv6，IPv4v6）
Access Point Name（APN，接入点名称）	按照描述到分组数据网络的接入点的 DNS 命名规格（或是一个通配符）的标签
SIPTO Permissions（SIPTO 许可）	指示与该 APN 相关的流量对于 SIPTO 而言是允许还是禁止
LIPA Permissions（LIPA 许可）	指示 PDN 是否能够通过本地 IP 接入访问可能的值（LIPA – prohibited，LIPA – only，and LIPA – conditional）
EPS Subscribed QoS Profile（EPS 订阅的 QoS 配置文件）	APN 默认承载的承载级 QoS 参数值（QCI 或 ARP）
Subscribed – APN – AMBR	最大聚合上行和下行 MBR，可以由为此 APN 建立的所有的非 GBR 承载共享
VPLMN Address Allowed（允许的 VPLMN 地址）	指定对此 APN，UE 是否仅允许使用 HPLMN 域的 PDN GW，还是允许使用 VPLMN 域的额外的 PDN GW
PDN GW Identity（PDN GW 身份）	用于此 APN 的 PDN GW 的身份。PDN GW 身份可以是一个 FQDN 或一个 IP 地址。一个 PDN GW 身份对应一个特定的 PDN GW
PDN GW Allocation Type（PDN GW 分配类型）	指示 PDN GW 是静态分配还是由其他节点动态选择。一个静态分配的 PDN GW 在 PDN GW 选择过程中不可改变

10.2　用户配置文件库

用户配置文件库（SPR）是最初定义用于维护 PCC 架构中订阅数据的数据库（接下来，我们会在下文中看到 PCC 中使用用户数据汇聚的选项介绍）。和 HSS 相比，SPR 存储了 PCC 所需的更为动态的业务规则，而 HSS 则包含了用于网络接入的更为静态的订阅数

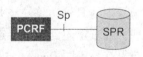

图 10-4　Sp 接口

据。在 PCRF 和 SPR 之间的相关节点称为 Sp（见图 10-4）。SPR 可以是一个单独的数据库，在很多情况下也可以和 PCRF 集成在一起。

SPR 和 Sp 参考点并没有在 3GPP 中进行详细的标准化。一个原因是 PERF 实现策略控制所需的订阅相关信息非常依赖于运营商提供给终端用户的服务。由于所提供的服务类型和相

关策略紧密耦合到了运营商的业务模型和所提供的业务中，因此标准化这些信息就会非常困难。所以，关于 SPR 和 Sp 接口的描述被 3GPP 有意地含糊了。需要注意到的是，HSS 的 S6a/S6d 接口和 Sp 节点之间有着关键的区别：MME/SGSN 和 HSS 之间的接口 S6a/S6d 可以是两个运营商之间的漫游接口，其标准化非常重要，然而 PCRF 和 SPR 之间的接口总是属于一个运营商内部的。

然而，有必要简要介绍一下 SPR 能支持什么类型的信息。例如，SPR 可以提供下列订阅文件信息：

（1）用户所允许的服务

（2）用户所允许的 QoS 信息

（3）用户计费相关信息（如与计费相关的位置信息）

（4）用户类别

- 与订户使用量监控相关的信息。
- 多媒体优先服务（Multimedia Priority Service，MPS）的 EPS 优先级和 MPS 优先级。
- 指示是否应该支持应用检测和控制的用户配置文件配置。
- 花费限制文件。
- 应用服务提供商列表以及每个赞助商身份的应用。

关于更多 PCC 的概念，如使用量监控、应用检测和控制、花费限制等，可参见第 8 章。

10.3 用户数据汇聚

在 3GPP 网络中，和用户关联的数据可以由不同网络实体进行管理，如 HLR/HSS 和 SPR。此外，如我们在上文中有关 HSS 的描述中所看到的，可能有不止一个 HSS，每个 HSS 都为一个用户子集存储订阅数据。因此，在这种情况下就需要有一个 Diameter 代理来发现并处理特定用户的 HSS。

管理这些不同类型的订阅数据的数据库集合的工作相当繁杂，并且带来了在操作和管理上的挑战。例如，引入一个新用户或对已有订阅的修改需要对多个数据库进行更新。同时，不同位置之间的数据复制和同步也存在问题。为了解决这些问题，3GPP 在 Release 9 中为用户数据汇聚（User Data Convergence，UDC）引入了新的解决方案。

UDC 旨在提供用户数据汇聚，以实现新服务和网络的更为平滑的管理和部署。如在下文中将会看到的：UDC 概念支持分层架构，从而保持真实用户数据从 3GPP 系统的应用逻辑中分离开来。实现的方式是通过将用户数据存储在一个逻辑上唯一的用户数据库中，并允许从 EPC 和服务层实体对该数据进行访问。

UDC 旨在提供以下一系列好处：

- 整体网络拓扑和接口的简化。
- 为用户数据提供单点。
- 克服单入口点引起的数据容量瓶颈。
- 分别扩展处理资源和数据存储。
- 避免数据复制和不一致。
- 避免数据分段。

- 为运营商减少 CAPEX 和 OPEX。

10.3.1　UDC 整体描述

图 10-5 显示了分层结构的逻辑表示，它将用户数据从应用逻辑中分离出来。用户数据存储在逻辑上唯一的库中，称其为用户数据库（User Data Repository，UDR）。不存储数据但需要访问用户数据的实体称为应用前端（Front‐Ends，FE）。这些前端为用户数据的处理和操作提供应用逻辑，但不永久存储任何用户数据。前端角色例子包括 HSS、ANDSF 和 PCRF。对 UDR 中用户数据的访问通过 Ud 接口进行。

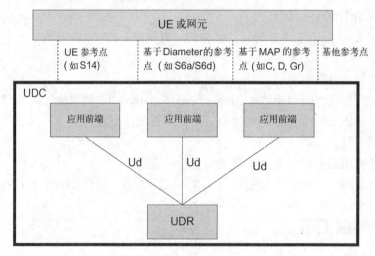

图 10-5　原理性的 UDC 架构

图 10-6 对部署了 UDC 的网络和未部署 UDC 的网络进行了对比。在无 UDC 部署的情况下，网元需要拥有自己的数据库来存储永久的用户数据，或需要访问一个外部数据库。在引入 UDC 的情况下，永久用户数据迁移到了 UDR 中。那些之前用于存储订阅数据的网元或

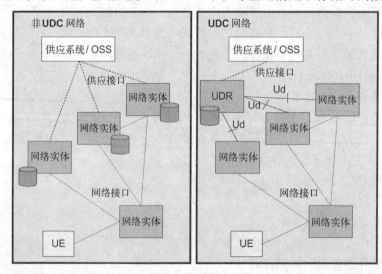

图 10-6　包含和不包含 UDC 的网络之间的对比

所访问的专用外部数据库在这时就变成了应用前端。

　　UDC 一个重要的方面是它不会影响网络实体之间的现有网络接口，这一点也可以从图 10-6 中看出。UDC 架构的不同之处仅仅在于，同时具有应用逻辑和永久数据存储的先前形式的一个网络单元，成为了管理到其他网元的已有接口的一个应用前端，与此同时，将永久数据存储转移到 UDR。

10.3.2　前端和用户数据库

　　当使用 UDC 架构时，原先维护用户数据的功能实体（如 HSS）仅维护应用逻辑，而不再永久地在本地存储用户数据。如上文所提到的，这些无存储功能的实体成为应用前端。3GPP 目前定义了如下的应用前端：

- HSS（和 HLR/AuC）。
- ANDSF。
- PCRF。
- IMS 应用服务器（AS）。

　　UDC 也定义了所谓的供应前端（见图 10-6），这些实体用于 UDR 的供应。一个供应前端提供创建、删除、修改和取回用户数据的手段。

　　用户数据库（User Data Repository，UDR）这一功能实体，承担存储用户数据功能的单一逻辑库的角色。在非 UDC 网络中，用户相关的数据存放于如 HSS、SPR 等不同的逻辑数据库中，而如今则存放在 UDR 中。UDR 通过 3GPP 系统的服务促进用户相关数据的共享和供应。

　　UDR 为一个或多个应用前端，提供一个唯一的参考点。UDR 同时存储永久的和动态的用户数据。永久用户数据与一些如系统为了执行服务而需要知道的必要信息是相关的。订阅信息包括用户身份（如 MSISDN、IMSI）、服务数据（如 IMS 中的服务文件）和认证数据等。该类型的用户数据具有生命周期，而只要用户允许使用服务，则也可以通过管理的手段来修改这些数据。UDR 也存储临时的用户数据。由于系统的普通操作或数据流条件，这是些允许修改的数据。临时数据的例子包括 SGSN 地址和用户状态等。

第 11 章　语音和应急服务

在第 5 章中，我们对 EPS 中运营商提供语音业务的各种方案做了概要描述。在本章中，将进一步深入探讨 EPS 中语音业务的实现，包括 MMTel/VoLTE、SRVCC 和 CS Fallback。最后，我们会简要涉及从电路交换技术到 VoLTE 的迁移选项。

11.1　基于电路交换技术的语音业务

电路交换是用在电话网络中的一项传统技术，要求两个用户终端在一次通话中需要建立一条连续的链路。EPS 的一个愿景（vision）就是 IP 技术用于所有的业务，包括语音，并且能够有效地替代电路交换服务。为了理解语音业务是如何基于 IP 技术实现交付的，有必要对注定需要被替代的技术有一定的了解。因此，在本节中将会简要介绍电路交换技术，随后的章节将涉及移动网络中基于 IP 技术的语音业务的实现。在 EPC 中，电信运营级多媒体服务通过被称为 IMS 的技术来提供，这将在下一节中有所涉及。

电路交换网络体系架构的核心部分是移动交换中心（Mobile service Switching Center，MSC）。这是支持语音通话的核心网络功能，用于处理与语音通话相关的呼叫和切换。电路交换核心网络的现代部署通常设计为将信令交互功能（由 MSC 服务器完成）从媒体面（media plane）的处理功能（由媒体网关设备完成）中分离开来。图 11-1 给出了简化的架构。

此时，MSC 服务器包含呼叫控制和移动控制功能，而媒体，如组成语音电话的实际数据帧，通过能完成不同媒体和传输格式间转换的媒体网关的数据流可以往语音电话中调用特定的功能，如流经媒体网关设备，也可以调用特定的功能以加入语音通话功能，如回应去除（Echo Cancellation）或电话会议（Conferencing）。MSC 服务器控制媒体网关设备对一个特定的语音呼叫的操作，以及实现与负责处理电路交换的用户订阅数据的归属位置寄存器（Home Location Register，HLR）或归属用户服务器（Home Subscriber Server，HSS）间的交互。

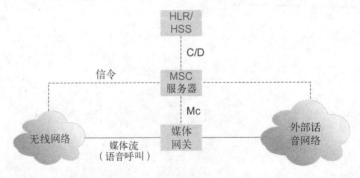

图 11-1　CS 语音的简化架构

早在 19 世纪 90 年代，移动网络的语音通话就已经被转换成数字数据流。但数据帧本身不会通过使用共享信道或 IP 技术在移动终端和网络之间进行发送。

这就意味着在每个语音通话的持续时间内网络中唯一的资源都会一直被该语音通话所占用。在通话发起时建立连接，直到呼叫终止网络资源被释放的这段时间一直维护着该连接。因此，在一次语音通话期间，电路交换的连接持续消耗固定的带宽网络资源和延迟。即使没有实际通信发生，如通信双方没有说话，该连接也占用同样的资源。只要通话一直保持，所分配的网络资源就不会再分配给其他用户。目前还没有有效的方式来优化多个用户使用这些资源。

需要注意的是，这是一定程度上的简化。为了提高电路交换服务资源的利用率，一些更高效的利用可用带宽的机制被设计出来，如通过利用语音通话的寂静时期（silent periods），以及使多个用户复用一个共同的信道。同样，在无线系统中，由于在通话中无线信道变化的特性，导致可用带宽在某种程度上的变化。随着语音编码器适应无线环境的改变，将会导致语音质量的变化。

由于在设备和网络之间，电路交换服务中的语音数据不是采用 IP 数据包进行传输的，因此也就无法使多个服务复用至相同的服务流中，以及不能为设备其他服务或应用提供标准应用程序接口（Application Programming Interface，API）。

然而，GSM、WCDMA 和 LTE 中的分组数据业务提供了移动终端和网关节点之间的 IP 连接性。该 IP 连接性可以用于任意基于 IP 的应用，并且可以供多个应用同时使用。最自然的例子是语音应用。进一步地，这样的通话本身不仅仅是语音呼叫，还包括除声音媒介之外的多种媒体组件。

现在，我们转到介绍使用 IP 技术的语音业务的实现。在使用 3GPP 规范的 EPS 中，这是通过 IP 多媒体子系统（IP Multimedia Subsystem，IMS）来实现的。

11.2 基于 IMS 技术的语音服务

IMS（IP Multimedia Subsystem）最初由 3GPP 设计，用于在 GSM 和 WCDMA 的 GPRS 系统中提供基于 IP 的多媒体服务，不过随后也被扩展为支持其他接入网络。应该注意的是，TISPAN、PacketCable、3GPP2 和 3GPP 之间的工作合并到"公用 IMS（Common IMS）"之后，目前所有的 IMS 规范都由 3GPP 进行处理。因此，固网和移动网都使用相同的 IMS 规范。同样值得注意的是，处于用于 3GPP 定义的接入网络技术，本章所描述的语音服务也可用在 non−3GPP 接入网中。如前文所述，EPC 的设计要点之一就是要保证 3GPP 和 non−3GPP 接入都可以接入并使用这样的服务。

在适当的时候，3GPP 从其他标准主体的标准规范中实现协议重用，这实际上具体发生于 IMS 中。IMS 的概念是围绕会话初始化协议（Session Initiation Protocol，SIP）而建立的。IETF 中的 RFC 3261 定义了 SIP，目的在于作为建立和管理媒体会话（media session）的信令协议。例如，IP 网络上的语音和多媒体电话。

在移动网络架构中，IMS 本身被定义成一个子系统，由若干通过标准接口进行互联的逻辑实体所组成。需要注意的是，这些实体仅仅是逻辑实体，IMS 基础设施的供应商可在相同的一个或多个物理产品上组合实现多个逻辑实体。

IMS 子系统的核心是呼叫会话控制功能（Call Session Control Function，CSCF）。CSCF 主要负责处理 SIP 信令控制、应用程序调用以及媒体路径控制。CSCF 从逻辑上划分为 3 个不同的实体：

- 代理 CSCF（Proxy CSCF，P – CSCF）。
- 服务 CSCF（Serving CSCF，S – CSCF）。
- 查询 CSCF（Interrogating CSCF，I – CSCF）。

在同一物理设备上，这 3 个实体实现了 3 种不同的软件功能。

P – CSCF 的首要角色是作为 SIP 代理功能。该功能位于终端和 S – CSCF 之间的信令路径上，并且可检测流经两个终端间的每个 SIP 消息。P – CSCF 管理服务质量和授权基于与 IMS 服务相关的特定承载的使用。P – CSCF 也维护与终端之间的安全关联，并且可选地支持 SIP 消息压缩/解压。

S – CSCF 是 IMS 架构的中心节点，它负责管理 SIP 会话，以及与归属用户服务器 HSS 进行交互从而实现用户数据的管理。此外，S – CSCF 也和应用服务器（Application Server，AS）进行交互。

I – CSCF 的首要功能是作为来自外部的 SIP 请求的联络点。I – CSCF 与 HSS 进行交互，从而指定一个处理 SIP 会话的 S – CSCF。

HSS 管理 IMS 相关的用户数据，并包含具有所有用户配置文件的主数据库。具有支持接入和服务授权、移动管理和用户身份验证的功能。此外，HSS 还在寻找合适的 S – CSCF 来辅助 I – CSCF。

多媒体资源处理器（Multimedia Resource Function Processor，MRFP）是一个媒体面的节点，可以（但不必需）调用于处理媒体流。使用场景的例子，如经由 MRFP 进行路由的媒体数据是会议电话（此时需要混合多个媒体流），并在不同的 IP 媒体格式之间进行转换。

多媒体资源控制器（Multimedia Resource Function Controller，MRFC）与 CSCF 进行交互，并控制 MRFP 执行的行为。

出口网关控制功能（Breakout Gateway Control Function，BGCF）为去往电路交换网络的呼出电话做处理路由决策。通常，将会话路由到媒体网关控制功能（Media Gateway Control Function，MGCF）。

媒体网关设备（Media Gateway，MGW）提供用户，用于 IMS/IP 和电路交换网络之间的不同媒体格式之间的会话和转码。

MGCF 提供让 IMS 与外部电路交换网络进行互连的逻辑。通过去往外部网络的 ISUP 的信令、去往 S – CSCF 的媒体会话和控制 MGW 实际工作的 ISUP 来控制媒体会话。

会话边界控制器（Session Border Controller，SBC）是 IMS 域和外部 IP 网络之间的 IP 网关。SBC 管理 IMS 会话，但是由于提供会话安全和质量控制的支持，SBC 也支持防火墙和 NAT 穿越的功能，如当远程 IMS 终端驻留在一个设备的后面（如家庭或公司的路由器），SBC 提供 IP 地址转换。

应用服务器（Application Server，AS）实现特定的服务，并与 CSCF 进行交互从而能够将之交付给终端用户。这些服务可能是由 3GPP 定义的，但是由于使用了 IP 技术，因此没有必要对所有服务都进行标准化。举一个这种服务的例子，如 3GPP 中所定义的多媒体电话业务（Multimedia Telephony，MMTel）。MMTel 已经设计为支持 IMS 语音电话，但是由于 MMTel 能够提供的不仅限于语音，其他媒体也可以加入到语音电话中，因此这就使其成为了一个完整的多媒体会话。

对 IMS 更为详细的描述已超出了本书的范围，有兴趣的读者可参考 Camarillo（2008），从而获得更多的信息。

11.3 MMTel 及其架构

如第 5 章中所提到的，MMTel 是提供给语音通话的标准化服务。MMTel 建立在 IMS 之上，在提高终端用户的通信体验方面，MMTel 相比于传统电路交换语音电话提供了更多的可能。例如，视频或文本可添加到语音组件中。由于 EPC 是设计用于对两个 IP 主机间的 IP 数据流进行有效承载，因此在 LTE 的覆盖范围内，很自然地会选择 MMTel 来提供语音服务。IMS 的建立结合了电信服务质量和现代 IP 技术，是一个开放和可扩展标准，在此基础上构建服务。此外，MMTel 符合大多数国家语音业务交付的管制要求（Regulatory requirement）。

MMTel 标准定义在 3GPP TS 24.173 中，在 IP 技术之上提供电信运营级的语音服务。该标准允许运营商之间，以及当前网络到传统网络（如 PSTN）的互操作服务。标准化接口意味着运营商可以在一个网络中使用多个供应商的产品，并整合网络服务。与大多数 OTT VOIP 相比，MMTel 也符合与语音业务相关的管制要求。图 11-2 给出了融合网络场景中的 MMTel 架构。

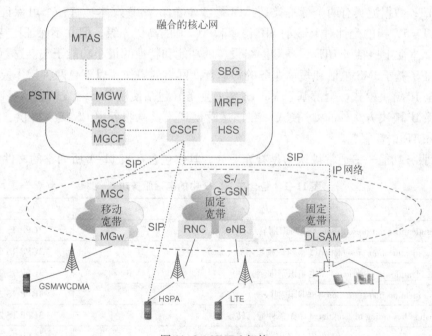

图 11-2 MMTel 架构

MMTel 是针对语音的 3GPP 标准，并且是一个非常广泛和复杂的标准。因此，为了确保 MMTel 的实现，GSMA 网络中运营商和网络供应商都产生了 MMTel 规范的配置文件，这里的 MMTel 有时会被称为 VoLTE（Voice of LTE，LTE 语音解决方案）。就多媒体服务而言，VoLTE 在不同运营商之间确保了基本的兼容性。下一节将对 VoLTE 进行简要描述。

深入讨论 MMTel 的细节超出了本书范围，有兴趣的读者可以参考 Camarillo（2008）和 Noldus（2011）等，从而获得更多的有关 MMTel 的信息。

11.4   VoLTE

MMTel 标准比较复杂，提供了在分组无线技术上实现语音业务的的众多选择和选项。这些形成 MMTel 标准基础的功能分布在多个技术文档中，但却缺少有关这些功能在现实网络实现中如何组合在一起的描述。因此，如果在现实网络有运营商将部署这些功能，则将会带来很大的困难——如何与其他移动网络运营商保持互通性？如果没有一些有效手段来确保服务可以在众多运营商之间工作，则将会导致市场的分解。

VoLTE 很好地应对了这一市场分解问题。GSMA 文档 IR.92 概述了 3GPP 中 MMTel 的子集以及基于 IP 功能的 SMS，这些也就模拟了终端用户所期望的传统 2G/3G CS 服务。GSMA IR.92 是一个 UNI 技术规范，跨越网络的每一层，包括电话服务功能、IMS 功能、多媒体功能、承载管理功能、LTE 无线功能以及一些通用功能，如 IP 版本功能（IP version）等。该文件主要基于 3GPPRelease 8，部分额外细节则是基于 3GPPRelease 9 的。

电话服务需求增加了承载管理和计费授权。根据 PCC 必须配置有 VoLTE 文件，这两个功能主要由 LTE/EPC 用于 MMTel，这在第 8 章中已有所介绍。

在第 8 章中，计费授权是在 LTE 或 EPC 系统中，根据 VoLTE 概要需要为 MMTel 配备 PCC。VoLTE 数据流具有两个标准类型：QCI = 1，确保 VoIP 媒体具有一个可保证的比特率承载；QCI = 5，指的是针对 IMS 的 SIP 信令和 XCAP 的高优先级，但并不保证比特率承载。

IR.92 本质上概括了 LTE 设备和网络设备的功能和特性的最小功能子集。这意味着部署 IR.92 保证了基于 IMS 电话和短信业务的跨运营商网络的协作。以下是两种操作模式：

1）全 IP 解决模式。全部基于 VoLTE 语音业务，包括使用 IMS 分发的紧急呼叫。

2）除 IP 解决方法外的 CS 模式。在该运营模式，紧急服务由 CS 接入提供，SRVCC 补充提供 VoLTE 语音服务。

电话服务功能——通常被认为是补充业务，具体包含在表 11-1 所列举的文件中。

表 11-1   包含在 IR.92 中的电话服务功能

名　　称	规　　范
Originating identification presentation（主叫识别显示）	3GPP TS 24.607
Terminating identification presentation（被叫识别显示）	3GPP TS 24.608
Originating identification restriction（主叫识别限制）	3GPP TS 24.607
Terminating identification restriction（被叫识别限制）	3GPP TS 24.608
Communication forwarding unconditional（无条件通信转发）	3GPP TS 24.604
Communication forwarding on not logged in（用户不登录的通信转发）	3GPP TS 24.604
Communication forwarding on busy（忙时通信转发）	3GPP TS 24.604
Communication forwarding on not reachable（不可达的通信转发）	3GPP TS 24.604
Communication forwarding on no reply（无回复的通信转发）	3GPP TS 24.604
Barring of all incoming calls（禁止所有来电）	3GPP TS 24.611
Barring of all outgoing calls（禁止所有呼出呼叫）	3GPP TS 24.611

名　　称	规　　范
Barring of outgoing international calls（禁止所有呼出国际呼叫）	3GPP TS 24.611
Barring of outgoing international calls – ex home country（禁止所有呼出国际呼叫——除了家乡国家）	3GPP TS 24.611
Barring of incoming calls – when roaming（机制来电——漫游时）	3GPP TS 24.611
Communication hold（通信保持）	3GPP TS 24.610
Message waiting indication（消息等待指示）	3GPP TS 24.606
Communication waiting（通信等待）	3GPP TS 24.615
Ad – hoc multi – party conference（Ad – hoc 多方会议）	3GPP TS 24.605

为保证 IMS 网络之间的功能，下述为 IR. 92 中强制执行的几点内容：

- 支持 IMS 认证和密钥管理（IMS Authentication and Key Agreement, IMS – AKA）以及 IMS 用户身份模块（IMS Subscriber Identity Module, ISIM）。若网络服务提供商未部署 ISIM，则将使用全局 SIM（USIM）。
- IPSec 保障 UNI 上的信令。
- 支持 Tel URI 和 SIP URI 寻址方案。
- 推荐使用补充服务自管理选项的基于 SIM 的认证，这些选项根据 GBA 架构，使用 Ut 上的 XCAP。

IR. 92 中的 VoLTE 架构如图 11-3 所示。

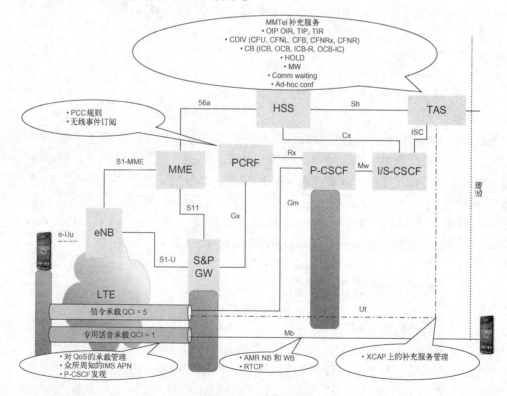

图 11-3　VoLTE 架构

除 IR. 92 之外，GSMA 也定义了 IR. 94，IR. 94 提供 VoLTE 文件的视频扩展。

11.5 T–ADS

被叫接入域选择（Terminating–Access Domain Selection，T–ADS，3GPP TS 23. 292）决定一个呼叫在何处为 VoLTE 用户进行中断，以及确保当用户处于 2G 或 3G 覆盖域时，IMS 能够将呼叫路由至指定用户。如果失去了 LTE 覆盖，即使 SR–VCC 不可达，用户也应当仍能使用 CS 模式的语音服务。为了相称路由终端发起的（Mobile Originated，MO）和发向终端（Mobile Terminated，MT）的会话，IMS 需要知道 UE 是否在 LTE 覆盖域或 UTRAN/GER-ANCS 覆盖域。T–ADS 提供了这一支持。

T–ADS 功能在 SCC–AS 中进行实现。使用 Sh 接口，HSS 向 SCC–AS 提供 T–ADS 信息，即接入节点所表明的最近所支持的分组交换 IMS（IMS over PS）和 RAT 类型。该查询的结果将为：终端是 VoLTE 和 PS 注册的用户，或是 PS 和 CS 注册的用户。

在 SCC–AS 所接受的被动呼叫建立时，T–ADS 功能考虑下述信息/数据，从而决定在何处中断呼叫：

- 正在进行的或刚中断的 VoLTE 会话接入域是 PS 或 CS 接入网。
- 注册的联系信息。
- 接入域（CS 或 PS）。
- UE 终端类型。
- PS 上的 IMS 语音支持从 HSS 恢复的最近使用的 PS 接入网络。

随后，T–ADS 可能对呼叫产生如下结果：

- 在 LTE PS 上中断。
- 在 CS 上中断。
- 在 LTE PS 和 CS 上中断（在 CSCF 再进行分叉）。
- 被拒绝。

然而，为了确保用户在任意位置都可以获得语音服务，不可能依赖目前由 LTE 覆盖所有区域。正如在第 5 章中所讨论的，直到 LTE 全覆盖以前，确保终端用户具有语音呼叫的全服务覆盖，就需要其他接入网来补充 LTE 的覆盖，并且用于建议语音呼叫的设备也需要能够支持这些技术。此外，这些接入技术之间发生系统间切换是可能的。接下来的章节涉及第 5 章中所描述的用例：单一无线语音呼叫连续性（Single Radio Voice Call Continuity，SRVCC）和电路交换回退（ircuit–Switched Fallback，CS Fallback）。

11.6 单一无线语音呼叫连续性

如第 5 章中所介绍的，SRVCC 旨在解决 E–UTRAN 内的 MMTel VoIP 服务在没有完全覆盖的情况下发生的问题。在 SRVCC 提供的解决方案中，UE 执行协调的无线级切换，同时为了服务的连续性，结合基于使用 IMS 进程的从 IMS VoIP 向电路交换语音的改变。

SRVCC 最初在 Release 8 中得以实现，在后续的版本中对视频的支持逐步增强，最终在 Release 11 中增加返回 SRVCC，这就允许了 2G/3G 中的 CS 呼叫向 LTE 网络的 MMTel/

VoLTE 的切换。

为了支持 SRVCC，在一些网络实体中需要增加额外的功能，如图 11-4 所示。本节简要描述每个节点上需要的附加功能。

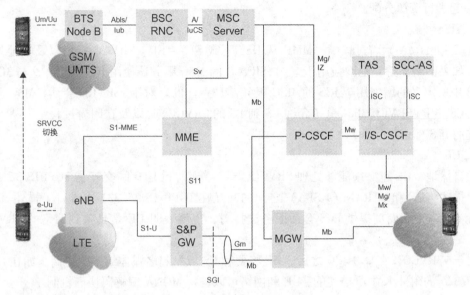

图 11-4　SRVCC 切换概要图

1. MSC

除了标准 MSC 规程外，一个支持 SRVCC 的 MSC 还必须支持重定位准备规程。由 MME/SGSN 请求该规程从而获得呼叫的语音组件。MSC 必须调整 CS 切换会话转移规程和处理 MAP_Update_Location 规程。在 SRVCC 中，MAP_Update_Location 规程是切换规程的一部分。同样地，随着 UE 的触发，MSC 需要处理该过程。

MSC 必须与 SCC_AS 进行协商从而决定是否应该执行一个 SRVCC 或 vSRVCC 规程。至于 vSRVCC，除了上面的需求外，当收到来自 MME 的表明是 vSRVCC 切换的 Sv 请求时，MSC 还必须为 BS30（指所有同步数据业务）初始化至目标系统的切换。

为了支持 rSRVCC，通过发送 "CS to PS SRVCC operation possible" 消息给 RNC/BSC，MSC 通知 RAN 关于执行 CS 到 PS SRVCC 的可能性。执行该切换的可能性是基于 UE 的能力和 UE 在 IMS 中的注册。

2. MME

支持和 3GPP CS 间互操作的 MME（运营商）必须遵守 3GPP TS 23.401 中描述的规则和规程。简单地说，通过从非语音 PS 承载中分离语音 PS 承载，MME 执行 PS 承载分离。对于 vSRVCC 会话，除了语音 PS 承载，MME 还识别标记为视频 PS 承载的 vSRVCC，以及处理与目标小区的非语音 PS 承载切换。MME 发起和调整针对语音的切换，以及 PS 和（v）SRVCC 规程。

3. SGSN

为了支持 SRVCC，3GPP TS 23.060 中规定 SGSN 必须与 MSC 服务器实现交互。为了支持 SRVCC，SGSN 执行 PS 承载分离功能，即从语音 PS 承载中分离出语音 PS 承载。SGSN 也为经由 Sv 接口到目标小区语音组件的切换初始化 SRVCC 规程，以及当 PS 切换和 SRVCC 切换规程均执行时协调这两者。

为了支持 rSRVCC，3GPP TS 23.060 中规定 SGSN 需要支持与 3GPP CS 的交互。SGSN 也处理非语音 PS 承载，以及根据经由 Sv 接口收到来自 MSC 的 CS 到 PS 的 HO 请求，与目标 RAN 一起进行资源分配。

4. HSS

在 E-UTRAN 附着过程中，MME 从 HSS 下载 STN-SR、SRVCC 标记以及其他的一些信息。如果网络支持，则增强用于（v）SRVCC 的 MSC 服务器使用 ICS 标记，这与 3GPP TS 23.292 中所定义的增强用于 ICS 的 MSC 服务器是一样的。对于 rSRVCC 会话，MSC 服务器下载 "CS to PS SRVCC allowed（允许 CS 到 PS 的 SRVCC）" 以及在附着过程中，从 HSS 下载可选的 ICS 标记。

5. UE

很自然地，UE 也必须能够处理 SRVCC，其中，UE 和 LTE 间交互在 3GPPTS 36.300 中进行了描述，UE 和 UTRAN（HSPA）之间的交互在 3GPP TS 25.331 中进行了描述。当 UE 被配置为由家乡运营商提供 IMS 会话服务支持时，也就表明 UE 是具备到网络的 SRVCC 能力的。

对于 vSRVCC，在 vSRVCC 之后，UE 将要和 CS 域发起多媒体编解码协商。如在 ITU-T 建议 H.325 的附件 K 中所描述的，UE 和网络可以支持 MONA 编解码协商机制。

6. E-UTRAN/eNodeB

对于 SRVCC 切换，E-UTRAN 选择一个目标小区，向 MME 发送一个指示，用于指明该切换需要 SRVCC。

基于所建立的 QCI=1（针对语音部分）和为特定 UE 标记承载的 VSRVCC 同时存在，E-UTRAN 能够决定邻近小区列表。

7. PCC

当一个 IMS 会话锚定在 SCC AS 上时，PCRF 执行架构性原则（Architecture Principle），其中 QC=1，traffic-class="conversational"，source statistics descriptor="speech"。有以下两种实现方式：通过部署 S9 参考点，或通过运营商之间的配置和漫游协议。

8. MSC 和 MME 间的 Sv 接口

Sv 接口连接 MSC 和 MME，支持 MME 和 MSC 之间针对 SRVCC 的切换信令。

11.7 IMS 集中化服务（ICS）

ICS（IMS Centralized Services）提供支持 IMS 会话使用 CS 媒体承载的机制。为了实现服务控制和服务连续性，通过使用 ICS，使用 CS 媒体的 IMS 会话即被视为标准 IMS 会话。

简单地说，ICS 是有关于在一个 "异构" 网络中语音和 SMS 业务集中化的，在该异构网络中，VoLTE 有着比 CS 网络（2G/3G）小得多的覆盖。IMS 集中化服务存在以下两个底层驱动：

- 异构网络中的同构服务体验，其中 VoIP 具有小于 CS 接入的覆盖。
- 在单个服务引擎中，服务交互和服务增强更容易实现，可为终端用户提供一致的服务体验。

图 11-5 对 ICS 原理提供了一个概述。IMS 是服务引擎。尤其是电话应用服务器（TAS，Telephony Application Server），负责 VoIP 服务的执行和交付。

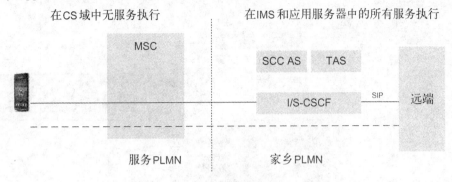

图 11-5　ICS 原理概述

11.7.1　业务集中化和连续性应用服务器（SCC – AS）

IMS 业务集中化和连续性应用服务器（Service Centralization and Continuity Application Server，SCC – AS）是 IMS 集中化服务（IMS Centralized Services，ICS）解决方案的核心组件。SCC – AS 是一个逻辑节点，共存在 TAS 中，但也可以作为独立的 AS 被提供。

通过 VoLTE 设备，ICS 也能在传统 CS 接入网上支持 VoLTE 服务引擎（TAS）。

SCC – AS 的一个重要功能是被叫接入域选择（Terminating Access Domain Selection，T – ADS），这在 11.5 节已经进行了描述。

SRVCC 的细节和相关的规程超越了 EPS 的范围，而涉及 IMS 和 CS 核心网。本章将概要描述 SRVCC 过程及其对 EPC 网络的影响，而不涉及系统上其他深层次的细节。3GPP TS 23.237 更多阐述了 SRVCC 过程以及对 EPS 网络的影响，而 3GPP TS 23.237 则详细介绍了 IMS 如何处理业务连续性。描述 IMS 的细节超出了本书的范围，读者可以参考 Camarillo（2008）以获得更多的关于 IMS 的信息。

由于 EPS 与 GERAN/UTRSN 和与 CDMA 的交互是不同的，因此切换至 GERAN/UTRAN 和 SRVCC 切换至 CDMA 的解决方案不是完全相同的。

11.7.2　从 E – UTRAN 至 GERAN 或 UTRAN 的 SRVCC

图 11-6 简要给出了有关从 E – UTRAN 到 GERAN/UTRAN 的 SRVCC 的呼叫流程。

- A/B：基于从 UE 接收到的测量报告，源 E – UTRAN 决定触发至 UTRAN/GERAN 的 SRVCC 切换。
- C/D：源 E – UTRAN 向源 MME 发送一个 Handover Required（切换需求）消息，指示该切换为一个 CS + PS 切换。源 MME 通过发送 SRVCC PS to CS 请求消息至 MSC 服务器，初始化语音承载的 PS – CS 切换过程。作为回复，通过向目标 MSC 发送 Prepare Handover Request（预切换请求）消息，MSC 服务器完成 PS – CS Handover Request 消息和 CS inter – MSC Handover Request 消息的交互。为实现 CS 的迁移，目标 MSC 通过向目标 RNS 或 BSS 发送 Relocation Request/Handover Request 消息以请求资源分配。对非紧急会话，MSC 服务器使用 STN – SR 发起会话转移（Session Transfer），例如，通

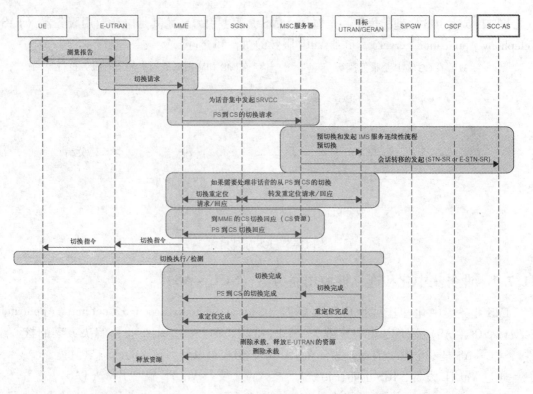

图 11-6 从 E-UTRAN 到 GERAN 或 UTRAN 的 SRVCC 的呼叫流程

过向 IMS 发送 ISUP IAM（STN-SR）消息。在会话转移规程的执行过程中，SCC-AS 更新远端的 CS 接入分支的 SDP。这将导致 VoIP 分组数据流切换至 CS 接入分支。SCC-AS 释放源 IMS 接入分支。

- E/F：与 C/D 并行，MME 从所有其他 PS 承载中分离出语音承载，并触发向 MSC 服务器和 SGSN 的迁移。源 MME 向目标 SGSN 发送 Forward Relocation Request 消息。目标 SGSN 向目标 RNS/BSS 发送 Relocation Request/Handover request 消息，从而为 PS 的迁移请求资源分配。一旦目标 RNS/BSS 收到关于 PS 迁移的 CS Relocation/Handover Request 消息，RNS/BSS 将分配适当的 CS 和 PS 资源。目标 RNS/BSS 向目标 SGSN 发送 Relocation Request Acknowledge/Handover Request 消息以对预先准备好的 PS 迁移或切换进行确认。目标 SGSN 随后向源 MME 发送 Forward Relocation Response 消息。与 E 并行，目标 RNS/BSS 向目标 MSC 发送 Relocation Request Acknowledge/Handover Request 消息以对预先准备的 CS 迁移和切换进行确认。该目标 MSC 随后向 MSC 服务器发送 Prepare Handover Response 消息。目标 MSC 和关联于 MSC 服务器的 MGW 之间建立起一条电路（连接）。

- F：MSC 服务器向源 MME 发送 SRVCC PS to CS Response（包含 Target to Source Transparent Container）消息。源 MME 同步两个预先准备好的迁移，并向源 E-UTRAN 发送 Handover Command 消息。E-UTRAN 向 UE 发送 Handover from E-UTRAN Command 消息。UE 调整到目标 UTRAN/GERAN 小区。

- G：目标 RNS/BSS 执行切换检测。经由目标 RNS/BSS，UE 向目标 MSC 发送 Handover

202

Complete 消息。此时，UE 重建与网络的连接，并能收发语音数据。

- H：CS 迁移/切换完成。目标 RNS/BSS 发送 Relocation Complete/Handover Complete 消息给目标 MSC。目标 MSC 发送 SES（包含 Handover Complete）消息给 MSC 服务器。语音电路连接在 MSC 服务器/MGW 上。MSC 服务器向源 MME 发送 SRVCC PS to CS Complete Notification 消息。源 MME 通过向 MSC 服务器发送 SRVCC PS to CS Complete Acknowledge 消息进行确认。目标 RNS/BSS 向目标 SGSN 发送 Relocation Complete/ Handover Complete 消息。目标 SGSN 向源 MME 发送 Forward Relocation Complete 消息。源 MME 通过向目标 SGSN 发送 Forward Relocation Complete Acknowledge 消息进行确认。
- I：源 MME 撤销至 S – GW/P – GW 的语音承载，并在 Delete Bearer Command 消息中设置 PS – to – CS 切换标识。该 MME 发送 Delete Session Request 给 SGW。源 MME 向源 eNodeB 发送 Release Resources 消息。源 eNodeB 释放与 UE 相关的资源并向 MME 回复响应消息。

11.8　E – UTRAN 切换至 CDMA 1xRTT 的 SRVCC

图 11-7 给出了从 E – UTRAN 的 IMS 语音电话到 CDMA 的 CS 语音电话的 SRVCC 切换的简要流程。

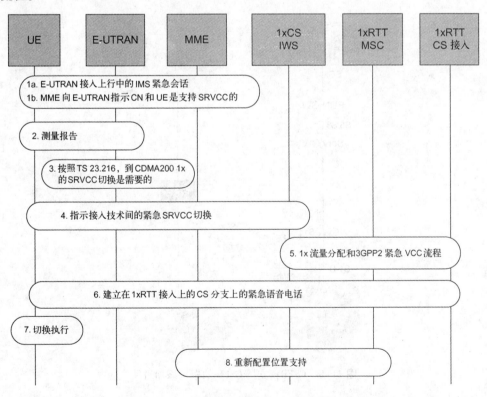

图 11-7　到 CDMA 的 SRVCC 切换的简要流程

从 E – UTRAN 的 IMS 语音电话到 CDMA 的 CS 语音电话的 SRVCC 架构与到 GERAN 和 UTRAN 的 SRVCC 架构看上去很相似，但存在一些关键性的不同，如部署了不同类型的机制、取代了 MME 和触发切换的接口间 Sv 接口。UE 使用 NAS 消息隧道实现与 CDMA MSC 的直接通信。原则上，对于 CDMA MSC，MME 仅仅是信令中继和交互功能，用于隧道转发信令消息，并通过它们与 CDMA MSC 实现交互。这就使得 UE 可以和 CDMA MSC 进行通信，从而触发 IMS 侧的服务连续性进程，并在执行无线层切换之前准备好接入。CDMA 的 SRVCC 方案的具体细节可以参考 3GPP TS 23. 216 和 3GPP2 TS X. S0042 –0。

11.9　电路交换域回落（CSFB）

在 IMS 和 VoLTE 服务部署之前，电路交换域回落（Circuit – Switched Fallback，CSFB）方案要给运营商提供一个选项以支持 LTE 语音业务和 SMS 服务。SMSoSGs（SMS over SGs）是 CSFB 方案的子集，用以支持仅使用 CS 域的 SMS 而不使用 CS 语音的设备，例如，简单的距离为米级的调制解调器（simple modems in meters）或平板电脑（如 iPad）。

CSFB 的主要思想是允许 UE 加入 LTE 并使用 LTE 所提供的数据服务，但会重用 GSM、WCDMA 或 CDMA 网络，使用它们所提供的电路交换语音服务。

在附着和跟踪区域更新规程中增加一个特殊组件，即激活了一个 MME 和 MSC 之间的称为 SGs 的接口。MSC 使用该接口发送 CS 呼叫的寻呼消息给加入 LTE 的 UE（见图 11-8）。

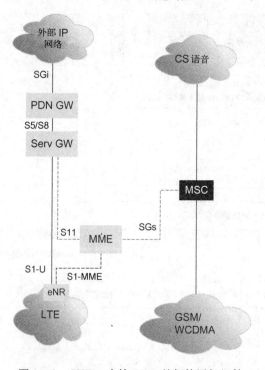

图 11-8　CSFB：支持 CSFB 的架构添加组件

在 EPS 和 CS 域之间，SGs 参考点用于移动管理和寻呼过程。SGs 参考点也被用来转发终端发起和发往终端的 SMS。

为了提供 CSFB，增强 MME 从而支持组合的 EPS/IMSI 附着过程以及组合的跟踪区域更新过程。这些过程在 MME 和 MSC 间建立和维护 SGs 接口关联。MME 也支持在 MSC 和 UE 间的寻呼和消息转换。

MSC 为 EPS/IMSI 接入的 UE 维护到 MME 的 SGs 关联。MSC 可以请求 MME 寻呼 UE，并且对于 SMSoSGs，可使用 MME 作为一个 NAS 信令中继。

根据选择的目标小区，E – UTRAN 需要区分常规 PS – to – PS 移动和 CSFB 移动。运营商也可能对 CSFB 有特别的偏好，如偏好于回落到 3G 小区。从 E – UTRAN 的移动过程已经得以增强，现在 E – UTRAN 可以使用一个包括多目标小区的重定向过程。由于可以去除耗时的目标小区测量，因此增强了 CSFB 性能。作为替代，UE 使用更快的处理过程来转换到包括在重定向过程中的更强的小区。对于 SMS over SGs 而言，不需要特殊的 E – UTRAN 功能。

3GPP Release 10 中也包括了 MSC 可能会将由于 CSFB 而建立的一个 CS 呼叫通知给 uT-RAN 或 GERAN。这就允许 CS 会话一旦终止时，GERAN 或 UTRAN 可以让 UE 返回到 LTE。

为说明 CSFB 和 SMSoSGs 的基本原理，我们将进一步探讨以下的具体过程。第一个探讨的过程是 CSFB 和 SMSoSGs 的附着过程，称为 EPS/IMSI 附着。与一个常规的 EPS 附着相比，区别如图 11-9 所示。

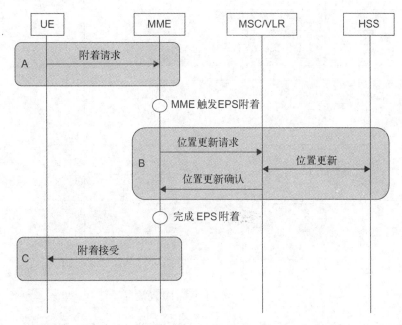

图 11-9　附着过程

1）UE 通过向 MME 发送 Attach request，开始附着过程。UE 指示其请求的是一个组合的 EPS/IMSI 附着过程，并且在请求中包括其能力和偏好。如果 UE 仅需要 SMS 服务（SMSoSGs），那么在请求中还需要指示"SMS – only"。

2）一旦收到附着请求，MME 就触发通常的 EPS 附着过程（该过程会在第 12 章介绍）。并行地，MME 向 MSC 发送 location update request 消息，执行到 HSS 的标准 CS 域位置更新过程。一旦 HSS 响应，MSC 产生和 MME 的 SGs 关联，并向 MME 发送 Location Update Response 消息。

3）MME 等待 MSC 响应和标准 EPS 接入过程都准备就绪，才给 UE 发送 Attach Accept 消息。Attach Accept 消息包含告知 UE IMSI 接入是否成功，以及所有服务是否可用或仅 SMSoSGs 服务可用等信息。

附着过程完成后，网络也就知道 UE 的位置，并且能够路由发往终端的呼叫和 SMS，UE 也可以发起呼叫或 SMS。

接下来探讨的是移动被叫 CS 呼叫过程（见图 11-10）。当网络和用户支持 CSFB 时支持该过程，UE 附着的是 EPC/IMSI。当 UE 只针对 SMS 进行附着（SMSoSGs）时，MSC 将中断作为被叫的 CS 呼叫。

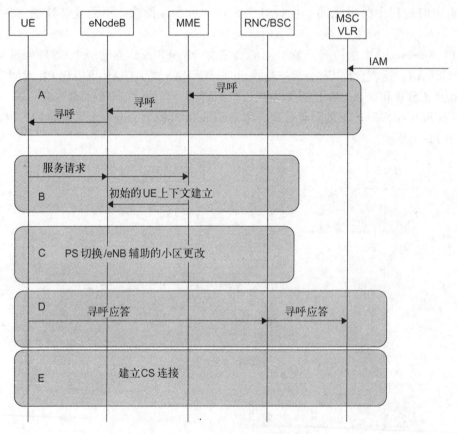

图 11-10 空闲模式的移动被叫

A）MSC 接收语音呼叫，并通过 SG 接口向 MME 发送 CS 寻呼。MME 用从 MSC 接收到的 TMSI（或 IMSI）来查找 S-TMSI（被用来作为 LTE 无线接口上的寻呼地址）。在 UE 所注册的跟踪区域，MME 转发寻呼信息给 eNodeB。在所指示的跟踪区域内，对所有小区中的 eNodeB 执行寻呼过程。寻呼消息包括一个特定的 CS 指示符，用来通知 UE 进入的寻呼是发往被叫 CS 呼叫的。

B）一旦接收到寻呼消息，UE 即执行服务请求过程，用于建立 RRC 连接和向 MME 发送服务请求（Service Request）。服务请求消息中包含一个特定的 CSFB 指示符，用于通知 MME 需要使用 CSFB。这将触发 MME 激活 eNodeB 上的承载上下文，其中也包含一个指示符，用于执行到 GERAN 或 UTRAN 的回退。

C）通过触发 UE 发送邻近小区的测量信息，eNodeB 选择一个合适的目标小区，并初始化切换或小区变更过程。选择切换过程还是小区变更过程是基于目标小区的能力，并且是配置在 eNodeB 中的。

D）在切换或小区变更完成后，UE 检测新的小区，建立无线连接，并经由目标 RAN 给 MSC 发送寻呼响应。

E）当寻呼响应到达 MSC 后，一个常规的移动被叫呼叫建立将得以持续，去往 UE 的 CS 呼叫被激活。

在完成 2G/3G 中的 CS 呼叫后，MSC 通知 GERAN/UTRAN 通话由 CSFB 触发。该信息由 GERAN/UTRAN 用于立即重定向 UE，使其返回到 LTE。

SMS over SGs 的功能如其名字所体现的，是经由 MME 从 MSC 向 UE 发送 SMS 及反之亦然的一种机制。这也意味着当发送或接收 SMS 时，UE 可以继续保留在 LTE 中。图 11-11 给出了一个移动被叫的 SMS 过程。

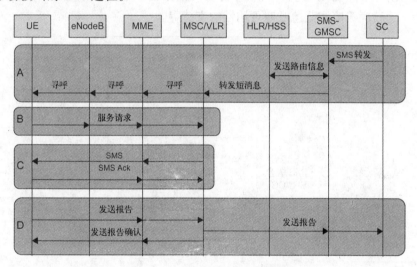

图 11-11　移动被叫的 SMS 过程

该过程的先决条件是 UE EPS/IMSI 用于 CSFB 或者仅用于 SMS（SMSoSGs）。

A）SMS 服务中心（Service Center，SC）发送 SMS 至一个 SMS – GWMSC 功能，用以询问与 HLR 有关的 SMS 服务的路由号（routing number）。SMS 消息会被进一步转发到 VLR，其中 UE 是附着到 CS 的。MSC/VLR 发送寻呼请求给 MME，用以开始寻呼消息给属于 UE 所注册的跟踪区中的所有小区的每个 eNodeB。然后，所有 eNodeB 寻呼该 UE。

B）当 UE 收到寻呼消息时，UE 触发服务请求过程，用于建立 UE 和 MSC 之间的、经由 MME 的信令连接。第 12 章将详细描述该服务请求过程。

C）M SC 以下行 Unitdata 消息的形式转发 SMS 消息至 MME。MME 将 SMS 消息封装到一个 NAS 消息中并且发送给 UE。UE 向 MSC 确认消息的接收。

D）UE 返回一个 Delivery report，该消息被封装在 NAS 消息中，并被发送给 MME。MME 以上行 Unitdata 消息的形式转发 Delivery report 消息至 MSC。进一步地，该消息转发至 SC，MSC/VLR 向 MS/UE 对 Delivery report 的接收进行确认。

MME 不应该使用 SGs 上的 Release Request 消息来触发 S1 资源释放。

CSFB 规范覆盖了支持回退到 GSM、WCDMA 和 CDMA（1xRTT）的所有必要的规程。对于处于空闲和激活状态的移动主叫和被叫呼叫，CSFB 和 SMSoSGs 过程在 3GPP TS 23.272 中都进行了规范。

11.10 电路交换与 VoLTE 的迁移路径和共存

在之前的章节中，我们已经给出了针对移动网络中 IP 语音服务，如何处理非全服务覆盖的几种方法。这给运营商如何从电路交换迁移提供了一些可选的选项。图 11-12 所示说明了这些迁移选项。在这些选项好像截然不同的同时，运营商却很可能同时组合使用所有这些步骤。没有任何理由关于为什么 CSFB、VoLTE 和 SRVCC 不可以部署在同一运营商网络中。基于终端用户所在的部分网络的覆盖和容量允许决定在哪一时刻是否使用 CSFB 或 SRVCC 来提供语音的全服务覆盖。有很多方面的因素会影响选择采取哪一个迁移路径，包括终端支持、运营商策略和紧急呼叫可用性的支持等。

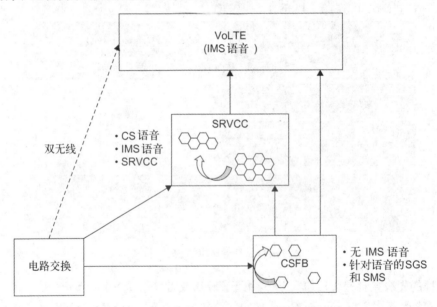

图 11-12　从 CS 语音到 VoLTE 的迁移路径

如之前所讨论的，为了在一个运营商网络中实现 GSMA VoLTE，存在一些不同的路径可以遵循。例如，运营商可以合理地从 CSFB 开始，迁移至 SRVCC，并且最后过渡到全 VoLTE。或者，运营商可以完全跳过 CSFB，直接部署 SRVCC。最后，如果运营商实现了双频无线方案，则此时电路交换和 VoLTE 可以并行运行。图 11-12 给出了从 CS 语音迁移至 VoLTE 的潜在路径。

例如，如果一个运营商已经实现了 LTE，但是覆盖有限，仅成"点"状覆盖，那么在这个阶段，使用 CSFB 将最为有效。运营商可以重用现有的 CS 网络来向 LTE 用户传送连续的语音服务。在该场景中，如现有网络中一样，SMS 继续被用于消息服务和设备配置。该服务架构通过使用 SMSoSGs（SMS over SGs）来进行维护，从而允许向 LTE 客户端发送 SMS。

或者，一旦 LTE 在更多的区域内进行了部署，一个 LTE 用户就可能需要有到 CS 电话业务的切换机制。SRVCC 和 ICS 通过在 IMS 域中锚定语音呼叫，并经由 VoLTE 传送语音服务来解决该需求。

通过 LTE 和 HSPA，运营商获得了更大的宽带覆盖。然而，所有电话业务都可以经由 IMS 来提供。这就意味着 IMS 将提供所有的语音服务，SMS 也可以通过使用 SMS over IP 来进行提供。

11.11　IMS 紧急呼叫的 EPS 紧急承载服务

在 3GPP 中，支持 IMS 紧急呼叫已经有一段时间了。然而，在 3GPP 无线接入之上的分组核心中支持紧急会话是直到 3GPP Release 9 中才被引入的。因为 CS 域有成熟的紧急呼叫支持，所以只有在 LTE 部署逐渐增加和逐步有兴趣于部署 VoLTE 时，通过 EPC 提供紧急服务支持的需求才会显得至关重要。更多相关内容，可以参考第 5 章和 11.10 节，在这两个部分给出了使用 E - UTRAN 和 IMS 来实现语音服务的细节。紧急 PS 承载服务支持的需求和 CS 紧急呼叫的需求是一样的，都是基于每个国家或合作区域集的局部或法定辖区。在没有 UICC 的情况下，对认证失败的 UE，或无法或不太可能执行认证的场景，UE 也能够支持紧急服务。

在 3GPP 无线接入的分组核心中，紧急会话通过使用紧急 PS 承载服务来提供支持。3GPP EPC 所规范的基础架构也适用于紧急承载服务。然而，由于紧急服务作为一个强制管理的服务，必须由用户试图进行紧急接入的本地国家和区域中的本地运营商提供，某些架构方面的因素必须得到遵守。紧急服务因此不是基于订阅的服务。根据为系统提供紧急服务的本地法规和运营商策略，在 MME 中支持紧急承载服务的默认紧急配置文件确保可以获得一致的用户体验。有限服务状态（Limited Service State）包括以下情景中的紧急会话支持，例如，UE 没有 UICC 或 UE 在限制访问区域，或 UE 不是所在 CSG 小区的用户，或在身份认证成功后没有通过其他系统级的验证。根据本地网络所配置的本地法规和运营商配置策略，紧急服务可以提供给下述 UE 类型：

1）具有有效订阅的普通用户（不允许有限服务状态访问）。

2）成功进行身份认证，具有有效的 IMSI 的 UE，并允许某些有限服务状态访问（例如，在一个受限位置的 UE，但没有 UICC 的 UE 是不允许的）。

3）具有有效的 IMSI，但认证是可选的，允许某些有限服务状态访问（例如，没有允许的 UICC 的 UE）。

4）所有的 UE 都具有或不具有允许的 UICC，没有有效的 IMSI 时使用 IMEI（如没有 UICC），基于运营用途的目的网络保留 IMEI，某些可用的有限服务状态访问是允许的（例如，没有 UICC 的 UE 是允许的）。

紧急服务的本质是要求在漫游情况下，分组交换域必须利用本地疏导（local breakout）和在 VPLMN 中选择一个 PDN GW。图 11-13 给出了一个完整但简化的使用 LTE EPC 的基于 IMS 的紧急服务架构。本节将不进一步讨论 IMS 架构组件的细节，但读者应当熟悉 11.2 节中有关 IMS 方面的内容。如果对进一步的细节感兴趣，则可以参考 3GPP 规范中的 TS

23.167 和 TS 23.228。

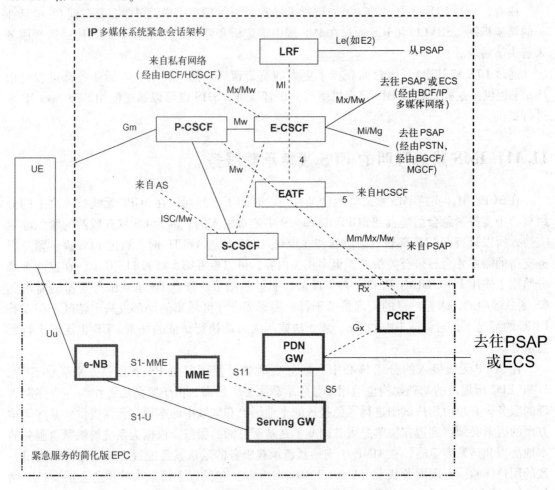

图 11-13　简化的 3GPP E-UTRAN/IMS 架构

　　由于实际的紧急会话/服务由 IMS 所提供，因此按照 3GPP TS23.167 中所要求和规范的，相同的原则同样也适用于 IMS 域。自从 Release 11 开始，3GPP 紧急会话支持包括了除语音以外的其他媒体支持（如实时视频，单工，全双工，这些媒体如果存在，将与话音同步；还包括基于文本的即时消息的会话模式；文件传输；视频片段共享、图片共享和音频片段共享）。实现优先的和媒体特有的支持的最有效方式是使用 PCC 架构以及通过 PCC 和 IMS 来控制 EPS 承载。3GPP 采用了这一套原则，因此，对于使用 EPC 紧急承载的 IMS 紧急会话支持，PCC 在网络中是强制的。与非紧急承载业务相比，不同的其他方面列举如下：

　　● 在移动管理过程中（如附着和跟踪区域更新），MME 需要向 UE 指示网络是否支持紧急承载服务。

　　● 对于紧急服务，eNB 广播缺少对 UICC 接入的支持。

　　● MME 上的支持紧急承载配置文件的默认配置文件可以包括针对紧急服务的专用 PDN GW，或一个去往特定 PDN GW 的紧急 APN。

- 此外，MME 可以在当能够支持紧急承载服务时，或认证和授权失败时，被配置，或 MME 可以在 UE 不允许进行通常呼叫的区域被支持（如某些有限服务状态）。
- 当 PDN 连接请求是针对紧急接入时，UE 通过附着消息或 PDN 连接请求中的指示符向网络指示该信息。如果在该过程中有任何 APN 是由 UE 提供的，则网络忽略该指示信息。
- 在接入层上的一个特殊的建立原因码（例如，3GPP 接入的 RRC 信令）用来指示一个紧急会话，该紧急会话允许在需要时 UE 具有高优先级的接入。
- 网络以及尤其是 PCRF 和 PDN GW 需要确保在一个紧急的 PDN 连接上不允许有 UE 请求的承载修改或非紧急承载。
- MME/SGSN 确保多种与移动相关的限制，如 CSG 验证、切换限制等，不会影响任何进行中的紧急服务。
- 在任意给定时间，每个 UE 只允许有一个到紧急 APN 的活跃的紧急 PDN 连接。

为了在一个 PLMN 内对紧急服务提供一致的无处不在的支持，需要在 EPC 中部署紧急服务支持的运营商升级核心网络节点，如遍及网络的 MME/SGSN，这样在紧急呼叫过程中，切换和会话连续性就可以得到支持了。为了支持不允许通常附着到网络的 UE 的接入，引入了对紧急附着过程的支持，其中，网络假设 UE 不具有访问网络的正确凭据，在这种情况下，UE 只能通过 IMS 访问紧急服务。PCC 和 MME/SGSN 负责确保 UE 不会发生对此紧急服务的欺骗式使用。通过在附着中指示该请求是紧急接入请求来执行紧急接入过程。该信息指示 MME 绕过订阅处理、认证和授权，以及任何其他可以阻止处于常规条件的用户接入系统的验证等的相关过程。注意，为了使 UE 初始化紧急附着，从 PLMN 发往 UE 的广播消息必须指示对该服务的支持。随后，MME 和 PCC 功能使用默认的配置文件信息来为用户建立适当的紧急承载。在 UE 为了保持服务而再次发起一个常规的附着过程之前，必须先从网络中解附着。网络（如 PDN GW）也维护一个定时器，用于释放在定时器过期之后紧急承载服务遗留的任何承载。

表 11-2 列举了支持紧急承载服务的 MME 中所配置的与紧急业务相关的数据。

表 11-2　配置用于紧急承载服务的 MME 数据

域	描　述
Emergency Access Point Name (em APN)（紧急接入点名称）	根据 DNS 命名规则描述用于紧急 PDN 连接的接入点的标签（不支持通配符）
Emergency QoS Profile（紧急 QoS 配置文件）	针对紧急 APN 默认承载的承载级的 QoS 参数值（QCI 和 ARP）；ARP 是预留给紧急承载的 ARP 值
Emergency APN – AMBR（紧急 APN – AMBR）	用于所有非 GBR 承载之间共享的最大聚合的上行和下行 MBR 值，由 PDN GW 所决定，这些非 GBR 承载的建立用于紧急 APN
Emergency PDN GW Identity（紧急 PDN GW 身份）	静态配置的用于紧急 APN 的 PDN GW 的身份。PDN GW 身份可以是一个 FQDN 或 IP 地址
Non – 3GPP HO Emergency PDN GW Identity（非 3GPP 切换紧急 PDN GW 身份）	静态配置的用于紧急 APN 的 PDN GW 的身份（当一个 PLMN 支持到非 3GPP 接入的切换时）。PDN GW 身份可以是一个 FQDN 或 IP 地址。FQDN 总是解析为一个 PDN GW

对于终端来说，其中的一个重要方面是处理选择基于 CS 域，还是基于 EPC/IMS 的紧急服务的决定，因为我们不得不处理如 CS 回退、SRVCC、与 UTRAN 接入网中纯 CS

域共存等复杂的功能。就这一点而言，做最后的决策将涉及许多因素。例如，决策基于终端的能力、服务网中 UE 初始的当前状态或条件、IMS 和 PS 紧急服务的网络支持、最适合使用的紧急服务类型等。表 11-3 概括了 UTRAN 和 E - UTRAN 紧急会话的域选择规则。

E - UTRAN 和 UTRAN 接入支持 IMS 紧急会话。为了执行 E - UTRAN 或 HSPA 中 IM 紧急会话向 CS 域（GERAN 或 UTRAN）的 SRVCC，IMS 紧急会话需要锚定在 serving IMS 上（如，当漫游时所访问的外地 PLMN），具体细节参见 3GPP TS 23.167。

E - UTRAN/UTRAN 为 IMS 会话上的常规语音初始化 SRVCC 过程。MME/SGSN 知道紧急会话状态，并向 MSC 服务器发送一个用于增强 SRVCC 的指示，通知呼叫的性质。随后，MSC 服务器利用本地配置的前往服务 IMS 的 E - STN - SR，发起 IMS 业务连续性过程。

虽然本书不会涉及 IMS 的细节方面的内容，但推荐有兴趣的读者查阅相关的 3GPP 规范。这些规范在本书的参考文献部分给出。表 11-33GPP TS23.167 所规范的 UTRAN 和 E - UTRAN 中紧急会话的域选择规则

表 11-3 UTRAN 和 E - UTRAN 紧急会话的域选择规则

	CS 附着	PS 附着	VoIMS	IMS	第一次 EMC 尝试	第二次 EMC 尝试
A	N	Y	Y	Y	PS	CS，如果有效且支持的语音
B	N	Y	N	Y	PS 或 CS，如果紧急会话包含至少一个语音；PS，如果紧急会话仅包含媒体而非语音	PS，如果首先在 CS 中尝试 CS 如果有首先在 PS 中尝试
C	N	Y	Y or N	N	CS，如果有效支持且如果紧急会话包含至少一个语音	
D	Y	N	Y or N	Y or N	CS，如果紧急会话包含至少一个语音；PS 如果有效 EMS 为 Y，且紧急会话仅包含媒体而非语音	PS，如果有效且 EMS 为 Y
E	Y	Y	Y	Y	如果紧急会话包含至少一个语音，则遵循 TS22.101 的规则，在 TS.22.101 中说明对于非 EMC，使用相同的域 PS，如果紧急会话仅包含媒体而非语音	PS，如果首先在 CS 中尝试 CS，如果首先在 PS 中尝试
F	Y	Y	Y or N	N	CS，如果紧急会话包含至少一个语音；	
G	Y	Y	N	Y	CS，如果紧急会话包含至少一个语音；PS，如果紧急会话仅包含媒体而非语音	

注：1. EMC：紧急会话。

2. VoIMS = 所支持的 PS 会话之上的 IMS 语音，定义详见 TS 23.401 和 TS 23.060 的 "PS 会话之上的 IMS 语音"。

3. EMS = 支持 IMS 紧急服务，定义详见 TS 23.401 和 TS 23.060 的紧急服务标识符。

图 11-14 和图 11-15 所示的会话流示例给出了 IMS/CS 交互的一些内容。当紧急会话切换完成时，MME/SGSN 或 MSC 服务器可能会为 UE 初始化位置连续性过程，该过程将在第 13 章中进行描述。

在运行的紧急会话过程中的 PLMN 间的移动性在当前的规范中并不提供支持，这主要是因为这些场景中会出现的多运营商和/或多监管边界的可能的复杂性所导致的。

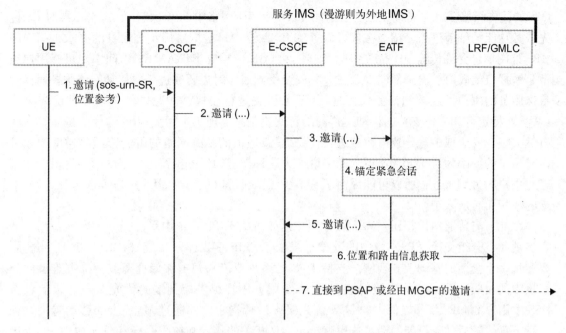

图 11-14　锚定在 Serving IMS 上 UE 发起的 IMS 紧急会话

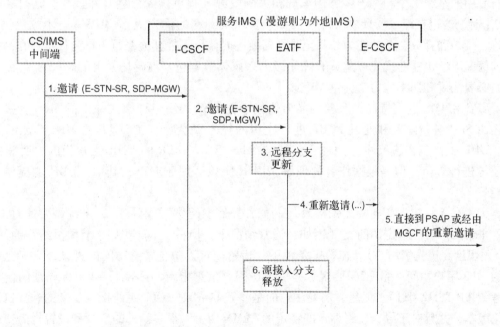

图 11-15　采用 E – STN – SR 的 IMS 紧急会话的 SRVCC

11.12　多媒体优先服务

多媒体优先服务（Multimedia Priority Service，MPS）发展用于为具有极大选择性的用户组提供特殊的高优先接入，并应用于端到端的会话。本书强调基于 E – UTRAN/EPC 和基于

IMS 的优先级服务。尽管优先服务也适用于 2G 和 3G 网络中的 CS 域，但我们不再对 CS 优先服务功能的细节进行介绍。在优先服务的 CS 回退中，根据目标系统自身的要求，用户的 MPS 订阅信息允许传输一个优先级的 CS 呼叫到 GERAN 或 UTRAN CS 访问中。目标用户通常是被授权的政府、安全部门以及在公共安全受到威胁时需要通过公共移动网络维护通信的特殊服务的用户。这样的任务仅由地区/国家机关进行授权，并通过具有多媒体优先服务（MPS）特定订阅文件支持的移动运营商的订阅机制来实现。实际上 MPS 的优势是需要在像自然灾害、安全威胁等导致由权威进行优先/紧急通信的私有网络的可能错误的逆境中才可以看出来的。因为对于 PLMN 运营商来说，为这种类型的任务预留了一定的网络容量会占用普通用户的可用服务，所以可能因由于有多少数据流可以预约给 MPS 用户等形势和地区/本地的法规而有所限制。

因此，与普通用户相比，MPS 服务用户是如何从 3GPP 系统中受益呢？MPS 准备用于语音、视频、分组交换（PS）域中的数据承载服务和 IP 多媒体子系统（IMS），并且 MPS 需要在每一个会话的基础上被唤醒。支持 MPS 的系统要能够根据在像拥塞或特殊灾难事件等场景中的权威所分配的优先级等级来为 MPS 服务用户提供端到端的优先服务。该信息由 HSS 中用户的 MPS 订阅文件中的 MPS 优先级来进行指示，并通过 MME 上的移动管理过程进行下载。随后如果可能的话，这也就给予会话相关的接入和核心网络资源（如 3GPP 等运营商域中的基于信令和基于多媒体承载相关的资源）提供优先处理，并且当会话是去往如 PSDN 时，这也在跨域场景中支持（例如，提供端到端的优先级）。MPS 基于优先地调用、修改、维护和释放会话的能力，甚至是在需要的时候以牺牲其他普通用户为代价。在网络拥挤的情况下，也能够优先传输具有优先级的多媒体数据包。漫游场景下的 MPS 支持需要适当的必要法规和网络能力来提供 MPS 支持。

EPC 和 IMS 中支持优先服务的能力依赖于在 HSS 的用户订阅文件中的 MPS 设置，以及经由 SPR 进行配置和通过 PCRF 进行应用的优先级设置。在 3GPP 的 MPS 功能的发展中，UDR 工作仍在进行中。因此，替代与 MPS 相关的 SPR 的 UDR 的专门的、明确的定义还未进行规范。但是根据作者的理解，UDR 应该适用于 MPS，其中，UDR 能提供 SPR 功能。

为了在无线接入商支持优先接入（例如，控制发起尝试或寻呼），系统需要通过 USIM 配置来给用户分配特定访问类（例如，通常情况下，15 个访问类中 10 个预留给普通用户，5 个预留给高优先级用户）。在特定条件下，运营商可以防止紧急访问的尝试，而只允许特定的 MPS 用户访问网络。3GPP 规范提供了访问类信息指南，见表 11-4（更详细的信息请参考 3GPP TS 22.011）。但是，需要注意的是，表 11-4 是 3GPP 无线接入复杂的选择机制的简化版本，并且对于寻求最终评定的特定的 PLMN 而言，很多额外的变量和设置也需要进行考虑。

MPS 订阅包括一个 HSS 中的指示符，用于指示对 EPS 承载优先服务、IMS 优先服务和 CS 回退服务的支持。订阅中的优先级也指示了适用于 EPS 承载和 IMS 的适当的级别。

从 E-UTRAN 到 GERAN/UTRAN 的 SRVCC 情况下（参见 11.7.2 节），对于使用 IMS 的 MPS，根据 2G/3G 系统中的 CS 呼叫建立过程中 IMS 和目标 CS 域之间的优先级映射来进行提供。在源网络中，对于在会话建立过程中提供 SRVCC 的 MSC 而言，MME 相应地指示优先级。MME 检测以与用于 IMS 信令的 EPS bearer 相关的 ARP 为基础。优先级指示对应

ARP 信息元素。如果支持具有优先的 SRVCC，并且 MSC 服务器接收从 PS 到 CS 的 SRVCC Request 中的优先级指示，则 MSC 服务器/MGW 会将该优先级指示发送到目标 MSC。MSC 服务器将 ARP 映射到优先级和基于本地法规或运营商设置的 CS 服务的优先获取能力/缺陷。如果 MSC 服务器对优先级进行了指示，目标无线接入（如 BSS 或 RNC）则会在已有的 CS 规程基础上根据优先指示分配无线资源。MSC 服务器包括到 IMS 的优先指示（接受自 MME），IMS 实体优先处理会话转移流程。优先级的映射基于运营商策略和/或本地配置，IMS 优先指示符应该与 PS 上创建的原始 IMS 相同。需要注意的是，SRVCC 过程中 MPS 服务的成功持续依赖于目标系统支持 CS 优先级是事实。

表 11-4　访问类设定

等　级	用　途	适　用　于
0 ~ 9	一般用户	家乡和外地 PLMN
10	除其他接入等级外，该级别值指示不论是否允许 0 ~ 9 接入级别的 UE 或没有 IMSI 的 UE 的紧急呼叫网络接入。对 11 ~ 15 接入等级的 UE，当接入级别 10 和相关的 11 ~ 15 均被禁止时不支持紧急呼叫，其他情况均是支持的	取决于所标记的类别
11	供 PLMN 使用	仅家乡 PLMN，如果不存在等价（HPLMN）列表或任意的 EHPLMN
12	安全服务	仅所在国的家乡 PLMN 和外地 PLMN。基于此时的所在国定义为 IMSI 的 MCC 部分
13	公共使用	仅所在国的家乡 PLMN 和外地 PLMN。基于此时的所在国定义为 IMSI 的 MCC 部分
14	紧急服务	仅所在国的家乡 PLMN 和外地 PLMN。基于此时的所在国定义为 IMSI 的 MCC 部分
15	PLMN 职责	仅家庭 PLMN，如果 EHPLMN 列表不存在或任意 EHPLMN

是否需要 MPS 则根据地区/国家法规要求和运营商设置。按需服务基于服务用户显式调用/撤销，这适用于 APN 的 PDN 连接。当一个 MPS 用户不是按需时，MPS 服务则不会要求调用，当给定服务用户附着到 EPS 网络后，MPS 服务将对该用户的所有 EPS 承载提供优先处理。优先级并不是基于设置是否是按需的而来确定的，但是如果很多 MPS 服务用户都被定义为非按需，那么就可能导致在网络中存在大量的高优先级用户的问题。

在发起 MPS 会话的场景中，优先级根据发起用户在发起网络的设置进行设定。而对于终止会话，如果发起用户的优先级设定在终止网络中可用，则终止网络中优先级的设定将基于发起用户的优先级设定。MPS 通过在 MPS 发起请求中包含 MPS 代码/标识符，或可选地通过使用 MPS 输入字符串（例如，对于一个 IMS 会话请求而言，可以使 MPS 公共用户身份）来进行请求。计费系统填充有与 MPS 用户服务调用/撤销以及优先处理级别有关的某些信息。

类似于紧急服务，MPS 也要求 PCC 基础设施的支持。这里会对 PCC 影响和交互的细节，以及承载的优先级相关数据的设定做进一步的解释，但读者应当熟悉 3GPP E - UTRAN 中整体的 PCC 基础设施和 QoS 部分，从而能够完全理解它们之间的关系。MPS 广泛地重用了 PCC 的基本原则，额外添加了一些触发器从而能够利用应用功能（Application Function）和使用 SPR 数据库。

图 11-16 给出了一个简单的 MPS IMS 会话设置序列流程图，显示了优先服务影响流程的主要方面。很明显，该序列流程与基本的 PCC 流程是一致的，遵循第 8 章所述的建立机制，但根据 MPS 优先级和配置文件可能对 EPS 承载有所修改。

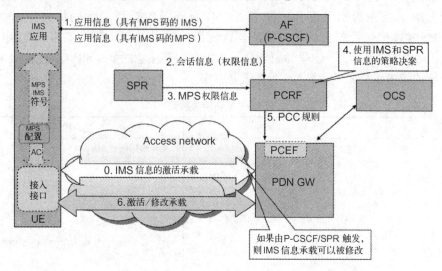

图 11-16　IMS MPS 会话设置序列流程图

一个发起的 MPS 会话要求对无线资源建立请求设定高优先级的接入，随后该无线资源建立请求会由 MME 通过检查设定针对该请求的用户 MPS 订阅文件来进行验证。

会话建立流程会在必要的接口上继续维持高优先级。然后，针对非 GBR 承载，特定的 ARP 和 QCI 设置会根据运营商策略而建立，优先权设置如下：

- EPS 承载（包括默认承载）分配有与服务用户优先级相应的 ARP 值设定。
- ARP 优先购买能力的设定和针对 MPS 承载的弱点，服从于运营商的政策，并依赖于国家/地区的法规要求。
- 在网络拥挤状况下，超过服务用户的非服务用户优先购买能力，服从于运营商政策和国家/地区的法规要求。

针对基于 IMS 的 MPS 服务支持的规范在这里不做进一步描述，但应该注意的是，为了提供端到端的优先处理，需要对 EPS 优先的支持。通过相应地修改用户优先级，存在一些 MPS 特有的应用程序，可以经由 PCC 基础设施来调用 MPS 服务。

指示 3GPP 网络如何提供 MPS EPS 承载服务的特定的 PCC 方面依赖于 MPS 订阅、IMS 信令优先（针对基于 IMS 的优先服务，其中，对于存在的 IMS 信令承载，可以通过高 ARP 来获得优先处理），以及来自提供 MPS 特有服务的应用功能的优先指示。AF 优先信息代表会话/应用的优先权，并与 MPS EPS 优先是分开的。MPS EPS 优先权和 MPS 优先级也可以在 SPR 中进行配置，必须确保 HSS 和 SPR 上的订阅文件包含统一的数据。优先级决定了系统中接收到的 MPS 用户优先级。

MPS 订阅数据通过来自 SPR 的 Sp 参考点提供给 PCRF，也可以通过来自 UDR 的 Ud 参考点进行接收。对于优先 EPS 服务，PCRF 必须订阅 SPR 的 MPS 订阅信息更新事件。这个过程并不针对于 MPS，但它却是 MPS EPS 运营的强制要求。MPS 的动态调用从 AF，通过 Rx 接口上的优先权指示器进行提供。图 11-17 是这种调用的简化图，但要注意的是，任何 AF 特有的细节并不服从于 3GPP 规范。基于从 AF 接收到的信息的承载修改在 PCC 中是已经可用的，但由 AF 提供的优先指示将用于生成合适的 QCI/ARP 值。由于 MPS 数据的存在，PCRF 必须根据 MPS 优先权，为相关的 EPS 承载生成合适的 QCI/ARP 值。如果 AF 触发了一个 MPS EPS 服务，则 PCRF 需要随后触发合适的适用于服务优先的 PCC 规则修改流程程序，适用于服务的优先级别。反过来，如果需要的话，PDN GW 将触发合适的承载更新流程。

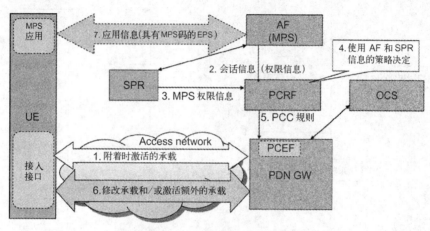

图 11-17　AF 触发的 MPS 会话触发器和 EPS 优先承载服务建立

　　按需服务基于服务用户显式调用/撤销，这适用于 APN 的 PDN 连接。反过来，这需要经由由 AF（任何第三方 AF 本身，这样的 AF – SPR 交互不属于 3GPP 标准化的内容）更新的 SPR MPS 用户配置文件的显式调用/撤销，这里的 AF 与 PCC 通信而进行升级/降级。当 MPS EPS 承载服务不是由于按需调用时，系统会为给定用户在附着到 EPS 网络之后的所有承载提供优先处理。当优先处理适用于某些 EPS 承载时，相关的 EPS 承载优先需要通过在服务中的最后调整，到与 MPS 不相关的一个级别上。

　　从这里所提供的信息可以知道，其中一个关键的方面是对 MPS 的 PCC 支持包含 MPS 订阅改变的管理以及其他相关信息。当一个 PCRF 接收到 MPS EPS 优先、MPS 优先级和/或来自 SPR 的 IMS 信令优先改变的通知时，PCRF 做出相应的策略决定（如 ARP 和/或 QCI 变化），并启动 Gx 接口上的必要的 IP – CAN 会话修改流程来适应这种变化。图 11-18 给出了一个 MPS EPS 承载服务的交互的例子。在这个例子中，AF 可以直接地触发 PCRF 中的变化，或根据优先指示器经由 SPR 的交互来改变优先级。规范允许这些机制中的任意一个来触发 EPS 承载修改以适应应用的需求。但是 3GPP 规范并未定义 AF 和 SPR 之间的任何接口或协议。

　　一个基于 AF 的 MPS 可能更相关于 MPS EPS 优先服务，尤其是按需的情况。适用的 AF 作用和信令/交互的类型并不服从于标准。然而，PCC 基础设施为 AF 提供触发器从而获得与应用相关承载有关的信息/事件，因此使得 AF 与 EPC 交互并通过 Rx 接口管理应用成为可能。来自 IMS 的 P – CSCF 是一个可能的 AF，其使用来自 PCC 的机制来管理与 IMS 应用相关的 EPS 承载。

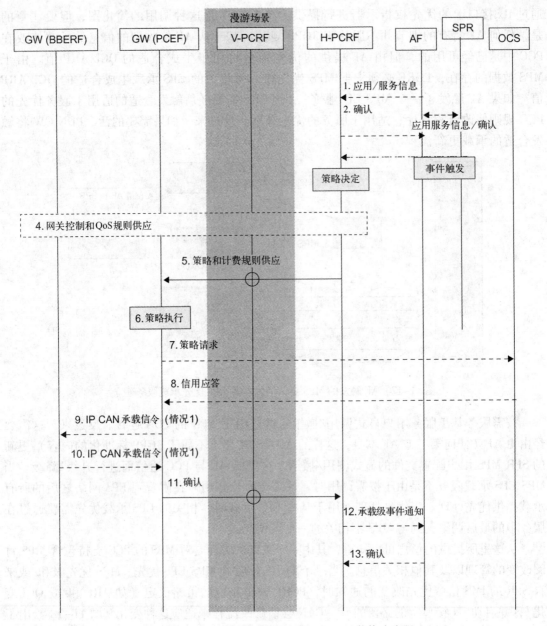

图 11-18　来自一个 AF 触发的 MPS EPS 承载修改流程

第12章　LTE广播

12.1　背景和主要概念

移动数据使用量的迅速增长，导致运营商在为每个用户提供足够的容量和服务质量方面面临潜在的挑战。因此，很自然地，大量优化整体网络资源使用的方案被提出并进行了相应的研究。

在一大群用户需要获取相同内容的场景下，一个自然而然的方案是利用广播机制来代替分配专用网络资源给每一个用户，由此来实现一个单点对多点的分发机制。适用于这种分配方法的内容包括：TV频道的广播、MMS的集中分发，以及用于无线终端批量空中升级的软件推送。

IP组播是一个已经被很好证明了的技术，用于固定IP网络中的网络传输的优化。它没有选择向每一个目的终端单独发送相同内容的复制，而是将该内容的目的地址设定为特定的组播地址，在IP网络中进行传播（该网络需要支持组播），之后被传送给加入该特定内容所关联的特定组播组的每个主机。

然而，标准的IP组播无助于内容分发扩展到终端用户，有两方面的原因。首先，LTE/EPC（类似于GSM和WCDMA中的分组数据解决方案）依赖于在PDN GW和终端用户设备间的点到点隧道转发IP分组。这些IP分组被作为负载承载在其他IP分组中（通过GTP头标隔开），因此，终端用户设备和PDN GW之间在终端用户IP地址上实现组播是不可能的。其次，在当前网络中空口往往是资源最受限的网络，而其寻址也不是基于IP地址的。

为了给终端用户设备（也包含空口）提供一种始终有效的分发机制，3GPP为移动系统定义了一种广播架构——多媒体广播和组播服务（Multimedia Broadcast Multicast Service）或称为MBMS。

该解决方案依赖于空口对广播的支持、使用IP组播来传输GW和基站之间的IP分组，以及建立和维护MBMS的特定流程。需要注意的是，这些会话以及在相关的IP分组中传输的内容，并没有关联到特定的用户，除非分组核心或无线网络有所关注。基础设施的这部分并不具有用户的感知能力。处理用户对广播内容访问的解决方案由网络解决方案的其他部分提供支持，也就是透明于无线和分组核心网络。

图12-1给出了单播传输场景，即内容的每一个复制都被单独发送给每个设备，而图12-2给出了基于内容广播的MBMS传输解决方案。

MBMS的好处在于，它提供了一种在分发非常流行的内容时的优化网络资源使用的方式。然而，MBMS并不是没有折损的。对于LTE而言，对于一个小区应该在什么时候使用广播还是单播来传输特定内容，没有相应的动态控制。相反，它是半静态的，并由运营商配置。这就意味着昂贵的无线频谱可能会在一些小区被浪费在传输一些没有任何用户接收的内容上。因此，考虑部署MBMS的运营商必须仔细考虑最有效使用它们的可用频谱的方式是单播还是组播。结论将取决于如频谱有效性、成本，以及广播可以作为选项的服务的使用率等因素。

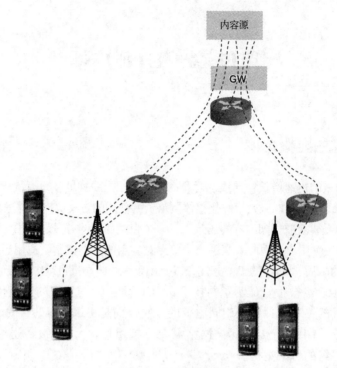

图 12-1　单播传输

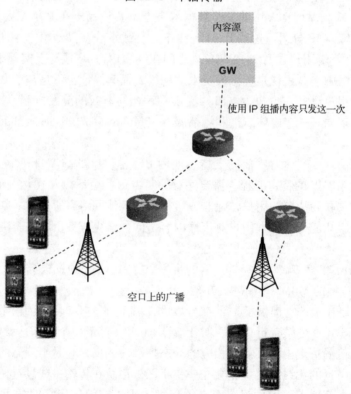

图 12-2　MBMS 传输

12.2 MBMS 解决方案概述

MBMS 在 3GPP 技术规范 TS 23.246 中进行规范。MBMS 解决方案的两个关键组件是 MBMS 用户服务和 MBMS 承载服务。

MBMS 承载服务是一个单点到多点的内容分发机制，通过移动网络架构以及终端的特定功能进行实现。这使得内容被有效地分发给多个用户。

当 3GPP Release 6 最初针对 WCDMA 和 GSM/GPRS 接入进行规范时，定义了以下两种 MBMS 承载服务操作：

- 广播模式。
- 组播模式。

MBMS 在 Release 9 中得以增强，并被冠以 eMBMS 即 "Evolved MBMS"，其中仅包括了广播模式。除了 WCDMA 支持外，还加入了 LTE 支持，但是 eMBMS 在 GSM/GPRS 接入中并不提供支持。

表 12-1 给出了 MBMS 不同变种的一个总结，包括 WCDMA IMB，即 "Integrated Mobile Broadcast"（IAB，集成移动广播）的缩写，其在 TDD 频谱中定义了基于 WCDMA 的 MBMS 广播。然而，本文的重点在于描述 LTE 中的 MBMS。

表 12-1　MBMS 种类概览

3GPP Release	GSM/GPRS	WCDMA	LTE
Release 6	广播 + 组播	广播 + 组播	不包含
Release 8	和 Release 6 相同	用于 TDD 的 IMB 增强	不包含
Release 9 +	不包括	只支持广播	支持广播

在广播模式中，MBMS 承载服务与特定用户无关——简单来说，它只是一个"用户和设备察觉不到"的广播机制。在 MBMS 承载服务中，没有与用户或设备相关的会话，会话仅与不同的媒体内容相关。这与更加复杂的组播模式不同，在组播模式中，MBMS UE 上下文是动态创建的，且分组核心网络跟踪所有使用 MBMS 服务的设备。

另一方面，MBMS 用户服务是一种提供给用户的服务，或者说，是一个用户设备在特定终端用户应用激活时所使用的服务。MBMS 用户服务是通过所谓的 BM – SC（Broadcast Multicast Service Center，广播组播服务中心）来提供的，这是网络中的一个逻辑功能，可以将自身作为一个网络节点，或作为驻留在另外一个网络节点上的功能而实现。

BM – SC 是控制 MBMS 会话的节点。当 MBMS 将被用来广播特定内容时，它会发出相应的通知，并管理与期望加入与会话的终端有关的功能，如认证、授权、数据加密和业务计费等。BM – SC 和终端之间的所有交互都是通过普通的单播来处理的（因为 MBMS 没有上行能力）。这便意味着 BM – SC 也需要与 PDN GW 建立连接。

图 12-3 显示了一个 BM – SC 与移动网络基础设施交互的简化概览图。在本章靠后面的部分将再回来描述这个移动网络云中所隐藏的细节内容。

MBMS 用户服务依赖于 MBMS 承载服务所提供的传输机制，但是一个极大的不同在于 MBMS 用户服务是用户可以感知到的，即对会话的控制是基于每个用户的。

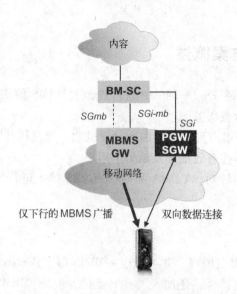

图 12-3　BM – SC 到移动网络基础设施的连接

图 12-4 所示说明了 MBMS 用户服务和 MBMS 承载服务之间的独立性。

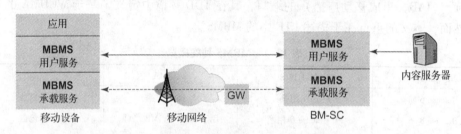

图 12-4　MBMS 用户服务和 MBMS 承载服务

事实上，3GPP 规定了与数据传输相关的 3 种不同的功能层。

- 服务和应用程序。
- 传输方法（下载或流）。
- 承载（单播或 MBMS）。

在实际中，不同的应用会使用以上功能层的不同组合。例如，下载一个特定的文件到多个设备上可能会依赖于使用在 MBMS 承载上的下载传输方法，而相反，其他一些服务可能利用在一个单播承载上的流传输方法。

由于本章讨论的话题是 MBMS，因此有必要明确 MBMS 承载服务能够同时支持流和下载传输两种方法。

图 12-5　MBMS 功能层

12.3　MBMS 用户服务

有多种机制被用于提供 MBMS 用户服务。虽然对于 MBMS 用户服务机制的详细描述超出了本书的范围，但在本节中我们还是对制定来给终端用户提供服务支持的功能进行概述。

与 MBMS 用户服务相关的机制位于 BM – SC 中，以及 MBMS 可用的终端用户设备中。

它们通过一个普通的单播 IP 连接进行交互（通过 SGi 接口），并使用 MBMS 承载作为下行链路。

BM – SC 中的 3 种主要功能如下：
- 服务通告功能（Service Announcement function）。
- 密钥管理功能（Key Management function）。
- 会话和传输功能（Session and Transmission function）。

服务通告是一个由 BM – SC 所执行的过程，用以向终端通知一个使用 MBMS 的会话将要建立。一个典型的用例是包括在一个广播之前通告控制元数据给终端，然而，也存在用例是有必要在一个广播文件下载传递期间，或有些时候在其完成之后，更新元数据。3GPP 并没有明确指出服务通告功能应如何实现，但是建议了几种可能的技术，如使用 SMS、MMS、Wap Push，或基于 HTTP 的通知。这就意味着运营商需要确保打算用于 MBMS 接收的终端支持使用移动网络中所执行方法的服务通知。

密钥管理功能用于处理用户服务注册，包括认证以及用户服务注销。它还可以生成用于保证 MBMS 传输安全的加密密钥，并将密钥分发给终端，以及 BM – SC 中的会话和传输功能。关于 MBMS 安全的细节，如密钥产生方法和算法，超出了本书的范围，但是可以在 3GPP 技术规范 TS 33.246 中找到。

会话和传输功能，顾名思义——它传输 MBMS 数据给终端，要么使用点到点单播连接（通过 Gi 接口），要么使用 MBMS 承载服务来进行内容广播。当使用 MBMS 承载服务时，BM – SC 和 MBMS GW 通过 SGmb 接口进行交互。

BM – SC 中的会话和传输功能可选地为 MBMS 数据流提供加密（使用前文所提到的密钥）和头标压缩服务。它也可以选择性地在数据帧中添加前向纠错（forward – error correction，FEC）信息，从而允许接收 UE 来修正传输过程中损坏的数据帧。最后，BM – SC 可以在数据帧中添加时间同步信息，从而确保多小区环境下的无线网络操作是正确的。

图 12-6 概述了与 BM – SC 和移动终端中的 MBMS 用户服务相关的功能。图 12-7 给出了一个简化的 MBMS 用户服务的呼叫流程示例。

1）第一步是，用于控制终端上服务的 MBMS 服务员数据由 BM – SC 进行通告。如前所述，该通告可以使用多种机制。在表 12-6 中，既可以是一个应有的单播数据连接可以用于承载基于 http 或基于 WAP 的通知（图中的选项 a），或者，使用控制信道信令的 SMS（选项 c）。另外一个选项是利用已有的 MBMS 承载来传输新 MBMS 用户服务的通知（选项 b）。

2）下一步是终端自身发现服务通告，并基于此做出响应。该步骤中不产生任何到网络的指令。

3）如果 MBMS 用户服务需要被保护，则通过终端和 BM – SC 密钥管理功能之间的普通数据连接上的一次交互来进行一次用户服务注册。这样，用户就被认证了，并且被授权后，用于解密 MBMS 内容的加密密钥将被发送给终端。

4）终端上的 MBMS 接收开启。

5）在移动网络中数据使用 MBMS 承载服务进行广播，在 MBMS 覆盖范围内并拥有正确解密密钥的终端可以接收并解码内容。

6）如果特定的 MBMS 用户服务需要用户服务注册，那它也将需要用户服务注销。这一过程通过终端和 BM – SC 密钥管理功能之间的普通数据连接上的交互来完成。

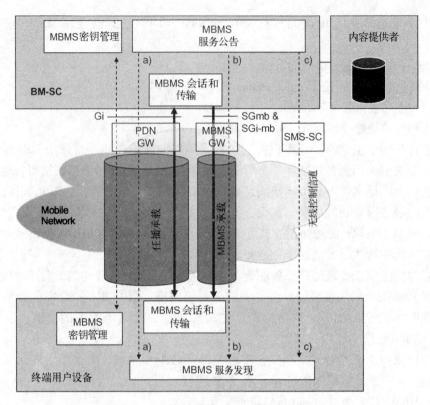

图 12-6 与 MBMS 用户服务相关的主要功能

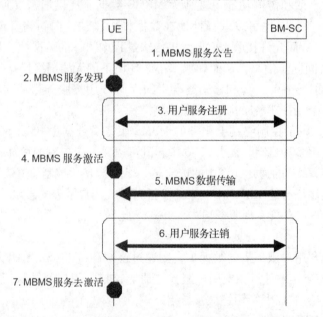

图 12-7 与 MBMS 用户服务相关的呼叫流程示例

7）终端上的 MBMS 接收关闭。

3GPP 技术规范 TS 26.346 中规定了两种相关的传输过程：

● 文件修复。

- 接收报告。

这两种类型都由服务通告元数据进行控制。

（1）文件修复

3GPP规定了单点到单点和单点到多点两种文件修复服务。

一个运行了文件下载MBMS用户服务的终端，可能会请求从BM-SC恢复丢失的数据。文件修复参数，如文件修复服务器地址，在服务通告的元数据描述中进行提供。对于终端而言，既可能请求单独的UDP数据包，又可能请求恢复整个文件。

为了保护上行链路和BM-SC不出现过载情况，在控制服务的元数据中定义了一个等待时间窗口。想要使用文件修复服务的终端，使用一个等待时间窗口，随机地以单播方式向BM-SC发送文件恢复请求。

（2）接收报告

接收报告流程允许运营商命令终端手机收集MBMS会话的接收状况和QoE（Quality of Experience，体验质量）的统计信息。这就使得运营商能够监控接收质量、接收组的大小，甚至还包含覆盖弱的地方。收集的统计信息作为接收报告消息从终端进行上传。

12.4 MBMS移动网络架构

12.4.1 架构概览

如果将MBMS服务之外的所有节点和接口从一个完整的移动网络架构中剥离出去，则LTE广播情景下的剩余部分便如图12-8所示。

如前所述，BM-SC与PDN GW相连接，从而实现与终端交互，但是由于这和LTE中的其他数据连接没有不同，因此在图12-8中PGW/SGW将以黑色显示，且在下文中不再进行描述。

MBMS GW与BM-SC相连接，用以传输信令和数据，并且，MBMS GW负责传输下行的会话数据给基站，同时还在MBMS信令中调用MME来控制广播会话。MBMS GW也能够选择性地支持针对承载服务使用的计费，这是为了针对网络的使用向内容提供者进行计费（在MBMS GW中，针对MBMS使用对终端用户进行计费是不太可能的，因为用户是不可知的）。

MME与LTE RAN在选定的服务范围内进行通信，并中继来自MBMS GW的会话控制信息。

LTE RAN中的MBMS架构由两个逻辑实体组成——eNodeB（基站）和MCE（Multi-cell/multicast Coordina-tion Entity，多小区/组播协调实体），二者使用RAN内部的M2接口相互连接。

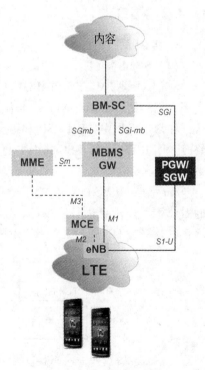

图12-8　MBMS网络架构

在网络中添加MCE的原因是使用了一个名为MBSFN（MBMS Single-Frequency Network，MBMS 单频网络）的技术。该技术允许当移动终端接收 MBMS 广播内容时，可以获得最佳的信噪比。这种技术是通过 MBSFN 区域内大量小区的所有 MBMS 传输的同步来完成的。之后，便会被移动设备感知为相同内容的单一传输。一个网络内可能有多个 MBSFN 区域，且一个小区也可能属于不止一个 MBSFN 区域。一个 MCE 协调并控制一个 MBSFN 区域内的 MBMS 广播资源。

值得注意的是，3GPP 规定了一个可选架构，即一个 MCE 可以被集成到每个 eNodeB 中。关于这种可选架构的更多信息可以在 3GPP 技术详细规范 TS 36.300 中找到。该选项简化了解决方案，但是限制了一个 MBSFN 区域的大小，将其限制为仅覆盖一个 eNodeB 控制的所有小区。这是一个 RAN 内部的实现策略，就本身而言，并不影响 MBMS 解决方案的 EPC 部分。

由于本书的重点在于 EPC 而不是无线技术，因此本章的呼叫流中的无线网络架构，事实上已经简化为认为 MCE 是集成到每个 eNodeB 中的。因此，在 LTE RAN 中没有可见的 M2 接口，且我们将 M3 接口描述为是在 MME 和 eNodeB 之间的。

eNodeB 接收来自 MME 的控制信令（通过 MCE）和来自 MBMS GW 的数据，并使用专用的 MBMS 无线信道来分别广播控制信息和数据。一旦 MBMS 在特定小区中被激活，并且有数据被接收，则不论该小区中是否有终端会接收通过 MBMS 所发送的内容，这种广播都会发生。有关 MBMS 的终端行为对于 LTE RAN 和 EPC 而言都是不可见的。对于 MBMS 内容的访问则作为 MBMS 用户服务的一部分由 BM–SC 来进行控制。

12.4.2　接口

1. 控制面

（1）SGmb 接口

SGmb 承载 BM–SC 和 MBMS GW 之间的信令。在基于 Diameter 协议之上的特定 MBMS 应用和标准的 Diameter AVP 一起使用（关于 Diameter 协议的更多信息请参考 16.5 节）。

在常规操作中，BM–SC 利用这一接口控制 MBMS 会话的启动、停止以及会话过程中的修改。图 12-9 给出了 SGmb 接口的协议栈示意图。

（2）Sm 接口

Sm 承载 MBMS GW 和 MME 之间的与 MBMS 相关的信令。MBMS 特有的信令是通过特定的 GTPV2–C 消息进行实现的，GTPV2–C 承载在 UDP 上，像其他 GTP 接口一样来启动、停止以及修改 MBMS 会话。图 12-10 给出了 Sm 接口的协议栈示意图。

图 12-9　SGmb 接口的协议栈

图 12-10　Sm 接口的协议栈

（3）M3 和 M2 接口

M3 承载 MME 和受影响的 MCE 之间的与 MBMS 相关的信令，而 M2 承载 MCE 和 eNB 之间的与 MBMS 相关的信令。如果 MCE 被集成到每个 eNB 中，那在网络解决方案中将仅存在 M3 接口。M3 和 M2 接口使用了 3GPP 特有的 M3 - AP（和 M2 - AP）协议，该协议承载在 SCTP 之上，用于在 MME 和 eNB 之间提供一个可靠的连接。M3 - AP（以及 M2 - AP）消息用于启动、停止以及修改 MBMS 会话。图 12–11 和图 12–12 所示分别为 M2 和 M3 接口的协议栈示意图。

图 12–11　M2 接口的协议栈

图 12–12　M3 接口的协议栈

2. 用户层

（1）SGi - mb 接口

SGi - mb 接口承载从 BM - SC 到 MBMS - GW 的用户数据。携带内容的数据帧承载在 3GPP 特有的 SYNC 协议（实际上是一组附加的头标）中，这就使得 BM - SC 能够为每个数据帧设定时间戳，从而保证在多个小区间广播的 MBMS 数据在时间上是同步的。图 12–13 给出了 SGi - mb 接口的协议栈示意图。

（2）M1 接口

M1 接口使用 IP 组播作为传输层机制，用于携带从 MBMS GW 到受影响的 eNB 的 MBMS 数据。为了保留时间信息，MBMS GW 保留了完整的数据帧（通过 SGi - mb 接口，从 BM - SC 接收到的）和作为 SYNC 协议部分所分配的头标。MBMS GW 对于这些上层协议而言是完全透明的。图 12–14 给出了 M1 接口的协议栈示意图。

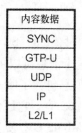

图 12–13　SGi - mb 接口的协议栈　　　　图 12–14　M1 接口的协议栈

12.5　MBMS 承载服务

MBMS 承载服务是由移动网络提供给 BM - SC 的功能，负责会话控制以及到终端的数据传输。对于 MBMS 的广播模式而言，MBMS 承载服务与特定用户或终端无关，且它们对其毫无感知。

在通常的操作中，BM - SC 针对移动网络使用以下 3 种不同的过程来控制广播会话：

- 会话开启。
- 会话停止。

● 会话更新。

此外，BM-SC 和移动网络之间的连接被用于传输数据本身。这些数据随后利用移动网络中的机制在一个特定的区域内广播，但完全无法确定是否会有用户接收这些数据。

12.5.1 会话开启

会话开启过程是从 BM-SC 初始化的，它触发所有涉及的节点来进行必要的操作从而允许开始 MBMS 传输。图 12-15 为 MBMS 会话开启过程示意图。

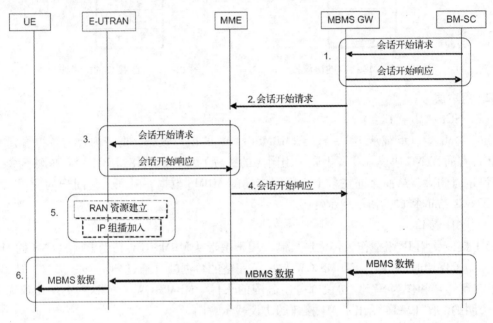

图 12-15 MBMS 会话开启过程

1）该流程开始时，BM-SC 首先发送一个会话开启请求消息给配置为 BM-SC 默认网关的 MBMS GW。这个消息可以可选地并行发送给多个 MBMS GW，这取决于在 BM-SC 中的配置。会话开启消息包含了唯一标识和指定即将开启的 MBMS 会话的信息，包括将受影响的区域和采用的 QoS 等。它还包含了 MBMS GW 用于标识流程下一步中将会涉及的 MME 的相关信息。之后 MBMS GW 便生成一个 MBMS 承载上下文，对即将开启的会话分配 IP 组播传输资源，并回复给 BM-SC 一个会话开启回复消息，以确认 MBMS GW 已经准备好通过 SGi-mb 接口接收 MBMS 数据。

2）然后，MBMS GW 发送会话启动请求消息给在步骤 1 中 BM-SC 所列出的所有 MME。这些消息的内容再次唯一标识并指定了即将开启的 MBMS 会话。此外，还包含了供基站用于接收 MBMS 数据的 IP 组播地址。

3）每个 MME 生成 MBMS 承载上下文，并依次发送一个会话开启请求消息给所有连接的 LTE 基站（eNB），或给匹配服务区域标识（Service Area Identity）过滤的基站（由 3GPP Release 11 所规定的扩展）。每个受影响的 eNB 都产生 MBMS 承载上下文，并回复给 MME 一个会话开启应答消息。值得注意的是，3GPP 规范也允许在 MME 接收到来自从 MBMS GW 的会话开启请求后，由 MME 直接发送会话来开启应答消息。

4）每个 MME 存储一个与特定 MBMS 承载上下文相关的 eNB 列表，并发送一个会话开启应答消息给 MBMS GW。

5）MBMS 无线资源是由每个受影响的 eNB 建立的。具体细节超出了本书的范围，就不做详细的介绍了。进一步地，每个受影响的 eNB 使用经由 MME 从 MBMS GW 接收到的 IP 组播地址中的信息来加入到适当的 IP 组播组中。此时，基站就已经准备好接收数据了。

6）MBMS 内容由 BM – SC 发送给 MBMS GW，之后使用 IP 组播传输给每个加入到对应 IP 组播组中的 eNB。该内容在相应的小区中通过专用 MBMS 无线信道进行广播，并只由授权加入到特定 MBMS 服务中的用户终端进行接收和解码。

12.5.2　会话停止

很自然地，会话停止过程用来终止一个正在进行的 MBMS 会话。MBMS 会话停止过程如图 12-16 所示。

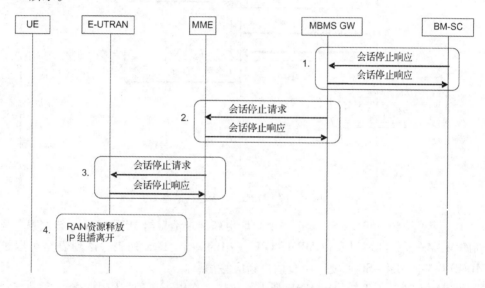

图 12-16　MBMS 会话停止过程

1）BM – SC 通过发送一个会话停止请求消息给 MBMS GW（标识需要停止的会话）来启动该过程。MBMS GW 向 BM – SC 回复一个会话停止应答消息，并释放与该特定 MBMS 会话相关联的承载资源。

2）MBMS GW 给每个受影响的 MME 发送会话停止请求消息，这些受影响的 MME 依次给 MBMS GW 回复会话停止应答消息。

3）MME 发送一个会话停止请求消息给所有受影响的 eNB。每个 eNB 回复一个会话停止应答消息，之后 MME 释放相应的 MBMS 承载上下文。

4）eNB 释放与停止会话相关联的 MBMS 无线资源，并使用标准 IETF 机制离开 IP 组播组。

12.5.3　会话更新

当需要修改一个正在进行的 MBMS 会话的某些属性时，需要使用会话更新过程。3GPP 为该过程定义了以下 3 种使用场景：

- 改变 MBMS 服务区域。
- 改变 MME 集合。
- 删除或添加一个新的无线接入（因为 MBMS 也被定义用于 WCDMA）。

典型地，该流程用于当 MBMS 服务区域需要被改变时，一般是添加或删除小区，也可能是影响相关 MME 集合。在 WCDMA 中添加或删除 MBMS 的场景并不适用于此处所描述的一个纯的 LTE 解决方案。主要用例（改变 MBMS 服务区域）的呼叫流程（MBMS 会话更新过程）如图 12-17 所示。

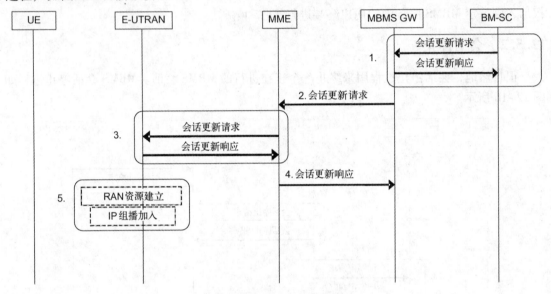

图 12-17 MBMS 会话更新过程

1）该过程开始时，BM－SC 发送一个会话更新请求消息给 MBMS GW。该消息包含了一个更新的 MBMS 服务区域以及供 MBMS GW 使用的一个 MME 列表，该列表是可以被更新的。MBMS GW 向 BM－SC 回复一个会话更新应答消息。

2）MBMS GW 基于更新前后 MME 列表的比较，在以下 3 种操作中选择一种执行：

- 如果新列表中添加了任何新的 MME，则如 12.5.1 节所述，会向每个新的 MME 发送会话启动请求消息。
- 如果新列表中移除了一些 MME，则如 12.5.2 节所述，会向每个被移除的 MME 发送会话停止请求消息。
- 对于所有其他的 MME，需要发送一个会话更新请求消息（如图 12-17 中呼叫流程的其余部分所示）。

3）然后，每个 MME 发送一个会话更新请求消息给所有连接的 eNB。每个受该会话影响的 eNB 根据是否需要更新服务区域从而更新 MBMS 上下文，并向 MME 返回会话更新应答消息。

4）MME 更新会话上下文，并向 MBMS GW 回复一个会话更新应答消息。

5）通过添加/修改/删除 LTE RAN 无线资源以应对服务区域的更新，如果需要，新的基站将会加入到 IP 组播组中（如会话开启过程中所描述的），而被移除的基站将会离开 IP 组播组（如会话停止过程中所描述的）。

第13章 定位功能

定位是决定设备，如移动手机、笔记本式计算机或平板电脑，或导航或跟踪设备的地理位置的过程。一旦一个设备的坐标被建立起来，该坐标便可被映射到一个位置上，如一条路、一个建筑物、一个公园，或是一个物体上，之后传回给请求的服务。映射功能以及位置信息的传输是位置服务（location services，LCS）的一部分。举个例子来说，紧急服务就依赖于该服务。客户服务中可以通过位置感知提供附加服务的称为基于位置的服务（location-based services，LBSs）。除了为用户提供客户服务支持外，位置服务也被用于优化网络性能和增强自动化服务，如网络自学习和自优化。

LBSs 的一些通用例子包括紧急服务、本地化的天气预报、定向广告，以及那些可以确定最近公交站或找到一个物体（如一个用户的车钥匙）位置的应用。无线网络中的定位取决于用户的移动性以及环境与无线信号的动态性。定位 QoS 通常根据精确度、可信度等级、以及用于获取定位结果所花费的时间等方面进行定义。

自然而然地，用户假设，不论他们在什么地方，以及他们是否在一个固定位置，还是处于移动中，应用程序都应该可以正常工作。无论是在室内，如在家中或上班地点，还是在户外，如在乡下环境或在城市环境，或在旅行中，他们都希望获得相同的基本的性能。不同应用还可以要求不同级别的定位精确度。LTE 支持一个由更高级的用户需求或应用开发所创建的高级别的应用自适应的需求。为了满足这些要求的定位 QoS，可以针对每个场景选择最佳的定位技术组合。

运营商必须保证遵守监管标准，以确保在紧急情况下的可靠定位（例如，北美洲的 E911 和欧洲的 E112）。

当前的无线 E911 定位精度要求明确提出，随着时间推移，承载必须在任一县级或公共安全应答点（Public Safety Answering Point，PSAP）地理级别上满足这些标准，并能够为所有 E911/E112 呼叫提供可信性和不确定的数据。这里最主要的挑战是对于室内定位达到所要求的精确度。

本章提供针对 EPS 定位解决方案的一个概述，且部分基于爱立信 LTE 定位白皮书（2011）。对于其他超出本书范围的细节，请大家参考爱立信 LTE 定位白皮书（2011）以及 3GPP TS 23.272 和 3GPP TS 36.305.

13.1 定位解决方案

具有 GPS 功能的设备正在提升用户的期望，且通常需要满足严格的定位 QoS 要求。虽然很多新的移动设备很可能装上了 GPS 接收端，但也还是有一些的设备没有配备 GPS 接收端。此外，没有任何一种定位方法，包括 GPS 在内，可以在所有的环境下都表现极佳。例如，GPS 在室内或在城市峡谷环境中就无法提供一个合适级别的定位精确度。在当前的世界中，有超过 50% 的移动电话语音业务是从室内发出的，能够在所有环境下都提供所需级别的精确度，是定位方法需要满足的需求。

在农村部署基站代价太大。因此，在农村，基站与站点之间往往距离很远，而要覆盖的小区往往很大，而且可检测相邻小区更少。在农村地区精确定位也由于包含了更长的距离和更大的覆盖范围而变得更困难。由于终端最大功率的限制，因此基于网络的定位比起终端辅助的定位，范围更加有限，且从电池的角度来看，效率更低。为了增强所有类型环境下的定位精确性，LTE 使用互补的定位方法。所使用的主要定位技术为观测到达时间差（Observed Time Difference of Arrival，OTDOA）和辅助全球导航卫星系统（Assisted Global Navigation Satellite System，A – GNSS），因为这些方法能够获得高级别的精确度，而无须额外的无线网络设备（其中，OTDOA 用于室内定位，而 A – GNSS 适用于室外环境）。这些方法将在 13.3 节介绍。为了优化定位结果，可以用其他方法来补充上述方法，如自学习指纹识别或近似定位等。对技术的组合使用还可以增强定位性能。

单独一种定位技术并不能在所有环境中达到相同的成功率，所以它们需要相互补充使用，而不是作为独立的技术来使用。集成定位解决方法通过有效组合不同的定位技术，可以满足一个很大范围内的精确度要求和性能要求，同时允许有效地使用网络和设备资源。这些解决方案必须在同步网络和非同步网络中，以及 FDD 和 TDD 网络中均能很好地工作。

用于集成定位解决方案中的技术也需要适用于终端辅助的、基于终端的方案，以及基于网络的定位。终端辅助的定位可以利用终端测量结果以及在网络中累积的有关无线网络环境的有用知识。终端辅助定位与单独的基于网络的定位相比具有一些优势，后者依赖于网络测量结果和网络知识，但却受到终端最大功率的限制，且不能从真实的用户位置测量结果中获益。

表 13-1 给出了一组 LTE 中可用的定位方法。这组方法作为一个整体单元而运行，响应网络容量和架构，满足定位 QoS 需求，同时将无线电传播环境考虑在内。我们讨论的方法在其通常的精确范围上有所不同，且所有的这些方法都可以作为混合技术的一部分来使用。每个方法使用不同的测量方式和不同来源的信号来计算定位。例如，基于卫星的测量方法使得郊区或农村地区环境中具有 GNSS 接收端的设备，能够取得很好的性能。一个基于到达时间差（Time Difference of Arrival，TDOA）的方法，如 OTDOA，对于室内位置或城市峡谷环境可能是一个更好的选择，而自适应增强小区标识（Adaptive Enhanced Cell Identity，AE-CID）对于所有环境都是一个不错的选择，尤其适用于没有配备 GNSS 接收端的终端。关于单一的定位方法的更多信息将在 13.3 节描述。

表 13-1 LTE 定位方法

定 位 方 法	环境依赖性	LTE 中的反应时间	水平不确定性	垂直不确定性
CID 临近性	否	很低	高	N/A
位置				
E – CID	否	低	中	N/A
E – CID/AoA	富多径	低	中	N/A
RF 指纹	乡下的（可听性）	低 – 中	低 – 中	中
AECID	否	低	低 – 中	中

定 位 方 法	环境依赖性	LTE 中的反应时间	水平不确定性	垂直不确定性
UTDOA	郊区/乡下（可听性）	中	<100 m	中
OTDOA	乡下（可听性）	中	<100 m	中
A – GNSS	乡下（可听性）	中 – 高	<5 m	<20 m

理想的定位系统应该是能够自学习的且具有环境自适应性，能够建立以存储实际观察值的信息数据库，并采用智能数据分析机制。通过使用更多的测量、使用新的方法来收集它们，以及采用更高级的算法，LTE 有能力来支持灵活的自学习定位系统和网络自适应的定位系统。

13.2 定位架构与协议

LTE 定位功能分布在 LTE 无线节点、eNodeB 和定位节点之间。例如，eNodeB 确保定位参考信号具有合适的配置，为增强服务移动定位中心（Enhanced Serving Mobile Location Center, E – SMLC）提供信息，在必要时启动 UE 频间测量，并对来自 E – SMLC 的请求提供基于网络的测量。

定位节点决定所使用的定位方法。它建立并提供协助数据以便于计算测量，收集必要的测量值，计算出位置，并将结果发送给请求客户端。

定位是同时通过控制层和用户层来提供支持的。在控制层中，一个定位请求总是经由移动管理实体（Mobility Management Entity, MME）发送给 E – SMLC，在包含定位数据的应答传输中，网关移动位置中心（Gateway Mobile Location Center, GMLC）控制用户认证和计费信息。在用户层，定位信息是在数据信道中使用应用层的安全用户层定位协议（the Secure User Plane Location, SUPL）来进行交换的。

LTE 定位架构包括 3 个主要功能：LCS 客户端、LCS 目标和 LCS 服务器。LCS 服务器是一个物理的或逻辑的实体，它管理 LCS 目标设备的定位。它收集测量信息以及其他位置信息，在必要时辅助 UE 计算测量值，并估计 LCS 目标位置。一个 LCS 客户端是一个软件和/或硬件实体，它与一个 LCS 服务器进行交互，以获得 LCS 目标的位置信息，LCS 客户端有可能位于 LCS 目标中。一个 LCS 客户端发送一个请求给 LCS 服务器来获得位置信息；LCS 服务器处理该请求并发送一个定位结果，以及可选地发送速度估计给 LCS 客户端。一个定位请求可以源于一个在 UE 内的或网络中的 LCS 客户端。

LTE 通过无线电网络执行两种定位协议：LTE 定位协议（LTE Position Protocol, LPP）和 LPP 附属协议（LPP Annex, LPPa）。LPP 是一个用于提供 LCS 服务器和 LCS 目标设备间通信的点对点协议，用于定位设备。LPP 既可以用于用户层也可以用于控制层，多个 LPP 流程可以串行和/或并行（减少延迟）执行。LPPa 是一个 eNodeB 和 LCS 服务器之间的通信协议，用于控制层定位——尽管它也可以通过向 eNodeB 查询信息和测量值来协助用户层定位。SUPL 协议被用作 LPP 在用户层面的传输层协议。

图 13-1 给出了 LTE 整体定位架构，其中 LCS 目标是一个终端，而 LCS 服务器是一个 E – SMLC 或一个 SLP。

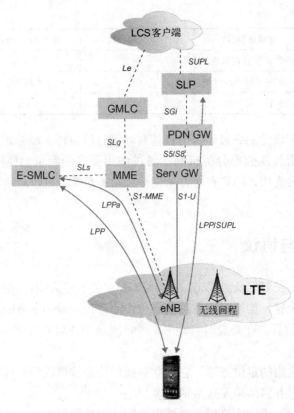

图 13-1 EPS 定位架构概览

部署额外的定位架构元件，如无线信标，可以增强单个定位方法的性能。部署额外的无线信标，同时如使用近似定位技术，往往是一个合算的解决方案，可以有效地提升室内和室外的定位性能。

13.3　定位方法

LTE 网络支持很多互补的定位方法。基本方法——小区 ID（Cell ID，CID）——利用蜂窝系统对一个特定用户的服务小区进行了解；用户位置区域由此与服务 CID 相关联。从 LTE Release 8 开始 LTE 强制要求支持这种方法，以下这些方法在 Release 9 中开始得到支持：

- 增强小区 ID（Enhanced Cell ID，E–CID）——是 UE 辅助的且是基于网络的方法，该方法利用 CID、从多个小区的 RF 测量、时间提前量（Timing Advance）和到达角度（Angle of Arrival，AoA）测量。
- OTDOA——是 UE 辅助的方法，它基于参考信号时差（Reference Signal Time Difference，RSTD）测量值，该值由不同位置所接收的下行位置参考信号处理所得，其中的用户位置是通过多点定位技术计算所得的。
- A–GNSS——基于 UE 的和 UE 辅助的方法，该方法使用系统获取的卫星信号，如伽利略（欧洲）和 GPS（美国）。LTE 支持通过现有卫星系统进行定位，并在出现新的卫星系统时做进一步发展。

接下来的这些众所周知的方法并不要求额外的标准化，也包含在 LTE Release 9 中：

- RF 指纹识别（RF Fingerprinting）是一种通过将从 UE 获得的 RF 测量值映射到一个 RF 图上来发现用户位置的方法，这里的 RF 图通常是基于仔细的 RF 预测和场地勘测的结果。
- AECID，一种通过扩展所用无线电属性的数量，从而来加强 RF 指纹识别性能的方法。其中，除了接收到的信号强度外，至少还可以使用 CID、时间提前量、RSTD 和 AoA。对应的数据库也将通过收集高精度 OTDOA 和 A‐GNSS 位置信息而自动建立，并标记上测量的无线电属性。
- 混合定位，一种组合了不同定位方法所使用的测量方法和/或不同方法结果的技术。

上行 TDOA（Uplink TDOA，UTDOA），OTDOA 的一个上行可选方法，在 LTE Release 11 被标准化。UTDOA 利用上行的到达时间（Time of Arrival，ToA）或在多个接收点所执行的 TDOA 测量。该测量方法将基于探测参考信号（Sounding Reference Signals，SRSs）。

对于某些环境来说，通过测量无线信号来定位是非常具有挑战性的。可选的方法，如增强的近似位置，可以作为基于 CID 的方法的补充来优化定位结果。一个近似的方法，如可以利用探测到的网络或无线设备集合的知识。因为与一个小区或网络节点相关的公民地址（civic address）信息对于个人或对于 PSAP 的本地格式而言，都是可以理解的，一个近似方法便可使用该信息来取代地理坐标。

CID 是最快的可用测量方法，且是免费的定位方法，它依靠服务小区的小区 ID——典型的可得信息——以及与该小区相关的位置，但是它的精确性取决于服务小区的大小。A‐GNSS，包括 A‐GPS，在卫星友好的环境中是最精确的定位方法。最精确的陆地定位方法是 OTDOA，该方法对 eNodeB 或信标设备等无线节点所传输的定位参考信号进行下行测量。OTDOA 和 A‐GNSS 在大多数蜂窝网络和大部分典型环境中提供高精确度的定位。假设使用了增强的 UL 接收端，UTDOA 的性能在某些 UL 覆盖不受限的部署场景中可能达到与 OTDOA 相同的效果。这里，为了在有挑战性的无线环境下提升定位性能，以上这些方法可以互相补充使用，如采用混合定位、近似位置，以及有中等精确度的新的定位方法，包括 AoA、RF 指纹识别和 AECID。请注意，ARCID 方法使用一个比 RF 指纹识别更广泛的测量集合——包括如时间测量——意味着 AECID 极少受到环境限制。未来，随着网络变得更加密集，近似方法的作用将会变得很重要。

13.4　定位报告格式

7 种定位报告格式，每一个都与一个地理区域描述模型（Geographical Area Description，GAD）相关，这些格式在 LTE、UMTS 和 GSM 中都提供了支持。所有这 7 种格式都可以被用于定位，尽管某些格式通常会与特定的定位方法有关。

13.5　EPS 定位实体和接口

本节对 EPS 定位相关的节点和接口提供进一步的详细描述，这些节点和接口如图 13‐1 所示。

1. GMLC

GMLC（网关移动位置中心）是外部 LCS 客户端在一个移动网络中访问的第一个节点。GMLC 可能从 HSS 处请求路由信息。它支持对定位请求和回复的路由。GMLC 还执行认证并检查用户的隐私档案。

- "请求 GMLC（Requesting GMLC）"是一个从 LCS 客户端接收请求的 GMLC。
- "访问 GMLC（Visited GMLC）"是与目标移动设备的当前服务节点相连的 GMLC。
- "家乡 GMLC（Home GMLC）"是位于目标移动设备的家乡 PLMN 的 GMLC，该 GMLC 负责控制目标移动设备的隐私检查。

2. E – SMLC

增强服务移动位置中心（Enhanced Serving Mobile Location Center，E – SMLC）支持 LCS 服务功能和附着在 LTE 网络的 UE 的坐标定位。E – SMLC 计算最终位置和速度估计，并估计出所能达到的精确度。

3. SLP

SUPL 位置平台（SUPL Location Platform，SLP）支持用户面定位，并由开放移动联盟（Open Mobile Alliance，OMA）在 OMA AD SUPL 中进行定义："安全用户层位置架构（Secure User Plane Location Architecture）"。具体见参考文献。

4. Le 接口

Le 接口供外部应用（LSC 客户端）使用，用于发送位置请求给 GMLC。

5. SLg 接口

SLg 接口供 GMLC 使用，用于传送位置请求给 MME。该接口由 MME 来回传位置结果给 GMLC。

6. SLs 接口

SLs 是 MME 和 E – SMLC 之间的接口。SLs 接口用于在 MME 和 E – SMLC 之间传送位置请求和报告。它也被用于从 E – SMLC 到 eNodeB 隧道转发测量请求。

7. LTE 定位协议（LPP）

LPP 是 UE 和定位服务器（在控制面场景下的 E – SMLC 或在用户面场景下的 SLP）之间的一个协议。LPP 同时支持将控制面和用户面的协议作为底层传输协议。例如，3GPP 在 3GPP TS 36.305 中规范了在控制面 LPP 的使用。用户面对 LPP 的支持是在 OMA SUPL2.0 规范文档中进行定义的。LPP 支持与定位和位置相关的服务（如传输辅助数据）。

LPP 消息作为透明的 PDU，采用适当的协议通过中间网络接口进行传输。LPP 协议旨在使用多种不同的定位方法为 LTE 提供定位，而将任何一种特定定位方法的细节从底层传输的规范中隔离开来。

LPP 支持混合定位方法，其中可以同时使用两种或两种以上的定位方法来提供测量结果和/或一个或多个位置估计给服务器。

LPP 在 3GPP TS 36.355 中进行了详细定义。

8. LTE 定位协议附属协议（LPPa）

LPPa 承载 eNodeB 和 E – SMLC 之间的信息。LPPa 协议对于 MME 而言是透明的。MME 为 LPPa 消息充当一个路由器的功能，而无须了解 LPPa 事务的具体内容。

LPPa 在 3GPP TS 36.455 中进行了详细定义。

13.6 定位过程

图 13-2 概括了控制面定位过程，其中一个移动网络的外部应用请求了一个目标 UE 的位置信息。

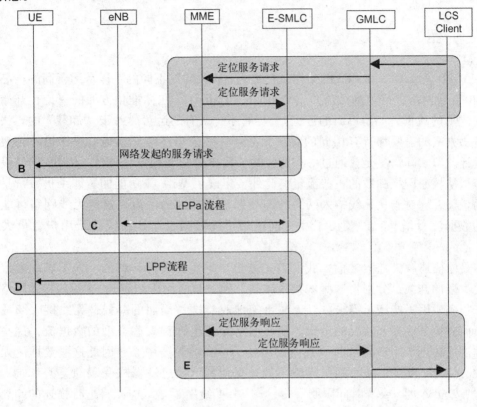

图 13-2 EPS 定位过程

A）一个外部 LCS 客户端请求一个目标 UE 的当前位置，可选地还会请求其速度。LCS 客户端还可以请求一个特定的定位 QoS。GMLC 为 LCS 客户端提供授权。GMLC 向 HSS 进行查询，以提供目标 UE 的 MME 地址，并转发该消息给 MME。

B）如果目标 UE 处于空闲状态，则 MME 执行网络初始服务请求过程（Network Initiated Service Request）来和 UE 建立连接。这意味着 MME 呼叫 UE，并当 UE 回应时，表明在 UE 和 MME 之间建立起了一个信令连接。此外，可以通知用户已经请求了 UE 定位，用户可能需要确认该定位是被允许的。

C）取决于请求定位 QoS 以及 eNodeB 的支持能力，E－SMLC 可以对 eNodeB 启动一个 LPPa 定位过程。LPPa 过程支持为 E－CID 定位方法获得定位测量或为 OTDOA 方法获得辅助数据的机制。

D）除了步骤 C，或与步骤 C 所不同的，E－SMLC 可以为 UE 启动 LPP 过程。LPP 过程支持为了获得一个位置估计或定位测量结果，以及传输位置辅助数据给 UE 的机制。

E）E－SMLC 提供一个位置服务应答给 MME，之后 MME 将传输该应答转发给 GMLC。GM-LC 检查用户的隐私档案是否是符合要求的，并将应答转发给请求定位的应用或 LCS 客户端。

第14章 卸载功能和同时多接入

14.1 介绍

在3GPP完成LTE和EPS的架构工作之后,有关通过不同的手段从运营商的核心网络或3GPP无线网络进行"卸载流量(Offloading Traffic)"在标准化方面的讨论也开始日益成形(这里的流量,如用户面的数据)。尽管不是所有的运营商对于"卸载"的想法和标准化解决方案的需要都持有相同的看法,甚至一些公司还很积极地着手于另一轮架构的重新设计。但实际情况是,通过一些智能的、简单的配置和设计方法,GPRS已经设计得可以容纳从核心网络卸载的一些流量。此外,集成了Wi-Fi功能的智能手机数量呈现爆炸式的增长,这对于从无线接入网络的卸载提供了额外的手段,这些无线网络可能面临巨大的数据流量增长,以及由于社交网络用户的习惯,总是在线活跃用户数量大幅度增长。

在具体描述解决方案之前,我们首先分析一下需要进行卸载的一些需求。大致有两种主要类型的卸载,分别为"无线接入卸载"和"核心网络卸载"。在无线接入网络的容量由于很多原因不能满足需求,且无法迅速地改善这种局面的时候,无线接入卸载可以使运营商避免某些拥塞状况的出现。核心网络卸载是针对某些类型的数据流,这些类型的数据流更接近于用户的当前位置而远离处于中央的服务中心,因此这些数据流无须传递到中心位置。此外,核心网络卸载不能是任何特定的过滤器或受限的类型,如"子接入块""安全交付"或"时间限制"等。图14-1给出了本章中即将进行描述的卸载的不同场景。

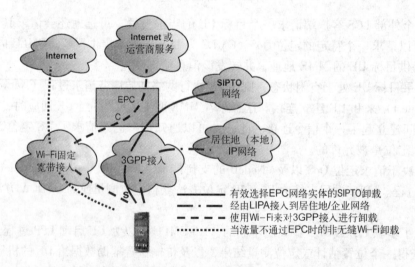

图 14-1 卸载场景

238

14.2　3GPP 无线接入网络卸载——同时多接入

当运营商希望从无线接入网络（如 2G、3G 和 LTE）中卸载用户时，无线局域网卸载是一种常用的选择。正如本书之前章节所描述的，自从 Release 8 以来，EPC 就支持与 Wi – Fi 的交互和移动性。然而，在版本 8 中的假设是，如果支持移动性和会话连续性，则在一个特定的时刻，终端只能活跃在一个接入方式上，如 3GPP 接入或 Wi – Fi 接入。Release 8 架构中的另一个假设是，当终端通过 Wi – Fi 连接时，总是通过 EPC 中的 PDN GW 来路由流量（由于之前所述的功能支持的假设）。尽管一个终端可以提供不经由 EPC 的连接而接入 Wi – Fi，但是在 3GPP 中没有定义这种情况下的场景和需求。然而从 Release 10 开始，3GPP 定义了以双无线（一种是 3GPP 接入，另外一种是非 3GPP 接入）的形式同时在多种接入上进行连接的机制。在 Release 10 中，3GPP 还定义了对通过 Wi – Fi 进行连接的显式支持，即流量从 Wi – Fi 接入直接路由出去，而不通过 EPC 中的 PDN GW。以下提供了几种在多接入上同时连接性的组合。

- 多接入 PDN 连接性（Multi – access PDN connectivity，MAPCON）：它是指在 3GPP（2G/3G/LTE）接入下有一个（或多个）PDN 连接，并且在非 3GPP 接入下有一个（或多个）PDN 连接。对于每个 PDN 连接，也都支持在 3GPP 和非 3GPP 接入之间的移动性。
- IP 流移动性（IP Flow Mobility，IFOM）：它是指同时在 3GPP 接入和 WLAN 接入两者之上只有一个 PDN 连接，并且基于每个 IP 流来选择在哪一个接入上路由数据流。要求支持 3GPP 和 WLAN 无线接入之间 IP 流的无缝移动。
- 非无缝 WLAN 卸载（None – Seamless WLAN Offloading，NSWO）：它支持不通过 EPC，而在 WLAN 上路由数据流。这时，它不支持 3GPP 接入的移动性（IP 会话连续性）。

如果运营商希望从 3G/4G 接入网络卸载流量，那么 MAPCON 和 IFOM 这两种方法会得到青睐，因为运营商保持了对用户的控制，并且能够通过网络和服务域来提供自己的服务。

然而，正如接下来所讨论的，迄今为止 IFOM 仍不是这样的一种具有吸引力的选择，这是因为它紧密耦合于基于终端的移动性协议 DSMIPv6。

NSWO 机制可能对于在一般的 Internet 接入情况下是有用的。然而，一旦流量直接导向 NSWO，那么流量将不再处于 3GPP 运营商的直接控制之下。

正如第 6 章所描述的，如果支持接入网络发现和选择功能（Access Network Discovery and Selection Function，ANDSF），则可以用来控制流量去往不同的接入，并且相应地，还可以引导一种可能的卸载机制。

14.2.1　多接入 PDN 连接性（MAPCON）

在 MAPCON 情况下，一个 UE 具有同时的双无线连接，其中一个在 3GPP 定义的无线接入中，如 HSP 或 LTE，另外一个在 WLAN 中。该 UE 也可以经由运营商的核心网络（EPC），连接到位于不同接入网络中的不同的 PDN 连接。在这种情况下，对于这两种接入，用户拥有到同一个运营商的订阅。UE 也被配置为支持 MAPCON（如通过 ANDSF ISRP 配置策略）的。

这两种到不同 APN 的不同的 PDN 连接彼此之间是相互独立的，且允许运营商和用户进行流量卸载，如通过一个接入网络来下载大规模的数据，但这不影响用户通过另一个接入网络来获取的其他服务。如图 14-2 所示，给出了这样的示例，终端同时通过两种不同的接入网络（3GPP 和 non-3GPP）连接到 EPC 中两个不同的 PDN GW。在不同接入中的 APN 在 MAPCON 中必须有所区别。如果 UE 具有到同一个 APN 的多个 PDN 连接，那么这些 PDN 连接就必须在同一个接入之上。如果用户从其中一个 PDN 连接切换到另外一个，则到该 APN 的其他 PDN 连接也必须进行切换。

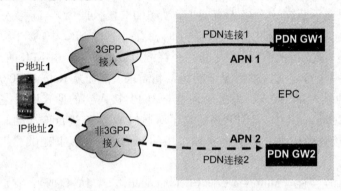

图 14-2 多接入 PDN 连接性的示例场景

14.2.2 IP 流移动性（IFOM）

在 IFOM（IP Flow Mobility）场景中，可以基于如大数据量驱动的应用（如从 Internet 的视频下载）等类似的原因，考虑将部分 IP 流进行卸载。当终端支持和配置了 IFOM 时（如通过 ANDSF ISRP 策略），UE 则可以在多个接入下使用一个单独的 PDN 连接，该 PDN 连接的某些 IP 流可以直接承载在一个接入（如 3GPP 定义的无线接入技术，如 HSPA 和 LTE）上，而其他的 IP 流直接承载在 WLAN 上。图 14-3 和图 14-4 举例说明了同时使用多个接入网络来承载在 UE 上使用的多个不同的应用对应的一个连接。这些 IP 流可能属于一个单独的应用或不同的应用，并且在实现流移动性和连接性方面没有任何技术限制。对于迁移 3GPP 接入和 WLAN 接入之间个别的 IP 流的移动性支持也包含在 IFOM 解决方案中。

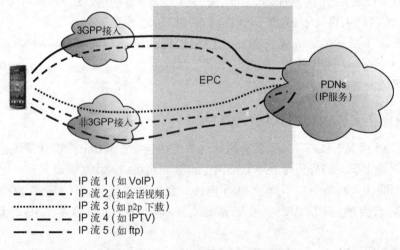

图 14-3 IP 流移动性的用例举例

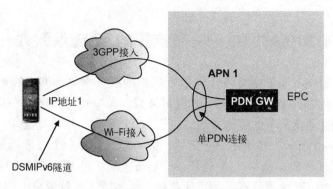

图 14-4　多接入单 PDN 连接的 IFOM 解决方案

　　IFOM 解决方案需要某些架构方面的考虑，从而确保无论使用哪种接入技术来传递数据，所有的 IP 流都经过同一个 PDN GW。在这种情况下，终端用于 PDN 连接的 IP 地址必须是相同的，并且，因使用两种不同的接入网络而带来的有可能应用影响（如可能的时差和质量）而产生的任何可能的用户体验方面的处理需要留给应用层来进行解决。IFOM 需要一种基于 DSMIPv6 的解决方案（如架构的 S2c 接口）。DSMIPv6 协议用于信令通知终端和 PDN GW 之间的 IP 过滤器，从而决定哪些 IP 流走哪个接入网络。更多的实现细节可参考 16.3.6 节。在如 GTP 和 PMIP 等基于网络的移动协议中，支持如 IFOM 功能尚在 3GPP 的进一步研究中。

14.2.3　非无缝 WLAN 卸载（NSWO）

　　在 NSMO（Non-seamless WLAN Offloading）场景中，UE 通过 WLAN 进行连接，数据流从 WLAN 网络直接路由到目标网络（通常为 Internet）。流量不需要经过 EPC 中的 PDN GW。在 TS 23.402 中定义的方式是，UE 从 WLAN 网络中获得一个本地 IP 地址。因此，该 IP 地址是与 PDN 连接无关的，且不是由 PDN GW 所分配的。图 14-5 说明了 NSWO 的使用。

图 14-5　非无缝 WLAN 卸载

　　正如其名字"非无缝 WLAN 卸载"所显示的，当从 WLAN 移动到 3GPP 接入时，NSWO 不提供移动性（IP 会话连续性）支持。WLAN 接入中所使用的本地 IP 地址并不是由一个锚点（如 PDN GW）来维护的。因此，在移动到另外一种接入时，在 NSWO 方案上所运行的服务会经历 IP 地址的改变。

　　UE 可以使用非无缝 WLAN 卸载，并同时在 3GPP 中拥有一个激活的 PDN 连接。此外，UE 也可以使用非无缝 WLAN 卸载，并同时在 WLAN 上拥有一个激活的 PDN 连接。当使用 s2b 或 s2c 在 WLAN 上经由 EPC 进行连接时，UE 既有从 WLAN 接入网络收到的一个本地 IP 地址，还有从关联于 PDN 连接的 PDN GW 收到的 IP 地址。这在第 6 章中有所描述（会话管理和移动性）。

14.3　卸载核心和传输网络——有选择的 IP 流量卸载（SIPTO）

在卸载运营商的核心和传输网络（包括到集中的服务网络而非必须靠近用户当前位置的互连基础设施）的事件中，有选择的 IP 流量卸载（Selected IP Traffic Offload，SIPTP）是一个具有吸引力的且非常简单的可选方法。对于 3GPP 接入，是通过选择一个 PDN GW 来加以实现的，如图 14-6 所示，基于用户的位置，给物理上位于一个靠近指定用户位置的特定 APN 选择 PDN GW（和 Serving GW）。选择一个物理上靠近的 PDN 网关的目的所在，是为了在 UE 的基站和 PDN GW 之间具有一个短的路径，从而能够有效地路由用户数据。当 UE 移动到离所选择的 PDN GW 服务位置足够远时，该 PDN GW 可能不再位于最优位置。这种情况下，MME 可以请求 UE 从当前 PDN 断开，并重新激活一个 PDN 连接，从而给网络连接到另一个更靠近用户最新位置的 PDN GW 的机会。

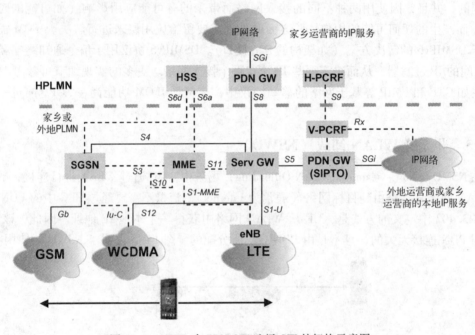

图 14-6　SIPTO 中 PDN GW 选择 GW 的架构示意图

最初主要关注于宏网络中，SIPTO 利用现有的 3GPP 网关选择功能以及为了具有该特定功能而增强的 UE 重定向/重连接机制。很容易想象，SIPTO 是基于用户订阅和期望接入的服务类型而作为本地疏导的一种特殊类型。机制之外的基本原理包括：基于用户的当前位置信息（如 TA 和 RA），使得能够对一个给定的 APN 选择 PDN 网关（当需要时还包括 Serving GW），除了标准准则之外的内容，已经在第 9 章中进行了介绍。

APN 可以不由 UE 提供。如果不是由 UE 提供，则 MME/SGSN 通过检索从 HSS 下载的用户配置文件来选择作为其中部分的默认的 APN。APN 指示了用户想要连接的 PDN（如服务网络、互联网和如 IMS 等特定的服务域）的类型。

作为从 HSS 获得的订阅数据部分而提供的 APN 文件，包括每个 APN 一个的指示，即 SIPTP 是允许还是禁止，这样运营商就可以控制是否提供基于 SIPTO 的卸载。此外，这个简单的基于文件的控制机制也使得避免任何数据的错误路由或到 Internet 的错误链接成为可能。对于需要应用限制（如家长控制、针对内容控制/站点控制的专用过滤）的场景中，这一点尤其重要。

对于漫游场景，如果 VPLMN 运营商不希望提供到其本地 PDN GW 的连接，或漫游协定需要执行家乡路由，则 SIPTO 会带来一些问题。因此，本地网络的 MME/SGSN 专门配置为允许或不允许 SIPTO 选择，甚至在检查用户的签约数据之前就设置。

3GPP TS 23.401 和 3GPP TS 29.303 规范（GW 选择的 DNS 流程）不仅提供了 SIPTO 如何通过增强的 DNS 机制来进行实现的细节，也具体提供了订阅数据以及 APN 层面的额外配置如何允许运营商控制 SIPTO、如何进行传递以及传递给谁。SIPTO 功能对于在网络中所应用的是基于 GTP 的移动性还是基于 PMIP 的移动性并没有任何影响。

图 14-7 给出了一个简单的示例。如步骤 1～2 所示，一个用户同时具有 SIPTO PDN 和其他 PDN 的连接（即不服从于 SIPTO），当在两个 LTE 接入网络间移动时，始终保持着连接。当终端移动到一个 UTRAN 接入网络时，SIPTO PDN 连接可以更好地被本地 PDN GW 服务，并且可以通过一个更接近于 UTRAN 接入网络的 Serving GW 来更好地优化 Serving GW。系统内部切换确保了这两个 PDN 连接都通过基于 S1 的切换以及 MME 和 Serving GW 改变而切换到新的服务网关。切换完成后，SGSN 触发一个 PDN 断开请求来重新激活到 UE 的连接。UE 按照这个请求，然后通过一个新的 PDN GW 为 SIPTO PDN 建立了一个新的 PDN 连接。

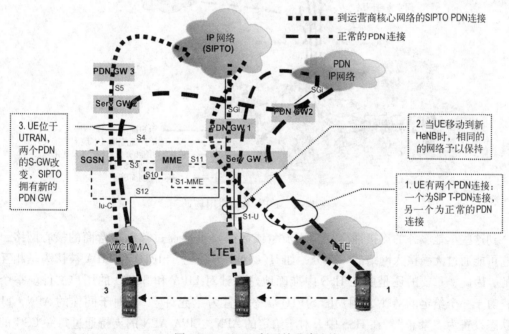

图 14-7　SIPTO 断开并重建连接

当用户连接着 PDN 网关，并且可能正在发送或接收数据时，不应该执行 UE 的重连和 PDN GW 的重新选择。这是因为对于正在使用应用的终端用户来说，很显然会带来不好的体验。使得到一个 APN 的处于激活态的 PDN 连接失效，以及在发给终端的断开请求中，添加请求来再次激活到相同的 APN 的连接，是属于一个现有的 GPRS 功能，并且也被添加到

LTE/EPC 系统。SIPTO 的主要优点之一是，其明确规定了运营商可以激活/部署这些内容，而无须担心终端支持的问题，因为现有的终端应该已经具有了必要的功能支持。SIPTO 对于设备无任何新功能要求。

14.4 到本地网络的访问 ——本地 IP 访问（LIPA）

由于缺乏运营商团体强有力的支持，LIPA（Local IP Access，本地 IP 访问）支持的发展在 3GPP 中经历了许多曲折。在 3GPP Release 10 中，本地 IP 访问功能的初始关注点是为了方便访问如打印机等设备和由 H(e)NB 服务的家庭区域中的其他设备所提供的服务。由于 LIPA 更是一个针对终端用户的服务（与 SIPTO 相比，SIPTO 是一个运营商驱动的功能），因此本质上 H(e)NB 很可能是属于同一个人的，该人也同时接入其他本地设备，这就需要一个特定的 APN 来指示一个到连接本地 IP 接入所连接的服务的显示用户请求。类似于 SIPTO，LIPA 的使用可以由运营商通过在 HSS 的用户签约信息中，针对每个 APN 的 LIPA 授权配置来进行控制。LIPA 的一种典型应用场景如图 14-8 所示。

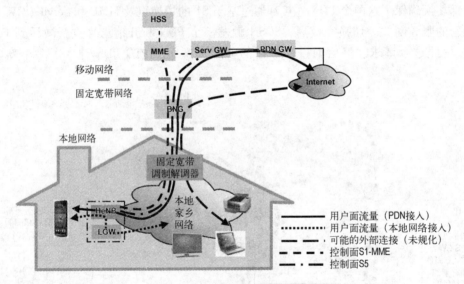

图 14-8 LIPA 典型应用场景

到这些本地服务的连接性（用户面流量或数据）不会通过移动运营商的核心网络，尽管它可能通过无线接入网络的一部分，如 H(e)NB 子系统。SIPTO 和 LIPA 被认为是相互排斥的，因此，重要的还是要在 HSS 中准确地建立针对 LIPA 和 SIPTO 的用户文件。举个例子，对于一个给定的 APN，用户的 SIPTO 状态设置为"允许"，而对于同样的 APN，LIPA 的状态设置为"禁止"。在 HSS 中，对于给定的 APN，LIPA APN 的支持通过每一 CSG 的订阅信息来进行指示。对于一个或多个 APN，LIPA 可以作为"有条件的（conditional）"而得到支持，即当 UE 使用特定的 CSG 时，这个（或这些）APN 可以授权给 LIPA 服务。但在缺少 LIPA 支持的情况下，配置为"conditional"LIPA APN 的 APN 仍然支持使用非 LIPA PDN 连接的连接。可以通过对特定的 CSG 设置 LIPA APN 的 HSS 文件，来对该 LIPA APN 进行显式禁止。

由于服务的本地特性（没有连接到 Internet 的本地设备，除了到打印机等设备的连接性之外，不提供任何扩展服务）可以有效地提供网络运营商之外的服务，在一定程度上可以对网络架构的选择进行简化。所以，关注点就变成了一个简化的机制用来提供连接性，有可能只提供有限的网络功能，而排除那些更高级的网络功能，如 QoS、多承载支持、到/从其他 H(e)NB 或宏接入网络的移动性、计费、合法拦截，以及任何特定的安全机制等。同时，这也就决定了当用户连接到 LIPA PDN 时，没有必要从 PDN 连接连接到运营商网络。因此，在这里要明确告诉读者的是，LIPA 特性是针对小小区部署场景的，如 H(e)NB。对于最终形成的 LI-PA 架构的决定性特征是，一个本地的网关（Local GW，L - GW）与 H(e)NB 节点位于相同的位置。LIPA 的参考架构如图 14-9 所示。

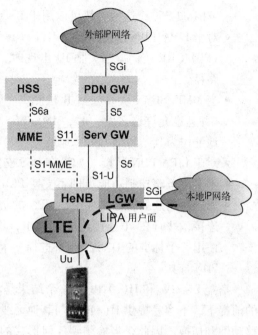

图 14-9　LIPA 参考架构

L - GW 中需要支持的功能取决于 LIPA PDN 连接支持的功能。正如前面已经提到的，对于 LIPA PDN 而言，不需要支持一些关键功能。因此，L - GW 也只需要支持以下主要功能：

- UEIP 地址分配。
- DHCPv4（服务器和客户端）和 DHCPv6（客户端和服务器）功能。
- 分组筛选。
- IPv6 的邻居发现（RFC 4861）。

此外，由于 L - GW 的本地连接的性质和与 H(e)NB 共存的特性，L - GW 需要支持以下一些额外的功能：

- ECM - Idle 模式下的下行分组缓存。当 UE 处于空闲模式，且有下行数据发送给 UE 时，该功能使得触发到 UE 的寻呼成为可能。L - GW 缓存数据直到这些数据可以被传递或被丢弃为止。
- ECM - Connected 模式下到 H(e)NB 直接隧道。该功能支持到本地的网络的连接而无须通过运营商网络。

建立普通的 PDN 连接与建立 LIPA PDN 连接相比，存在一些关键性的区别，具体描述如下：

- 对于用户希望连接从而获得 LIPA 服务以及根据 CSG 订阅允许访问的特定的 APN，在用户的订阅文件中，其 LIPA 状态必须为 "allowed" 或 "conditional"。
- LIPA 支持限于某些 APN，并且每个支持 LIPA 的 APN 只对某个特定的 CSG 有效。
- 在附着和 PDN 连接请求过程中，UE 必须显式要求 LIPA APN。
- 在 S1 - AP 的建立过程中，具有 LIPA 功能的 H(e)NB 向 MME/SGSN 指示其对 LIPA 的支持、L - GW 的 IP 地址、TEID（对于 GTP - based S5）和 GRE 密钥（对于 PMIP

– based S5），这些参数可以用于 L – GW 来支持 PDN 的用户面连接。

- 对于 LIPA PDN 连接，支持 H(e)NB 和 L – GW 之间直接的用户面连接的关联 ID 使用 TEID/GRE 密钥。当关联 ID 出现时，H(e)NB 建立一个到 L – GW 的直接的用户面路径。
- 当 MME/SGSN 从 H(e)NB 检测 L – GW 信息，且 UE 发起一个到 LIPA APN 的请求（并且也允许这么做）时，MME/SGSN 会绕过 PDN GW 选择过程，并使用 L – GW IP 地址作为其"PDN GW"地址。
- 对于 LIPA PDN 连接（如没有 QoS 支持）只能有一个单独的承载（如默认）。
- 不支持策略控制功能（即不支持 PCRF）。
- 如果在用户的配置文件中，LIPA 的状态为"conditional"，则 UE 请求到 LIPA APN 的连接，并且在 s1 连接建立过程中，H(e)NB 不提供 L – GW 信息。那么 MME/SGSN 使用一个标准的 DNS 机制来选择一个可供选择的（非 LIPA）PDN GW 来建立非 LIPA PDN 连接。

搭配 L – GW 和 H(e)NB 的一个结果是，在维持 LIPA 架构而对网络本身没有显著影响的前提下，不容易提供 H(e)NB 与其他无线接入网络（无论是否由 3GPP 定义）之间的无缝移动性和切换。因此，当检测到任何形式的移动、切换或系统变化时，当前系统确保 LIPA PDN 连接可以由 H(e)NB 平滑地断开。

由于一些运营商从运营商控制和责任的角度来考虑 LIPA/HeNB 部署的"不安全（unsecure）"的性质，只要运营商的网络实体（如 MME/SGSN）有可能负责用户的移动性，则将确保在 UE 位置相对于当前服务的 HeNB 有任何变化之前，会使任何 LIPA PDN 连接都处于失效状态。

需要注意的是，在 HNB 场景中，由于不会通知 SGSN 有关 UE 位置改变的信息，因此不可能确保 LIPA PDN 连接已经断开。然而，对于 HeNB 架构，则并非如此，因为 MME 知晓 UE 位置的改变，尽管是在事件的不同部分，如路径切换消息（Path Switch Message），可以确认没有 LIPA PDN 连接仍然保持连接状态，这些将在第 17 章中进行更为详细的描述。

图 14–10 和 14–11 给出了有关 UE 移出 HeNB 和 L – GW 组合覆盖区域的两个场景。图 14–10 给出的是 PDN 连接仍然保留在 EPC 中，图 14–11 给出的是 SIPTO PDN 连接在完成切换后断开连接，并且 SGSN 检测到一个本地的 Serving GW/PDN GW 将更好地服务于 UE。

对于 CS 回退和 LIPA PDN 连接的一个额外的限制是，如果 LIPA PDN 是终端的唯一 PDN 连接，那么 CS 回退不应该使用 PS 切换过程，因为这将导致 UE 脱离系统。所以，在这些情况下，其他的替代方案，如"重定向释放（Release with Redirect）"机制，可以被 CS 回退用来将 UE 引向一个合适的 CS 域。

在这本书的编写过程中，3GPP 推迟了关于扩展现有 LIPA 架构的下一步工作，该工作将提供对移动性/切换、QoS 和支持对网关不进行预配置的更大的灵活性（从而能够支持负载均衡等功能）等的支持。然而，技术研究已经表明，可以通过不太复杂地增强现有的 3GPP 架构，从而支持一个架构不仅依赖于 HeNB，而且还包括任何在校园/企业/办公室环境中的小小区。

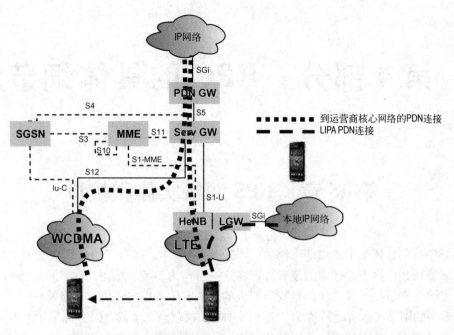

图 14-10　在切换到 UTRAN 后，当只有经过运营商核心网络的
PDN 连接得以保留时，LIPA PDN 连接才终止

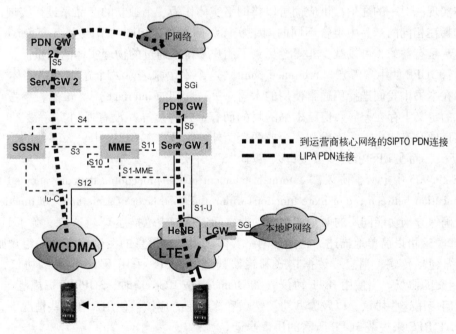

图 14-11　在切换到 UTRAN 后，当只有经过运营商核心网络的（重新建立的）
SIPTO PDN 连接得以保留时，LIPA PDN 连接才终止

第4部分　EPC 的具体细节

第15章　EPS 网络实体和接口

本章中我们将详细描述用于 EPS 的不同的网络实体、接口、协议以及流程，希望获得比前面章节所述内容更为详细的读者可以将这一章作为参考。然而，在实际阐述本章内容之前，有必要先来看一下究竟什么是我们所说的网络实体、接口、协议以及流程。

EPS 中的网络实体有时被称为"逻辑实体"，这就意味着在 3GPP 标准中它是一个具有明确功能且逻辑上独立的实体。不同的网络实体之间也存在定义明确的接口。然而，在标准中，这并不意味着，由供应商实现的和在实际网络中部署的真实的物理"盒子"必须与网络实体实现一对一的通信。供应商可以将网络实体作为一个独立的产品来进行实现，或者也可以选择在相同的产品中组合不同的网络实体。例如，在相同的节点上组合 Serving GW 和 PDN GW 是有益的，可以减少非漫游场景下用户不得不通过的物理实体的数量。

尽管 3GPP 使用参考点（reference point）这个术语来表示两个逻辑网络实体之间的关联，但在本书中我们选择更通常使用的术语——"接口（interface）"。虽然，参考点和接口在正式的定义上存在差异，但就本书的目的而言，这种差异并没有任何实际意义。在 3GPP 中，接口通常有一个前缀字母和一个或两个额外的字母。在 GPRS 中，大多数的接口以字母"G"开头，而在 EPS 中大多数接口以字母"S"开头。

TS 29.905 中定义了协议"A formal statement of the procedures that are adopted to ensure communication between two or more functions within the same layer of a hierarchy of functions（注：采用于确保异构功能同层的两个或更多功能之间通信的规范描述）"。这定义源于 ITU – T 文档 I.112。这可以简单地描述为，两个网络实体之间发送信息的明确定义的一组规则。这些规则通常包括传输、消息、数据格式和错误处理等。EPS 采用 IETF 定义的协议，以及由3GPP 定义的协议。当使用 IETF 协议（如 Diameter 或 IPSec）时，3GPP 负责规范在 3GPP 架构中如何应用这些协议，以及哪些协议选项和修订是否应该被使用。在某些情况下，会产生新的 IETF RFC 来规范 3GPP 所需的协议修订。

值得注意的是，在协议和接口之间没有一对一的映射关系。同一协议可以用于多个接口，多个协议也可以用于同一接口。当然，后者的一个明显的例子是不同的协议用于在协议栈的不同层。另一个例子是，S5/S8 接口支持两种协议选择，即 PMIP 和 GTP，来实现类似的功能。也可能在一个接口上使用不同的协议来实现不同的功能。例如，在 S2C 接口上，IKEv2 可用于建立安全关联（Security Association，SA），而 DSMIPv6 则用于移动性的目的。

EPS 是一个"全 IP（all – IP）"的系统，在 EPS 中所有的协议都是通过 IP 网络进行传输的。这区别于原有的 GPRS 标准。在 GPRS 系统中，一些接口支持的协议基于如 ATM 和 7 号信令系统（Singaling System No. 7, SS7）等。

　　尽管在 EPS 架构中有大量的接口，但在这些接口上所支持的协议可以组合为相对小数量的组。图 15-1 给出了 EPS 中的一些最为重要的协议和由协议类型进行组合的接口。应当注意的是，在一些情况下，在给定的接口上可以支持多个协议。

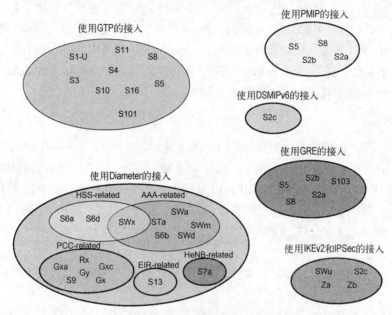

图 15-1　EPS 中的关键协议和接口

　　流程，即消息流，定义了以实现一个功能的命令和消息如何在网络实体间传输（例如，两个基站之间的切换）。值得注意的是，在第 17 章中所描述的流程中所显示的消息和信息内容没有必要一对一对应实际的协议消息。例如，信息流中不同名称的消息可以用相同的协议消息来实现（反之亦然）。另一个例子是，在定义实际的协议域时，将不同的逻辑信息元素可以组合成一个单独的参数。

　　本章首先对 EPS 网络实体进行简要的综述。然后描述 EPS 接口，会对每一个接口上支持的功能和所使用的协议进行综述。第 16 章中描述的协议，旨在对 EPS 中使用什么样的协议以及它们的基本特性进行了基本的综述。第 17 章将对 EPS 中所使用的规程提供简要的介绍。应该注意的是，不可能对 EPS 中存在的所有规程进行全面的描述。因此，我们选择其中的一些规程，通过对这些规程的描述，我们认为能给那些希望获得信息的读者们一个很好且完整的综述。有兴趣的读者也可以查阅 3GPP 技术规范 TS23. 060、TS23. 401 和 TS23. 402，以获得完整的描述。

15.1　网络实体

　　SAE 网络架构由一些不同的网络实体构成。在架构中，每个网络实体有着不同的作用。本节中包含以下节点：eNodeB、MME（Moblity Management Entity，移动管理实体）、Serving GW、PDN GW 和 PCRF。

15.1.1　eNodeB

eNodeB 为 LTE 提供无线接口和执行无线资源管理，包括无线承载控制、无线接入控制，以及对于个体用户的上行链路和下行链路的无线资源调度。eNodeB 还支持用户面数据的 IP 头标压缩和加密。eNodeB 通过一个称为 X2 的接口实现彼此的互连。X2 接口有多种用途，如切换。eNodeB 也通过 S1 接口连接到 EPC。S1 接口分为用户面和控制面。控制面的接口称为 S1 – MME，其终止于 MME。与此同时，S1 – U 接口用于处理用户面的流量，其终止于 Serving GW。S1 接口支持池化功能（pooling），即 eNodeB 和 MME 之间，以及 eNodeB 和 Serving GW 之间多对多的关系。S1 接口还支持网络共享，该功能使得运营商在维护自己的 EPC 网络的同时，还可以和其他运营商共享无线网络，即 eNodeB。

15.1.2　MME

从一个核心网的角度来看，MME 是 LTE 接入网控制的主要节点。在初始附着过程以及切换过程中，它为 UE 选择 Serving GW。如果有必要，那么在 LTE 网络间的切换也是如此。MME 负责空闲模式下 UE 的跟踪和寻呼，以及代表一个 UE 进行承载的激活和去激活。通过与 HSS 的交互，MME 负责认证终端用户。对于处于漫游的 UE，MME 中断到 UE 家乡 HSS 的 S6a 接口。MME 也确保 UE 具有可以使用运营商 PLMN 的授权，并执行 UE 可能具有的任何漫游限制。

此外，MME 提供 LTE 与 2G/3G 接入网之间移动性的控制面功能。S3 接口终止于来自 SGSN 的 MME。

MME 由 MME 选择功能进行选择。选择是基于网络拓扑，并取决于由哪个 MME 服务 UE 所在的特定位置。如果多个 MME 服务一个特定的区域，选择过程则基于不同的标准，如选择一个 MME 可以减少随后需要改变的可能，或可选地基于负载均衡的需求。在 9.2.3 节中已给出了 MME 选择功能的完整描述。

MME 还负责非接入层（Non – Access Stratum，NAS）信令，该信令终止于 MME。MME 还充当网络中的终止点，负责 NAS 信令安全、处理安全密钥的加密保护和管理。

MME 也处理相关信令的合法拦截（lawful intercept）。

15.1.3　Serving GW

Serving GW 可以同时执行基于 GTP 和基于 PMIP 的网络架构中的一些功能。Serving GW 可以终止于去往 E – UTRAN 间的接口；每个附着到 EPS 的 UE 都关联一个单独的 Serving GW。以和 MME 同样的方式，基于网络拓扑和 UE 位置来选择服务 UE 的 Serving GW。DNS 服务器可以用来解析服务 UE 位置的可能的 Serving GW 地址的 DNS 字符串。Serving GW 的选择受到如下标准的影响。第一，对于 Serving GW 的选择可基于这样一个事实，其服务区域可以降低在随后时间中需要改变 Serving GW 的必要性。其次，Serving GW 的选择可以基于不同 Serving GW 之间的负载均衡需求。第 9 章中已给出选择流程的完整描述。

一旦 UE 与 Serving GW 实现关联后，该 Serving GW 处理用户数据分组的转发，且当需要 eNodeB 间切换时，也充当本地锚点。在从 LTE 向其他 3GPP 接入技术的切换（到其他 3GPP 接入技术的 RAT 间切换）过程中，Serving GW 终止 S4 接口，并提供一个连接来转移来自 2G/3G 网络系统和 PDN GW 的流量。在 NodeB 之间和 RAT 之间的切换过程中，为了辅助 eNodeB 中的重排序 (reordering) 功能, Serving GW 向源 eNodeB、SGSN 或 RNC 发送一个或多个 "结束标记 (end - markers)"。

当 UE 处于空闲状态时, Serving GW 将终止数据的下行链路路径。如果新的分组到达, 则 Serving GW 触发到 UE 的寻呼过程。作为该功能中的部分, Serving GW 管理和存储与 UE 相关的信息, 例如, IP 承载服务参数或网络内的路由信息。

Serving GW 还负责复制在合法拦截情况下的用户流量。

15. 1. 4 PDN GW

PDN GW 为 UE 提供到外部 PDN 的连接性, 功能上作为 UE 数据流的入口和出口点。如果一个 UE 需要接入多于一个 PDN, 那么该 UE 就可以连接到多个 PDN GW。PDN GW 也为 UE 分配 IP 地址。这些 PDN GW 功能适用于基于 GTP 的和基于 PMIP 的 SAE 架构。在 6.1 节中对这方面已经有详细的涉及了。

当其作为一个网关时, PDN GW 可以执行深度包检测, 或执行在用户基础上的包过滤。通过流量监控和整形, PDN GW 也执行服务级的门控和速率增强。从 QoS 角度来看, PDN GW 也利用如 DS 码点 (DS Code Point) 来标记上行和下行的数据包。这在第 8 章中已有详细说明。

PDN GW 另一个关键的角色是作为 3GPP 和非 3GPP 技术之间移动性的锚点, 如在 Wi - Fi 和 3GPP2 (CDMA/HRPD) 之间。

15. 1. 5 PCRF

策略和计费规则功能 (Policy and Charging Rules Function, PCRF) 是 SAE 架构中的策略和计费控制实体, 包含策略控制决策和基于流的计费控制功能。这意味着, 它提供了针对 PCRF 的基于网络的有关服务数据流检测、门控、QoS 和基于流的计费的控制。然而, 应当指出的是, PCRF 不负责信用管理。

PCRF 从 AF (Application Function, 应用功能) 接收服务信息, 并决定 PCEF 对于一个特定服务的数据流怎样进行处理。PCRF 也确保了用户面流量的映射和处理是与关联于 UE 的订阅文件是一致的。PCRF 功能在 8.2 节中已有更为详细的描述。

15. 1. 6 家庭基站子系统和相关实体

家庭基站子系统 (Home eNodeB Subsystem, HeNS) 由一个家庭基站 (Home eNodeB, HeNB)、可选的家庭基站网关 (HeNB - GW) 和一个可选的本地网关 (L - GW) 构成。家庭基站子系统通过 S1 接口连接到 MME 和 Serving GW。

家庭基站是一个提供 E - UTRAN 覆盖的用户端设备。HeNB 支持与 eNodeB 相同的功能, 并支持与 eNodeB 到 MME 和 Serving GW 一样的流程。在具有相同的 CSG ID 或目标 HeNB 是开放接入的 HeNB 的关闭的/混合的接入的 HeNB 之间, 允许 HeNB 之间的基于 X2 的切换。

HeNB - GW 是一个可选的网关, 通过此网关家庭基站接入核心网。HeNB - GW 作为一个个控制层的集中器, 尤其是 S1 - MME 接口。从家庭基站的 S1 - U 接口可能在家庭基站网关处终止, 或可以使用家庭基站和 S - GW 之间一个直接的逻辑用户面 (U - plane) 连接。HeNB 在 MME 看来表现为一个 eNB。无论 HeNB 是否通过 HeNB GW 连接到 EPC, 在 HeNB 和 EPC 之间的 S1 接口都是相同的。

L-GW 是一个到本地 IP 网络（如住宅/企业网络）的与 HeNodeB 相关联的网关。Local GW 与家庭基站位于同一个区域。

1. CSG 列表服务器

CSG 列表服务器使用 OTA（Over The Air）流程或者 OMA DM 流程等管理流程来提供 UE 上允许的 CSG 列表和运营商 CSG 列表。CSG 列表服务器位于用户的家庭网络中。

2. CSG 用户服务器（CSS）

CSS 是一个位于外地网络（visited networks）的实体，该实体为漫游的 UE 保存和管理 CSG 订阅相关的信息。CSS 用来在外地网络中实现自动化的 CSG 漫游。基于来自 Serving MME 的请求，CSS 支持通过 S7a 接口下载 CSG 订阅信息。CSS 也支持服务供应，包括根据授予用户的 CSG 成员关系的更改来更新 MME。

15.2　UE、eNodeB 和 MME 的控制平面（S1-MME）

1. S1-MME 概述

如图 15-2 所示，E-UTRAN-Uu 接口定义于 UE 和 eNodeB 之间，S1-MME 接口定义于 eNodeB 和 MME 之间。

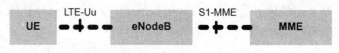

图 15-2　S1-MME 接口

如图 15-3 所示，在 HeNS 场景中，S1-MME 接口定义于 HeNB 和 MME 之间，以及 eNB、HeNB-GW 和 MME 之间。

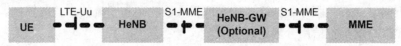

图 15-3　HeNB 和 HeNB-GW 的 S1-MME 接口

2. 接口功能

S1-MME 接口提供如寻呼、切换、UE 的上下文管理、E-RAB 管理以及 MME 和 UE 之间的消息的透明传输等功能的支持。

3. 协议

E-UTRAN-Uu 和 S1-MME 的协议栈如图 15-4 和图 15-5 所示。

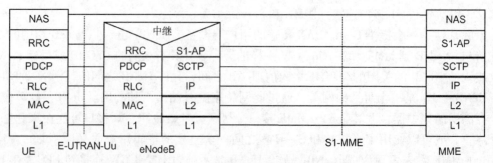

图 15-4　E-UTRAN 和 S1-MME 协议栈

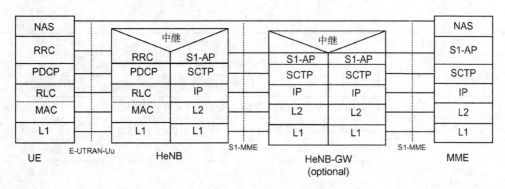

图 15-5　HeNodeB 和 HeNodeB-GW 的协议栈

从图 15-4 和图 15-5 中可以看出，NAS 协议直接运行于 UE 和 MME 之间，而于此同时 eNodeB 和 HeNS 只是作为透明中继（Transparent relay）。在 E-UTRAN-Uu 和 S1-MME 的 NAS 之下的协议层被称为接入层（Access Stratum，AS）。

E-UTRAN-Uu 上的 AS 层协议（RRC、PDCP、RLC、MAC 和物理 LTE 层）实现无线资源管理和通过 E-UTRAN-Uu 接口传递 NAS 消息来支持 NAS 协议。同样地，S1-MME 上的 AS 协议（S1-AP、SCTP、IP 等）实现寻呼、切换、UE 上下文管理、E-RAB 管理，以及 MME 和 eNodeB 和 HeNS 之间消息的透明传输等功能。S1-MME 接口在 3GPP TS 36.410 中进行了定义。

NAS 层由 EPS 移动性管理（EPS Mobility Management，EMM）协议和 EPS 的会话管理（EPS Session Management，ESM）协议组成。EMM 协议提供 NAS 协议移动和安全控制的流程。ESM 协议提供处理 EPS 承载上下文的流程。与 AS 层所提供的承载控制一起，该协议用于用户面承载的控制。NAS 协议在 3GPP TS24.301 中进行了定义。

15.3　基于 GTP 的接口

15.3.1　控制平面

更多关于 GPTv2-C 接口的流程和功能的详细信息可以参考技术规范 3GPP TS 23.401 和 23.060。

有关 GTPv2-C 协议控制面的详细的消息和参数在 3GPP TS29.274 中进行了定义。在编写本书的时候，该规范仍在完成中，因此可能还没有一套完整的功能。值得注意的是，传输层同时支持 IPv4 和 IPv6。

表 15-1 给出了使用 GTPv2-C 的各种接口所支持的一些消息。

表 15-1　使用 GTPv2-C 的各种接口所支持的消息

信 息 名 称	涉及的实体	接　　口
建立会话请求（响应）	SGSN/MME 到 Serving GW 到 PND GW（通过反向路径应答）	S4/S11，S5/S8
	可信 Wi-Fi 接入/ePGD 到 PDN GW	S2a/S2b
修改承载请求/响应	SGSN/MME 到 Serving GW 到 PDN GW（通过反向路径应答）	S4/S11，S5/S8

信息名称	涉及的实体	接口
建立承载请求/响应	PND GW 到 Serving GW 到 SGSN/MME（通过反向路径应答）	S5/S8，S4/S11
	PDN GW 到可信 Wi-Fi 接入/ePDG（通过反向路径应答）	S2a/S2b
更新承载请求/响应	PDN GW 到 Serving GW 到 SGSN/MME（通过反向路径应答）	S5/S8，S4/S11
	PDN GW 到可信 Wi-Fi 接入/ePDG（通过反向路径应答）	S2a/S2b
上下文请求/响应	MME 到 MME	S10
	SGSN 到/来自 MME	S3
	SGSN 到/来自 SGSN	S16
建立转发隧道请求	MME 到 Serving GW	S11
下行数据通知	Serving GW 到 SGSN/MME	S4/S11
去附着通知	SGSN 到 MME，MME 到 SGSN	S3
删除会话请求	SGSN/MME 到 Serving GW 到 PDN GW（通过反向路径应答）	S4/S11，S5/S8
	ePDG/可信 Wi-Fi 接入到 PDN GW（通过反向路径应答）	S2a/S2b

15.3.2 MME ↔ MME（s10）

S10 接口定义在两个 MME 之间。该接口只使用 GTPv2-C，并且仅针对 LTE 接入。该协议上的主要功能是为附着到 EPC 网络的个体终端提供上下文传输，因此实现以每个 UE 为基础的发送，该接口主要用于 MME 重定位时。图 15-6 给出了 S10 接口的协议栈，该接口主要被用在 MME 被迁移时。

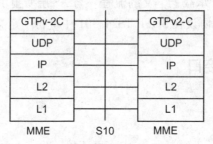

图 15-6 S10 接口协议栈

15.3.3 MME ↔ Serving GW（S11）

S11 接口定义于 MME 和 Serving GW 之间。该接口只使用 GTPv2-C，并且仅针对 LTE 接入。由于 MME 和 Serving GW 之间控制面和用户面功能的分离，S11 接口用于创建新会话（即为会话建立必要的资源）且随后对与 EPS 建立了连接的终端（对于每一个 PDN 连接）的任意会话进行管理（即修改、删除和改变）。

S11 接口总是由一些事件触发，可以是直接经由来自终端的 NAS 层信令，例如，一个附着到 EPS 网络的设备增加新的承载到已有的会话、创建新的连接，或生成到新的 PDN 的连接，也可以在如 PDN GW 发起的承载修改流程等网络发起的流程中被触发。因此，当终端在 EPS 网络处于活跃/附着的阶段时，S11 接口保持终端控制面和用户面流程的同步。在切换的情况下，S11 接口用于 Serving GW 的重定位（在适当的时候）、为用户面流量建立直接或间接的转发隧道，以及管理用户数据流。

图 15-7 给出了通过 S11 接口的协议栈。

需要注意的是，一些交互（如 MME 和 Serving GW 之间的信令）也需要在 Serving GW 和 PDN GW 之间通过下文所描述的 S5/S8 接口进行执行。虽然在该场景下，依赖于 S5/S8 接口上协议的选择，消息可以继续基于 GTP 协议，或通过 PMIP 进行传输。

S11 接口与 S4 接口共享了公共的一些功能，这在本章的随后章节中可以看到。

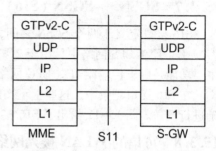

图 15-7　通过 S11 接口的协议栈

15.3.4　Serving GW ↔ PDN GW（S5/S8）

S5/S8 接口定义于 Serving GW 和 PDN GW 之间。S5 接口用于 Serving GW 位于家乡网络的非漫游场景，或用于 Serving GW 和 PDN GW 均位于外地网络的漫游场景。后一种场景也被称为本地疏导（Local Breakout）。S8 接口是 S5 接口的漫游变种，用于 Serving GW 位于外地网络而 PDN GW 位于家乡网络时的漫游场景。

当使用协议的 GTP 变种时，S5/S8 接口为连接到 EPS 的个体用户提供与承载创建/删除/修改/改变等相关功能。这些功能执行在每个终端的每个 PDN 连接上。Serving GW 为每个终端的所有承载提供本地锚点，并且向 PDN GW 管理这些承载。图 15-8 给出了 S5/S8 接口的协议栈。15.4 节中包括了 S5/S8 的 PMIP 变种上的接口信息。

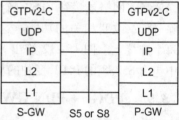

图 15-8　S5 或 S8 接口（GTP 变种）的协议栈

15.3.5　SGSN ↔ MME（S3）

S3 接口定义于基于 S4 的 SGSN（与第 2 章所描述的基于 Gn/Gp 的 SGSN 相比，这里的 SGSN 增强用于支持 EPS 移动性）和 MME 之间，该接口用于支持 3GPP 接入去往/来自 2G/3G 无线接入网络的切换。所支持的功能包括与传输终端相关的处于切换状态的信息，以及切换/重定位消息。因此，消息是基于以个体终端的。该接口仅支持 GTPv2 - C，协议栈如图 15-9 所示。

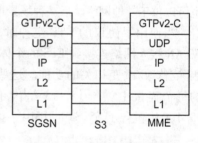

图 15-9　S3 接口的协议栈

15.3.6　SGSN ↔ Serving GW（S4）

S4 接口位于支持 2G/3G 无线接入的 SGSN 和 Serving GW 之间。它具有与 S11 接口功能等同的功能，但只针对 2G/3G 无线接入网络，并提供中断经过 EPS 的与连接相关的过程的支持。该接口只支持 GTPv2 - C，并在 3GPP 不提供从 RNC 去往/来自 Serving GW 的用户面数据流的直接隧道时，提供 SGSN 与 Serving GW 之间用户面隧道的建立流程。图 15-10 给出了 S4 接口的协议栈。

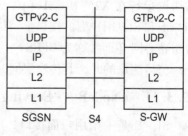

图 15-10　S4 接口的协议栈

15.3.7 SGSN ↔ SGSN（S16）

S16 接口定义于两个 SGSN 之间，该接口仅使用 GT-Pv2－C，且在 EPS 网络中只用于 2G/3G 接入。该协议的主要功能是用于传输附着在 EPC 网络的个体终端的上下文。在 S10 接口场景中，这些上下文信息以每个 UE 为基础进行发送。图 15-11 给出了 S16 接口的协议栈。

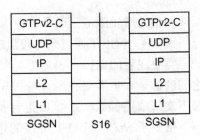

图 15-11 S16 接口的协议栈

15.3.8 可信的 WLAN 接入网络 ↔ PDN GW（S2a）

S2a 接口定义于可信 WLAN 接入网络（Trusted WLAN Access Network，TWAN）和 PDN GW 之间。S2a 接口可以用于 TWAN 直接连接到家乡网络的非漫游场景，或用于 TWAN 通过外地 PLMN 连接到家乡网络的漫游场景。在漫游场景中，PDN GW 可以位于家乡网络也可以位于外地网络中。后一个场景也被称为本地疏导。

当使用了协议的 GTP 变种时，S2a 接口为通过可信 WLAN 接入网络连接到 EPS 的个体用户提供与承载创建/删除/修改/改变相关的功能。这些功能执行在每个终端的每个连接上。图 15-12 给出 S2a 接口的协议栈。15.4 节中包含 S5/S8 的 PMIP 变种的相关信息。

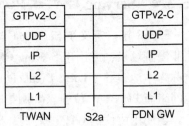

图 15-12 S2a 接口的协议栈

15.3.9 ePDG ↔ PDN GW（S2b）

S2b 接口定义于 ePDG 和 PDN GW 之间。S2b 接口可以用于当 ePDG 和 PDN GW 均位于家乡网络的非漫游场景，也可以用于 ePDG 位于外地网络的漫游场景。在漫游场景中，PDN GW 可以位于家乡网络，也可以位于外地网络。后一种场景也被称为本地疏导。

当使用了协议的 GTP 变种时，S2b 接口为通过可信 WLAN 接入网络连接到 EPS 的个体用户提供与承载创建/删除/修改/改变相关的功能。这些功能执行在每个终端的每个连接上。图 15-13 给出了 S2b 接口的协议栈。15.4 节中包含了 S5/S8 的 PMIP 变种的相关信息。

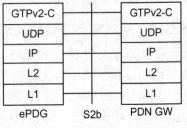

图 15-13 S2b 接口的协议栈

15.3.10 用户面

用户面协议使用 3GPP TS29.281 所定义的 GTPv1－U 协议。对于 EPS 架构的 GTP 变种，该协议运行在 X2－U、S1－U、S4 用户面，以及 S5/S8 用户面和 S12 用户面的接口上。GTPv1－U 也用于 2G/3G 分组核心网（即常称为 GPRS）的 Gn、Gp 和 In－U 接口上。值得注意的时，其传输层同时支持 IPv4 和 IPv6。

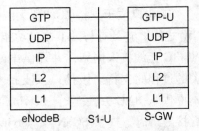

图 15-14 S1－U 接口的协议栈

15.3.11 eNodeB ↔ Serving GW（S1－U）

S1－U 是一个用户面接口，用于承载 eNodeB 和 Serving GW 之间的从终端接收的用户数据流量。图 15-14 给出 S1 – U 的协议栈。HeNB 支持与 eNodeB 相同的协议栈。

15.3.12   UE ↔ eNodeB ↔ Serving GW ↔ PDN GW（GTP – U）

图 15–15 给出了使用 GTPv1 – U 协议栈（通过 S1 – U – S5/S8）的 LTE 接入情况下的端到端的用户面流量。从图 15–15 中可以看出，SGi 接口上的协议栈是 IP 上的应用协议。对于家庭基站的情况来说，HeNB 和 HeNB – GW（可选的）支持与 E – UTRAN 相同的协议栈。

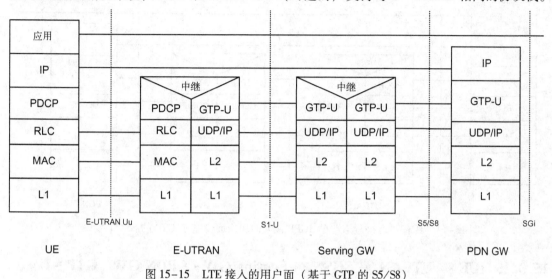

图 15–15   LTE 接入的用户面（基于 GTP 的 S5/S8）

15.3.13   UE ↔ BSS ↔ SGSN ↔ Serving GW ↔ PDN GW（GTP – U）

图 15–16 给出了使用 GTPv1 – U 协议栈（S4 和 S5/S8 的 GTP 变种上的）的 EPC 中的 2G 接入情况下的端到端用户面流量。从图 15–16 中可以看出，SGi 接口上的协议栈是 IP 上的应用协议。

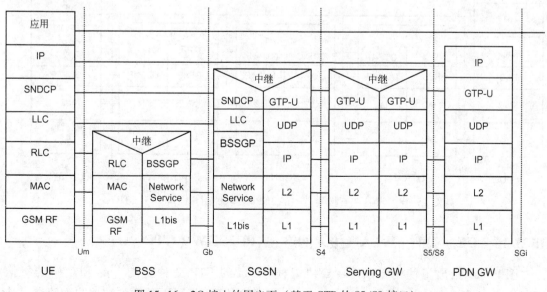

图 15–16   2G 接入的用户面（基于 GTP 的 S5/S8 接口）

15. 3. 14　UE ↔ UTRAN ↔ Serving GW ↔ PDN GW（GTP – U）

图 15-17 给出了使用 GTPv1 – U 协议栈（Iu – U – S5/S8 的 GTP 变种上的）的 EPC 中的 3G 接入情况下的端到端用户面流量，这里，SGSN 不再位于用户面路径（建立在 RNC 和 Serving GW 之间的直接隧道）上。从图 15-17 中可以看出，SGi 上的协议栈是在 IP 上的应用协议。

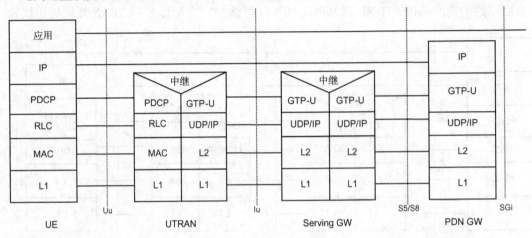

图 15-17　具有"直接隧道"的 3GPP 接入的用户面（基于 GTP 的 S5/S7 接口）

15. 3. 15　UE ↔ UTRAN ↔ SGSN ↔ Serving GW ↔ PDN GW（GTP – U）

图 15-18 给出了使用 GTPv1 – U 协议栈（Iu – U – S5/S8 的 GTP 变种上的）的 EPC 中的 3G 接入情况下的端到端用户面流量。从图 15-18 中可以看出，SGi 上的协议栈是 IP 上的应用协议。

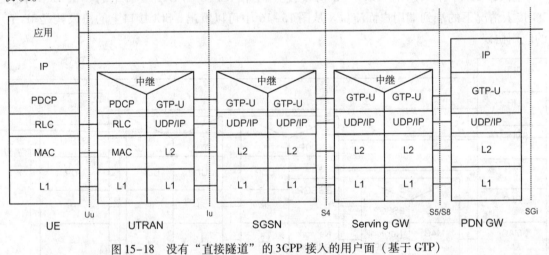

图 15-18　没有"直接隧道"的 3GPP 接入的用户面（基于 GTP）

15. 3. 16　UE ↔ 可信 WLAN 接入网络 ↔ PDN GW（GTP – U）

图 15-19 给出了使用 GTPv1 – U 协议栈（S2a 的 GTP 变种上的）的 EPC 中的可信 WLAN 接入网络（Trusted WLAN Access Network，TWAN）情况下的端到端用户面流量。从

图 15-19 中可以看出，SGi 之上的协议栈是 IP 上的应用协议。

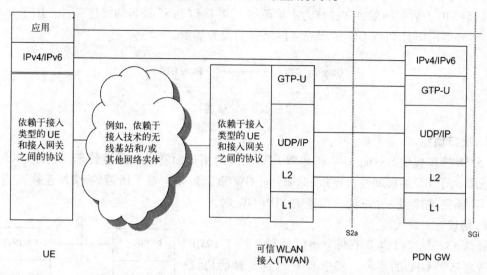

图 15-19　具有基于 GTP 的 S2a 接口的可信 WLAN 接入的用户面

15.3.17　UE ↔ ePDG ↔ PDN GW（GTP‒U）

图 15-20 给出了使用 GTPv1‒U 协议栈（S2b 的 GTP 变种上的）的 EPC 的接入情况下的端到端用户面流量。从图 15-20 中可以看出，SGi 上的协议栈是 IP 上的应用协议。

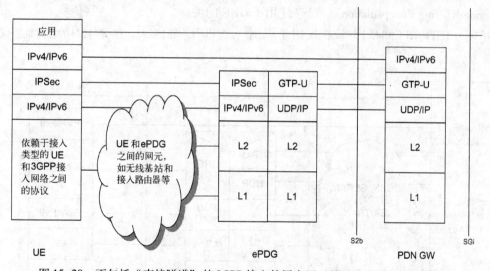

图 15-20　不包括"直接隧道"的 3GPP 接入的用户面（基于 GTP 的 S5/S8 接口）

15.4　基于 PMIP 的接口

15.4.1　Serving GW‒PDN GW（S5/S8）

1. 概述

S5/S8 接口定义于 Serving GW 和 PDN GW 之间。S5 接口用于当 Serving GW 位于家

乡网络时的非漫游场景，或用于 Serving GW 和 PDN GW 都位于外地网络的漫游场景中（见图 15-31）。后一场景也常被称为本地疏导。S8 接口是 S5 接口的漫游变种，用于 Serving GW 位于外地网络且 PDN GW 位于家乡网络时的漫游场景。

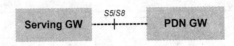

图 15-21　S5/S8 接口

2. 接口功能

S5/S8 接口提供 Serving GW 和 PDN GW 之间的用户面隧道和隧道管理。它用于以下两种情况：由于 UE 的移动性而导致的 Serving GW 重新定位；对于所需的 PDN 连接，当 Serving GW 需要连接到一个非同一位置的 PDN GW 时。

3. 协议

针对 S5/S8 接口定义了两个协议变种：基于 PMIP 的变种和基于 GTP 的变种。基于 GTP 可选变种的协议栈见 15.3 节中的描述。基于 S5/S8 的 PMIP 变种的协议栈，详见图 15-22 所描述的 PMIP - S5 - CP（控制面）和图 15-23 所描述的 PMIP - S5 - UP（用户面）。Serving GW 充当 PMIPv6 的移动接入网关（MAG），并且由 PDN GW 充当 LMA。用户面的隧道转发使用 GRE（Generiac Routing Encapsulation）。已经使用了 GRE 的关键域扩展（IETF RFC5845），该扩展用于识别一个 PDN 连接。

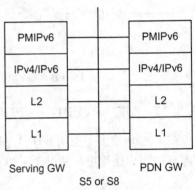

图 15-22　S5/S8 接口的控制面协议栈

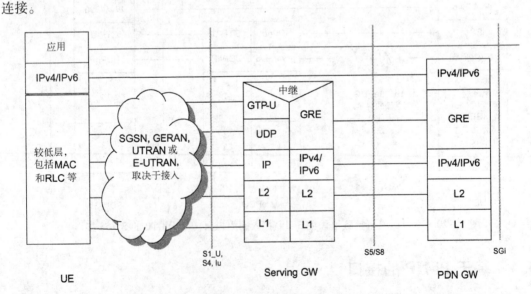

图 15-23　S5/S8 接口的用户面协议栈（PMIPv6 变种）

基于 PMIP 的 S5/S8 接口的定义和功能详见 3GPP TS 23.402。S5/S8 上基于 PMIPV6 的协议详见 TS29.275。

15.4.2　可信非3GPP接入——PDN GW（S2a）

1. 概述

S2a接口定义于可信的非3GPP接入网络中的接入GW和PDN GW之间。所定义的S2a接口在漫游和非漫游情况下均适用（见图15-24）。

2. 接口功能

S2a接口提供可信的非3GPP接入和PDN GW之间的用户面隧道和隧道管理。它同样也为在非3GPP接入中的和不同接入之间的移动提供移动性支持。

3. 协议

针对S2a接口，定义了两种协议的选择：基于PMIP的变种和基于GTP的变种。基于GTP的变种受限于当可信的非3GPP接入为可信的WLAN接入时的情况。基于GTP的协议变种的协议栈在15.3节中进行了描述。基于PMIP的变种如图15-25（控制面）和图15-26（用户面）所示。可信的非3GPP接入中的接入网络充当PMIPv6中的MAG的角色，与此同时，PDN GW充当LMA。用户面通过GRE隧道转发。这里使用了IETF RFC 5845所定义的GRE的关键字段扩展，这里关键字段的值用于识别PDN连接。

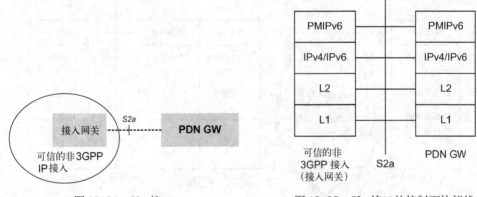

图15-24　S2a接口　　　　　　　　　图15-25　S2a接口的控制面协议栈

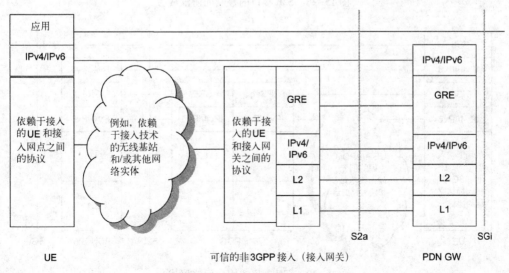

图15-26　S2a接口的用户面协议栈

261

S2a 接口及其功能的定义在 3GPP TS23.402 中给出。S2a 接口的基于 PMIPv6 的协议在 TS 29.275 中进行了定义。

15.4.3　ePDG – PDN GW（S2b）

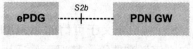

图 15-27　S2b 接口

1. 概述

S2b 接口定义于 ePDG 和 PDN GW 之间，该接口定义用于漫游和非漫游场景下（见图 15-27）。

2. 接口功能

S2b 接口提供 ePDG 和 PDN GW 之间的用户面隧道和隧道管理。

3. 协议

S2b 接口上定义了两种协议可选方案：基于 PMIP 的变种和基于 GTP 的变种。基于 GTP 的变种的协议栈在 15.3 节中已描述。基于 PMIP 的变种的协议栈详见图 15-28（控制面）和图 15-29（用户面）所示。在 PMIPv6 协议，ePDG 充当移动接入网关（MAG），而 PDN GW 充当 LMA。用户面使用 GRE 进行隧道传输。当密钥域用来识别一个 PDN 连接时，会进一步使用 GRE 的密钥（key）域扩展（IETF RFC 5845）。

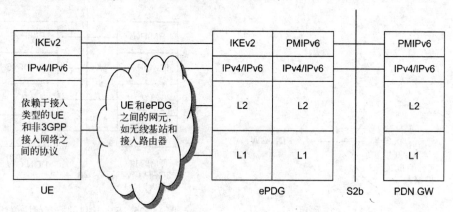

图 15-28　S2b 接口的控制面协议栈

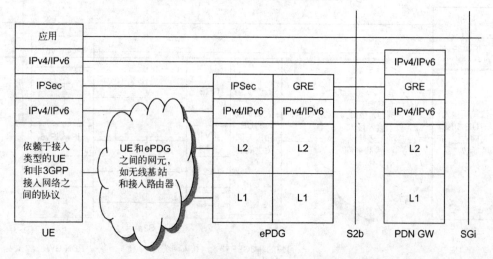

图 15-29　S2b 接口的用户面协议栈

S2b 接口的定义及其功能在 3GPP TS 23.402 中给出。S2b 上基于 PMIPv6 的协议在 TS29.275 中给出。

15.5 基于 DMISPv6 接口 （UE－PDN GW（S2c））

1. 概述

S2c 接口定义于 UE 和 PDN GW 之间，该接口定义用于漫游和非漫游场景下（见图 15-30）。

图 15-30　S2c 接口

2. 接口功能

S2c 接口提供用户面位于 UE 和 PDN GW 之间的相关的控制和移动性支持。该接口应用在可信/不可信的非 3GPP 和 non－3GPP 接入。当 UE 附着在一个 3GPP 接口上时，需要对 S2c 接口进行特别处理（详见下文）。

3. 协议

S2c 接口上的协议基于 DMISPv6。当在可信的非 3GPP 接入中使用 S2c 接口时的协议栈如图 15-31 所示。当在不可信的非 3GPP 接入中使用 S2c 接口时的协议栈如图 15-32 所示。

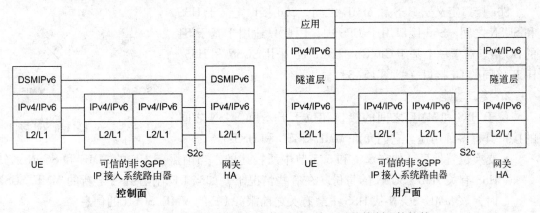

图 15-31　可信非 3GPP 接入中使用 S2c 接口时的控制面协议栈

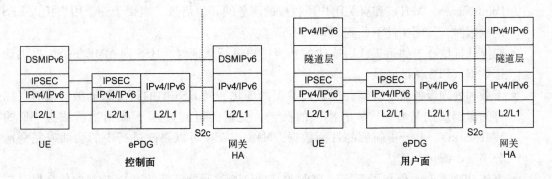

图 15-32　不可信非 3GPP 接入中使用 S2c 接口时的控制面协议栈

用户面采用 IP－in－IPv4/IPv6 封装或使用 IP－in－UDP－in－IPv4 封装进行隧道转发，从而支持 NAT 穿越。

当 UE 通过 3GPP 接入进行连接时，UE 被认为位于其家乡链路（在 DSMIPv6 意义上）。

因此，在 3GPP 接入上没有 S2c 用户面隧道。当 UE 通过 3GPP 接入进行连接时，S2c 仅被用在 DSMIPv6 引导（bootstrapping）和 DSMIPv6 注销（生命期为 0 的绑定更新）上。更多关于 DSMIPv6 方面的内容参见 16.3 节。

S2c 接口的定义和其功能在 3GPP TS23.402 中给出，S2c 上基于 DSMIPv6 的协议在 TS24.303 中进行定义。

15.6　与 HSS 相关的接口和协议

15.6.1　概述

在本节中我们会介绍位于 HSS 和 MME 之间的接口 S6a，以及位于 HSS 和 SGSN 之间的接口 S6d。位于 3GPP AAA 服务器和 HSS 之间的接口将在 15.7 节中进行描述。

15.6.2　MME – HSS（S6a）和 SGSN – HSS（S6d）

1. 概述

S6a 接口定义于 HSS 和 MME 之间，S6d 接口定义于 HSS 和 SGSN 之间。S6d 接口用于 EPS 中，因此只适用于基于 S4 的 SGSN。对于一个基于 Gn/Gp 的 SGSN，采用 SGSN 和 HSS/HLR 之间的 Gr 接口（见图 15-33）。

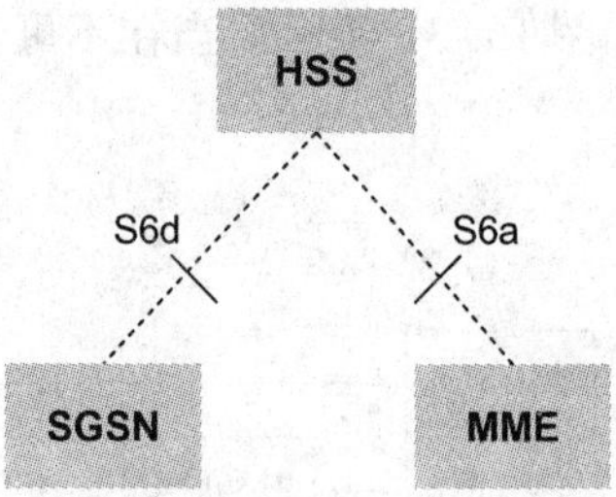

2. 接口功能

位于 HSS 和 MME 之间的接口和位于 HSS 和 SGSN 之间的接口具有多种用途。它们允许 MME/SGSN 和 HSS：

图 15-33　S6a 接口和 S6d 接口

- 交换位置信息。如在 6.4 和 6.5 节中所描述的，当前服务 UE 的 MME 和 SGSN 通知 HSS 有关 MME/SGSN 的身份。在有些情况下，如当 UE 附着到一个新的 MME/SGSN 时，该 MME/SGSN 从 HSS 下载有关之前服务 UE 的 MME/SGSN 的信息。
- 授权用户接入 EPS。HSS 维护订阅数据，其中包括如所允许的接入点名称（Access Point Names，APN）和有关用户所授权的服务的其他信息。当授予一个用户接入 EPS 的权限时，订阅文件下载到 MME/SGSN。
- 交换认证信息。如第 7 章所描述的，当用户进行认证时，HSS 向 MME/SGSN 提供认证数据（EPS 认证向量）。
- 下载和处理服务器中所储存的订阅数据的变化。当 HSS 中的订阅数据被修改时，如订阅撤销或到某些 APNs 的接入的撤销，更新的订阅数据下载到当前服务 UE 的 MME/SGSN。基于更新后的订阅数据，MME/SGSN 可以修改进行中的会话或完全地分离（detach）UE。
- 上传 PDN GW 身份和用于特定 PDN 连接的 APN。目前活跃的 PDN 连接的信息保存在 HSS 中，从而能够提供非 3GPP 中的移动性支持。
- 为已经在进行的 PDN 连接，下载 PDN GW 的身份和 APN 对。例如，这会发生在非 3GPP 到 3GPP 接入的切换阶段。

3. 协议

在 S6a 接口上和 S6d 接口上使用同一种协议。S6a/S6d 接口协议基于 Diameter，并被定义为供应商特有的 Diameter 应用，此时，供应商为 3GPP。S6a/S6d Diameter 应用基于 Diameter 基础协议，但是定义了新的 Diameter 指令和属性值对（Attribute Value Pairs，AVPs），从而实现在前面章节中所描述的功能。S6a/S6d 接口上的 Diameter 消息使用 SCTP（Stream Control Transmission Protocol，见 IETF RFC2960）作为传输协议。S6a/S6d 协议栈如图 15-34 所示。

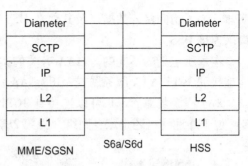

图 15-34　S6a/S6d 协议栈

包括 S6a/S6d Diamater 应用在内的 S6a/S6d 接口协议在 3GPP TS29.272 中进行了定义。表 15-2 列出了 S6a/S6d Diameter 应用中所使用的 Diameter 指令。

表 15-2　S6a/S6d 应用中所使用的 Diameter 指令

指令名称	缩写	注　释
Update – Location – Request	ULR	从 MME 或 SGSN 发送至 HSS
Update – Location – Answer	ULA	作为 ULR 指令的响应，由 HSS 发送
Cancel – Location – Request	CLR	从 HSS 发送至 MME 或 SGSN
Cancel – Location – Answer	CLA	作为 CLR 指令的响应，由 MMR/SGSN 发送
Authentication – Information – Request	AIR	从 MME 或 SGSN 发送至 HSS
Authentication – Information – Answer	AIA	作为 AIR 指令的响应，由 HSS 发送
Insert – Subscriber – Data – Request	IDR	从 HSS 发送至 MME 或 SGSN
Insert – Subscriber – Data – Answer	IDA	作为 IDR 指令的响应，由 MMR/SGSN 发送
Delete – Subscriber – Data – Request	DSR	从 HSS 发送至 MME 或 SGSN
Delete – Subscriber – Data – Answer	DSA	作为 DSR 指令的响应，由 MMR/SGSN 发送
Purge – UE – Request	PUR	从 MME 或 SGSN 发送至 HSS
Purge – UE – Answer	PUA	作为 PUR 指令的响应，由 HSS 发送
Reset – Request	RSR	从 HSS 发送至 MME 或 SGSN
Reset – Answer	RSA	作为 RSR 指令的响应，由 MMR/SGSN 发送
Notify – Request	NOR	从 MME 或 SGSN 发送至 HSS
Notify – Answer	NOA	作为 NOR 指令的响应，由 HSS 发送

15.7　与 AAA 相关的接口

15.7.1　概述

3GPP 接入特有的网络节点，如 MME 和 SGSN，直接连接到 HSS。然而与其他接入（如由 3GPP2 所描述的）有关的网络实体，通常会接入到一个 AAA 服务器作为代替。因此，在 EPC 架构中 3GPP AAA 服务器用于连接如 CDMA 接入和 3GPP 系列以外的其他与接入相关的实体。为了访问接入数据以及其他在 HSS 中可获得的数据，3GPP AAA 服务器通过 SWx 接口来连接 HSS。

本章所包括的不同的与 AAA 有关的接口如图 15-35 所示。S6b、STa、SWa 和 SWm 可能连接到 3GPP AAA 服务器或 3GPP AAA 代理，这取决于是位于漫游场景还是位于非漫游场景。对于漫游场景，S6b 可以连接到 3GPP AAA 服务器或 3GPP AAA 代理，这取决于 PDN GW 位于外地网络还是家乡网络（见第 2 章对架构可选方案的更为完整的描述）。

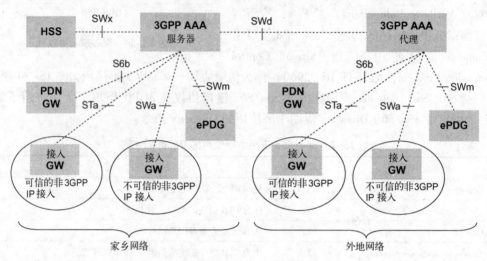

图 15-35　与 AAA 相关的接口

15.7.2　AAA 服务器－HSS（SWx）

1. 概述

SWx 接口定义于 HSS 和 3GPP AAA 服务器之间（见图 15-36）。

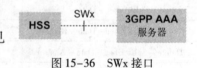

图 15-36　SWx 接口

2. 接口功能

SWx 接口用于用户文件的管理和与非 3GPP 接入相关的位置管理。

在 SWx 上非 3GPP 接入的位置管理规程包括以下功能：

- AAA 服务器注册。在一个新用户通过了 3GPP 的认证后，3GPP AAA 服务器会为该给定用户在 HSS 注册当前的 3GPP AAA 服务器地址。

- 上传 PDN GW 身份和 APN。3GPP AAA 服务器通知 HSS 有关用于给定 UE 的当前的 PDN GW 身份和 APN，或不再使用的某一个 PDN GW 和 APN 对。例如，当一个 PDN 连接建立或结束时会发生以上操作。这对应于当 UE 在 3GPP 接入时 S6a/S6d 上与之相似的功能。

- PDN GW 身份和 APN 下载。对于给定 UE 的已经进行中的 PDN 连接，3GPP AAA 服务器下载存储于 HSS 的 PDN GW 身份和 APN 信息。这是针对当 UE 由于之前附着到一个 3GPP 接入中而已经分配了 PDN GW 的情况（当 UE 从一个 3GPP 接入切换到一个非 3GPP 接入时）。

- AAA 发起的注销。3GPP AAA 服务器可为给定的用户在 HSS 中注销当前注册的 3GPP

AAA 服务器，以及清除在 HSS 中任何相关的非 3GPP 用户状态数据。这会发生于当由于某些原因 UE 从非 3GPP 接入断开连接时。

- HSS 发起的注销。HSS 可以发起注销流程而从 3GPP AAA 服务器清除某个 UE。这发生在当用户的订阅被取消或由于运营商决定的其他原因时。作为结果，3GPP AAA 服务器应该释放 PDN GW 中的任意 UE 隧道和/或将 UE 从接入网络中解附着。

SWx 上的用户文件管理流程包括以下功能：

- 用户配置文件推送。HSS 可以决定发送用户配置文件到一个已注册的 3GPP AAA 服务器。这发生在，例如，当用户配置文件在 HSS 中被修改和其中的 3GPP AAA 服务器需要被更新时。

- 用户配置文件请求。3GPP AAA 服务器也可以从 HSS 请求用户配置文件数据。该流程在由于某些原因而导致的用户配置文件丢失或需要被更新时进行调用。

3. 协议

SWx 接口协议基于 Diameter，且被定义为一个供应商特有的 Diameter 应用，此时，供应商为 3GPP。SWx Diameter 应用具有其自己的 Diameter 应用标识，但是从 Diameter Cx/Dx 应用（定义用于 IMS 的 3GPP 供应商特有的应用）重用 Diameter 指令。然而新的 AVPs 定义用于 SWx 应用，从而来实现以上所描述的功能。SWx 接口协议栈如图 15-37 所示。

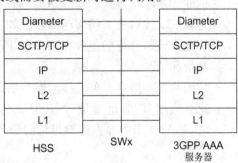

图 15-37　SWx 接口协议栈

该接口的定义及其功能在 3GPP TS 23.402 中给出。SWx 的 Diameter 应用的规范可以在 3GPP TS 29.273 中找到。表 15-3 列出了在 SWx Diameter 应用中所使用的 Diameter 指令。

表 15-3　SWx Diameter 应用中所使用的 Diameter 指令

指令名称	缩写	注　释
Multimedia – Authentication – Request	MAR	为了请求安全信息，由 3GPP AAA 服务器发送
Multimedia – Authentication – Answer	MAA	作为 MAR 指令的响应，由一个服务器发送
Push – Profile – Request	PPR	为了更新订阅数据，由 HSS 发送至 3GPP AAA 服务器
Push – Profile – Answer	PPA	作为 PPR 指令的响应，由 HSS 发送
Server – Assignment – Request	SAR	为了注册/注销用户，和/或下载用户配置文件，由 3GPP AAA 服务器发送至 HSS
Server – Assignment – Answer	SAA	为了确认注册/注销，和/或用户配置文件下载流程，由 HSS 发送至 3GPP AAA 服务器
Registration – Termination – Request	RTR	为了请求注销一个用户，由 HSS 发送至 3GPP AAA 服务器
Registration – Termination – Answer	RTA	作为 RTR 指令的响应，由 3GPP AAA 服务器发送

15.7.3　可信非 3GPP 接入 –3GPP AAA 服务器/代理（STa）

1. 概述

STa 接口定义于非漫游场景下可信的非 3GPP IP 接入和 3GPP AAA 服务器之间。在漫游场景下，它被定义用于可信的非 3GPP 的 IP 接入和 3GPP AAA 代理之间（见图 15-38）。

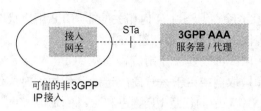

可信的非3GPP
IP接入

图 15-38　STa 接口

2. 接口功能

STa 接口包括以下功能：

- 当 UE 附着到一个可信的非 3GPP IP 接入时，对其进行认证和授权。
- 将如 APN-AMB 和默认的 QoS 配置文件等订阅数据从 3GPP AAA 服务器传输到可信的非 3GPP IP 接入，3GPP AAA 服务器依次接收来自 HSS 的订阅数据。
- 传输 S2a 接口所需的移动参数，如在 PMIPv6 或 Mobile IPv4 用于连接 UE 到 EPC。特别地，该信息可能包含在一个 3GPP 接入之前的附着中所分配给一个 UE 的 PDN GW 身份和 APN。
- 传输与 S2c 接口有关的移动性参数，即当 UE 使用 DSMIPv6 附着到 EPC 时。特别地，家乡代理 IP 地址或完全限定域名（Fully Qualified Domain Name，FQDN）可以从 3GPP AAA 服务器发送给可信的非 3GPP 接入网关，以用于基于 DHCPv6 的家乡代理发现。
- 传输与 IP 移动模式选择相关的信息。这里的信息包括从可信的非 3GPP IP 接入到 3GPP AAA 服务器/代理的有关非 3GPP 所支持的与移动性功能有关的信息（如非 3GPP IP 接入中的接入网络是否支持 PMIP 的 MAG 功能），也包括从 3GPP AAA 服务器/代理到接入网关与所选择的移动机制相关的信息。

3. 协议

STa 接口协议是基于 Diameter 协议的，并定义为一种供应商特有的 Diameter 应用，其中这里的供应商为 3GPP。STa Diameter 应用基于 Diameter 基础协议，且包含来自下列规范的指令：

- Diameter 网络接入服务器应用，这是一种网络接入服务器（Network Access Server，NAS）环境下用于 AAA 服务的一个 Diameter 应用（IETF RFC4005）。
- Diameter 的 EAP 应用，这是一种支持 Diameter 上 EAP 传输的 Diameter 应用（IETFRFC4072）。EAP 方法 EAP-AKA 及 EAP-AKA'可以按照第 7 章所描述的方法进行使用。
- IETF Internet Draft 中所定义的与 PMIPv6 相关的扩展，Diameter 代理移动 IPv6 及 DSMIPv6 的相关扩展在 IETF RFC 5447 中进行了定义。

STa 接口的协议栈如图 15-39 所示。该接口的定义及其功能在 3GPP TS 23.402 中给出。STa Diameter 应用在 TS 29.213 中进行了定义。表 15-4 中列出了在 STa Diameter 应用中使用的 Diameter 指令。

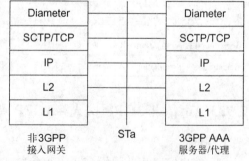

图 15-39　STa 接口的协议栈

表 15-4　STa Diameter 应用中使用的 Diameter 指令

指令名称	缩写	注　释
Diameter – EAP – Request	DER	从一个非 3GPP 接入网络发送至一个 3GPP AAA 服务器
Diameter – EAP – Answer	DEA	作为 DER 指令的响应，由一个服务器发送
Abort – Session – Request	ASR	从一个 3GPP AAA 服务器/代理发送至一个非 3GPP 接入网络
Abort – Session – Answer	ASA	作为 ASR 指令的响应，由一个非 3GPP 接入网络发送
Session – Termination – Request	STR	从一个可信的非 3GPP GW 发送至一个 3GPP AAA 服务器/代理
Session – Termination – Answer	STA	作为 STR 指令的响应，由一个服务器发送
Re – Auth – Request	RAR	为了请求重认证，从一个 3GPP AAA 服务器/代理发送至一个非 3GPP 接入网络
Re – Auth – Answer	RAA	作为 RAR 指令的响应，由一个非 3GPP 接入网络发送
AA – Request	AAR	从一个可信的非 3GPP GW 发送至一个 3GPP AAA 服务器/代理
AA – Answer	AAA	作为 AAR 指令的响应，由一个服务器发送

15.7.4　不可信的非 3GPP IP 接入 – 3GPP AAA 服务器/代理（SWa）

1. 概述

SWa 接口定义用于不可信的非 3GPP IP 接入和 3GPP AAA 服务器之间（非漫游场景）或不可信的非 3GPP IP 接入和 3GPP AAA 代理之间（漫游场景）（见图 15-40）。

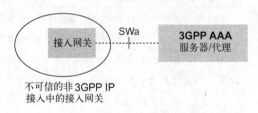

图 15-40　SWa 接口

2. 接口功能

SWa 接口用于非 3GPP 接入中基于 3GPP 的接入认证和授权。该接口也支持由接入网络产生的账户信息的报告。

如 7.3 节中所描述的，不可信的非 3GPP IP 接入中的接入认证是可选的。这是因为当接入一个不可信的非 3GPP 接入时，对于通过 ePDG 的隧道流程进行 EPS 接入（使用 SWu 接口和 SWm 接口），UE 无论如何都会被认证和授权。因此，当 UE 接入一个不可信的非 3GPP接入时，SWa 的使用是可选的。

3. 协议

STa 接口协议是基于 Diameter 的，且定义为一种供应商特有的 Diameter 应用，这里的供应商为 3GPP。它使用 Diameter 基础协议且包括来自以下两个应用的指令：

- DiameterEAP 应用，这是一个在 Diameter 上支持 EAP 传输的 Diameter 应用（IETF RFC4072）。EAP 方法 EAP – AKA 和 EAP – AKA′可以按照第 7 章所描述的内容进行使用。

• Diameter 网络接入服务器应用，这是一个网络接入服务器环境下用于 AAA 服务的一个 Diameter 应用（IETF RFC 4005）（见图 15-41 所示）。

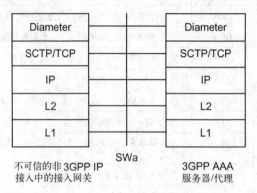

图 15-41　SWa 协议栈

该接口的定义及其功能在 3GPP TS 23.402 中给出。SWa Diameter 应用在 TS 29.273 中进行了定义。表 15-5 中列出了在 SWa Diameter 应用中使用的 Diameter 指令。

表 15-5　SWa Diameter 应用中使用的 Diameter 指令

指 令 名 称	缩写	注　　释
Diameter – EAP – Request	DER	从一个非 3GPP 接入网络发送到一个 3GPP AAA 服务器
Diameter – EAP – Answer	DEA	作为 DER 指令的响应，由一个服务器发送
Abort – Session – Request	ASR	从一个 3GPP AAA 服务器发送到一个非 3GPP 接入网络
Abort – Session – Answer	ASA	作为 ASR 指令的响应，由一个非 3GPP 接入网络发送
Session – Termination – Request	STR	从一个非 3GPP GW 发送至一个 3GPP AAA 服务器/代理
Session – Termination – Answer	STA	作为 STR 指令的响应，由一个服务器发送
Re – Auth – Request	RAR	为了请求重认证，从一个 3GPP AAA 服务器/代理发送至一个非 3GPP 接入网络
Re – Auth – Answer	RAA	作为 RAR 指令的响应，由一个非 3GPP 接入网络发送

15.7.5　ePDG –3GPP AAA 服务器/代理（SWm）

1. 概述

SWm 接口定义于 ePDG 和 3GPP AAA 服务器之间，或 ePDG 和 3GPP AAA 代理之间（见图 15-42）。

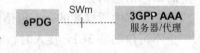

图 15-42　SWm 接口

2. 接口功能

SWm 接口包括如下功能：

• 当在 SWu 接口（即 UE 和 ePDG 之间）上进行隧道建立时，认证和授权一个用户。

• 从 3GPP AAA 服务器向 ePDG 传输订阅文件数据。3GPP AAA 服务器依次从 HSS 服务器接收订阅文件数据。

• 传输 S2a 接口所需的移动参数，如在 PMIPv6 或 Mobile IPv4 用于连接 UE 到 EPC。特别地，该信息可能包含在一个 3GPP 接入之前的附着中所分配给一个 UE 的 PDN GW 身份和 APN。

- 传输与 S2c 接口有关的移动性参数，即当 UE 使用 DSMIPv6 附着到 EPC 时。特别地，家乡代理 IP 地址或完全限定域名可以从 3GPP AAA 服务器发送给可信的非 3GPP 接入网关，以用于基于 DHVPv6 的家乡代理发现。
- 传输与 IP 移动模式选择相关的信息。这里的信息包括从可信的非 3GPP IP 接入到 3GPP AAA 服务器/代理的有关非 3GPP 所支持的与移动性功能有关的信息（如非 3GPP IP 接入中的接入网关是否支持 PMIP 的 MAG 功能），也包括从 3GPP AAA 服务器/代理到接入网关与所选择的移动机制相关的信息。
- 传输会话终止指示和请求，包括当 UE 的会话被中断时，来自 ePDG 到 3GPP AAA 服务器/代理的会话终止指示。此外，也包括来自 3GPP AAA 服务器/代理来请求 ePDG 终止一个给定的会话。

3. 协议

SWm 接口协议是基于 Diameter 的，且定义为一种供应商特有的 Diameter 应用，这里的供应商为 3GPP。SWm Diameter 应用基于 Diameter 基础协议，且包括来自以下两个应用的指令：

- Diameter 网络接入服务器应用，这是一个在网络接入服务器环境下用于 AAA 服务的 Diameter 应用（IETF RFC 4005）。
- DiameterEAP 应用，这是一个在 Diameter 上支持 Diameter EAP 传输的应用。EAP 方法包括 EAP – AKA 和 EAP – AKA′，可按第 7 章所描述的内容进行使用。

IETF Internet Draft 所定义的 PMIPv6 的相关扩展、Diameter 代理移动 IPv6 和 IETF 5447 中所定义的与 DSMIPv6 相关的扩展在 IETF RFC 5447 中进行了定义。

SWm 接口的协议栈如图 15–43 所示。

该接口的定义及其功能在 3GPP TS 23.402

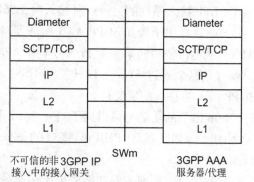

图 15–43　SWn 接口的协议栈

中给出。SWm Diameter 应用在 TS 29.273 中进行了定义。表 15–6 中列出了在 SWm Diameter 应用中使用的 Diameter 指令。

表 15–6　SWm Diameter 应用中使用的 Diameter 指令

指 令 名 称	缩写	注 释
Diameter – EAP – Request	DER	从一个 ePDG 发送至 3GPP AAA 服务器
Diameter – EAP – Answer	DEA	作为 DER 指令的响应，由一个服务器发送
Abort – Session – Request	ASR	从一个 3GPP AAA 服务器/代理发送至一个 ePDG
Abort – Session – Answer	ASA	作为 ASR 指令的响应，由一个 ePDG 发送
Session – Termination – Request	STR	从一个 ePDG 发送至 3GPP AAA 服务器
Session – Termination – Answer	STA	作为 STR 指令的响应，由一个服务器发送
Re – Auth – Request	RAR	为了请求重认证，从一个 3GPP AAA 服务器/代理发送至一个 ePDG

指令名称	缩写	注　释
Re – Auth – Answer	RAA	作为 RAR 指令的响应，由一个 ePDG 发送
AA – Request	AAR	从一个 ePDG 发送至 3GPP AAA 服务器
AA – Answer	AAA	作为 AAR 指令的响应，由一个服务器发送

15.7.6　PDN GW – 3GPP AAA 服务器/代理（S6b）

1. 概述

S6b 接口定义于 PDN GW 和 3GPP AAA 服务器之间（对于非漫游场景，或具有到家乡网络中 PDN GW 的家乡路由数据的漫游场景）以及 PDN GW 和 3GPP AAA 代理之间（针对 PDN GW 位于外地网络的漫游场景，即本地疏导）（见图 15-44）。

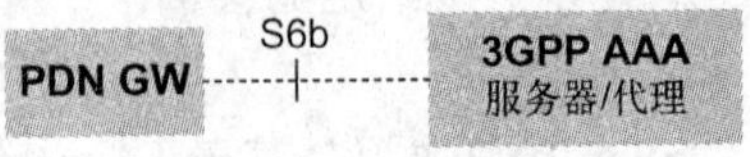

图 15-44　S6b 接口

2. 接口功能

当 UE 附着在 GERAN、UTRAN 或 E – UTRAN 时，S6b 接口不会被使用。在这些情况中，作为替代，使用 S6a/S6d 接口来提供如 15.6 节中所描述的必要功能。当 UE 附着到不属于 3GPP 接入系列的另外一种接入时，S6b 提供接下来描述的功能。

S6b 接口用于告知 3GPP AAA 服务器/代理关于当前 PDN 身份和供一个给定 UE 使用的 APN，或不再使用的某一个 PDN GW 和 APN 对。这会发生在当一个 PDN 连接建立或关闭的时候（信息会通过 SWx 接口转发到 HSS）。S6b 可以用于取回特定订阅相关的参数，如非 3GPP 接入的 QoS 配置文件。

S6b 以上的功能与可以用于当一个 UE 附着到一个非 3GPP 接入时的所有移动性协议是通用的，例如，基于 PMIPv6 接口的 S2a 和 S2b、基于移动 IPv4 的 S2a 接口，或基于 DSMIPv6 的 S2c。

S6b 接口的其他主要功能取决于在连接 UE 到 EPC 时使用何种移动性协议。

当 UE 使用基于 DSMIP 的 S2c 接口附着到 EPC 时，S6b 接口也用于认证和授权 UE。S6b 接口还用于指示 PDN GW 应该执行 PDN GW 重分配（参见 TS23.402 来获得有关 PDN GW 重分配以及当使用该接口时的场景）。当使用 S2c 接口时，S6b 也可以被用于传输来自 3GPP AAA 服务器/代理到 PDN GW 的会话中断指示，从而触发一个 PDN 连接的中断（3GPP AAA 服务器/代理可以接受）。通过 SWx 接口发送来自 HSS 的终端指示。

当 UE 附着到使用基于 IPv4 的 S2a 接口时，S6b 也用由 UE 所发送的移动 IPv4 注册请求消息的认证和授权。

3. 协议

S6b 接口协议基于 Diameter，且定义为一种供应商特有的 Diameter 应用，这里，供应商为 3GPP。S6b Diameter 应用基于 Diameter 基础协议，但包含如下的一些添加：

- Diameter 网络接入服务器应用，这是一个在网络接入服务器环境下用于 AAA 服务的 Diameter 应用（IETF RFC 4005）。
- IETF Internet Draft 所定义的 PMIPv6 的相关扩展、Diameter 代理移动 IPv6 和 IETF 5447 中所定义的与 DSMIPv6 相关的扩展在 IETF RFC 5447 中进行了定义。

● DiameterEAP 应用是一个在 Diameter 之上支持 EAP 传输的应用。这是一个在 Diameter 上支持 EAP 传输的 Diameter 应用（IETF RFC4072）。EAP 方法 EAP – AKA 和 EAP – AKA′可以按照第 7 章所描述的内容进行使用。

S6b 接口的协议栈如图 15-45 所示。

该接口的定义及其功能在 3GPP TS 23.402 中给出。SWm Diameter 应用在 3GPP TS 29.273 中给出。表 15-7 列出了 S6b Diameter 应用中所有使用的 Diameter 指令。

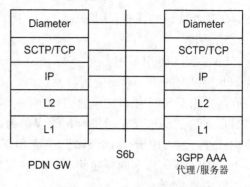

图 15-45　S6b 接口的协议栈

表 15-7　S6b Diameter 应用所使用的 Diameter 指令

指 令 名 称	缩写	注　释
Diameter – EAP – Request	DER	从一个 PDN GW 发送至一个 3GPP AAA 服务器
Diameter – EAP – Answer	DEA	作为 DER 指令的响应，由一个服务器发送
Abort – Session – Request	ASR	从一个 3GPP AAA 服务器发送至一个 PDN GW
Abort – Session – Answer	ASA	作为 ASR 指令的响应，由一个 PDN GW 发送
Session – Termination – Request	STR	从一个 PDN GW 发送至一个 3GPP AAA 服务器/代理
Session – Termination – Answer	STA	作为 STR 指令的响应，由一个服务器发送
Re – Auth – Request	RAR	为了请求重认证，从一个 3GPP AAA 服务器发送至一个 PDN GW
Re – Auth – Answer	RAA	作为 RAR 指令的响应，由一个 PDN GW 发 Sent by a PDN GW in response to the RAR command
AA – Request	AAR	从一个 PDN GW 发送至一个 3GPP AAA 服务器/代理
AA – Answer	AAA	作为 AAR 指令的响应，由一个服务器发送

15.7.7　3GPP AAA 代理 –3GPP AAA 服务器/代理（SWd)

1. 概述

SWd 接口定义于 3GPP AAA 代理和 3GPP AAA 服务器之间。SWd 接口用于当 3GPP AAA 代理位于外地网络而 3GPP AAA 服务器位于家乡网络时的漫游场景。

3GPP AAA 代理担当 Diameter 代理的角色，并且在 Diameter 客户端和 Diameter 服务器端之间转发 Diameter 指令（见图 15-46）。

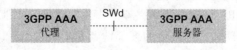

图 15-46　SWd 接口

2. 接口功能

通过该接口的协议的最主要的目的是在家乡和外地网络之间以安全的方式传输 AAA 信令。SWd 接口可以用于与 SWa、STa、SWm 和 S6b 中任意接口的连接，这取决于特定的漫游场景。这些接口的功能也用于 SWd。

3. 协议

SWd 接口使用那些用于 SWa、STa、SWm 和 S6b 接口上的 Diameter 应用以及扩展。因此，没有定义用于 SWd 接口的单独的 Diameter 应用，而是由 SWa、STa、SWm 和 S6b 的应用为 SWd 提供代理。定义用于 SWa、STa、SWm 和 S6b 接口上的 Diameter 指令同样也用于 SWd，具体取决于特定的漫游场景。

SWd 接口的协议栈如图 15-47 所示。

该接口的定义及其功能在 3GPP TS 23. 402 中给出。SWd 协议定义在 TS 29. 273 中。

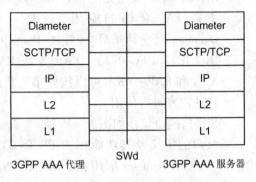

图 15-47 SWd 接口的协议栈

15.8 PCC 相关接口

15.8.1 概述

PCRF 相关接口包括 Gx、Gxa、Gxc、Rx、S9 和 Sp 等（关于 PCC 以及这些接口位于架构中的位置，请看 8.2 节），下面我们将逐一介绍这些与 PCC 相关的不同接口，并对它们分别进行简要描述。

15.8.2 PCEF – PCRF(Gx)

1. 概述

Gx 接口定义用于 PCEF（PDN GW）和 PCRF 之间（见图 15-48）。

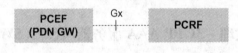

图 15-48 Gx 接口

2. 接口功能

Gx 接口的主要目的是支持 PCC 规则处理和事件处理。

Gx 接口上的 PCC 规则处理包括 PCC 规则的安装、修改和删除。来自 PCEF 的任何请求或 PCRF 的内部决策都可以触发这些操作。

事件处理过程允许 PCRF 订阅它所感兴趣的事件，PCEF 向 PCRF 报告这些事件的发生。

更多关于 PCC 规则处理和事件报告的细节请看 8.2 节。

3. 协议

Gx 协议基于 Diameter 协议，且定义为一种供应商特有的 Diameter 应用，这里的供应商为 3GPP。3GPP Release 8 重用了定义用于 3GPP Release 7 中 Gx 接口的 Gx Diameter 应用，在 Release 8 中的 Gx 接口只有很少的更新。Gx Diameter 应用基于 Diameter 基础协议，并且集成了 IETF RFC4006 中所定义的 Diameter 信用管理应用（Diameter Credit Control Application,

DCCA）中的指令和 AVP。

Gx 接口的协议栈如图 15-49 所示。

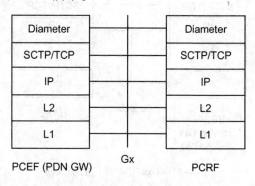

图 15-49　Gx 接口的协议栈

Gx 接口的定义及其功能在 3GPP TS 23.203 中给出。Gx Diameter 应用在 3GPP TS 23.212 中进行定义。表 15-8 列出了 Gx Diameer 应用中使用的 Diameter 指令。

表 15-8　Gx Diameter 应用中使用的 Diameter 指令

指令名称	缩写	注　释
CC – Request	CCR	从一个 PCEF（PDN GW）发送至一个 PCRF，如为了请求 PCC 规则
CC – Answer	CCA	作为 CCR 的响应，由一个 PCRF 发送
Re – Auth – Request	RAR	为了提供使用 push 流程的 PCC 规则，由 PCRF 发送至 PCEF
Re – Auth – Answer	RAA	作为 RAR 的响应，由一个 PCEF 发送

15.8.3　BBERF – PCRF(Gxa/Gxc)

1. 概述

Gxa 和 Gxc 接口位于 PCRF 和 PBERF 之间，当 PBERF 位于 Serving GW 时，采用 Gxc 接口，而当 PBERF 位于一个可信的非 3GPP IP 网络中的接入网关时，采用 Gxa 接口（见图 15-50）。

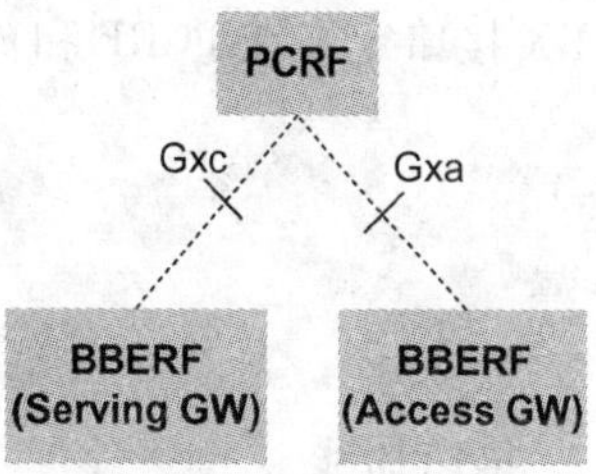

2. 接口功能

Gxa 和 Gxc 接口的主要目的是支持 PCC 的 QoS 规则和事件处理，这和 Gx 接口类似，区别在于 Gx 处理 PCC 规则，而 Gxa 和 Gxc 处理 QoS 规则。

图 15-50　Gxa/Gxc 接口

更多的有关 QoS 规则处理和事件报告的细节请参考 8.2 节。

3. 协议

Gxa 和 Gxc 接口之上的协议是基于 Diameter 协议的。作为一个新 Diameter 供应商特有的应用，Gxx Diameter 应用已被定义并可用在 Gxa 接口和 Gxc 接口上。Gxx Diameter 应用与 Gx Diameter 应用相似，都基于 Diameter 基础协议，并从定义在 IETF RFC4006 的 DCCA 中集成了来自 IETF RFC 4006 所定义的 DCCA 中的指令和 AVP。

Gxa 接口和 Gxc 接口的协议栈如图 15-51 所示。

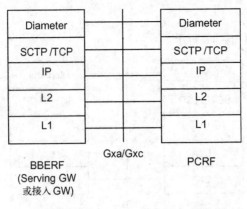

图 15-51　Gxa/Gxc 接口的协议栈

　　Gxa 接口和 Gxc 接口的定义和功能在 3GPP TS 23.203 中给出，Gxx Diameter 应用定义在 3GPP TS 29.212 中。表 15-9 列出了 Gxx Diameter 应用所使用的 Diameter 指令。

表 15-9　Gxx Diameter 应用所使用的 Diameter 指令

指令名称	缩写	注　　释
CC – Request	CCR	从一个 PCEF（PDN GW）发送至一个 PCRF，如为了请求 QoS 规则
CC – Answer	CCA	作为 CCR 的响应，由一个 PCRF 发送
Re – Auth – Request	RAR	为了提供使用 push 流程的 QoS 规则，由 PCRF 发送至 PCEF
Re – Auth – Answer	RAA	作为 RAR 的响应，由一个 PCEF 发送

15.8.4　PCRF – AF(Rx)

1. 概述

　　RX 接口定义在 PCRF 和 AF 之间（见图 15-52）。

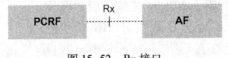

图 15-52　Rx 接口

2. 接口功能

　　Rx 接口的主要目的在于转移从 AF 到 PCRF 的会话信息。Rx 也被 AF 用来订阅有关用户面之间的通知，例如，一个 IP 会话已截止、UE 切换到一个不同的接入技术内等。PCRF 将通知 AF 有关所订阅的数据面事件。

　　关于 Rx 接口的更多细节，请看 8.2 节。

3. 协议

　　Rx 接口上的协议基于 Diameter 协议。3GPP Release 8 重用了定义用于 3GPP Release 7 中 Rx 接口的 Rx Diameter 应用。Rx Diameter 应用基于 Diameter 基础协议，并且集成了 IETF RFC4005 中所定义的来自 Diameter NAS 的指令。然而值得注意的是，NAS 的概念不与 Rx 一起使用，只不过，Diameter 应用指令由 Rx 协议重用，而不是 Rx 的功能框架。

　　Rx 接口的协议栈如图 15-53 所示。

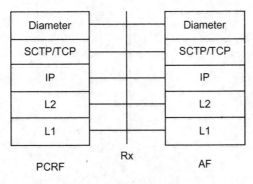

图 15-53　Rx 接口的协议栈

Rx 接口的定义及其功能在 3GPP TS 23.203 中给出，Rx Diameter 应用定义在 3GPP TS 29.214 中。表 15-10 列出了 Rx Diameter 应用中所使用的 Diameter 指令。

表 15-10　Rx Diameter 应用中所使用的 Diameter 指令

指令名称	缩写	注　释
AA – Request	AAR	为了提供会话信息，由一个 AF 发送至 PCRF
AA – Answer	AAA	作为 AAR 指令的响应，由 PCRF 发送至 AF
Re – Auth – Request	RAR	为了指示一个 Rx 特有的操作，由 PCEF 发送至 AF
Re – Auth – Answer	RAA	作为 RAR 指令的响应，由 AF 发送至 PCRF
Session – Termination – Request	STR	由 AF 通知 PCRF 应该中断一个已建立的会话
Session – Termination – Answer	STA	作为 STR 指令的响应，由 PCRF 发送至 AF
Abort – Session – Request	ASR	由 PCRF 通知 AF 已建立会话的承载不再有效
Abort – Session – Answer	ASA	作为 ASR 指令的响应，由 AF 发送至 PCRF

15. 8. 5　TDF – PCRF(Sd)

1. 概述

Sd 接口定义在 TDF 和 PCRF 之间，如图 15-54 所示。

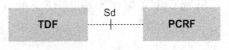

图 15-54　Sd 接口

2. 接口功能

Sd 接口的主要目的在于支持 ADC 规则处理、TDF 会话和所检测到的应用的使用监测控制、所检测到的应用的流量开始和结束的报告、所检测到的应用的服务数据流描述的传递（如果可用，是从 TDF 到 PCRF）。

更多关于 ADC 规则处理和应用报告的细节，请看 8.2 节。

3. 协议

Sd 协议基于 Diameter 协议，并被定义为一个供应商特有的 Diameter 应用，这里，供应商为 3GPP。Sd Diameter 应用是从 Release 10 开始定义的。Sd Diameter 应用基于 Diameter 基础协议，同时也集成了 IETF RFC4006 所定义的 DCCA（Diameter Credit Control Application，Diameter 信用控制应用）的指令和 AVP。

Sd 接口的协议栈如图 15-55 所示。

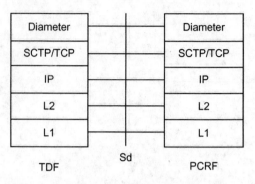

图 15-55 Sd 接口的协议栈

Sd 接口的定义及其功能在 3GPP TS 23.203 中给出，Sd Diameter 应用定义在 3GPP TS 29.212 中。表 15-11 列出了 Sd Diameter 应用中所使用的 Diameter 指令。

表 15-11 Sd Diamter 应用中所使用的 Diameter 指令

指令名称	缩写	注释
TDF – Session – Request	TSR	为了建立 TDF 会话和提供 ADC 规则，由 PCRF 发送至 TDF
TDF – Session – Answer	TSA	作为 TSR 指令的响应，由一个 TDF 发送
CC – Request	CCR	由一个 TDF 发送至一个 PCRF，例如，为了请求 ADC 规则和通知 PCRF 关于所请求的应用检测
CC – Answer	CCA	作为 CCR 指令的响应，由一个 PCRF 发送
Re – Auth – Request	RAR	为了提供使用 push 流程的 ADC 规则，由 PCRF 发送至 TDF
Re – Auth – Answer	RAA	作为 RAR 指令的响应，由一个 TDF 发送

15.8.6 OCS – PCRF(Sy)

1. 概述

Sy 接口定义在 OCS 和 PCRF 之间（见图 15-56）。

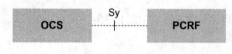

图 15-56 Sy 接口

2. 接口功能

Sy 接口的主要目的在于支持从 OCS 到 PCRF 的与用户花销相关信息的传递。Sy 接口允许 PCRF 请求报告来自 OCS 的策略计数器状态，以及 OCS 通知 PCRF 有关策略计数器状态的改变。

更多关于 PCC 处理用户花销的细节，请看 8.2 节。

3. 协议

Sy 协议基于 Diameter 协议，且定义成供应商特有的 Diameter 应用，这里，供应商为 3GPP。Sy Diameter 应用从 3GPP Release 11 进行定义。Sy Diameter 应用基于 Diameter 基础协议。

Sy 接口的协议栈如图 15-57 所示。

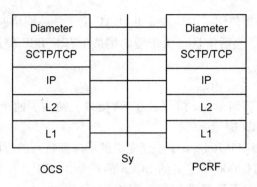

图 15-57　Sy 接口的协议栈

Sy 接口的定义及其功能在 3GPP TS 23.203 中给出，Sy Diameter 应用定义在 3GPP TS 29.219 中。表 15-12 列出了 Sy Diameter 应用中所使用的 Diameter 指令。

表 15-12　Sy Diameter 应用中所使用的 Diameter 指令

指 令 名 称	缩写	注　　释
Spending – Limit – Request	SLR	作为花费限制报告请求流程的初始和中间部分，由 PCRF 发送至 OCS
Spending – Limit – Answer	SLA	作为 SLR 指令的响应，由 OCS 发送
Spending – Status – Notification – Request	SNR	作为花费限制报告流程的部分，由一个 OCS 发送至 PCRF
Spending – Status – Notification – Answer	SNA	作为 SNR 指令的响应，由 PCRF 发送
Session – Termination – Request	STR	由 PCRF 发送至 OCS
Session – Termination – Answer	STA	作为 STR 指令的响应，由 OCS 发送

注意： 在本书编写时，3GPP Release 11 中的 Sy 协议的标准化仍在进行中。

15.8.7　PCRF – PCRF(S9)

1. 概述

S9 接口定义在家乡网络的 PCRF（PCRF in the home network，H – PCRF）和访问地访问网络的 PCRF（PCRF in the visited network，V – PCRF）之间。S9 是一个运营商之间的接口，且只在漫游场景下使用（见图 15-58）。

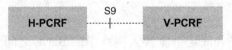

图 15-58　S9 接口

2. 接口功能

S9 接口的主要目的在于将家乡网络中生成的策略决定（即 PCC 规则或 QoS 规则）传递到外地网络，并将外地网络可能发生的事件传输到家乡网络。

在特定的漫游场景中，S9 接口也可以用于传输会话信息。两个主要的漫游情形是家乡路由场景（其中的 PDN GW/PCEF 位于家乡网络中）和本地疏导场景（其中的 PDN GW/PCEF 位于访问地网络中）。在本地疏导场景中，也可以使用位于家乡网络或外地网络的 AF

（Application Function）。当使用了本地疏导并且 AF 位于外地网络时，S9 接口会承载从 V - PCRF 到 H - PCRF 的服务会话信息（关于漫游情形下有关 PCC 使用的进一步细节请看 8.2 节）。

3. 协议

S9 接口上的协议基于 Diameter 协议。在 S9 接口上使用了两个 3GPP 供应商特有的 Diameter 应用：S9 应用和 Rx 应用。

S9 Diameter 应用是 3GPP Release 8 中新定义的供应商特有的应用，它基于 Diameter 基础协议，并集成了 IETF RFC4006 所定义的 DCCA 的指令和 AVP。

Rx Diameter 应用在前面已经介绍过，用于 Rx 接口。如前所述，在本地疏导且 AF 位于外地网络的情形下，Rx Diameter 应用用于 S9 接口之上。

S9 接口的协议栈如图 15-59 所示。

S9 接口的定义及其功能在 3GPP TS 23.203 中给出。S9 接口上的协议包括 S9 Diameter 应用，定义在 3GPP TS 29.215 中。Rx Diameter 应用定义在 TS29.214 中。表 15-13 列出了 S9 Diameter 应用中所使用的 Diameter 指令。S9 接口

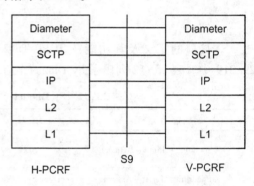

图 15-59　S9 接口的协议栈

上的 Rx Diameter 应用中用到的 Diameter 指令在前面描述 Rx 接口的章节中已列出。

表 15-13　S9 Diameter 应用中所使用的 Diameter 指令

指令名称	缩写	注　释
CC - Request	CCR	为了请求 PCC/QoS 规则或为了指示承载或与 PCC/QoS 规则相关的事件，由 V - PCRF 发送至 H - PCRF
CC - Answer	CCA	作为 CCR 指令的响应，由 H - PCRF 发送至 V - PCRF。该指令用于提供 PCC/QoS 规则和事件触发
Re - Auth - Request	RAR	为了提供 PCC/QoS 规则和事件触发，由 H - PCRF 发送至 V - PCRF
Re - Auth - Answer	RAA	作为 RAR 指令的响应，由 V - PCRF 发送至 H - PCRF

15.8.8　BPCF - PCRF(S9a)

1. 概述

S9a 接口定义在 PCRF 和固定带宽接入网络中的 BPCF 之间。PCRF 可以位于家乡网络（非漫游情况下的 PCRF）中，也可以位于外地网络（V - PCRF 漫游场景）中。S9a 是一个运营商之间的接口，且只在漫游情形下使用（见图 15-60）。

图 15-60　S9a 接口

2. 接口功能

S9a 接口的主要目的在于将 3GPP 网络中生成的策略规则传递到固定带宽接入网络。

在特定的流量场景中，S9 接口也可以用于传输会话信息。两个主要的漫游情形是 EPC 路由场景（流量通过 3GPP 网络中的一个 PDN GW）和非无缝 Wi－Fi 卸载场景（流量卸载到固定宽带接入网络而无须通过 EPC）。在 Wi－Fi 卸载场景中，也可以使用位于 3GPP 网络或固定宽带接入网络中的 AF（Application Function）。当使用一个位于固定宽带接入网络中的 AF 时，S9a 接口可以承载从 BPCF 到 PCRF 的服务会话信息（关于 Wi－Fi 卸载情形下有关 PCC 使用的进一步细节请看 8.2 节）。

3. 协议

S9a 接口上的协议基于 Diameter 协议。S9a 接口上可以使用两个 3GPP 供应商特有的 Diameter 应用：S9a 应用和 Rx 应用。

S9a Diameter 应用是在 3GPP Release 11 中新定义的供应商特有的应用，它基于 Diameter 基础协议，并集成了 IETF RFC4006 所定义的 DCCA 的指令和 AVP。

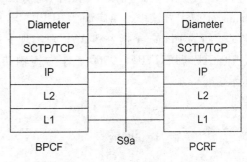

Rx Diameter 应用在前面已经介绍过，用于 Rx 接口。如前所述，在 Wi－Fi 卸载场景且 AF 位于固定宽带网络情形下时，Rx Diameter 应用用于 S9a 接口之上。

S9a 接口的协议栈如图 15-61 所示。

S9a 接口的定义及其功能在 3GPP TS 23.203 中给出。S9a 接口上的协议包括 S9a Diameter 应用，定义在 3GPP TS 29.215 中。Rx Diameter 应用定义在 3GPP TS 29.214 中。在本书编写时，

图 15-61　S9a 接口的协议栈

作为 3GPP Release 11 的一部分，S9a 协议还处于标准化进行中。

15.8.9　SPR－PCRF(Sp)

1. 概述

Sp 接口定义在 PCRF 和用户配置文件数据库（Subscriber Profile Respsitory，SPR）之间（见图 15-62）。

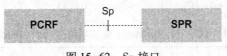

图 15-62　Sp 接口

2. 接口功能

Sp 接口用于将订阅数据从 SPR 传输到 PCRF。PCRF 可以为一个给定的用户请求订阅数据。当订阅数据被修改了，SPR 也可以通知 PCRF。

SPR 可以包含与接入网络传输层策略有关的接入数据。有关包含在 SPR 中的接入数据的细节并没有进一步进行规范。没有详细规范订阅数据的其中一个原因是，这些策略会严重依赖于运营商的商业模型、订阅类型和所提供的服务，因此，为了不给 SPR 中的策略类型添加不必要的限制，避免过于细节的规范是合理的。

3. 协议

Sp 接口的定义及其功能在 3GPP TS 23.203 中进行规范，然而，Sp 接口上的协议并没有详细的规范。

15.9 与 EIR 相关的接口（MME-EIR 和 SGSN-EIR 接口（S13 和 S13′））

1. 概述

S13 接口定义用于设备身份寄存器（Equipment Identity Register，EIR）和 MME 之间，S13′接口定义用于 EIR 和 SGSN 之间。S13′接口只适用于基于 S4 的 SGSN（见图 15-63）。

2. 接口功能

MME 和 EIR 之间的 S13 接口，以及 SGSN 和 EIR 之间的 S13′接口用于检验 UE 的状态（如检验是否报告为被盗窃）。MME 或 SGSN 通过发送设备身份给 EIR 并分析其回复来检验 ME 身份。

3. 协议

S13 接口和 S13′接口使用相同的协议，此协议基于 Diameter，并定义为供应商特有的 Diameter 应用，这里，供应商为 3GPP。S13/S13′ Diameter 应用基于 Diameter 基础协议，但定义了新的 Diameter 指令和 AVP 来实现上述功能。S13 接口和 S13′接口上的 Diameter 信息使用 SCTP（IETF RFC 2960）作为传输协议。S13 接口和 S13′接口的协议栈如图 15-64 所示。

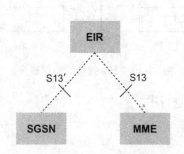

图 15-63　S13 和 S13′接口

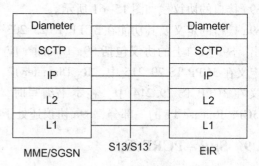

图 15-64　S13/S13′接口的协议栈

S13/S13′接口上的协议包括 S13/S13′ Diameter 应用，定义在 3GPP TS29.272 中。表 15-14 列出了 S13/S13′ Diameter 应用中所使用的 Diameter 指令。

表 15-14　S13/S13′ Diameter 应用中所使用的 Diameter 指令

指令名称	缩写	注　释
ME - Identity - Check - Request	ECR	从 MME 或 SGSN 发送至 EIR
ME - Identity - Check - Answer	ECA	作为 ECR 的回复，从 EIR 发送至 MME 或 SGSN

15.10 与 I-WLAN 相关的接口（UE-ePDG（SWu））

1. 概述

SWu 接口定义用于 UE 和 ePDG 之间，此接口运行于不可信的非 3GPP IP 接入，如图 15-65 所示。

图 15-65　SWu 接口

2. 接口功能

SWu 接口支持 UE 和 ePDG 之间端到端隧道的建立和拆除的流程。隧道建立总是由 UE 发起，而隧道的拆除可以由 UE 也可以由 ePDG 发起。如果 UE 从不可信的非 3GPP IP 接入获得一个新的 IP 地址（例如，如果 UE 移动到另一个不可信的非 3GPP IP 接入），则为了更新隧道，SWu 接口还支持隧道修改流程。

3. 协议

UE 和 ePDG 之间的隧道为 IPsec 隧道，UE 和 ePDG 使用 IKEv2 建立隧道的 IPSec 安全关联（Security Association，SA）。

UE 采用标准 DNS 机制来选择一个合适的 ePDG。作为 DNS 查询的输入，UE 创建一个基于运营商身份的 FQDN。作为来自 DNS 系统的反馈，UE 获得一个或多个合适的 ePDG 的 IP 地址。一旦选择好了合适的 ePDG，UE 采用 IKEv2 协议发起 IPSec 隧道建立过程。如 IKEv2 规范所制定的，使用证书的基于公钥签名的认证用于认证 ePDG。IKEv2 中的 EAP - AKA 用于认证 UE。作为 IKEv2 流程的一部分，IPSec SA 建立起来。UE 和 ePDG 之间的 IP-Sec 隧道采用隧道模式的 IPSec ESP（Encapsulate Security Payload，封装安全载荷）协议。

SWu 接口也支持由 MOBIKE（IETF RFC 4555）所定义的 IKEv2 的移动性扩展。这就允许 IPsec SA 在 UE 从不可信的非 3GPP IP 接入中获得一个新的 IP 地址时能够被更新。

关于 IKEv2、MOBIKE 和 ESP 的详细内容，请参考 16.9 节。

SWu 接口的协议栈如图 15-66 所示。SWu 接口的隧道管理流程在 3GPP TS 33.402 中进行了定义。

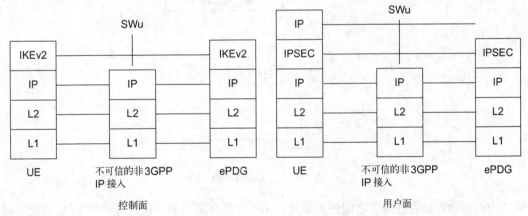

图 15-66　SWu 接口的协议栈

15.11　与 ANDSF 相关的接口

接入网络发现和选择功能（Access Network Discovery and Selection Function，ANDSF）是

一个允许将系统间移动性策略和接入网发现的相关参数提供给 UE 的机制。这是通过 S14 接口利用开放移动联盟（Open Mobile Alliance，OMA）的设备管理（Device Management，DM）来实现的。为了能够正确地对 ANDSF－UE 接口进行讨论，下面我们将首先简单介绍 OMA DM。对 OMA DM 的详细描述超出了本书的范围，感兴趣的读者可参考 Brenner and Unmehopa（2008）。关于 ANDSF 的通用概述可以参考本书的 6.4 节。

OMA DM v1.2 规范基于 OMA DM v1.1.2 规范，并使用了 OMA SyncML Common specifications Enabler Release Definition for SyncML 所给出的 OMA SyncML Common v1.2 规范。

DM 是允许 ANDSF 代替运营商和终端来配置 UE 的一种技术。使用 DM 技术，ANDSF 能够借助于使用管理对象（Managed Object，MO）来远程设置参数。MO 按照节点来进行组织，包括内部节点和叶子节点。叶子节点包括实际的参数值。ANDSF MO 包含与系统间移动性策略（Inter System Mobility Policy，ISMP）、信息发现（Discovery Information）、UE 位置（UE Location）和系统间路由策略（Inter System Routing Policy，ISRP）有关的节点。为满足供应商特有的要求，还定义了一个额外的节点——Ext。图 15-67 对整体的 ANDSF MO 进行了概括。

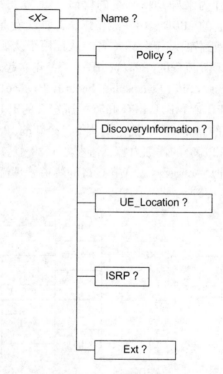

图 15-67　ANDSF MO.

ISMP、ISRP 和信息发现之间的关系是在 UE 不具有通过多个接入连接到 EPC 的能力时，ISMP 对接入网络进行优先级顺序。当 UE 具有通过多个接入连接到 EPC 的能力时（也就是说，UE 可以配置为使用 IFOM、MAPCON、非无缝的 WLAN 卸载，或是这些功能的组合），ISRP 指示如何在可用接入之间分配流量，而与此同时，信息发现为 UE 接入 ISMP 或 ISRP 中所定义的接入网络提供进一步的信息。

15.11.1 ISMP 策略节点

ISMP 策略节点担任与系统间移动性有关策略的占位符角色（Placeholder），这些策略包括规则和策略应当采用的优先级。该策略节点也允许 ANDSF 设置某个特定的接入技术作为优先接入，这就意味着该接入是首先需要被寻找的接入，包括接入网络 ID。策略节点还包括特定规则的有效区域，这用于当特定的规则只针对 UE 发现自己所在的特定位置有效时的情况。IMSP 策略节点如图 15-68 所示。

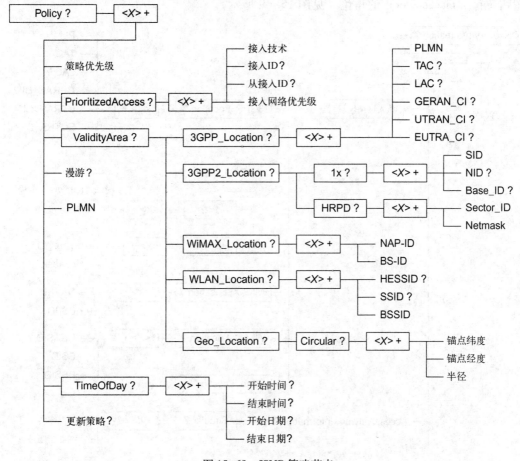

图 15-68　ISMP 策略节点

至于有效区域，对于不同的接入网络可以有所不同。因此，有不同的节点用于描述针对每一个无线接入技术类型（3GPP、3GPP2、WiMAX 和 Wi‑Fi）的有效区域以及与之相关的规则。

当 UE 处于漫游情况下时，漫游叶子节点需要包含应用于这种情况的漫游条件。然而，如果 UE 的漫游状态与漫游值中所列举的某个值匹配时，UE 将只应用这些规则。

特定的规则可能只适用于一天中的某个时间，因此，有一个名为 TimeOfDay 的叶子节点来处理该场景。

如果 UE 发现自己所处的位置，感觉上规则不再有效，则将使用 UpdatePolicy 叶子节点来确定是否需要对系统间移动性策略请求更新。

15.11.2 发现信息节点

采用信息发现节点（Discovery Information Node），运营商可以提供 UE 所能连接的可用接入网络的信息。与此同时，UE 可以使用该信息来决定连接到哪个接入网络。

因此，信息发现节点提供有关接入网络类型和接入网络覆盖区域的信息。描述接入网络区域的叶子节点再次包括了所有的不同接入网络类型：3GPP、3GPP2、WiMAX 和 Wi‑Fi。信息发现节点也包括了 Geo_Location 的使用，Geo_Location 担任了一个或多个接入网络地理位置占位符（placeholder）的角色（见图 15‑69 所示）。

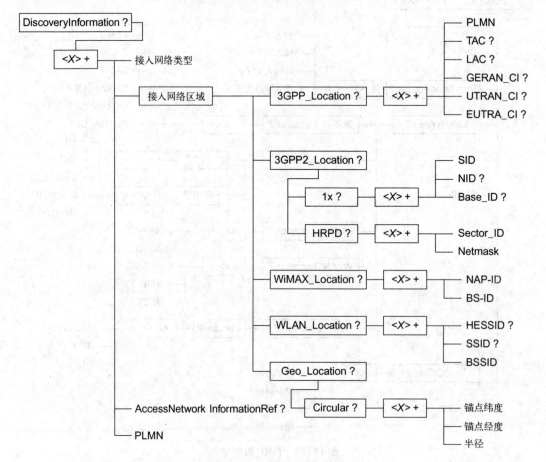

图 15‑69　发现信息节点

15.11.3 UE 位置节点

UE 位置节点（见图 15‑70）充当位置描述的占位符，因此，UE 可插入其能够发现的所有与接入网络有关的信息到该节点。对于 3GPP 网络，该节点信息包括 PLMN、跟踪区域码（Tracking Area Code，TAC）、位置区域码（Location Area Code，LAC）和小区全球识别码（Cell Global Identity）。对于 WiMAX 网络，UE 位置包括 NAP‑ID 和 BS‑ID。对于 Wi‑Fi 网络，则包括 SSID 和 BSSID。

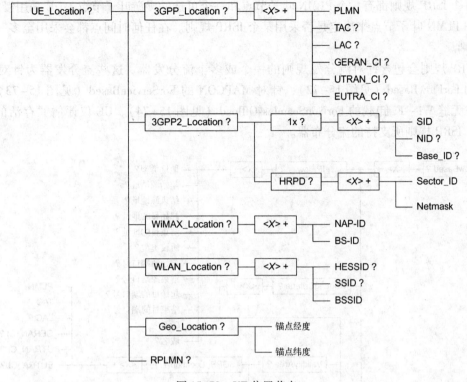

图 15-70 UE 位置节点

15.11.4 ISRP 节点

ISRP 信息包含一个或多个 ISRP 规则的一组规则。每个 ISRP 规则包含配置用于 IFOM、MAPCON 或非无缝 Wi-Fi 卸载的 UE 的流量分发指示（见图 15-71）。

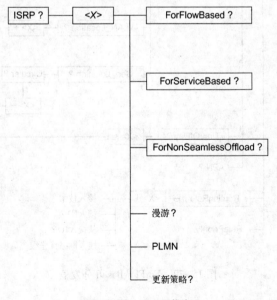

图 15-71 ISRP 节点

每个 ISRP 规则都有一个 PLMN 叶子节点和一个可选的漫游叶子节点。UE 采用漫游叶子节点和 PLMN 叶子节点来决定是否采用某个 ISRP 规则。在任何时间点都会采用至多一个 IS-RP 规则。

ISRP 规则会包含针对流分发规则的一个或多个流分发器。这些流分发器为针对 IFOM 服务的 ForFlowBased（见图 15-72）、针对 MAPCON 的 ForServiceBased（见图 15-73）以及针对非无缝 Wi-Fi 卸载的 ForNonSeamlessOffload（见图 15-74）。UE 仅评估 "存活的（active）" ISRP 规则所支持的流分布器。

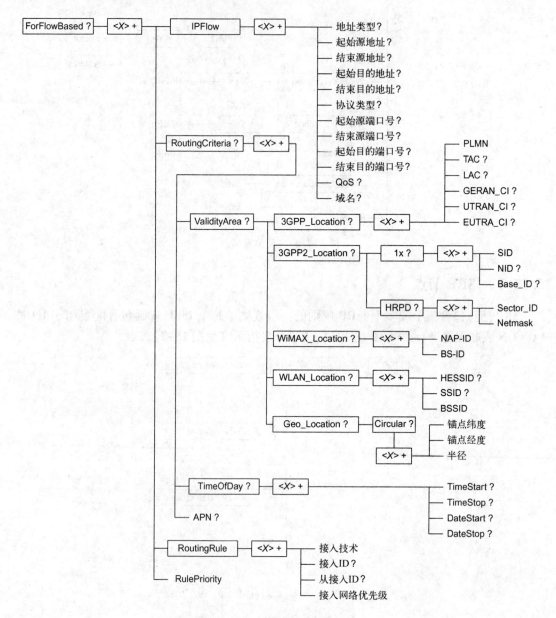

图 15-72　ForFlowBased 分发器

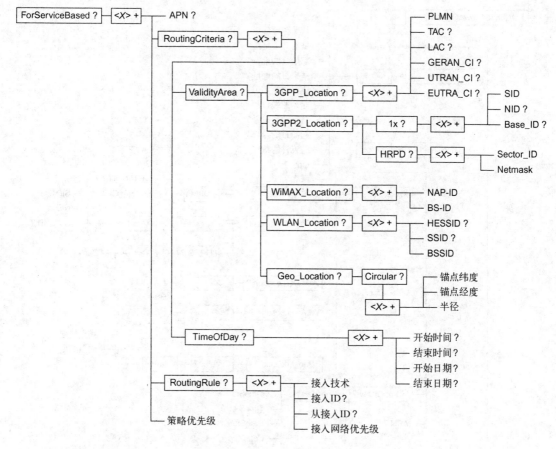

图 15-73　ForServiceBased 分发器

　　一个流分发规则具有当采用该流分发规则时所使用的 RoutingRule 节点中所定义的一些结果（例如，优先接入技术和受限的接入技术）。每个流分布规则都有一个强制节点用于识别数据流（例如，基于 APN 或 IP 流描述）为 RoutingRule 节点中包含的结果所采用的哪个规则。

15.11.5　Ext 节点

　　Ext 是有关 ANDSF MO 的供应商特有信息所放置的节点。对于此节点的目的，供应商指应用供应商和设备供应商等。Ext 节点一般由 Ext 节点下的供应商特有的名字来进行指示。可以想象，由于这是一个供应商特定的节点，因此 Ext 节点下的叶子节点是未定义的。如果供应商希望使用扩展，则扩展可以自行定义内部结点和叶子节点。因此，很自然地，这些都不在标准化的范围内。

　　关于 ANDSF MO 的进一步的细节描述，可参考 3GPP TS 24.312。

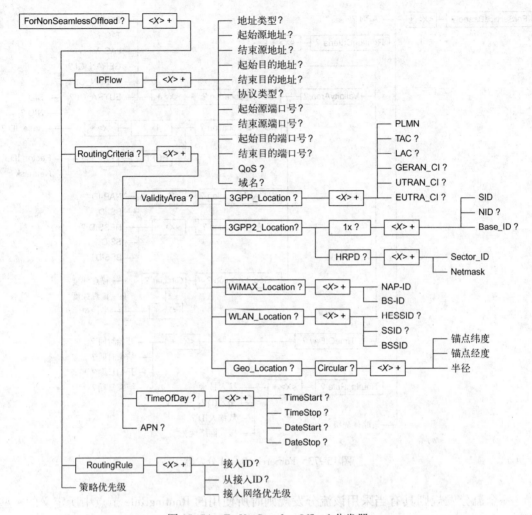

图 15-74 ForNonSeamlessOffload 分发器

15.12 与 HRPD IW 相关的接口

15.12.1 优化切换和相关接口 (S101 和 S103)

根据前一章所解释的, 为了支持 LTE 网络和 eHPRD 网络之间的优化切换, 架构中增加了一个控制面接口 (S101) 和一个用户面接口 (S103)。下面我们将介绍这两个接口上所支持的功能和协议。

15.12.2 MME ↔ eHRPD 接入网络 (S101)

S101 是 MME 和 eHRPD 接入网络之间的隧道, 通过预注册 (pre – registration) 为切换做准备, 消息承载在从当前服务的接入网络到目标接入网络 (发生切换的地方) 之上。然后通过会话管理来管理资源, 接着发生实际的切换。这些是 S101 – AP 进行隧道转发的信息, 其中, GTPv2 – C 协议功能和 S101 结构的显式利用一起使用。有如下用于 S101 的 GT-

Pv2 - C 消息类型：

0　　　　　保留（Reserved）

1　　　　　回应请求（Echo Request）

2　　　　　回应响应（Echo Response）

3　　　　　版本不支持指示（Version Not Supported Indication）

4　　　　　直接传输请求信息（Direct Transfer Request message）

5　　　　　直接传输响应信息（Direct Transfer Response message）

6　　　　　通知请求信息（Notification Request message）

7　　　　　通知响应信息（Notification Response message）

8～24　　　留待 S101 接口将来使用（For future S101 interface use）

25～31　　预留给 Sv 接口（Reserved for Sv interface）

32～255　预留给 GTPv2 - C spec（Reserved for GTPv2 - C spec）

　　协议本身通过路径管理通用消息（Path Management General Messages）来进行分段，从而提供预配置的隧道，然后隧道用于在控制面上进行信息传递（见图15-75）。

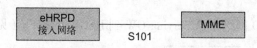

图 15-75　S101 接口

3GPP TS 29.276 和 TS 29.274 详细描述了这些信息，TS 23.402 中包含了相应的流程。

　　此接口上的消息没有被 MME 修改，而转发到/自源接入网络和目标接入网络（在该情况下，是 eNodeB 和 HRPD AN 之间）。每个消息必须具有一个唯一的身份（也被称为 Session Identifier），才能够在全球网络中唯一识别出信息所到达或来自的个人终端。

　　预配置隧道采用直接传输消息/响应（Direct Transfer Message and Response）来承载从 MME 或 eHRPD 接入网络到目标网络中对端的消息。根据消息来源，内容对应特定的接入网络，例如，当一个 HRPD 信息通过隧道转发时，该消息就应该在透明容器（Transparent Container）上进行承载（见图15-76）。

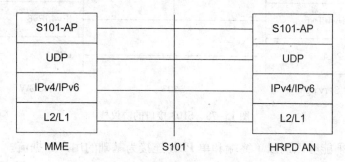

图 15-76　S101 接口的协议栈

通知请求信息（Notification Request Message）主要承载如切换处理的完成等事件信息。

GTPv2 - C 路径管理和可靠性流程用于管理预配置隧道 S101。

　　下面给出直接传输消息（Direct Transfer Message）信息元素的例子。优化切换流程中的参数使用将在第17章进行介绍。

信息元件	存在要求
IMSI	强制的
HRPD Sector ID（HRPD 扇区 ID）	有条件的
S101 Transparent Container（S101 透明容器）	强制的
PDN GW PMIP GRE Tunnel Info（PDN GW PMIP GRE 隧道信息）	有条件的
S103 GRE Tunnel Info（S103 GRE 隧道信息）	有条件的
S103 HSGW IP Address（S103 HSGW IP 地址）	有条件的
Handover Indicator（切换指示）	有条件的
Tracking Area Identity（跟踪区身份）	有条件的
Recovery（恢复）	有条件的
Private Extension（私有扩展）	可选的

注意，对于感兴趣的读者，3GPP TS 29.276 中给出了 S101 接口的规范。

15.12.3　Serving GW ↔ HSGW（S103）

S103 是 CDMA HRPD 网络中从 Serving GW 到 HSGW 的接口（见图 15-77）。

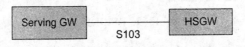

图 15-77　S103 接口

该接口提供在从 LTE 切换到 HRPD 过程中对下行数据转发的支持。此接口的目的在于减少切换过程中用户数据的丢失。S101 接口上的信令流程和可用参数用于建立 S103 接口上的 GRE 隧道。有关 GRE 隧道的细节，可以参考本书 16.6 节中 GRE 的概述和使用。图 15-78 给出了 S103 接口的协议栈。

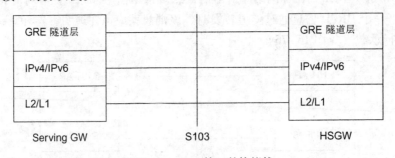

图 15-78　S103 接口的协议栈

S103 接口必须能够识别以单终端和单 PDN 连接为基础的用户数据流。

15.13　到外部网络的接口

15.13.1　概述

SGi 接口定义用于 PDN GW 和外部 IP 网络（英文也称为 "PDNs"）之间，如图 15-79

所示。外部网络可能是互联网（Internet）和/或企业内部网（Intranets），可以使用 IPv4 和/或 IPv6。

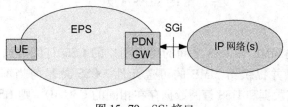

图 15-79 SGi 接口

PDN GW 是 EPS 的接入点，EPS 看起来像其他的 IP 网络或子网。从外部 IP 网络的角度来看，PDN GW 看起来就像一台常规的 IP 路由器。

15.13.2 功能

访问互联网、企业内部网或 ISP 包含 IPv4 地址分配和 IPv6 地址自动配置等功能，也可能包含认证、授权和到企业内部网/ISP 的安全隧道等特定的功能。

运营商可能需要提供到 Internet 和运营商业务的直接的透明访问，在该情况下至少要提供基本的 ISP 功能。运营商也可以提供所谓的到企业内部网或 ISP 的非透明访问。

无论是透明的还是非透明的情况，UE 都需获得一个 IPv4 地址或 IPv6 前缀。区别在于，在透明情况下 IP 地址属于运营商，而在非透明情况下，IP 地址属于企业内部网/ISP 寻址空间。

IPv4 地址或 IPv6 前缀可以是绑定到订阅的静态分配，也可以是在 PDN 连接性建立阶段的动态分配。该 IPv4 地址和/或 IPv6 前缀用于 Internet 和 PDN GW 之间以及分组域中的分组转发。采用 IPv6，无状态的地址自动配置（Stateless Address Autoconfiguration）将用来给 UE 分配 IPv6 地址。PDN GW 可以使用一个本地 IP 地址池，或使用 DHCP 或 AAA 协议从外部 IP 网络取回 UE 的 IP 地址。对于不同情况下 IP 地址分配的更多信息，可以参考 3GPP TS 29.061 和 23.401。

PDN GW 通过验证由 UE 所发布的 IP 分组的源 IP 地址，并将之与所分配的地址进行对比，从而阻止 IP 欺骗（IP spoofing）攻击。

为了支持 IMS，PDN GW 也需要在请求时给 UE 提供一列 P-CSCF 地址。为了注册 IMS 服务，UE 需要这些信息。此外，在 IMS 会话建立时，对于媒体的 IMS 信令和承载，IMS 需要一个承载。这就意味着 PDN GW 需要进行配置以允许 IMS 信令，PDN GW 需要支持到 PCRF 的 Gx 接口从而为 IMS 媒体流分配承载。

15.14 CSS 接口（MME-CSS 接口（S7a））

1. 概述

S7a 接口定义用于 CSG 用户服务器（CSG Subscriber Server，CSS）和 MME 之间（见图 15-80）。

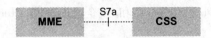

图 15-80　S7a 接口

2. 接口功能

S7a 接口用于传输 MME 和 CSS 之间的漫游用户的 CSG 订阅数据。CSS 是存储 VPLMN 特有的 CSG 订阅信息并提供给 MME 的可选元件。CSS 总是与当前的 MME 位于相同的 PLMN。如果 CSS 订阅数据和 HSS 订阅数据存在相同的 CSG ID，则 HSS 的 CSG 订阅数据应该优先于 CSS 的 CSG 订阅数据。

3. 协议

S7a 接口上的协议基于 Diameter，并定义为供应商特有的 Diameter 应用，这里，供应商为 3GPP。S7a Diameter 应用基于 Diameter 基础协议，但定义了新的 Diameter 指令和 AVP 来实现上述功能。S7a 接口上的 Diameter 消息使用 SCTP（IETF RFC 2960）作为传输协议。S7a 接口的协议栈如图 15-81 所示。

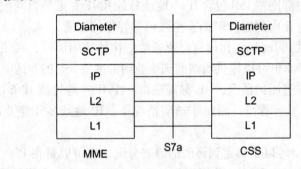

图 15-81　S7a 接口的协议栈

S7a 接口上的协议，包括 S7a Diameter 应用，在 3GPP TS 29. 272 中进行了定义。在该书编写时，S7a 接口的第 3 阶段工作刚开始，Diameter 指令并没有指定和标准化。

第16章 协　　议

16.1　简介

本章介绍在 EPS 中使用的主要协议，目的在于对这些协议的基本概念及其特征提供一个基本的描述。

16.2　GPRS 隧道协议综述

GTP 的原始版本是 GSM 标准发展来迎合一些特定需求的结果，这些特定需求包含 GPRS 中的移动、承载管理、用户数据隧道等。之后，3GPP 进一步增强 GTP，使之应用于 3G。随着 EPS 的发展，GTP 朝着更好地提升承载处理能力的方向演变，GTP 的控制平面协议随之更新至 GTPv2-C。

GTP 的两个重要组成部分分别为 GTP 控制平面部分（GTP-C）和 GTP 用户平面部分（GTP-U）。其中，GTP-C 用于控制和管理隧道，从而便于个人终端连接网络时的用户数据路径的建立。，而 GTP-U 则使用隧道机制来承载用户数据流。除了 GTP 外还存在一个名为 GTP′的协议，GTP′是在 GTP 基础上为了收费而提出的，但是本书将不讨论该协议对 GTP 的合法使用。GTP-C 存在 3 个版本，分别是 GTPv0、GTPv1 和 GTPv2。GTP-U 存在两个版本，分别是 GTPv0 和 GTPv1。GTPv2-C 是专门用于 EPS 的，为了更好地理解 GTPv2-C，我们将首先介绍 GTPv1-C 的背景知识，此外，我们还将讨论 GTPv1-U 的细节。自从 Release8 发布以来，3GPP 不再支持针对 GTPv0 协议的更改，以及其与 GTPv1 协议的交互。

为了方便理解 GTP 的各个功能，我们有必要先看一下 2G 和 3G GPRS 中 GTP 是如何使用的。图 16-1 所示为 GTP 中所使用的接口。

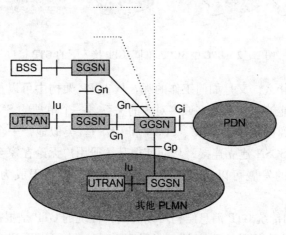

图 16-1　GPRS 下的 GTP 接口

在 GPRS 中，多个 SGSN 之间以及 SGSN 和 GGSN 之间（位于同一个运营商的 PLMN 下）的 Gn 接口，SGSN 和 GGSN 之间（位于多个 PLMN 或多个运营商下，这是更常见的场景）的 Gp 接口支持 GTPv1 – C 和 GTPv1 – U 协议。对于使用 WCDMA/HSPA 无线访问的 3G 分组核心网，Iu 接口支持 GTPv1 – U。

在 EPS 中，SGSN 和 MME 间，多个 MME 间，多个 SGSN 间，服务网关和 PDN 网关间，以及多个服务网关之间的接口都支持 GTPv2 – C，HRPD 接入网络和 MME 之间的接口使用 GTPv2 – C 隧道来承载隧道消息。另外，在 eNodeB 和服务网关（S – GW）之间，RNC 和服务网关（S – GW）之间，SGSN 和服务网关（S – GW）间以及多个服务网关之间的接口均支持 GTPv1 – U。所以，GTPv2 – C 使用在 S3，S4，S5，S8，S10，S11 和 S16 接口上，而 GT-Pv1 – U 使用在 S1 – U，Iu – U，S4，S5，S8，S12 和 X2 – U 接口上。在支持非 3GPP 接入的 EPC 中，参考点 S2a 和 S2b 使用 GTPv2 – C，扩展了 3GPP 接入以外的网络侧移动管理协议。图 16-2 中给出了所有支持 GTPv2 – C 和 GTP – U 的 EPS 接口。更多关于 S2a/S2b 接口上 GT-Pv2 – C 协议的使用，可以参考 6.5 节。

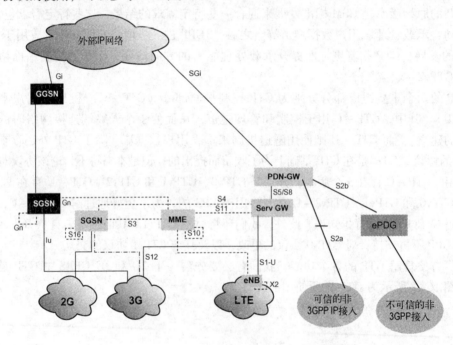

图 16-2　EPC 中 3GPP 和非 3GPP 接入下的 GTP 接口

GTP 系列究竟是什么，又是如何工作的呢？从 3GPP 架构中可以很容易看到，支持 GTP 的实体需要彼此之间能够支持一对多或多对多的关系。一个单独的 SGSN 可以连接多个位于同一个或不同的运营商网络中的 RNC、SGSN 和 GGSN。类似地，一个 GGSN 可以与多个位于不同运营商网络的 SGSN 建立连接，从而使得其注册用户无论在家乡网络还是外地网络都可以得到服务。GTP 的发展可以满足这样的部署需求，以至于成为全球移动系统发展的基石。

从表 16-1 所示的传统 GTP 消息结构可以看到，传统的 GTP 是根据蜂窝系统设计的，适用于蜂窝网络。从后文介绍的 GTPv2 消息（见表 16-3）中可以看到 GTP 的演进版本支持更灵活的承载管理，简化和统一的网络设备之间的交互，非 3GPP 接入网络的移动/通用核心功能，更好的容错网络管理，以及网络设备 MME 和服务网关/PDN 网关等的错误恢复处理。

表 16-1　GTPv1 控制面消息（GPRS）

消息类型值（十进制）	消　息	GTP-C
0	留待将来使用，如果接收到该消息，则视为未知消息	
1	回应请求	X
2	回应应答	X
3	不支持的版本	X
4	活跃节点请求	
5	活跃节点应答	
6	重定位请求	
7	重定位应答	
8~15	留待将来使用，如果接收到该消息，则视为未知消息	
16	生成 PDP 上下文请求	X
17	生成 PDP 上下文应答	X
18	更新 PDP 上下文请求	X
19	更新 PDP 上下文应答	X
20	删除 PDP 上下文请求	X
21	删除 PDP 上下文应答	X
22	初始化 PDP 上下文激活请求	X
23	初始化 PDP 上下文激活应答	X
24~25	留待将来使用，如果接收到该消息，则视为未知消息	
26	错误指示	
27	PDU 通知请求	X
28	PDU 通知应答	X
29	PDU 通知拒绝请求	X
30	PDU 通知拒绝应答	X
31	支持扩展头标通知	X
32	为 GPRS 发送路由信息请求	X
33	为 GPRS 发送路由信息应答	X
34	错误报告请求	X
35	错误报告应答	X
36	通知 MS GPRS 出现请求	X
37	通知 MS GPRS 出现应答	X
38~47	留待将来使用，不应该发送。如果接收到，则视为未知消息	
48	身份标识请求	X
49	身份标识应答	X

消息类型值（十进制）	消　息	GTP－C
50	SGSN 上下文请求	X
51	SGSN 上下文应答	X
52	SGSN 上下文确认	X
53	转发重定位请求	X
54	转发重定位应答	X
55	转发重定位完成	X
56	重定位取消请求	X
57	重定位取消应答	X
58	转发 SRNS 上下文	X
59	重定位转发完成确认	X
60	转发 SRNS 上下文确认	X
61～69	留待将来使用，不应该被发送。如果接收到该消息，则视为未知消息	
70	RAN 信息中继	X
71～95	留待将来使用，不应该被发送。如果接收到，则视为未知消息	
96～105	MBMS	X
106～111	留作将来使用，不应该被发送。如果接收到，则视为未知消息	
112～121	MBMS	X
122～127	留待将来使用，不应该被发送。如果接收到，则视为未知消息	
128	MS 信息变更通知请求	X
129	MS 信息变更通知应答	X
130～239	留待将来使用，不应该被发送。如果接收到，则视为未知消息	
240	数据记录传输请求	
241	数据记录传输应答	
242～254	留待将来使用，不应该被发送。如果接收到，则视为未知消息	
255	G－PDU	

GTP 中的关键功能（GTPv1－C）在 GPRS 中就已实现，此处不再赘述。GTPv2－C 中关于 EPS 的扩展功能描述如下：

1）移动管理。支持该功能的消息能够管理移动设备的身份标识，协调一致地管理不同网元设备间的出现/状态信息，在移动终端发生切换、重定位时处理不同设备间的数据传输。消息类型包括转发重定位、上下文请求、身份标识请求、解附着处理。

2）隧道管理。包括用户会话的产生和删除，以及用户建立连接和接受网络服务的过程中承载的产生、修改和删除。另外，下行数据触发的下行数据通告消息，用来寻呼 UE 和为 UE 维护 GTP 隧道，也都属于隧道管理的范畴。简而言之，这些消息使得用户在 PLMN 内或 PLMN 之间移动时保持在网络中的对不同服务的需求。

3）特定服务功能。在 GTPv1 中，主要包括支持与 MBMS 相关的功能。而在 GTPv2 中 MBMS 服务进一步发展，GTPv2 中的相应协议增加了支持会话开始/终止/更新以及相应的回复响应等过程。为支持 CS 回退/SRVCC 过程，如继续/暂停，GTPv2 提供消息支持与 3GPP2 切换优化及非 3GPP 的移动性，如创建转发隧道请求/响应消息。

4）移动终端信息传输。在 GTPv2 中，该功能集成于移动管理功能中，只对 GERAN/UTRAN 接入提供支持。

5）系统维护（路径管理/错误处理/恢复与重建/追踪）。该功能提供网络层功能，用来处理隧道整体的鲁棒性，和在网络实体侧及时从错误中恢复。GTPv1 和 GTPv2 均支持这些相关的消息（如回应请求/应答），但是在 GTPv2 中对错误处理以及恢复过程进行了进一步的功能提升。另外，GTPv2 支持 PDN GW 重启通告消息，用来将 PDN GW 的错误代码告知 MME/SGSN。

从 GTPv1 到 GTPv2 的演变过程中，由于系统不再支持一些相关功能，因此一些消息被逐渐弃用，如与网络发起的 PDP 上下文建立相关的消息。

16.2.1 协议结构

GTPv1 协议结构如图 16-1 所示。从图中可以看到，GTP－C 协议提供了相关消息以支持移动管理、承载管理（隧道管理）、位置管理以及移动终端状态报告。GTPv2 协议与 GTPv1 协议有类似的结构，但是 GTPv2 弃置了一些非系统执行必须的消息集合，在 16.2 节的开始部分已经探讨了这个问题。对于任意一个特定的用户而言，GTP－C 和 GTP－U 隧道总是互相关联的，它们的责任就是在网络中建立连接，从而使用户能够收发数据。表 16-1 是针对 GPRS 的 GTPv1 的控制面的主要消息。

在介绍具体协议细节前，我们首先举例介绍 GTPv1－C 中相关功能的消息信令。表 16-2 举例给出了 SGSN 与 GGSN 之间的消息流。

表 16-2　GPRS 中的 GTPv1 功能性消息

功　能	消　息	实　体	接　口
移动管理	SGSN 上下文请求 转发重定位请求	SGSN－SGSN SGSN－SGSN	Gn Gn
隧道管理	创建 PDP 上下文 更新 PDP 上下文	SGSN－GGSN SGSN－GGSN	Gn/Gp Gn/Gp
路径管理	回应请求	SGSN－GGSN	Gn/Gp

EPS 网络中类似的消息将与接口细节一起详细说明。

GTPv1－U 消息的主要目的是保证上下行用户数据处理的平滑性。其中，包含支持路径管理功能的回应请求/应答消息及提供异常处理的错误指示消息。GTP 实体使用回应请求消息来判断其他 GTP 实体是否存活，错误指示消息可以用于通知其他 GTP 实体对于接收到的用户面数据包没有对应的 EPS 承载（在 GPRS 中是 PDP 上下文）。参照图 16-1，GTP－U 的控制信令承载在 S1－AP 协议（在 MME 和 eNodeB 上使用）和 GTPv2－C 协议（在核心网络实体上使用）之上，以及 RANAP 和 GTPv1/v2－C 协议（在 RNC 和核心网络实体上使用）之上。

接下来我们详细介绍 GTP 隧道及其基本结构。如果读者对协议细节感兴趣，如所有的消息、参数、格式等都可以阅读 GTP－C 协议的 3GPP 规范，推荐阅读的相关规范，如 3GPP TS 29.060（GTPv1）和 TS 29.274（GTPv2－C）。GTP－U 协议的规范定义在 3GPP TS

29. 060 和 TS 29. 281 中。

图 16-3 ~ 图 16-5 所示的是 GTP – C 消息格式。

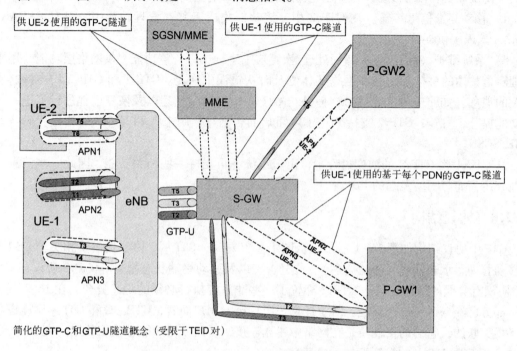

图 16-3　不同实体以及 UE 承载间的 GTP 隧道表示

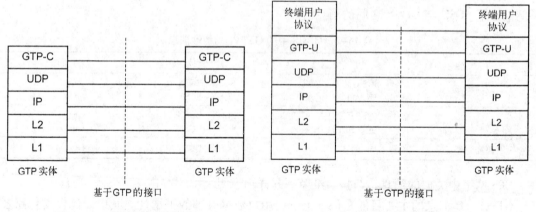

图 16-4　GTP 控制面协议栈　　　　图 16-5　GTP 控制用户协议栈

在理解 GTP 前首先解释一些概念。GTP 是位于 UDP/IP（可以是 IPv4 或 Ipv6）协议之上的隧道协议。GTP 是具有特定隧道定义以及隧道标识的隧道。

GTP 隧道建立于两个 GTP 节点之间，它们通过 GTP 接口进行通信。以本地隧道端点标识（Tunnel Endpoint Identifier，TEID）、IP 地址和 UDP 端口为三元组，唯一地标识了节点上特定的隧道端点。其中，由接收实体分配的 TEID 在通信过程中使用。图 16-3 所示是 EPS 中用 GTP – C 和 GTP – U 隧道表示的例子。

每个节点使用一个 IP 地址和一个 UDP 端口号来标识一条 GTP 路径。一条路径可能由多个 GTP 隧道复用，而在两个支持 GTP 的实体间也可以有多条路径。

GTP 的另一个重要的特性是在回复消息中携带"原因值"。"原因值"不仅包含请求操作的实际状态（同意/拒绝），还提供了利于接收实体做出有效决策的信息。EPS 中的原因值列表可以参考标准 TS 29. 274。

16. 2. 2　控制面（GTPv2 – C）

隧道的建立、使用和拆除是通过 GTP – C 信令的交互所完成的。路径则通过回应消息（keep – alive echo messages）进行管理。GTPv2 – C 的协议栈如图 16-4 所示。

从控制面角度看，每个 GTP – C 隧道的端点都有一个控制面 TEID（TEID – C）。GTP 隧道和 TEID – C 的作用范围由接口和相应的功能决定（如接口是否使用在基于每个终端连接的 S3 接口，还是基于每个 PDN 连接的 S5/S8 接口）：

- 在 GTP 的 S5 和 S8 接口上，TEID – C 是唯一一条基于每个 PDN 连接的。该隧道由所有与 PDN 连接相关的承载的控制消息所共享。当所有 EPS 承载删除后，S5/S8 接口上的 TEID – C 被释放。
- 在每个 S3 和 S10 接口上，每个用户只有一对 TEID – C。所有与 UE 操作相关的控制消息共享该隧道。当 UE 上下文被移除或 UE 断开连接时，S3/S10 接口上的 TEID – C 被释放。
- 在每个 S11 和 S4 接口上，每个用户只有一对 TEID – C。相同的与 UE 操作相关的控制消息共享该隧道。当所有相关的 EPS 承载删除后，S11/S4 接口上的 TEID – C 被释放。

GTP 定义了 EPC 实体间的一系列消息，具体消息可以参考 3GPP TS 29. 274。进一步的细节和最新的信息，可以参照标准的最新版本。EPS 中所使用 GTPv2 协议的消息类型参照表 16-3。

表 16-3　GTPv2 控制面消息（3GPP TS 19. 274）

消息类型值（十进制）	消息	参考标准	初始产生	触发产生
0	预留			
1	回应请求		X	
2	回应应答			X
3	版本不支持指示			X
4 ~ 24	预留给 S101 接口	TS 29. 276		
25 ~ 31	预留给 Sv 接口	TS 29. 280		
SGSN/MME/TWAN/ePDG 到 PGW（S4/S11，S5/S8，S2a，S2b）				
32	创建会话请求		X	
33	创建会话应答			X
36	删除会话请求		X	
37	删除会话应答			X
SGSN/MME 到 PGW（S4/S11，S5/S8）				
34	修改承载请求		X	
35	修改承载应答			X

（续）

消息类型值 （十进制）	消息	参考标准	初始产生	触发产生
	SGSN/MME 到 PGW（S4/S11，S5/S8）			
38	更改通告请求		X	
39	更改通告应答			X
40～63	留待将来使用			
164	恢复通告		X	
165	恢复确认			X
	没有显式回复的消息			
64	修改承载命令（MME/SGSN/TWAN/ePDG 到 PGW – S11/S4，S5/S8，S2a，S2b）		X	
65	修改承载失败指示（PGW 到 MME/SGSN/TWAN/ePDG – S5/S8，S11/S4，S2a，S2b）			X
66	删除承载命令（MME/SGSN 到 PGW – S11/S4，S5/S8）		X	
67	删除承载失败指示（PGW 到 MME/SGSN – S5/S8，S11/S4）			X
68	承载资源命令（MME/SGSN 到 PGW – S11/S4，S5/S8）		X	
69	承载资源失败指示（PGW 到 MME/SGSN – S5/S8，S11/S4）			X
70	下行数据通告失败指示（SGSN/MME 到 SGW – S4/S11）		X	
71	跟踪会话激活（MME/SGSN/TWAN/ePDG 到 PGW – S11/S4，S5/S8，S2a，S2b）		X	
72	跟踪会话失效（MME/SGSN/TWAN/ePDG 到 PGW – S11/S4，S5/S8，S2a，S2b）		X	
73	停止寻呼指示（SGW 到 MME/SGSN – S11/S4）		X	
74～94	保留			
	PGW 到 SGSN/MME/TWAN/ePDG（S5/S8，S4/S11，S2a，S2b）			
95	创建承载请求		X	
96	创建承载应答			
97	更新承载请求		X	
98	更新承载应答			
99	删除承载请求		X	
100	删除承载应答			
	PGW 到 MME，MME 到 PGW，SGW 到 PGW，SGW 到 MME，PGW 到 TWAN/ePDG， TWAN/ePDG 到 PGW（S5/S8，S11，S2a，S2b）			
101	删除 PDN 连接及请求		X	
102	删除 PDN 连接及应答			X
103～107	保留			
	MME 到 MME，SGSN 到 MME，MME 到 SGSN，SGSN 到 SGSN（S3/S10/S16）			
128	身份标识请求		X	
129	身份标识应答			X
130	上下文请求		X	

消息类型值 （十进制）	消息	参考标准	初始产生	触发产生
MME 到 MME，SGSN 到 MME，MME 到 SGSN，SGSN 到 SGSN（S3/S10/S16）				
131	上下文应答			X
132	上下文确认			X
133	转发重定位请求		X	
134	转发重定位应答			X
135	转发重定位完成通告		X	
136	转发重定位完成确认			X
137	转发接入上下文通告		X	
138	转发接入上下文确认			X
139	重定位取消请求		X	
140	重定位取消应答			X
141	配置传输隧道		X	
142～148	保留			
152	RAN 信息中继		X	
SGSN 到 MME，MME 到 SGSN（S3）				
149	解附着指示		X	
150	解附着确认			X
151	CS 寻呼指示		X	
153	告警 MME 通告		X	
154	告警 MME 确认			X
155	UE 存活通告		X	
156	UE 存活确认			X
157～159	保留			
SGSN/MME 到 SGW，SGW 到 MME（S4/S11/S3） SGSN 到 SGSN（S16），SGW 到 PGW（S5/S8）				
162	暂停通告		X	
163	暂停确认			X
SGSN/MME 到 SGW（S4/S11）				
160	创建转发隧道请求		X	
161	创建转发隧道应答			X
166	创建间接数据转发隧道请求		X	
167	创建间接数据转发隧道应答			X
168	删除间接数据转发隧道请求		X	
169	删除间接数据转发隧道应答			X
170	释放接入承载请求		X	
171	释放接入承载应答			X
172～175	保留			

消息类型值 （十进制）	消息	参考标准	初始产生	触发产生
SGW 到 SGSN/MME（S4/S11）				
176	下行数据通告		X	
177	下行数据通告确认			X
179	PGW 重启通告		X	
180	PGW 重启通告确认			X
SGW 到 SGSN（S4）				
178	保留，但在之前版本中已分配	181～199	保留	
200	更新 PDN 连接及请求		X	
201	更新 PDN 连接及应答			X
202～210	保留			
MME 到 SGW（S11）				
211	修改接入承载请求		X	
212	修改接入承载应答			X
213～230	保留			
MBMS GW 到 MME/SGSN（Sm/Sn）				
231	MBMS 会话开始请求		X	
232	MBMS 会话开始应答			X
233	MBMS 会话更新请求		X	
234	MBMS 会话更新应答			X
235	MBMS 会话结束请求		X	
236	MBMS 会话结束应答			X
237～239	保留			
另外				
240～255	保留			

16.2.3 用户平面（GTPv1 – U）

GTP – U 隧道用于承载封装载荷（载荷是通过隧道的原始数据单元），以及在给定的 GTP – U 隧道端点间传输信令消息。GTP 头部携带的 TEID – U 指示了特定载荷所属的隧道，这样在给定的一对隧道端点间，数据包可以基于 GTP – U 协议进行复用和解复用。

在 LTE/EPC 中，GTP – U 隧道通过 S1 – MME 或 GTP – C 协议建立（如 EPS 承载的建立过程），而在 3G 分组核心网中，该隧道通过 RANAP 和 GTP – C 协议建立（如 PDP 上下文激活过程）。GTP – U 的协议栈如图 16-5 所示。

由于 GTP – U 协议有不同的版本，因此当 GTP 端点不支持某个协议版本时，使用的版本不支持指示标志进行指示。

16.2.4　协议格式

如图 16-6 所示，控制面 GTP 使用变长的头标。并且，根据 3GPP TS 29.274，头部长度为 4 字节的整数倍。

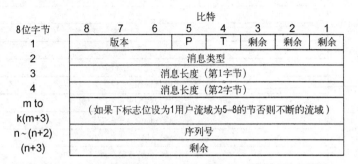

图 16-6　GTPv2 控制面头标格式

GTP-C 头标紧随其后可以包含多个信息元，具体由控制面消息类型决定。GTPv2-C 消息的格式如图 16-7 所示。

8位字节	8	7	6	5	4	3	2	1
1		版本		P	T=1	剩余	剩余	剩余
2				消息类型				
3				消息长度（第1字节）				
4				消息长度（第2字节）				
5				隧道端点标识（第1字节）				
6				隧道端点标识（第2字节）				
7				隧道端点标识（第3字节）				
8				隧道端点标识（第4字节）				
9				序列号（第1字节）				
10				序列号（第2字节）				
11				序列号（第3字节）				
12				剩余				

比特

图 16-7　GTP-C EPC 特定消息头格式

GTPv1-C 使用格式化的扩展头标来实现新参数的添加，而 GTPv2-C 中则通过增加信息元来实现。EPS 中，GTPv2-C 的头标采用图 16-8 所示的格式（EPC 功能性消息的特定头标格式不包含回应类型等）。

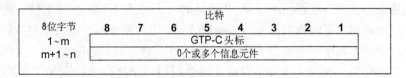

图 16-8　GTP-C 头部

用户面 GTP 头标在 3GPP TS 29.281 中做了规定，图 16-9 给出了一个格式示例。

8位字节	8	7	6	5	4	3	2	1
	比特							
1	版本			PT	(*)	E	S	PN
2	消息类型							
3	长度（第1字节）							
4	长度（第2字节）							
5	隧道端点标识（第1字节）							
6	隧道端点标识（第2字节）							
7	隧道端点标识（第3字节）							
8	隧道端点标识（第4字节）							
9	序列号（第1字节）(1)(4)							
10	序列号（第2字节）(1)(4)							
11	N-PDU数(2)(4)							
12	下一个扩展头标类型(3)(4)							

注：1.(*) 该bit为剩余bit，可以设置为"0"，接收者不需要考虑该bit。
2.(1) 只有在S标志位设置为"1"时该域才需要被考虑。
3.(2) 只有在PN标志位设置为"1"时该域才需要被考虑。
4.(3) 只有在E标志位设置为"1"时该域才需要被考虑。
5.(4) 只有在S、PN、E中的一个或多个被设置时，个人域才会出现。

图 16-9　GTP-U 头部格式

16.3　移动 IP

16.3.1　概述

基本的 IP 协议栈不提供对移动性的支持。如果一个用户设备被分配了一个 IP 地址，则一方面，这个 IP 地址用来标识用户设备，使得发送到这个 IP 地址的数据包就是发往这个用户设备的，另一方面也用来标识用户设备所附着的网络。每一个全局 IP 地址属于一个特定的 IP 子网。通过路由协议连接不同的子网的路由器，可以确保数据包到达 IP 地址所属的子网。如果一个用户设备连接到另一个 IP 子网，则那些以原来的 IP 地址为目的的 IP 数据包将仍被路由到原来的子网，这样使用原来 IP 地址的用户设备将不具有可达性。此外，甚至用户设备在新的子网所发送的数据包中可能会被丢弃，因为路由器或防火墙将执行出口流量过滤策略，导致使用不属于子网的 IP 地址的数据包被丢弃。图 16-10 给出了这样的示例。子网是可能发生变化的，例如，如果用户移动并使用同一个接口连接到另一个网络中（如当一个用户在 WLAN 热点间移动时），或使用另一种接入技术连接到其他网络中（如从使用 3GPP 接入的网络切换到使用 WLAN）。

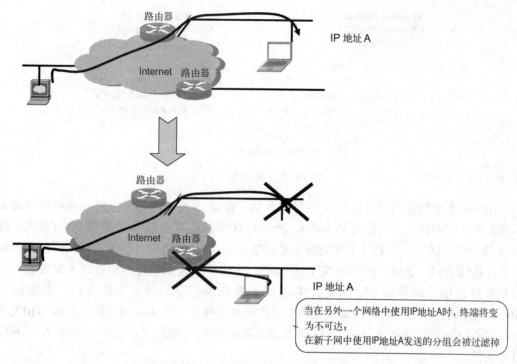

图 16-10　当移动到新子网后，仍使用原 IP 地址的节点将变成不可达

发往用户终端原来 IP 地址的数据包将仍会发往该 IP 地址所对应的旧子网，所以用户需要改变 IP 地址，从对应所连接的新的附着点的 IP 地址范围中获得一个新的 IP 地址。这样在新的附着点的用户终端，由于使用了新地址将保证其自身的可达性。然而，如果用户替换旧 IP 地址为新 IP 地址，则正在进行的 IP 会话将会终止，然后使用新的 IP 地址重启该会话。

移动 IP（MIP）旨在通过提供 IP 层的移动性支持来解决上述问题。移动 IP 允许用户在改变附着点的同时继续使用原来的 IP 地址，并且可以保持 IP 会话的连续性。由于移动 IP 在 IP 层操作，因此它能为不同类型的较低层提供移动性支持。所以，移动 IP 不仅适合为使用相同接入技术的跨不同 IP 网络的移动场景提供移动性支持，也同样不适合跨不同异构接入技术的场景。下面我们将阐释它是怎样实现的。

当用户终端在不同的接入技术之间移动时，EPS 使用移动 IP 来提供 IP 层的移动性。例如，用户终端从一个 3GPP 接入网络移动到一个 WLAN 接入的情况。

移动 IP 是由 IETF 制定的。实际上，IETF 制定了不同的变种来适应 IPv4、IPv6 或两者共存。这些变种之间彼此或多或少具有相关性。移动 IPv4（MIPv4，IETF RFC 3344）适用于 IPv4 网络，也是最先制定的。移动 IPv6（MIPv6，IETF RFC 3775）重用了许多移动 IPv4 中的基本概念，但两者仍存在本质的不同。双栈移动 IPv6（DS－MIPv6，IETF RFC 5555）是为了满足双协议栈 IPv4/IPv6 操作而基于 MIPv6 进行了必要的增强。另外，还有一种基于网络的 MIPv6 版本是代理移动 IPv6（PMIPv6，IETF RFC 5213）。图 16-11 给出了移动 IP 家族树，阐述了不同的移动 IP 的变种以及它们之间关系。此外，还有无数的 RFC 文档对现有方案进行了修订、优化和提升，如对切换性能的提升（未在图 16-11 中列出）。还有一些关于代理移动 IPv4 和双栈移动 IPv4 变种的方案，这里也不做介绍。

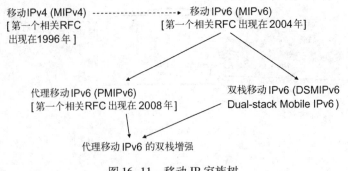

图 16-11　移动 IP 家族树

在一本书中描述出所有移动 IP 变种以及单个移动 IP 变种的各个方面和相应细节通常是不现实的。取而代之，我们对基本移动 IPv6 和双栈移动 IPv6 提供简要概述。PMIPv6 将在16. 4 节介绍。这些是在 EPS 中用到的主要的基于移动 IP 的协议。当然，EPS 也在某种程度上支持移动 IPv4。然而，我们把双栈 MIPv6 和 PMIPv6 当作最为普遍和适应未来发展的，且与 EPS 最为相关的移动 IP。因此，移动 IPv4 将在本章节只做简单的介绍，主要指出和MIPv6 的异同点。对 MIPv6 的描述也将主要集中在那些在 EPS 中应用该协议的最为相关的方面。读者如果希望对移动 IP 的不同性质和选项有更为全面的了解，可以参考专著或相关RFC 文档。

16. 3. 2　基于主机的和基于网络的移动性机制

在进行移动 IP 实现细节的介绍之前，有必要对不同的移动性概念进行简要地描述。正如我们在 6. 4 节所描述的，IP 层的移动性协议大致可以划分为两种基本类型：基于主机的移动性协议和基于网络的移动性协议。移动 IP 是一个基于主机的移动性协议，在该协议中，用户可以检测到移动并且与网络交互移动 IP 信令来保持 IP 层会话的连续性。另一种移动性协议，或说是移动性方案，是基于网络的移动性管理方案。在该方案中，网络可以在用户与网络不存在移动性信令交互时，为用户提供移动性服务，。网络的任务之一是追踪用户的移动和确保在核心网络中执行正确的移动性信令，以达到用户可以在移动时保持会话的目的。将在 16. 4 节中描述的 PMIPv6 是一个基于网络的移动性协议的例子，GTP 也是网络侧移动性的例子。

16. 3. 3　移动 IP 的基本原则

在介绍移动 IP 的机制之前，有必要先给出一些相关术语和概念的描述。本节的描述基本涵盖了通常用到的移动 IP 的相关概念，但是在特定问题上主要还是基于 MIPv6 的，双栈MIPv6 将在后续讲述。尽管 EPC 同时支持 MIPv4（外地代理模式）和提供异构接入方式间移动切换的 DSMIPv6，但就这两者而言，DSMIPv6 是相对更为普遍和适应未来发展的协议。移动 IPv4 在外地代理模式时，EPC 仅支持其与传统 CDMA 和 WiMAX 系统的交互。

如上所述，移动 IP 使得用户设备在使用同一个 IP 地址移动时总是可达的，即使是在不同的子网之间移动。这个 IP 地址称为家乡地址（Home Address，HoA），它是从家乡网络（也被称为家乡链路）的地址空间分配的。

注意，在移动 IP 术语中所说的"家乡网络"与我们在漫游中使用的"家乡网络"（或家乡 PLMN）不同。移动 IP 中的家乡网络是为 UE 分配家乡地址的 IP 网络，是一个与 IP 路由和 IP 拓扑相关的术语。而漫游时所说的"家乡网络"是一个指示本地运营商或企业单位的网络,其中的用户订阅了其所提供的服务。移动 IP 中的家乡网络可以处于家乡 PLMN,也可以处于外地 PLMN,这决定于 P – GW 是处于家乡 PLMN 还是处于外地 PLMN。

在移动 IP 的术语中,移动用户设备被称为移动节点(Mobile Node,MN),但是为了与文中其他章节的术语保持一致,我们在本节将仍然使用用户设备(UE)来指代移动节点。

当用户接入到家乡网络时,可以按照通常的方式使用家乡地址,而不需要移动 IP 的服务。然而,当用户接入到了一个不属于家乡地址拓扑的网络时,这就需要移动 IP 所提供的服务了。在移动 IP 的术语中,用户设备在这种情况下接入的是一个"外地链路"(或称为"外地网络")。

当用户接入到一个外地网络时,会分配给它一个属于该外地网络的 IP 地址。在移动 IP 的术语中,这个地址称为转交地址(Care – of Address,CoA),这个转交地址在拓扑上位于用户现在接入的网络。

在用户设备接入外地网络后,发往转交地址的数据包会到达该用户设备,而发往家乡地址的数据包会到达家乡网络而不是该用户设备。为了解决这个问题,移动 IP 引入了一个称为家乡代理(Home Agent,HA)的网络实体来维护一个转交地址和家乡地址之间的关联。这个家乡代理是一个位于用户设备的家乡网络的路由器(对于 EPS,家乡代理在功能上是位于 P – GW 上的)。家乡地址和转交地址之间的这种关联被称为绑定。当用户设备附着到外地链路时,会通知家乡代理它现在的附着点(即现在的本地 IP 地址,也就是转交地址)。之后,家乡代理拦截以家乡地址作为目的地址从而路由到家乡网络的数据包,并将这些数据包通过隧道转发到用户设备现在的位置,即它的转交地址。

这种行为,至少对于下行的数据包来说,类似于当一个家庭从一个城市搬到另外一个时信件转发的场景。原城市的邮局会被告知这个家庭的新地址,当有邮件发到原来的城市时,邮局会"拦截"这些信件,并将信件封装在一个标明该家庭新地址的信封中,并转发出去。但是,这个对比并不适用于上行的数据包。在移动 IP 的场景中,上行的数据包也是通过家乡网路中的家乡代理来发送的,而在刚才的那个例子中,如果家庭想要寄邮件可以直接使用新的地址而不需要通过原城市的邮局进行转发。移动 IP 基本原理有一个例外情况,对于移动 IPv6 的路由优化(Route Optimization,RO)来说,数据流不需要经由家乡代理进行发送。但是 EPS 中还不支持路由优化功能,因此下文中我们只对其进行简单介绍。

在详细介绍移动 IPv6 的工作原理之前,这里首先介绍一下移动 IPv6 架构中的通信对端(Correspondent Node,CN)。它是一个与用户终端进行通信的 IP 节点,举例来说,通信对端可以是支持移动 IP 的用户终端、正在通信的服务器或其他用户终端等,且它不需要支持移动 IP 功能。

下面将通过一个例子的实现过程来详细介绍基本移动 IP 的操作,包括绑定的创建以及更新等过程。

1. 引导过程

当用户设备打开电源后,会连接一个网络并获得一个本地网络的 IP 地址,这个 IP 地址就成为该用户设备的转交地址。为了利用移动 IP,用户需要知道家乡代理的 IP 地址并获得一个家乡地址(HoA)。产生这些信息的过程被称为引导过程。尽管这些信息可能在用户设备和家乡代理中被预先静态配置了,但是在很多情况下动态地创建这些信息是有好处的,尤其是在有大量订阅用户的 EPS 部署时，不能很好地、规模化地预先配置用户信息，对于运营商来说将会很难管理。因此，有必要采用动态引导机制。

支持 MIPv6 的用户设备也需要判断是否需要使用移动 IP 服务。用户终端可以通过执行家乡链路检测过程来判别它是接在一个家乡链路还是外地链路。

存在一些不同方法的关于用户设备如何发现一个合适的家乡代理 IP 地址的方法。当然，EPS 支持不同的过程来实现将家乡代理的 IP 地址提供给用户设备。用户设备可以通过 DNS 解析来发现家乡代理的 IP 地址，也可以根据它使用的接入技术使用不同的方法来获得该信息，详见 9.2.6 节。

一旦用户设备知道了家乡代理的 IP 地址，就可以联系家乡代理从而建立安全关联。移动 IPv6 使用 IPSec 来保护移动 IPv6 的信令消息，以及使用 IKEv2 来建立 IPSec 安全关联。在 IKEv2 过程中，用户终端和家乡代理执行双向认证过程，家乡代理可以将分配的家乡地址发送给用户终端。请参考 16.3.4 节中关于移动 IPv6 安全的相关方面。

当用户终端得到它的家乡地址时，用户设备执行家乡链路检测过程从而判断家乡地址是否在链路上，例如，判断家乡地址是否属于用户终端当前附着的本地网络。如果用户终端是连接在家乡网络的，那么就不需要移动 IP 服务。用户终端可以按照通常的方式使用家乡地址。

2. 注册过程

当用户设备接入到一个外地网络时，就需要通知家乡代理现在的转交地址。用户设备通过给家乡代理发送一个移动 IP 绑定更新（BU）消息来实现这个功能。移动 IP 绑定更新消息由预先建立的 IPsec SA 来提供保护，该消息中包含了家乡地址和转交地址对。家乡代理维护一个包含了每个用户设备在其注册的家乡地址和转交地址对的绑定缓存。当家乡代理收到新的用户设备的绑定更新消息时，就在绑定缓存中创建一个新的条目，并回复一个绑定确认（BA）消息给用户设备。移动 IPv6 的注册过程如图 16-12 所示。与 DSMIPv6 相关的初始附着过程介绍请参见 17.6.5 节和 17.6.6 节。

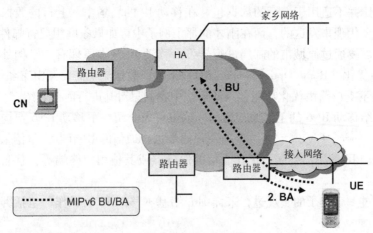

图 16-12 节点通过发送绑定更新消息注册到家乡代理

3. 数据包路由

当用户设备接入了一个外地网络且在家乡代理中创建了一个绑定缓存表后，家乡代理拦截所有目的地址是用户设备家乡地址的去往家乡网络的数据包，将这些数据包用新的 IP 头封装，并转发往用户设备的转交地址。当用户设备接收到数据包时，按照正常的方式解封装并进行处理。当用户设备发送数据时，用户设备通过隧道将数据包发给家乡代理，家乡代理解封装数据包并将其发往最终的地址。图 16-13 给出了用户设备和家乡代理之间双向隧道承载数据包的图例。

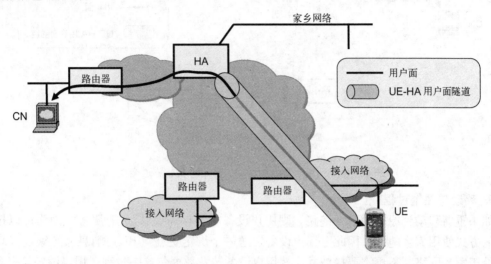

图 16-13　用户设备和家乡代理之间基于双向隧道的用户平面

用户设备可以直接发送上行数据包到目的地而不用使用双向隧道，将数据包先发送到家乡代理。但是这将带来"三角路由"的问题，因为下行数据包将经过家乡代理被转发到家乡网络，而上行数据包不用经过家乡代理直接转发到最终目的地址。移动 IPv6 总是使用双向隧道而移动 IPv4 同时允许三角路由和双向隧道（称为移动 IPv4 反向隧道）。还有一点需要注意的是，移动 IPv6 考虑到了路由优化的问题。在路由优化中，用户平面的上行数据和下行数据都可以不经过家乡代理而直接在用户设备和通信对端之间传输。尽管在 EPS 中并不使用路由优化，但我们将在 16.3.7 节做简单介绍。

4. 绑定生存期扩展

家乡代理中的家乡地址和转交地址的绑定有确定的生存期。除非在生存期到达之前得到更新，否则家乡代理会移除这个绑定。这种操作可以用来清除那些已经不附着在网络上的但是没有正确删除的绑定。为了使终端能够刷新绑定，终端会在生存期到达之前发送一个新的绑定更新消息（BU）。

5. 移动与绑定的更新

当用户设备移动到一个不同的附着点并得到一个新的本地 IP 地址时，该用户设备会再次执行家乡链路检查从而判断是否连接在一个家乡链路中。当用户设备检查出它移动到了另外一个外地网络时，用户设备需要将从新的网络中所获得的新的转交地址通知给家乡代理。如果不这样做，则家乡代理将依然会将数据包转发到用户设备之前所接入的外地网络。所以，用户设备需要发送一个包含家乡地址和新的转交地址对的绑定更新消息给家乡代理。家乡代理在收到绑定更新消息后，更新绑定缓存表中用户设备家乡地址所对应的转交地址为新的转交地址，并开始转发数据包到新的转交地址。移动过程、移动 IPv6 的绑定更新/绑定应答信令以及新的用户平面隧道，在图 16-14 中给出了示例。

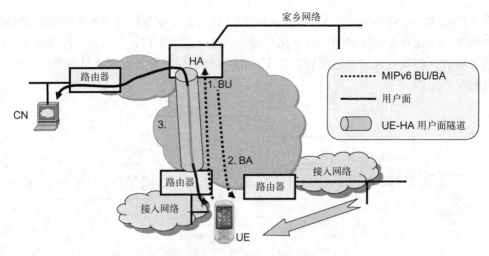

图 16-14　到新附着点的移动、绑定更新、隧道交换

6. 移动与注销过程

如果重新移动到原来的家乡链路，则用户设备就不再需要移动 IP 服务，因为可以按照通常的方式使用家乡地址。因此，用户设备发送一个绑定更新（BU）消息通知家乡代理它现在处于家乡网络，不再需要拦截并代替用户设备转发数据包这一过程。用户设备与家乡代理之间的隧道也会被移除。在 EPS 中，用户设备在使用 3GPP 接入时总被当作在其家乡链路中，所以当用户设备从一个使用 S2c 接口的非 3GPP 接入移动到一个 3GPP 接入的网络时，就会需要注销过程，如图 16-15 所示。

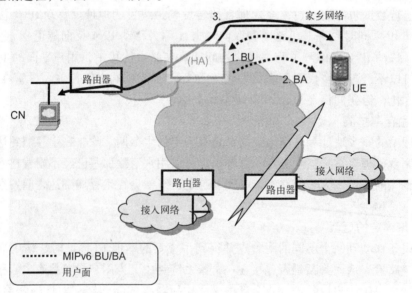

图 16-15　返回家乡过程

7. 绑定撤销

当用户设备位于一个外地链路，且在家乡代理有相应的绑定注册时，家乡代理仍会因一些特定的原因而终止移动 IP 会话。举例来说，这种情况可能是用户设备不再被授权而使用移动 IP 服务。那么家乡代理可以给用户设备发送一个绑定撤销指示（BRI），用户设备回复

绑定撤销确认（BRA）消息给家乡代理，随后移动 IP 会话就结束了。BRI 和 BRA 消息在 IETF RFC 5864 中定义。

16.3.4　移动 IPv6 的安全性

移动 IP 信令在用户设备和家乡代理之间传输，确保信令得到恰当的保护十分重要。移动 IPv4 和移动 IPv6 使用不同的安全解决方案，与本节接下来的部分一致，这里我们也将只关注 IPv6。

甚至对于移动 IPv6 来说，也存在不同的安全解决方案。移动 IPv6 需要通过 IPsec 来保护用户设备和家乡代理之间交互的绑定更新和绑定确认消息。起初，移动 IPv6 安全是基于旧的 IPsec 架构的，使用手动配置或 IKEv1 来创建 IPsec 安全关联（更多关于 IPsec 的信息参见 16.9 节）。这些在 IETF RFC 3775 和 IETF RFC 3776 中有描述。最近，移动 IPv6 规范做了相应的更新，支持修订的 IPsec 架构和 IKEv2。移动 IPv6 中采用修订的 IPSec 架构的规范在 IETF RFC 4877 中有介绍。

用户设备和家乡代理都需要能支持传输模式的 ESP 来保护绑定更新和绑定确认消息。强制进行完整性保护，但是加密是可选的。

作为基于 IPsec 的安全解决方案的补充，IETF RFC 4285 提出了一种可供选择的安全机制。作为代替 IPsec，该方案通过在移动 IPv6 信令中增加消息认证移动性选项来实现。该方案用于基于 3GPP2 标准的网络中。这样做的目的在于，它比基于 IPsec 的解决方案更加轻量化，并且可以在特定的 3GPP2 部署中提供足够的安全性。然而，对于基于 EPS 的系统，只支持基于 IKEv2 的安全方案。

更多关于 EPS 中移动 IP 安全的细节，可以参考 15.5 节中关于 S2c 接口的描述。

16.3.5　包格式

1. 移动 IP 信令（控制平面）

为了有助于理解移动 IPv6 的包格式，有必要重提一下 IPv6 头标的一些基本知识。IPv6 中定义了一些扩展头标用来承载一些 IP 分组的"选项"。这些选项如果存在，则将跟随在 IPv6 头标的后面，而在上层协议头标（如 TCP 或 UDP 头标）的前面。作为扩展头标之一，逐跳头标包含了发往路径上每个路由器的信息。因此，该头标需要经过路径上的每个路由器的检测。然而，一般而言，扩展头标只包含发往目的地址的信息，因此也只需要目的节点进行相应的处理。举两个例子，ESP 头标（IPsec 中的）和分片头标（如果数据包需要分片）是包含去往目的地址的信息的两个扩展头标。这两个扩展头标是有明确的目的而定义的。另一种提供选项给最终目的节点的方式是使用目的地选项扩展头标，该头标可以包含数目不定的选项。图 16-16 所示的是一个 IPv6 分组，包含"主"头标、扩展头标以及载荷。

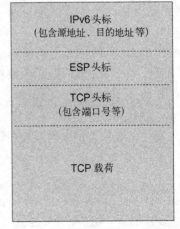

图 16-16　IPv6 分组示例：包含主 IPv6 头标、扩展头标和负载以及上层头标和载荷

移动 IPv6 定义了一个新的扩展头标，称为移动头标（MH），用来承载移动 IPv6 消息，包括绑定更新和绑定确认，所有的移动 IPv6 消息都被定义为移动头标的类型。移动头标的格式如图 16–17 所示。

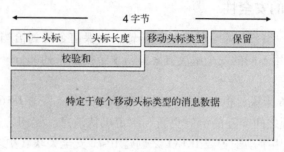

图 16–17　移动头标格式

下一头标和头标长度域没有在移动头标中指定，但存在于所有的扩展头标中。下一个头标域指示了紧跟在当前头标之后的头标的类型（如扩展头标或上层头标）。头标长度域指示了当前头标的长度。移动头标类型域指示了属于何种移动 IPv6，如绑定更新、绑定确认、绑定撤销指示和绑定错误等。校验和域包含了覆盖移动头标的检验和。消息数据部分包含了不同的消息所特有的信息（见下文所述）。

这就表明移动 IPv6 消息是作为 IPv6 的头标信息的部分，而不是 IPv6 分组的载荷。这与移动 IPv4 的情况有所不同，在移动 IPv4 中，这些信息是采用 UDP 进行封装的，包含在 IPv4 分组的载荷中。

移动 IPv6 也定义了其他 IPv6 头标域。在目的地选项头标中有一个新的选项用来承载家乡地址。移动 IPv6 还定义了一个新的路由头标变种（路由头标类型 2）以及一些新的 ICMPv6 消息。接下来我们将介绍绑定更新和绑定确认消息。然而，本书的目的不是要介绍所有的移动 IPv6 消息和头标，如果有兴趣，读者可以参考 IETF RFC 3775。

图 16–18 给出了绑定更新消息图示，包含 IPv6 主头标、ESP 头标（用来保护当前消息）、一个包含家乡地址的目的地选项头标，以及绑定更新移动头标。绑定更新移动头标详见图 16–19。

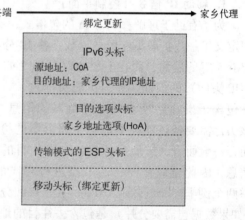

图 16–18　绑定更新消息

如图 16–19 所示，绑定更新移动头标中的 A、H、L、K、M、R、P 及 F 域有不同目的的标志位，其中，P 在代理移动 IPv6（PMIPv6）协议中使用（在 16.4 节中可以看到）。序列号是接收者用来判断用户设备所发送的多个绑定更新消息的顺序。引入序列号是很有用的，举个例子，用户设备在不同的接入点之间快速移动并在较短的时间间隔内发送多个绑定更新消息。生存时间是绑定到期之前剩余的时间。移动选项域可能包含一些附加的选项，如替换转交地址移动选项。转交地址是作为绑定更新消息的源地址，但是包含在转交地址移动选项中，即通过 ESP（ESP 传输模

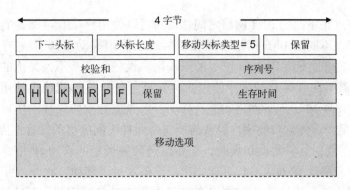

图 16-19　绑定更新消息的移动头标

式不保护 IP 头标）加以保护。作为绑定更新的应答，家乡代理会发送一个绑定确认消息。图 16-20 给出了绑定确认消息的图标，包含 IPv6 主头标、ESP 头标（处于保护消息的目的），以及包含家乡地址的类型 2 路由头标和绑定确认移动头标。

绑定确认消息的移动头标如图 16-21 所示，其中状态域指示了绑定更新的结果。

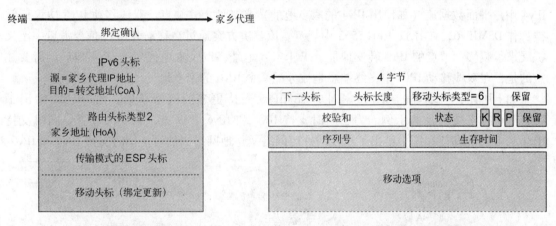

图 16-20　绑定确认消息　　　　　图 16-21　绑定确认消息的移动头标

绑定确认消息中的序列号的设定要求与接收到绑定更新中设定要求的相同，这就使得移动 IP 客户端可以匹配更新和相应的确认。生存期是家乡代理所授予的到绑定到期为止的时间。为了维护家乡代理中的绑定，用户设备必须在绑定到期之前，通过给家乡代理发送一个新的绑定更新消息来进行更新。

2. 用户平面

当移动 IPv6 会话建立起来后，所有发往家乡地址的用户平面的分组都将通过用户设备和家乡代理之间的隧道发往用户设备（除了在使用路由优化的情况下，见 16.3.7 节）。这里的隧道技术是通过 IETF RFC 2473 中所定义的 IPv6 封装来实现的。然而，需要注意的是，其中使用的是双栈版本的移动 IPv6 中的封装协议定义。

16.3.6　双栈操作

前文描述了基本的移动 IPv6，但它是为 IPv6 而设计的，因此只支持 IPv6 数据流和 IPv6 网络。与之对应，移动 IPv4 是为 IPv4 设计的，因此只支持 IPv4 数据流和 IPv4 网络。一个只支持 IPv4 的节点在不同的 IPv4 网络之间移动时可以使用移动 IPv4 来进行连接性管理，只支持 IPv6 的节点在不同的 IPv6 网络之间移动时可以使用移动 IPv6 来进行连接性管理。但是，这种处理对于同时支持 IPv4 和 IPv6 的双栈用户设备而言并不是最优的，因为在这种情况下，用户设备需要在 IPv4 协议栈中使用移动 IPv4，在 IPv6 协议栈中使用移动 IPv6，从而也就可以支持在 IPv4 和 IPv6 子网之间进行移动。对于支持双协议栈的用户设备来说，这种解决方案存在不足。首先，双栈用户设备需要支持两种不同的移动性管理协议，从而增加用户设备的复杂性。同时，在每次切换时，需要发送两种类型的移动 IP 信令消息来分别向移动 IPv4 家乡代理和移动 IPv6 家乡代理通知用户设备发生了移动。此外，由于移动 IPv4 需要一个 IPv4 的转交地址，移动 IPv6 需要一个 IPv6 的转交地址，因此所有的接入网络都需要支持双协议栈，从而可以同时为 IPv4 和 IPv6 会话提供移动性支持。例如，当一个双协议栈的用户设备通过 IPv4 网络进行访问时，将不能为 IPv6 应用提供连接性管理，反之亦然。对于运营商来说，这种应用场景也存在缺陷，因为他们需要在同一个网络中运行并维持两种移动性管理系统。

移动 IPv6 的双栈扩展通过增强协议来支持 IPv4 接入网络（如 IPv4 的转交地址）以及 IPv4 用户平面数据流（如使用 IPv4 的家乡地址）来避免上述缺点。双栈移动 IPv6 协议通常被称作 DSMIPv6，在 IETF RFC 5555 中规范。该解决方案通过在移动 IPv6 的信令消息中定义扩展来承载移动节点的 IPv4 转交地址、IPv4 家乡地址，以及家乡代理的 IPv4 地址。需要注意的是，在双栈移动 IPv6 中，终端总是被分配一个 IPv6 的家乡地址。

如上所述，与基本的 MIPv6 相比，DSMIPv6 支持更多的网络场景。图 16-22 给出了 DSMIPv6 所支持场景的示例。为了同时支持 IPv4 和 IPv6 数据流，家乡代理需要同时支持 IPv4 和 IPv6。即使在图中给出了单栈的外地网络，外地网络当然可能同时支持 IPv4 和 IPv6。

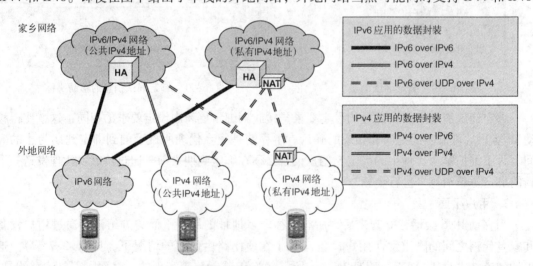

图 16-22　DSMIPv6 所适用的网络应用场景

对于同时支持的后一种情况，终端应当优先使用一个 IPv6 转交地址。

在本章的前面小节解释过，所有的 MIPv6 消息都被定义成一个普通的 IPv6 分组（使用 IPv6 扩展头标等）。在一个只支持 IPv4 的外地网络中，用户设备只能获得一个 IPv4 的转交地址和发送 IPv4 分组。为了给家乡代理发送一个 MIPv6 消息，MIPv6 分组必须封装在 IPv4 分组中，并发送到家乡代理的 IPv4 地址。图 16-23 给出了一个只支持 IPv4 的外地网络中的绑定更新（BU）消息的例子。为了支持私有 IPv4 地址和 NAT 穿越，可以使用 UDP 封装。

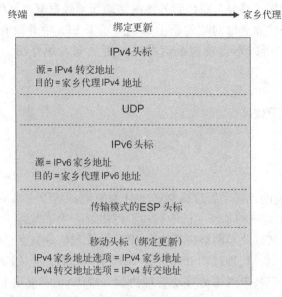

图 16-23　使用 IPv4 转交地址的 DSMIPv6 绑定更新消息

　　另外，需要有额外的用户平面的隧道格式来支持 IPv4 用户数据和只支持 IPv4 的外地网络。依据外地网络的 IP 协议版本，IPv4 或 IPv6 用户平面数据封装在 IPv4 或 IPv6 中。此外，为了支持私有 IP 地址和 NAT 映射，需要支持 UDP 封装。不同场景的用户数据的隧道格式如图 16-22 所示。

16.3.7　额外的 MIPv6 特性——路由优化

　　MIPv6 是一个相当宽泛的协议，迄今为止我们只对一些主要的功能进行了概括性的介绍。前文只简单提到了路由优化（Route Optimization，RO）这个特性。路由优化是在 MIPv6 中支持的，但是在 MIPv4 中并不能使用。它是用户设备和家乡代理之间双向隧道的一个替代方案。通过使用路由优化，用户平面的数据流可以在用户设备和通信对端之间直接发送而不需要经过家乡代理。

　　EPS 并不支持路由优化，这主要基于不同的原因考虑：在 EPS 中，家乡代理位于分组数据网网关中，往往总是假设用户数据流一定是通过某个分组数据网网关进行传输的，而分组数据网网关是承担计费、策略执行以及合法的数据包拦截的网络实体。此外，MIPv6 路由优化只能用于 IPv6 数据流以及 IPv6 外地网络，即使在使用 DSMIPv6 时。EPS 中提供其他的解决方法来保证路由效率。例如，在漫游的场景下分配一个位于外地 PLMN 中的分组数据网网关，这样可以避免所有的用户数据平面的数据流传输到家乡 PLMN。当然，EPS 中的分组数据网网关选择功能对路由也有影响，如通过选择一个在地理位置上离用户设备近的分组数据网网关。

　　MIPv6 路由优化允许用户设备向一个通信对端通知现在的转交地址。用户设备只需要发送一个绑定更新消息给通信对端，作为响应，通信对端创建一个家乡地址和转交地址之间的绑定。当通信对端向指定的 IP 地址发送分组时，将检查绑定中是否存在匹配该 IP 地址（一个家乡地址）的表项。如果存在匹配，那么通信对端可以通过使用转交地址与用户设备通信。通信对端发送的数据流将直接路由到外地网络而无须经过家乡网络。MIPv6 定义了特殊的消息以及安全机制来建立通信对端的路由绑定。鉴于 EPS 中并没有使用路由优化以及这是一本关于 EPS 的书，所以不会就这个话题进行更加深入地介绍，如果有兴趣可以参考 IETF RFC 3775。

16.4 代理移动 IPv6

16.4.1 概述

如 16.3 小节中所述的，移动管理机制通常分为两类：基于主机的和基于网络的。前面章节所描述的移动 IPv6 是一种基于主机的移动管理协议。为了维持 IP 层会话的连续性，用户设备能够执行移动检测以及与网络一起执行 IP 移动管理信令交互过程。

与 MIPv6 的目的类似，代理移动 IPv6（在 IETF RFC 5213 定义）也是为了实现 IP 层会话的连续性，但是它属于基于网络的移动管理协议。PMIPv6 中重用了 MIPv6 中很多已定义的概念和分组格式。它与 MIPv6 相比最大的不同点在于，PMIPv6 中的用户终端无须移动 IP，不需要参与 IP 移动管理的信令交互。事实上，PMIPv6 的一个重要目的就是使那些没有移动 IP 客户端功能的用户终端也能实现 IP 层移动性支持。作为 MIPv6 中用户终端相应功能的替代，在 PMIPv6 中，网络侧的移动代理负责跟踪 UE 的移动以及执行 IP 移动管理信令。因此，称之为代理移动 IPv6。

因为 PMIPv6 重用了 MIPv6 中很多部分，如分组格式，因此在本节中所描述的 PMIPv6，很大程度上建立在 16.3 节的 MIPv6 描述的基础上。

PMIPv6 使用在 S2a 和 S2b 接口上，S5/S8 接口可以作为协议的替代选择。在之前的章节中已经描述过 EPS 中使用 PMIPv6 时的特定方面，如考虑到 EPS 承载（见 6.3 节）、移动性（见 6.4 节）和策略和计费控制（见 8.2 节）等。对于更多有关基于 PMIP 的接口细节，请参照第 15 章。接下来，我们将会具体描述 PMIPv6 协议。

16.4.2 基本流程

PMIPv6 引入了两个新的网络实体：移动接入网关（Mobility Access Gateway，MAG）和本地移动代理（Local Mobility Anchor，LMA）。MAG 是作为移动 IP 客户端代替 UE 执行移动管理功能的移动代理。LMA 则是移动锚点，与 MIPv6 中家乡代理的功能类似，维护用户设备的家乡地址与当前的附着点之间的绑定。PMIPv6 架构如图 16-24 所示。

MAG 主要负责检测 UE 的移动以及 IP 移动管理信令的初始化。除此之外，MAG 同时承担"模拟"UE 的家乡网络的任务，如确保 UE 即使在更改附着点后也检测不到网络层接入的任何改变。

UE 在移动后，依然需要分配到与切换前相同的 IP 地址以及其他 IP 配置参数。而且，移动后的目标 MAG 需要进行其他参数的更新，如使用与当前 MAG 所使用的相同的链路本

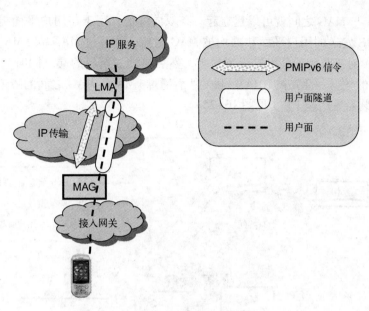

图 16-24　代理移动 IPv6

地地址，这使得 UE 即使在移动后依然感觉处于原来的本地网络中。我们将通过一个场景的例子来介绍这是如何工作的。

接下来，我们将提供一个 PMIPv6 如何工作和能够在网络中使用的例子。

当 UE 连接到一个接入网络时，它首先需要执行接入认证和授权。在接入认证过程中，UE 需要提供其用户标识（如 EPS 中的 IMSI），从而完成安全认证，建立起安全性保护。当 UE 成功接入到该网络后，可以通过 DHCP 方式获得 IP 地址。需要注意的是，UE 和 MAG 间信令交互的细节很大程度上依赖于 UE 接入方式，例如，在不同的接入系统中，接入认证过程和 IP 地址的分配采用不同的方式。更多有关接入过程的细节请参考 6.3 节和第 7 章。

处于接入网的 MAG 向 LMA 发起 PMIPv6 信令交互，用来向 LMA 通知该用户当前的附着点。在此之前，MAG 首先需要选择合适的 LMA（这类似于移动 IP 中 UE 如何选择合适的 HA）。当在 EPS 中使用 PMIPv6 时，MAG 利用 DNS 来解析接入点名称，从而完成 LMA 发现过程。更多关于 LMA 发现的细节见第 9 章。在 IETFRFC 5213 中同样也描述了 MAG 发现合适 LMA 的一些方法。

一旦选择了合适的 LMA，MAG 就发送代理绑定更新消息给该 LMA。PBU 消息中包含了 UE 当前转交地址，即当前接入 MAG 的 IP 地址。LMA 收到该 PBU 消息后，增加一条 UE 的家乡地址（HoA）与转交地址之间的关联（绑定），此过程类似于移动 IPv6 中家乡代理增加转交地址和家乡地址之间的绑定。但有所区别的是，PMIPv6 中用户终端并不知道代理转交地址的存在。

在完成绑定更新后，LMA 会回复一个代理绑定确认（Proxy Binding Acknowledgement，PBA）消息至 MAG，该消息包含了分配给用户终端的 IPv6 前缀信息（在后面所讨论的双栈协议中，PBA 还包含 IPv4 前缀信息）。同时，PBA 中还携带其他与家乡网络相关的 IP 参数，如 MAG 的 IPv6 链路本地地址。通过接收到 PBA 消息，MAG 可以获得分配给 UE 的 IP 地址/前缀（如使用 DHCP）。

这样，LMA 与 MAG 之间就可以建立起一条双向隧道，用于在用户平面提供 UE 的数据传输。所有由 UE 发送的用户平面数据均被 MAG 拦截，并通过 MAG 和 LMA 之间的隧道转发至 LMA。LMA 对接收到的分组进行解封装，然后再转发至目的端。同时，对于所有发送至 UE 家乡地址的数据，会先被 LMA 拦截，然后通过 LMA 和 MAG 之间的隧道转发至 MAG，在 MAG 处解封装后发送至 UE（见图 16-25）。

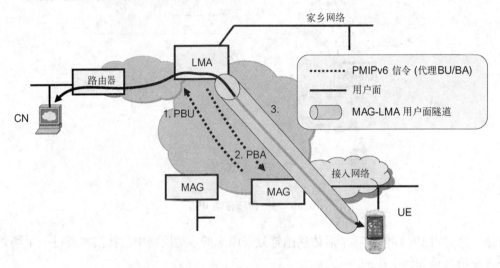

图 16-25　PMIPv6 中的 UE 数据传输

对于 UE 而言，就好像它真实地连接到家乡网络，因为用户终端始终保持相同的 IP 地址（HoA）以及与家庭网络相关的其他 IP 参数。MAG "模拟" 了 UE 的家乡链路，使得 UE 可以保持 IP 会话的连续性，而不管 UE 是否连接到家乡网络。与使用 PMIP 的附着流程相关的更多细节见 17.2 节。

当 UE 移动并且接入到另一接入网时（无论是相同的还是不同的接入技术），首先会再次执行接入附着过程。新的接入网络中的 MAG 将检测到 UE 的附着。为了保证会话的连续性，新的 MAG 发送 PBU 消息至 LMA 以告知新的转交地址（新 MAG 的地址），从而更新绑定。LMA 更新相应的绑定，并回复一个 PBA 消息至 MAG，该 PBA 消息中包含家乡地址以及其他参数。这样，MAG 将分配与原有接入网络相同的 IP 地址（HoA），用户平面的隧道也移到新的 MAG 处。UE 现在依然认为自己连接在家乡网络中，这样即使在更换了附着点后也仍可以继续使用 HoA 通信，如图 16-26 所示。

更多关于 EPS 中 PMIPv6 移动切换流程的细节，见 17.7 节。

当由于某些原因，LMA 想要切断终端连接时，它会发送绑定撤销指示（Binding Revocation Indication，BRI）消息给 MAG。MAG 收到该消息后，会移除与移动相关的上下文，断开终端的连接，并返回绑定撤销确认（Binding Revocation Acknowledgement，BRA）消息给 LMA。BRI 和 BRA 消息的格式在 MIPv6 和 PMIPv6 中是相同的（见 IETF RFC 5846）。

需要注意的是，上述例子中 UE 与 MAG 之间的信令流程依赖于 UE 所接入的网络。与 MIPv6 不同，UE 与网络之间不存在 IP 层的移动信令交互。PMIPv6 使用在网络内部，用来提供会话的建立、修改和移除，以及为接入网络中的 MAG 提供家乡网络信息（如 HoA）。这样，MAG 可以通过分配与家乡网络中所分配地址相同的 IP 层参数来 "模拟" 家乡网络，

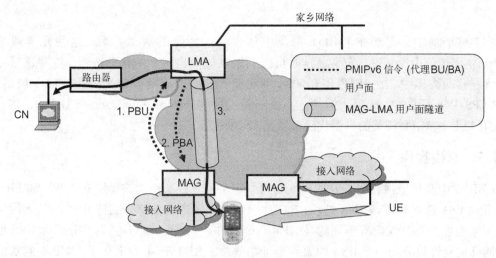

图 16-26　PMIPv6 移动切换

因此 UE 将不能感知网络拓扑的变化。MAG 和 LMA 之间的用户平面隧道使得 UE 可以从使用 PMIPv6 的任何接入链路使用 HoA。

16.4.3　PMIPv6 安全

PMIPv6 是一种基于网络的移动管理协议，与基于主机的 MIPv6 相比，具有不同的安全需求。

在 PMIPv6 中，MAG 代替附着于其网络的 UE 参与移动信令交互。

在 UE 发起 PMIPv6 信令之前，PMIPv6 需要执行正确的接入认证和授权过程，从而确保在 UE 与 MAG 之间具有可信的连接。一旦没有这种可信的连接，恶意的 UE 可能会触发 MAG 代替其他用户来执行移动信令交互。更多关于接入安全的细节参见第 7 章。

同时，PMIPv6 信令本身也需要进行保护。在关于 PMIPv6 的 RFC 文档中支持利用 IPsec（支持完整性保护的 ESP 传输模式）来保护 MAG 与 LMA 之间的 PMIPv6 信令交互。除 IPsec 外，也可以使用其他的安全机制，这依赖于相关的网络部署。在 EPS 中，通常采用基于 IP 的网络域安全体系（NDS/IP）来保护网络节点间的信令消息。同样，它也被用来保护 EPS 中 PMIPv6 信令的安全。更多细节，见 7.4 节中 NDS/IP 的简要描述。

16.4.4　PMIPv6 数据包格式

之前提到过，PMIPv6 继承了 MIPv6 的很多概念，包括分组格式等。PBU 和 PBA 消息的格式与 MIPv6 中 BU 和 BA 消息的格式大致相同，唯一的区别是引入了标志位 P，用来指示是关于 PMIPv6 代理注册的。更多有关 BU 和 BA 消息格式的细节，见 16.3.5 节。同时，PMIPv6 中，在 PBU 和 PBA 消息中还引入了新的移动选项，具体细节参见 IETF RFC 5213。

在 MAG 和 LMA 之间，通过双向隧道进行用户平面的数据通信。根据具体的部署，这些隧道可以被每个 UE 独立占有或被多个 UE 共享使用。它们可以在网络中的 MAG 和 LMA 上进行静态配置，或被动态地建立和拆除。在 IETF RFC 2473 中，MAG 和 LMA 利用 IPv6 封装技术来实现隧道，而 IETF RFC 5845 也支持利用 GRE 隧道技术。EPS 中就利用了 GRE 隧道技术，其中，GRE 的 Key 域（Key Field）被用来唯一标识一个特定的 PDN 连接（见 16.6

节）。

在某些场景中，需要在 PMIPv6 消息中包含一些特殊的消息元素，这些元素通常在 PMIPv6 主要规范中没有进行定义。这时可以利用供应商自定义的移动选项，这些选项可以被包含在移动头标中。在 IETF RFC 5094 中定义了这些供应商自定义的选项的一般格式。3GPP EPS 中使用了这些选项，例如，协议配置选项（Protocol Configuration Option，PCO）、付费 ID 以及与 3GPP 相关的错误代码，详见 TS 29.275。

16.4.5 双栈操作

PMIPv6 中双栈增强利用了 DSMIPv6 协议中定义的双栈属性。该操作下，PBU 和 PBA 包含了 IPv4 CoA 选项和 IPv4 HoA 选项，这使得 PMIPv6 同样也支持只支持 IPv4 的接入网络和 IPv4 家乡地址。与 DSMIPv6 不同的是，PMIPv6 中的家乡地址并不是强制被分配为 IPv6 地址的，同样也允许只分配一个 IPv4 的家乡地址给终端。RFC 5844 中定义了 PMIPv6 的双栈扩展。与 DSMIPv6 操作方式类似，当使用 PMIPv6 通过 IPv4 网络中时，PMIPv6 的信令消息会被封装成 IPv4 分组。依赖于具体的网络场景，MAG 和 LMA 之间用户平面的隧道封装可以基于 IPv6、IPv4、UDP - over - IPv4 或 GRE - over - IPv4 \ IPv6。所以，如上文所述，EPS 利用的是基于 IPv4 或 IPv6 传输的 GRE 隧道。图 16-27 中给出了 PMIPv6 双栈场景。需要注意的是，接入网络也可以只支持 IPv6（为了简化，在图 16-27 中并没有标出）。

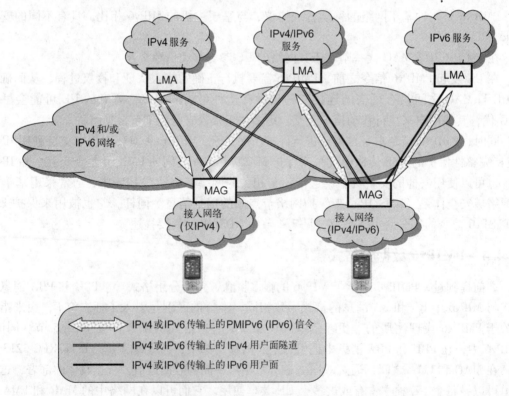

图 16-27　PMIPv6 双栈操作场景

16.5 Diameter 协议

16.5.1 背景

最初设计 Diameter 协议的目的是为了提供认证、授权和计费服务（AAA）。它是 Radius 的演化版本。Diameter 协议命名衍生于 RADIUS，从某种意义上来说，就好像 diameter 是双倍的 radius（注：字面上，"radius" 是半径的意思，"diameter" 是直径的意思）。如今，RADIUS 协议已经被广泛并成功地应用到了固定拨号接入和蜂窝 CDMA 系统中来提供 AAA 服务。同时，RADIUS 也基于 Gi 接口应用在了 GPRS 网络中。

Diameter 协议的设计目的是为了解决 RADIUS 协议中的一些问题。例如，Diameter 支持改进的失效处理机制、更可靠的消息发送、更大的信息单元、提升的安全性、更好的延展性、细粒度的 Diameter 节点发现机制等。此外，对比 RADUIS 协议，Diameter 协议能提供中间实体的完整的规范，如代理。与此同时，Diameter 协议的构建可以实现从 RADIUS 的简单迁移，以及提供与 RADIUS 的兼容。例如，与 RIDIUS 消息类似，一个 Diameter 消息可以传送一批属性值对（AVPs）。

3GPP 协议在大量接口上都广泛使用了 Diameter 协议。然而，需要指出的是，3GPP 只在 Gi/SGi 接口上使用了 RADIUS 协议，因此对于 RADIUS 的使用不具有显著的合法性。相反，Diameter 协议在大量接口上广泛使用，这不需要基于 RADIUS 合法性。虽然如此，Diameter 协议和 RADIUS 协议之间的比较可以帮助读者更好地熟悉 RADIUS 协议。因此在合适的时候，这种比较还会包括在接下来讲述的内容中。

16.5.2 协议结构

Diameter 协议根据一个单独的基本标准和一些被称为应用的额外扩展所构建。Diameter 的核心在 Diameter 基本标准（IETF RFC 3588）中进行了规范。这个 RFC 文档规定了 Diameter 方案最基本的要求，包括一些通用的 Diameter 消息（在 Diameter 中称为指令）和能被命令所承载的属性值对 AVP。扩展（在 Diameter 中称为应用）是在 Diameter 基本协议之上产生以支持特定的需求。如果需要，应用可能定义新的命令和新的属性值对。因此，一个 Diameter 应用并不是传统意义上的一个程序或一个应用，而是一个基于 Diameter 的协议。这个应用得益于 Diameter 基本协议的通用性能。应用也可以基于定义的其他现有应用。在这种情况下，它们继承了所基于的应用的 Diameter 命令和属性值对，但需要使用新的应用 ID，添加新的属性值对，并根据自身的流程修改协议状态机。图 16-28 给出了 Diameter 的协议结构，包括一些 Diameter 应用的例子。

一些 Diameter 应用已经被 IETF 标准化，但仍然可以定义供应商特定的（vendor – specific）应用。在这里，"vendor" 并不是生产产品的商贩，而是已经在 IANA 中请求了 Diameter 应用 ID 的一个实体（如一个组织或公司）。从后续的介绍接口的章节中我们将看到，3GPP 定义过了很多供应商特定的 Diameter 应用，它们用于那些基于 Diameter 的接口上，如 S6a，S6b，SWa 和 SWx 等。在很多情况下，3GPP 供应商特定应用基于现有的由 IETF 定义的 Diameter 应用。其中的一些应用已经在第 15 章中，介绍相应接口时进行了介绍。

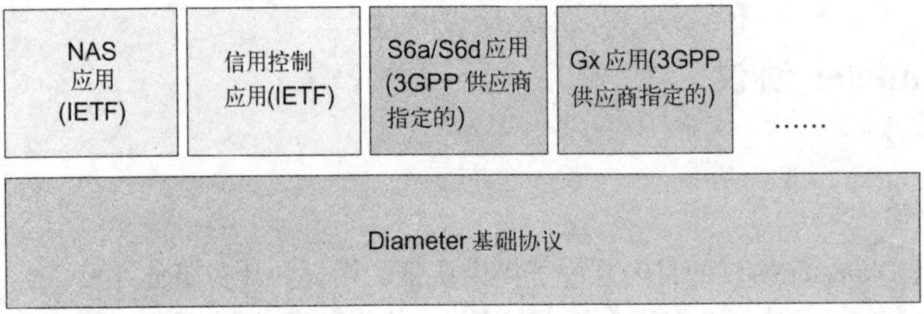

图 16-28　Diameter 协议结构：包含基本协议和称为应用的扩展

16.5.3　Diameter 节点

实现 Diameter 的网络实体在网络架构中发挥不同的作用。依照发挥作用的不同，分为客户端、服务器和代理。Diameter 协议定义了 3 类 Diameter 节点。一个节点在网络中起什么作用取决于网络架构。

客户端是向服务器申请服务的实体，因此它会引发一个请求，从而发起一个与服务器的 Diameter 会话。

Dimeter 代理是能为网络架构带来灵活性的网络实体。它们可以用来支持网络不同部分由不同的管理员操作的系统，如在一个漫游环境中。它们也可以在一个 Diameter 消息的路由过程中用于聚合去往特定域的 Diameter 请求。Diameter 代理检测收到的请求，并确定正确的目标。这可以提供负载均衡功能以及简化网络配置。某些代理节点也可以执行额外的消息处理。

存在 4 类代理节点：中继、委托（注：proxy 通常情况下也翻译为"代理"，但这里为了与 agent 加以区分，翻译为"委托"）、重定向和转换。这方面有别于 RADIUS 协议，在 RADIUS 中，只存在一类中间节点，即 RADIUS 委托。

中继代理根据消息所包含的信息，将消息转发到相应的目的地。更多的与 Diameter 消息路由相关的信息将在下文中给出。中继代理需要理解 Diameter 基本协议，但不需要理解所使用的 Diameter 应用。

委托代理与中继代理类似，区别在于，委托代理可以针对 Diameter 消息执行附加的操作，如实施策略规则。因为委托代理可以修改消息，所以就需要理解所提供的服务，因此也就需要理解所使用的 Diameter 应用。

重定向代理提供了路由功能，如执行域到服务器的解析。不过，重定向代理并不是将接收到的消息转发给目的地，而是回复另一个消息给发送请求的节点。该回复包含允许节点重新发送请求的信息，但此时是直接发送给服务器的。因此，重定向代理不在 Diameter 消息的路由路径上。

转换代理的作用是可以处理 Diameter 协议和其他协议之间的转换。一个典型的例子是，它可以用于支持迁移的场景，转换代理可以在 Diameter 和 RADIUS 之间进行协议转换。

16.5.4　Diameter 会话、连接和传输

Diameter 协议使用 TCP 或 SCTP 实现两个 Diameter 节点间的消息传输。因为 TCP 和

SCTP 都是面向连接的协议，因此在任何 Diameter 命令发送前，都需要先建立两个节点之间的连接。TCP 和 SCTP 都提供可靠传输。这一点有别于 RADIUS 协议中使用 UDP 作为传输协议。UDP 提供的是面向非连接的不可靠传输。16.11 节将给出更多 SCTP 的细节以及其与 TCP 的区别。

两个节点之间的 Diameter 连接应当与客户端和服务器之间的 Diameter 会话区别开来。因为连接是建立在传输层面上两个节点之间的，而 Diameter 会话是一个逻辑意义上的概念，描述了客户端和服务器之间（有可能跨越 Diameter 代理）在应用层上的关联。会话通过会话 ID 进行标识。图 16-29 给出了 Diameter 连接和 Diameter 会话的图示。

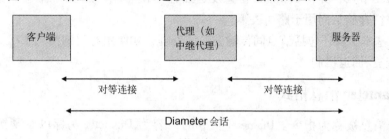

图 16-29　Diameter 连接 and Diameter 会话

Diameter 消息使用 TLS 或 IPsec 进行保护。Diameter 基本规范强制要求所有的 Diameter 节点都必须支持 IPsec，而 TLS 对于 Diameter 客户端来说是可选的。在 Diameter 节点之间，每一跳都提供安全保护。

然而，在 3GPP 环境中，我们对于所有的基于 IP 的控制信令，包括 Diameter，都使用的是 NDS/IP 基本框架。因此也就不需要再在 EPS 中的 Diameter 节点之间提供特定的安全关联。关于 NDS/IP 的更多细节，详见第 7 章。

为了以动态的方式，在应用、安全等特性方面提供 Diameter 处理的灵活性，两个建立连接的 Diameter 节点需要进行能力的交换。这个交换允许双方了解对端的身份标识以及所具备的能力（协议版本号、支持的 Diameter 应用、供应商特定的属性和安全机制等）。

16.5.5　Diameter 请求路由

如同上文提到的，Diameter 代理可以在一个 Diameter 命令路由中提供辅助，从而到达其最终目的地（Diameter 服务器）。

一个转发命令的 Diameter 代理通常基于目的区域和使用的应用来执行路由功能。因此，可以根据不同的应用标识使用不同的目的地。Diameter 节点维护一个列表，记录支持的区域、已知的 Diameter 节点以及节点的能力（如支持的应用）。

一个代理可以执行区域到服务器的解析，并能因此收集从不同源地址到同一特定目的区域的请求。这就使得该代理可以充当一个中心路由实体。

当网络中配置了多个 Diameter 服务器时，以上特性同样可以应用到 EPS，如存在多个 HSS 或 PCRF 节点。对于 HSS，Diameter 客户端可能不知道具体哪个 HSS 节点为特定用户订阅记录。在这种情况下，Diameter 重定向代理或委托代理可以执行从一个区域和用户名到保存了订阅记录的 HSS 服务器名的解析。Diameter 代理也可以用于 PCRF 选择，这一部分的介绍详见第 9 章。

16.5.6 节点发现

每个 Diameter 实体必须能够找到下一跳的 Diameter 节点。在 RADIUS 中，每个 RADIUS 客户端/代理必须被静态地配置需要通信的 RADIUS 服务器/代理的信息。该过程对于网络管理系统保持配置的时效性而言将具有高负担。Diameter 协议提供选项支持静态配置 Diameter 节点。不过除此之外，我们也能使用更多的节点动态发现机制，如使用 DNS。

Diameter 客户端可以依赖于区域信息、所需的 Diameter 应用以及安全级别来查询合适的第一跳 Diameter 节点，并将 Diameter 消息发送到这些节点。发现的节点位置信息和路由配置信息在本地进行存储从而用于路由决策。

Diameter 基本协议还包括节点间传输失败的处理，如使用看门狗消息来检测传输失败以及节点故障恢复/回退机制。

16.5.7 Diameter 消息格式

Diameter 消息被称为指令。Diameter 指令的内容为 Diameter 头标以及紧接着的数个属性值对（AVP）。其中，Diameter 头标包含了唯一的指令码，用来标识该指令，也就标明了该消息的用途。消息中的实际数据是通过 AVP 来进行承载的。Diameter 基本协议定义了一系列的指令和 AVP，不过 Diameter 应用还可以定义新的指令和/或新的 AVP。举个例子，基本协议定义了一系列可以重用的基本的 AVP 格式，尤其是以面向对象的形式定义新的 AVP。在一个应用中，不仅可以定义新的 AVP，还可以定义新的指令，这使得 Diameter 协议具有良好的扩展性，且使应用架构适用于 3GPP 的需要。图 16-30 给出了 Diameter 消息的格式。

应用 ID 标识了该 Diameter 消息针对哪一个 Diameter 应用。逐跳标识用于匹配请求和响应。端到端标识用于检测副本消息。每一个 AVP 采用特殊的 AVP 码进行标识。如果该 AVP 属于供应商特定的，则可以用于唯一标识该 AVP。Diameter 头标和基本的 AVP 格式可参见 IETF RFC 3588。

每一个 Diameter 应用可以定义自己的指令，或定义属于其他应用所定义的指令的变种。由于应用的数量庞大，我们无法给出详尽的 Diameter 指令列表。在表 16-4 中，我们列出了 Diameter 基本协议的部分指令。Diameter 应用基本都支持这些指令，但有一些指令，如 accounting – related 指令，可能不被所有的应用所使用。在第 15 章介绍了 EPC 接口，其中包括为不同的基于 Diameter 接口所定义的 Diameter 应用。在那里我们也可以看到类似的 Diameter 指令的表格，那个表格中的 Diameter 指令针对的是每个特定的 Diameter 应用。

表 16-4 Diameter 指令

指令名称	缩写	注释
Abort – Session – Request	ASR	为了请求会话停止，由一个服务器发送到一个客户端
Abort – Session – Answer	ASA	作为 ASR 消息的响应，由一个客户端发送
Accounting – Request	ACR	为了交换账单信息，由一个客户端发送
Accounting – Answer	ACA	作为 ACR 消息的响应进行发送
Capabilities – Exchange – Request	CER	为了交换本地性能（如有关所支持的 Diameter 应用）进行发送

指 令 名 称	缩　　写	注　　释
Capabilities – Exchange – Answer	CEA	作为 CER 消息的响应进行发送
Device – Watchdog – Request	DWR	为了检测传输错误而发送给一个对等节点
Device – Watchdog – Answer	DWA	作为 DWR 消息的响应进行发送
Disconnect – Peer – Request	DPR	发送给一个对等节点，通知其将要关闭传输链接
Disconnect – Peer – Answer	DPA	作为 DPR 消息的响应进行发送
Re – Auth – Request	RAR	为了请求重认证/重授权，由一个服务器发送给一个客户端
Re – Auth – Answer	RAA	作为 RAR 消息的响应进行发送
Session – Termination – Request	STR	由一个客户端发送，以通知服务器关于终端一个认证/授权的会话
Session – Termination – Answer	STA	作为 STR 消息的响应进行发送

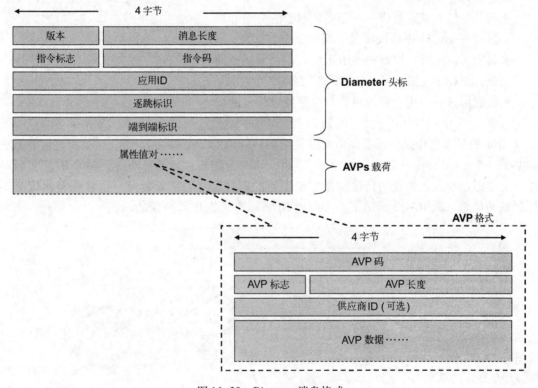

图 16-30　Diameter 消息格式

16.6　通用路由封装

16.6.1　背景

　　GRE 协议用于在一个网络层协议之上执行另一个网络层协议的隧道。直观上感觉，该协议就是在任意网络层协议之上提供任意的网络层协议（如 IP 或 MPLS）封装。这与很多现有的其他隧道机制不同，在那些隧道技术中，封装被封装的协议至少其中之一是指定的，如 IPv4 – in – IPv4（IETF RFC2003）或 IPv6 通用分组隧道（IETF RFC 2473）。

GRE 用于很多不同的应用中以及电信领域之外的很多不同的网络配置中。本书不涉及这些场景，我们更关注与 EPS 有很大的联系的 GRE 的特性。

16.6.2 基本协议

隧道协议的基本操作是一个网络协议（我们称之为载荷协议）通过另一个分发协议进行封装。这里必须要指明的是，对于任何一个协议栈，当上层协议由下层协议进行封装时，封装都是一个关键组件。但这里封装的概念还不能认为是隧道。当使用隧道时，通常的情况是第三层协议（如 IP）封装于另一个不同的第三层协议或与其相同的协议中。这类协议栈看上去会如图 16-31 所示。

应用层
传输层（如 UDP）
网络层（如 IP）
隧道层（如 GRE）
网络层（如 IP）
层1 和层2（如以太网）

图 16-31　使用 GRE 隧道的协议栈示例

我们使用下列术语：

- 载荷分组和载荷协议——需要被封装的分组和协议（图 16-31 中协议栈最上层的 3 个方框）。
- 封装（或隧道）协议——用于封装载荷分组的协议，如 GRE（图 16-31 中由下而上的第 3 个方框）。
- 发送协议——用于发送封装分组到隧道终点的协议（图 16-31 中由下而上的第 2 个方框）。

GRE 的基本操作是，需要经由隧道传输到目的地的某个协议 A 分组（载荷协议）首先封装成一个 GRE 分组（隧道层协议）。然后，GRE 分组再封装到另外一个协议 B（发送层）中，并通过基于发送协议的传输网络发送至目的地。接收者解封装该分组并恢复协议 A 的原始载荷分组。图 16-32 给出了一个通过 GRE 隧道封装 IPv6 分组的示例。

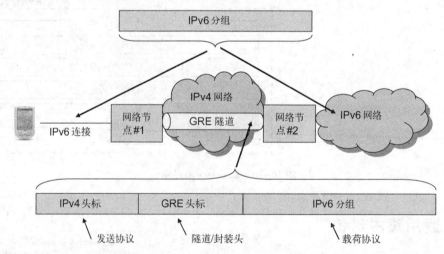

图 16-32　两个网络节点间使用 GRE 隧道的示例：IPv4 作为发送协议，IPv6 作为载荷协议

GRE 协议在 IETF RFC 2784 中进行了规范。此外，也有其他的 RFC 文档描述了如何在特定的网络环境中，以及针对特定的载荷协议或/和发送协议如何使用 GRE 隧道。在 IETF RFC 2890 中定义了关于 GRE 的 Key 域的扩展，对于 EPS 而言是极为重要的。在接下来的章

节中，当提到分组格式时会进一步展开。

16.6.3 GRE 分组格式

图 16-33 给出了 GRE 分组头标格式。

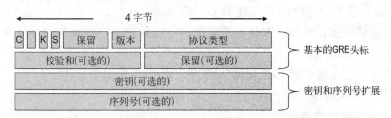

图 16-33　GRE 分组头标格式：包括基本头标以及密钥扩展和序列号扩展

C 标志位指示该报文是否存在校验和域和预留 1 域。如果 C 置为 1，则该报文存在该这两个域。此时，校验和域包含了 GRE 头标和载荷的校验和。预留 1 域如果存在，则全置为零。若 C 置为 0，则在头标中不存在校验和域和预留 1 域。

K 和 S 两个标记位分别指示是否使用 Key 域和序列号域。

协议类型域指示载荷所使用的协议类型，这使得接收端可以知道被解封装的分组的协议类型。

密钥域的作用是标识 GRE 隧道中每条独立的数据流。GRE 协议本身不指定两端如何建立密钥域，这个任务交由具体实现的时候或在其他使用 GRE 的标准中完成。例如，密钥域可以在两个静态配置，也可以在两端之间使用一些信令协议动态建立。在 EPS 中，密钥域一个专门的用途是使用在，当 GRE 用于 PMIP 接口上的隧道格式时。在此情况下，密钥域作为 PMIP 信令的一部分而动态建立，并用于标识在 MAG 和 LMA 之间的一个特定的 PDN 连接上（也可以参考 16.4 节中关于 PMIP 的描述）。

序列号域用于维持 GRE 隧道内数据包的顺序。执行封装的节点插入序列号，而接收者根据该信息确定发送的数据包顺序。

16.7　S1 – AP

S1 – AP 协议专为 MME – to – eNodeB 接口而设计。该协议的名称来源于另一个接口名（S1）外加应用部分（AP）。该协议是 3GPP 中的概念，是用于两个节点之间的信令协议。

S1 – AP 支持 MME 和 eNodeB 之间的所有必要机制，同时也支持在 UE 和 MME 或其他核心网节点间执行过程中的透明传输。

S1 – AP 包括几个基本流程，其中一个基本流程是 eNodeB 和 MME 之间的一系列交互。这些基本流程被单独定义，旨在按照灵活的方式来建立完整的顺序。基本流程可能被要求要与其他流程相互独立，这样使得它们能够并行地运行。在有些情况下，某些基本流程之间的独立性是受限的。关于该特殊的受限情况的说明，可参见 3GPP TS 36.413 中 S1 – AP 协议规范的相应部分。一个基本流程包含一个初始消息和一个可能的回应消息。

S1 – AP 协议支持以下功能：

● 建立，修改和释放 E – RAB。

- 在 eNodeB 中建立一个初始 S1 UE 上下文（建立默认 IP 连接，如果 MME 要求，则建立一个或多个 E – RAB，以及当需要时转发与 NAS 信令相关的信息给 eNodeB）。
- 向 MME 提供 UE 的性能信息（如果从 UE 中得到该信息）。
- 为 UE 提供移动功能，从而支持同种接入方式和不同接入方式之间的切换。
- 寻呼功能，这个功能使得 EPC 能对 UE 进行寻呼。
- S1 接口管理功能，例如，重启、错误指示、过载指示、负载均衡，以及初始 S1 接口建立的 S1 建立功能。
- UE 和 MME 之间的 NAS 信令传输功能。
  - S1 UE 上下文释放。
  - UE 上下文修改功能。
- 状态转移功能（从源 eNodeB 到目标 eNodeB 转移 PDCP SN 状态信息，以支持在 intra – LTE 切换时的按序发送和避免重放）。
- 活跃 UE 追踪。
- 位置报告。
- S1 CDMA 隧道（在 S1 接口上承载 UE 和 CDMA RAT 之间的 CDMA 信令）。
- 告警消息传输。

S1 – AP 中不存在版本协商。因此，协议的前向和后向兼容性是通过统一的机制来保证的，这一机制要求所有当前和未来的消息，IE（Information Elements）或成组的 IE，包括 ID 和包含临界值的域均以标准格式进行编码，且在将来也不做改变。不管标准版本如何，这些部分均可以正确解码。

S1 – AP 依赖于可靠的传输机制，设计运行在 SCTP 协议层之上。

16.8 非接入层（NAS）

NAS 是 UE 和 MME 之间的协议，执行移动管理和会话管理过程。NAS 协议包含 EPS 移动管理（EMM）和 EPS 会话管理（ESM），是为 E – UTRAN 接入量身定做的，在 3GPP 中的 TS24.301 进行了相应的定义。

EPS NAS 协议是一个新设计的协议，但是和用于 2G/3G 的 NAS 协议有很多相似之处。EMM 过程用于为 ESM 提供 UE 的移动性、安全性和信令连接管理服务。ESM 过程用于激活、关闭和修改 EPS 承载。

16.8.1 EPS 移动管理

EMM 用于 UE 跟踪、UE 认证、提供安全密钥，以及控制完整性保护和加密。网络可以被赋予新的临时身份标识，也可以向 UE 请求身份消息。此外，EMM 过程将 UE 的能力信息提供给网络，网络也可以向 UE 告知网络中关于特定服务的信息。EMM 流程为：

- 附着。
- 解附着。
- 跟踪区域更新。
- GUTI 重分配。

- 认证。
- 安全模式控制。
- 身份鉴别。
- MM 信息。
- NAS 消息传输（用于支持 SMS 和 CS 回退的 UE）。

与 2G/3G 相比，有所优化的是，附着过程总是与激活一个默认承载的 ESM 过程组合在一起的。这意味着在完成组合过程之后，UE 会接收到至少一个去往 PDN 的承载。

EMM 过程只在 UE 和网络之间建立了 NAS 信令连接时才会实施。如果不存在活跃的信令连接，则 EMM 层必须初始化一个 NAS 信令来连接建立过程。NAS 信令连接由来自 UE 的服务请求流程所建立。对于下行的 NAS 信令，MME 首先初始化寻呼过程来触发 UE 执行服务请求过程。连接管理过程依赖于来自 S1 – MME 接口上的下层 S1 – AP 协议与 E – UTRAN – Uu 接口上的 RRC 的服务。

16.8.2　EPS 会话管理

ESM 流程用于为 UE 管理承载和 PDN 连接，包括默认和专有承载的建立、承载修改、承载关闭等流程。正如上文所提到的，默认承载的建立总是与附着流程组合在一起的，但也可以作为单独的流程来建立额外的默认或专有承载。用于 E – UTRAN 的 ESM 流程是由网络发起的，单 UE 也可以请求网络修改承载资源，或要求网络执行 EPS 承载激活或关闭流程。

EPS 流程为：
- 默认 EPS 承载上下文激活流程。
- 专有 EPS 承载上下文激活流程。
- EPS 承载上下文修改流程。
- EPS 承载上下文关闭过程。
- 由 UE 请求的 PDN 连接流程。
- 由 UE 请求的 PDN 连接断开流程。
- 由 UE 请求的承载资源修改流程。

根据 3GPP TS 24.007，NAS 协议属于 3GPP 的第三层。根据 TS 24.007 的 3GPP 第三层标准及其流程已经用在 GSM 和 WCDMA/HSPA 的 NAS 信令消息中。通过提供编码规则在空口上优化消息的大小，以及在没有版本协商时提供扩展性和后向兼容性。

16.8.3　消息结构

每一个 NAS 消息包含一个协议鉴别和一个消息身份。协议鉴别是 4 比特的数值，指示了所使用的协议，如对于 EPS NAS 消息，可以是 EMM 或 ESM。消息身份指示特定的发送消息。

EMM 消息同样包含了一个安全头标，用于指示消息是否受到完整性保护或加密保护。另一方面，ESM 消息包含一个 EPS 承载身份和一个过程事务身份。EPS 承载身份指示所分配的承载身份，过程事务身份指示 UE 和 MME 之间交互的一个特定的 NAS 消息。

EMM 和 ESM NAS 消息中其他的信息单元均与特定的 NAS 消息相关。

图 16-34 给出了一个普通的 EMM NAS 消息的结构，每一行对应消息的一个 8 字节，比特 8 是对应 8 字节中的最高位。

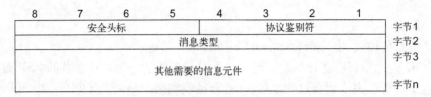

图 16-34　一个普通的 EMM NAS 消息的结构示意图

EMM 服务请求消息不符合以上结构，需要变形以符合单独的初始化 RRC 消息，从而优化系统的性能。图 16-35 给出了 EMM 服务申请消息的结构。

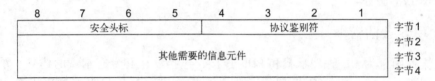

图 16-35　EMM 服务请求消息的基本结构示意图

ESM NAS 消息的结构如图 16-36 所示。

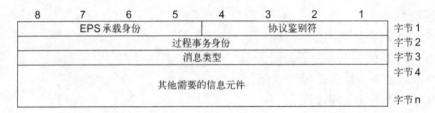

图 16-36　ESM NAS 消息的基本结构示意图

16.8.4　安全保护的 NAS 消息

当 NAS 消息受到安全性保护时，上文提到的普通 EMM 和 ESM 消息就能够通过加密或完整性加以保护，以图 16-37 所示的结构予以封装。

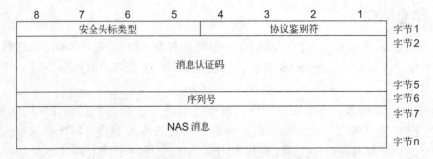

图 16-37　安全保护的 NAS 消息的基本结构示意图

需要注意的是，服务请求消息是按照特例来进行处理的，因此从来不以安全保护的NAS消息进行发送。

关于 EPS NAS 消息和信息单元的进一步的细节内容可以参考 3GPP TS24.301和 TS24.007。

16.8.5　消息传输

NAS 消息通过 S1 - AP 在 MME 和 eNodeB 之间进行传输，以及通过 RPC 在 eNodeB 与UE 之间进行传输。当 UE 驻留在一个小区时，作为底层协议的 S1 - AP（MME - eNodeB）和 RRC（eNodeB - UE）为 NAS 消息提供了可靠的传输。NAS 协议包括可靠性机制来处理如移动性和覆盖范围损失等事件。

16.8.6　未来扩展和后向兼容

UE 和网络原则上可以忽视那些它们无法理解的信息单元。因此对于后续版本而言，就可以在不影响按照之前版本实现的 UE 和网络的前提下，在 NAS 信令中添加新的信息单元。

16.9　IP 安全

16.9.1　引言

IPsec 是一个被广泛讨论的话题，很多书籍对其内容做了介绍。本节的目的并不是提供针对 IPsec 协议的全面的概述或教程。我们只简单地介绍 IPsec 基本概念，而主要关注于在EPS 中如何应用 IPsec 相关的部分。

IPsec 可以为 IPv4 和 IPv6 提供安全服务。它工作于 IP 层，为 IP 层上的数据流提供保护，也可以用来保护 IP 层上 IP 头标的信息。EPS 利用 IPsec 实现多个接口上的安全通信，可以在核心网的节点间，或在 UE 和核心网之间。例如，作为 NDS/IP 架构的一部分，IPsec用于保护核心网的数据流（见 7.4 节）。IPsec 也被用在 SWu 接口上，保护 UE 和 ePDG 之间的用户面数据流。IPsec 还可以用在 S2c 接口上保护 UE 和 PDN 网关之间的 DSMIPv6 信令。S2c 和 SWu 接口的相关细节分别参考 15.5 节和 15.10 节。

接下来，我们将概括地介绍 IPsec 的基本概念。接着会讨论 IPsec 中用于保护用户数据的协议——ESP 和 AH。然后，我们会讨论互联网密钥交换（IKE）协议，该协议用于认证和确定 IPsec 的安全关联（SA）。最后，简单讨论 IKEv2 移动性和多宿主协议（MOBIKE）。

IETF RFC 4301 中定义了 IPsec 安全架构。RFC 4301 是对在 IETF RFC 2401 中 IPsec 安全架构原始版本提出的改进。IPsec 提供的安全服务包括：

- 访问控制。
- 数据源认证。
- 无连接的完整性。
- 重放检测和拒绝。
- 机密性。

● 受限的流量机密性。

访问控制服务可以阻止对资源的非授权使用，如一个特定的服务器或特定的网络。数据源认证服务允许数据接收者验证数据发送者所声明的身份。无连接完整性服务确保接收者能够检测数据在传输路径中是否被篡改。但该服务无法检测出一个数据包是否被复制（重放）或重新排序了。数据源认证和无连接完整性通常被一起使用。重放攻击的检测和拒绝是一种部分序列完整性的形式，接收者能够检测报文是否被复制了。机密性服务保护数据流不被非授权用户读取。在 IPsec 中，机密性的实现机制是加密，IPsec 数据包的内容利用一个加密算法来进行转换，从而使转换后的内容无法理解。受限的流量保密性服务能保护流量的一些特征信息，如源地址、目的地址、消息长度、包长度频率等。

为了在两个节点之间使用 IPsec 服务，这两个节点需要用到一些定义该通信的安全参数，如密钥和加密算法等。为了管理这些参数，IPsec 使用了安全关联（SA）。一个 SA 表示了两个实体间的联系，定义了它们之间如何使用 IPsec 进行通信。SA 是单向的，因此为了实现一个双向数据流的 IPsec 保护，我们需要使用一对 SA，每个方向上一个。每一个 IPsec SA 通过一个安全参数索引（SPI）与目的地址和安全协议（AH 或 ESP，见下文）进行唯一标识。SPI 可以看成是一个由节点中维护的包含所有 SA 的安全关联数据库的索引。在下文中可以看到，IKE 协议可以用于建立和管理 IPsec SA。

IPsec 同时也定义了名义上的安全策略数据库（SPD），该数据包含了当数据流进入或离开节点时，为其提供何种 IPsec 服务的策略。SPD 包含了定义数据流子集的条目，如使用包过滤，如果表项存在，则指向一个 SA。

16.9.2　安全封装载荷与认证头部

IPsec 定义了两个协议来保护数据：安全封装载荷（ESP）和认证头部（AH）。ESP 在 IETF RFC 4303 中定义，AH 在 IETF RFC 4302 中定义。原始版本的 ESP 和 AH 协议分别在 IETF RFC 2406 和 2402 中进行了相应的定义。

ESP 提供完整性和机密性保护，而 AH 协议只提供完整性保护。另一个不同之处在于，ESP 只保护 IP 分组的载荷内容（包括 ESP 的头标和 ESP 尾部的部分），而 AH 协议可以保护整个 IP 报文，包括 IP 头标和 AH 头标。受 ESP 和 AH 协议保护的分组格式如图 16-38 和图 16-39 所示。接下来，我们将简要描述 ESP 和 AH 头标的各个域。通常情况下，ESP 和 AH 协议是分开使用的。但如果可能的话，我们也可以一起使用它们，这并非通用的情况。如果同时使用，则 ESP 通常用于机密性保护，而 AH 用于数据完整性保护。

ESP 和 AH 头标都有 SPI 域，该域中的数值和目的地址以及安全协议类型（ESP 或 AH）一起，使得接收者可以标识进入的分组所使用的 SA。序列号包含一个计数器，每发送一个数据包，计数器的数值加 1。该机制用于提供防重放保护。AH 头标以及 ESP 尾部的完整性校验值（ICV）包含了基于密码学手段所计算得到的完整性校验值。接收者为收到的数据包计算完整性校验值，并与收到的 ESP 或 AH 包中的校验值进行比较。

ESP 和 AH 协议可以工作在两种模式上：传输模式和隧道模式。在传输模式中，ESP 用于保护 IP 分组中的载荷。如图 16-38 中所示的 ESP 数据域格式，它的上层承载着如 UDP 头标或 TCP 头标，以及 UDP 或 TCP 所承载的应用层数据。图 16-40 给出了一个通过 ESP 隧道模式来保护 TCP 包的示例。与之不同的是，在隧道模式中，ESP 和 AH 协议保护整个 IP 分

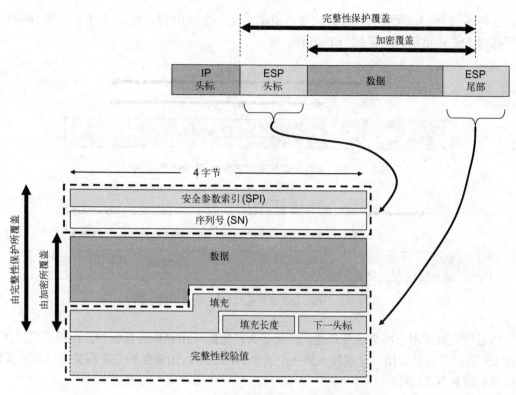

图 16-38 ESP 保护的 IP 分组（数据）

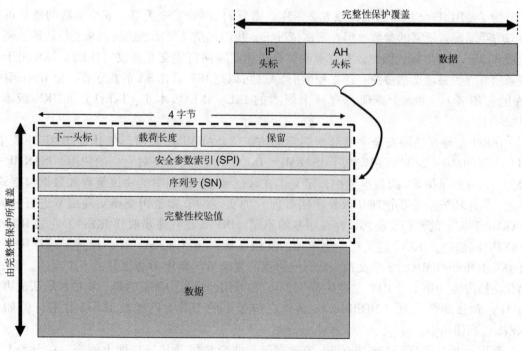

图 16-39 AH 保护的 IP 分组（数据）

组。这时，图 16-38 所示的 ESP 包的数据相应变成了整个 IP 包，包括 IP 头标。图 16-41 给出了通过 ESP 隧道模式来保护 TCP 包的示例。

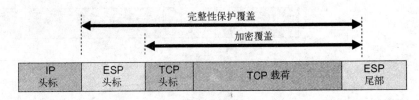

图 16-40　采用 ESP 传输模式保护 IP 分组的示例

图 16-41　采用 ESP 隧道模式保护 IP 分组的示例

　　传输模式通常用于两个端节点之间，用于为特定的应用提供流量保护。而隧道模式往往是在 UE 通过不安全的接入方式接入到一个安全的网络时，用来保护安全网关之间或在 VPN 连接中的所有 IP 数据流。

16.9.3　互联网密钥交换

　　为了使用 IPsec 进行通信，双方必须建立需要的 IPsec 安全关联。安全关联的建立可以由双方手动配置所需的参数。但在很多情况下，我们还是需要动态的机制来进行认证、密钥生成和 IPsec SA 生成。因此，在这里我们会描述互联网密钥交互协议（IKE）。IKE 用于认证通信双方，并动态地协商、建立和维护 SA（可以把 IKE 看作 SA 的建立者，把 IPsec 看作 SA 的使用者）。实际上，现在有两个版本的 IKE：IKE 版本 1（IKEv1）和 IKE 版本 2（IKEv2）。

　　IKEv1 基于互联网安全关联和密钥管理协议（ISAKMP）架构。在 IETF RFC 2407 中，RFC 2408 和 RFC 2409 分别定义了 ISAKMP、IKEv1，以及 IPsec 对它们的使用。ISAKMP 是协商、建立和维护 SA 的基本架构，定义了在认证和 SA 管理中的协议流程和数据包格式。不过，为了将安全关联管理（以及密钥管理）的实现细节和密钥交换实现细节进行分离，ISAKMP 和实际的密钥交换协议存在明显的不同。IKEv2 正在逐步取代 IKEv1，它是 IKEv1/ISAKMP 的演进。IKEv2 定义在一个单独的文档（IETF RFC 4306）中，代替了以往用于定义 IKEv1 和 ISAKMP 的 3 个文档。从降低协议的复杂度的角度对协议做了不少改进，例如，简化文档内容（用 1 个 RFC 文档代替 3 个），在通用的场景中降低时延，支持扩展认证协议（EAP）和移动性扩展（MOBIKE）。虽然之前版本的 IKEv1 已经被 IKEv2 代替，但如今 IKEv1 还在使用中。

　　利用 IKEv1 和 IKEv2 来建立 SA 的过程包含两个阶段（从该层面上而言，在 IKEv1 和 IKEv2 中该过程是相似的）。在第一阶段，产生一个 IKE SA 作用，用来保护密钥交换数据流。并且，通信双方的双向认证过程也发生在这一阶段。当使用 IKEv1 时，认证可以基于共享秘密或利用公钥基础设施（PKI）的证书。IKEv2 支持使用 EAP，从而允许使用更广泛的凭证，如 SIM 卡（更多关于 EAP 的内容将在 16.10 节中讲述）。在第二阶段，会创建另一个 SA，它在 IKEv1 中被称为 IPsec SA，在 IKEv2 中被称为子 SA（ChildSA，为了描述简洁，我们在两个版本中统称其为 IPsec SA）。这个阶段的会话通过第一个建立的 IKE SA 来保护。在 IPsec 协议中，IPsec SA 用于保护使用 ESP 或 AH 的数据。当第二阶段完成时，双方可以开始通过 EPS 或 AH 协议来交换数据。

EPS 同时使用 IKEv1 和 IKEv2。NDS/IP 标准允许使用 IKEv1 和 IKEv2（见 7.4 节）。但在 EPS 的其他接口上，都优先使用 IKEv2。例如，在 UE 和 ePDG 之间的 SWu 接口上，以及在 UE 和 PDN GW 之间的 S2c 接口上，使用的均是 IKEv2。

16.9.4 IKEv2 的移动性和多宿主

在 IKEv2 协议中，在建立 IKE SA 所使用的两个地址之间建立所需的 1 个或多个 IKE SA 和 IPsec SA。在基本的 IKEv2 协议中，我们不可能在 IKE SA 创建以后再去改变 IP 地址。但实际中会存在很多 IP 地址变更的场景。一个例子就是存在多个接口多个地址的多宿主节点。当正在使用的接口突然停止工作时，该节点希望使用其他不同的接口。另一个例子是当移动的 UE 改变了网络附着点，并在新的接入网络中分配了一个新的 IP 地址时。在这个情况下，UE 必须重新协商一个新的 IKE SA 和 IPsec SA。这就会占用一段比较长的时间，并导致服务中断。

在 EPS 中，上述情况还可能会发生在当一个用户使用 WLAN 去连接 ePDG 的时候。在 UE 和 ePDG 之间（即在 SWu 接口上）的用户数据流是通过隧道模式 ESP 进行保护的。针对 ESP 的 IPsec SA 基于 IKEv2 协议已经建立（10.10 节中对此有详细介绍）。如果此时用户移动到了另一网络（如到了另一个不同的 WLAN 热点），并且在新的网络中获得了一个新的 IP 地址，则这时将很有可能不再允许继续使用旧的 IPsec SA。此时就需要执行一个新的 IKEv2 认证并建立一个新的 IPsec SA。

MOBIKE 对 IKEv2 在这方面进行了扩展，从而能够动态更新 IKE SA 和 IPsec SA 的 IP 地址。MOBIKE 协议在 IETF RFC 4555 中进行了定义。

MOBIKE 用于 SWu 接口上，以支持 UE 在不同的不可信的非 3GPP 接入之间进行切换的场景。

16.10 扩展认证协议

16.10.1 概览

扩展认证协议（EAP）是用于执行认证的一个协议架构，通常用于 UE 和网络之间。它最先被引入到点对点协议中（PPP），使得在 PPP 上能够使用其他的认证方法。从此，这个协议也被引入到了其他场景中，例如，为 IKEv2 提供了一个认证协议，以及在无线局域网中使用 IEEE 802.11i 和 802.1x 扩展进行认证。

EAP 是可扩展的，能够支持多种认证协议，并且支持在 EAP 的协议框架下定义新的认证协议。EAP 本身并不是一个认证方案，而是一个通用的认证框架，可以用来执行特定的认证方案。这些认证方案通常被称为 EAP 方法。

IETF RFC 3748 对基本的 EAP 进行了规范，描述了 EAP 的包格式和基本功能，如所需认证机制的协商。它同时也规定了一些简单的认证方法，如基于一次口令和类似于 CHAP 的挑战—响应认证。除了定义在 IETF 4738 中的 EAP 方法外，还可以定义其他的 EAP 方法。这些 EAP 方法可以执行其他的认证机制和/或使用其他的凭证，如公钥证书或 U（SIM）卡。一些在 IETF 中标准化的 EAP 方法列举如下：

- EAP – TLS 是基于 TLS 协议的，定义为一种基于公钥证书进行认证和密钥派生的 EAP 方法。EAP – TLS 协议在 IETF RFC 5216 中进行了规范。
- EAP – SIM 协议定义为使用 GSM SIM 卡的认证和密钥派生的 EAP 方法。EAP – SIM 协议同时也扩展了基本的 GSM SIM 认证流程，添加了对双向认证的支持。EAP – SIM 协议在 IETF RFC 4186 中进行了规范。
- EAP – AKA 协议定义为使用 UMTS SIM 卡的认证和密钥派生的 EAP 方法，基于 UMTS AKA 的基本流程。EAP – AKA 协议在 IETF RFC 4187 中进行了规范。
- EAP – AKA′是 EAP – AKA 的小型化修订版，提供了为不同接入网络产生密钥时的密钥分离。EAP – AKA′协议在 RFC 5448 中进行了规范。

除了以上的这些标准化方案，还存在其他的一些已经部署在企业无线网络中的专有 EAP 方法。

EPS 在不同的接口上广泛使用 EAP – AKA 协议和 EAP – AKA′协议。EAP – AKA 协议能提供不可信的非 3GPP 接入与 EPC 互通（SWa 接口）时的接入认证，也可以提供面向 ePDG（SWu 和 SWm 接口）的隧道认证，以及为 DSMIPv6（S2c 和 S6b 接口）提供 IPsec SA 建立。EAP – AKA′协议能够提供可信的和不可信的 3GPP 接入与 EPC 互通时的接入认证（STa 和 SWa 接口）。在 STa/SWa 接口上，基于 EAP 的接入认证过程的执行会先于移动性协议（PMIPv6、DSMIPv6 或 MIPv4）的执行过程。关于这些接口的细节，可以参考第 7 章中相应的接口描述。

16.10.2　协议

EAP 的架构包含 3 个不同的实体，介绍如下：

1）EAP 对等实体（EAP peer）。这是一个请求网络接入的实体，通常为一个 UE。对于在 WLAN（802.1x）使用 EAP，这个实体也被称为请求者（supplicant）。

2）认证者（authenticator）。该实体执行访问控制，如一个 WLAN 接入点或一个 ePDG。

3）EAP 服务器。作为后端的认证服务器为认证者提供认证服务。在 EPS 中的 EAP 服务器为 3GPP AAA 服务器。

图 16-42 给出了 EAP 架构的示意图。

EAP 通常用于网络接入控制，因此，该协议发生在 UE 被允许接入以及为 UE 提供 IP 连接之前。在 UE（EAP 对等实体）和认证者之间，EAP 消息通常在数据链路层上通过 PPP 或 WLAN（IEEE 802.11）直接传送，而不需要 IP 传输。EAP 消息直接使用下面的链路层协议进行封装。对于如何提供这种传输，存在不同的规范。例如，IETF RFC 3748 中定义了 PPP 中的 EAP 使用，IEEE 802.1x 中描述了 IEEE 802 链路（如 WLAN）上的 EAP 使用。EAP 可

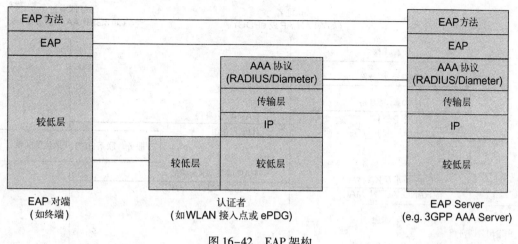

图 16-42　EAP 架构

以和 IKEv2 一起用于认证，在这种情况下，EAP 是在 IKEv2 和 IP 上进行传输的（图 16-42 中并未给出 IKEv2 和 IPsec 层）。

在认证者和 EAP 服务器之间，EAP 消息通常通过 AAA 协议进行承载，如 RADIUS 或者 Diameter。

在对等实体和 EAP 服务器之间的通信对认证者而言是透明的。因此，认证者不需要支持特定的 EAP 方案，只需要在两者之间转发 EAP 消息。

一个 EAP 认证过程通常开始于协商所用的 EAP 方法。在对等实体间选出特定的 EAP 方法后，在 UE 和 EAP 服务器之间会进行 EAP 消息交互，用于实施实际的认证。在该过程中，所需消息交互的轮数以及 EAP 交互消息的类型取决于所采用的 EAP 方法。当认证完成后，EAP 服务器向 UE 发送一个 EAP 消息用于指示认证是否成功。通过 AAA 协议，认证者被告知认证的结果。基于来自 EAP 服务器的结果信息，认证者向 UE 提供网络接入，或继续阻止接入。

依赖于 EAP 方法，EAP 认证还用来在 EAP 对等实体和 EAP 服务器中之间派生密钥材料。密钥材料基于 AAA 协议从 EAP 服务器传输到认证者。在这之后，密钥材料可以被 UE 和认证者用来派生网络接入所需的用来保护接入链路的密钥。

图 16-43 给出了一个使用 EAP - AKA 协议进行认证的例子。虽然在图中没有涉及，EAP 对等实体和认证者之间的 ESP 消息基于不同类型的接入通过底层协议进行承载。认证者和 EAP 服务器之间的 EAP 消息通过 Diameter 这样的 AAA 协议进行承载。读者如果对基于 AKA 进行认证的过程不感兴趣，则完全可以忽略交互流程的细节部分。但有兴趣的读者可能希望比较图 16-43 中涉及的 EAP - AKA 消息交互与 7.3.1 节中介绍的 E - UTRAN 中的 EPS - AKA 消息交互。E - UTRAN 中的 EPS - AKA 和支持 EAP 接入认证的 EAP - AKA 是实现基于 AKA 的认证的两种方式。

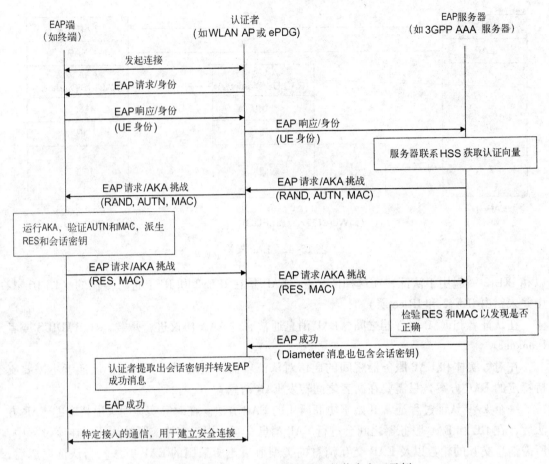

图 16-43　使用 EAP - AKA 进行认证的信令交互示例

16.11　流控制传输协议

16.11.1　背景

　　SCTP 是一个传输层协议，在协议栈中与 UDP（用户数据包协议）和 TCP 运行在相同的层。与 TCP 和 UDP 相比，SCTP 有更多功能，且网络容错性更强。即使在 EPS 中，TCP 和 UDP 被用来作为传输层协议，我们假设本书的读者对于这些协议已经有一个基本的理解，所以在本书中不会详细介绍这些协议。另一方面，虽然 EPC 中的一些接口也使用了 SCTP 作为传输层协议，但 SCTP 并不像 TCP 和 UDP 那样广为人知，因此在本节将简要介绍 SCTP。

　　SCTP 被使用在 EPC 架构中的多种接口上，尤其是，被用于 S6a/S6d 接口上的授权的 Diameter 传输协议。SCTP 也被用于 S1 - MME 接口上的 S1 - AP 传输。更多的细节在第 10 章介绍接口的同时已做了相应介绍。

　　与从 1980 年开始使用的 UDP（IETF RFC 768）和从 1981 年开始使用的 TCP（IETF RFC 793）相比，SCTP 是一个更新的协议，它最初于 2000 年在 IETF RFC 2960 中被标准化。

此后，SCTP 规范在 IETF RFC 4960 中进行了更新（2007 年）。设计 SCTP 的目的是为了克服 TCP 受限于特定通信环境的一系列限制和问题。这些限制，以及 SCTP 和 UDP/TCP 之间的相似与不同，将在下文中进行讨论。

16.11.2 基本协议特性

SCTP 与 UDP 或 TCP 有很多共同的基本特性。与 TCP 类似，而与 UDP 不同，SCTP 提供可靠传输，从而保证数据无误地到达目的端。同样地，与 TCP 类似而与 UDP 不同，SCTP 是一个面向连接的协议，也就是说两个 SCTP 端点之间的数据是作为会话（在 TCP 中称为会话，而在 SCTP 中称为关联）的一部分进行传输的。

SCTP 关联必须在两个端点间发生数据传输之前就建立起来。在 TCP 中，会话是通过一个 3 次消息交换过程在两个端点间建立起来的。TCP 会话建立过程的一个问题在于，当它遭到所谓的 SYN 泛洪攻击时会变得非常脆弱，这可能会导致 TCP 服务器过载。SCTP 通过使用一个 4 次消息交换过程建立关联，包括使用一个特殊的用于标识关联的"Cookie"，从而解决了这个问题。这使得 SCTP 关联建立过程在某种程度上变得更复杂，但却带来额外的鲁棒性从而可以抵御这种类型的攻击。一个 SCTP 关联以及 SCTP 在协议栈中所处的位置如图 16-44 所示。从图 16-44 中还可以看出，在每个终端上，一个 SCTP 关联可以使用多个 IP 地址（这方面内容还将在下文做详细描述）。

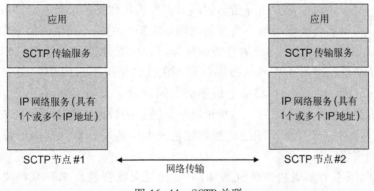

图 16-44　SCTP 关联

与 TCP 类似，SCTP 是速率自适应的。这表示它会动态地增加或降低速率，如根据网络中的拥塞状况。为 SCTP 关联设计这种速率自适应机制，是为了使其和那些试图与其使用同一带宽的 TCP 会话能够协同工作。

与 UDP 类似，SCTP 是面向消息的，这表示 SCTP 维护消息边界，且传输完整的消息（在 SCTP 中叫作块，Chunks）。而与之不同，TCP 是面向字节的，即它提供一个基于字节流的传输而没有任何在字节流上使用分割消息的概念。这适合于传输一个数据文件或一个网页，但是可能不适合用于传输分割的消息。如果一个应用程序在一个 TCP 会话中传输一个含有 X 字节的消息和另外一个包含 Y 字节的消息，那么在接收端这两个消息将会被作为一个含有 X + Y 字节的字节流而被接收。因此，使用 TCP 的应用程序就需要添加它们的记录号从而区分这两个消息。同样，还需要特殊的处理方式来确保消息是从发送端缓存中被"推出"的，从而确保一个完整的消息能够在合理的时间内完成传输。这样做的原因是由于 TCP 通常会等待发送端缓存超过一定大小后才发送数据，这就会使两端在交换短的消息时造成相当大的延迟，且必须等到对方有回复时才可以继续发送。

表 16-5 中给出了 SCTP、TCP 和 UDP 之间的比较。更多关于多流和多宿主的内容将在下文中介绍。

表 16-5　SCTP、TCP 和 UDP 之间的比较

	SCTP	TCP	UDP
面向连接	是	是	否
可靠传输	是	是	否
保持消息边界	是	否	是
顺序发送	是	是	否
无序传输	是	否	是
数据校验	是（32 位）	是（16 位）	是（16 位）
流控和拥塞控制	是	是	否
多流	是	否	否
多宿主支持	是	否	否
SYN Flooding 攻击保护	是	否	N/A

16.11.3　多流

TCP 同时提供可靠数据传输和严格的按序传输，而 UDP 既不提供可靠传输也不提供严格按序传输。一些应用程序需要可靠传输但却只需要满足数据的部分有序即可，而其他一些应用程序希望获得可靠传输服务而不需要任何顺序维护。例如，在电话信令中，仅需要维护影响相同资源（如同一个通话）的消息的顺序即可，而其他消息仅是松散相连，在传输中并不需要为整个会话维护基于序号的按序管理。在这些情况下，由 TCP 造成的所谓的头端阻塞（Head – of – line Blocking）将会造成不必要的延迟。头端阻塞可能发生在，当第一个消息或数据段因为某些原因丢失时。这种情况下，随后的数据包可能都已经成功传输到了目的端，但是接收端的 TCP 层却不能把这些数据包向上层传输，直到前面的数据也成功到达且到达数据序列恢复。

SCTP 通过实现一个多流特性（SCTP 的名字便是由此特性而来）来解决上述问题。这一特性允许数据被分割成多个流，从而可以分别采用不同的消息顺序控制来进行传输。一条路径上的消息的丢失将只影响发生消息丢失的数据流（至少在初始的时候），而其他所有的流都可以继续传输。这些流在同一个 SCTP 关联中传输，且由此遵循同一个速率和拥塞控制。SCTP 控制信令也由此而降低。

SCTP 通过从严格的数据传输顺序中解耦出数据可靠传输实现了多流机制（见图 16-45）。这是与 TCP 不同的，TCP 中数据可靠传输和数据有序传输这两个概念是耦合在一起的。在 SCTP 中，使用了两种类型的序列号。传输级别序号（Transport Sequence Number）是用来检测数据包丢失并控制重传的。在每条流内，SCTP 分配一个额外的序列号，即流序号（Stream Sequence Number）。流序号决定了数据在每条独立的流中传输时的顺序，并被接收端用于为每条流按序交付数据包。

SCTP 还可以完全绕过按序传输服务，这样消息便可以在它们成功到达后按照相同的顺序被交付给 SCTP 用户。这对于要求可靠传输但不需要按序传递的应用程序，或由自己的方法处理所收数据包排序的应用程序而言很有用。

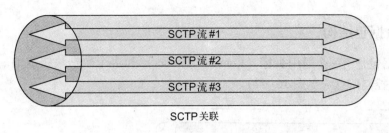

图 16-45 SCTP 中的多流

16.11.4 多宿主

SCTP 的另一个关键的方面是相比较于 TCP 在多宿主特性上的增强。在一个电信网络中，维护可靠通信路径从而避免服务中断以及由于核心网络传输问题而造成的其他问题是非常重要的。尽管 IP 路由协议可以在网络故障的情况下找到另一条可用路径，但是直到路由协议收敛并恢复连接性时所形成的时延，在一个电信网络中通常是不可接受的。同样地，如果一个网络节点是单宿主的，即它仅有一个网络连接，这个特定连接的故障将导致这个节点不可达。因此，冗余的网络路径和网络连接是在电信系统中广泛使用的两个组件。

TCP 会话对于每个端点包含一个单独的 IP 地址。如果这些 IP 地址中的其中一个变成不可达，则会话就会失败。因此在多宿主机上使用 TCP 来提供广泛可用的数据传输能力是非常复杂的，其中多宿主机是指可以通过多个 IP 地址连通的端点。另一方面，SCTP 是被设计用来处理多宿主机的，一个 SCTP 关联的每个端点都可以被多个 IP 地址所表示。这些 IP 地址也将在 SCTP 端点之间形成不同的通信路径。例如，IP 地址可能属于不同的本地网络或不同的骨干承载网络。

在一个 SCTP 关联建立的过程中，端节点交换彼此的 IP 地址列表。每个端点在其所声明的所有 IP 地址上都是可达的。每个端节点的其中一个 IP 地址被作为主地址建立，剩余地址作为从属。如果主地址基于某种原因失效，则 SCTP 数据包可以在应用程序不知情的情况下，发送给从 IP 地址。当主地址再次变得可用时，该通信可以被转移回来。主从接口可以通过使用一个检测路径连接性的心跳过程来检查和监测（见图 16-46）。

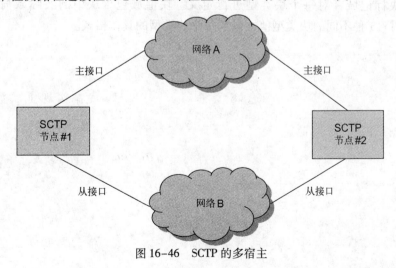

图 16-46 SCTP 的多宿主

16.11.5 数据包结构

SCTP 数据包是由一个通用头标（Common Header）和多个数据块组成的。每个块均包含用户数据或控制信息（见图16-47）。

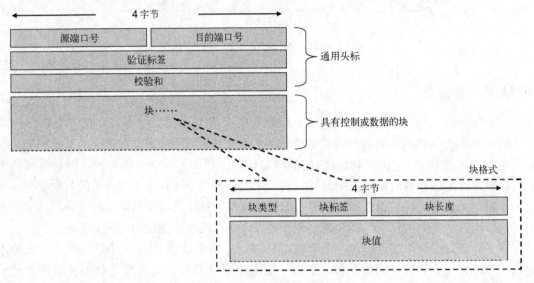

图 16-47　SCTP 头标和块格式

最初的 12 字节组成通用头标。该头标包括各两字节的源端口和目的端口（SCTP 使用与UDP 和 TCP 相同的端口概念）。当建立起一个 SCTP 关联时，每个端点被分配一个验证标签（Verification Tag）。这个验证标签被用在数据包中来标识关联。通用头标的最后一部分区域是一个 32 比特的校验和，用以在接收端检测传输错误。与 TCP 和 UDP 中所使用的 16 比特的校验和相比，这个校验和具有更强的健壮性。

数据块中包含控制信息或用户数据，紧跟在通用头标之后。块类型域用来区分块的不同类型，即它是一个包含用户数据的块还是一个包含控制信息的块，且标识了它具体包含何种控制信息。块标记域针对每个块类型进行定义。块值域包含块中的实际载荷。IETF RFC 4960 中定义了 13 种不同的块类型值，以及每个块类型的具体格式。

第17章 流　　程

过程的描述是一个很重要的工具，用来理解一个电信系统的工作原理。其中一些过程描述已经在本书之前的章节中和 EPC 的一些关键概念一起用到过。在本章中，我们将对 EPS 中所使用的一些其他的过程进行简短的介绍。值得注意的是，本书并没有完整地描述 EPS 中存在的所有过程。与此相反的，我们从一些最重要的用例中挑选了一些关键过程进行描述，这些过程都值得被详细描述。感兴趣的读者可以查阅 3GPP 技术规范 TS 23.060、23.401 和 23.402，进一步了解完整的描述。

在本章最初的几节（17.1～17.5 节），将描述 3GPP 接入的过程，包括附着过程、分离过程以及服务质量过程。我们也将描述在同种 3GPP 接入技术内部以及在不同的 3GPP 接入技术间的移动切换过程。在本章后面的几节（17.6～17.8 节），我们将描述一些非 3GPP 接入网络，如 WLAN、HRPD 的一些过程。这些过程中包含非 3GPP 接入网络的附着和分离过程，以及 3GPP 和非 3GPP 接入技术间的移动切换过程。

17.1　E－UTRAN 的附着和分离

17.1.1　E－UTRAN 的附着过程

附着过程是 UE 被打开后所执行的第一个过程。这一过程的执行使得 UE 能够从网络中获取服务。SAE 系统中的一个优化在于，它的附着过程包含了一个默认 EPS 承载的建立，保证了 UE 和 EPS 用户的 IP 永久连接性功能被启用。图 17-1 描述了这一附着过程的一个实例。

附着过程将在如下的步骤中被简要介绍：

A）UE 向 eNodeB 发送附着请求消息。eNodeB 检查请求消息的 RRC（Radio Resource Control）层中所包含的 MME ID 信息。如果 eNodeB 与被识别的 MME 之间存在连接，则 eNodeB 将把这个附着消息转发给对应 MME。否则，eNodeB 选择一个新的 MME 并将附着请求转发给所选的 MME。

B）（UE 所附着的）MME 已经改变，它使用 GUTI 中的过期 MME ID 来找到原先的 MME 并取回 UE 相关内容。

C）执行身份验证与安全步骤。ME 认证也将在这一步骤中被执行。

D）如果（UE 所附着的）MME 已经改变，则新的 MME 将通知 HSS，UE 发生了移动。HSS 存储新的 MEE 的地址，并通知过期的 MME 取消对应 UE 的相关内容。

E）PCRF 给默认承载授权，它将用于 Serving GW 和 PDN GW 之间的消息传递。

F）上述默认承载在无线接口间建立后，新的 MME 返回一个附着接受消息给 UE。

G）MME 将 eNodeB 的 TEID（Tunnel Endpoint Identifier）发送给 Serving GW，由此完成了默认承载的建立流程，此后，默认承载将能够被用于上行和下行连接。

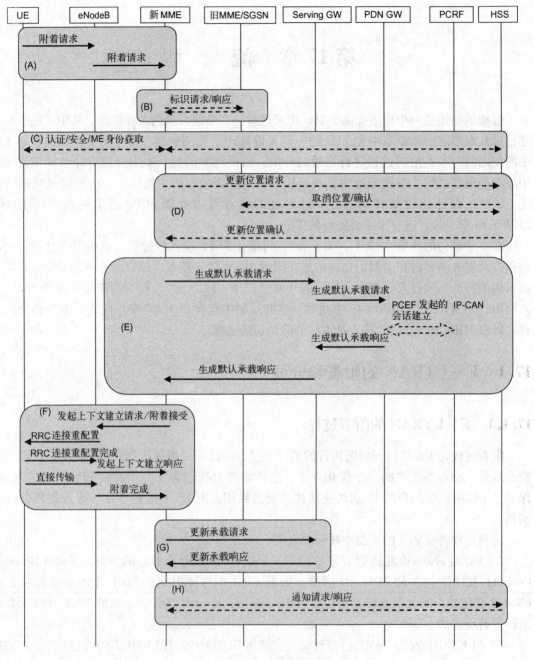

图 17-1 附着过程

H) 如果 MME 所选的 PDN GW 与所接收的签约信息中的 PDN GW 不是同一个，则该 MME 将发送一个通知给 HSS，通告这一新的 PDN GW 身份。

此外，附着过程中还有一些附加步骤可能被执行。例如，（在上述步骤 A、B 执行之后）如果过期的 MME 与新的 MME 都不知道 UE 的临时 ID（GUTI），则新的 MME 将要求 UE 发送它的永久签约 ID（IMSI），如图 17-2 所示。

（在步骤 C 执行之后）MME 可能会通过 EIR（Equipment Identity Register）检查 ME 的

身份。EIR 中存有黑名单可供查询，如被盗窃的 UE 名单。根据 EIR 所返回的查询结果，MME 可以继续完成这个附着过程或直接拒绝 UE，如图 17-3 所示。

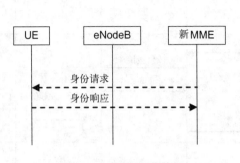

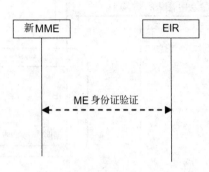

图 17-2　身份识别请求　　　　　　　　图 17-3　ME 身份验证

如果 UE 想要发送一个 APN 或 PCO，则它将在最初的附着请求消息中添加一个标志位。在步骤 C 中的加密流程开启后，MME 将会向 UE 请求相关的信息。通过这种方法，就可以避免在无线接口间传输未加密的 APN 或 PCO 信息。如图 17-4 所示，加密选项请求过程即是用于传输 APN 与/或 PCO 信息给 MME。

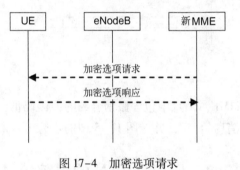

图 17-4　加密选项请求

17.1.2　E – UTRAN 的分离过程

分离过程用于一些场景中移除承载以及清除网络中的状态信息，如 UE 被关闭的场景。当一个 UE 由于离开了 TA 的覆盖范围而不再执行 TA 更新时，网络同样需要执行分离过程来移除承载以及该 UE 的状态信息。同样也存在一些签约或维护原因需要分离 UE，例如，当一个 MME 停止服务时，需要对附着在该 MME 上的 UE 执行分离。

值得注意的是，在通常情况下，HSS 不会清除 MME 的地址，MME 将会保留 UE 的相关信息。这种方法将为 HSS 省去一些信令交互，因为 UE 极有可能重新附着在同一个 MME 上，而此后 MME 便无须再向 HSS 进行通告并下载签约信息。

UE 端发起的分离过程如图 17-5 所示，具体步骤简介如下：

A）由于 UE 被关闭，它发送一个分离请求给 MME。

B）MME 引导 Serving GW 和 PDN GW 删除 UE 对应的承载，之后 PDN GW 中的 PCEF 告知 PCRF 承载已被删除。

C）MME 可以发送一个分离确认消息给 UE 来确认分离过程完成，并取消与 UE 的信令连接。

如果 UE 已经长时间未和网络有通信（超过 TA 更新计时器时长），则 MME 也可以发起分离过程。在这种情况下，MME 可能会尝试使用一个分离请求消息来告知 UE，之后像上述图 17-5 中的步骤 B 一样删除 UE 对应的承载。

在一些比较特殊的情况下，HSS 也可能发起分离过程，它发送一个删除位置消息给

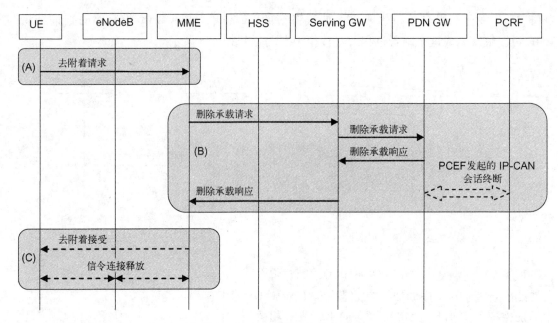

图 17-5　UE 端发起的分离过程

MME，消息中包含撤销合约的原因码值。这将触发 MME 删除 UE 相关内容，发送一个分离消息给 UE，并像图 17-5 中的步骤 B 一样删除 UE 对应的承载。

17.2　E – UTRAN 的跟踪域（TA）更新

跟踪域更新过程是一个移动性管理过程，通过更新跟踪域，使 MME 知道 UE 目前位于哪个或哪些个跟踪域的集合中。UE 所对应的 TA 列表中记录了它在 TA 更新或附着过程中所被分配的所有 TA。当 UE 移动到一个新的 TA 时，若这一 TA 并不存在于 UE 的 TA 列表中，则将执行 TA 更新。即使 UE 一直停留在被分配的 TA 内，TA 更新也将被周期性地执行。

17.2.1　跟踪域更新过程

在极简的形式下，TA 更新仅仅是 UE 和 MME 之间的一些消息交互。当 UE 向一个先前附着过的 MME 执行附着过程或向同一个 MME 执行 TA 更新时，将会执行这种极简形式下的更新过程。TA 更新的其他触发条件也可能是周期性计时器的超时，或是 UE 移动到了它所被赋予的 TA 集合域之外。

更新过程如图 17-6 所示，其步骤简述如下：

A）UE 决定去执行一次 TA 更新。在这一场景下，更新的触发条件既可能是周期更新计时器到期，也可能是 UE 移动到了它所被赋予的 TA 集合域之外。UE 发送 TA 更新请求给 eNodeB，请求中包含了 UE 放置在 RRC 消息中的 GUMMEI，用于传输 TA 更新消息，eNodeB 基于 GUMMEI 转发该更新请求给对应的 MME。

B）MME 正确识别 UE 后，重置周期更新计时器，并且发送一个 TA 更新接受消息给

UE。这个 TA 更新接受消息中可能包含了一个为 UE 提供的新 TA 列表。UE 将保存这个新 TA 列表。

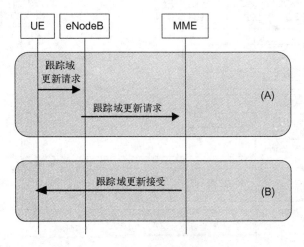

图 17-6 跟踪域更新

17.2.2 MME 改变时的 TA 更新

当 UE 从 2G/3G 网络移入 LTE 网络时，或 MME 改变时，为了迎合节点间的改变将需要执行 TA 更新过程，相关的节点也将相继被更新。

这一过程如图 17-7 所示，其步骤简述如下：

A）UE 决定去执行一次 TA 更新。在这一场景下，更新的触发条件可能是 UE 移动出了它被赋予的 TA 集合域之外，或从 2G/3G 网络移动到了 LTE 网络。当 eNodeB 收到 TA 更新请求时，它检测请求中所指示的 MME 与自身是否相关联，由此来确定是否需要去选择一个新的 MME。eNodeB 执行一个 MME 选择过程，并转发 TA 更新消息选中的 MME。

B）新的 MME 使用从 UE 处接收的 GUTI（具体指 GUTI 中包含的 MME ID）来确定 UE 相关信息存在哪里。MME 从过期的 SGSN 或过期的 MME 处请求 UE 的相关信息。请求信息中也包括了 TA 更新消息，使得过期的 MME 或 SGSN 能够验证这个消息的完整性。如果请求消息通过了完整性测试，则过期的 MME 或 SGSN 将发送 UE 相关信息给新的 MME。如果完整性测试失败了，一个错误消息将会返回给新 MME，则将引发 UE 认证过程。若 UE 相关信息正确返回，则新的 MME 也将向过期的 MME 或 SGSN 确认承载 UE 相关信息的消息已经被接收。

C）新的 MME 将通过一个更新承载消息告知 Serving GW 关于 MME 的变更。接着，Serving GW 将向 PDN GW 更新当前 RAT 类型，也可能同时更新 UE 的所在位置。PDN GW 还有可能通知 PCRF 关于 UE 的 RAT 类型以及位置的改变。

D）MME 通知 HSS UE 已经移动了。HSS 存储 MME 的地址，并指示过期的 SGSN/MME 取消 UE 的相关信息。之后 HSS 确认位置更新。

E）如果过期的 SGSN 和 UE 间仍然有一个活跃的 Iu 连接，那么这个连接将被释放。

F）MME 发送一个 TA 更新接受消息给 UE，由此完成了 MME 上有关 TA 更新的所有操作。TA 接受消息中可能包含了一个为 UE 提供的新 TA 列表和一个新的 GUTI。UE 发送一个

TA 更新完成消息来确认新的 GUTI。

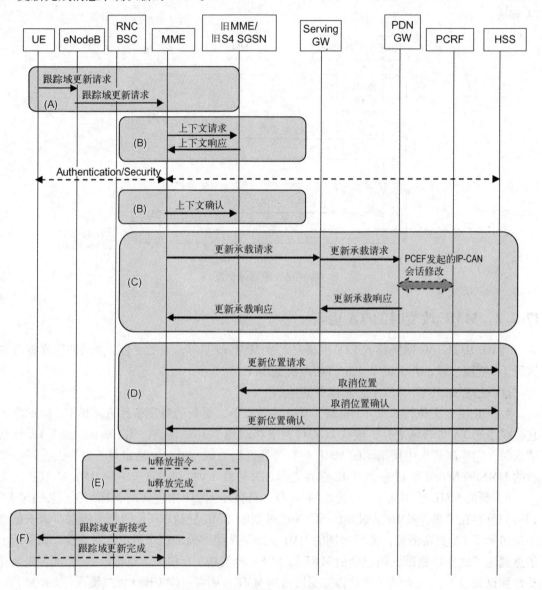

图 17-7　MME 改变时的跟踪域更新

　　在一个 TA 更新过程中，Serving GW 也是有可能改变的。如由于一个移动后用户层面的非优化路由，MME 可能决定改变 Serving GW。如果是在这种场景中，那么 MME 将告知过期的 MME/SGSN，这个 Serving GW 在相关信息传输的过程中被改变了。过期的 MME/SGSN 将删除过期的 Serving GW 中的承载。Serving GW 的改变在大部分网络中都是极少发生的，并且在已经布置有 Serving GW 和 PDN GW 的网络中，完全没有必要重置 Serving GW（由于 PDN GW 无论如何都将保持不变）。

　　由 LTE 移动引起的 MME 改变在大部分网络中也是极少发生的，因为 MME 资源池可以被用来允许若干 MME 在一个很大的范围内共享 UE。只要 UE 停留在资源池的覆盖范围内，该 UE 便可与同一 MME 保持连接。

当一个 UE 经历如下任一情景时，都会触发跟踪域更新：

- UE 检测到自己进入了一个不在其向网络注册过的 TAI 列表中的新跟踪域中。
- 周期性跟踪域更新计时器超时。
- 当 UE 在 UTRAN PMM_Connected 状态下重选到 E – UTRAN 时。
- 当 UE 在 GPRS READY 状态下重选到 E – UTRAN 时。
- 当 UE 在 GERAN/UTRAN 状态下重选到 E – UTRAN，且 UE 已经修改了承载配置时。
- 当无线连接由于"负载均衡 TAU 要求"被释放时。
- 当 UE 核心网络性能改变以及/或 UE 对应的 DRX 参数信息发生变化时。

17.3　E – UTRAN 的服务请求

17.3.1　UE 触发的服务请求

当 UE 在 Idle 状态中且需要建立承载以发送数据或需要发送信号给 MME 时，它将执行服务请求过程。UE 触发服务请求的过程如图 17-8 所示。

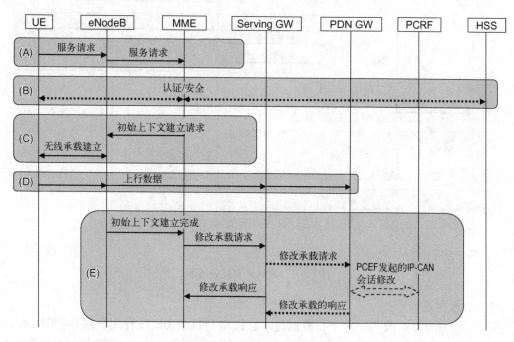

图 17-8　UE 触发服务请求

这一过程简述如下：

A）UE 向 MME 发送一个 NAS 消息服务请求，这一消息是封装在发往 eNodeB 的 RRC 消息中的。eNodeB 将转发该 NAS 消息给 MME。转发的 NAS 消息是封装在一个 S1 – AP 中的，即初始化 UE 消息。

B）MME 可以触发认证和安全过程（可选）。

C）MME 向 eNodeB 发送一个 S1 – AP 初始上下文建立请求。这一步骤将为所有活跃的

EPS 承载激活无线和 S1 承载。eNodeB 执行无线承载建立过程。当用户层无线承载被建立，UE 和网络间将执行 EPS 承载状态同步。

D）由 UE 发出的上行数据此时已经可以通过 eNodeB 发给 Serving GW。eNodeB 发送上行数据给 Serving GW，Serving GW 转发这些上行数据给 PDN GW。

E）eNodeB 向 MME 发送一个 S1 – AP 初始上下文建立完成消息。对于每一 PDN 连接所接受的 EPS 承载，MME 为它们统一发送一个修改承载请求消息给 Serving GW。现在，Serving GW 可以为 UE 传输下行数据了。如果网络中部署了动态 PCC，则 PDN GW 可能会和 PCRF 交互以获得 PCC 规则。如果没有部署动态 PCC，则 PDN GW 可能应用本地 Qos 策略。PDN GW 返回一个修改承载回复消息给 Serving GW。Serving GW 同样返回一个修改承载回复消息（给 MME）。

17.3.2　网络触发服务请求

当 UE 在 Idle 模式且网络需要建立一个承载用以发送数据或发送信号给 UE 时，它将执行一个网络触发服务请求过程，如图 17-9 所示。

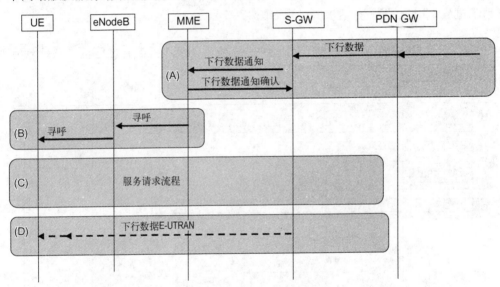

图 17-9　网络触发服务请求

这一过程简述如下：

A）当 Serving GW 收到一个下行数据包，且已知其目的 UE 没有用户层连接时，Serving GW 缓存这个下行数据包并且确认为该 UE 服务的 MME。之后 Serving GW 给保存 UE 上下文的 MME 发送一个下行数据通告消息。MME 返回一个下行数据通知确认消息给 Serving GW。

B）如果数据包中包含的目的 UE 是在该 MME 上注册的，则 MME 发送一个寻呼消息给 UE 所注册的跟踪域内的每一个 eNodeB。当 eNodeB 收到 MME 所发送的这个寻呼消息时，eNodeB 将在自己的接入范围内寻呼这一 UE。

C）根据所收到的寻呼指示，UE 初始化一个如前所述的 UE 触发服务请求过程。

D）一旦 S1 – U 承载被建立，Serving GW 将开始向 UE 发送先前缓存的下行数据。

17.4 域间及域内 3GPP 接入移动切换

如果我们考虑无线接入和数据包核心网络级别移动切换，而忽略服务连续性以及会话连续性方面的问题，那么就可以在 3GPP 接入域内和域间使用以下可能的移动切换组合：

- 在 E – UTRAN 域内。
- 在 E – UTRAN 和 UTRAN 域间。
- 在 E – UTRAN 和 GERAN 域间。
- 在 GERAN 域内、UTRAN 域内以及 GERAN 和 UTRAN 域间（此类移动切换的案例不在本书的覆盖范围内）。

注意，所有的这些场景都可以是 PLMN 域内或域间切换的，如下将进行详细描述。

在 3GPP 中（以及其他大部分蜂窝网络技术中），移动切换被定义为如下极其狭义的术语（根据 3GPP TS 22.129）：

移动切换是一个过程，这一过程发生在无线接入网络改变了无线发射器、无线接入模式或用于提供承载服务的无线系统时，过程中要求仍然保持一定的承载服务质量。

移动切换对于所有蜂窝系统来说都是一个关键的移动性机制，无论是在一种接入技术内部，还是在不同的接入技术之间。

UE 使用无线测量值帮助网络提供服务，同时维护相邻的使用相同或不同接入技术并有可能成为移动切换候选者的网络。关于 UE 和 E – UTRAN 决定何时以及如何去触发移动切换的细节已经远远超出了本书的范围，但是感兴趣的读者可以在 Dahlman（2011）以及其他书籍中找到一些细节。

移动切换可以有多种不同的形式和类型，除了为 UE 移动切换选择目标接入网络的过程，移动切换也可能导致核心网络的参与。在最简单的形式下，核心网络需要获取 UE 即将接入的目标接入网络相关信息，而在更复杂的形式下，核心网络中的一个或多个网络实体（如 MME 和/或 S – GW）需要被重置，以为用户提供更好的服务。除了实际更改无线和/或核心网络实体的过程，移动切换过程也需要保证服务连续性，这需要尽可能保持活跃的服务的承载特性。一个系统可能使用一个移动切换或小区重选机制来为一个活跃在会话中的 UE（传输以及接收数据）实现服务连续性。注意其他的一些机制，如 SRVCC，同样能为特定类型的服务提供一定的服务连续性，具体的描述在第 11 章中讨论过。

所以，从整体网络的角度而言，到底有哪些可能的不同类型的移动切换呢？让我们考虑一下图 17-10 所示的例子，图中刻画了一个简单的场景：运营商 X 和运营商 Y 之间有一些无线网络互相连接，并且他们的核心网络（此处为 EPC）通过一个 GRX/IPX 互相连通。运营商 X 有两个 EPC 网络可以连接到 RANs OPx1，OPx2，…，OPxn，而运营商 Y 有一个 EPC 网络连接到 RANs OPy1 和 OPy2。我们可以定义的第一层面的移动切换即：用户是否在运营商 X 网络中发生了移动，由此导致 PLMN 域内移动切换。如果用户在 RANs OPx1 和 OPy2 之间发生了移动，那么便发生了 PLMN 域间移动切换。当一个用户在 PLMN 域间移动切换的过程中同样跨越了不同的无线接入技术，如在 E – UTRAN 和 UTRAN 之间进行切换，则网络也将改变无线接入技术以执行系统间的移动切换。请注意，UE 仅被指示在允许移动切换到的邻居网络上执行。

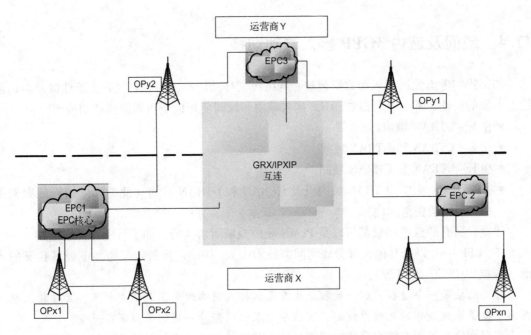

图 17-10　多操作员 3GPP 网络简化图

就 PLMN 域间移动切换而言，在移动切换完成之前有一些概念需要被理解并建立。首先，在 PLMN 域间移动切换中，一个会话可能不仅跨越了一个运营商的边界，它甚至有可能跨越国界。例如，一通在美国的电话，可能从纽约的北部开始通话后慢慢靠近加拿大并在加拿大内部仍然保持通话，只要上述涉及的运营商之间相互支持 PLMN 域间移动切换。由此而言，PLMN 域间移动切换很大程度上取决于单个运营商是否支持该项业务。一个运营商可能选择丢弃原有会话，并要求 UE 在新的 PLMN 里进行注册，在这种情况下将无法维持服务连续性。在进行域间移动切换之前，某些特定的标准必须被满足，即在 3GPP TS 22.129 中指定的：

- 与家乡网络商议是否允许用户从被访问网络迁移到目标网络的能力。
- 仅当目标网络可以提供各个（切换）要求的无线信道类型时，才可以启用移交过程。
- 避免"网络跳频"，例如，为同一个请求在相邻的网络之间连续地切换。
- 当 PLMN 域间切换发生时，通知用户的能力。

在移动切换的过程中，一个网络可能扮演了以下 3 种角色中的一种：家乡 PLMN、服务 PLMN 和被访问的 PLMN。家乡 PLMN 是用户获取他/她的网络合约的 PLMN。被访问的 PLMN 是当一个用户在漫游过程中访问的网络，用户在被访问的 PLMN 中执行了一个成功的注册过程（例如，HSS 了解用户的所在位置，并且执行所有必要的过程来更新用户所在的位置）。服务 PLMN 网络是用户可能已移交（例如，为用户提供服务的网络是属于服务网络运营商的）但并没有执行注册的网络。最可能的场景是，服务 PLMN 在用户完成注册过程后变成被访问 PLMN，除非用户又移出了该网络的服务范围。

共享网络同样支持上述提到的所有类型的在共享网络与非共享网络之间的移动切换。但在一些其他方面，如共享网络所连接的核心网络和相关漫游协议，以及用户获取了网络合约的家乡网络，同样也需要认真考虑。

虽然用户（即 UE）的移动是导致移动切换最常见的原因，但是也有一些其他的触发条件将导致一次移动切换。例子如下：

- 一个服务请求可以被另一个不同的 RAT 满足而不是当前正在为 UE 提供服务的 RAT，这将触发移动切换。核心网络可能触发这样一次切换过程。
- 不同的无线环境，如无线接入方式的改变，或网络能够提供给用户当前服务的能力改变（都可以触发移动切换）。

尽管原则上，移动切换不应该引起任何重大的服务丢失/改变或服务的中断，但是当多个无线承载从一种无线接入类型被切换到另一种类型时，可能需要删除某些承载而维护其他的承载，基于优先级以及相关的服务质量信息、数据速率、时延约束和错误率等。此外，有些时候，一个特定的服务质量可能会被降级以适应所有 PS 承载的切换。总地来说，相较于移动切换的完全失败，最好能够使至少一个适合目标无线接入方式的承载切换成功。通常，当从一个较高的比特率切换到一个较低的比特率时（如从 UTRAN 到 GERAN），必须决定究竟是适应服务网络运营商（在 HPLMN 未漫游期间），而该运营商可能选择丢弃所有活跃的承载，还是基于预先定义的标准，选择切换特定的承载。

那么在 EPS 中，相较于现有的移动切换概念尚未覆盖的范围，什么发生了改变呢？例如，不再存在一个中心实体用于控制 RAN，类似于一个用于控制 UTRAN 的 RNC 或一个用于控制 GERAN 的 BSC。相反地，E - UTRAN 中的 eNodeB 与 EPC 核心网络实体直接相连，MME 用于控制层面的信令传递，而 Serving GW 用于在用户层面上与用户终端之间传递数据。除了 E - UTRAN，EPS 还必须支持来自或去往非 3GPP 网络的移动切换。这些过程将在接下来的章节中详细介绍。

虽然系统间移动切换通常是结合 3GPP 接入使用的，但这一术语也可以很容易扩展到 3GPP 与非 3GPP 之间的 PLMN 域内移动切换。对于 3GPP 接入网络而言，PLMN 域间和 PLMN 域内切换以及系统间切换都是支持的，特别强调了 UTRAN 和 E - UTRAN 之间的服务连续性。此外，EPS 同样支持从 E - UTRAN 到预发布的第 8 版本 3GPP 网络的移动切换，但是请注意，相反方向的移动切换是不支持的。在这种情况下，源网络（即 EPS）必须接纳目标网络的要求，因为目标网络无法理解或解释 EPS 信息，由于预发布的第 8 版本网络无法升级。

E - UTRAN 无线接入另一个特别的方面在于，它是一个数据包系统，因此不支持电路交换承载以及演进系统中的 CS 域。于是一个从基于 E - UTRAN EPS 的 IMS 语音到基于 2G/3G 的 CS 语音移动切换被部署在了 3GPP 网络中，被称为 Single Radio Voice Call Continuity（SRVCC）。当非 3GPP 网络与 EPS 相连时，E - UTRAN 也可以使用 IMS 在 3GPP 和非 3GPP 网络之间提供双向的无线服务连续性。

17.4.1 移动切换过程的阶段

GSM 的分组交换移动切换过程根据基本准则发展为两个主要阶段：移动切换准备阶段和移动切换执行阶段。同样的准则也适用于 EPS 移动切换过程。

我们简短地介绍一下现有 2G/3G、3GPP 分组核心网络（GPRS 分组交换域）的一些移动切换原则，之后详细介绍 EPS 移动切换的细节。在任意移动切换的案例中，都有一个源无线接入网络和一个终端计划移动到的目标无线接入网络（在 RAT 域内，切换使用相同的无线接入方式，在 RAT 域间切换则使用不同的无线接入网络）。例如，在一个 2G 的系统中，BSS 域内移动切换可以被维护在同一个 SGSN 下执行（被称为 SGSN 域内切换）或变更不同的 SGSN 执行（被称为 SGSN 域间切换）。切换也可能跨越不同的无线接入方式执行，如在 BSS 和 UTRAN 间切换，即 RAT 域间切换，这样一个 RAT 域间切换也可以是 SGSN 域内切换或 SGSN 域间切换。在电路交换域 GPRS 的 3G 无线接入方式下，可以有伴随 SGSN 域内或域间切换的 RNC 域间切换（其中，RNC 功能和 SRNS 功能都会移动），以及伴随 SGSN 域内或域间切换的 SRNS 迁移过程，并且，伴随 BSS 和 RNC 间切换的系统间移动切换也执行 SGSN 域内或域间切换。在所有的这些移动切换场景中，切换过程都涉及并更新了分组核心网络。注意，GGSN 在任何的切换过程中都没有迁移或更改。

整个切换过程可以被描述为源接入网络处理切换过程，如 UE 和无线网络测量来决定应该初始化切换过程，准备目标无线网络和核心网络资源，将 UE 定向到新的无线网络，以及释放源无线网络和核心网络中合适的资源。此外，优雅地处理所有可能产生的错误以恢复到稳定状态，并确保所有控制层面和用户层面的实体能够正确地连接到新的网络中。在这个过程中，上行和下行链路上的数据可能被缓存，然后转发到由特定的切换过程/切换类型本身所确定的最适当的路径，由此来最小化可能的用户数据丢失。

现在，我们将简要地分析切换过程的两个阶段（准备和执行）的整体视图。图 17-11 和图 17-12 分别描述了准备阶段和执行阶段的过程。

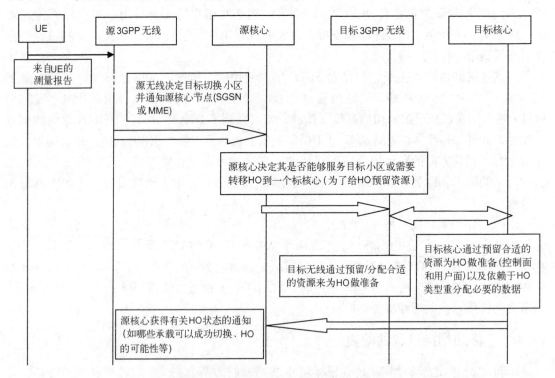

图 17-11　移动切换的准备阶段整体概述

移动切换可能在切换过程的任意时刻失败，且切换也可能被目标 RAN 拒绝。由于一些情况的发生使得源 RAN 认为切换将不会成功或已经在某个地方失败，那么它也可能取消本次切换。如果切换被目标无线网络拒绝或被源无线网络取消，则所有要求的资源都将被释

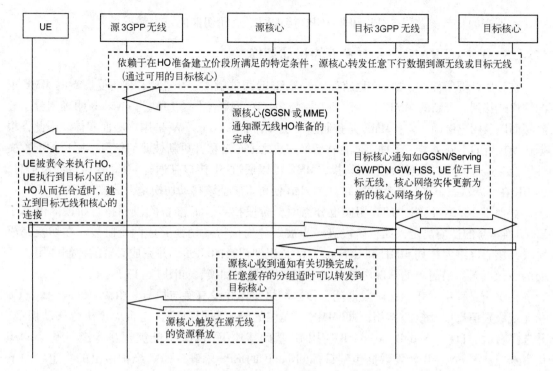

图 17-12 移动切换的执行阶段整体概述

放，切换过程也将在无线网络和核心网络中被清除。在切换失败的情况下，根据失败发生在准备阶段或执行阶段的不同，受影响的资源和需要执行的行动当然也是不同的。如果 UE 在执行阶段连接目标网络失败，则它将返回到源无线网络并发送一个适当的失败消息。如果 UE 与无线网络失联，那么将由源无线网络来负责通知源核心网络，之后剩余的通往目标网络的路径便被清除或释放了。如果错误是由核心网络造成的，那么一个适当的错误码将被发送给 UE 并确定后续的行动（如重新协商承载）。

17.4.2 EPS 中的 3GPP 切换案例

现在，我们将开始描述这本书的要点，这将帮助理解涉及 E-UTRAN 和 EPS 的切换过程。

在 EPS 网络和涉及 E-UTRAN 的切换中，RAT 域内切换（LTE）所涉及的网络实体包括 MME 和 Serving GW。如果使用了 PMIP，则 Serving GW 中的 BBERF 也将被用来更新 PCRF 以获得正确的 BBERF 信息。与使用 GPRS 的 2G/3G 切换相比，EPS 在切换期间为下列可能的组合提供更改/迁移服务：

1）仅 E-UTRAN 域内（在 eNodeBs 之间）切换（MME 域内切换可能伴随一个基于 X2 或 S1 的移动切换过程）。

2）E-UTRAN 域间切换并改变 MME（MME 域间切换）。

3）E-UTRAN 域间切换并改变 MME 和 Serving GW（MME 域间以及 Serving GW 域间切换）。

4）E-UTRAN 域间切换并改变 Serving GW（Serving GW 域间切换）。

5）RAT 域间切换（E-UTRAN 和 GERAN/UTRAN）伴随着核心网络实体组合的迁移（如 MME 从/向 SGSN 迁移，然后 Serving GW 将可能被重定位）。

接下来的几节覆盖了 3GPP 和非 3GPP 接入网络之间切换的基本情况。

17.4.3 E-UTRAN 接入方式下的移动切换

在某些外部条件下，如 MME 超载，一个 MME 可能触发一个迁移，使得受影响的 MME 上的用户迁移到一个新的 MME 上。请注意，与 2G/3G 网络不同，EPC 为 eNodeB 明确划分了控制层面以及用户层面实体：MME 是控制层面实体，而 Serving GW 是用户层面实体。因此，根据切换执行的不同类型，多种实体将在切换完成之前被迁移并更新彼此的信息。用户的配置文件可能会通过漫游/本地约束限制切换，MME 可以通过 S1 接口来通知 eNodeB 这些约束信息，当 UE 在活跃状态下进行移动切换时，eNodeB 便负责验证该移动切换是否是被允许的。

类似于 2G/3G 网络，LTE 切换也分为两个阶段执行，即准备阶段和执行阶段。由基于 X2 切换本身的性质决定，执行阶段进一步被划分为执行和切换完成两个阶段。在切换完成阶段，核心网络实体如 MME 和 Serving GW 意识到切换的完成，并完成必要的控制和用户层面的路径更新。最简单的情况之一是 E-UTRAN 域内切换，如图 17-13 所示。

在这个过程中，在准备阶段期间，核心网络实体并没有参与执行。由源 eNodeB 基于 UE 和无线级别信息以及核心网络（即 MME）提供的约束数据决定，是否应该执行移动切换，并选择合适的目标 eNodeB。eNodeB 使用 IP 基础架构下的 X2 基准点相互连接。源 eNodeB 负责选定从源 eNodeB 转发数据包到目标 eNodeB 的 EPS 承载；EPC 维护做出的决定，即不执行任何改变。源 eNodeB 和目标 eNodeB 都可能需要缓存数据，且切换阶段，源 eNodeB 为用户层面流量建立一个通向目标 eNodeB 的上行和下行数据转发路径。

在执行阶段，一旦有数据到达，且源 eNodeB 有能力处理这些数据，则它便会转发所有这些从 Serving GW 接收到的下行数据给目标 eNodeB。一旦移动切换被成功地执行（即 UE 此刻已成功连接到目标 eNodeB），目标 eNodeB 便会告知 MME 切换路径，MME 则将通知 Serving GW 为下行数据流（即发往 UE 的数据流）切换用户层面路径。此外，MME 还将通过一个结束标记通知源 eNodeB 结束数据的传输。由上述可以很容易地看出，这就是 EPC 中最简单的移动切换类型。

若 MME 因为某些原因，如为了得到更好的用户层面连通性等，决定在切换的同时迁移 Serving GW，切换过程将变得更加复杂。但是为了执行 Serving GW 迁移，在源 eNodeB 和源 Serving GW 之间、在源 Serving GW 和目标 eNodeB 之间，以及在目标 Serving GW 和目标 eNodeB 之间，都必须建立全双工的 IP 连接。

当收到来自目标 eNodeB 的路径切换请求时，MME 发起请求要求目标 Serving GW 根据切换完成后的需要建立一个新的承载，且目标 Serving GW 向 PDN GW 更新它的地址以及当前的用户信息，这样就完成了 UE 和目标 eNodeB 之间以及目标 Serving GW 和 PDN GW 之间的路径切换。当 PDN GW 得到更新信息时，它便开始通过这些更新后的路径发送下行数据。一旦 MME 指示路径切换已经完成，它便告知 Serving GW 释放它为 UE 保留的资源，且目标 eNodeB 会释放在源 eNodeB 上占用的必要资源。

尽管现在基于 X2 的移动切换看起来是很自然的，但是假设从 E-UTRAN/EPS 部署的第一天起在所有 eNodeB 之间就有了全双工 IP 连通性是不合理的，而且也可能有别的原因使得基于 X2 的移动切换不能被执行。在这种情况下，通过核心网络执行的基于 S1 的移动切换成为了上述所有切换场景的可选方案。

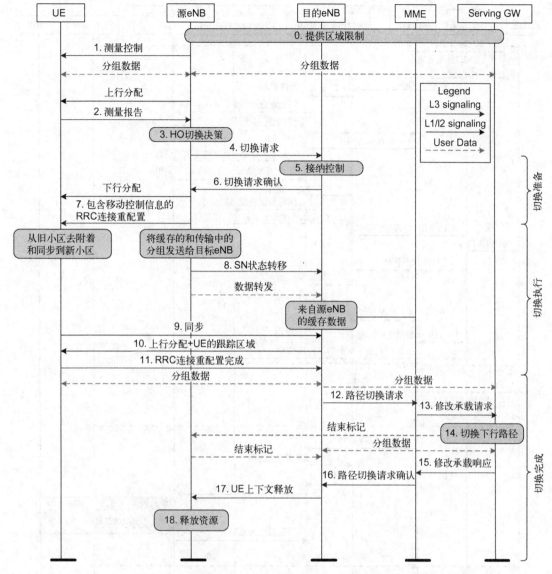

图17-13 核心网络不变的 E - UTRAN 域内切换简化

(MME 域内切换/基于 X2 的 Serving GW 切换过程)

在一个基于 S1 的移动切换场景下，MME 或 MME 和 Serving GW 一起都可以被迁移，即使 MME 本不应该被改变，除非目标 eNodeB 属于一个不同的 MME 池区域。如果一个源 MME 已经为切换选定了一个目标 MME，那么目标 MME 就需要负责去决定是否源 Serving GW 需要被迁移，否则这将是源 MME 的责任去做出这个决定。如下的时序图展示了切换所需的必要步骤，请注意，由源 eNodeB 来决定是通过 X2 接口直接执行数据转发，还是通过源或目标 Serving GW 间接执行数据转发，这都取决于 Serving GW 是否迁移。仅当源 MME 确认了目标 Serving GW 路径切换已经被成功执行了，它才会释放源 Serving GW 资源。

如果 S1 切换由于任何原因被拒绝了，那么 UE 将保留在源 eNodeB/MME/Serving GW 中。图 17-14 描绘了 3GPP TS 23.401 中所述的切换细节过程，在本书中，我们不会描述节点细

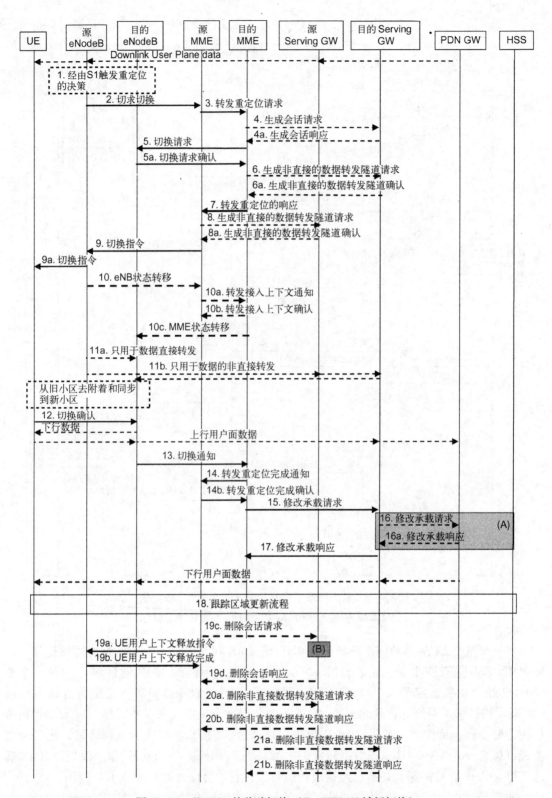

图 17-14　基于 S1 的移动切换（E-UTRAN 域间切换）

节或流的程序化表现。对协议本身或不同场景和不同流的序列级别的细节感兴趣的读者可以查阅 3GPP 规范书，该规范书在本书附录中被指明。需要注意的是，点 A 和 B 是两个事件，其中由于 GTP 和路径中 PCC 与 PMIP 和路径分离 PCC 运作的不同，导致基于 GTP 过程不同于基于 PMIP 过程。

注意当描述切换流时，我们专注在基于 GTP 的 S5/S8 接口上。如果使用了 PMIP，那么 Serving GW 和 PDN GW 之间的接口将变得有些不同，且由于 PCC 使用了路径分离信号而产生了一个额外的交互，并导致了更多与 PCRF 的额外交互。因此当要求 Serving GW 改变时，目标 Serving GW 将触发 GW 会话控制过程来执行策略控制功能，如承载绑定。同时，如果需要，目标 Serving GW 也将通告一个 RAT 改变并更新 PDN GW。当由于 Serving GW 迁移而使源 Serving GW 被指示去删除承载时，源 Serving GW 同样需要保证源 Serving GW 与 PCRF 中的 BBERF 之间的 PCRF 联系也被删除。如果 Serving GW 没有被迁移，那么它将向 PCRF 更新当前的服务质量规则和会话绑定信息，这也将触发 PDN GW 向 PCC 发送更新。在 GTP 的情况下，由于策略是在路径中被处理的，因此，Serving GW 和 PDN GW 将不再需要进行上述交互，尽管 PDN GW 仍然会基于一些情况触发 PCC 过程，例如，当 RAT 类型发生改变时。需要注意，由于 UE、无线接入网络以及 MME/SGSN 不区分 S5/S8 控制点上使用的是 GTP 还是 PMIP，因此核心网络协议选择过程对于主要的切换过程基本没有影响。

当切换可能导致 Serving GW 迁移时，该切换过程不支持 S5/S8 控制点上的动态协议改变（GTP 和 PMIP 之间的改变）。在切换中的协议改变的复杂度似乎没有必要那么复杂，而且这种动态改变在最初发布的 LTE/EPS 中的必要性也没有很明显。当一个 UE 在切换的过程中，从一个 PLMN 移动到另一个且要求 MME 和 Serving GW 都迁移的时候，情况会变得更糟糕。如果同时又要求改变协议，那么 PDN GW 和 PCRF 也将受到影响。

17.4.4　E – UTRAN 以及其他 3GPP 接入方式（GERAN 和 UTRAN）之间的使用 S4 – SGSN 的切换

当一个系统必须应付如此广泛部署的 GSM/UMTS 和庞大的用户群（这指示着消费者手中的终端数量）以及无线网络设备时（GERAN 和 UTRAN），尽量减小执行切换时对系统的影响（以及对整体功能的影响）是 EPS 能够全面成功的一个关键方面。这种类型的系统间切换也在 3G 系统规范中被开发为 3GPP 适用。由此建立一个有效的系统间切换的目标作为一个技术和承诺便出现了。然而，相较于 2G 到 3G 的改变，从 2G/3G 到 LTE/EPS 的改变则多的多，无论从无线还是从核心网络的角度看，尤其是对于核心网络而言。由于切换过程的改变与已有的切换过程相比非常小，因此我们将强调这些区别以及任何额外的有利于读者理解这一过程的方面。

在 IRAT 切换的场景下，E – UTRAN 是无线接入技术而 EPC 是核心网络，前述原则同样适用：执行源无线网络指示的准备阶段，且在 RAT 域间切换时总是通过核心网络来执行切换。源 RAN 适配适合目标接入网络的内容和信息流（这对于从 E – UTRAN 切换到提前发布的第 8 版本核心网络的场景至关重要），并如前所述由源端决定何时开启切换的准备阶段。而同样也是由源 RAN 最终决定何时开启切换过程的执行阶段。

RAT 域间切换被认为是一个后向兼容的切换过程，在源 3GPP 网络指示 UE 切换到目标无线网络之前，目标 3GPP 无线网络已经为该 UE 准备好了无线资源。在准备阶段，目标接入系统有责任给予 UE 精确的指导，以使其能够在目标接入网络中顺利完成无线接入（无线资源配置文件，目标网络系统资料等）。并且在切换的准备阶段，由于目标 RAN 连接尚未建立，信令和信息的传输被通过源无线接入的核心网络透明地发送给终端。

在涉及 E – UTRAN 接入的 RAT 域间切换中，准备阶段以及数据传输过程中所涉及的核心网络实体包括 S4 SGSN 和对应的 MME/Serving GW 是否应用间接转发功能，是被作为运营商特定数据配置在 MME 和 S4 SGSN 中的。该配置文件总是指明是否执行间接转发，是否仅在 PLMN 域间、RAT 域间切换时执行间接转发，或是否应该不执行。

这种切换的主要方面在于 MME 和 S4 SGSN 之间的迁移必须只能在 E – UTRAN 到2G/3G 的切换场景中执行。

E – UTRAN 与 UTRAN 之间的切换以及 E – UTRAN 和 GERAN 之间的切换非常相似。我们选择了用 E – UTRAN 到 UTRAN 的切换为例来说明这种切换过程。以下步骤概括了上述的一般切换过程是如何适用于 E – UTRAN 和 UTRAN 之间的切换的。

- 一旦源 eNodeB 向 MME 触发了切换请求，基于收到的信息，MME 确定它是 UTRAN Iu 模式切换。之后，MME 为目标 RNC 选择合适的 SGSN 并在目标系统中启用适当的资源预留过程。MME 也负责将源 eNodeB 为切换选择的 EPS 承载映射为可以应用到2G/3G 网络中的 PDP 上下文承载。这种映射在 3GPP 中有明确的规定以便于在切换中提供一致的映射结果。
- 在目标核心网络中，SGSN 优先处理 PDP 上下文承载，并决定是否需要迁移 Serving GW。如果 Serving GW 需要被迁移，那么 SGSN 就会选择合适的目标 Serving GW 并触发合适的资源分配。
- SGSN 也为目标 RNC 提供所有由源网络所提供的相关信息，以便建立切换所需的无线资源。一旦目标 RNC 为 UE 完成了所有必要的无线资源分配，且 Iu 所需的用户层面资源也已经被建立，则目标 SGSN 便会被告知资源分配过程的完成。此时，目标 RNC 已经准备好去接收用户层面数据了，数据可能来自 SGSN 或 Serving GW，取决于是否使用了直接的隧道来传输用户层面数据（在没有直接隧道的情况下，SGSN 将留在用户层面路径上）。
- 之后，源 MME 和源 eNodeB 便被告知切换资源预留成功且准备阶段已经完成。
- 在间接转发的情况下，发送路径由 SGSN 设立在目标 Serving GW，由源 MME 设立在源网络。
- 一旦源 MME 告知了源 eNodeB 切换准备阶段已经完成，源 eNodeB 便开始转发数据，命令 UE 切换到目标 RNC，并为 UE 提供目标 RNC 所提供的所有必要信息。此时，UE 便不再通过源 eNodeB 接收/发送任何数据了。
- UE 进入到目标网络，此处已经建立了无线承载，而切换过程的其他部分仍在核心网络中执行。在核心网络中，当目标 RNC 确认切换完成时，目标 SGSN 将告知源 MME。之后，源 MME 和目标 SGSN 需要释放所有的转发资源。如果发生了 Serving GW 迁移，则源 MME 也需要释放源 Serving GW 资源，而 Serving GW 需要向 PDN GW 更新合适的信息，以便在 RNC、SGSN、Serving GW 以及 PDN GW 间建立新的用户层面路径。

注意，任何没有被成功传输的 EPS 承载都会被 SGSN 和 Serving GW 停用，且所有下行数据流都会被 Serving GW 丢弃。还需要注意的是，UE 仅重建在准备阶段被切换目标网络所接受的承载。

图 17-15 中所示的过程流仅用于说明目的，详细描述了从 E - UTRAN 到 3G UTRAN 的 RAT 域间切换的准备阶段和执行阶段过程。

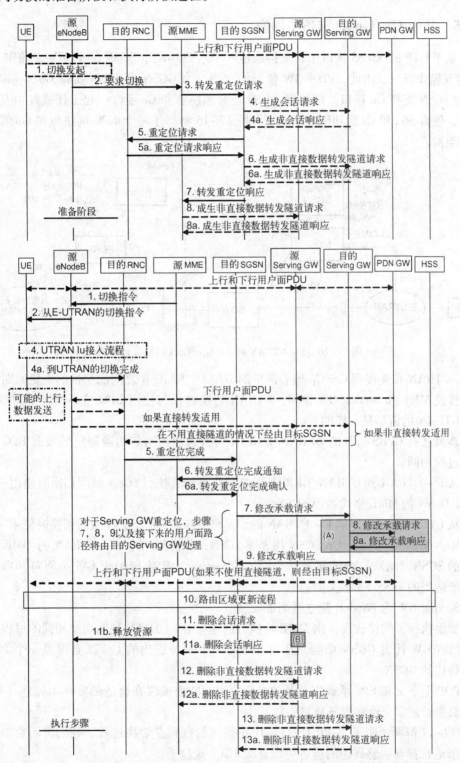

图 17-15 从 E - UTRAN 到 UTRAN 的 RAT 域间切换的准备阶段和执行阶段过程

对于 E‑UTRAN 和 GERAN/UTRAN 之间切换过程的更多信息流和细节描写在 3GPP TS 23.401 中被给出。

17.4.5 基于 Gn/Gp 的 SGSN 切换

在基于 GTP 的 S5/S8 接口中，支持通过一个维护 Gn/Gp SGSN 的 PLMN 来操作 E‑UT‑RAN 的互操作场景。由此，PDN GW 便开始充当一个 GGSN 为 SGSN 支持 Gn/Gp 接口，而 MME 为 SGSN 支持 Gn 接口。请注意，HSS 还必须能够和 Gr 接口一起工作或经由互通功能的支持，使得 S6a 和 Gr 的功能之间互通。图 17‑16 解释了一个 EPC 网络维护 Gn/Gp SGSN 接口的架构。

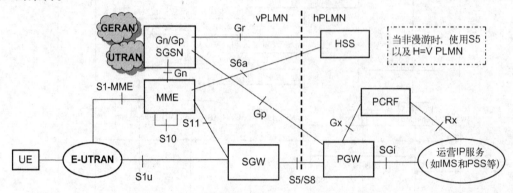

图 17‑16 E‑UTRAN 和 Gn/Gp SGSN 切换互通架构

E‑UTRAN 和连接到 Gn/Gp 核心网络的 UTRAN/GERAN 之间的切换的主要原则如下：

- 涉及 MME 和 Serving GW 的 E‑UTRAN 切换过程与使用 EPC 核心网络中的 GERAN/UTRAN 的情形是一样的。
- 涉及已有 GPRS 过程的 GERAN/UTRAN 切换过程与当前明确规定的没有 EPC 的切换过程相同。
- 从 E‑UTRAN 到 UTRAN/GERAN 的切换将意味着执行 SGSN 域间切换时使用一个 E‑UTRAN 的 MME 来代表源 SGSN。
- 从 UTRAN/GERAN 到 E‑UTRAN 的切换将意味着执行 SGSN 域间切换时使用一个 UT‑RAN/GERAN 的 Gn/Gp SGSN 代表源 SGSN，并使用一个 E‑UTRAN 的 MME 代表目的 SGSN。此外，MME 需要选出合适的 Serving GW 且 Serving GW 必须向 PDN GW 更新适当的与 S5/S8 相关的信息。
- Serving GW 为 eNodeB 建立适当的安装。
- 如果执行了间接转发，则 MME 将执行前述与 E‑UTRAN 域间切换相同的过程。
- PDN GW 代表 GGSN 功能，且为 UTRAN/GERAN 选出的 GGSN 必须是一个 PDN GW 替代的 GGSN。
- PDP 上下文和 EPS 承载以及其他参数之间的映射被放在合适的实体中处理（如 MME 负责处理安全性和服务质量参数）。

图 17‑17 解释说明了 3GPP TS 23.401 中描述的点到点切换过程。我们将不会对这些过程的细节进行描写，感兴趣的读者可以查阅 3GPP 规范书。

需要注意的是，为了兼容早期实施的 UE 和早期部署的网络，有一个额外的可能性，即

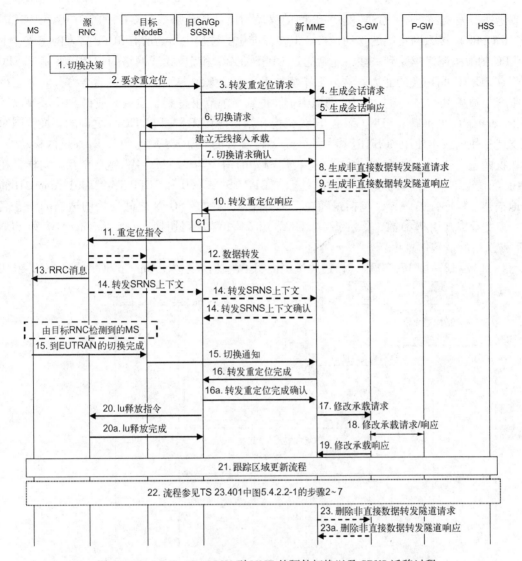

图 17-17 3G Gn/Gp SGSN 到 MME 的硬件切换以及 SRNS 迁移过程

在 E－UTRAN 和 UTRAN/GERAN 之间支持移动性。这个移动性解决方案是基于使用重定向信息释放 RRC 连接的方法实现的。这种使用重定向信息释放 RRC 连接的方法实现在源 eNo-deB 上，且并不要求网络任何额外的支持。重定向信息将 UE 指向 GERAN 或 UTRAN，在那里，UE 将会使用现有的路由去更新程序来恢复连接。这种方法比其他任何切换方法的表现都差，且可能造成一个重大的连接中断。然而，它的性能表现可能对于早期部署的、仅使用数据的用户，以及设备极少的网络是可接受的。

17.4.6 GERAN 和 UTRAN 接入网之间的使用 S4 SGSN 以及 GTP/PMIP 的切换

对于 GERAN 和 UTRAN 接入网络，切换技术已经被发展和部署了很长一段时间了，其中切换使用 GPRS 和 GTP 作为核心协议。在 SAE 发展的过程中，所有的运营商都没有很大的兴趣去开发支持 S4 – SGSN 和 PMIP 间的移动切换，甚至是基于 GTP 的 2G/3G 和 2G/3G（基于 GPRS）接入网之间的移动切换。但在标准化的过程中，为所有 3GPP 接入网完成一个仅 EPC 的架构越来越受到关注，包括通过 GPRS 在 2G 和 3G 无线网络间切换以及基于 EPC 实现在 2G/3G 间切换的能力。这个工作从技术角度上来说并不需要太多的努力，因为它可以很容易地从 EPC 支持的 2G/3G 网络中扩展得到。规范书得到了发展，使得 S4 SGSN 以及基于 Serving GW 和基于 PDN GW 的 EPC 架构开始支持 GERAN 和 UTRAN 之间的切换，同时也支持了使用或不使用 SGSN 迁移和 Serving GW 迁移的 GERAN 域内和 UTRAN 域内移动性。在切换的适当时刻，为了建立承载，会使用额外的信令与 Serving GW 建立交互。同样，在 PMIP 的情况下，也需要额外的 PCRF 交互。3GPP TS 23.060 和 3GPP TS 23.401 Annex D 简单地描述了程序性的差异，包括跟随在 EPC 消息之后的在 SGSN 之间使用的适当的消息名称；EPS 承载被用作参数，像在 E – UTRAN 和 2G/3G 之间切换一样，Serving GW 和 PDN GW 被适当的承载信息更新。

在图 17–18 ~ 图 17–20 中，该过程举例说明了当切换发生在 Gn/Gp SGSN 之间时，或切

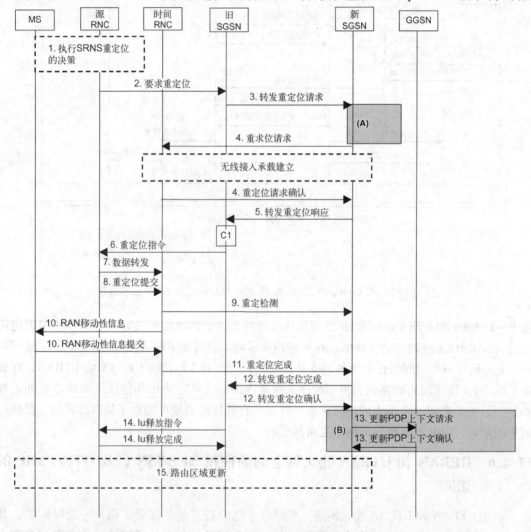

图 17-18　使用 S4 – SGSN/SGW/P – GW 的 RNC 域间切换显示了相对于 GPRS 的修改

换到一个新的 S4 – SGSN 时，交互过程的不同。图 17-18 显示了通过 Gn/Gp SGSN 的过程，而图 17-19 和图 17-20 显示了在盒子（A）和盒子（B）中的步骤，当使用 S4 接口代替 Gn/Gp 时过程有所不同。

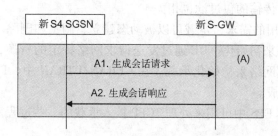

图 17-19　盒子（A）：S4 – SGSN 导致 Serving GW 被纳入切换路径中

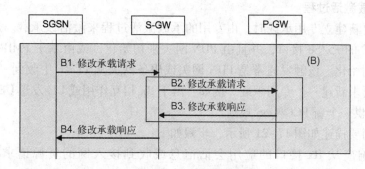

图 17-20　盒子（B）：使用基于 EPC 的过程更新 GW 中的相关参数

图 17-19 中的盒子（A）说明了当 S4 – SGSN 成为新的 SGSN（目标）时，基本 Gn/Gp SGSN 消息的改变。这也意味着首先需要根据 Serving GW 筛选功能选择一个新的 Serving GW，之后，该 Serving GW 通过一个新的 S4 – SGSN，在目标 RNC 和 Serving GW 之间建立起新的用户层面路径。S5/S8 上的可用协议类型被提供给 Serving GW，来决定应该在 S5/S8 接口上使用哪种协议。

图 17-20 中的盒子（B）指示为所有（切换后可用的）EPS 承载上下文更新建立新的用户层面路径，路径建立在 UE、目标 RNC、Serving GW（对于 Serving GW 迁移情景来说，这里指目标 Serving GW；而对于从 Gn/Gp 到 S4 – SGSN 的情景来说，这里指新的 Serving GW）和 PDN GW 之间。步骤 B2 和步骤 B3 将为与用户连通的每一个 PDN GW 都执行一次，且由此需要建立 EPS 承载上下文。

17.5　承载和 QoS 相关架构

在 6.2 节中，讨论 3GPP 的接入技术用到了"承载"的概念，用来管理 UE 和 PDN 网关间的 QoS。对于 E – UTRN，采用不同移动性管理协议，EPS 承载功能不同，如基于 GTP 承载管理系统中，EPS 承载 UE 和 PDN 网关；而基于 PMIP 承载管理系统中，EPS 承载 UE 和服务网关。对于 GERAN 和 UTRAN，承载的是 UE 和 SGSN 之间的分组数据协议内容。GERAN 和 UTRAN 通过 S4 接口连接 EPS，映射到 EPS 的分组协议内容承载 SGSN 和 PDN 网关或服务网关。当 SGSN 和 PDN 网关使用 Gn/Gp 时，PDP 内容扩展 UE 和 PDN 网关的所有方式。

每个 EPS 承载都与一个由 QcI 所描述的明确的 QoS 类相关联，同时与决定了哪些 IP 流来在特定的承载进行过传输的包过滤也相关。

根据 UE 上运行应用的需求，承载可以被动态建立、调整和删除。E－UTRAN 中，专用的承载过程一直由网络来初始化。UE 通过发送请求网络特定的资源，如 QCI、比特率和包过滤，这种请求导致由网络来初始化承载。在 GERAN/UTRAN 中，PDP 内容进程的初始化可通过网络或 UE 来完成。

本节中，主要描述 EPS 中可用来处理 3GPP 接入承载的一些过程。

17.5.1　E－UTRAN 承载管理

1. 专用承载激活过程

当网络需要新建立专用承载时，由专用的承载激活过程来激活该承载。这个激活过程，或使用基于 GTP 的 S5/S8 接口，并且由 PDN 网关来初始化；或由基于 PMIP 的 S5/S8 接口的服务网关来初始化。该触发通常是 PDN 网关或服务网关从 PCRF 中收到一个新 PCC/QoS 的规则，规则要求新建一个专用承载。例如，由于 Rx 相互作用或 UE 发送 UE 初始化资源请求，PCRF 会提供一个新 PCC/QoS 规则。

该进程的简要描述如图 17-21 所示，步骤如下：

A）PCRF 响应从 Rx 接口的应用会话信息或收到接入网的资源请求，触发承载的建立。

基于 GTP 承载管理系统（A1）：PCRF 发送一个新的 PCC 规则给 PDN 网关。根据收到的 PCC 规则，PDN 网关激活一个新承载，并且发送创建承载请求给服务网关。

基于 PMIP 承载管理系统（A2）：PCRF 直接发送新的 QoS 规则给服务网关。根据收到的 QoS 规则，服务网关激活一个新的专用承载。

B）服务网关向 MME 发送创建承载请求。

C）MME 向 eNodeB 发送命令，初始化适当的 E－UTRAN 进程来建立合适的无线承载。UE 和 eNodeB 进行 RRC 重配置。

D）MME 确认承载激活请求，并向服务网关发送创建承载响应消息（EPS 承载标识：S1－TEID）。

E）服务网关确认专用承载建立。

基于 GTP 承载管理系统（E1）：服务网关向 PDN 网关发送创建承载响应，PDN 网关向 PCRF 发送专用承载建成确认消息。

基于 PMIP 承载管理系统（E2）：服务网关直接向 PCRF 发送专用承载建成确认消息。

2. UE 初始化资源请求、调整和释放过程

在 8.1 节中有两个概念，如何配置 NW 中的 QoS 和由网络或用户直接请求的触发过程。这个过程支持的场景有 UE 中应用需求更高的 QoS 和触发 UE 的 E－UTRAN 接口向网络发送相应的请求；也可用于 UE 主动要调整或释放之前占用的资源。当网络收到该请求，触发专用承载激活过程、专用承载调整过程和专用承载释放过程，图 17-22 说明了本过程。

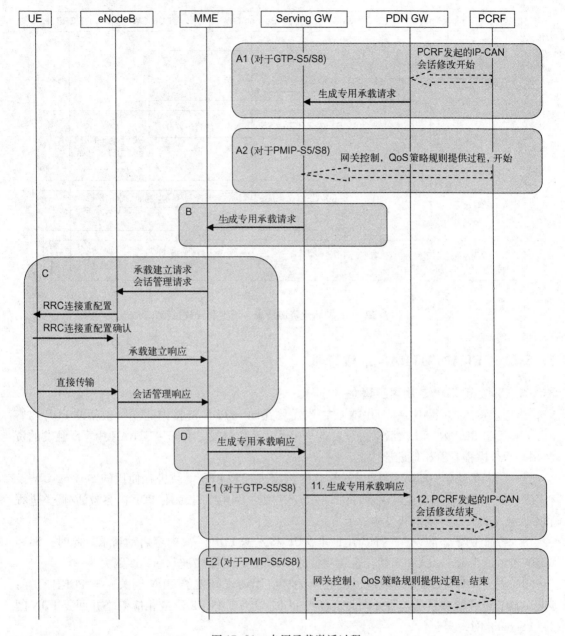

图 17-21　专用承载激活过程

UE 初始化资源请求、调整和释放过程简要说明如下：

A）基于 UE 的应用请求。UE 向网络发送请求资源调整。UE 包含对数据流的添加、调整和删除的包过滤信息，同时包含 QoS 信息。MME 将请求转发给服务网关。

B）对于 GTP 承载管理系统，服务网关将应用请求转发给 PDN 网关，与 PCRF 交互。对于 PMIP 承载管理系统，服务网关直接与 PCRF 交互。

C）根据 PDN 网关和服务网关交互信息，PCRF 触发相应的增加、调整或删除承载的策略。

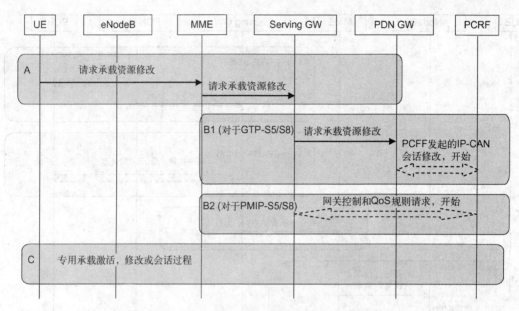

图 17-22 UE 初始化资源请求、调整和释放过程

17.5.2 GERAN/UTRAN 承载管理

1. UE 发起 PDP 二次内容建立

当用户接入 GERAN 或 UTRAN 时，当需要在同一 PDN 链接内建立一条新的 PDP 内容时，UE 发起 PDP 内容二次激活进程。这个进程由 UE 触发，和 E-UTRAN 中 UE 触发的资源调整承载进程有着相似的原因。

S4-SGSN 映射 GERAN/UTRAN 的 PDP 内容进程和 EPS 承载进程使用的 Serving GW 及 PDN 网关。从图 17-23 和过程来看，S4-SGSN 通过 S4 接口来映射 PDP 内容激活/调整进程和 UE 触发的资源调整承载过程。

A）举个例子，假设有一个应用请求，UE 将发送 PDP 二次内容启动请求。此时，S4-SGSN 映射这个请求为 UE 初始化资源调整的承载请求，并转发至 Serving 网关。

B）对于 GTP 承载管理系统，服务网关将应用请求转发给 PDN 网关，与 PCRF 交互；对于 PMIP 承载管理系统，服务网关直接与 PCRF 交互。PCRF 形成相应策略并回复 PDN 网关和 Serving 网关。

C）根据是新建、调整或删除 PCC/QoS 规则，PDN 网关（GTP 系统）或服务网关（PMIP 系统）触发相应的 EPS 承载进程。此时，UE 已经请求了新的 PDP 上下文；这意味着 PDN 网关（Serving 网关）必须初始化建立一个新的专用 EPS 承载来维持 PDP 上下文和 EPS 承载间的一一对应关系。当 S4-SGSN 收到创建专用承载建立请求时，其初始化相应的 GERAN 或 UTRAN 过程。

D）S4-SGSN 回复 UE 一个 PDP 二次内容建立响应。

E）Serving 网关完成专用承载过程。

2. 网络请求发起 PDP 二次内容建立

GERAN/UTRAN 的网络请求发起 PDP 内容建立请求和 E-UTRAN 的网络初始化专用承

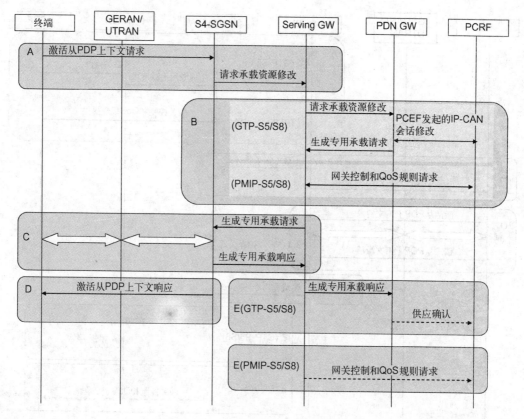

图 17-23　UE 发起 PDP 二次内容建立

载进程类似，这意味着这个过程是由网络来请求建立新的 PDP 内容。但是与 E-UTRAN 不同的是，E-UTRAN 触发的直接是承载过程。UE 初始化承载资源调整请求是通过 E-UT-RAN 的不直接是承载过程，而是触发网络来初始化承载过程。在 GERAN/UTRAN 中，前面已经描述了 UE 发起 PDP 内容初始化。这里，网络通过向 UE 发送 PDP 二次内容建立请求来触发该进程。

同 UE 发起 PDP 二次内容建立过程，这里的 SGSN 仍用来映射 PDP 内容和 EPS 承载，如图 17-24 所示，过程如下：

A）根据 PCRF 的触发，PDN 网关（GTP 系统的 S5/S8 接口）或 Serving 网关（PMIP 系统的 S8/S8 接口）决定建立一个新专用承载。GTP 系统的 S5/S8 接口，PDN 网关发送一个创建专用承载请求消息给 Serving 网关；PMIP 系统的 S5/S8 接口，PCRF 直接与 Serving 网关交互。

B）Serving 网关发送创建专用承载请求消息给 S4-SGSN。S4-SGSN 将这个请求映射到 UE 发起 PDP 二次内容建立请求。

C）UE 发起 PDP 二次内容建立激活请求，执行相应的 RAN 进程，并且 S4-SGSN 回复 UE 一个响应。

D）当专用承载建立后，S4-SGSN 也回复 Serving 网关一个响应。

E）对于 GTP 系统的 S5/S8 接口，服务网关转发响应给 PDN 网关，再和 PCRF 交互；对于 PMIP 系统的 S5/S8 接口，Serving 网关直接与 PCRF 交互。

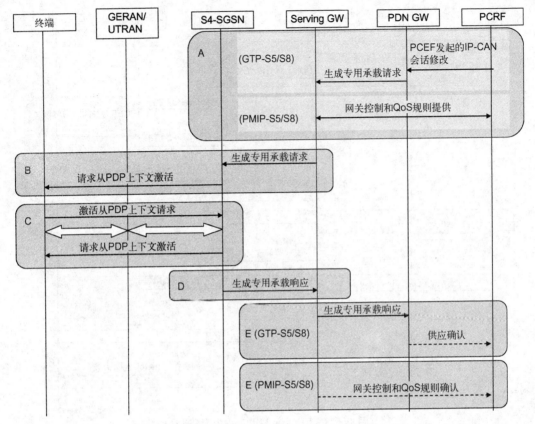

图 17-24　网络请求发起 PDP 二次内容建立

17.6　Non-3GPP 系统的移动管理

基于一定的策略，UE 开机时可能选择接入 Non-3GPP 接入网，例如，UE 可从 ANDSF 接收相关策略。此外，IPMS 机制被用来决策使用哪一种移动管理协议（详见 6.4 节），最后该机制用来评定该 Non-3GPP 是否是可信任接入。

在本部分，我们展示了 3 个附着/去附着过程的例子。首先，考虑可信的 WLAN 接入（使用 GTPv2 的 S2 接口）的附着/去附着过程；其次考虑不可信 non-3GPP 接入（使用 DSPMIPv6 的 S2b 接口）的附着/去附着过程；最后考虑可信 non-3GPP 接入（使用 DSPMIPv6 的 S2c 接口）的接入/离开过程。注意，还有多种可能的结合，如可信的 PMIPv6 接入和不可信 DSPMIPv6 接入，这些不在本书的考虑范围内，详细细节可参考 3GPP TS 23.02。

本节考虑的是非漫游场景，但注意到在漫游场景中，将涉及 3GPP 的 AAA 代理以及访问 PCRF。

例如，当 UE 开机后，该接入过程考虑的是建立 IP 连接，并且可以从网络获取服务。当 UE 关机后，离开过程是中断 IP 连接且清楚网络状态。

17.6.1　GTPv2 的 S2a 接口的可信 WLAN 接入网（TWAN）的初始附着

图 17-25 简要说明了 UE 接入 WLAN，并通过 S2a 接口连接到 EPC 的过程。由于 TWAN 的实现和部署有很多可选项，因此本书没有涉及 TWAN 的内部细节。

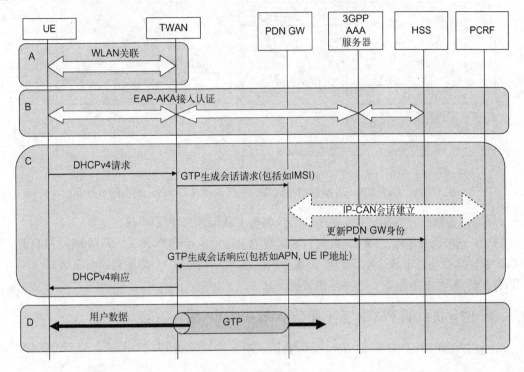

图 17-25　GTPv2 的 S2a 接口的可信 WLAN 接入网（TWAN）的初始附着过程

A）UE 通过默认的 WLAN 机制发现 WLAN 接入点。

B）UE 运用 IEEE802.1x 和 EAP - AKA 协商机制来初始化 3GPP 接入认证，关于 UE 在 non - 3GPP 接入网中的认证细节详见第 7 章。

C）当认证过程完成，UE 通过 DHCPv4 机制配置 IPv4 地址。对于 IPv6 来说，地址通过 IPv6 状态地址自动配置（SLAAC）而不是通过 DHCPv6 来配置。TWAN 隧道配置是由 stepB 中的认证完成或由 DHCPv6 请求来触发。在本例 TWAN 中，GTP 被用来发送创建会话请求。PDN 网关创建 PDN 连接，为 UE 分配 IPv4 地址，触发 PCRF 初始化 IP 会话连接。PDN 网关还通过 AAA 服务器向 HSS 发送 PDG 网关标识。随后，PDN 网关回复一个创建会话响应给 TWAN，完成在 S2a 接口上的隧道建立。该创建会话响应包含 UE 的 IPv4 地址，随后 TWAN 完成 DHCPv4 地址配置进程并且提供 IP 地址给 PDN 网关。

D）进出 UE 的数据通过 S2a 接口的 GTP 隧道。

17.6.2　GTPv2 的 S2a 接口的可信 WLAN 接入网（TWAN）的去附着

UE 和网络都可以触发 PDN 删除连接。例如，当连接被撤销时，HSS 触发 PDN 删除该连接。当需要从网络中断开时，UE 触发去附着过程，详细过程见 3GPP TS 23.402。下面简单介绍 UE 初始化去附着过程，如图 17-26 所示。

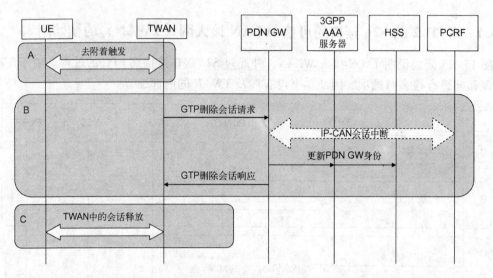

图 17-26　GTPv2 的 S2a 接口的可信 WLAN 接入网（TWAN）的去附着过程

A）当需要断开连接时，UE 发送一个分离和去认证消息给 TWAN。

B）UE 已经断开连接，TWAN 此时将发送删除会话请求给 PDN 网关。PDN 网关和 PCRF 交互关闭 IP 连接并且通知 HSS 删除 PDN 网关标识信息。PDN 回复一个删除会话响应给 TWAN。

C）TWAN 在本地删除 UE 内容和认证消息。

17.6.3　S2b 接口的 PMIP 下不可信 Non-3GPP 接入附着

S2b 接口的 PMIP 下不可信 Non-3GPP 接入附着过程如图 17-27 所示，简要说明如下：

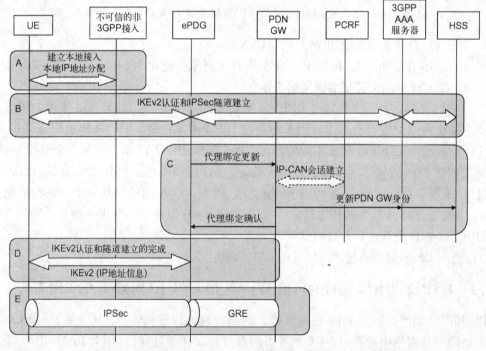

图 17-27　S2b 接口的 PMIP 下不可信 Non-3GPP 接入附着过程

A）UE 接入 Non－3GPP（如 WLAN）网络，获得一个本地 IP 地址。这个过程基于可选 EAP－AKA 的接入认证，简化信令流程图这部分不做说明。

B）UE 通过 DNS 发现 ePDG 的 IP 地址，触发 ePDG 的 IKEv2 进程。其中，EAP－AKA 认证过程详见 7.3.7 节。Diameter 用于 ePDG、AAA 服务器、AAA 服务器和 HSS 间的交互。

C）当 IKEv2 进程触发后，ePDG 向 PDN 网关发送 PBU，PDN 网关和 PCRF 通知这条新连接。PDN 网关通过 AAA 服务器向 HSS 发送 PDG 网关标识。随后，PDN 网关回复 PBA 消息给 ePDG，PBA 消息中包括用于 PDN 连接的 IP 地址。

D）IKEv2 进程执行后，ePDG 和 UE 交互信息，信息包含用于 PDN 连接的 IP 地址。

E）当 UE 附着过程完成后，UE 和 ePDG 间建立 IPsec 隧道，ePDG 和 PDN 网关建立 GRE 隧道。

17.6.4 S2b 接口的 PMIP 下不可信 Non－3GPP 接入去附着

不可信 Non－3GPP 接入网中没有特定的去附着过程，每个 PDN 连接都是各自中断的，关闭活跃的 PDN 连接才断开与 UE 的接入。UE 和网络都可以触发断开 PDN 连接过程，如 HSS 触发中断 PDN 连接，详细过程见 3GPP TS 23.402。

这里简单介绍 UE 初始化 PDN 去附着过程，如图 17-28 所示，简要说明如下：

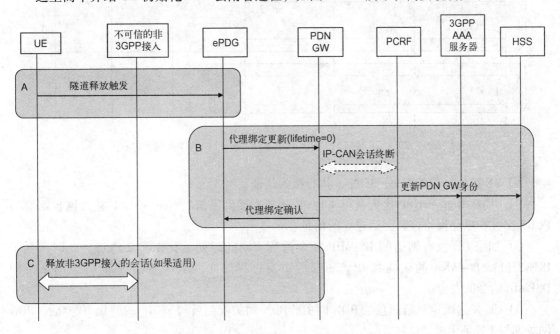

图 17-28　UE 初始化 PDN 去附着过程

A）UE 触发释放 IPSec 隧道。

B）因为 IPsec 隧道的释放，ePDG 发送 PBU 消息给 PDN 网关（PBU 消息 lifetime＝0），PDN 收到后中断该 PDN 连接。PDN 网关通知 PCRF 关闭 IP－CAN 会话；PDN 网关通知 HSS 删除用于该 PDN 连接的 PDN 网关标识信息，最后回复一个 PBA 消息给 ePDG。

C）此时，UE 释放该 Non－3GPP 的连接所占用的资源，包括释放其 IP 地址等。

17.6.5 S2c 接口的 DSPMIP 下可信 Non－3GPP 接入附着

S2c 接口的 DSPMIP 下可信 Non－3GPP 接入附着过程如图 17-29 所示，其说明说下：

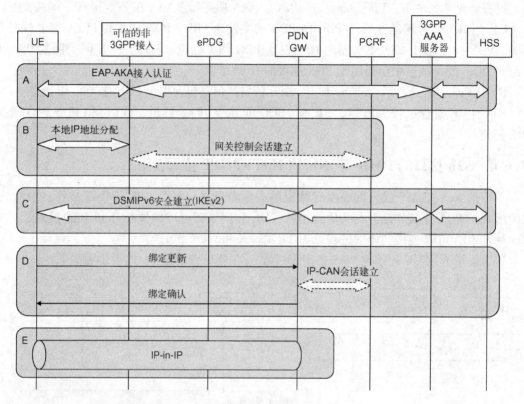

图 17-29　S2c 接口的 DSPMIP 下可信 Non－3GPP 接入附着过程

A）UE 接入可信的 Non－3GPP，执行接入认证。

B）UE 从 Non－3GPP 接入获得本地 IP 地址，接入可信的 Non－3GPP 接入网也需要与 PCRF 交互初始化网络控制会话建立的信息。

C）如果 UE 没有辅助的 DSPMIP 安全过程，则此时初始化 IKEv2 进程。此时，基于 IKEv2 和 EAP－AKA 的认证和 IP Sec 密钥协商过程建立，IPSec 密钥协商将会用来维护 DSPMIP 信令的安全。

D）UE 发送绑定更新消息给 PDN 网关，PDN 网关收到后与 PCRF 初始化 IP 会话，PDN 网关回复 UE 绑定确认消息。

E）此时完成接入过程，UE 和 PDN 网关间形成隧道，详细操作见 16.3 节。

17.6.6 S2c 接口的 DSPMIP 下可信 Non－3GPP 接入去附着

DSMIPv6 没有特定的去附着过程，每个 PDN 连接各自中断。因此为实现 UE 去附着过程，得关闭所有活跃的 PDN 连接。UE 或网络可能触发断开 PDN 连接，HSS 触发中断所有 PDN 连接，详细过程见 3GPP TS23.402。UE 初始化 PDN 会话断开过程如图 17-30 所示，简单描述如下：

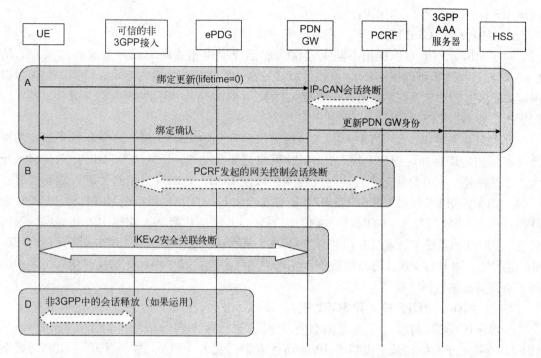

图 17-30　S2c 接口的 DSPMIP 下可信 Non-3GPP 接入去附着过程

A）UE 发送生命周期为 0 的绑定更新消息来关闭 PDN 连接，PDN 网关通知 PCRF 关闭 IP-CAN 会话。PDN 网关通过 3GPP AAA 服务器通知 HSS 来删除 PDN 网关标识信息；PDN 网关给 UE 回复一个绑定确认消息。

B）PDN 连接断开后，PCRF 发送一个 BBERF 删除 QoS 规则消息。

C）UE 中断给定 PDN 连接的 IKEv2 安全协商过程。

D）UE 释放其占用的 Non-3GPP 接入资源，包括释放其 IP 地址等。

17.7　3GPP 系统和 Non-3GPP 系统间的移动切换

17.7.1　概述

我们研究的无线接入和分组核心网的切换，切换时满足服务和会话的连续性要求。下述考虑 3GPP 和 Non-3GPP 间的移动切换：

1）优化 E-UTRAN 和 HPRD 间的切换。

2）基础的优化切换——可信 Non-3GPP 接入技术（含 HRPD）和 GERAN/UTRAN/ E-UTRAN（含 GTP/PMIP 的 3GPP 接入和 PMIP/MIPv4FA/DSMIPv6 的 Non-3GPP 接入）之间的切换。

3）基础的非优化切换——不可信 Non-3GPP 接入技术（含 HRPD）和 GERAN/UTRAN（含 GTP/PMIP 的 3GPP 接入和 PMIP/DSMIPv6 的 Non-3GPP 接入）之间的切换。

注意到以上切换场景有域内和域间两种情况，后面将详细说明。至于切换，我们关注通过 S2a 接口的可信 Non-3GPP 接入技术，涉及网络侧移动协议，如用于 Non-3GPP 的 PMIP

和用于 3GPP 的 GTP（或 PMIP）。

1. HRPD 和 3GPP 接入

对于 HRPD，UE 可以根据不同无线接入和系统提供相关联的接入方式。如接入的是 E – UTRAN，则 UE 可以提供如单/双线、双接收器和频率的相关接入方式。E – UTRAN 可以根据 UE 提供给 EPS 系统的信息来配置接入技术。同样，Non – 3GPP 切换时，其接入技术的配置也需要通过 EPS 系统。

在 HRPD 网络中，E – UTRAN 接入网络需求和现存的 2G/3G 接入网络非常类似。为提高性能，相比其他 Non – 3GPP 接入，HRPD 网络需要支持 E – UTRAN 和 HRPD 两种接入技术。如前所述，运营商的需求直接与现存网络以及 CDMA 基础网络用户关联。预切换时，E – UTRAN 控制 UE 的触发和测量 HRPD 信息。当从 E – UTRAN 切换至 HRPD 时，HRPD 系统信息块（SIB）通过 E – UTRAN 广播信道广播，UE 监听广播信道获得 HRPD 切换的系统信息。HRPD 的系统信息通过专用信令发给 UE，HRPD 系统信息包含 HRPD 邻居信息、CD-MA 定时信息和 HRPD 预注册控制信令。注意，预注册仅在 EPS 中优化切换时使用，书中后面章节将对此进行详细描述。

2. 普通 Non – 3GPP 接入和 3GPP 接入

一般未优化的切换，UE 需要向目标交换机执行接入附着进程。对于切换至 Non – 3GPP，支持基于网络和基于主机的 IP 移动性方案（见 6.4 节）；对于 Non – 3GPP 切换至 3GPP，只在目标 Non – 3GPP 支持基于网络的移动性方案。

对于在目标接入网支持基于网络的移动性方案，根据"handover"类型指示终端执行接入附着进程是切换，此时目标接入网（如无线接入、MME 和 Serving GW）建立切换必要的资源并维护 PDN 网关和终端 IP 地址，实现 IP 连续性。对于 Non – 3GPP 支持基于主机移动性，终端建立本地 IP 连接，移动切换和地址保存（IP address preservation）使用基于主机的移动性方案来完成。目标接入 PDN 连接通过网络或 UE 重建（其中一些连接可能在切换时已经断开），取决于 UE 切换前连接的 PDN 数量和目标接入系统的支持。因此，这种情况下的切换通过 UE 和核心网完成，与接入网的交互较少。更多的切换细节请参阅下述内容。

因此我们得出以下结论：基本切换要求和 E – UTRAN 与 EPS 一致；我们增强和改进系统以适应 Non – 3GPP 接入和 IMS 连续性。在下面章节中，说明无线和演进后的核心网络 EPS 层的切换。

17.7.2 Non – 3GPP 的 EPS 切换

1. eHRPD 接入的切换优化

对于 HRPD 网络，大多数北美和亚洲的网络运营商都已经存在显著的用户群。即使这两种技术（一种在 3GPP 下开发，另一种在 3GPP2 下开发）在过去的 20 年中一直在竞争。为了开发对运营商整体具有重要战略意义的通用标准，这两个机构在许多领域都有过合作，合作的实例是 IMS 和 PCC 的开发。对 CDMA，许多公司为了开发在 E – UTRAN 和 HRPD 之间接入的特别的优化切换方案而在标准论坛内外广泛合作。由此产生的切换过程具有高效的性能，并且减少了服务中断。在 SAE 下，这项工作被带入主流的 3GPP 标准，同时，在主流的 3GPP 持续为 SAE 工作的情况下，这项工作进一步的加强与对齐，产生了在 E – UTRAN 和 HRPD 之间所谓的优化切换。然后 HRPD 网络被称作进化的 HRPD（eHRPD），突出了

EPC 和 E – UTRAN 互操作性和连通性要求的变化，虽然实际的无线网络及其功能并没有发生改变。

这种越区切换被定义在两种操作模式下工作：空闲模式（idle mode），当 UE 空闲（即在系统中不具有任何活跃的无线连接，E – UTRAN 中状态为 ECM – IDLE、HRPD 中为 Dormant）时；工作模式＜active mode＞，当 UE 工作（即动态数据传输正在 UE 和网络之间进行）时。实际的切换在两个阶段进行：预登记阶段，对于特定的接入、目标接入和特定的核心网络实体提前准备好预见的可能的切换（但是在系统中，一个 UE 多久可以被预先登记并没有时间关联性）；切换准备和执行阶段，当实际接入网络发生变化时。

注意，在一个 CDMA 网络中 E – UTRAN 的早期部署被认为是更普遍的，因此，重要的是，要支持 E – UTRAN 到 HRPD 的切换不是相反方向，因为它是假设这个 HRPD 网络将有足够的覆盖范围来保持一个用户在这个 HRPD 系统内。

应当注意的是，目前的 HSGW 仅支持 PMIP（S2a 接口），而 E – UTRAN 接入可选择使用 GTP 或 PMIP，正因如此，GRE 密匙必须提供给 HSGW 即使在 GTP – based EPC 为 E – UTRAN 接入的情况下。

图 17–31 概述了 E – UTRAN 到 HRPD 接入切换的步骤。

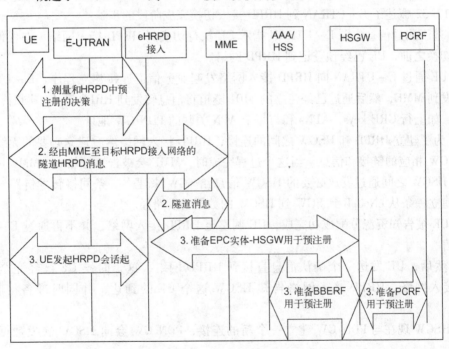

图 17–31　准备和预注册过程

1）当支持从 E – UTRAN 到 HRPD 网络的切换时，一些对 UE 和 E – UTRAN 的基本要求是 E – UTRAN 在关于 UE 的测量目的的广播信道中提供 HRPD 信息（即相邻小区信息，CD-MA timing 和 HRPD 预登记控制信息）。HRPD 系统信息也可以通过专用信令被提供给 UE。E – UTRAN 负责配置和激活对于诸多 UE 的 HRPD 的测量。UE 在工作模式进行测量，当被 E – UTRAN 网络利用通过专用无线信令提供的信息定向时。注意，对于空闲模式，在执行空闲模式优化移动之前，UE 执行小区重选过程，除了被预登记在目标系统的 UE。

2）一旦 UE 决定执行预登记到 HRPD，则它需要通过 E－UTRAN 无线传送 HRPD 消息。所述 HRPD 消息为了预注册、切换信令交互或对应其他 HRPD 消息的下行链路消息而被封装在相应的上行链路消息中。切换信令被赋予了更高的优先级，同时，RAT 类型和其他的识别信息为了消息的正确解释也被提供给 HRPD 网络。为了使 MME 选择正确的目标 HRPD 系统，这个 UE 的消息应该被隧道发送，同时利用收集到的相应无线关联信息协助 HRPD 网络，每个 eNodeB 小区与 HRPD Sector ID（也被称为参考小区 ID）相关联。这个 Sector ID 在通过 S1－MME 进行消息转换时被提供给 MME。然后，MME 利用这个信息寻找合适的目标 HRPD 实体，并且通过 S101 隧道传送该消息到这个实体。

3）基于从 E－UTRAN 无线网络触发，UE 在 eHRPD 网络启动建立一个新的会话。这一过程导致 HSGW 与 HRPD 接入网络相连接。此外，基于经由 EPC 的 UE 提供的信息，HSGW 也启动了建立与 PCRF 的连接，对于一个非主要的 BBERF 连接，为了提供类似于承载绑定和提供作为 BBERF 功能的位于 HSGW 的 Qos 规则等功能。在这一点上，对用户而言，HS-GW 有最新的承载信息、APN、PDN GW 地址等。HSGW 获得从 HSS/AAA 得到的已经分配的 PDN GW 的信息。当源 E－UTRAN 决定触发 UT 交给目标 HRPD 接入时，UE 开始经由隧道通过 E－UTRAN 和 MME 发送适当的准备消息到 HRPD 接入网络。

图 17-32 概述了 E－UTRAN 到 HRPD 接入切换完成阶段的步骤：

1）基于测量信息，源 E－UTRAN 指示 UE 执行切换到 HRPD 接入网络。在任何工作模式优化切换之前，UE 已经预登记到 HRPD 网络。

2）UE 通过 E－UTRAN 向 HRPD 接入网络发起业务信道连接建立程序，E－UTRAN 将消息转发到 MME，然后通过已经建立的 S101 隧道将消息转发到 HRPD 节点。同时，添加额外信息，如上行 GRE keys，APNs 和与每个 APN 关联的 PDN GW 地址。

3）为了建立 HRPD 和 HSGW 之间的连接，HRPD 接入网络然后建立必要的无线资源并要求 HSGW 相应的链接和信息。当这个过程完成时，MME 会被告知，然后，MME 可能会在 SGW 和 HSGW 之间通过发送必要的 HSGW 信息给 SGW 来建立一条间接转发链路。以这种方式，建立一条从 eNodeB 到 SGW 到 HSGW 的数据转发路径。

4）UE 被告知资源分配成功完成，UE 调整至 HRPD 接入网络，并不再通过 E－UTRAN 接入通信。

5）然后，UE 发送一个确认消息直接到 HRPD 网络，这个时候 UE 已经完全被移到 HRPD 接入网络。HRPD 接入网络告知 HSGW 这个 UE 的到达，并同时准备接收/发送数据。

6）HSGW 现在与 PDN GW 建立一个新的连接，PDN GW 会向 HSGW 转发数据而不是向 SGW。

7）PDN GW 现在与 PCRF 功能进行交互来接收这个新的接入的任何修正过的数据。

8）对 UE 而言，在 HRPD 和 MME 之间接入的 S10 隧道被终止。

在 UE 有多个 PDN 连接存在的情况下，HSGW 必须为每一个 PDN 连接单独地更新合适的 PDN SGW。

E－UTRAN 资源的释放与 E－UTRAN Inter－RAT 切换场景相一致。注意，PDN GW 可以在它与 HSGW 成功建立链路之后的任何时间启动向 SGW 的资源释放。一旦 MME 接收到从 HRPD 获得的关于成功完成切换的确认，则会发起 UE 到 E－UTRAN 的释放。

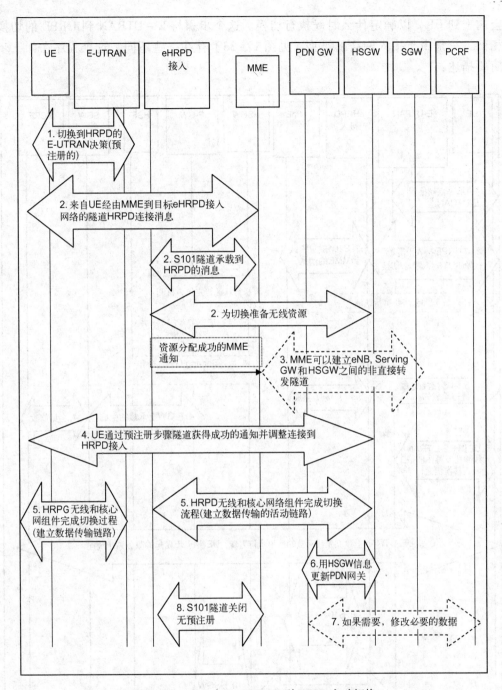

图 17-32　EPC 中 E－UTRAN 到 HRPD 主动切换

对于 E－UTRAN 承载和在 Inter－RAT 切换情况下被释放的间接转发隧道，MME 可以由计时器触发 SGW 资源。当 MME 触发释放时，它也会指示 SGW 不向 PDN GW 释放资源。

在这个从 HRPD 到 E－UTRAN 接入切换的情况下，E－UTRAN 在指导和协助 UE 中并没有任何作用。由于 HRPD 无线接入部分可能产生的影响，在写作时，影响尚不明确，即是否 HRPD RAN 在已经获取测量结果基础上会在这个切换中以某种方法协助，或它是否会向上到 UE，以确定什么时候执行切换。这个步骤与 E – UTRAN 到 HRPD 的切换非常相似，只是由于接入网络的类型（见图 17-33）存在一些不同。这个程序在如下步骤中简要描述：

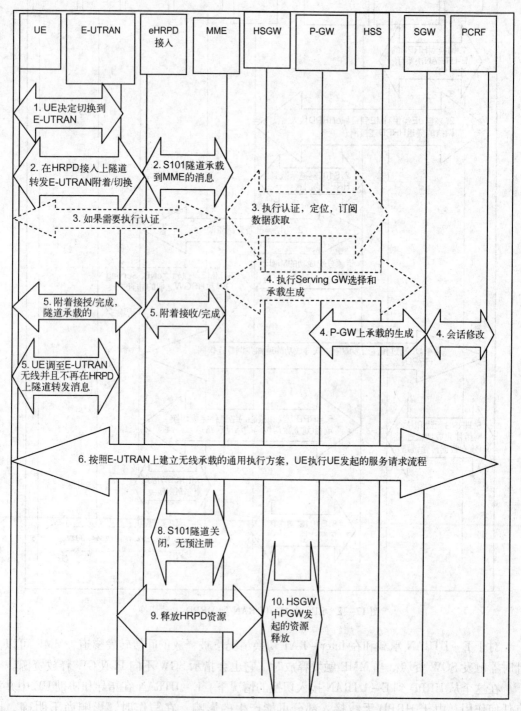

图 17-33 HRPD 到 E – UTRAN 的主动切换模式

1）UE 决定到 E-UTRAN 的切换。在经由 EPC 连接 HRPD 网络中，UE 处于工作状态。注意，UE 可能会选择离开 HRPD 并且通过 E-UTRAN 直接执行 E-UTRAN 连接程序。在这样的情况下，连接类型没有被设置为切换。

2）UE 发送一条设置切换指示的 NAS 连接消息给 E-UTRAN，通过隧道经由 HRPD 接入网络，然后经由预先建立的 S101 隧道转发到 MME。HRPD 接入节点确定 MME，并且，TAI 利用位于 HRPD 网络的 Sector ID 到 MME 的映射功能。

3）在 E-UTRAN 连接过程的基础上，MME 需要做出是否进行认证的适当决定。MME 也执行一个位置更新过程，为了利用用户信息更新 HSS，同时检索用户的订阅数据。

4）由于在正常的 E-UTRAN 连接过程中，SGW 是为 UE 选择的并且默认承载创建过程开始于一个切换的指示。SGW 触发 PDN GW 为默认承载的建立创造了必要的信息。PDN GW 执行此项任务并且触发相关的、专用的承载建立程序。

5）一旦 MME 被告知在网关中承载建立过程完成，MME 完成向 UE 的连接程序通过 HRPD 接入网络和相关信息建立隧道。然后 UE 通过 HRPD 接入完成连接程序。

6）一旦连接程序完成，UE 移至 E-UTRAN 接入。

7）然后，通过服务请求程序，UE 执行必要的无线连接建立，触发无线链路和 S1 用户平面设置的建立，然后启动 UE 发起的承载建立程序以完成该过程。对于在这个过程中不能被建立的承载，UE 会移除它们的资源。

8）一旦承载建立过程完成，MME 通过 S101 隧道通知 HRPD 接入切换完成。

9）HRPD 接入网络发起资源释放过程。

10）在建立 E-UTRAN 网络的 SGW 和 PCRF 之间的关系以后的任何时候，PDN GW 均触发向 HSGW 的资源释放。

如果有多个 PDN 连接被建立，则 UE 必须通过 UE 发起的 PDN 连接程序启动它们，正如 6.2 节所描述的那样。

显而易见的是，通过预先建立在目标接入网的任何时间优先于它们实际切换的一些连接，实际切换程序的执行在 E-UTRAN 到 HRPD 的场景中被显著降低。即使在相反方向这些优点可能并没有那么明显，但对于网络行为的一致性和简单性，该过程一直保持一致。

即使这一部分重点关注于工作模式切换，但它也有利于读者简单地考虑 E-UTRAN 和 HRPD 之间空闲模式的转换程序。

从 E-UTRAN 到 HRPD 的方向上，通过小区重选过程触发，基于内部触发或从 E-UT-RAN 接入的空闲的 UE，选择 HRPD 接入网络，网络内的 UE 由于预登记或之前附着过的连接而处于休眠状态。然后，UE 遵循 HRPD 程序连接到该接入，并且，在核心网络的适当时候，HSGW 向 PDN GW 和 PCRF 建立合适的承载。然后 PDN GW 触发 E-UTRAN 接入的资源释放。

从 HRPD 到 E-UTRAN 的方向，当 UE 决定执行一个连接程序到 E-UTRAN 接入时，这个过程与工作模式的切换程序是相同的，直到它调谐到 E-UTRAN 接入。然后，UE 通过 E-UTRAN 接入执行一个 TA 更新程序。资源释放过程与相反方向相同，由 PDN GW 触发。

2. Non-3GPP 接入非优切换

当考虑基于 EPC 的非 3GPP 网络之间或其中的非最优的切换时，主要需求就是在切换发生时能够保持 IP 地址不变，并且能够维护 IP 连接和服务的连续性。由于切换决策是由 UE

决定和执行的，且不同接入网络之间没有协调，因此与 E – UTRAN 和 HRPD 网络之间的最优切换相比，这里的过程被认为是非最优切换。

由于众多的协议选项，以及同时能够提供主机侧和网络侧的移动性支持能力，切换过程可以基于选择合适的组合，以确保 IP 地址保持不变和会话的连续性。读者这个时候可能已经相当地熟悉移动性管理的选择过程，在本书的前面章节中已经讲述了该过程在移动切换过程中起着的重要作用。

在 3GPP 接入和 Non – 3GPP 接入之间切换以及 Non – 3GPP 接入之间切换的例子中，IPMS 功能决定如何执行 IP 连接（如是否可能保持 IP 地址不变）。在网络侧移动性（如 PMIP）情况下，PMIP 支持这些功能，且 UE 的能力是在切换时明确指定的或基于预配置信息所确定的。

在主机侧的移动性情况下，决策实现的方式有所不同，取决于网络是否知道 UE 支持 DSMIPv6 或 MIPv4。这些信息可能通过 HSS/AAA 消息由目标 non – 3GPP 网络获得（如在 DSMIPv6 中，UE 在切换到目标 Non – 3GPP 网络之前先执行 S2c 引导程序）。如果选择的 IP 移动性管理协议是 DSMIPv6，则该非 3GPP 接入网络将给 UE 提供一个属于该接入网络新的 IP 地址，还将在终端与 ePDG 之间建立 IPSec 隧道。在这种情况下，为了使会话连续性保持 IP 地址不变，UE 需要在 S2c 参考点上使用 DSMIPv6。由可信的非 3GPP 接入网络或 ePDG 分配的本地地址将作为 EPS 中 DSMIPv6 的转交地址使用。如果所采用的移动管理协议是 MIPv4 协议，则由可信的非 3GPP 网络所提供的 UE 的地址是一个外地代理转交地址（Foreign Agent Care – Of – Address，FACOA），并且在 S2a 接口上通过使用 MIPv4 FACOA 过程来实现 IP 地址的不变。这里需要注意，ePDG 不支持 MIPv4 协议。使用 DSMIPv6 的基本切换流程将在下文进行描述。对使用主机侧移动性协议切换流程感兴趣的读者，我们推荐详细阅读 3GPP 规范中的 TS23.402 和 TS23.303。DSMIPv6 的基本操作的细节在 16.3 节中已经进行了介绍。

从 IP 移动性选择功能可以理解，为了执行切换，UE 侧的协议选择与网络侧的协议选择必须做到同步和一致。UE 在附着过程中指示由于切换的原因从而执行了附着功能，同时也在其中指示了优先选择主机侧的移动性网络侧的移动性，以及主机侧移动性情形下的协议选择。需要注意的是，对于 3GPP 中网络侧的移动性，UE 不受所选的网络侧协议选择（GTP 或 PMIP）的影响。如果 UE 不指示任何偏好，则 PMIPv6 将作为所选择协议，基于 PMIPv6 协议的原则，有两种方法决定是否保持 IP 地址不变和维持会话的连续性。运营商可以在 PDN GW 上配置本地策略来决定是否基于定时器来保留 IP 地址，这就使得当且仅当定时器到期之前源/过去的接入系统关闭该连接时，才可以保持已有的 IP 地址，在定时器到期之后才分配一个 IP 前缀，或再立即分配一个 IP 前缀，这样的话就是没有执行 IP 地址保留。此外，UE 还可以使用基于 ANDSF 获得的关于运营商偏好的有用信息以及其他策略，来辅助决定在切换发生时优先选择的网络。

现在我们关注这样一个场景，在 SAE 发展和标准化（如在 S2a 接口上使用 PMIPv6）的进程中，运营商得到了广泛的参与并且获得了利益。如果运营商选择在 UE 侧和 EPC 网络侧不配置任何指定的 IPMS 过程，则这些标准化的操作（如在 S2a 接口上使用 PMIPv6）也会成为默认的系统行为。需要注意的是，不支持对于同一个 UE 使用基于不同移动性协议的多 PDN 连接性。举例来说，这意味着对于接入一个或多个 3GPP PDN 的用户而言，首先执行到非 3GPP 的网络的切换，然后再使用不同的移动协议来使得这些不同的 PDNs 连接到非 3GPP 接入，这是不可能的。我们考虑图 17-34 所示的流程，这代表了在部署网络中最可能出现的场景。在该场景中，切换由一个可信的非 3GPP 接入网络触发，该非 3GPP 接入网络包含支持基于 PMIP/GTP 的 EPC 的 S2a 接口。

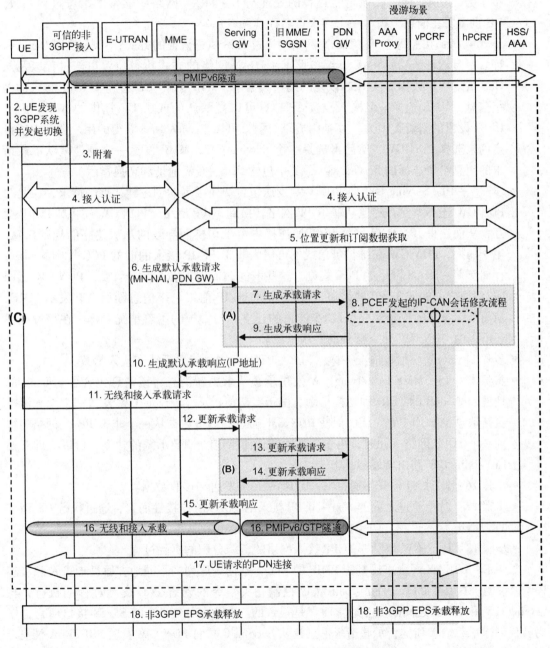

图 17-34　从可信的非 3GPP 接口网络进行切换

切换步骤可以描述如下。

●步骤 1~3：UE 接入运营商认为可信的非 3GPP 网络，并且处于激活态。UE 检测到

E – UTRAN 接入网络, 并且根据策略和其他 UE 所获知的信息决定从当前服务网络切换到 E – UTRAN 网络 (确切地说, 转移激活态的会话比目前移动网络普遍用"切换"一词更加准确)。此时, UE 连接在一个 EPS 网络, 并移动到一个 E – TRAN 网络, 从而需要执行附着过程。UE 在 U – TRAN 网络上向 MME 发送附着请求, 其中辅助类型指示为"切换附着"。该附着过程的处理与 E – TRAN 网络中通常的附着过程一致, UE 也需要在消息中指示一个接入点名称 (APN)。

- 步骤 4 ~ 6: 按照每个 E – TRAN 网络中通过 HSS 执行认证的方式, MME 执行 UE 的认证。一旦认证成功, MME 继续按照 E – TRAN 网络的方式执行位置更新过程以及从 HSS 恢复用户数据。从 HSS 恢复的用户数据中, MME 获得 UE 通过非 3GPP 接入的网络信息。MME 选择一个接入点 (APN), 可以是默认的或由 UE 提供的 APN。由于 UE 所设置的附着类型为"切换附着", 因此 MME 根据从 HSS 获得的用户数据中所指定的来选择 PDN GW, 然后再选择一个 Serving GW。MME 发送一个创建默认承载请求的消息给所选择的 Serving GW, 其中包含 PDN – GW 地址和切换指示。

- 步骤 7 ~ 10: Serving GW 向 PDN GW 发送包含切换指示的创建默认承载请求, 在此时 PDN GW 还不需要将隧道从非 3GPP 网络转换到 3GPP 网络。PDN GW 还将和 PCRF 交互, 从而获得 IP – CAN 网络和 PDN 连接中由于切换而导致的承载建立的规则信息。由于切换, PDN GW 在维护可信或不可信的非 3GPP IP 接入的旧的 PCC 规则的同时, 存储新 E – TRAN 网络的 PCC 规则。这些旧的 PCC 规则依然用于计费。PDN GW 返回 UE 切换之前的非 3GPP 网络所分配的 IP 地址/IP 前缀。该信息随后会转发给 MME, 从而指示承载的成功建立以及 S5 隧道的建立。与常规的附着情况一样, 在该过程中还可以由 GDN GW 建立额外的专用承载。

- 步骤 11: 与常规附着情况一样, 为 E – UTRAN 网络建立无线和接入承载。

- 步骤 12 ~ 15: MME 向 Serving GW 发送承载请求更新消息, 该消息包含了 eNodeB 的地址、eNodeB 的 TEID 和切换指示。由于有切换指示, Serving GW 发送一个承载请求更新消息给 PDN GW, 从而促使 PDN GW 通过隧道将数据从一个非 3GPP IP 网络传输到一个 3GPP 网络。同时, 由于默认的或任何指定的 EPS 承载的建立, 可以立即开始向 Serving GW 路由转发数据。

- 步骤 16: 此时, UE 开始通过 E – UTRAN 系统发送和接收数据。

- 步骤 17: 对于通过之前的 Non – 3GPP 接入的 PDNs 的连接性而言, 通过执行 UE 请求的 PDN 连接性过程, UE 与每个 PDN 建立连接。

- 步骤 18: PDN GW 启动非 3GPP 接入网络的资源分配的拆除过程。

如果 E – UTRAN 网络采用基于 PMIP 的 EPC, 则信令序列的不同地方通过步骤 A 和步骤 B 予以说明。这其中的基于 off – path 策略控制相关信令的动态 PCC 交互过程的执行, 与 Serving GW 和 PCRF 之间的交互通常而言是一致的。对于基于 PMIP 的 S5/S8 接口而言, 作为替代创建承载请求和更新承载请求消息, 从 Serving GW 向 PDN GW 发送 PBU/PBA 消息。

如果需要建立多个 PDN 连接, 则为了建立这些额外的 PDN 连接, UE 可以按照顺序或并行地执行 UE 初始化 PDN 连接的过程。

如果执行向 2G/3G 3GPP 接入网络的切换过程, 其处理过程与在特定的 3GPP 网络自身中执行附着和 PDP 上下文激活过程基本上是一致的。PDP 上下文激活过程中的切换指示使得 Serving GW 和 PDN GW 可以保留 IP 地址/前缀以及在 U – TRAN 情形下处理会话。

接下来，如图 17-35 所示，我们将举例说明从 3GPP 网络切换到非 3GPP 网络的切换场景，这里目标非 3GPP 网络采用 S2c 接口（如 DSMIPv6）。会话开始于 3GPP 网络（如 U – TRAN），其中在 S5/S8 参考点上使用 GTP 或 PMIP。随后，会话切换到非 3GPP 网络。基于 IP 移动性的选择采用 DSMIPv6 协议。终端会在目标非 3GPP 网络中获得一个本地 IP 地址。如果该接入网络被认为是不可信的，则终端还会与 ePDG 之间构建一个 IPSec 隧道。在这种情况下，隧道还会从 ePDG 获得一个本地 IP 地址。随后，终端会与 PDN GW 执行

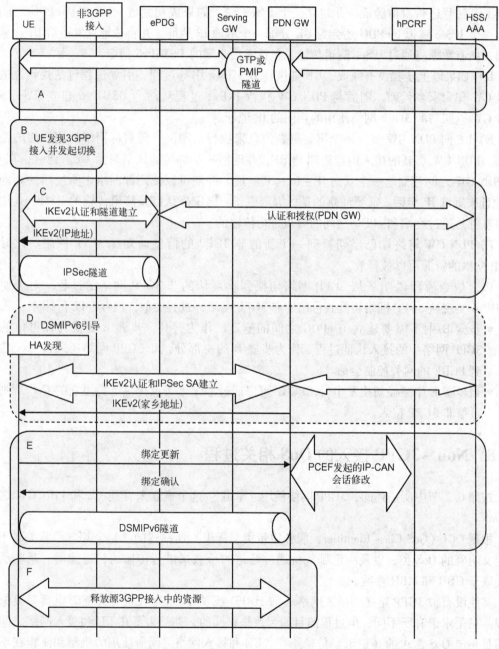

图 17-35　3GPP 接入到不可信的 Non – 3GPP 接入切换

DSMIPv6 过程来维持 IP 会话。需要注意的是，为了维持 IP 会话的连续性，对于目标接入网络和源接入网络需要使用相同的 PDN GW。

过程如图 17-35 所示，具体步骤简单描述如下：

A）UE 附着到 3GPP 网络中（如 E - UTRAN）。

B）UE 发现一个非 3GPP 网络，如 WLAN，并且决定切换会话。

C）如果决定切换到的是一个不可信的非 3GPP 接入网，则 UE 需要与一个 ePDG 之间建立 IPSec 隧道。在这种情况下，UE 通过 DNS 发现一个适合的 ePDG 的 IP 地址，并且发起一个 IKEv2 过程进行身份验证，并建立一个 IPSec SA。如果成功完成，UE 将和 ePDG 之间建立起一个 IPSec 隧道。ePDG 还会为 UE 分配一个本地 IP 地址，并将该地址发送给 UE。从此时起，所有数据将通过 IPSec 隧道传输，包括随后步骤的 DSMIPv6 信令。

D）如果以上步骤没有完成，UE 则执行 DSMIPv6 引导过程。引导过程包括找到合适的 PDN GW 作为家乡代理，随后与 PDN GW 执行 IKEv2 过程从而为 DSMIPv6 建立 IPSec SA。PDN GW 返回与源 3GPP 网络使用的相同的 IP 地址。

E）UE 向 PDN GW 发送一个绑定更新消息来执行从源网络到目标网络的用户面的路径切换。PDN GW 将新的接入内容通知 PCRF，并返回一个绑定确认消息给 UE。此时，在 UE 和 PDN GW 之间建立起一个双向 IP - in - IP 隧道。终端可以使用源网络中所使用的相同的 IP 地址来继续 IP 会话。需要注意的是，绑定更新、绑定确认以及隧道传输的 DSMIPv6 用户面消息都是通过终端和 ePDG 之间的隧道进行传输的。

F）PDN GW 将终端已经切换到一个新的非 3GPP 的信息通知源 3GPP 网络。此时源 3GPP 网络的资源可以被释放。

以上信令流程说明了从 3GPP 网络切换到不可信的非 3GPP 网络的过程。对于使用 DSMIPv6 实现从 3GPP 网络切换到可信的非 3GPP 网络，过程类似，但存在以下不同：

- 步骤 B 中不需要建立与 ePDG 之间的隧道。作为替代，步骤 B 替换为在可信的非 3GPP 网络中的接入认证过程。作为步骤 B 的一部分，非 3GPP 网络还通过 Gxx 建立到 PCRF 的网关控制会话。
- 当步骤 E 中路径切换发生时，PCRF 可以通过 Gxx 参考点提供支持更新的 QoS 规则的可信非 3GPP 接入。

17.8 Non -3GPP 接入的 QoS 相关过程

按照 6.2 节中所描述的，3GPP 网络使用"承载"这个概念来管理 UE 和 PDN GW 之间的 QoS。

根据 QCI（QoS Class Identifier，服务质量类型标识）所描述的，每个 EPS 承载关联于一个定义明确的 QoS 类，以及决定哪些流通过特定的承载来进行传输的包过滤器。某些承载还关联于 GBR 和 MBR 参数。

其他没有被 3GPP 定义的接入网络（如 HRPD 或 WIMAX）在资源分配时也具有类似的流程。只是术语有所不同，但过程的目的大致是相同的，都是为了在 UE 和接入网络之间建立满足一定 QoS 需求的（逻辑）传输路径。UE 和接入网络之间所使用的机制和流程在不同的接入方式中有所区别，对此本书不做详细介绍。采用 PCC 架构，EPS 可与这些接入流程交互工作。

　　非3GPP接入网络中的QoS流程取决于所采用的接入技术。EPS定义了能够实现在不同的非3GPP接入之间可以交互工作的通用流程。在本节中，我们将举例说明一个网络触发的QoS预留过程。该过程与之前已经描述过的网络触发的专用承载和PDP上下文激活过程类似。如图17-36所示，由于不同的接入方式而有所区别，UE和接入网络之间的接口在这里不做描述。

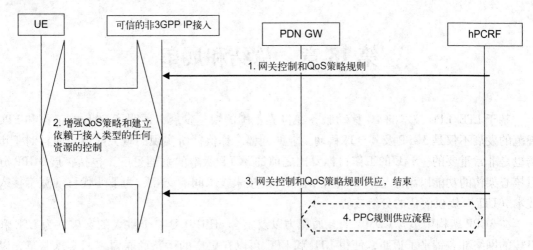

图 17-36　网络触发资源供应

第 5 部分　EPS 的总结与展望

第 18 章　总结和展望

基于 LTE/EPC 技术的 4G 移动服务在世界范围的快速发展，证明了 SAE 的工作和 EPC 规范的发展不仅是 3GPP 及其全球移动工业共同体合作伙伴所实现的重大成就，而且对于市场也是非常重要的。SAE 的工作目标要比之前的 3GPP 版本的范围更广，包括扩展 3GPP 分组核心架构的功能以涵盖与 3GPP 标准化以外的接入技术间的交互、为下一代移动宽带接入技术（LTE）提供演化的分组核心。

在 3GPP 架构中包含 CDMA 的互通能力以及整合 eHRPD 是一个重大的突破，为 LTE 和 EPC 的网络部署铺平了道路，使得 LTE 和 EPC 可以在更广的运营商联盟之间实现共享，以及建立 3GPP 和 3GPP2 之间的更为紧密的合作。全球采用的单一通用技术意味着出现大量的手持终端和网络设备、导致更多关注于性价比高方案的全球市场激烈竞争，以及来自服务和应用开发者的更多的关注。一个全球的技术也意味着极好的漫游可能性，当大多数国家的用户在无处不在地使用自己的个人移动设备时，可以接入和利用本地服务。

LTE/EPC 正以全球化的方式得到很好的商业化发展，数以百万计的用户使用该技术。无与伦比的性能和特性在为用户提供服务方面提供了很好的机会，即私人客户寻找优越的移动带宽体验、企业用户希望无缝地连接住所及其员工、作为固定线路安装的可选替代方案所提供的高速宽带服务、无须终端用户交互和参与的机器连接到机器。所有关于未来的预测都包括接入用户和设备数量的快速增长，LTE/EPC 在这里将起到关键性的作用。

从 3GPP Release 11 的 EPC 解决方案和规范向后看，很显然还存在诸多领域可以探索和发展。本书的作者确信下一步决策应该继续保持关注商业方面是极其重要的，从而确保 3GPP 专注于网络运营商、消费者、企业用户和应用开发者的全球社区利益的特性与功能。通过开发用于 EPC 的规范，3GPP 为未来核心网络演进提供了一个很好的平台。早些年的商业使用已经证明了 EPC 技术在现实生活中部署的成功，并预测接入用户和设备数量的快速增长，以及快速增加的全球覆盖。因此，定义用于 LTE 的更宽频谱选项将会对此有所促进。

下一步，3GPP 的重点是开发新的和增强的 LTE 特性，并为连接到由 EPC 提供服务的接入网络上的数以亿计的设备提供准备。

这必定继续成为一次最为有趣的旅行。

附　　录

附录 A　EPS 相关标准实体

SAE 历史背景

SAE 是在 3GPP 中开发的一个工作项目，但是为了避免重叠，SAE 在必要时也合并了一些来自其他标准组织的协议，尤其是 IETF 以及相似标准组织所提出的协议。这听起来好像是一项相当简单的任务，但是由于政治以及完成时间的问题，却可以让这个过程变得相当困难。有时，IETF 中的标准化过程要比预期时间更长，或对于协议所需的协议或功能选择的内容及功能，3GPP 内的不同公司具有不同的优先级。所有的这些方面都会影响 3GPP 中的标准发展，SAE 工作项目也不例外。本附录提供 SAE 工作项目发展的介绍，从而为感兴趣的读者提供相关的背景介绍。

SAE 标准化过程的影响

第 1 章概述标准化过程，包括标准组织的组织以及在这些组织中批准过程。与大部分 3GPP 标准化工作一样，SAE 项目也建立在现有技术基础之上：就 SAE/EPC 而言，其基础是使用 GSM/GPRS 和 WCDMA/HSPA 的现有的 3GPP 分组核心系统。LTE 项目的进展与 SAE 紧密相关。随着 LTE 在 3GPP RAN 工作中的发展，开发改进分组核心的机会由多个对此感兴趣的组织来确定。引入一个工作项目来创建 "all – IP" 网络，很自然意味着 3GPP 在该领域的工作吸引了新参与者巨大的兴趣。事实上，3GPP SA WG2 处理架构和总体系统方面的参与者数量在高峰时期从 100 人增加至 180～225 人，其中约有 75% 的参与者都积极参与到 SAE 和 EPS 架构的工作中。

该工作项目发展的一个主要驱动力即来自目前供应商和 3GPP 系统新来者的混合。LTE/SAE 工作的巨大利益吸引了一批公司参与进来，而这些公司之前并没有参与 3GPP 的标准化进程。的确，许多人确实在其他标准化论坛的其他系统上花了时间。这些 3GPP 的新进入者结成联盟，并加入 SAE 项目。因为就 "连续性" 和一个完全 "新的开始" 有不同的观点，所以对于开始就很难协调的事情，将来也就存在着相互矛盾的观点。

一些对目前 3GPP 系统有经验的供应商和运营商认为在系统演进时需在 3GPP 分组核心中维持连续性是非常重要的，而另一些最初则希望基于其他标准论坛而非 3GPP 使用的技术来探索出新的途径。也有一些现有的 3GPP 运营商和供应商只关注于产生新的不是基于已有 3GPP 架构的架构。所有这些不同的角度和观点都被加入到 SAE 的工作中，从而导致了一个非常动态和多样的工作环境。如 3GPP 技术报告 23.882 中记载的初步调查反映出一个主题的多个选项：分离控制平面和用户平面也是有意义的。在标准化进程的初始阶段讨论了一些关键架构选项，描述如下：

1）对已有的 3GPP 分组核心架构上的演进，即演进 GTP，但没有必要重用架构，针对非漫游场景使用一个单独的用户面网关（GW），针对漫游场景使用一个本地锚点和一个网关，采用3GPP所发展的基于网络的移动协议。

2）大体上，采用如上述第1点给出的非常相似的架构，但略有不同的是采用了两个网关实体。因此，漫游和非漫游的架构将会完全一样。网关之间的协议将由3GPP制定。

3）Overlay模型在架构中采用控制面实体和一个网关/家乡代理，架构中采用基于客户端的移动协议。

大部分的时间和精力花费在讨论核心网和无线网络之间的功能划分上，以及不同方法的优缺点。最后，3GPP标准组织选择采用的架构选项没有类似RNC的实体用于无线接入网络，并专注于解决无线网络和核心网络方面的功能以及推进研究以开发新的架构。在实现LTE RAN（目前只由基站组成）和由EPC所定义的分组核心网络之间的首选功能划分上投入了相当大的精力。最终，3GPP决定为LTE所采用的RAN和CN之间的功能划分，除了少量例外，在本质上类似于WCDMA。

关于架构的另一个难的决定是选择策略控制和计费机制。到此时为止的3GPP系统中，GTP不仅承载移动性信息，而且还包括QoS、计费以及策略控制信息。这种支持PCC架构的传递信息的方式，被称为"on-path模型"。由于在EPC中处理移动性的两个选项决定分别支持GTP和PMIP，而IETF PMIP本身不能承载QoS和计费信息。用于GTP协议的on-path模型无法在PMIP中提供支持。随后在PMIP PCC情况下考虑的两个选项是一种on-path模型的形式。其中，协议（如Diameter）可以直接用于两个所涉及的实体之间（见后续关于PCC的章节中有关这两个模型的部分）以承载必要的数据。此外，在另外一个模型（被称为off-path模型）中，数据通过PCC架构进行承载，因此在其路径上也多了额外的几跳。两个模型之间存在一些额外的微妙之处，在GTP和PMIP架构变体中，QoS执行和管理并不是由相同的实体来进行处理。最后，3GPP社区决定对于PMIP变种采用off-path模型，因此，架构工作中的主要障碍也就被去除了。

随着工作的进展，越来越清晰的是针对EPS，SAE项目不会只出现一套协议和设计选择。对于有些不同的运营商需求和迁移/演进策略，3GPP需要做一个困难的决定：要么采用一种架构选择（这几乎不可能实现），要么允许多个备选方案。最终，3GPP选择在一个总体架构框架中使用多个协议变种以满足这些需求。值得注意的一个方面是，3GPP不仅为网络移动性选择两个协议选项以及少许不同的架构变种，包括GTP演进和基于IETF的PMIP协议系列和3GPP所制定的该移动性机制扩展的PMIP方式，3GPP还继续开展了基于终端的移动性选项方面的工作，尽管对于运营商团体而言兴趣有限。

在结论阶段出现的一个转折是，我们决定已有的分组核心架构应该与EPC并行维护，而该工作原来的假设和理解是EPC应该替代当前分组核心架构。这个决定的后果是实现GERAN以及WCDMA/HSPA接入网络与分组数据网络（如GPS和EPC）之间的互连，产生了两个变种。

在架构工作过程中的一个里程碑式的成就是，无论选择哪种基于网络的移动性模型（GTP或PMIP），用户设备的表现均是相同的。网络实体使用的移动性协议和终端如何连接到网络之间没有依赖关系。这种透明度旨在帮助EPS的未来发展，使其作为一个整体。

以下部分概述EPC中涉及的不同标准。

第3代合作伙伴计划（Third Generation Partnership Project，3GPP）

如第1章所述，GSM最初是作为ETSI中欧洲标准进行制定的。3GPP建立于1998年，目的在于联合一些不同的区域标准机构来创建一个全球蜂窝网络标准。这些不同的标准机构被称为合作伙伴。截止到 2009，其合作伙伴包括 ETSI（欧洲）、ARIB（日本）、ATIS（美国）、CCSA（中国）、TTA（韩国）和 TTC（日本）。

最初，3GPP 为基于演进的 GSM 核心和无线网络的 3G 移动系统提供标准制定和报告。然而，3GPP 快速演化也就对 GSM 技术（如 GPRS 和 EDGE）的发展负有了责任。

最近，3GPP 领导了关于一组通用 IMS 规范方面的项目，以及与 SAE 项目并行的无线网络长期演进（Long-Term Evolution of the radio network，LTE）项目。核心网络演化和 SAE，自然与 LTE 工作项目是密切相关的。

3GPP 结构

3GPP 被组织为几个不同的技术规范小组（Technical Specification Group，TSG）。这些小组负责技术工作和标准制定。根据不同领域进行划分，3GPP 工作有 4 个技术规范小组。

- TSG GERAN：负责 GSM/EDGE 的无线接入部分的标准化。
- TSG RAN：负责 UTRAN/E-UTRA（WCDMA 和 LTE）无线网络（包括 FDD 和 TDD 变种）的功能、需求和接口的定义。
- TSG SA：负责基于 3GPP 标准的整体架构和服务能力，同时也负责各 TSG 之间协调。
- TSG CT：负责终端接口和功能的规范，同时也负责 3GPP 系统核心网络协议的制定。

这些 TSG 中的每项都具有多个工作组（Work Group，WG）与之相关。每个工作组负责其归属的 TSG 所授予的一定数量的任务。例如，SA1 工作组负责系统需求，SA2 工作组负责系统架构。与此同时，CT4 工作组处理基本呼叫处理（Basic Call Processing）的协议和网络中节点之间协议的定义。TSG 和不同 WG 之间的关系解释如下：

3GPP 整体管理，如组织和工作的分配，是由 3GPP 最高策略制定机构——项目协调组（Project Coordination Group，PCG）来处理的。

3GPP 中每个工作组负责产生技术规范（Technical Specification，TS）和技术报告（Technical Report，TR），实际的技术文档可以从 3GPP 网站下载（www.3gpp.org）得到，但是不允许简单地创建和发布。每一个技术规范和技术报告都必须通过 TSG 负责的工作组内部的审批流程。一旦完成，该规范即可被输送到区域性组织（如欧洲的 ETSI）中批准为正式标准，或供 ITU 作为其标准使用。

每一个技术规范和技术报告都被冠以一组数字，如"xx.yy"，其中 xx 指的是系列编号，yy 指的是该系列特定的技术规范。例如，23.401 表示一个系统架构文档（系列为 23），401 指的是实际的技术规范。在该例子中，即为用于 E-UTRAN 接入的 GPRS 增强。

LTE 规范在 RAN WG1、RAN WG2、RAN WG3、RAN WG4、RAN WG5 中进行处理。同时，SAE 规范在 SA WG1、SA WG2、SA WG3 以及 CT WG1、CT WG2、CT WG3 和 CT WG4 中进行处理。这些工作组中的每一个都负责 SAE 工作的不同部分，在本书的各章节都有详细介绍。

3GPP 标准化阶段

当 3GPP 发展一个新的标准，或修正现有的标准时，工作的进程会被分为 3 个逻辑阶段：阶段 1、阶段 2 和阶段 3。这种阶段划分已被 3GPP 接受，并用于很多其他的标准组织。需要注意的是，3 个阶段的工作通常也会同时进行，或至少有较大的时间重叠，从而使得标准化工作更有效率。

阶段 1 确定服务需求，即作为整体的系统应该支持的功能。下一步，在阶段 2，则在考虑阶段 1 需求的基础上制定架构需求。这意味着定义了不同的逻辑网络实体和网络实体参考点。每个网络实体和参考点的目的和功能在该阶段也被制定。流程——网络实体之间的逻辑消息流，包括在参考点上传输什么信息，也被相应地定义了。阶段 3 制定在阶段 2 所完成的架构工作基础上的实际协议。每个消息都被详细地规范，消息内容如参数格式和信息元件结构等也已进行定义。阶段 3 还一个重要的任务是确保任何错误都可以由系统正确地进行处理。这包括，例如，定义响应消息中的相关结果码。

追踪 3GPP 中的正确规范

获取正确的 3GPP 规范

所有的 3GPP 规范都是免费在线的，可供任何人进行阅读。为了找到合适的规范，可以通过规范号来进行最为简单的检索，如 23.401，或通过负责其开发的工作组，如 SA2。

重要的是，在检索规范时，需要确保版本号是正确的。3GPP 使用并行的版本机制，以确保任何开发人员都可以在一个稳定的平台上进行工作。即一旦冻结了一个版本，这就意味着不可以再对该规范有任何功能性的改变。然而，如果发现错误或出于维护的目的，可以对规范进行修改。

在同一时间，不同的工作组经常致力于不同的版本。例如，由 SA1 制定的需求规范通常会比 SA2 制定的系统架构文档要更早进行冻结。因此，SA1 可以正在制定 Release 9 的需求，而 SA2 仍在制定 Release 8 的系统架构，这是很自然的事情。为了确保 SA2 的工作有一组稳定的需求，需要在开始工作之前冻结这些需求的制定。

互联网工程任务组（Internet Engineering Task Force，IETF）

相比 3GPP，IETF 的组织更为松散。IETF 由个人组成，而不是由企业以及来自工业界不同领域的参与者构成。IETF 不收会员费，因此任何人都可以参与。与 IP 相关的协议的制定和目前互联网上使用的大多数协议均由其规范。然而，IETF 仅负责处理协议，既不定义将不同协议组合在一起的网络架构，也不定义网络中节点的功能。

IETF 结构

IETF 分为不同的领域：应用领域、通用领域、互联网领域、运营和管理领域、实时应用、基础设施领域、路由领域、安全领域和传输领域。其中，每个领域在其领导之下都包含多个工作组，每个工作组都有其工作的特定主题，并就此提出一系列的文档。因此，工作组被指定为"领域理事会"。工作组基于特定目的而创建，在文档完成之后，工作组可以解散或重组，期待得到一系列新的输出文档。因此，在 IETF，活跃的工作组总是在变化，在撰写本书时候最新的工作组列表可以参考网址：http://www.ietf.org/html.charters/wg-dir.html。

工作组分配有一个唯一的能够标识其正在做的工作的缩略词，如 mip4 与 IPv4 的移动性有关，或 sipping 指处理 SIP 的工作组，SIP 是 IMS 的关键组件。

与 3GPP 的形式类似，IETF 也有一个整体组以形成 IETF 的技术管理团队，称为互联网工程指导组（Internet Engineering Steering Group，IESG）。每个领域理事会都有一到两个主管，加入到 IESG 中的 IETF 主席团。IESG 的职责是审查所有由工作组输出的规范文档，并决定 IETF 所采取的总体技术方向，也就是 IETF 应该从事的领域。

开放移动联盟（Open Mobile Alliance，OMA）

OMA 创建于 2002 年，由 200 多家公司，包括无线供应商、IT 公司、移动运营商、应用和内容提供商等构成。OMA 目的在于成为移动服务推动规范发展的重点，这些规范用于支持可互操作的端到端移动服务的创建。

OMA 规范独立于底层网络架构。在 EPS 的 3GPP 规范中，OMA 的应用面向不同的原因，如设备管理（Device Management，DM）。

有关 OMA 的更多信息请参考网址：http://www.openmobilealliance.org。

附录 B 相关缩写

0 ~ 9

2G	2nd Generation（第二代移动通信技术）
3G	3rd Generation（第三代移动通信技术）
3GPP	Third Generation Partnership Project（第 3 代合作伙伴项目）
3GPP2	Third Generation Partnership Project 2（第 3 代合作伙伴项目 2）

A

AAA	Authentication，Authorization and Accounting（认证、授权和计算）
ABMF	Account Balance Management Function（账户余额管理功能）
AECID	Adaptive Enhanced Cell Identity（自适应增强的小区身份）
AF	Application Function（应用功能）
A-GNSS	Assisted Global Navigation Satellite System（辅助全球卫星导航系统）
A-GPS	Assisted GPS（辅助 GPS）
AH	Authentication Header（认证头标）
AKA	Authentication and Key Agreement（认证和密钥协商）
AMBR	Aggregate Maximum Bit Rate（累计最大比特速率）
AN	Access Network（接入网络）
ANDSF	Access Network Discovery and Selection Function（接入网络发现和选择功能）
AP	Application Protocol（应用协议）
API	Application Programming Interface（应用程序接口）
APN	Access Point Name（接入点名）
APN-NI	APN Network Identifier（接入点名称 - 网络标识）
APN-OI	APN Operator Identifier（接入点名称 - 运营商标识）
ARIB	Association of Radio Industries and Businesses（Japan）（日本无线工业及商贸协会）
ARP	Allocation and Retention Priority（分配/保留优先级）
ARQ	Automatic Repeat ReQuest（自动请求重发）
AS	Application Server（应用服务器）
ASME	Access Security Management Entity（接入安全管理实体）
ATIS	Alliance for Telecommunications Industry Solutions（世界无线通信解决方案联盟）

ATM   Asynchronous Transfer Mode（异步传输模式）

AuC   Authentication Centre（认证中心）

AUTN   Authentication Token（认证令牌）

AV   Authentication Vector（认证向量）

AVP   Attribute Value Pair（属性值对）

B

BA   Binding Acknowledgement（绑定应答）

BBERF   Bearer Binding and Event Reporting Function（承载绑定和事件报告功能）

BBF   Bearer Binding Function（承载绑定功能）

BBF   Broadband Forum（宽带论坛）

BGCF   Breakout Gateway Control Function（疏导网关控制功能）

BRA   Binding Revocation Acknowledgement（绑定撤销确认）

BRI   Binding Revocation Indication（绑定撤销指示）

BS   Base Station（基站）

BSC   Base Station Controller（基站控制器）

BS   ID Base Station Identity（基站标识）

BSS   Base Station Subsystem（基站子系统）

BSSID   Basic Service Set Identifier（基本服务集标识）

BU   Binding Update（绑定更新）

C

CAMEL   Customized Application for Mobile network Enhanced Logic（移动网增强逻辑定制应用）

CAP   CAMEL Application Part CAMEL（应用部分）

CBC   Cell Broadcast Centre（小区广播中心）

CCSA   China Communications Standards Association（中国通信标准化协会）

CDF   Charging Data Function（计费数据功能）

CDMA   Code Division Multiple Access（码分多址）

CDR   Charging Data Records（计费数据记录）

CGF   Charging Gateway Function（计费网关功能）

CGI   Cell Global Identity（小区全球标识）

CHAP   Challenge Handshake Authentication Protocol（挑战握手认证协议）

CK   Cipher Key（加密密钥）

CN   Core Network（核心网）

CN   Correspondent Node（通信节点）

CoA   Care-of Address（转交地址）

CS   Circuit-Switched（电路交换）

CSCF   Call Session Control Function（呼叫会话控制功能）

CSFB   Circuit Switched Fall Back（电路交换回退）

CTF   Charging Trigger Function（计费触发功能）

D

DAD	Duplicate Address Detection（复地址检测）
DCCA	Diameter Credit Control Application Diameter（信用控制应用）
DHCP	Dynamic Host Configuration Protocol（动态主机配置协议）
DL	DownLink（下行链路）
DM	Device Management（设备管理）
DNS	Domain Name System（域名系统）
DPI	Deep Packet Inspection（深度包检测）
DRA	Diameter Routing Agent Diameter（路由代理）
DRX	Discontinuous Reception（非连续接收）
DSCP	DiffServ Code Point（区分服务代码点）
DSL	Digital Subscriber Line（数字用户线）
DSMIPv6	Dual Stack Mobile IPv6（双栈移动 IPv6）
DTF	Domain Transfer Function（域切换功能）
DTX	Discontinuous Transmission（非连续传输）

E

EAP	Extensible Authentication Protocol（扩展认证协议）
E-CID	Enhanced Cell ID（增强的小区标识）
ECM	EPS Connection Management EPS（连接管理）
EDGE	Enhanced Data rates for GSM Evolution（增强数据速率 GSM 演进）
eHRPD	Evolved High Rate Packet Data（演进高速分组数据）
EIR	Equipment Identity Register（设备标识注册）
eMBMS	Evolved Multicast Broadcast Multimedia Service（演进型组播广播多媒体服务）
EMM	EPS Mobility Management（EPS 移动型管理）
eNB	E-UTRAN NodeB（E-UTRAN 节点 B）
EPC	Evolved Packet Core（演进分组核心）
ePDG	Evolved Packet Data Gateway（演进分组数据网关）
EPS	Evolved Packet System（演进分组系统）
E-RAB	E-UTRAN Radio Access Bearer（E-UTRAN 无线接入承载）
ESM	EPS Session Management（EPS 会话管理）
E-SMLC	Enhanced Serving Mobile Location Center（演进型服务移动位置中心）
ESP	Encapsulated Security Payload（封装安全载荷）
ETSI	European Telecommunications Standards Institute（欧洲电信标准协会）
ETWS	Earthquake and Tsunami Warning System（地震海啸预警系统）
E-UTRAN	Evolved Universal Terrestrial Radio Access Network（演进型 UTRAN）
EV-DO	Evolution-Data Only（演进－仅支持数据业务）

F

FA	Foreign Agent（外地代理）
FDD	Frequency Division Duplex（频分双工）

FEC	Forward Error Correction（前向纠错）
FMC	Fixed Mobile Convergence（固定与移动融合）
FQDN	Fully Qualified Domain Names（完全限定域名）

G

GAD	Geographical Area Description（地理区域描述）
GBR	Guaranteed Bit Rate（可保证的比特流）
GERAN	GSM EDGE Radio Access Network（GSM EDGE 无线接入网络）
GGSN	Gateway GPRS Support Node（网关 GPS 支持节点）
GMLC	Gateway Mobile Location Center（网关移动位置中心）
GPRS	General Packet Radio Service（通用分组无线服务）
GRE	Generic Routing Encapsulation（通用路由封装）
GRX	GPRS Roaming eXchange（GPRS 漫游交换）
GSM	Global System for Mobile communications（全球移动通信系统）
CSMA	GSM Association（全球移动通信系统协会）
GSN	GPRS Support Node（GPRS 支持节点）
GTP	GPRS Tunnelling Protocol（GPRS 隧道协议）
GTP-C	GPRS Tunnelling Protocol for Control Plane（控制面 GPRS 隧道协议）
GTP-U	GPRS Tunnelling Protocol for User Plane（用户面 GPRS 隧道协议）
GUMMEI	Globally Unique MME Identifier（全球唯一的 MME 标识符）
GUTI	Globally Unique Temporary Identifier（全球唯一的临时标识符）
GW	Gateway（网关）

H

HA	Home Agent（家乡代理）
HLR	Home Location Register（家乡位置注册）
HO	Handover（切换）
HoA	Home Address（家乡地址）
HOM	Higher Order Modulation（高阶调制）
H-PCRF	Home PCRF（家乡的策略和计费规则功能）
HPLMN	Home Public Land Mobile Network（家乡公用陆地移动网络）
HRPD	High Rate Packet Data（高速分组数据）
HSDPA	High Speed Downlink Packet Access（高速下行分组接入）
HSGW	HRPD Serving Gateway（HRPD 服务网关）
HSPA	High Speed Packet Access（高速分组接入）
HSS	Home Subscriber Server（家乡用户服务器）
HSUPA	High Speed Uplink Packet Access（高速上行分组接入）

I

IAB	Internet Architecture Board（互联网架构委员会）
IANA	Internet Assigned Numbers Authority（互联网号码分配机构）
ICMP	Internet Control Message Protocol（互联网控制消息协议）

ICS	IMS Centralised Services（IMS 集中服务）	
I-CSCF	Interrogating-CSCF（问询 - CSCF）	
ICV	Integrity Check Value（完整性校验值）	
IEEE	Institute of Electrical and Electronics Engineers（电气和电子工程师协会）	
IESG	Internet Engineering Steering Group（互联网工程指导委员会）	
IETF	Internet Engineering Task Force（互联网工程任务组）	
IK	Integrity key（完整性密钥）	
IKEv1	Internet Key Exchange version 1（互联网密钥交换协议版本 1）	
IKEv2	Internet Key Exchange version 2（互联网密钥交换协议版本 2）	
IMEI	International Mobile Equipment Identity（国际移动设备标识）	
IMS	IP Multimedia Subsystem（IP 多媒体子系统）	
IMSI	International Mobile Subscriber Identity（国际移动用户标识）	
IMT-2000	International Mobile Telecommunications 2000（国际移动通信 2000）	
IMT-Advanced	International Mobile Telecommunications-Advanced（高级国际移动通信）	
IP	Internet Protocol（互联网协议）	
IP-CAN	IP Connectivity Access Network（IP 连接接入网络）	
IPMS	IP Mobility Mode Selection（IP 移动模式选择）	
IPSec	IP Security（IP 安全）	
IPX	IP Packet eXchange（IP 分组交换）	
I-RAT	Inter Radio Access Technology（跨无线接入技术）	
ISAKMP	Internet Security Association and Key Management Protocol（互联网安全关联和密钥管理协议）	
ISDN	Integrated Services Digital Network（综合服务数字网络）	
ISIM	IP Multimedia Services Identity Module（IP 多媒体服务标识模块）	
ISP	Internet Service Provider（互联网服务提供商）	
ISR	Idle mode Signalling Reduction（空闲模式信令缩减）	
ITU	International Telecommunication Union（国际电信联盟）	
ITU-R	ITU Radiocommunication Sector（国际电信联盟无线电通信部门）	
ITU-T	ITU Telecommunication Standardization Sector（国际电信联盟远程通信标准化部门）	
IWF	Interworking Function（互操作功能）	
I-WLAN	Interworking Wireless LAN（实现互操作的无线局域网）	

L

LA	Location Area（位置域）	
LAC	Location Area Code（位置域代码）	
LAN	Local Area Network（位置域网络）	
LBO	Local Breakout（本地疏导）	
LBS	Location-based service（基于位置的服务）	
LCS	Location services（位置服务）	

LEA	Law Enforcement Agencies（执法机构）
LI	Lawful Intercept（合法监听）
LMA	Local Mobility Anchor（本地移动锚点）
LPPa	LPP Annex（LPP 附属）
LTE	Long-Term Evolution（长期演进）

M

M2M	Machine-to-Machine（机器间通信）
MAG	Mobile Access Gateway（移动接入网关）
MAP	Mobile Application Part（移动应用部分）
MBMS	Multimedia Broadcast Multicast Service（多媒体广播和组播服务）
MCC	Mobile Country Code（移动国家码）
MGCF	Media Gateway Control Function（媒体网关控制功能）
MGW	Media Gateway（媒体网关）
MH	Mobility Header（移动头标）
MID	Mobile Internet Device（移动互联网设备）
MIMO	Multiple Input, Multiple Output（多输入/多输出）
MIP	Mobile IP（移动 IP）
MIPv4	Mobile IPv4（移动 IPv4）
MIPv6	Mobile IPv6（移动 IPv6）
MM	Mobility Management（移动管理）
MME	Mobility Management Entity（移动管理实体）
MMEC	MME Code（MME 码）
MMEGI	MME Group Identifier（MME 组标识）
MMEI	MME Identifier（MME 标识）
MMS	Multimedia Messaging Service（多媒体消息业务）
MMTel	MultiMedia Telephony（多媒体电话）
MN	Mobile Node（移动节点）
MNC	Mobile Network Code（移动节点码）
MO	Managed Object（管理对象）
MOBIKE	IKEv2 Mobility and Multi-homing Protocol（IKEv2 移动性和多宿主协议）
MPLS	Multi-Protocol Label Switching（多协议标记交换）
MRFC	Media Resource Function Controller（媒体资源功能控制）
MRFP	Media Resource Function Processor（媒体资源功能处理）
MS	Mobile Station（移动台）
MSC	Mobile Switching Centre（移动交换中心）
MSC-S	MSC Server MSC（服务器）
MSIN	Mobile Subscriber Identification Number（移动用户识别号）
MSISDN	Mobile Subscriber ISDN Number（移动用户 ISDN 号）

N

NAI	Network Access Identifier（网络接入标识）
NAP-ID	Network Access Provider Identity（网络接入提供商标识）
NAPTR	Name Authority Pointer（名字权威指针）
NAS	Non-Access Stratum（非接入层）
NAS	Network Access Server（网络接入服务器）
NAT	Network Address Translation（网络地址转换）
NB	NodeB（节点 B）
NDS	Network Domain Security（网络域安全）
NID	Network Identification（网络标识）
NRI	Network Resource Identifier（网络资源标识）
NW	Network（网络）

O

OCF	Online Charging Function（在线计费功能）
OCS	Online Charging System（在线计费系统）
OFDM	Orthogonal Frequency Division Multiplexing（正交频分复用）
OFCS	Offline Charging System（离线计费功能）
OMA	Open Mobile Alliance（开放移动联盟）
OTDOA	Observed Time Difference of Arrival（观测到达时间差）

P

PBA	Proxy Binding Acknowledgement（代理绑定确认）
PBU	Proxy Binding Update（代理绑定更新）
PC	Personal Computer（个人计算机）
PCC	Policy and Charging Control（策略和计费控制）
PCEF	Policy and Charging Enforcement Function（策略和计费执行功能）
PCO	Protocol Configuration Options（协议配置选项）
PCRF	Policy and Charging Rules Function（策略和计费规则功能）
P-CSCF	Proxy-CSCF（代理 CSCF）
PDCP	Packet Data Convergence Protocol（分组数据聚合协议）
PDN	Packet Data Network（分组数据网）
PDN	GW Packet Data Network Gateway（分组数据网网关）
PDP	Packet Data Protocol（分组数据协议）
PDU	Protocol Data Unit（协议数据单元）
P-GW	PDN GW（分组数据网网关）
PIN	Personal Identification Number（个人身份识别码）
PKI	Public Key Infrastructure（公钥基础设施）
PLMN	Public Land Mobile Network（公用陆地移动网络）
PMIP	Proxy Mobile IP（代理移动 IP）
PMM	Packet Mobility Management（分组移动管理）

PON	Passive Optical Networks（被动光网络（无源光网络））
PPP	Point-to-Point Protocol（点对点协议）
PS	Packet-Switched（分组交换）

Q

QAM	Quadrature Amplitude Modulation（正交幅度调制）
QCI	QoS Class Identifier（服务质量类型标识）
QoS	Quality of Service（服务质量）

R

RA	Router Advertisement（路由公告）
RA	Routing Area（路由区域）
RAB	Radio Access Bearer（无线接入承载）
RAC	Routing Area Code（路由区域码）
RADIUS	Remote Authentication Dial In User Service（远程认证拨号用户服务）
RAI	Routing Area Identity（路由区域标识）
RAN	Radio Access Network（无线接入网络）
RANAP	Radio Access Network Application Protocol（无线接入网络应用协议）
RAT	Radio Access Technology（无线接入技术）
RAU	Routing Area Update（路由区域更新）
Rel-8	Release 8（发行版8）
Rel-9	Release 9（发行版9）
Rel-99	Release 99（发行版99）
rSRVCC	reverse SRVCC（反向SRVCC）
RF	Rating Function（评级功能）
RFC	Request For Comments（请求注解）
RLC	Radio Link Control（无线链路控制）
RNC	Radio Network Controller（无线网络控制）
RO	Route Optimization（路由优化）
RRC	Radio Resource Control（无线资源控制）
RRM	Radio Resource Management（无线资源管理）
RTSP	Real Time Streaming Protocol（实时流协议）

S

SA	Security Association（安全关联）
SAE	System Architecture Evolution（系统架构演进）
SBC	Session Border Controller（会话边界控制器）
SCC	AS Service Centralization and Continuity Application Server（业务集中管理和连续性应用服务器）
S-CSCF	Serving-CSCF（服务CSCF）
SCTP	Stream Control Transmission Protocol（流控传输协议）
SDF	Service Data Flow（业务数据流）

SDP	Session Description Protocol（会话描述协议）
SDM	Subscriber Data Management（用户数据管理）
SEG	Security Gateway（安全网关）
SGSN	Serving GPRS Support Node（服务 GPRS 支持点）
S-GW	Serving GW（服务网关）
SID	System Identification（系统标识）
SIM	GSM Subscriber Identity Module（GSM 用户识别模块）
SIP	Session Initiation Protocol（会话初始化协议）
SLA	Service Level Agreement（业务等级协商）
SMS	Short Message Service（短消息业务）
SMS-C	Short Message Service Centre（短消息业务中心）
SN	Serving Network（服务网络）
SN	ID Serving Network Identity（服务网络标识）
S-NAPTR	Straightforward-NAPTR（直接的 NAPTR）
SPI	Security Parameters Index（安全参数索引）
SPR	Subscription Profile Repository（订阅配置文件数据库）
SQN	Sequence Number（序列号）
SRNS	Serving Radio Network Subsystem（服务无线网络子系统）
SRVCC	Single-Radio Voice Call Continuity（单频语音呼叫连续性）
SS7	Signalling System No 7（7 号信令系统）
SSID	Service Set Identifier（服务集标识）
SUPL	Secure User Plane Location（安全的用户面位置）
T	
TA	Tracking Area（跟踪区）
T-ADS	Terminating-Access Domain Selection（终端接入域选择）
TAC	Tracking Area Code（跟踪区代码）
TAI	Tracking Area Identity（跟踪区标识）
TAP	Transferred Account Procedure（转账流程）
TAS	Telephony Application Server（电话应用服务器）
TAU	Tracking Area Update（跟踪区更新）
TCP	Transmission Control Protocol（传输控制协议）
TDD	Time Division Duplex（时分双工）
TDMA	Time-Division Multiple Access（时分多路访问）
TEID	Tunnel End Point Identifier（隧道端点标识）
TFT	Traffic Flow Template（业务流模板）
TISPAN	Telecommunications and Internet converged Services and Protocols for Advanced Networking（针对先进网络的电信和互联网融合业务及协议）
TLS	Transport Layer Security（传输层安全）
TMSI	Temporary Mobile Subscriber Identity（临时移动用户标识）

TOS	Type of Service（服务类型）
TR	Technical Report（技术报告）
TS	Technical Specification（技术规范）
TSG	Technical Specification Group（技术规范组）
TTA	Telecommunication Technology Association of Korea（韩国电信技术协会）
TTC	Telecommunication Technology Committee（Japan）（日本电信技术委员会）

U

UDC	User Data Convergence（用户数据聚合）
UDM	User Data Management（用户数据管理）
UDP	User Datagram Protocol（用户数据报协议）
UE	User Equipment（用户设备）
UICC	Universal Integrated Circuit Card（通用集成电路卡）
UL	UpLink（上行链路）
UMTS	Universal Mobile Telecommunications System（通用移动通信系统）
USB	Universal Serial Bus（通用串行总线）
USIM	Universal Subscriber Identity Module（通用用户标识模块）
UTDOA	Uplink TDOA（上行链路 TDOA）
UTRAN	Universal Terrestrial Radio Access Network（全球陆地无线接入网络）

V

VCC	Voice Call Continuity（话音呼叫连续性）
VoIP	Voice over IP（IP 话音）
VoLTE	Voice over LTE（LTE 话音）
V-PCRF	Visited PCRF（访问地 PCRF（外地 PCRF））
VPLMN	Visited Public Land Mobile Network（访问地（或外地）公共陆地移动网络）
VPN	Virtual Private Network（虚拟专用网）
vSRVCC	Video SRVCC（视频 SRVCC）

W

WCDMA	Wideband Code Division Multiple Access（宽带码分多址）
WG	Working Group（工作组）
WiMAX	Worldwide Interoperability for Microwave Access（全球微波接入互操作性）
WLAN	Wireless Local Area Network（无线局域网络）

X

| XRES | eXpected RESult（期望的反馈） |

参 考 文 献

1. Beming P, Frid L, Hall G, et al. LTE – SAE architecture and performance. *Ericsson Review* 2007: 3 http://www. ericsson. com/ericsson/corpinfo/publications/review/2007_03/files/5_LTE_SAE. pdf.

2. Blanchet M. Migrating to IPv6: A Practical Guide to Implementing IPv6 in Mobile and fixed Networks John Wiley & Sons 2005; 418 pp. ISBN – 10: 0471498920/ISBN – 13: 9780471498926.

3. Brenner M, Unmehopa M. The Open Mobile Alliance: Delivering Service Enablers for Next – Generation Applications John Wiley & Sons April 4, 2008; 530 pp. ISBN – 10: 0470519185/ISBN – 13: 978 – 0470519189.

4. Camarillo G. , Garcia – Martin, M. – A. , November, 2008. 3G IP Multimedia Subsystem (IMS). ISBN – 10: 0470516623.

5. Dahlman E, Parkvall S, Sköld J. 4G – LTE/LTE – Advanced for Mobile Broadband Academic Press/Elsevier 2011; ISBN – 10: 012385489X/ISBN – 13: 978 – 0123854896.

6. Ericsson Interim Traffic Report, November 2011.

7. Ericsson Traffic Report, February 2012.

8. Ericsson White Paper on LTE Positioning, September 2011: http://www. ericsson. com/news/110909_positioning _with_lte_244188809_c.

9. Hagen S. IPv6 Essentials second edition, O' Reilly Media May 2006; ISBN – 10: 0 – 596 – 10058 – 2/ISBN – 13: 9780596100582, 436 pp.

10. HM Treasury. National Infrastructure Plan 2011 UK: HM Treasury; 2011; http://www. hmtreasury. gov. uk/national_infrastructure_plan2011. htm.

11. Horn, G. , 2010. 3GPP Femtocells: Architecture and Protocols. http://www. qualcomm. com/media/documents/3gppfemtocells – architecture – and – protocols.

12. Li Q, Jinmei T, Shima K. *IPv6 Core Protocols Implementation*. The Morgan Kaufmann Series in Networking Morgan Kaufmann Publishers January 2006; ISBN – 10: 0124477518/ISBN – 13: 9780124477513.

13. Kaaranen H, Ahtiainen A, Laitinen L, Naghian S, Niemi V. UMTS Networks John Wiley & Sons 2005; ISBN – 10 0470011033(H/B)/ISBN – 13 978 – 0470011034(H/B).

14. Noldus R, Olsson U, Mulligan C, Fikouras I, Ryde A, Stille M. *IMS Application Developer' s Handbook: Creating and Deploying Innovative IMS Applications*. September 2011.

15. UNPD, 2009. World Urbanization Prospects. http://esa. un. org/unpd/wup/.

3GPP Technical Specifications

1. 3GPP TS 21. 905 Vocabulary for 3GPP Specifications.

2. 3GPP TS 22. 011 Service accessibility.

3. 3GPP TS 22. 101 Service Aspects; Service principles.

4. 3GPP TS 22. 153 Multimedia priority services.

5. 3GPP TS 22. 168 Earthquake and Tsunami Warning System (ETWS) requirements.

6. 3GPP TS 22. 278 Service requirements for the Evolved Packet System (EPS).

7. 3GPP TS 23. 002 Network architecture.

8. 3GPP TS 23. 003 Numbering, addressing and identification.

9. 3GPP TS 23.008 Organization of Subscriber Data.

10. 3GPP TS 23.060 General Packet Radio Service (GPRS); Service description; Stage 2.

11. 3GPP TS 23.122 Non – Access – Stratum (NAS) functions related to Mobile Station (MS) in idle mode.

12. 3GPP TS 23.139 3GPP system – fixed broadband access network interworking; Stage 2.

13. 3GPP TS 23.167 IP Multimedia Subsystem (IMS) emergency sessions.

14. 3GPP TS 23.203 Policy and charging control architecture.

15. 3GPP TS 23.216 Single Radio Voice Call Continuity (SRVCC); Stage 2.

16. 3GPP TS 29.219 Policy and charging control: Spending limit reporting over Sy reference point.

17. 3GPP TS 23.228 IP Multimedia Subsystem (IMS); Stage 2.

18. 3GPP TS 23.237 IP Multimedia Subsystem (IMS) Service Continuity; Stage 2.

19. 3GPP TS 23.246 Multimedia Broadcast/Multicast Service (MBMS); Architecture and functional description.

20. 3GPP TS 23.272 Circuit Switched (CS) fallback in Evolved Packet System (EPS); Stage 2.

21. 3GPP TS 23.292 IP Multimedia Subsystem (IMS) centralized services; Stage 2.

22. 3GPP TS 23.401 General Packet Radio Service (GPRS) enhancements for Evolved Universal Terrestrial Radio Access Network (E – UTRAN) access.

23. 3GPP TS 23.402 Architecture enhancements for non – 3GPP accesses.

24. 3GPP TR 23.882 3GPP system architecture evolution (SAE): Report on technical options and conclusions.

25. 3GPP TS 24.007 Mobile radio interface signalling layer 3; General aspects.

26. 3GPP TS 24.173 IMS Multimedia telephony communication service and supplementary services; Stage 3.

27. 3GPP TS 24.285 Allowed Closed Subscriber Group (CSG) list; Management Object (MO).

28. 3GPP TS 24.301 Non – Access – Stratum (NAS) protocol for Evolved Packet System (EPS); Stage 3.

29. 3GPP TS 24.302 Access to the Evolved Packet Core (EPC) via non – 3GPP access networks; Stage 3.

30. 3GPP TS 24.303 Mobility management based on Dual – Stack Mobile IPv6; Stage 3.

31. 3GPP TS 24.304 Mobility management based on Mobile IPv4; User Equipment (UE) – foreign agent interface; Stage 3.

32. 3GPP TS 24.312 Access Network Discovery and Selection Function (ANDSF) Management Object (MO).

33. 3GPP TS 24.604 Communication Diversion (CDIV) using IP Multimedia (IM) Core Network (CN) subsystem; Protocol specification.

34. 3GPP TS 24.605 Conference (CONF) using IP Multimedia (IM) Core Network (CN) subsystem; Protocol specification.

35. 3GPP TS 24.606 Message Waiting Indication (MWI) using IP Multimedia (IM) Core Network (CN) subsystem; Protocol specification.

36. 3GPP TS 24.607 Originating Identification Presentation (OIP) and Originating Identification Restriction (OIR) using IP Multimedia (IM) Core Network (CN) subsystem; Protocol specification.

37. 3GPP TS 24.608 Terminating Identification Presentation (TIP) and Terminating Identification Restriction (TIR) using IP Multimedia (IM) Core Network (CN) subsystem; Protocol specification.

38. 3GPP TS 24.610 Communication HOLD (HOLD) using IP Multimedia (IM) Core Network (CN) subsystem; Protocol specification.

39. 3GPP TS 24.611 Anonymous Communication Rejection (ACR) and Communication Barring (CB) using IP Multimedia (IM) Core Network (CN) subsystem; Protocol specification.

40. 3GPP TS 24.615 Communication Waiting (CW) using IP Multimedia (IM) Core Network (CN) subsystem; Protocol Specification.

41. 3GPP TS 25.331 Radio Resource Control (RRC); Protocol specification.

42. 3GPP TS 25.913 Requirements for Evolved UTRA (E – UTRA) and Evolved UTRAN (E – UTRAN).

43. 3GPP TS 26.346 Multimedia Broadcast/Multicast Service (MBMS); Protocols and codecs.

44. 3GPP TS 29.060 General Packet Radio Service (GPRS); GPRS Tunnelling Protocol (GTP) across the Gn and Gp interface.

45. 3GPP TS 29.061 Interworking between the Public Land Mobile Network (PLMN) supporting packet based services and Packet Data Networks (PDN).

46. 3GPP TS 29.118 Mobility Management Entity (MME) – Visitor Location Register (VLR) SGs interface specification.

47. 3GPP TS 29.168 Cell Broadcast Centre interfaces with the Evolved Packet Core; Stage 3.

48. 3GPP TS 29.212 Policy and Charging Control (PCC) over Gx/Sd reference point.

49. 3GPP TS 29.213 Policy and charging control signalling flows and Quality of Service (QoS) parameter mapping.

50. 3GPP TS 29.214 Policy and charging control over Rx reference point.

51. 3GPP TS 29.215 Policy and Charging Control (PCC) over S9 reference point.

52. 3GPP TS 29.230 Diameter applications; 3GPP specific codes and identifiers.

53. 3GPP TS 29.272 Evolved Packet System (EPS); Mobility Management Entity (MME) and Serving GPRS Support Node (SGSN) related interfaces based on Diameter protocol.

54. 3GPP TS 29.273 Evolved Packet System (EPS); 3GPP EPS AAA interfaces.

55. 3GPP TS 29.274 3GPP Evolved Packet System (EPS); Evolved General Packet Radio Service (GPRS) Tunnelling Protocol for Control plane (GTPv2 – C); Stage 3.

56. 3GPP TS 29.275 Proxy Mobile IPv6 (PMIPv6) based Mobility and Tunnelling protocols; Stage 3.

57. 3GPP TS 29.276 Optimized Handover Procedures and Protocols between EUTRAN Access and cdma2000 HRPD Access.

58. 3GPP TS 29.280 Evolved Packet System (EPS); 3GPP Sv interface (MME to MSC, and SGSN to MSC) for SRVCC.

59. 3GPP TS 29.281 General Packet Radio System (GPRS) Tunnelling Protocol User Plane (GTPv1 – U).

60. 3GPP TS 29.303 Domain Name System Procedures.

61. 3GPP TS 29.305 InterWorking Function (IWF) between MAP based and Diameter based interfaces.

62. 3GPP TS 31.102 Characteristics of the Universal Subscriber Identity Module (USIM) application.

63. 3GPP TS 33.106 Lawful Interception Requirements.

64. 3GPP TS 33.210 3G security; Network Domain Security (NDS); IP network layer security.

65. 3GPP TS 33.246 3G Security; Security of Multimedia Broadcast/Multicast Service (MBMS).

66. 3GPP TS 33.320 Security of Home Node B (HNB) /Home evolved Node B (HeNB).

67. 3GPP TS 33.401 3GPP System Architecture Evolution (SAE); Security architecture.

68. 3GPP TS 33.402 3GPP System Architecture Evolution (SAE); Security aspects of non – 3GPP accesses.

69. 3GPP TS 36.101 Evolved Universal Terrestrial Radio Access (E – UTRA); User Equipment (UE) radio transmission and reception.

70. 3GPP TS 36.300 Evolved Universal Terrestrial Radio Access (E – UTRA) and Evolved Universal Terrestrial Radio Access Network (E – UTRAN); Overall description; Stage 2.

71. 3GPP TS 36.300 Evolved Universal Terrestrial Radio Access (E – UTRA) and Evolved Universal Terrestrial Radio Access Network (E – UTRAN); Overall description; Stage 2.

72. 3GPP TS 36.304 Evolved Universal Terrestrial Radio Access (E – UTRA); User Equipment (UE) procedures in idle mode.

73. 3GPP TS 36.305 Evolved Universal Terrestrial Radio Access Network (E – UTRAN); Stage 2 functional specifi-

cation of User Equipment (UE) positioning in E – UTRAN.

74. 3GPP TS 36. 306 Evolved Universal Terrestrial Radio Access (E – UTRA) ; User Equipment (UE) radio access capabilities.

75. 3GPP TS 36. 321 Evolved Universal Terrestrial Radio Access (E – UTRA) ; Medium Access Control (MAC) protocol specification.

76. 3GPP TS 36. 322 Evolved Universal Terrestrial Radio Access (E – UTRA) ; Radio Link Control (RLC) protocol specification.

77. 3GPP TS 36. 323 Evolved Universal Terrestrial Radio Access (E – UTRA) ; Packet Data Convergence Protocol (PDCP) specification.

78. 3GPP TS 36. 331 Evolved Universal Terrestrial Radio Access (E – UTRA) ; Radio Resource Control (RRC) ; Protocol specification.

79. 3GPP TS 36. 355 Evolved Universal Terrestrial Radio Access (E – UTRA) ; LTE Positioning Protocol (LPP).

80. 3GPP TS 36. 401 Evolved Universal Terrestrial Radio Access Network (E – UTRAN) ; Architecture description.

81. 3GPP TS 36. 410 Evolved Universal Terrestrial Radio Access Network (E – UTRAN) ; S1 layer 1 general aspects and principles.

82. 3GPP TS 36. 411 Evolved Universal Terrestrial Radio Access Network (E – UTRAN) ; S1 layer 1.

83. 3GPP TS 36. 412 Evolved Universal Terrestrial Radio Access Network (E – UTRAN) ; S1 signalling transport.

84. 3GPP TS 36. 413 Evolved Universal Terrestrial Radio Access (E – UTRA) ; S1 Application Protocol (S1AP).

85. 3GPP TS 36. 414 Evolved Universal Terrestrial Radio Access Network (E – UTRAN) ; S1 data transport.

86. 3GPP TS 36. 420 Evolved Universal Terrestrial Radio Access Network (E – UTRAN) ; X2 general aspects and principles.

87. 3GPP TS 36. 421 Evolved Universal Terrestrial Radio Access Network (E – UTRAN) ; X2 layer 1.

88. 3GPP TS 36. 422 Evolved Universal Terrestrial Radio Access Network (E – UTRAN) ; X2 signalling transport.

89. 3GPP TS 36. 423 Evolved Universal Terrestrial Radio Access Network (E – UTRAN) ; X2 Application Protocol (X2AP).

90. 3GPP TS 36. 424 Evolved Universal Terrestrial Radio Access Network (E – UTRAN) ; X2 data transport.

91. 3GPP TS 36. 455 Evolved Universal Terrestrial Radio Access (E – UTRA) ; LTE Positioning Protocol A (LPPa).

92. 3GPP TS 36. 913 Requirements for further advancements for Evolved Universal Terrestrial Radio Access (E – UTRA) (LTE – Advanced).

3GPP2 Specifications

1. 3GPP2 X. S0042 – 0 Voice Call Continuity between IMS and Circuit Switched System.

IETF RFCs

1. IETF RFC 768 ; User Datagram Protocol.

2. IETF RFC 793 ; Transmission Control Protocol.

3. IETF RFC 1035 ; Domain Names – Implementation and Specification.

4. IETF RFC 2003 ; IP Encapsulation within IP.

5. IETF RFC 2181 ; Clarifications to the DNS Specification.

6. IETF RFC 2401 ; Security Architecture for the Internet Protocol.

7. IETF RFC 2402 ; IP Authentication Header.

8. IETF RFC 2406 ; IP Encapsulating Security Payload (ESP).

9. IETF RFC 2407 ; The Internet IP Security Domain of Interpretation for ISAKMP.

10. IETF RFC 2408; Internet Security Association and Key Management Protocol (ISAKMP).

11. IETF RFC 2409; The Internet Key Exchange (IKE).

12. IETF RFC 2473; Generic Packet Tunnelling in IPv6 Specification.

13. IETF RFC 2606; Reserved Top Level DNS Names.

14. IETF RFC 2784; Generic Routing Encapsulation (GRE).

15. IETF RFC 2890; Key and Sequence Number Extensions to GRE.

16. IETF RFC 2960; Stream Control Transmission Protocol.

17. IETF RFC 3168; The Addition of Explicit Congestion Notification (ECN) to IP.

18. IETF RFC 3309; Stream Control Transmission Protocol (SCTP) Checksum Change.

19. IETF RFC 3344; IP Mobility Support for IPv4.

20. IETF RFC 3588; Diameter Base Protocol.

21. IETF RFC 3748; Extensible Authentication Protocol (EAP).

22. IETF RFC 3775; Mobility Support in IPv6.

23. IETF RFC 3776; Using IPsec to Protect Mobile IPv6 Signalling Between Mobile Nodes and Home Agents.

24. IETF RFC 3958; Domain – Based Application Service Location Using SRV RRs and the Dynamic Delegation Discovery Service (DDDS).

25. IETF RFC 4005; Diameter Network Access Server Application.

26. IETF RFC 4006; Diameter Credit – Control Application.

27. IETF RFC 4072; Diameter Extensible Authentication Protocol (EAP) Application.

28. IETF RFC 4186; Extensible Authentication Protocol Method for Global System for Mobile Communications (GSM) Subscriber Identity Modules (EAP – SIM).

29. IETF RFC 4187; Extensible Authentication Protocol Method for 3rd Generation Authentication and Key Agreement (EAP – AKA).

30. IETF RFC 4285; Authentication Protocol for Mobile IPv6.

31. IETF RFC 4301; Security Architecture for the Internet Protocol.

32. IETF RFC 4302; IP Authentication Header.

33. IETF RFC 4303; IP Encapsulating Security Payload (ESP).

34. IETF RFC 4306; Internet Key Exchange (IKEv2) Protocol.

35. IETF RFC 4555; IKEv2 Mobility and Multihoming Protocol (MOBIKE).

36. IETF RFC 4877; Mobile IPv6 Operation with IKEv2 and the Revised IPsec Architecture.

37. IETF RFC 4960; Stream Control Transmission Protocol.

38. IETF RFC 5094; Mobile IPv6 Vendor Specific Option.

39. IETF RFC 5213; Proxy Mobile IPv6.

40. IETF RFC 5216; The EAP – TLS Authentication Protocol.

41. IETF RFC 5447; Diameter Mobile IPv6: Support for Network Access Server to Diameter Server Interaction.

42. IETF RFC 5448; Improved Extensible Authentication Protocol Method for 3rd Generation Authentication and Key Agreement (EAP – AKA).

43. IETF RFC 5555; Mobile IPv6 Support for Dual Stack Hosts and Routers.

44. IETF RFC 5779; Diameter Proxy Mobile IPv6: Mobile Access Gateway and Local Mobility Anchor Interaction with Diameter Server.

45. IETF RFC 5844; IPv4 Support for Proxy Mobile IPv6.

46. IETF RFC 5845; Generic Routing Encapsulation (GRE) Key Option for Proxy Mobile IPv6.

47. IETF RFC 5846; Binding Revocation for IPv6 Mobility.

IETF Internet Drafts

1. IETF Internet Draft, Binding Revocation for IPv6 revocation, Mobility (draft – ietf – mext – binding – revocation).
2. IETF Internet Draft, GRE Key Option for Proxy option, Mobile IPv6 (draft – ietf – netlmm – grekey – option).
3. IETF Internet – Draft, IPv4 Support for Proxy ipv4 – support, Mobile IPv6 (draft – ietf – netlmm – pmip6 – ipv4 – support).
4. IETF Internet Draft, Diameter Proxy Mobile IPv6: Mobile Access Gateway and Local Mobility Anchor Interaction with Diameter Server.
5. Note: At the time of preparing this book, several of the Internet Drafts listed above are close to becoming approved RFCs. The interested reader should consult the IETF web page (www. ietf. org) for the latest status.

ITU Recommendations

1. ITU – T Recommendation I. 112; I. 112 Integrated Services Digital Network (ISDN), general structure, vocabulary of terms for ISDNs.
2. ITU – R M. 2134; Requirements related to technical performance for IMT – Advanced radio interface (s).
3. ITU – T recommendation H. 325, Annex K Packet – based multimedia communications systems.

GSMA Specifications

1. IR. 92 IMS Profile for Voice and SMS.
2. IR. 92 Video Extensions to VoLTE IR. 92.

OMA Specifications

1. Open Mobile Alliance, OMA AD SUPL: Secure User Plane Location Architecture (http: //www. openmo-bileal-liance. org).

IEEE Specifications

1. IEEE 802. 11. IEEE Standard for Information technology – Telecommunications and information exchange between systems Local and metropolitan area networks – Specific requirements Part 11: Wireless LAN Medium Access Control (MAC) and Physical Layer (PHY) Specifications.
2. IEEE 802. 1X. IEEE Standard for Local and metropolitan area networks – Port – Based Network Access Control.